1 MONTH OF
FREE
READING

at
www.ForgottenBooks.com

By purchasing this book you are eligible for one month membership to ForgottenBooks.com, giving you unlimited access to our entire collection of over 1,000,000 titles via our web site and mobile apps.

To claim your free month visit: www.forgottenbooks.com/free327149

ISBN 978-0-266-29103-9
PIBN 10327149

This book is a reproduction of an important historical work. Forgotten Books uses
state-of-the-art technology to digitally reconstruct the work, preserving the original format
whilst repairing imperfections present in the aged copy. In rare cases, an imperfection in
the original, such as a blemish or missing page, may be replicated in our edition. We do,
however, repair the vast majority of imperfections successfully; any imperfections that
remain are intentionally left to preserve the state of such historical works.

Handbuch

der

Astronomischen Instrumentenkunde.

Eine Beschreibung

der bei astronomischen Beobachtungen benutzten Intrumente

sowie

Erläuterung der ihrem Bau, ihrer Anwendung und Aufstellung

zu Grunde liegenden Principien.

Von

Dr. L. Ambronn,

Professor an der Universität und Observator an der königl. Sternwarte zu Göttingen.

Mit 1185 in den Text gedruckten Figuren.

Erster Band.

Berlin.

Verlag von Julius Springer.

1899.

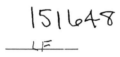

Druck von Oscar Brandstetter in Leipzig.

Vorwort.

Mehr als in anderen Wissenschaften sind bei der Erforschung der Vorgänge im weiten Weltenraume, welche sich die Astronomie zum Ziele setzt, die Resultate von der Zweckmässigkeit, der technischen Vollendung und der sachgemässen Anwendung einer grösseren Reihe verschiedener Instrumente abhängig. Es muss daher einigermaassen verwundern, dass bisher ein Werk, welches die astronomischen Instrumente nach diesen Gesichtspunkten behandelt, in der einschlägigen Literatur noch nicht vorhanden war. Wohl schrieb PH. CARL zu Anfang der 60er Jahre seine „Principien der astronomischen Instrumentenkunde" und v. KONKOLY 20 Jahre später seine „Anleitung zur Ausführung astronomischer Beobachtungen"; aber beide Werke behandeln weder das Gesammtgebiet, noch können sie als gegenseitige Ergänzung angesehen werden, obgleich der Erstere sich mehr auf die leitenden Principien beschränkte und v. KONKOLY die Beschreibung der fertigen Instrumente und deren illustrative Veranschaulichung in den Vordergrund stellte. Dieser Umstand hatte mir schon vor Jahren den Gedanken nahegelegt, die Abfassung eines Handbuches zu versuchen, welches sowohl strengeren Anforderungen mit Bezug auf die Theorie der Instrumente und besonders der zu ihrer Prüfung und sachgemässen Benutzung nöthigen Hülfsapparate, als auch dem Wunsche manches Astronomen gerecht werden sollte, der sich sowohl über den Gesammthabitus, als über den inneren Bau dieses oder jenes speciellen Typus der einzelnen Instrumentengattungen informiren will. Es ist keine Frage, dass von den meisten Instrumenten Beschreibungen vorhanden sind, aber in so verschiedenartigen Publikationen, dass es selbst dem Fachmanne schwer fällt, ohne Umstände die Originalquelle aufzufinden.

Wohl war ich mir der Schwierigkeit der Ausführung meines Vorhabens bewusst, und es würde auch kaum gelungen sein, alles das, was das vorliegende Werk enthält, zusammenzustellen (besonders bei mancherlei Hemmniss, welches dem Unternehmen bereitet wurde), wenn mir nicht meine Fachgenossen f a s t ausnahmslos die weitgehendste Unterstützung mit der dankenswerthesten Bereitwilligkeit gewährt hätten. Ebenso haben die Inhaber der inländischen und ausländischen mechanischen und optischen Werkstätten weder Mühe noch Kosten gescheut, mir Beschreibungen und Abbildungen älterer und neuerer Instrumente zukommen zu lassen. Mit besonderem Danke muss ich hier namentlich der grossen amerikanischen Institute gedenken. Ich unterlasse es absichtlich, die verschiedenen Werkstätten nam-

haft zu machen, da ich sonst fast alle bedeutenderen derselben aufzählen
müsste und ausserdem an den entsprechenden Stellen des Textes auf den
Ursprung der betreffenden Beiträge in der einen oder anderen Form hingewiesen worden ist.

Stand mir auf solche Weise auch ein grosses, vielleicht noch nie in
einer Hand vereinigtes Material zur Verfügung, so werden sich doch noch
viele Stellen finden, an denen der eine oder der andere Leser die Beschreibung eines ihm wichtig erscheinenden Instruments oder die Mittheilung einer
ihm bekannten Prüfungs- oder Beobachtungsmethode vermisst. Es kann dazu
nur gesagt werden, dass der fast auf das Doppelte des ursprünglich Voraus-
gesetzten angewachsene Umfang des Buches doch ein zu specielles Behandeln der Einzelheiten als nicht ausführbar erscheinen liess, was namentlich
in den späteren Kapiteln mehr hervortreten wird. Andererseits mag aber
auch dem Verfasser trotz der vielseitigen Unterstützung noch manches Detail
unbekannt geblieben sein, und er wird jede diesbezügliche Mittheilung oder
Berichtigung mit grossem Danke entgegennehmen. Auch die Länge der Zeit,
welche, durch gewisse äussere Umstände bedingt, auf die Ausarbeitung des
Werkes verwendet werden musste, mag das Vorhandensein mancher Un-
gleichförmigkeiten entschuldigen. Um dem angehenden Astronomen ein Werk
darzubieten, aus dem er sich bei vielen ihm gestellten Aufgaben Rath er-
holen kann, sind namentlich die ersten Kapitel, welche von den Hülfsapparaten und den Methoden ihrer Prüfung handeln, etwas ausführlicher angelegt.
Der mathematische Kalkul ist wo irgend nöthig angedeutet und in manchen
Fällen sind Beispiele aus der Praxis angefügt worden. In den späteren
Kapiteln, namentlich in denjenigen, welche von den ganzen Instrumenten
handeln, ist das beschreibende Moment mehr in den Vordergrund gestellt
worden, um einen allgemeinen Überblick der ganzen Gattung zu geben.
Eine monographische Darlegung der genauen Details musste natürlich unterbleiben, weil dadurch endlose Wiederholungen und eine ermüdende Form
des Textes bedingt worden wäre. In dieser Hinsicht ist ein besonderer
Werth auf die Angabe des Quellenmaterials gelegt worden, und nähere Ausführungen sind nur da eingeschaltet, wo es sich um weniger allgemein bekannte Dinge handelt. Manchem der jüngeren Astronomen glaubte ich entgegen zu kommen mit den vielfachen historischen Notizen, die in den Text
mit aufgenommen wurden, nur hat es mir leid gethan, mich in dieser Hinsicht wegen des Umfangs des Buches mehr beschränken zu müssen, als ich
im ersten Entwurf beabsichtigte. Ich hoffe jedoch bei anderer Gelegenheit
näher auf die Geschichte des Baues der astronomischen Instrumente, welche
mit den Fortschritten der Astronomie auf das Innigste verbunden ist, zurück-
kommen zu können. Auch für den Mechaniker ist das Buch bestimmt, um
ihm die Anforderungen, welche der Astronom an seine Instrumente stellen
muss, in übersichtlicher Weise darzulegen. Aus diesem Grunde ist dem
mathematischen Formelwerk und der Rechnung kein grösserer Raum gewährt, als es die Bestimmung des Werkes nöthig machte, wenn auch heutigen Tages dieses mathematische Skelet auf den gebildeten Mechaniker
keineswegs mehr abschreckend wirken wird.

Das System, welches dem Aufbau des Buches zu Grunde liegt, geht aus dem dem Texte vorgesetzten Inhaltsverzeichniss deutlich hervor. Die Gliederung ist so gewählt, dass nach einer in der Einleitung gegebenen Erörterung der allgemeinen Principien des Baues der astronomischen Instrumente zu den Hülfsapparaten übergegangen wird, die es dem Astronomen ermöglichen, ein ihm übergebenes Instrument bezüglich seiner Ausführung und Aufstellung zu prüfen und dasselbe seinem Zwecke entsprechend zu berichtigen und zu benutzen. Daran schliesst sich auf mehrfach geäusserten Wunsch ein besonderer Abschnitt über die astronomischen Uhren, von welchem ich hoffe, dass ich bei dem Streben nach einer gewissen Vollständigkeit nicht zu ausführlich geworden bin. Sodann werden im III. und IV. Abschnitt die einzelnen Theile der Instrumente und besonders die Mikrometer in etwas grösserer Vollständigkeit auch mit Rücksicht auf die Geschichte derselben behandelt; leider war der Abschnitt „Mikrometer" schon gedruckt, als die ausführliche Monographie Prof. E. BECKER's über diese Apparate erschien. Im V. Abschnitt habe ich die jetzt stark im Vordergrund der praktischen Astronomie stehenden photographischen, photometrischen und spektralanalytischen Instrumente, soweit es im Rahmen dieses Buches möglich und angemessen war, besprochen. Ich kann dabei nicht unterlassen, den Herren des Potsdamer Observatoriums für die gütige Erlaubniss zur Benutzung mehrerer der in ihren Lehrbüchern und in den Publikationen des Observatoriums sich findenden Figuren meinen besten Dank auszusprechen.

Der VI. Abschnitt ist sodann der Beschreibung der ganzen Instrumente und ihrer Montirungen gewidmet und die Anordnung wieder von den einfacheren, in freier Hand zu gebrauchenden Reflexionsinstrumenten zu den grossen Refraktoren der Neuzeit fortschreitend getroffen. In ganz kurzen Zügen konnte im letzten Abschnitte nur noch auf die Anforderungen eingegangen werden, welche an eine Sternwarte mit Rücksicht auf deren Lage und Bauausführung gestellt werden müssen. Im Wesentlichen musste dabei den eingefügten typischen Figuren die Erläuterung überlassen werden.

Ein ausgedehntes Literaturverzeichniss hatte ich beabsichtigt dem Werke beizugeben und demgemäss die nöthigen Daten für ein solches gesammelt, aus mancherlei Gründen musste ich aber davon abstehen dasselbe anzufügen, da es für sich schon einige Druckbogen benöthigt hätte. Die benutzten Quellen hier aufzuzählen, kann um so mehr unterbleiben, als sie im Text jederzeit angeführt sind und das etwa wörtlich oder im Auszug Entnommene kenntlich gemacht ist. Es liegt in der Natur des Werkes, dass häufig die Beschreibung eines Instruments mit den eigenen Worten des Erbauers oder des mit demselben arbeitenden Astronomen am einfachsten und klarsten wiederzugeben war. Ja, es war sogar meist mein Bestreben, mich wo irgend möglich an die vorhandenen Originalarbeiten zu halten und nur in Ausnahmefällen anderweitige Referate meiner Darstellung zu Grunde zu legen. Wie es bezüglich des Textes geschehen, habe ich mich bestrebt, es in dieser Beziehung auch mit der Wiedergabe der Figuren zu halten. Weit über die Hälfte derselben ist neu hergestellt worden und zwar dann stets nach den Originalen oder nach besonders aufgenommenen Photogrammen.

Beim Abschlusse dieser Arbeit, welche das Resultat mehrjähriger Thätig-
keit ist, für deren Ausarbeitung mir leider nur die Mussestunden verblieben,
kann ich nicht umhin des thätigen Antheils Erwähnung zu thun, welchen die
Herren Dr. Grossmann, B. Meyermann und E. Jost an dem Zustandekommen des
Buches nahmen, von denen der erstere von Anfang an und die beiden anderen
Herren in späterer Zeit jedesmal die erste Revision eingehend zu lesen die
Güte hatten. Ich sage ihnen auch an dieser Stelle meinen besten Dank für
ihre freundliche Mühewaltung. Dass auch von mancher anderen Seite mir
reiche Unterstützung geworden ist, wurde bereits weiter oben berührt. Es
mag schliesslich auch nicht unerwähnt bleiben, dass meiner Frau durch Herstellung des gesammten Druckmanuskripts und durch die Kontrole aller Korrekturen eine sehr dankenswerthe Theilnahme an der Fertigstellung des
Werkes zukommt. Vor Allem aber gebührt ein wesentliches Verdienst an
seiner Entstehung dem freundlichen Entgegenkommen der Verlagshandlung,
welche keine Kosten und Mühen scheute, meine häufig hochgespannten Forderungen zu erfüllen und dem Werke eine vorzügliche Ausstattung zu geben,
die ihm, was Figurenmaterial und typographische Gestaltung anlangt, als
hervorragende Zierde dienen dürfte. Hierfür bin ich dem Herrn Verleger
zu ganz besonderem Danke verpflichtet.

Göttingen, im August 1899.

Der Verfasser.

Inhalts-Verzeichniss.

I. Band.

I. Abschnitt:

Hülfsapparate.

Berichtigungen.

Seite 40 Zeile 22 von oben lies $+$ statt $=$.

" 46 " 6 von unten lies Donkin statt Dunkin.

" 47 " 4 von oben lies Donkin statt Dunkin.

" 84 " 7 von unten lies F. Kaiser statt P. J. Kaiser.

" 92 " 22 von oben lies $+$ 0.26 statt $-$ 0,26.

" 106 in Fig. 115 fehlt am Ende der linken punktirten Linie der Buchstabe e.

" 150 Zeile 2 von oben lies ϱ statt p.

" 167 " 18 von oben lies S_1 statt S_t.

" 191 " 10 von oben lies f' statt f.

" 241 " 21 von unten lies 4.38 statt 4.48.

" 241 " 16 von unten lies 35472100 statt 35472000.

" 242 " 1 von unten lies 3.472 Gramm statt 3.742 Gramm.

" 261 " 10 von unten lies Hohwü statt Howüh.

" 253 " 17 von unten lies 1.55 statt 1.44.

" 303 " 1 von oben lies Saegmüller statt Sägmüller, die letztere unrichtige Schreibweise des Namens findet sich auch an einigen anderen Stellen des Buches.

" 315 " 17 von unten liess B statt R.

" 321 " 13 von unten lies Θ statt 2Θ.

" 364 " 18 von unten lies Rosse statt Ross.

" 370 " 4 von unten lies Lassells statt Lassels.

" 378 " 14 von unten lies 8'' statt 8'.

Einleitung.

Die Principien, welche dem Bau und der Anwendung astronomischer Instrumente zu Grunde liegen.

Die allgemeinen Grundsätze, nach denen beim Bau der astronomischen Instrumente zu verfahren ist, müssen natürlich dem Zweck dieser Apparate durchaus Rechnung tragen. Dieser ist aber zunächst gewiss der, dass der Astronom mit Hülfe seiner Instrumente zu jeder Zeit den Ort eines bestimmten Gestirns am Himmel festzulegen vermag. So wenigstens hat einst BESSEL in einem seiner interessanten Vorträge[1]) das Wesen der Astronomie gekennzeichnet, wobei er als zu deren Aufgabe allerdings auch rechnete die Vorhersagung eines solchen Ortes für einen künftigen gegebenen Moment. Die letztere Aufgabe wird ihre Lösung aber auf Grund der beobachteten Daten namentlich nur dem theoretischen Theile der Astronomie verdanken können. In der gegenwärtigen Zeit hat sich die Beobachtung aber auch noch auf die physikalischen Zustände der Gestirne erstreckt und auf diesem Gebiete wichtige Resultate zu verzeichnen. Wenn nun auch ein „Handbuch der astronomischen Instrumentenkunde" sich demgemäss nicht auf diejenigen Instrumente beschränken kann, welche der Ortsbestimmung allein dienen, wie schon bemerkt wurde, so werden wir hier doch namentlich diejenigen Principien erörtern, welche bei den der sphärischen Astronomie dienenden Apparaten in Rücksicht gezogen werden müssen. Im Grossen und Ganzen sind es ja keine anderen als diejenigen, welche überhaupt dem Bau aller Präcisionsinstrumente als Grundlage zu dienen haben.

Was sollen nun diese Instrumente eigentlich leisten? Sie sollen es, wie gesagt, dem astronomischen Beobachter ermöglichen, zu einer bestimmten Zeit den Ort eines jeden Gestirns am Himmel festzulegen. Das kann aber nur geschehen, indem man denselben seiner Lage nach auf einen bekannten Ort oder auf ein anderweitig bestimmtes System von Ebenen bezieht, d. h. seine angulären Distanzen — denn um solche kann es sich hier stets nur handeln — von diesen Ebenen misst. Solcher Systeme von Ebenen, vermittels derer man die Himmelssphäre auch zugleich eintheilt, benutzt man im Allgemeinen drei.

1. Die Ebene der Ekliptik und die auf ihr senkrecht stehenden grössten Kreise, welche sich alle in der die beiden Pole der Ekliptik verbindenden Linie schneiden.

---

[1]) F. W. Bessel, Populäre Vorlesungen, herausgegeben von H. C. Schumacher, Hamburg 1848. 1. Vortrag.

Dieses System liefert uns die Längen (λ) und Breiten (β) der Gestirne. Es steht heutigen Tages nur noch in den theoretischen Theilen der Astronomie in Verwendung, da seine Grundebene, die Ebene der Erdbahn (für ein bestimmtes Equinox) ist, und es somit für die Berechnungen der Bahnen von Planeten, Kometen etc. bedeutende Vortheile bietet.

2. Das System, welches gebildet wird durch die bis an das scheinbare Himmelsgewölbe ausgedehnte Ebene des Erdäquators und der darauf senkrechten grössten Kreise (Stundenkreise), welche dann den Meridianen der Erde entsprechen würden und sich alle im Nord- und Südpol des Himmels schneiden, (d. h. in den Punkten, in denen die verlängerte Erdaxe das Himmelsgewölbe treffen würde). Die Beziehungen eines Sternortes zu diesem System liefern uns die Rektascensionen (α oder A. R.) und Deklinationen (δ), indem wir die Distanz eines Gestirnes vom Aequator als dessen Deklination und seinen Abstand von einem gewissen ersten Stundenkreis als Rektascension (Gerade Aufsteigung) bezeichnen. Als solchen ersten Stundenkreis wählt man denjenigen, welcher durch den Durchschnittspunkt der Ekliptik mit dem Aequator geht, in welchem die Sonne bei ihrem scheinbaren Fortschreiten in der Ekliptik von der südlichen Hälfte der Sphäre auf die nördliche übertritt, den sogenannten Frühlingsanfangspunkt.[1]) Nach Rektascension und Deklination pflegt man gegenwärtig die Orte der Gestirne anzugeben, und dem entsprechend giebt man auch einem grossen Theile der astronomischen Instrumente eine solche Einrichtung, dass man mittelst derselben diese „Koordinaten" eines Gestirnes direkt bestimmen kann.

3. Ein drittes und ebenso wichtiges System von Koordinaten ergiebt sich dadurch, dass man den Horizont des Beobachtungsortes als Grundebene wählt, und die auf diesem senkrechten Höhenkreise, welche sich im Zenith und Nadir schneiden, als zweite Koordinate. Durch diese Eintheilung erhält man Azimuth (a) und Höhe (h) eines Gestirnes und zwar, da sich der Horizont mit der Drehung der Erde um ihre Axe in einem Tage einmal durch alle Stellen des am betreffenden Orte sichtbaren Theiles des Himmels hindurchbewegt, abhängig von der im Messungsmomente stattfindenden Ortszeit.

Die Azimuthe werden vom Südpunkt oder Nordpunkt aus gezählt und die Höhen, oder ihre Komplemente die Zenithdistanzen (z) vom Horizonte resp. dem Zenithe aus; während der Anfangsmoment für die Zählung der Zeiten von den Astronomen gewöhnlich auf den mittleren Mittag gelegt wird, um nicht während der Nacht das Datum wechseln zu müssen. Ausserdem pflegt man bei astronomischen Zeitangaben die Stunden von 0^h—24^h durchzuzählen, was eine Unterscheidung zwischen Vor- und Nachmittag unnöthig macht. Ortsbestimmungen nach Höhe und Azimuth müssen also ausserdem noch eine genaue Zeitangabe enthalten, aber gerade dadurch stellen sie die Verbindung zwischen dem bekannten Ort eines Gestirnes und dem gesuchten Erdort oder umgekehrt her.

---

[1]) Da dieser Ort sich im Laufe der Zeit gegen die Sterne verschiebt, so muss zu genauer Angabe noch die Zeit hinzugefügt werden, für welche dieser Durchschnittspunkt gelten soll.

Sowohl aus diesem Grunde als auch weil bei allen Ortsbestimmungen am Himmel, mögen sie sich nun auf die sogenannten Fixsterne oder gar auf Planeten, Kometen u. dergl. beziehen, die Angabe der Beobachtungszeit von grosser Wichtigkeit ist, so gehören zu den astronomischen Instrumenten auch genau gehende Uhren. Diese müssen den höchsten Anforderungen genügen und sich durch einen gleichförmigen Gang auszeichnen, um den Astronomen in den Stand zu setzen mit Leichtigkeit die gewünschte Zeitangabe durch sie zu gewinnen.

Die astronomischen Instrumente bestehen gemäss dem Obigen im Princip aus einer Anzahl von Linien, welche physisch dargestellt werden durch die Drehungsaxen der Instrumententheile und die Absehenslinie eines Fernrohres (auch wohl Diopters oder dergl.). Diesen werden bei der Beobachtung bestimmte Lagen im Raume gegeben, welche einmal bedingt sind durch das Koordinaten-system, auf welches der Ort des beobachteten Gestirns bezogen werden soll, und zweitens durch die Richtung nach diesem selbst. Die ersteren Axen müssen bestimmte feste Lagen erhalten, es sind dieses für die auf dem System des Horizontes beruhenden Instrumente die horizontale und die vertikale Axe; für diejenigen aber, mittelst deren man die Sternorte direkt bezogen auf das System des Aequators bestimmt, die Polaraxe und die zu ihr senkrecht stehende Deklinationsaxe. Die die Richtung nach dem Gestirn angebende Axe wird durch die Visirvorrichtung (Diopter, Fernrohr etc.) gebildet. Es ist also nöthig, dass die Axen frei gegen einander beweglich sind und dass sie auch bei ihrer Drehung die eben angegebenen Lagen beibehalten; sie müssen deshalb insofern fest mit einander verbunden sein, dass sie sich nur unter Innehaltung der ihnen durch die Theorie des Instrumentes gegebenen Lagen bewegen können. Die Verschiedenheit in der Richtung der Axen zu einander, und die der Richtung der Visirlinie gegen die entsprechenden Grundebenen, d. h. die Winkel zwischen diesen, werden gemessen durch getheilte Kreise, welche mit den Axen so verbunden sind, dass die geo-metrischen Centrallinien der Letzteren in der Mitte der entsprechenden Kreise senkrecht stehen, mithin also immer die Grösse der Drehung der einen der-selben um die andere an dem auf Letzterer senkrecht stehenden Kreise ab-gelesen werden kann. Diese Winkelmessungen werden aber nur dann unter allen Umständen richtig sein, wenn die in gleiche Intervalle eingetheilten Kreise auch stets ihre senkrechte Stellung zu den entsprechenden Axen bei-behalten und auch gezwungen sind, bei gleichen Drehungen der Axen gleiche Winkelwerthe anzugeben, d. h. mit den betreffenden Axen oder den sich um diese drehenden Alhidaden fest verbunden sind. In der Praxis sind diese Forderungen streng fast nie zu erreichen, und selbst, wenn es einmal gelungen sein sollte, die gegenseitige Lage genau herzustellen, so werden sofort wieder äussere Einflüsse sowohl, als auch die Massenverhältnisse der Instrumenten-theile selbst (Temperaturänderungen, Durchbiegung etc.) dahin wirken, den normalen Zustand zu stören. Es ist deshalb erforderlich, den Bau der Instrumente so anzuordnen, dass entweder die gegenseitigen Lagen der Axen in geringen Grenzen durch den Beobachter selbst korrigirt werden können, oder man mit den Instrumenten die Beobachtung so anordnen kann, dass

die etwa noch vorhandenen Fehler leicht bestimmt und in Rechnung gezogen
werden können oder dass drittens die Beobachtungen sich nach solchen
Methoden ausführen lassen, welche das Resultat unabhängig von den Fehlern
des benutzten Instrumentes machen.[1]) Aus den angeführten Gründen wird es
auch durch etwaige Korrektionseinrichtungen nie möglich sein, auf längere
Zeit hin die Fehler der Instrumente ganz zu beseitigen, auch kann eine Be-
stimmnng derselben ihren Werth nur für kurze Zeit richtig liefern. Es ist
deshalb der dritte Weg zur Erlangung möglichst zuverlässiger Beobachtungen
der beste und erst in zweiter Linie sind Beobachtungsmethoden und Instrumenten-
konstruktionen zu empfehlen, welche nur durch die Fehlerbestimmung allein
zu den wahren Richtungen im Raume führen. Gewöhnlich, und das soll
immer angestrebt werden, sind die Instrumente aber so einzurichten, dass
man sowohl die Grösse der Fehler bestimmen, als diese auch durch die
Methode des Beobachtens eliminiren kann. Als dahin gehörendes Beispiel
mag auf die Ausführung einer Zeitbestimmung mittelst eines fehlerhaften
Passageninstrumentes hingewiesen werden. Die Kollimation kann durch Umlegen bestimmt und auch eliminirt werden, ebenso das Azimuth und die
Neigung durch die Wahl der Gestirne nahe dem Zenith resp. nahe dem
Horizonte.

Ein wesentliches Mittel zur Herbeiführung der Elimination der Fehler
ist die durchaus symmetrische Anordnung der einzelnen Instrumententheile, so
weit es ihre Form, ihre Lage zum ganzen Instrumente und die Masse desselben betrifft. Erst in den letzten Jahrzehnten hat man dieses als einen
Hauptgrundsatz bei dem Bau der grösseren astronomischen Instrumente erkannt und beachtet. Während z. B. früher häufig Meridiankreise nur auf
einer Seite der Axe einen Kreis trugen, bringt man jetzt stets zwei solcher
von gleicher Form und Schwere zu beiden Seiten des Fernrohres an.

Bei den Kreisen ist Vorsorge zu tragen, dass die Feststellung der Nullpunkte für den Ausgang der Winkelmessung immer mit besonderer Sorgfalt
festgestellt werden kann. Da eine solche Bestimmung meist sehr schwierig
ist, wird darauf Bedacht zu nehmen sein, den gemessenen Winkel soviel wie
möglich von diesem Punkte des Kreises unabhängig zu machen. Es mag
das z. B. dadurch geschehen, dass man, wie bei Spiegelkreisen, das Instrument
so baut, dass der betreffende Winkel nach beiden Seiten vom Nullpunkte
aus auf der Theilung gemessen werden kann. Ist dann der auf dem Kreise
mit 0 bezeichnete Strich nicht derjenige, für welchen auch die Stellung der
Alhidade den Winkel 0^0 angeben soll, so wird man auf der einen Seite
einen zu grossen Winkel, auf der anderen aber einen um ebenso viel zu
kleinen ablesen, falls sonst keine Fehler vorhanden sind. Das Mittel aus
beiden Messungen macht das Resultat vom Nullpunkt unabhängig. Ebenso
ist auf die Art, wie man Zenithdistanzen mit einem Universal-Instrument oder
Höhenkreis zu messen pflegt, hinzuweisen, wobei auch der genaue Zenithpunkt des Kreises nur eine untergeordnete Rolle (der Refraktion wegen) spielt.[2])

---

[1]) Solange diese kleine Beträge nicht überschreiten.
[2]) Abgesehen von der Kontrole des Instrumentes.

Auch die hauptsächlichsten Fehler der Theilungen können unschädlich gemacht werden, wenn die Kreise mit den betreffenden Axen so verbunden werden, dass man die Ausgangsstriche für die Messungen periodisch vertauschen kann. Es geschieht dies dadurch, dass die Kreise auf den Axen leicht um bestimmte Winkel $\left(\dfrac{360°}{n}\right)$ gedreht und wieder festgestellt werden können. Das Alles zeigt zur Genüge, wie sehr man bestrebt sein muss darauf auszugehen, die Fehler der Instrumente für die Resultate der Beobachtungen unschädlich zu machen.

Die einzelnen Künstler, namentlich in den verschiedenen Ländern, hatten früher, mehr noch als es jetzt der Fall sein mag, besondere Konstruktionseigenthümlichkeiten, um die astronomischen Instrumente mit denjenigen Eigenschaften auszustatten, welche der Beobachter von ihnen verlangen muss, und die sich besonders auf Festigkeit d. h. Unveränderlichkeit der einzelnen Theile sowohl in sich als zu einander, auf korrigirbare oder ein für alle Mal berichtigte Stellung der Axen zu einander und auch auf Aufstellung der grösseren Instrumente beziehen. Es dürfte schwer sein die Vortheile der einen Bauart gegen andere mit Sicherheit und auch mit voller Unparteilichkeit abzuwägen. Die Engländer glaubten früher durch geeignete Verbindung vieler gut abgepasster Theile zu einem Instrumente diesem besondere Stabilität etc. zu eigen zu machen, während die Deutschen auch heute noch möglichst gut bearbeitete grosse Theile lieber verwenden und diesen unter Wahrung der Eleganz die nöthige Stärke geben. Auf das Äussere der Instrumente wird in England sowohl als auch in den heute auf hoher Stufe stehenden amerikanischen Werkstätten erst in zweiter Linie Werth gelegt. Der eine Künstler strebt dahin, dass alle Bewegungen, namentlich der grossen Instrumente vom Okular aus bewerkstelligt werden können, der andere scheut wieder die dadurch bedingte komplicirte Anordnung gewisser Theile und opfert die Bequemlichkeit des Beobachters der einfachen Konstruktion. Als einen Vorzug, namentlich amerikanischer und englischer grosser Instrumente, möchte ich hier schon erwähnen die groben, für die schnelle Einstellung bestimmten Theilungen der Aufsuchekreise, während andererseits dadurch natürlich der Gesammteindruck eines eleganten Repsold'schen Äquatoreals nicht erzielt werden kann.

Ohne mich hier weiter auf solche Einzelheiten einzulassen, möchte ich nur erwähnen, dass sehr häufig die Tradition einer bestimmten „astronomischen Schule" oder die Gewohnheit des einzelnen Beobachters bei der Abschätzung der Vortheile und Nachtheile der Konstruktion einen grossen Einfluss gewinnt. Im Allgemeinen kann aber für den Bau astronomischer Instrumente, sowie für den aller Präcisionsapparate behauptet werden, dass die einfachste Konstruktion, die gleichförmige Anordnung sämmtlicher Theile unter sonst gleichen Umständen immer die beste sein wird, weil sie am wenigsten von Störungen beeinflusst werden kann.

Sowohl nach Zweck und Anordnung unterscheiden sich die astronomischen Instrumente von einander, deshalb ist auch demgemäss ihr Bau und ihre Aufstellung einzurichten. Die einen sollen eine feste Aufstellung erhalten, die anderen müssen einen Transport ohne Nachtheil überstehen können und

möglichst sofort wieder zur Arbeit brauchbar sein. Während das Material
für die astronomischen Instrumente heutigen Tages fast ausschliesslich aus
Metallen besteht, hat man früher vielfach Holz verwendet, selbst die Rohre
der Fernrohre werden jetzt nur noch selten aus Holz verfertigt. Es ist dieser
Uebergang durch die höheren Anforderungen, welche man an die Unveränderlichkeit der Instrumente stellen musste, bedingt gewesen oder eigentlich
besser gesagt dadurch, dass man die unvermeidlich eintretenden Änderungen
der Konstruktionstheile der Rechnung unterwerfen · musste, was bei Holz
kaum, bei Metall aber leicht durchführbar sein kann. Namentlich der Einfluss der Temperatur, deren Schwankungen eine der erheblichsten Fehler-
quellen bei astronomischen Beobachtungen bilden, lässt sich für Holz oder
andere organische Materialien nicht exakt verfolgen. Dazu kommt noch die
gegenwärtig der Technik mögliche vorzügliche und leichte Bearbeitung der
Metalle, welche daher neben dem Glas für die optischen Theile der Instrumente
den unbestreitbarsten Vorzug verdienen.

Je nach dem Zweck der einzelnen Theile eines Instrumentes macht man
diese aus Stahl, Messing oder einer anderen Legirung aus Kupfer mit Zink oder
Zinn.[1]) Weiterhin finden Silber, Platin, in neuerer Zeit auch Aluminium und
einige andere Edelmetalle vielfach, wenn auch nur zu ganz bestimmten Theilen
Verwendung (Theilungen, Linsenfassungen etc.). Aus Stahl werden namentlich die Axen und Schrauben der Instrumente, aus Gusseisen oder Schmiede-
eisen die schweren Stative, Hebeleinrichtungen u. dergl. angefertigt, während
die Untergestelle kleinerer Universale, so wie die feineren Theile als Kreise,
Alhidaden, Fernrohrtuben, Mikroskope und Lupenfassungen etc. aus Messing
hergestellt zu werden pflegen. Die Theilungen der Kreise, der Mikrometer-
trommeln u. dergl. werden auf eingelegten Silberstreifen oder auf der ver-
silberten Oberfläche des Messings aufgetragen. Es ist selbstverständlich, dass
nur durchaus homogenes Metall, soweit die Technik im Stande ist, solches
herzustellen und der Prüfung zu unterwerfen, zu den einer besonderen Belastung ausgesetzten Theilen, oder zu den feineren messenden Apparaten verwendet werden soll. Abgesehen von äusseren Gründen für diese Forderung
wird auch die Wirkung der Temperatur, der Schwere (Biegung), ja unter
Umständen auch die des Luftdruckes und der Atmosphärilien auf inhomogenes
Material nicht eine den nach allgemeinen Principien aufgestellten Rechnungsvorschriften entsprechende sein. Es würden dadurch die auf rechnerischem
Wege aus einer Reihe einzelner Beobachtungen abgeleiteten Korrektionen
nicht dem unstetigen Verlauf der Änderungen am Instrumente entsprechen,
also nicht die Beobachtungen zu verbessern vermögen. Es kann als ein
ganz besonders hervortretender Charakterzug der gegenwärtigen Epoche der
praktischen Astronomie angesehen werden, dass man ganz allgemein den oben
als zweite und dritte Methode der Beobachtungskunst angegebenen Weg
gleichzeitig beschreitet; d. h. für jede Beobachtung möglichst die eben gültigen
Fehler des Instrumentes bestimmt und dieselben bei der Ableitung des
Resultates in Rechnung bringt, um dieses davon zu befreien; trotzdem aber

---

[1]) Kanonen- oder Glockenmetall, Rothguss etc.

auch die Methode der Beobachtung so anordnet, dass sich im Endresultate die gefundenen Korrektionen wieder so weit als möglich aufheben. Es ist deshalb aber nicht weniger nöthig, die Verbindung der einzelnen Theile der Instrumente so stabil als nur möglich zu machen; denn nur dann werden die Fehler konstant bleiben, oder es wird ein gleichmässiger Verlauf derselben zu erwarten sein. Ein solcher bietet heute die beste Kritik für die Güte eines Instrumentes dar.

Demgemäss ist in unseren Tagen die allseitige Untersuchung eines Instrumentes eine der Hauptarbeiten des beobachtenden Astronomen; so wie es aus der Hand auch des besten Mechanikers kommt, wird jetzt kein Astronom ein Instrument als fertig zur Beobachtung ansehen. Die Untersuchung eines Meridiankreises, eines Refraktors oder gar eines Heliometers in allen seinen Theilen ist oft eine sehr schwierige und äusserst zeitraubende Arbeit. Sie ist aber unbedingt nöthig, wenn die mit denselben erlangten Beobachtungen das ihnen sachgemäss zukommende Vertrauen beanspruchen sollen. Nicht nur für einen gewissen Zustand ist das Verhalten des Instrumentes zu untersuchen, sondern unter möglichst verschiedenen Verhältnissen (bezügl. Temperatur, Luftdruck, Stellung der einzelnen Theile etc.) ist diese Untersuchung zu wiederholen, und auf Grund einer grossen Anzahl solcher Beobachtungsreihen ist abzuleiten, wie sich die einzelnen Fehler des Instrumentes verändern, und in welcher Abhängigkeit von äusseren und inneren Einflüssen sie stehen. So bildet man sich dann mit Hülfe bekannter physikalischer Gesetze empirische Ausdrücke, nach denen man im Stande ist, später für jeden gegebenen Zustand oder jede Lage des Instrumentes die jeweils in Betracht kommende Korrektion der reinen Beobachtungsdaten zu berechnen.

Um solche Untersuchungen auszuführen, bedarf man einer grösseren Zahl von Hülfsinstrumenten, welche zum Theil in den Rahmen unserer späteren Betrachtungen fallen, zum Theil aber auch mehr den verwandten Zweigen der Naturforschung angehören. Zu ersteren sind zu rechnen die Einrichtungen, welche die Untersuchung gewisser Theile der Instrumente selbst ermöglichen, als da sind Niveau, Kollimatoren, Miren etc. Zu den letzteren gehören Thermometer, Barometer und andere meteorologische und physikalische Instrumente. Auch die Untersuchung dieser Nebenapparate ist in vielen Fällen Sache der Astronomen.

Instrumente, welche an festen Observatorien zu fundamentalen Bestimmungen der Orte der Gestirne dienen, stellt man jetzt meist zu ebener Erde oder, wenn es die Verhältnisse durchaus erfordern, doch nur sehr wenig über dem Erdboden auf. Die feste Aufstellung spielt eine grössere Rolle, als die ganz freie Aussicht nach allen Theilen des Horizontes. Ueberdies ist eine solche bei Instrumenten für absolute Bestimmungen meist nur noch im Meridian erforderlich.

Starke, auf gutem Untergrund fest fundirte Pfeiler bilden die Unterlage. Diese tragen entweder die Lager für die Axen des Instrumentes direkt, wie es bei den grossen Meridiankreisen und Passageninstrumenten der Fall ist, oder es ruht auf ihnen nur das Stativ des eigentlichen Instrumentes, welcher Fall bei kleineren Meridianinstrumenten und bei den meisten parallaktisch

montirten Fernrohren vorkommt. Für die letzteren führt man die Pfeiler
auch meist etwas höher hinauf, etwa 2—3 Stockwerke, sodass es möglich ist,
mit diesen Instrumenten über die übrigen Gebäude der Sternwarte frei hin-
wegsehen zu können. Die Konstruktion der einzelnen Pfeilerbauten und der
für die freie Aussicht nach allen Theilen des Himmels nöthigen Kuppelbauten
wird uns in einem späteren Kapitel eingehend beschäftigen, ebenso auch die
besonderen Aufstellungsräume, welcher man für die Meridianinstrumente
bedarf.

Die allgemeinen Principien, nach denen man diese Bauten ausführen sollte,
sind dadurch kurz zu kennzeichnen, dass die Räume eigentlich nur als Schutz
für die Instrumente zu denken sind, im übrigen aber so angelegt sein sollen,
dass sich die atmosphärischen Verhältnisse in ihrem Inneren (namentlich
Temperatur) so wenig wie nur immer möglich von den sie umgebenden
äusseren Luftschichten unterscheiden. Es sind daher alle dicken Mauern,
engen Spalten für den freien Ausblick, sowie schlechte und langsame
Ventilation durchaus zu vermeiden und danach zu streben, einen möglichst
schnellen Temperaturausgleich herbei zu führen. Auch die Einflüsse etwaiger
Strahlung der Wände oder der Pfeiler selbst auf die auf oder zwischen ihnen
aufgestellten Instrumente müssen mit allen zu Gebote stehenden Mitteln abgeschwächt oder ganz unmöglich gemacht werden. Es wird sich später
zeigen, welche Mittel zu diesem Behufe angewendet worden sind und wie man
diese Frage bei dem gegenwärtigen Stand der Instrumententechnik zu lösen
versucht. Nach allem Diesem ist es ersichtlich, dass der Bau eines muster-
gültigen Observatoriums und die Aufstellung der Instrumente in einem solchen
mit der grössten Vorsicht ausgeführt werden muss, und dass Erfahrungen
aller Art dabei zu Rathe gezogen werden müssen, wenn die später zu erlangenden Beobachtungen den höchst erreichbaren Genauigkeitsgrad erhalten sollen.

Wenn so in grossen Zügen die Hauptpunkte erwähnt wurden, welche
beim Bau und Gebrauch der astronomischen Instrumente massgebend sein
sollen, so ist dabei doch noch nicht eines Umstandes Erwähnung gethan,
welcher ebenfalls die Resultate einer Beobachtung zu trüben vermag und
dessen Eliminirung man erst in den letzten Jahren, nachdem man mehr und
mehr darauf aufmerksam geworden ist, angestrebt hat. Ich meine damit die
Fehler, welche die Unvollkommenheit unserer Sinne in die Beobachtungen
hineinträgt. Instrument und Beobachter machen sowohl in der Astronomie
als auch in mancher anderen Wissenschaft (Physiologie etc.) gewissermassen
zwei Theile eines Mechanismus aus, welche beide fehlerhaft funktioniren
können. Was das Instrument anlangt, ist schon besprochen; in wiefern aber
unsere Sinne nicht gleichmässig oder nicht momentan funktioniren, mussten
erst die feinsten Beobachtungen lehren, und dann erst war man im Stande
auf Mittel zu denken, welche hier Abhülfe schafften. Ich will an dieser
Stelle nur auf zwei solche Fälle aufmerksam machen, es wird sich später
Gelegenheit bieten, darauf zurückzukommen. Die Eindrücke, welche das
Auge empfängt bei der Beobachtung eines Sternes in einem Passageninstrument
sind in Vergleich zu setzen mit denjenigen, welche das Ohr durch die Schläge

der Uhr empfängt, oder mit denjenigen, welche vermittelst der Hand auf
einem Registrirapparat markirt werden können. Es zeigt sich nun, dass die
Zeit, welche nöthig ist, um diese Eindrücke zwischen Auge und Ohr oder
Auge und Hand zu vermitteln, bei verschiedenen Beobachtern sehr verschieden sein kann, ja dass sie bei ein und demselben Beobachter variirt,
nicht nur gemäss persönlicher momentaner Disposition, sondern auch mit der
Art und der Bewegungsform des beobachteten Gegenstandes. So kommt es,
dass ganz ähnliche Beobachtungen verschiedener Astronomen oder solche zu
verschiedenen Zeiten ausgeführte nicht unmittelbar mit einander vergleichbar
sind, sondern dass man auch hier mit grosser Vorsicht und Kritik verfahren
muss oder dass man auf Mittel sinnen muss, solche Unterschiede für das
Beobachtungsresultat unschädlich zu machen. Wir werden sehen, dass man
solche Einrichtungen zu treffen vermag. Waren in diesem Beispiel noch
zwei verschiedene Sinne in Verbindung zu setzen, so treten auch ähnliche
Unterschiede z. B. im Auge allein auf, wie sich mehrfach ergeben hat. Wenn
man Unterschiede der Richtungen zwischen der Verbindungslinie zweier
Sterne, die nahe bei einander stehen (Doppelsterne), und einer festen Richtung (Positionswinkel) zu messen hat, so hängt die Grösse des gefundenen
Winkels bei verschiedenen Beobachtern mehr oder weniger von der Lage
der in Betracht kommenden Richtungen zur Verbindungslinie der beiden
Augen des Beobachters ab. Auch diesen physiologischen Fehler hat man
durch geeignete Einrichtung (Reversionsprisma etc.) unschädlich gemacht
und dadurch zugleich das Mittel geschaffen, den Betrag desselben selbst zu
finden und die Art seiner Abhängigkeit und andere Umstände zu prüfen. —
Es ist aus diesen Gründen einleuchtend, dass heute der Astronom an den
Bau und die Anordnung seiner Instrumente ganz andere Anforderungen stellen
muss, als es in den Tagen eines BRADLEY der Fall war, ja noch zu BESSELS
Zeiten war es die Genialität des einzelnen Beobachters, welche mit verhältnissmässig einfachen ihm von der Hand des Künstlers gelieferten Apparaten
Grosses leistete. Die sinnreichste Anordnung und Ausführung jeder einzelnen
Beobachtung ersetzte oft bei Aufwand grosser Zeit und Ausdauer die Wirkung
mancher komplicirteren Einrichtung der Neuzeit. Manches Beobachtungs-
datum, welches heute auf rein mechanischem Wege gewonnen wird, konnte
damals nur durch die persönliche Schulung des Astronomen erlangt werden.
Es kann mir natürlich nicht im Entferntesten in den Sinn kommen, diese
Errungenschaften der Technik und der Beobachtungskunst gering zu achten,
aber in manchen Fällen leistet der denkende Mensch doch mehr als ein
todter Mechanismus, wenn auch jener Methode alle persönlichen Fehler noch
im gewissen Grade anhaften. Es sind namentlich die Fortschritte, welche
man mit Hülfe der immer mehr verfeinerten und zweckmässiger gestalteten photographischen Verfahren sowohl in Bezug auf die Stellarastro-
nomie als auch auf dem weit ausgebauten Gebiete der Astrophysik errungen
hat, die die sichtende und kritische Arbeit des Beobachters am Fernrohre
durch die unbeirrt von physiologischen Einflüssen wirkende photographische
Platte zu ersetzen bestrebt sind. Eine grosse Reihe von Instrumenten verdankt
diesem Zweige der astronomischen Thätigkeit ihre Entstehung. Das Obser-

vatorium im eigentlichen Sinne tritt mit dem chemischen Laboratorium und
dem physikalischen Kabinet in direkte Beziehung. Was der Beobachter in
der Nacht dem Himmel — ablauscht oder absieht darf man dann nicht mehr
sagen, sondern — nachbildet, erhält am Tage erst Gestalt und Deutung,
dann tritt das Mikroskop an die Stelle des Fernrohres, und die mühevolle
Ausmessung des gesicherten Himmelsbildes kann mit voller Ruhe und unabhängig vom wechselnden Charakter der Witterung ausgeführt werden. So
wird bald ein ungeheures Material der Ausnutzung harren. Werden aber
durch die Herbeischaffung desselben die intellektuellen Fähigkeiten unserer
Astronomen auch auf diejenigen Wege geleitet, welche einen BRADLEY, einen
BESSEL zum Ruhme führten? Das zu untersuchen, ist hier nicht unsere Aufgabe, sondern vielmehr wollen wir eindringen in die sinnreiche Konstruktion
der vielen Apparate, welche heute dem beobachtenden Astronomen zur Verfügung stehen und welche ihm gestatten, bei sicherer und planmässiger Aus-
nützung derselben unsere Wissenschaft nach allen Richtungen ihres umfangreichen Gebietes zu fördern und auszubilden, ihn langsam einer immer einheitlicher sich gestaltenden Naturerkenntniss entgegenführend!

Hülfsapparate.

Erstes Kapitel

Die Schrauben.

Die in dem Gebiete, auf welches sich unsere Betrachtungen erstrecken sollen, vorkommenden Schrauben bestehen ihrem Materiale nach wohl ausschliesslich aus Metallen und zwar entweder aus Messing oder Eisen resp. Stahl. Sind die Schrauben aus letzterem, so werden sie gewöhnlich, soweit sie nicht zum Messen dienen sollen, blau angelassen, um die Nachtheile der zu grossen Härte, sowie die Rostbildung etwas zu vermindern. — Das Wesen einer Schraube braucht hier wohl nicht eingehender erörtert zu werden, da ja allgemein bekannt ist, dass eine Schraube durch die Aufrollung einer schiefen Ebene um einen Kreiscylinder zustande kommt. Die Fläche der schiefen Ebene bildet dann den sogenannten Gang der Schraube und die Höhe der schiefen Ebene die Ganghöhe. Die Aneinanderreihung einer Anzahl von Gängen nennt man ein Gewinde. Befindet sich ein solches Gewinde auf der Aussenfläche des Cylinders, so hat man die sogenannte Schraubenspindel; befindet es sich auf der inneren Seite, so bildet es die sogenannte Schraubenmutter. Erst Schrauben-Spindel und -Mutter zusammen als Ganzes können die Wirkungen, welche man durch die Schraube erzielen will, hervorbringen. Sollen diese Wirkungen in vollkommener Weise eintreten, so ist erforderlich, dass die beiden Bestandtheile des Schraubenapparates bestimmte Bedingungen erfüllen müssen. Diese lassen sich etwa durch folgende Sätze ausdrücken:

1. Die Steigung der „Schiefen Ebene", aus welcher die Gewinde von Schraubenspindel und Schraubenmutter bestehen, d. h. also die Steigung des Schraubenganges muss an allen Stellen eines Umganges sowohl, als auch bei allen Umgängen derselben Schraube genau die gleiche sein. Ist h die Ganghöhe und D der Durchmesser der Spindel, so muss stets $\frac{h}{D\pi}$ resp. $\frac{h}{D} = k$, d. h. gleich einer Konstanten sein.

Dieser Ausdruck bezieht sich nur auf die Steigung der Schraube. Der Steigungswinkel der einzelnen Theile einer Windung ist natürlich ein verschiedener, je nachdem das betrachtete Windungselement einen kleineren oder grösseren Abstand von der Spindelaxe besitzt; doch auch dieser Winkel muss für die ganze Ausdehnung eines vollen Umlaufes des betreffenden Windungselementes derselbe bleiben.

Von dieser Anforderung sind allerdings diejenigen Schrauben auszuschliessen, welche unter dem Namen der „Holzschrauben" allgemein

bekannt sind und deren Verwendung in der Feintechnik nur eine untergeordnete Rolle spielt. Ich werde mich begnügen, dieser Schraubengattung

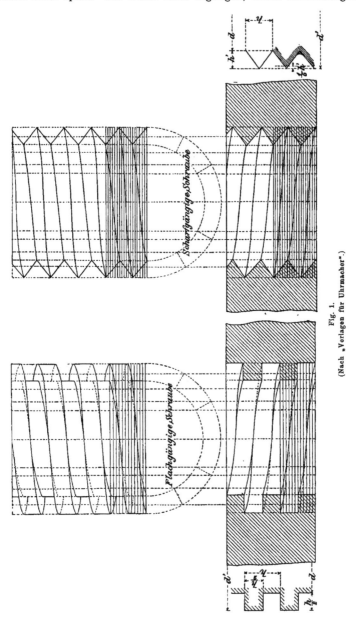

Fig. 1.
(Nach „Vorlagen für Uhrmacher".)

hier nur der Vollständigkeit wegen mit gedacht zu haben, indem ich noch
anführe, dass bei diesen die Ganghöhe im Allgemeinen wohl dieselbe bleibt,
das einzelne Gewindeelement aber nicht um einen Cylinder herum aufgewickelt

erscheint, sondern um einen Konus von verhältnissmässig kleinem erzeugenden Winkel.[1]

2. Die Axe der Spindel sowohl wie diejenige des Muttergewindes müssen gerade Linien sein, und beide Axen müssen beim Gebrauche unbedingt zusammenfallen. Die zur Schraubenaxe parallele Projektion der Gewindeelemente auf eine zu dieser Axe senkrechte Ebene müssen sowohl für Schraubenspindel als für Schraubenmutter koncentrische Kreise sein; Fig. 1 giebt dieser Bedingung durch eine projektive Schraubendarstellung Ausdruck.

3. Das Gewinde der Schraubenspindel muss dasjenige der Schraubenmutter in allen ihren Theilen und in jeder Lage beider Theile zu einander ganz ausfüllen.[2] Ist diese Bedingung nicht erfüllt, und bleibt ein grösserer oder kleinerer Spielraum, so entsteht derjenige Fehler der Schrauben, welchen man mit dem Namen des todten Ganges bezeichnet. Es ist nun technisch kaum möglich, die vorstehende Bedingung

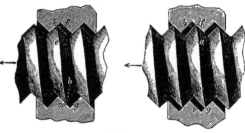

Fig. 2.

wenigstens auf die Dauer ganz zu erfüllen; denn auch eine zu Anfang vollkommene Schraube (etwas „Luft" muss auch die beste Schraube haben, falls sie sich überhaupt in ihrer Mutter drehen lassen soll) wird sich bei häufigem Gebrauche in ihrer Mutter je nach dem benutzten Materiale ausschleifen und so später einen „todten Gang" besitzen. Es ist daher bei der Verbindung der Schrauben mit den zu bewegenden Instrumententheilen darauf zu sehen, dass durch geeignete Vorrichtungen (Federn u. dgl.) dieser „todte Gang" möglichst verringert oder doch in seiner Wirkung unschädlich gemacht wird. Die Art und Weise, wie der todte Gang zwischen Schraube und Muttergewinde zur Wirkung kommt, tritt in den Fig. 2, welche einem Aufsatze von Prof. KNORRE in der Zeitschrift für Instrumentenkunde entnommen sind, recht deutlich hervor. Zwei besondere Einrichtungen, welche die Einwirkung dieses Schraubenfehlers unschädlich machen, sind in den Fig. 3 und 4 dargestellt. Dieselben werden ohne weitere Beschreibung verständlich sein.

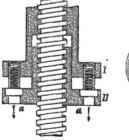

Fig. 3.

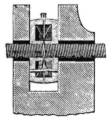

Fig. 4.

---

[1] Vergl. auch über d. geom. Auffassung d. Schrauben: Reuleaux, Der Konstrukteur, S. 197ff.

[2] Bei einigen Schraubenarten sind die Windungen der Schraubenspindel an ihrer äusseren Kante etwas abgeflacht und füllen dort das Muttergewinde nicht ganz aus.

4. Die Schrauben müssen die ihrem jeweiligen Zwecke entsprechende Spindelstärke und Materialfestigkeit besitzen, um auf die Dauer den obigen Bedingungen entsprechen zu können, wozu auch die durchaus saubere und glatte Beschaffenheit der Gewindeoberflächen gehört.

Es ist an dieser Stelle vielleicht darauf aufmerksam zu machen, dass die Herstellung der Schrauben nur durch ein wirkliches Schneiden und nicht durch ein Herausquetschen des Materials zu geschehen hat.[1]) Auf die Vorsichtsmassregeln, welche man bei der Anfertigung besonders feiner und gleichmässiger Schrauben, die zum Messen dienen sollen, zu beachten hat, wird an späterer Stelle noch besonders hingewiesen werden.

Ausser dem Gewinde befindet sich an der Schraubenspindel noch der sogenannte Kopf der Schraube, um diese mit der Hand oder einem Hülfsinstrumente in der Mutter drehen zu können, falls die letztere fest liegt. Andererseits giebt man der Schraubenmutter bestimmte äussere Formen oder andere Einrichtungen, um sie um die Spindel drehen zu können.

Der Kopf der Schraube kann verschiedene Formen haben, welche sich je nach dem Zweck derselben richten.

1. Der konische Schraubenkopf (Fig. 5).

Derselbe kommt nur bei Befestigungsschrauben vor, und wird durch eine direkte Fortsetzung des oberen Theiles der Spindel gebildet, welche sich in Form eines abgestutzten Kegels an diese anschliesst. Die obere Grundfläche hat dann einen

Fig. 5.

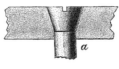
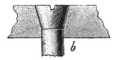

Fig. 6.

Einschnitt, in welchen ein Schraubenzieher eingesetzt werden kann, um die Schraube drehen zu können. Dieser Einschnitt muss aber stets mit der Säge hergestellt werden, damit sein Querschnitt eine rechteckige Form (vergl. Fig. 6a) und nicht etwa eine nach unten spitze oder cylindrische (b) erhält, was bei Benutzung einer Feile sehr leicht eintritt, namentlich bei kleinen Schrauben. Eine solche Form hat ein stetes Abrutschen des Schraubenziehers zur Folge

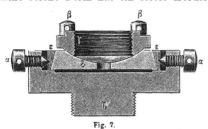

Fig. 7.

und damit leicht eine Verletzung der befestigten Theile des Instrumentes. Die Schraubenzieher müssen vor allen Dingen den richtigen Härtegrad haben und sodann an ihrem unteren Ende nicht zu stark zugeschärft und gut eben sein.

2. Der cylindrische Schraubenkopf (Fig. 7).

Dieser ist ebenfalls eine direkte Fortsetzung der Schraubenspindel, aber er fügt sich als ein mit dieser koncentrischer Cylinder von grösserem Durch-

---

[1]) Vergl. Zschr. f. Instrkde. 1893, S. 225.

messer, etwa dem doppelten, an dieselbe an, so dass an der Uebergangs-
stelle ein kleinerer oder grösserer planer Ring auftritt, dessen Ebene senkrecht zur Spindelaxe stehen muss.

Diese Schrauben sind dann auf der oberen Fläche des Kopfes ebenfalls mit einem Einschnitt zur Drehung mit einem Schraubenzieher versehen, oder der Kopf ist ein oder zweimal diametral durchbohrt, so dass die Schraube mit einem durch diese Bohrungen gesteckten Stift (Stellstift) bewegt werden kann.
Das Gewinde setzt sich in manchen Fällen bis an den Kopf
der Schraube fort,[1] meistens aber ist noch ein sogenannter
Hals vorhanden, d. h. ein Stück der Spindel, welches kein
Gewinde trägt und dessen Radius dann demjenigen des
äussersten Gangelementes etwa gleich ist.

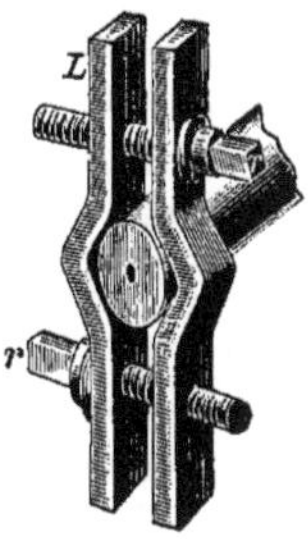

3. Der vierkantige Schraubenkopf (Fig. 8).

In manchen Fällen will man vermeiden, dass eine Schraube
ohne weiteres mit einem jederzeit zur Hand befindlichen
Werkzeuge gedreht werden kann, dann giebt man derselben häufig einen
viereckigen Kopf (r). Dieser setzt sich meist nicht direkt an die Schraubenspindel an, wenn er auch aus einem Stück mit derselben besteht, sondern
zwischen Kopf und Schraubenhals ist noch ein schmaler Ring angebracht,
welcher dann auch dem zum Drehen der Schraube nöthigen Schlüssel zur Auflagerung dient. Vielfach ist das Viereck
nicht ein Parallelepipedon, sondern eine
abgestumpfte vierseitige Pyramide; dann
würde, falls der Ring nicht vorhanden wäre,
sehr leicht ein Festklemmen oder Aus-
weiten des Schraubenschlüssels stattfinden.

4. Der randirte Schraubenkopf
zum Drehen der Schraube mit der
Hand (Fig. 9).

Fig. 8.

Fig. 9.

Diese Art der Schraubenköpfe besteht aus einer Scheibe von geringer
Dicke, aber weit grösserem Durchmesser als die Schraubenspindel. Dieselbe ist auf die Spindel aufgesetzt und dann mit ihr zusammen abgedreht.

---

[1] Die Herstellung solcher Schrauben, die z. B. in der
Uhrentechnik Verwendung finden, ist nicht ganz leicht, da man
mit den Schneidezeugen nur schwer bis an den Ansatz der Schraube
herankommen kann. Ein Mittel, dieses zu umgehen, wird in der Genfer
Uhrmacherschule angewendet. (Zschr. f. Instrkde. 1887, S. 40.) Es
ist das folgende: Man nimmt einen Draht von etwas grösserem
Durchmesser als die verlangte Stütze (Schraubenkopf oder dergl.),
setzt den Gewindezapfen an und schneidet Gewinde bis zum Ansatz.
Alsdann dreht man etwas hinter dem Ansatz den Körper mit einer
Hohlkehle verlaufend auf die richtige Stärke (wie in Fig. 10),
hämmert den stehenbleibenden scharfen Rand rundum bis auf den
gleichen Durchmesser über den Ansatz und dreht den Ansatz laufend
nach. Man kann dann das Gewinde bis zum Ansatz einschrauben.

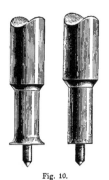

Fig. 10.

Gewöhnlich verwendet man Messing zu diesen Scheiben und versieht den Rand derselben mit einer Riefelung (Randirung), welche ein sichereres Drehen mit der Hand ermöglicht als ein glatter Rand, an welchem die Finger leicht abgleiten würden. Die Verbindung von Scheibe und Schraubenspindel hat mittelst Vierkantes oder dgl. zu geschehen, und werden entweder beide Theile verlöthet oder in gewissen Fällen auch dadurch befestigt, dass das vierkantige Ende der Spindel ein Muttergewinde enthält, in welches eine kleine Schraube mit grossem cylindrischen oder versenkten Kopf gesetzt wird, wodurch ein Abstreifen des randirten Kopfes von der Spindel verhindert ist.

Den Haupttheil der Schraube bildet das Gewinde. Dasselbe kann verschiedener Art sein.

1. Das rechteckige Gewinde (Fig. 11).

2. Das scharfe Gewinde mit dreieckigem Querschnitt (Fig. 12).

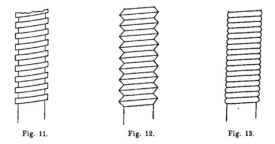

Fig. 11.   Fig. 12.   Fig. 13.

Ist die äussere Kante eines solchen Gewindes abgestutzt, so dass der Querschnitt des Gewindes eigentlich ein Trapez vorstellt, so nennt man das ein abgeflachtes Gewinde.

3. Das abgerundete Gewinde (Fig. 13), welches früher wohl ab und zu bei Schrauben von Holz zur Verwendung gelangte, um dem Gewinde einen möglichst grossen Querschnitt zu sichern. Gegenwärtig kommt es bei Präcisionsinstrumenten nie mehr vor.

Das rechteckige Gewinde findet sich heute nur noch in seltenen Fällen bei Bewegungsschrauben, wo besonderer Werth auf die Stärke der Schraube gelegt wird und unter Umständen eine starke Abnutzung der Gänge zu befürchten ist. Es wird meist nur da angewendet, wo nur wenige Umgänge[1] erforderlich sind, z. B. bei den Schrauben ohne Ende, welche in ein Zahnrad eingreifen. (Vergl. Uhren.) Ein exaktes Gewinde dieser Art ist schwer herzustellen.

Bei weitem am häufigsten ist das scharfe Gewinde; alle feineren Schrauben, welche zur Befestigung oder Bewegung einzelner Instrumententheile dienen, besitzen dasselbe. In den letzteren Fällen ist allerdings in neuerer Zeit das abgeflachte Gewinde zur Aufnahme gelangt und zwar nach einheitlichen

---

[1] Bei den Umlegeböcken für schwere Instrumente kommen auch solche Schrauben von grösserer Länge vor. (Vergl. Durchgangsinstrumente).

Grundsätzen, um so an Stelle einer grossen Anzahl verschiedener Gewinde-
höhen und Querschnitte eine bestimmte Norm treten zu lassen, wodurch
leichter Ersatz einzelner Schrauben ermöglicht wird. Man unterscheidet
nach diesen Grundsätzen verschiedene Arten von Gewinden, welche leider
immer noch nebeneinander in verschiedenen Staaten vorkommen. Erstens
das Whitworth-Gewinde[1]) (Fig. 14), welches auf folgende drei Bedingungen
gegründet ist:

1. Es stehen Durchmesser der Schraube und deren Ganghöhe in einem
einfachen Verhältniss zum englischen Zollmaass.

2. Die Schraubengänge sind sowohl an der oberen Kante, als auch am
Grunde des Gewindes abgerundet. Die Grösse dieser Abrundung ist derart
bemessen, dass man in einem durch die Axe der Schraubenspindel gelegten
Schnitt die Seiten der Schraubengänge sich zu gleichschenkligen Dreiecken
ergänzt denkt und deren Höhen dann sowohl an der inneren, als an der äusseren
Seite je zu $^1/_6$ der Länge verringert und sodann durch die so erhaltenen
Punkte die Scheitel der Abrundungskurve legt.

3. Der Winkel an den Spitzen der erwähnten Dreiecke wurde zu 55°
festgesetzt.[2])

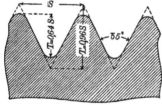 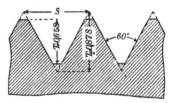

Fig. 14.   Fig. 15.

Ein anderes Gewinde von grosser Verbreitung ist das in Amerika
gebräuchliche Sellers-Gewinde, welches 1864 durch das Franklininstitut in
Philadelphia eingeführt wurde (Fig. 15). Dasselbe unterscheidet sich von Whitworth's System vorzugsweise in zwei Punkten; der Winkel der Gangform
ist hier zu 60° angenommen und ferner ist der Gang nicht abgerundet,
sondern abgeflacht. Der Winkel von 60° erfüllt nach den Verhandlungen
des Franklininstitutes vom 15. December 1864 nicht allein die Bedingungen
des geringsten Reibungswiderstandes, verbunden mit der grössten Festigkeit,
er kann auch leichter erhalten werden als irgend ein anderer Winkel, und endlich war er bei vielen amerikanischen Schrauben des sogenannten $\bigvee$-Gewindes[3])
bereits damals im Gebrauch.

[1]) Sir Joseph Whitworth machte zuerst 1841 auf die Nothwendigkeit einheitlicher
Schraubensysteme aufmerksam und gab das oben näher gekennzeichnete System an. Vergl.
Sir Jos. W.; Papers on mechanical subjects, London and Manchester 1882 Bd. 1, S. 17. On
an uniform system of screw threads, communicated to the Institution of Civil Engineers 1841.
Vergl. des Näheren Zschr. f. Instrkde. 1890, S. 401 ff.

[2]) Vergl. Zschr. f. Instrkde. 1889, S. 402 ff.

[3]) Dieses Gewinde findet heute noch bei amerikanischen Enstrumenten viel Verwendung.

Von der Abrundung der Gänge hat SELLERS abgesehen, weil diese keine
eindeutige Definition der Gangform gebe, vielmehr noch eine besondere
Bestimmung für die Art der Krümmung erfordere, welche bei WHITWORTH
fehle; auch könne die Herstellung der Schrauben mit abgerundeten Gängen
nicht unmittelbar auf der Drehbank erfolgen, sondern es seien hierzu besondere Werkzeuge nöthig, während die abgeflachte Form, wie sie Fig. 15
darstellt, von jedem intelligenten Arbeiter ohne besondere Hülfsmittel angefertigt werden könne. Bei dem Sellers-Gewinde soll nach der ursprünglichen Bestimmung die Abflachung am Kopfe wie am Boden jedes Ganges
gerade $^1/_8$ der Ganghöhe betragen, was darauf hinauskommt, dass die wirkliche Gangtiefe $^3/_4$ der idealen Tiefe, d. i. der Höhe der einschliessenden
Dreiecke, erreicht. SELLERS bezieht im Übrigen die Durchmesser und Ganghöhen ebenso wie WHITWORTH auf englische Zolle.

In Frankreich sind seit vielen Jahren Gewinde eingeführt, deren Abmessungen auf dem metrischen Maasssystem beruhen. Die Durchmesser
schreiten nach ganzen, die Ganghöhen in der Regel nach ganzen oder halben
Millimetern fort. Es sind verschiedene Systeme im Gebrauch, die sich sowohl durch die Aufeinanderfolge der Durchmesser und Steigungen, als durch
die Gangform unterscheiden. Die Gewinde der Paris-Lyonbahn, ebenso diejenige der französischen Marine haben scharf geschnittene Gänge, dabei
haben die ersteren einen Gangformwinkel von 55°, die letzteren einen solchen
von 60°. Bei anderen französischen Gewinden tritt uns zum ersten Mal
der später häufiger vorkommende Winkel von 53° 8' entgegen, bei welchem
die Ganghöhe gleich der idealen Gangtiefe wird. Hierbei wird auch die
Abrundung wieder aufgenommen, doch pflegt die Verringerung der idealen
Gangtiefe durchweg kleiner zu sein als bei dem Whitworth-Gewinde;
die wirkliche Tiefe beträgt 0,75 oder in einem anderen Falle 0,8 der
idealen Tiefe.

Mit Uebergehung verschiedener anderer Gangformen mag hier nur noch
auf diejenige näher eingegangen werden, welche nach langen Verhandlungen
von den deutschen Feinmechanikern, im Speciellen von der physikalisch-technischen Reichsanstalt als Norm angenommen worden ist.[1] Nachdem man
sich zunächst für ein scharfgängiges Gewinde mit dem Winkel von 53° 8'
entschieden hatte, für welchen die Ganghöhe gleich der Gangtiefe wird, ist
man zuletzt doch zu einem abgeflachten Gewinde von denselben Winkelver-
hältnissen übergegangen, da sich im Laufe der Voruntersuchungen das
scharfgängige nicht so bewährte, dass es als aichfähig betrachtet werden
konnte. Es ist somit das nun als Norm festgesetzte Gewinde von derselben
Gangform wie dasjenige, welches schon früher der Verein Deutscher Ingenieure
angenommen hatte.[2] Die bezüglichen Festsetzungen der physikalisch-technischen Reichsanstalt lauten im Wesentlichen folgendermaassen:

---

[1] Dieses Gewinde soll in der Technik das „Loewenherz-Gewinde" genannt werden,
zur Erinnerung an den, um dasselbe sehr verdienten, verstorbenen Direktor der Physikalisch-technischen Reichsanstalt.

[2] Vergl. die Verhandlungen des Vereins für Optik und Mechanik, München, 5. u. 6. December 1892. Zschr. f. Instrkde. 1893, S. 244 ff.

a) Gangform: Winkel $= 53^0\ 8'$; Abflachung je $^1/_8$ der Ganghöhe innen und aussen, wie Fig. 16 näher erläutert.

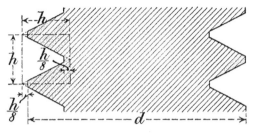

Fig. 16.

b) Abmessungen der Schraube nach Durchmesser, Ganghöhe und Kernstärke:

Durchmesser	Ganghöhe	Kernstärke	Durchmesser	Ganghöhe	Kernstärke
mm	mm	mm	mm	mm	mm
1	0,25	0,625	9	1,3	7,05
1,2	0,25	0,825	10	1,4	7,9
1,4	0,3	0,95	12	1,6	9,6
1,7	0,35	1,175	14	1,8	11,3
2	0,4	1,4	16	2,0	13,0
2,3	0,4	1,7	18	2,2	14,7
2,6	0,45	1,925	20	2,4	16,4
3	0,5	2,25	22	2,8	17,8
3,5	0,6	2,6	24	2,8	19,8
4	0,7	2,95	26	3,2	21,2
4,5	0,75	3,375	28	3,2	23,2
5	0,8	3,8	30	3,6	24,6
5,5	0,9	4,15	32	3,6	26,6
6	1,0	4,5	36	4,0	30,0
7	1,1	5,35	40	4,4	33,4
8	1,2	6,2			

Mit diesen Abmessungen der Schrauben selbst wurden auch gleichzeitig noch die folgenden Bestimmungen über Kopfdurchmesser, Schnittbreite, Gewindelänge etc. getroffen:

Kopfdurchmesser für cylindrische und halbrunde Köpfe, $D = ^1/_3 (5 d + 1)$, mit Abrundung auf das nächste halbe oder ganze Millimeter, solange d grösser ist als 3 mm.

Kopfdurchmesser für versenkte Köpfe . . . . $D_v = 2 d$

Kopfhöhe für Schnittschrauben . . . . $h_s = 0,6 D$

Kopfhöhe für Lochschrauben . . . . $h_l = 0,8 D$

Versenkte Köpfe erhalten einen Versenkungswinkel von 90^0 und werden entweder auf der Stirnseite nach einer Kugelfläche vom Radius 2 d gewölbt oder mit einem cylindrischen Aufsatz von 0,4 d Höhe versehen.

Schnittbreite . . . . $b = 0,1 d + 0,2$

Schnitttiefe . . . . $t = 0,5 d + 0,3$

Lochdurchmesser . . . . $l = 0,35 d + 0,45$

Gewindelänge . . . . $L = 3 d + 1$.

Halslänge verschieden, mit 0,5 d beginnend, in Abstufungen nach ganzen Vielfachen von d, zusätzlich. 0,5 d.

Nachstehende Tabelle enthält die aus obigen Formeln folgenden Werthe in passender Abrundung:

d mm	D mm	D_v mm	h_s mm	h_l mm	b mm	t mm	l mm	L mm
1	2,0	2,0	1,2	1,6	0,3	0,8	0,8	4
1,2	2,3	2,4	1,4	1,9	0,3	0,9	0,9	5
1,4	2,7	2,8	1,6	2,2	0,3	1,0	0,9	5
1,7	3,2	3,4	1,9	2,6	0,4	1,1	1,0	6
2	3,7	4,0	2,2	3,0	0,4	1,3	1,1	7
2,3	4,2	4,6	2,5	3,4	0,4	1,4	1,3	8
2,6	4,7	5,2	2,8	3,8	0,5	1,6	1,4	9
3	5,3	6	3,2	4,3	0,5	1,8	1,5	10
3,5	6,0	7	3,7	5,0	0,6	2,0	1,7	11
4	7,0	8	4,2	5,6	0,6	2,3	1,8	13
4,5	8,0	9	4,7	6,3	0,7	2,5	2,0	14
5	8,5	10	5,2	7,0	0,7	2,8	2,2	16
5,5	9,5	11	5,7	7,6	0,8	3,0	2,4	17
6	10,5	12	6,2	8,3	0,8	3,3	2,5	19
7	12,0	14	7,2	9,6	0,9	3,8	2,9	22
8	13,5	16	8,2	11,0	1,0	4,3	3,2	25
9	15,5	18	9,2	12,3	1,1	4,8	3,6	28
10	17,0	20	10,2	13,6	1,2	5,3	4,0	31

Nach ihrer Verwendung in der Instrumententechnik unterscheidet man 1. Befestigungsschrauben, 2. Bewegungsschrauben, 3. Schrauben, welche zum Messen dienen.

1. Befestigungsschrauben.

Dieselben verbinden entweder zwei oder mehrere Theile eines Instrumentes auf die Dauer, oder sie dienen nur zu zeitweiser Verbindung.

a. Schrauben zur dauernden Befestigung.

In diesem Falle ist die Einrichtung so zu treffen, dass der eine Theil des Instrumentes die Schraube bis an den Kopf frei durchlässt, während sich im anderen Theile das Muttergewinde befindet. Durch Anziehen der Schraube werden so beide Theile fest aufeinander gepresst und mit einander verbunden (Fig. 17). Werden mehrere solcher Schrauben zugleich benutzt, so sind die Löcher für dieselben in dem einen Theil genau korrespondirend mit den Muttergewinden im anderen Theile herzustellen, was am besten durch gleichzeitiges Bohren beider Theile geschieht. Um alle Klemmungen und Spannungen zu vermeiden, macht man die Löcher für die Hälse der Schrauben gewöhnlich ein klein wenig weiter, als es unbedingt nöthig sein würde, und schraubt dann bei der Verbindung beider Theile alle Schrauben so weit ein, dass die Köpfe den oberen

Fig. 17.

Theil leicht berühren, und erst dann zieht man dieselben fest an, und zwar möglichst gleichmässig und in geeigneter Aufeinanderfolge. [1])

Es kann aber auch der Fall sein, dass die betreffenden Schrauben durch beide Theile des Instruments frei hindurchgehen und sodann auf das Gewinde eine besondere Mutter A aufgeschraubt wird, wie es Fig. 18 zeigt. In diesen Fällen ist besonders dafür Sorge zu tragen, dass sich beim Anziehen der Schraubenmutter die Spindel nicht mitdrehen kann. Zu diesem Zwecke kann man den Hals der Schraube z. B. vierkantig machen und ihn in ein eben' solches Loch des einen Instrumententheiles einlassen, oder man befestigt den etwas verbreiterten Kopf durch eine besondere Schraube. Bei schwereren Stücken wird sowohl der Schraubenhals wie der Schraubenkopf vierkantig gemacht und der Letztere dann versenkt.

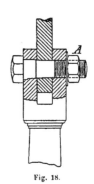

Fig. 18.

Ist die Befestigung erfolgt, so muss auch einer Lockerung der Verbindung vorgebeugt werden. Solcher Schraubensicherungen giebt es eine ganze Reihe. Eine der am häufigsten angewandten ist die Benutzung zweier Muttern übereinander, welche dann durch festes Einklemmen der Schraubengänge zwischen ihre beiden Gewinde einen ziemlich guten Erfolg erzielen. Auch verwendet man dazu ein an die gewöhnliche Schraube angeschnittenes, linksgängiges Gewinde mit entsprechender Mutter (Fig. 19 und 20). Dort ist C die rechtsgeschnittene und D die linksgeschnittene Mutter. In Fig. 21[2]) wird die Sicherung durch einen mit der Schraubenmutter a

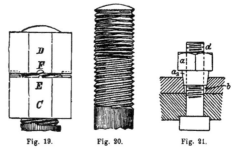

Fig. 19. Fig. 20. Fig. 21.

aus einem Stück hergestellten, klemmenden Ansatz a_2 von vollem ringförmigen Querschnitt erreicht. Durch entsprechend festes Anziehen der Schraubenmutter wird der klemmende Ansatz in eine verjüngte Öffnung b hineingezwängt und darin das Material des klemmenden Ansatzes gegenüber dem ursprünglichen auf einen kleineren Querschnitt zusammengepresst, was soweit gesteigert werden kann, dass die ursprünglich lose drehbare Schraubenspindel d durch den klemmenden Ansatz zusammengedrückt und festgeklemmt wird.

---

[1]) Es ist durchaus unrichtig, wenn beide an einander zu befestigende Theile Muttergewinde haben; denn dann geht gerade die Wirkung der Schraube verloren und nur für den Fall, dass in der richtigen Lage beider Theile zu einander beide Muttern genau in einander übergehen, würde ein Erfolg erzielt werden (vergl. Carl, Repert. d. Physik, Bd. II. S. 40, wo die Figuren gerade das Gegentheil zeigen).

[2]) Vergl. Zschr. f. Instrkde. 1893, S. 107.

Einige andere Sicherungen sind noch beschrieben in der Zeitschrift für Instrumentenkunde 1892, S. 115 und 1893 S. 38.

Betreffs der Gewindeform der Befestigungsschrauben ist auf das oben Gesagte zu verweisen. Die Köpfe dieser Schrauben sind entweder konisch, cylindrisch oder eckig. Im ersteren Falle tragen dieselben einen Einschnitt zur Bewegung mittelst eines Schraubenziehers. Bei cylindrischen Schraubenköpfen finden sich neben dem Einschnitt aber auch häufig die erwähnten Durchbohrungen, namentlich wenn es sich um feinere und grössere Schrauben handelt. Eckige Schraubenköpfe finden sich nur bei grossen Schrauben, und dann sind zu deren Bewegung besondere Schraubschlüssel erforderlich, welche in den verschiedensten Formen und Einrichtungen in Verwendung sind. Es giebt solche mit festen Backen nur für bestimmte Schrauben passend und solche mit beweglichen Backen, welche für Schrauben mit verschieden grossen Köpfen verwandt werden können. In Fig. 22 sind einige zweckmässige Formen der letzteren dargestellt.

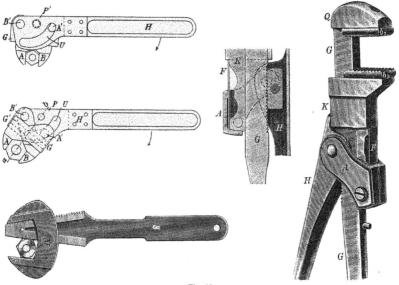

Fig. 22.

Vielfach ist es nöthig, dass sich über den verschraubten Theilen andere dicht darüber hinweg bewegen müssen, dann pflegt man die Schraubenköpfe zu versenken, wie es in Fig. 23[1]) dargestellt ist. Werden die einzelnen Instrumententheile häufiger auseinander genommen, oder sind viele event. nicht ganz genau gleiche Schrauben vorhanden, so ist es sehr zu empfehlen, wenn sowohl Schraube als Bohrung entsprechend gezeichnet werden, durch Einschlagen von Körnern oder Zahlen, damit eine Verwechselung beim Zusammenfügen der einzelnen Theile vermieden wird.

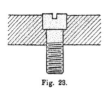

Fig. 23.

---

[1]) Vergl. auch Fig. 6.

b. Schrauben zur zeitweisen Befestigung.

Solche Schrauben kommen namentlich bei den sogenannten Klemmen der Instrumente (vergl. d. betr. Kap.) vor. Sie unterscheiden sich von den vorigen nicht in Bezug auf Material und Form der Gewinde, wohl aber besitzen sie meist grosse Köpfe, damit sie leicht zu handhaben sind. Es werden deshalb cylindrische, oder randirte Schraubenköpfe bei denselben benutzt, auch wohl solche mit sogenannten Flügeln. Die Gänge sind tief und stark geschnitten, damit durch das häufige Anziehen und Lösen dieser Schrauben die Gewinde nicht zu viel abgenützt werden. Grosse Ganghöhen verwendet man, wenn ein schnelles Befestigen und Lösen weniger empfindlicher Instrumententheile verlangt wird; dahingegen werden niedere Ganghöhen dann angewandt, wenn mit geringem Kraftaufwand eine sanfte und sichere Verbindung hergestellt werden muss.

2. Korrektions- und Bewegungsschrauben.

Auch zur Herstellung einer bestimmten Lage eines Instrumententheiles, entweder gegen eine Fundamentalebene oder gegen einen anderen Theil des Instrumentes, werden sehr häufig Schrauben benutzt. Man bezeichnet diese Art Schrauben auch wohl als „Stell- oder Korrektionsschrauben". Dieselben haben meist randirte oder cylindrische Köpfe, je nachdem sie mit der Hand oder mit einem Stellstifte bewegt werden sollen. Einschnitte in die Schraubenköpfe sind besser zu vermeiden, da durch den Gebrauch eines gewöhnlichen Schraubenziehers immer ein Druck in der Richtung der Schraubenaxe ausgeübt wird, der gerade bei Vornahme von Korrekturen einzelner Instrumententheile zu einander sehr nachtheilig wirken kann. Dahingegen findet man häufig auch vierkantige Schraubenköpfe oder anders geformte, wodurch dann die betreffenden Schrauben nur durch besondere Schlüssel bewegt werden können, was ab und zu räthlich erscheinen kann, wenn es sich um Einrichtungen handelt, die nur durch bestimmte Personen gehandhabt werden sollen.

a. Bewegungsschrauben im weiteren Sinne.

Dahin gehören z. B. die Fussschrauben an den Dreifüssen der Theodolithen und an den Stativen grösserer Instrumente. Sie dienen dann entweder dazu, eine Fläche, z. B. diejenige eines Messtischblattes oder einer Kreisebene horizontal, oder die „vertikale" Umdrehungsaxe eines Instrumentes wirklich vertikal zu stellen. Der letztere Fall kommt namentlich bei transportablen Instrumenten vor, aber auch die grossen Säulen der Äquatorealmontirungen ruhen auf dreitheiligen Fussgestellen, von denen wenigstens der nach Norden oder Süden gerichtete Fuss mit einer solchen Fussschraube versehen ist. Diese Schrauben haben meist ein den Befestigungsschrauben gleiches Gewinde, aber nur geringe Ganghöhe, um eine kleine auszuführende Verstellung durch eine möglichst grosse Drehung der Schraube zu bewirken, was natürlich die Sicherheit der Bewegung wesentlich erhöht. Die meist aus Stahl gearbeitete Schraubenspindel ist an ihrem unteren Ende früher

meist mit einer Spitze abgeschlossen worden (Fig. 24 u. 25) und ruhte dann beim
Gebrauche auf einer sogenannten Fussplatte, welche in ihrer Mitte eine
konische Ausbohrung für die Schraubenspitze hatte. Dabei muss die Spitze
der Schraube aber genau in der geometrischen Axe der Schraube liegen,
sonst werden seitliche Bewegungen und Klemmungen entstehen. Bei besonders
sicheren Aufstellungen hat wohl auch die Fussplatte noch drei kleine
Schräubchen (Fig. 24), welche sich in die Unterlage eindrücken und so ein
Verschieben des Instrumentes im horizontalen Sinne unmöglich machen
sollen.[1])

Fig. 24.   Fig. 25.

Neuerdings lässt man aber auch häufig bei kleinen Theodolithen oder
Universalinstrumenten die Fussschrauben in Kugeln auslaufen (Fig. 26) und
diese dann in entsprechende Höhlungen der Fussplatten eingreifen. Über
diese Kugeln biegt man einen an der Bohrung der Fussplatten stehen ge-
bliebenen feinen Grat zusammen, so dass diese dann an den Kugelenden
der Schrauben hängen bleiben und sich in beschränktem Maasse um dieselben
bewegen können.[2]) Damit vermeidet man das lästige genaue Auflegen der
Fussplatten auf das Stativ des Instrumentes, bevor dasselbe niedergestellt
werden kann, und ausserdem braucht man im Felde nicht wegen des Ver-
lierens einer solchen Fussplatte in Sorge zu sein.

Die Köpfe dieser Schrauben können entweder am oberen Ende der
Spindel (Fig. 24) oder auch wohl zwischen Gewinde und Spitze liegen
(Fig. 26), so dass der Dreifuss dann oberhalb der Köpfe sich befindet, welche
Anordnung wohl manchmal aus Rücksicht auf den vorhandenen Platz vor-
gezogen wird. Sind die zu bewegenden Massen schwer, so finden sich an
Stelle der mit der Hand drehbaren Köpfe wohl auch oft solche, die durch-
löchert sind oder in einen Vierkant auslaufen und sodann mittelst eines
Stiftes oder eines besonders grossen Schlüssels gedreht werden müssen (Fig. 27).

---

[1]) Über besondere Einrichtungen der Fussplatten bei grossen Instrumenten, wo z. B.
auch die Temperatur-Veränderungen in der Lage der Fussschrauben berücksichtigt werden,
oder wo kleine Bewegungen des Instrumentes vorgenommen werden sollen, vergl. den
Abschnitt über transportable Durchgangsinstrumente.

[2]) In Fig. 26 ist sogar ein besonderer Rand über die Kugel geschraubt dargestellt.

Um eine sichere Führung der Schraube in den Gewinden der Dreifüsse herzustellen, pflegt man jene gewöhnlich in der Richtung der Schraubenaxe

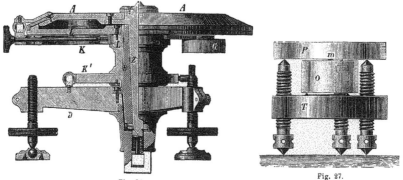

Fig. 26.

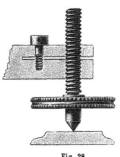

Fig. 27.

(Fig. 24—26) oder auch senkrecht zur Schraubenaxe (Fig. 28) zu durchschneiden und dann zusammenzupressen. Reicht die eigene federnde Kraft des Metalles bei etwas eng geschnittenem Muttergewinde nicht aus, so lässt man senkrecht zur Schnittfläche dann noch eine zweite Pressschraube in das Fussende ein, welche dann die beiden Theile des Muttergewindes, nachdem die Fussschrauben die gewünschte Stellung erhalten haben, fest an diese herandrückt.

Soll sowohl die Lage der Fussschraube besonders gesichert als auch ein Wackeln derselben in dem Dreifuss völlig vermieden werden, welch Letzteres bei ungleichmässiger Abnutzung eintreten kann, so ist es sehr zweckmässig, nach v. STERNECK's Rath (v. STERNECK, Pendelapparat) den mittleren Theil des Muttergewindes herauszubohren, so dass dieses dann gewissermassen aus zwei getrennten Schraubenmuttern besteht, welche die Schraube ganz sicher an zwei getrennten Stellen umfassen.[1])

Fig. 28.

Manchmal versieht man die obere Fläche des Kopfes einer solchen Fussschraube auch mit einer Eintheilung, um an einem am Fussende des Stativs angebrachten Index die Grösse einer Drehung der Schraube zu messen. Ist dann die Höhe des Schraubenganges bekannt und diese selbst leidlich gut geschnitten, so kann man mit einer solchen den Winkel bestimmen, um welchen z. B. der Unterbau eines Durchgangs- oder Universalinstrumentes gegen die Anfangsstellung geneigt worden ist. (Vergl. Durchgangs-Instrument und Niveau.) Die Höhe eines Schraubenganges bestimmt man in diesen Fällen dadurch genau genug, dass man die Schraube ganz aus der Mutter herausdreht und sie sodann zwischen zwei nicht zu harte weisse Kartenblättchen legt und diese leicht zusammenpresst. Die scharfen Gänge der Schraube

[1]) Vergl. Zschr. f. Instrkde. 1888, S. 161.

werden sich gut abdrücken, und man kann dann durch Anlegen eines guten
Millimetermaasses leicht zwei nicht zu nahe gelegene Stellen finden, an denen
Abdruck und Millimeterstrich genau koincidiren. Zählt man dann (event.
mit der Lupe) die Anzahl der Schraubengänge und theilt mit dieser die An-
zahl der Millimeter, welche demselben Intervall entsprechen, so hat man die
Ganghöhe um so genauer, je länger die gemessene Strecke war.

b. Korrektionsschrauben.

Handelt es sich darum, einem Theile eines Instrumentes eine bestimmte
Lage zu den übrigen zu geben, so pflegt man ebenfalls im Allgemeinen
Schrauben, sogenannte Korrektionsschrauben, zu verwenden.

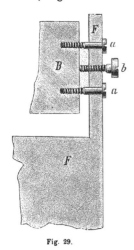

Eine solche Korrektion kann ausgeführt
werden z. B. durch Anwendung zweier oder
mehrerer Schrauben, welche sodann in verschiedener Richtung als „Zug- und Druckschrauben" wirken.

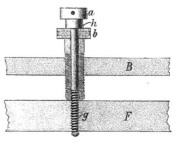

Fig. 29.   Fig. 30.

In Fig. 29 sind a a die beiden Zugschrauben und b die Druckschraube, durch
deren vereinte Wirkung der bewegliche Theil B eines Instrumentes gegen den
festen F verschoben und sodann in einer bestimmten Lage gesichert werden
kann. Es ist bei der Anwendung dieser Korrektionsmethode darauf zu sehen,
dass eine symmetrische Vertheilung der Zug- und Druckwirkung stattfindet,
wenn nicht anderweitig, z. B. durch Führung der zu bewegenden Theile
gegen seitliche (unbeabsichtigte) Bewegung, Vorsorge getroffen ist.[1] Man
hat auch da, wo sich die angedeutete Anordnung wegen Platzmangels nicht
gut durchführen lässt, Zug- und Druckschraube koncentrisch angeordnet.
Fig. 30 zeigt eine solche Einrichtung. B und F sind die beiden gegen einander zu bewegenden Instrumententheile, b ist die in B laufende Druckschraube, welche koncentrisch durchbohrt ist, und in dieser glatten Bohrung
die Zugschraube a mit dem oben angedrehten dicken Hals h aufnimmt.
Diese Schraube greift in das in F befindliche Muttergewinde g ein. Die
Schraubenköpfe sind beide zwei- oder mehrfach durchbohrt. Durch entsprechende Bewegung von a und b können B und F einander genähert oder

---

[1] Vergl. auch, was über die Drehung vermittelst Schraubenziehers gesagt ist.

von einander entfernt und sodann in den erhaltenen Lagen fixirt werden. Diese Einrichtung, so schön sie scheint, hat doch den Nachtheil, dass es sehr schwer ist, die einzelnen Bewegungen ganz unabhängig von einander vorzunehmen, so dass es oft grosse Mühe macht, eine zuverlässige Korrektion und gute Sicherung zugleich auszuführen.

Auch durch zwei oder mehrere Druckschrauben oder Zugschrauben allein können Instrumententheile gegen einander korrigirt werden. Fig. 31 ist eine solche Einrichtung, wie sie z. B. häufig bei Lagern grösserer fest aufgestellter Meridianinstrumente vorkommt. Dort soll das eine Lager in der Richtung Nord-Süd

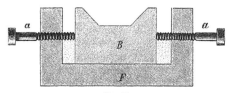

Fig. 31.

beweglich sein, während das andere in lothrechter Richtung eine Korrektion zulassen muss.

B ist das eigentliche Lagerstück und F die am Pfeiler befestigten Theile des Lagers, während a a zwei Druckschrauben sind, welche durch gegenseitiges Lösen und Anziehen das Stück B gegen F bewegen und sichern können. Die beiden Schraubenaxen müssen genau in einer geraden Linie liegen. Für die senkrechte Bewegung werden meist Zug- und Druckschrauben oder auch wohl eine andere Einrichtung benutzt, wie sie in Fig. 32 dargestellt ist. F ist ein in dem Pfeiler befestigter Bolzen, welchem ein Muttergewinde für die Schraube S eingeschnitten ist, über diesen Bolzen ist der Rahmen B geschoben, eventuell mittelst Führung gegen F gesichert. Die

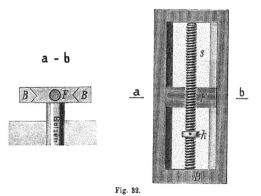

Fig. 32.

Schraube S hat bei k einen Kopf mit Durchbohrungen und passt ausserdem ganz genau in die lichte Öffnung des Rahmens. Wird jetzt die Schraube bewegt, so geht ohne weiteres der Rahmen mit. — Diese Einrichtung der Korrektionsschrauben eignet sich namentlich für leichtere Instrumententheile, obgleich sie sich auch bei dem ältesten Repsold'schen Meridiankreise vorfindet. Es ist natürlich Bedingung, dass die Schraube S genau in den lichten Rahmen passt und die Führung eine nicht zu kurze ist; sie ist bequem, da man es nur mit einer Schraube zu thun hat.

REICHENBACH hat eine ähnliche Einrichtung angewendet, nur bietet dieselbe dadurch, dass das eine Widerlager der Schraube nur einen unsicher befestigten Theil des Lagers ausmacht, keinerlei Vortheile, sondern ist durchaus nicht zu empfehlen, sobald es sich um grössere Stabilität handelt.

Fig. 33 zeigt diese Einrichtung, wie sie beim Göttinger Meridiankreis am
westlichen Lager noch vorhanden ist. B ist das senkrechte bewegliche Lager,

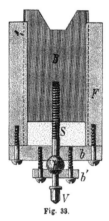

F die am Pfeiler befestigten Lagerstücke, S die mit der
Kugel K versehene Korrektionsschraube und b und b′
die beiden mit einander verschraubten Kugellagerbacken.
Die Schraube hat einen vierkantigen Kopf V, wodurch
sie mittelst eines besonderen Schlüssels bewegt werden
kann. Soll die Bewegung nicht äusserst schwer gehen,
so ist ein bedeutender „todter Gang“ und damit ein
Nachziehen nach vorgenommener Korrektion ganz unvermeidlich; ein Fehler, der gerade bei Korrektionsschrauben,
so weit nur irgend möglich, vermieden werden muss.

Die zuletzt angeführte Korrektionseinrichtung benutzt
schon eine Schraube mit einem sogenannten festliegenden
Hals oder einer Nusseinrichtung, welche jetzt näher betrachtet werden soll.

Fig. 33.

c. Schrauben zur Feinbewegung.

Diese Schrauben dienen meist zur Einstellung einzelner Instrumententheile im Laufe der Beobachtung. Sie verbinden fast immer einen festen
Kreis oder eine Axe mit einem häufig seine Lage ändernden anderen Theil
des Instrumentes, der Alhidade, der Fernrohraxe oder dergl. und finden
sich gewöhnlich in Verbindung mit den sogenannten Klemm- und Feinbewegungen vor. (Vergl. Klemm- und Feinbewegungen.[1])

Die Ganghöhe dieser Schrauben
ist eine geringe, wenn sie nicht zu
sehr raschen Bewegungen verwendet
werden, wie es z. B. bei den Schlitten
der Okulare der Fall ist. Da aber er-

Fig. 34.

setzt man die einfache Schraube über-

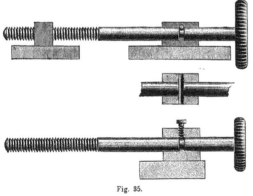

haupt durch eine mehrgän-
gige mit sehr starker Steigung. Der Hals der Schraube
trägt entweder eine kugelförmige Erweiterung (so-
genannte Nuss), eine tiefer
eingedrehte Nuth oder eine
aufgesetzte Flansche. Da-
durch wird in Verbindung
mit einer aus zwei halb-
kugeligen Lagerbacken, durch
Eingreifen eines Stiftes in
die Nuth oder durch Ein-

Fig. 35.

----

[1]) Häufig werden diese Schrauben als Mikrometerschrauben bezeichnet, obgleich sie
fast nie zum Messen, sondern nur zu sanfter Bewegung dienen.

greifen einer Flansche in eine Nuth die Schraubenspindel in der Richtung ihrer Axe unbeweglich gemacht. Den ersten Fall zeigt Fig. 34, den zweiten die Fig. 35 und den dritten Fig. 36. Trägt der zu bewegende Instrumenten-

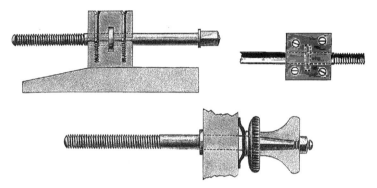

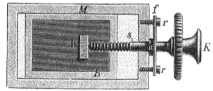

Fig. 36.

theil in irgend einer Anordnung ein Muttergewinde, in welches die Schraube eingreift, so muss sich derselbe beim Drehen der Schraube bewegen, während die Schraube selbst in ihrer Lage (abgesehen von der Rotation um ihre Axe) verbleibt.

Auch legt man wohl manchmal (z. B. bei Mikrometern) die Schrauben-spindel an beiden Enden fest und lässt ähnlich wie in Fig. 37 den beweg-lichen Theil sich beim Drehen der Schraube auf dem Gewinde hin und her bewegen. Die Schraube s geht durch den einen Mikrometerkasten darstellenden Rahmen M frei hin-durch, sie hat bei a eine Flansche und liegt am anderen spitzen oder kugelförmigen, aber gut cen-trischen Ende an dem Widerlager W (einer planen Stahl- oder Steinplatte) an. Die Feder f, welche durch die beiden Schräubchen r angepresst wird, sichert die Lage der Schraube, welche dann beim Drehen durch den Kopf K die das Muttergewinde enthaltene Fadenplatte B mitnimmt. (So sind z. B. die älteren Fraunhofer'schen und Merz'schen Mikrometer eingerichtet.) Häufig ist es nöthig, dass entweder die Schraube oder die Mutter oder auch wohl beide ihre Lage gegen die sie führenden Instrumententheile derartig ändern müssen, dass die Axe der Schraube bei deren Rotation ebenfalls ihre Rich-tung wechseln kann (z. B. bei manchen Alhidadenbewegungen).

Dann kann nur die in Fig. 34 angedeutete Einrichtung zur Verwendung gelangen; denn dort können sich die Instrumententheile in gewissen Grenzen nach jeder Richtung hin gegen einander bewegen, da sowohl Schraube als Mutter selbst mit kugelförmigen Gebilden bei K_1 und K_2 in Kugelpfannen laufen. Um den todten Gang und die Sicherheit der Bewegung zu ver-meiden resp. zu regeln, ist gewöhnlich die das Muttergewinde enthaltende

Nuss aufgeschnitten und kann durch besondere Schrauben mehr oder weniger zusammengepresst werden. (Vergl. Feinbewegungen.)

In manchen Fällen haben diese Schrauben auch keine kugelförmige Erweiterung am gewindefreien Theile, sondern statt dessen ein zweites Gewinde, aber von anderer Ganghöhe, oder wohl gar ein linksgängiges Gewinde. Solche Schrauben nennt man Differential-schrauben (Fig. 38). Sie bewirken im ersteren Falle, dass sich bei einer Umdrehung der Schraube beide verbundenen Theile nur um die Differenz der Ganghöhen gegen einander bewegen, im anderen Falle aber um deren Summe. Jene Einrichtung kommt zur Verwendung, wenn man sehr kleine Bewegungen bei grossem Rotationswinkel erzeugen will (ausgenommen bei Schrauben zum Messen, da man dabei nicht gerne die unvermeidlichen Fehler zweier Gewinde einführt). Schrauben mit entgegengesetzt laufendem Gewinde werden bei Benutzung gleicher Ganghöhen angewendet, wenn es sich darum handelt, zwei Theile eines Apparates symmetrisch zur Mittellage gegen einander zu verstellen, z. B. bei Spalteinrichtung der Spektralapparate, bei gewissen Mikrometerformen u. s. w. (siehe diese).

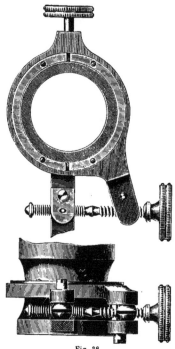

Fig. 38.
(Nach Vogler, Abbildgn. geodät. Instrumente.)

Hier ist auch auf die Schrauben mit mehrfachem Gewinde, von dem oben die Rede war, hinzuweisen. Dieselben entstehen dadurch, dass um die Spindel herum zwei oder mehr Schraubengänge von gleicher, starker Steigung aufgewickelt sind, welche aber in ein und demselben Querschnitt der Schraube ihre Anfangspunkte an Stellen ($S_1 S_2 S_3$) der Peripherie haben, die um 180°, 120° oder 90° etc. abstehen, wie es in Fig. 39 dargestellt ist.

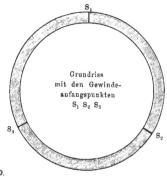

Grundriss
mit den Gewinde-
anfangspunkten
$S_1 S_2 S_3$

Fig. 39.

Eine besondere Art der festliegenden Schraube ist die sogenannte Schraube ohne Ende. Um die Spindel, welche gewöhnlich an zwei Stellen in Lagern oder Nüssen rotiren kann, sind nur wenige Gänge eines Gewindes gelegt, welche aber nicht in eine Mutter eingreifen, sondern dazu dienen, ein Zahnrad oder ein Getriebe in Bewegung zu setzen. Die Fig. 40 u. 41 stellen solche Verwendung einer „Schraube ohne Ende" dar. Die letztere

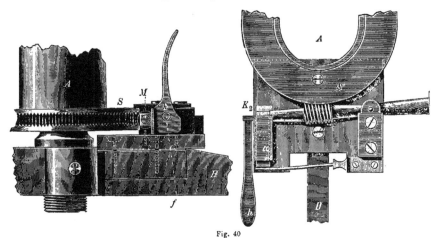

Fig. 40
(Nach Hunaeus, Geometr. Instrumente.)

Fig. 41.

ist ein, von Dr. H. Schröder in Zschr. f. Instrkde. 1893 S. 223 näher beschriebenes Mikrometerwerk für feine Stellschrauben.

Die Schraube n bewegt sich in der aufgeschnittenen Mutter, welche durch die Schräubchen o o regulirt werden kann. Die Schraubenspindel trägt oberhalb der Mutter die Scheibe, in deren Rand eine Verzahnung so eingeschnitten ist, dass eine ganze Anzahl Zähne gerade den Umfang ausfüllen

und deren gegenseitige Entfernung der Ganghöhe h der Schraube ohne Ende
entspricht. Die letztere ist in den federnden Stahlbügel g gelagert und durch
den Kopf i drehbar. Die Scheibe q sitzt auf der Schraubenspindel n nur
frei auf, und kann durch die Klemmschraube k an derselben befestigt werden.
So lässt sich n sowohl unabhängig von h bewegen (grobe Bewegung), als
auch mittelbar durch h, welche auf ihrem Kopfe i, da die hier abgebildete
Einrichtung zum Messen dienen soll, eine Theilung trägt. Durch die Verwendung der Schraube ohne Ende wird eine sehr feine Bewegung erzielt,
und es kann durch eine sehr geringe Kraft eine schwere Masse bewegt oder
bedeutender Widerstand überwunden werden; was leicht einzusehen ist, wenn
man z. B. annimmt, dass die Schraube n eine Ganghöhe von 0,5 mm hat
und die Anzahl der Zähne in den Kopf dieser Schraube gleich 100 setzt.
Dann wird eine Umdrehung der Schraube h die Schraube n nur um 0,005 mm
axial fortbewegen; trägt nun i wiederum 100 Theile, von denen man noch
leicht $^1/_{10}$ schätzen kann, so wird eine Drehung der Schraube h um ein
solches Zehntel die Spitze p nur um 0,000 005 mm bewegen. In demselben
Verhältniss wird aber auch bei Kraftübertragung die treibende Kraft zur
bewegten Masse stehen.

Häufig wird für die Schrauben ohne Ende auch der Ausdruck
„Schnecken-Schrauben", oder noch kürzer einfach „Schnecke", gebraucht,
namentlich ist das in Triebwerken und Uhren der Fall, wo dieselben nur
3 oder 4 Gänge haben und direkt in ein Zahnrad des Werkes eingreifen.
Weiteres über dergl. Einrichtungen wird in den Kapiteln über Klemm- und
Feinbewegung und Triebwerke beizubringen sein.

3. Schrauben zum Messen (Mikrometerschrauben).

Die im vorigen Abschnitte behandelten Bewegungsschrauben führen auch
in manchen Fällen die Bezeichnung „Mikrometerschrauben", nämlich
dann, wenn sie dazu benutzt werden, bei Einstellungen eines Instrumententheiles in eine einer genauen Beobachtung entsprechenden Lage die letzte
feine Pointirung auszuführen, welche durch direkte Bewegung des betreffenden
Theiles mit der Hand allein sich nicht mehr sicher genug würde ausführen
lassen (vergl. Klemm- und Feinbewegungen). Mikrometerschrauben im
engeren Sinne aber nennt man nur diejenigen Schrauben, welche vermöge
ihrer Verbindung mit bestimmten Einrichtungen, den Mikrometern, direkt
zum Messen einer Strecke dienen. In welcher Weise eine solche Verbindung hergestellt wird, und wie die Ausführung der Messung ermöglicht
zu werden pflegt, wird bei der Besprechung der Mikrometer und Ablesemikroskope des Näheren zu erörtern sein. Hier handelt es sich zunächst
nur um die Anforderungen, welche an eine Mikrometerschraube zu stellen
sind, und wie man die Prüfung einer solchen vorzunehmen hat. Die oben
angeführten drei ersten Forderungen sind für Mikrometerschrauben die wichtigsten und müssen so genau als es nur immer möglich ist, erfüllt sein, wenn
die Schraube zum Messen überhaupt brauchbar sein soll. Haben die einzelnen Gänge der Schraube nicht in allen ihren Theilen dieselbe Steigung,

und ist die Höhe derselben nicht für das ganze die Schraube bildende Gewinde dieselbe, so wird der durch die Schraube bewegte Theil des Mikrometers bei gleich grossen Drehungen der Schraube nicht gleiche lineare Strecken zurücklegen und umgekehrt werden zu gleichen linearen Bewegungen der Messvorrichtung ungleiche Rotationswinkel der Schrauben gehören, was aber, da man die ersteren durch die letzteren zu messen beabsichtigt, unzulässig ist. — Weiter werden, wenn die Axen von Schraubenspindel und Schraubenmutter nicht zusammenfallen, Bewegungen des freien Theiles entstehen, welche man mit dem Namen des „Schlagens" zu bezeichnen pflegt, und welche bewirken, dass z. B. ein Punkt der Schraubenmutter bei festliegender Spindel eine Zickzack- oder gar bei ungenügender Führung eine einer cylindrischen Spirale ähnliche Linie beschreibt.

Fast in jeder bedeutenderen Werkstätte pflegt man seine eigenen Anschauungen über die zweckmässigste Herstellung guter Mikrometerschrauben in der Eigenart der dazu verwandten Vorrichtungen zu bekunden. Im Allgemeinen spielt bei deren Herstellung aber immer noch die Kunst und Gewissenhaftigkeit des betreffenden Mechanikers die Hauptrolle, wenn man auch schon sehr sinnreiche Einrichtungen hierzu angegeben hat. Die letzteren haben namentlich den Zweck, die Fehler der benutzten Originalgewinde möglichst zu verkleinern und durch theoretisch begründete Korrekturen nach und nach fast ganz zum Verschwinden zu bringen. Hieraus geht schon hervor, dass die Herstellung guter Mikrometerschrauben sehr schwierig ist, und es sind auch thatsächlich nur wenige Werkstätten im Stande, in dieser Richtung Mustergültiges zu leisten. Es würde hier viel zu weit führen, auf die sich in der einschlägigen Literatur vorfindenden Angaben und Beschreibungen solcher Hülfseinrichtungen einzugehen, es muss daher hier verwiesen werden auf „Zschr. f. Instrkde.": BAMBERG, Apparat zur Anfertigung von Mikrometerschrauben, 1883, S. 238; ebenda, WANSCHAFF, App. zur Anfert. v. Mikrom.-Schr., 1883, S. 350; weiterhin auch WANSCHAFF, Herstellung langer Mikrom.-Schr., 1884, S. 166. Eine weitere, ziemlich vollständige Literaturangabe findet sich am Schlusse eines Artikels von Dr. H. SCHRÖDER, 1893, S. 217. Auch hat man ziemlich eingehende theoretische Untersuchungen angestellt, in welcher Weise z. B. die Fehler einer Drehbank auf die Herstellung der Schrauben einwirken. Vergl. hierüber die interessanten Aufsätze von A. LEMAN (Zschr. f. Instrkde., 1883, S. 427) und von JUL. WERTHER (ebenda 1894, S. 381).

Die Fehler, welche bei einer Mikrometerschraube vorkommen können, sind zweierlei Art; nämlich sogenannte „fortschreitende" und sogenannte „periodische". Die ersteren haben ihren Grund nur in der Schraube selbst und werden veranlasst durch ungleiche Höhe der Schraubengänge unter sich und zwar meist so, dass dieselben entweder von einem Ende der Schraube zum andern sich allmählich ändern oder, was wohl ebenso häufig vorkommt, dass die Ganghöhe in der Mitte der Schraube eine andere ist als an den Enden. Diese Fehler sind nur dann von Bedeutung, wenn die Schraube ziemlich lang ist und, wenn eine grosse Anzahl von Windungen derselben bei der Messung benutzt wird. Dieselben lassen

sich verhaltnissmässig leicht bestimmen, oder auch in vielen Fällen dadurch
unschädlich machen, dass man anderweitige Einrichtungen trifft, um auch
bei ausgedehnten Strecken doch nur wenige Gänge der Schrauben benutzen
zu müssen (z. B. mehrere Fäden in Mikrometern etc.). Viel schlimmer sind
die periodischen Fehler der Mikrometerschraube, welche entweder in der
Form der Schraube oder in deren Verbindung mit den in Frage kommenden Theilen des Mikrometers ihren Grund haben können. Sie äussern sich
darin, dass für einen einzelnen Schraubengang an verschiedenen Stellen desselben eine nicht proportionale Fortbewegung stattfindet.

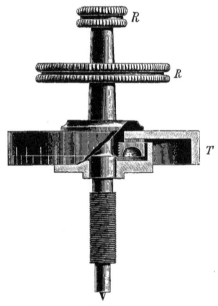

Fig. 42.
(Nach Vogler, Abbildgn. geodät. Instrumente.)

Der Kopf der Mikrometer-
schrauben wird fast stets aus zwei
Theilen gebildet, von denen der
eine äussere gewöhnlich aus einer
grösseren oder kleineren Scheibe
mit gerändeltem Rande (R) besteht,
die zum Drehen der Schraube
benutzt wird (Fig. 42). Den zweiten
Theil bildet eine sogenannte Trommel (T), deren meist versilberte
Peripherie oder cylindrische Fläche
in eine bestimmte, je nach den
Zwecken der Schrauben wechselnde
Anzahl gleicher Theile getheilt ist.
Hat man z. B. mittelst einer solchen
Schraube die zehntel, hundertel
u. s. w. Theile eines Millimeters
zu messen, so sind es 100 Theile
auf der Peripherie. Ist die Schraube
für Kreisablesungen bestimmt und
entspricht ein Umgang etwa einer
oder zwei Bogenminuten, so wird
man die Trommel in 60 gleiche Theile theilen. Es ist durchaus wünschenswerth, dass die Anzahl dieser Theile je nach Bedürfniss geeignet gewählt
wird, und man nicht etwa für alle Fälle eine Theilung in 100 gleiche
Theile als das Zweckentsprechendste glaubt anbringen zu müssen. Auch
sei hier noch besonders darauf hingewiesen, dass die Bezifferung der

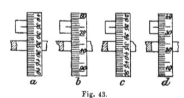

a   b   c   d

Fig. 43.

Trommeltheile so zu wählen ist, dass
bei der Bewegung der Fadenplatte mit
Fäden von einem höher bezifferten Striche
der Theilung nach dem nächst niedrigeren
die Ablesungen an der Trommel zu-
nehmen müssen. Es entspricht dieses der
Anwendung der Mikrometervorrichtungen,
wie später näher erläutert werden wird. Wird dieser Punkt nicht beachtet,
so hat man für jede Ablesung erst eine Umrechnung nöthig. Auch die
Stellung der Zahlen an den Trommeltheilen, welche zweckmässig etwa von

5 zu 5 oder 10 zu 10 Theilen anzubringen sind, ist nicht ganz gleichgültig, da deren Anblick, wenn möglich, gleich anzeigen soll, nach welcher Richtung hin die Zahlen wachsen resp. abnehmen. Fig. 43 stellt verschiedene Anordnungen dar, von denen die bei a und b als unzweckmässige und die bei c und d als brauchbare zu bezeichnen sind.

Untersuchung der Mikrometerschrauben.

Die fortschreitenden Fehler findet man leicht dadurch, dass man Intervalle, welche sehr nahe einer Anzahl ganzer Schraubengänge entsprechen, mit verschiedenen Theilen der Schraube misst und zwar unter sonst völlig gleichen Umständen, namentlich bezüglich der Temperaturverhältnisse und der Stellung der Schrauben zur Vertikalen. Die Resultate dieser auch zeitlich symmetrisch anzuordnenden Messungen mit einander verglichen, ergeben dann sofort Aufschluss über den fraglichen Fehler der Schraube. Als Beispiel mag hier das der klassischen Arbeit von BESSEL über das Königsberger Heliometer entnommene angeführt werden.

Mit Benutzung der Skalen auf beiden Objektivhälften des Heliometers hat BESSEL sich eine Reihe von Intervallen (I) hergestellt, welche der Reihe nach sehr nahe 10, 20, 30 u. s. w. ganze Revolutionen seiner Schrauben ausmachten und dann diese Intervalle mittelst derjenigen Schraube, welche allein untersucht wurde, gemessen. Ist dann m die willkürliche Angabe der Schraube beim Anfangspunkt und m' die dazugehörige des Endpunkts des gemessenen Intervalls, so hat man

$$I = m' + f \cdot m' - m - f \cdot m,$$

wo $f \cdot m$ und $f \cdot m'$ die Fehler der Schraube am Anfangs- und Endpunkte der Messung bedeuten. Werden dergleichen Messungen nun von verschiedenen Anfangsstellungen der Schraube aus gemacht, was möglich ist, wenn man den Anfangsstrich der zu messenden Strecke beliebig verschieben kann, so bekommt man eine ganze Reihe Gleichungen von obiger Form, in denen dann an Stelle von m und m' die Bezeichnungen m_1 und m_1', m_2 und m_2' u. s. w. einzuführen sind. BESSEL nahm für die m der Reihe nach $-0,4$ Rev.; $-0,2$ Rev.; $0,0$ Rev.; $+0,2$ Rev. und $+0,4$ Rev.; wodurch er diese Messungen fast völlig von periodischen Fehlern unabhängig machte, wenn er aus diesen fünf Reihen das Mittel bildete. Solcher Reihen wurden zwei völlig durchgeführt, von denen ich hier aber nur das Mittel angeben will. Die ausgeführten Messungen sind alle von der Form: $I = 10^{Rev.} + i$,[1]) (wo I also nahe gleich $10^{Rev.}$ ist).

Aus den in nachstehender Tabelle angeführten Messungsresultaten sind 19 unbekannte Grössen abzuleiten, nämlich die den Angaben der Schraube bei 0^R, 10^R, 20^R .... 120^R beizufügenden Korrektionen und die i_1, i_2 .... i_6, was aus 57 Gleichungen zu geschehen hat. Zwei dieser Unbekannten und zwar die Korrektion von 0^R und von 120^R kann man gleich 0 setzen und behält dann noch 17 Unbekannte übrig.

---

[1]) Die Werthe i sind die kleinen Beträge, um welche die gemessenen Strecken von einer ganzen Anzahl von Umdrehungen (Rev.) abweichen.

Ablesung am Anfang der Messung	Ablesung am Ende der Messung für					
	$I = 10^R + i_1$	$I = 20^R + i_2$	$I = 30^R + i_3$	$I = 40^R + i_4$	$I = 50^R + i_5$	$I = 60^R + i_6$
R	R	R	R	R	R	R
0	10,0142	20,0280	30,0510	40,0707	50,0923	60,1100
10	20,0147	30,0291	40,0511	50,0704	60,0928	70,1064
20	30,0131	40,0279	50,0502	60,0688	70,0873	80,1015
30	40,0122	50,0262	60,0476	70,0661	80,0828	90,0948
40	50,0107	60,0265	70,0437	80,0607	90,0764	100,0891
50	60,0107	70,0254	80,0409	90,0574	100,0703	110,0849
60	70,0095	80,0217	90,0390	100,0535	110,0696	120,0837
70	80,0098	90,0191	100,0373	110,0524	120,0708	
80	90,0066	100,0176	110,0389	120,0563		
90	100,0062	110,0194	120,0436			
100	110,0097	120,0249				
110	120,0155					

Als Beispiel führt BESSEL die Ausgleichung der aus $I = 40^R + i_4$ hervorgehenden Gleichungen weiter aus, er hat dann:

$$i_4 = + 0,0707 + f.\,40 \qquad i_4 = + 0.0574 + f.\,90 - f.\,50$$
$$= + 0,0704 + f.\,50 - f.\,10 \qquad = + 0.0535 + f.\,100 - f.\,60$$
$$= + 0,0680 + f.\,60 - f.\,20 \qquad = + 0.0524 + f.\,110 - f.\,70$$
$$= + 0,0661 + f.\,70 - f.\,30 \qquad = + 0.0563 \qquad - f.\,80$$
$$= + 0,0607 = f.\,80 - f.\,40$$

Die weitere Auflösung aller dieser Systeme giebt die folgenden Werthe[1]) der i:

R	R	R
$i_1 = + 0,01108$ und	f. 0 = 0,00000	f. 60 = — 0,01070
$i_2 = + 0,02449$	f. 10 = — 0,00163	f. 70 = — 0,00925
$i_3 = + 0,04515$	f. 20 = — 0,00444	f. 80 = — 0,00694
$i_4 = + 0,06310$	f. 30 = — 0,00682	f. 90 = — 0,00349
$i_5 = + 0,08196$	f. 40 = — 0,00874	f. 100 = + 0,00023
$i_6 = + 0,09776$	f. 50 = — 0,00981	f. 110 = + 0,00194
	f. 60 = — 0,01070	f. 120 = 0,00000

Umständlicher ist die Untersuchung einer Schraube auf ihre periodischen Fehler. Wenn auch bei guten Schrauben aus renomirten Werkstätten diese Fehler meist verschwindend klein sind oder man auch Mittel besitzt, derartige Fehler für die Messung unschädlich zu machen, ohne die Grösse des Ersteren selbst zu kennen (wenn derselbe nicht zu gross ist), so hat es doch häufig ein Interesse die Schrauben daraufhin zu untersuchen. Auch hier ist das von BESSEL angewandte Verfahren im Wesentlichen heute noch das meist benutzte, wenn auch die technischen Einrichtungen im Laufe der Zeit mehrfache Verbesserungen erfahren haben. Solche periodische Fehler werden sich also darin äussern, dass für gleiche Rotationswinkel der Schraube oder für eine gleiche Anzahl von Trommeltheilen die zum Messen dienende Vorrichtung nicht um gleiche Strecken fortbewegt wird; umgekehrt wird man für gleiche gemessene Strecken eine ungleiche Anzahl von Trommel-

---

[1]) Die ausführlichen Angaben über diese Untersuchung finden sich in Bessel, Astronom. Untersuchungen, Königsberg 1841; Bd. 1, S. 86 ff.

theilen ablesen. Diese Trommelablesungen müssen also Korrektionen erfahren, wenn man die richtigen Intervalle erhalten will. Das lässt sich auch so ausdrücken, dass man von zwei um einen Schraubengang entfernten Punkten ausgehend deren Korrektion gleich 0 setzt und nun die den zwischenliegenden Punkten des Schraubenganges entsprechenden Trommelablesungen so korrigirt, dass sie der wirklich zurückgelegten Strecke der Messvorrichtung entsprechen.[1])

Man hat verschiedene Methoden ersonnen, um die Fehler der Mikrometerschraube zu untersuchen, ich werde aber hier nur die gebräuchlichste davon anführen und verweise bezüglich einiger anderer auf den Aufsatz von Prof. WESTPHAL in der Zschr. f. Instrkde., 1881, S. 149, 229, 250 und 397.

Die ersten derartigen Untersuchungen sind, wie erwähnt, in systematischer Weise von BESSEL[2]) ausgeführt worden.

Stellt nach BESSEL $\varphi(\mu)$ die Korrektion einer Angabe μ der Trommel dar, so kann man setzen

$$(1) \ldots \varphi(\mu) = a \cos \mu + \beta \sin \mu + a' \cos 2\mu + \beta' \sin 2\mu + \ldots$$

Ist dann das gemessene Intervall gleich f, so erhält man aus Anfangs- und Endablesung

$$(2) \ldots f = \mu' - \mu + a(\cos \mu' - \cos \mu) + \beta(\sin \mu' - \sin \mu) + a'(\cos 2\mu' - \cos 2\mu) + \beta'(\sin 2\mu' - \sin 2\mu) + \ldots$$

wenn μ die Angabe der Trommel für den Anfangspunkt und μ' diejenige für den Endpunkt bedeutet.

Es sind dann die Koeff. a, β, a', β' etc. so zu bestimmen, dass das Resultat für f von μ unabhängig wird. Um das zu erreichen, ist es zweckmässig eine Strecke, welche nahezu einem Vielfachen einer halben Revolution, und eine solche, welche nahe demjenigen einer Viertel-Revolution der Schraube entspricht, mit dieser so zu messen, dass die Anfangspunkte der Messung nach und nach etwa auf die einzelnen Zehntel einer Revolution zu liegen kommen. Dann erhält man sowohl für den ersten als auch für den zweiten Fall je 10 Gleichungen von obiger Form, aus denen die a, β, a', β' etc. nach der Methode der kleinsten Quadrate ermittelt werden können. Es ist dabei in Anbetracht des Umstandes, dass die Koeff. einen kleinen Werth annehmen werden, gestattet, das Mittel der beobachteten Werthe von $\mu' - \mu$ mit f zu vertauschen, und dann auch cos $(\mu + f)$, sin $(\mu + f)$ etc. für cos μ', sin μ' etc. zu setzen. Dadurch erhält die Gleichung (2) die Form

$$(3) \ldots \mu' - \mu - f = 2a \sin \tfrac{1}{2} f \cdot \sin(\mu + \tfrac{1}{2} f) - 2\beta \sin \tfrac{1}{2} f \cos(\mu + \tfrac{1}{2} f) + 2a' \sin f \cdot \sin(2\mu + f) - 2\beta' \sin f \cos(2\mu + f) + \ldots$$

Werden nun die μ so gewählt, dass sie sich über den ganzen Umfang der Trommel gleichmässig vertheilen, wie dieses z. B. der Fall ist, wenn

---

[1]) Eine Untersuchung der Mikrometerschraube wird nur mit Vortheil ausgeführt werden können, wenn diese sich in dem gebrauchsmässigen Zustande des ganzen Apparates vornehmen lässt, da die periodischen Fehler, wie schon bemerkt, sowohl in der Schraube selbst als auch in deren Lagerung ihren Grund haben können.

[2]) Bessel, Einheit des preussischen Längenmaasses, Berlin 1839, S. 59 ff., und Bessel, Astronomische Untersuchungen, Bd. I, S. 76 u. ff. (Betrifft die Schraube am Königsberger Heliometer.)

man alle einzelnen Zehntel dafür annimmt, so werden wegen ihrer cyklischen Form die so entstehenden 10 Gleichungen jeder Reihe sich vereinigen lassen in die 4 Normalgleichungen (vorausgesetzt, dass man die Reihen mit den doppelten Winkeln abbricht):

$$(4) \ldots \begin{cases} 10\,\alpha\,\sin\,{}^{1}\!/_{2}\,\mathrm{f} = \ \Sigma\,(\mu' - \mu - \mathrm{f})\,\sin\,(\mu + {}^{1}\!/_{2}\,\mathrm{f}) \\ 10\,\beta\,\sin\,{}^{1}\!/_{2}\,\mathrm{f} = -\,\Sigma\,(\mu' - \mu - \mathrm{f})\,\cos\,(\mu + {}^{1}\!/_{2}\,\mathrm{f}) \\ 10\,\alpha'\,\sin\,\mathrm{f} \ = \ \Sigma\,(\mu' - \mu - \mathrm{f})\,\sin\,(2\,\mu + \mathrm{f}) \\ 10\,\beta'\,\sin\,\mathrm{f} \ = -\,\Sigma\,(\mu' - \mu - \mathrm{f})\,\cos\,(2\,\mu + \mathrm{f}) \end{cases}$$

Hieraus lassen sich sodann die α, β, α' β' sehr leicht finden. Als Beispiel, durch welches zugleich die Anordnung einer solchen Rechnung gezeigt wird, will ich die Untersuchung einer für das Ablesemikroskop des Fraunhofer'schen Heliometers der Sternwarte zu Göttingen von Repsold angefertigten Schraube hier folgen lassen.

Die gemessenen Intervalle umfassen sehr nahe 1,5 resp. 1,25 Rev. der Schraube und werden begrenzt durch 3 feine Striche, entsprechend der Skalentheilung des Heliometers. Dieselben waren auf einer kleinen Silberplatte eingeschnitten, welche sich besonders verschieben liess, um die Anfangspunkte der Messungen an die gewünschten Trommeltheile zu bringen. Die Messungen des Intervalls wurden vor- und rückwärts, aber immer bei Rechtsdrehen der Schraube ausgeführt, um eine zeitlich symmetrische Anordnung zu bekommen und von einem etwaigen „todten Gang" der Schraube unabhängig zu sein.

Nebenstehende Tabelle giebt die betreffenden Zahlen gleich in einer für die Rechnung bequemen Anordnung und Fig. 44 die graphische Darstellung des Verlaufes solcher Fehler.

Graphische Darstellung der periodischen Fehler nach nachstehender Rechnung und zugleich derjenigen einer älteren Schraube mit erheblich grösseren Fehlern.

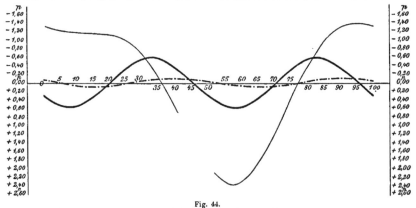

Fig. 44.

Ordinaten und Abscissen in Einheiten einer hundertel Schraubenumdrehung.

——————————— Periodische Fehler für eine einfache Ablesung an einem Fadenpaar
——————————— Periodische Fehler für das Mittel der Ablesungen an zwei Fadenpaaren, die um
           1,5 Rev. von einander abstehen
—·—·—·— Periodische Fehler für das Mittel der Ablesungen an zwei Fadenpaaren der hier der Rechnung
           unterworfenen Schraube.

} der älteren Schraube.

Die Ordinaten geben die Korrektionen, welche zu den auf der Abscisse aufgetragenen Schraubenablesungen gehören.

Periodische Fehler der Mikrometerschraube des Mikroskops am Fraunhofer'schen Heliometer in Göttingen.

Anfangs-stellung	$\mu'-\mu$ (1,5 Rev.)	$\mu'-\mu$ (1,25 Rev.)	$\mu'-\mu-f$ (Δ)	$\mu'-\mu-f$ (Δ')	$\sin(\mu+\tfrac12 f)\,\Delta$	$\cos(\mu+\tfrac12 f)\,\Delta$	$\sin(2\mu+f)\,\Delta$	$\cos(2\mu+f)\,\Delta$	$\sin(\mu+\tfrac12 f)\,\Delta'$	$\cos(\mu+\tfrac12 f)\,\Delta'$	$\sin(2\mu+f)\,\Delta'$	$\cos(2\mu+f)\,\Delta'$
R	R	R	R	R	R							
0,0	0,5188	0,2800	+0,0001	+0008	+0,0001	−0, 0	−0,0000	−0001	+0,0006	+0,0005	+0,0008	−0,0002
0,1	0,5200	0,2818	−11	−10	−8	+7	+11	+21	−10	−1	−1	+10
0,2	0,5180	0,2780	+9	+28	+2	+9	−4	+8	+24	−15	−25	+12
0,3	0,5205	0,2778	+16	+30	−6	−15	−11	+12	+11	−28	−20	+22
0,4	0,5175	0,2818	−14	−2	−12	−8	−13	+6	+1	−2	−1	+2
0,5	0,5218	0,2810	−29	−2	+29	+17	−3	−29	+2	−1	−2	0
0,6	0,5170	0,2832	−19	−24	−15	+12	−19	+4	+24	−1	−3	−24
0,7	0,5132	0,2845	+57	+37	−14	+55	−28	+50	+31	+20	+33	+16
0,8	0,5208	0,2785	−19	−23	−7	−18	+13	+14	−8	−21	−16	+17
0,9	0,5210	0,2818	−21	−10	−18	−11	+19	+9	−3	−10	−5	+9
Mittel	0,5189	0,2808			−0,0036	+0,0026	−0,0073	+0,0120	+0,0078	−0,0044	−0,0032	−0,0064

f   186° 48,'0   101° 5,'0
f/2   93 24,0   50 32,0

$10\,\alpha = -0,0036$	$7,72\,\alpha = +0,0078$	$159,60\,\alpha = -0,0360 + 0,0602 = +0,0242$
$10\,\beta = -0,0026$	$7,72\,\beta = +0,0044$	$159,60\,\beta = -0,0260 + 0,0340 = +0,0080$
$1,19\,\alpha' = +0,0073$	$9,81\,\alpha' = -0,0032$	$97,65\,\alpha' = +0,0086 - 0,0314 = -0,0228$
$1,19\,\beta' = +0,0120$	$9,81\,\beta' = +0,0064$	$97,65\,\beta' = +0,0143 + 0,0628 = +0,0771$

Korrigirte Ablesung $= \mu + 0.0002\cos\mu + 0.0001\sin\mu$
$\qquad\qquad\qquad - 0.0002\cos 2\mu + 0.0008\sin 2\mu$

Zweites Kapitel.

Die Libellen.

Der Zweck der astronomischen Messinstrumente besteht meist darin, dass mit ihrer Hülfe eine oder mehrere Richtungen im Raume festgelegt werden sollen. Es kann dies nur dadurch geschehen, dass man in der Lage ist, eine solche Richtung, welche gewöhnlich durch die Absehenslinie irgend einer Visirvorrichtung dargestellt wird, auf diejenige fester, bekannter Linien oder Ebenen zu beziehen. Es ist daher das erste Erforderniss, solche feste fundamentale Linien oder Ebenen aufzufinden und Mittel anzugeben, um dieselben jederzeit mit möglichster Schärfe herstellen und für die Messung brauchbar machen zu können, d. h. es so einzurichten, dass man mit Hülfe von Kreisen, Schrauben, Maassstäben oder dergl. die Absehenslinie auf dieselben beziehen kann. Eine solche fundamentale Richtung ist die Lothlinie für einen gegebenen Erdort und eine solche Ebene der Horizont des Beobachtungsortes, d. h. diejenige Ebene, welche im Beobachtungsorte auf der Lothlinie senkrecht steht. Diese beiden Richtungen sind fast die einzigen, welche sich mit fundamentaler Genauigkeit bestimmen lassen, und in Folge dessen auch direkt oder indirekt die Grundlage aller astronomischen Winkelmessungen. Bis vor nicht allzu langer Zeit (Anfang des Jahrhunderts) benutzte man die Lothlinie direkt als Anfangsrichtung für die Messungen, und es soll daher auch hier noch kurz Einiges über die Form und Anwendung des Lothes gesagt werden.

An einem völlig biegsamen Faden wird an dem einen Ende ein Gewicht angehängt, während das andere Ende, das obere, am Instrumente befestigt wird; den physikalischen Gesetzen zufolge wird sodann der Schwerpunkt des Gewichtes senkrecht (lothrecht) unter dem Aufhängepunkte liegen müssen. Soll nun das Loth richtig funktioniren, so ist es nöthig, dass auch der Faden selbst in dieser Verbindungslinie liegt. Dieses kann dadurch erreicht werden, dass man das Gewicht aus einem homogenen Rotationskörper bildet, in dessen Axe der Faden möglichst weit oberhalb des Schwerpunktes angeknüpft ist. Der Faden selbst bildet sodann die Verlängerung dieser Rotationsaxe. In den meisten Fällen ging das obere Ende des Fadens von dem Mittelpunkte des getheilten Limbus des Messinstrumentes aus und an einem bestimmten Striche der Theilung vorbei, dessen Lage eben durch den senkrechten Faden fixirt wurde. Je feiner der Faden und je vollkommener es möglich war, den bestimmten Punkt der Theilung mit diesem Faden zu vergleichen, um so sicherer war die Orientirung des Instrumentes zur Vertikalen, um so genauer also unter sonst gleichen Umständen auch die gegen den Horizont gemessenen

Winkel. Sollte ein solches Loth aber wirklich brauchbar sein, so waren noch verschiedene Vorsichtsmassregeln zu treffen, welche durch den Luftzug und durch die Beschaffenheit des Fadens bedingt wurden. Was zunächst den Faden anlangt, so musste dazu ein Material benutzt werden, welches bei grosser Geschmeidigkeit möglichst wenig durch das daran hängende verhältnissmässig grosse Gewicht verändert wurde. Man verwendete deshalb für leichte Lothe einen einfachen Coconfaden, für schwerere sehr feinen Metalldraht entweder aus Stahl oder noch besser aus Silber, damit wurde nament-

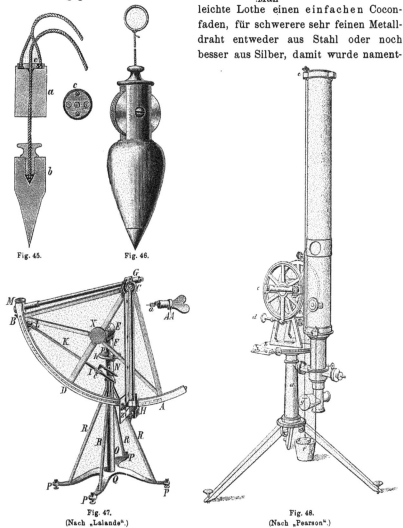

Fig. 45.   Fig. 46.

Fig. 47.
(Nach „Lalande".)

Fig. 48.
(Nach „Pearson".)

lich das sehr lästige Tortiren und bei Anwendung eines Metallfadens auch eine Einwirkung der Feuchtigkeit vermieden. Die Befestigung des Fadens an dem Lothe ist, wenn obige Bedingungen möglichst streng erfüllt sein sollten, nicht so einfach; man wählt jetzt dazu z. B. die in Fig. 45 u. 46 angegebenen Einrichtungen.

Um die kleinen Schwankungen, welche der Luftzug dem Lothe ertheilt, unschädlich zu machen, schloss man die ganze Vorrichtung in einen Kasten oder ein Rohr am Instrumente ein oder liess auch wohl nur das Loth gewicht[1]) in eine Flüssigkeit (Wasser oder besser Öl) eintauchen, wie es die Fig. 47 u. 48 veranschaulichen, wodurch eine rasche und starke Dämpfung der kleinen Schwingungen herbeigeführt wird. Genügte es nicht mehr, die Koincidenz von Faden und Strich oder Marke am Instrumente ohne Weiteres mit dem Auge zu beobachten, oder konnte das Zusammenfallen der Spitze am Lothgewicht mit einer anderen am Instrumente oder in manchen Fällen an dessen Stativ angebrachten aufrechten Spitze nicht mehr der Messung entsprechend genau wahrgenommen werden, so brachte man noch optische Hilfsmittel mit dem Loth in Verbindung, z. B. eine Lupe, welche die Koincidenz von Lothfaden und Marke am Instrument schärfer zu beobachten gestattete, oder auch ein Mikroskop M, welches dann meist so angeordnet wurde, wie es Fig. 49 in schematischer Darstellung zeigt. Mittels eines Primas p konnte man bei horizontaler Sehvorrichtung eine Marke (einen Kreuzschnitt oder einen Punkt) auf der unteren ebenen Fläche des Lothgewichtes G mit dem in der Brennebene des Objektives angebrachten Fadenkreuz zur Koincidenz bringen, resp. mittels eines beweglichen Mikrometerfadens den Abstand messen.

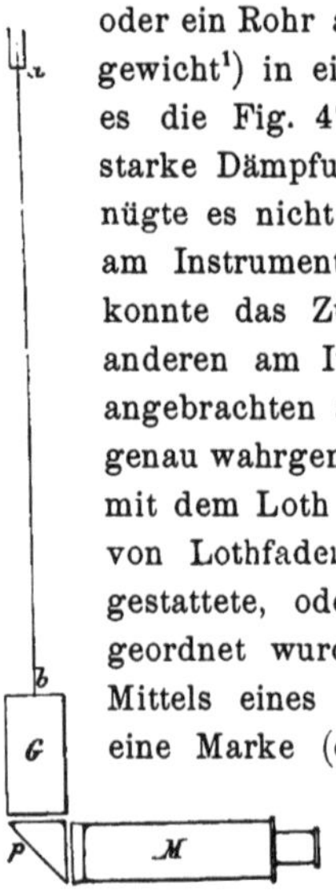

Fig. 49.

Konnte der Lothfaden nicht im Centrum der Theilung angebracht werden, so liess man ihn auch häufig auf einer zu dem senkrecht zu stellenden Radius

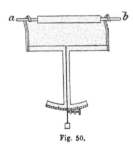

parallelen Linie einspielen. Auch sogar unabhängig vom Instrument wurde die Einrichtung des Lothes verwandt und zwar in der Form der heute gebräuchlichen Hänge-Li-

Fig. 50.

belle, wie in Fig. 50 ein solches nach einer Zeichnung bei LALANDE dargestellt ist. Auf diese Weise konnte man sogar noch roh die Neigungswinkel der Trägeraxe a b messen. Ein eigenthümliches hierher gehöriges Instrument ist „Dunkin's Niveau".[2])

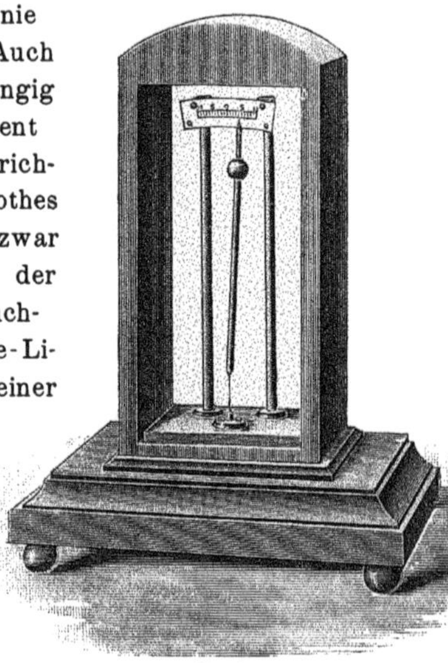

Dieses Instrument wurde zuerst von HARDY gebaut und zwar zur Kon-

Fig. 51.

---

[1]) Dieses wählte man dann von cylindrischer oder kugelförmiger Gestalt mit grossem Volumen.

[2]) Memoirs of the Royal Astron. Soc., Bd. X, S. 319.

trole der richtigen Aufhängung von Uhren, als welches es unter dem Namen „Hardy's Noddy" bekannt war. Fig. 51 stellt ein der Göttinger Sternwarte gehöriges Exemplar dieses Apparates dar.

Von DUNKIN wurde dasselbe weiter vervollkommnet, um an Stelle der Libellen zur Prüfung der Horizontalität der Axen astronomischer Instrumente zu dienen. Er gab dem Apparate zu diesem Zweck die in Fig. 52 darge-stellte Form. A stellt die Horizontalaxe eines Durch-gangsinstrumentes dar. B ist der Zapfen dieser Axe, welcher in dem Lager C ruht. Mit den Füssen E ruht der libellenförmig konstruirte Apparat auf den Zapfen; ein doppelkonisches Verbandstück trägt in seiner Mitte vermittels der Schrauben s, s, s, s den Kasten G für die Federn der Platte H. Dieser Kasten und seine Einrichtung ist in grösserem Maass-stahe dargestellt in den Fig. 53 a—c. H ist die federnde Scheibe, a a sind die Federn, welche die-selbe tragen und f ein rechtwinkliges Rähmchen, welches eine feine Theilung senkrecht zur Ebene des Papiers oder einen feinen Faden trägt. Diese

Fig. 52.

Scheiben und Federn müssen aus einem nicht rostenden aber doch federn-den Metalle sein, weil sonst leicht Störungen der senkrechten Lage der Scheibe eintreten können. Mit dem Theile b ist die Scheibe in dem

Fig. 53 a.

Fig. 53 b.

Fig. 53 c.

Kasten eingeschraubt. Die einzelnen Figuren zeigen auch die Befestigung der federnden Platte und sind sofort verständlich, da dieselben Buch-staben in allen Figuren auch korrespondirende Theile bezeichnen. Auf dem Kasten G ist in M ein Ablese-Mikroskop J befestigt, welches auf mikro-metrischem Wege durch die Planglasplatte g hindurch die Stellung des Index auf f zu beobachten gestattet.

Die Wirkungsweise des Apparates ist nun sofort klar. Ist die Axe B horizontal und steht die Federplatte H senkrecht dazu, so wird unter dem Nullpunkt des Mikroskopes der Index auf f erscheinen. Im anderen Falle wird sich H aus der senkrechten Stellung entfernen und zwar soweit, bis die Kraft der Federn aa dem Moment der Platte das Gleichgewicht hält. Die Neigung wird aus der Stellung von f zur Theilung des Mikroskops so-dann abgeleitet werden können.

DUNKIN selbst giebt auch einige Reihen von Beobachtungen, welche die
Genauigkeit des Apparates darthun sollen. Heutigen Anforderungen würde
er nicht mehr entsprechen.

Das Niveau oder die Libelle, wie es heute in der astron. Messkunst
gebräuchlich ist, besteht aus einem Glasrohre, welches entweder überall gleichweit und dann nach einem sehr grossen Krümmungsradius gebogen ist, oder
weit besser aus einem sehr sorgfältig fassförmig ausgeschliffenen geraden Rohre.
Dieses sind die sogenannten Röhrenlibellen. Eine andere Art der Libellen
besteht aus einem dosenförmigen Gefäss aus Metall, welches durch eine
sphärisch, nach Art eines Uhrglases, ausgeschliffene Glasplatte abgeschlossen
wird und zwar so, dass der höchste Punkt des Glases über der Mitte der Dose,
deren Unterfläche genau plan abgeschliffen ist, zu liegen kommt. Diese
Libellen nennt man Dosenlibellen. Die Erfindung der Libelle ist um das Jahr
1660 durch den französischen Gelehrten M. THÉVENOT erfolgt und nicht durch
HOOKE, wie R. WOLF nachgewiesen hat.[1]) Zunächst wurde eine gerade gleich-
weite Röhre, nachdem dieselbe an dem einen Ende zugeschmolzen worden,
mit Flüssigkeit (Wasser oder, wie THÉVENOT selbst schon sagt, besser mit
Weingeist) bis auf einen kleinen Raum gefüllt und sodann das andere Ende
auch zugeschmolzen. Dadurch erhielt man in dem Rohre eine kleine Luftblase, welche stets bestrebt ist, die höchste Stelle im Rohre aufzusuchen.
Lag das Rohr ganz horizontal, so konnte die Blase an jeder Stelle der Libelle
zum Stillstand gebracht werden. Durch diesen Umstand wurde die Handhabung des Instrumentes erschwert und unsicher, so dass diese bedeutende
Erfindung sich durchaus nicht sofort allgemeiner Anerkennung zu erfreuen
hatte. Erst seitdem man die Röhre gebogen oder ausgeschliffen hatte, ist aus
der Libelle THÉVENOT'S ein brauchbares Instrument geworden. Die Luftblase,
welche man zu Anfang in den Libellen liess, erlitt bei Erhöhung resp. Erniedrigung der Temperatur eine starke Änderung ihrer Grösse und bei
starker Erwärmung wurde durch die Spannung der komprimirten Luft das
Rohr zersprengt. Es war daher ein zweiter wesentlicher Fortschritt, als man
an Stelle der Luft nur Dämpfe der füllenden Flüssigkeit die Blase bilden liess.

Wie bemerkt beruht die Wirkungsweise der Libelle darauf, dass nach
hydrostatischen Gesetzen die Luft- oder richtiger Dampfblase stets die höchste
Stelle der Röhre oder der Dose einnehmen muss; wird also die Axe der
Libellenröhre (wir wollen uns hier nur auf die Betrachtung der Röhrenlibellen
beschränken, da die Dosenlibellen für genaue Messungen nicht in Betracht
kommen) horizontal gelegt, so wird sich die Mitte der Blase auch in der
Mitte der Röhre befinden, wenn letztere richtig symmetrisch zur Axe ausgeschliffen ist (vergl. Herstellung der Libelle). Wird das Rohr geneigt, so
wandert die Blase von der Mitte nach dem höher gelegenen Ende der Libelle.
Die Grösse der zurückgelegten Strecke, der sogenannte Ausschlag, bildet
das Maass für die Neigung der Libellenaxe; derselbe wird gemessen an einer
meist auf der Röhrenoberfläche oder an deren Fassung angebrachten Theilung,
Pariser Linien werden gewöhnlich als Theilungsintervall benützt. Je grösser

---

[1]) Vergl. R. Wolf, Handbuch der Astronomie, ihrer Geschichte und Litteratur § 322.

für eine bestimmte Neigung der Ausschlag der Blase ist, als um so empfindlicher bezeichnet man die Libelle. Bei astronomischen Libellen schwankt
diese Empfindlichkeit etwa zwischen $1''-30''$ auf die Pariser Linie.

Denken wir uns die Libelle kreisförmig ausgeschliffen und stellt in Fig. 54 a b den oberen
kreisförmigen Durchschnitt einer senkrecht durch
die Axe gehenden Ebene mit der Libellenhöhlung
dar, so wird, falls die Axe p q horizontal liegt,
sich die Mitte der Blase bei m befinden müssen.
Wird nun die Libelle um den Winkel α geneigt,
sodass p q die Lage p q' einnimmt, und m nach
m' zu liegen kommt, so wird die Blasenmitte
von m nach n resp. in der neuen Lage nach n'

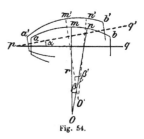

Fig. 54.

fortgerückt sein. Die Strecke m n auf a b entspricht aber auf a' b' der Strecke
m' n'. Ist nun o der Krümmungsmittelpunkt von a b und o' der von a' b',
also m o = n o = m' o' = n' o', so ist auch unmittelbar einzusehen, dass der
Winkel β = m o n = β' = m' o' n' sein muss und dass ferner diese beiden
Winkel auch gleich Winkel q p q' = α sein müssen. Es ist also direkt m n
resp. m' n' bei bekanntem m o = r das Maass für den Winkel α d. h. für die
Neigung der Libellenaxe. Der Winkelwerth von m n findet sich aber aus
der Proportion $\qquad \beta : 360 = \text{m n} : 2\,\text{r}\,\pi$

$$\text{oder m n} = \frac{2\,\text{r}\,\pi}{360^0} \cdot \beta = \frac{\text{r}\,\pi}{180^0} \cdot \beta = \frac{\text{r}\,\pi}{180^0} \cdot \alpha, \text{ da } \alpha = \beta \text{ ist.}$$

Kann man also auf irgend einem Wege den Winkel α, um welchen man
die Libellenaxe für eine bestimmte Grösse von m n, z. B. für 10 Theilstriche,
neigen muss, bestimmen, so weiss man auch, welchen Winkelwerth ein Theilstrich repräsentirt. Andererseits wird eine Untersuchung auch lehren, ob an
verschiedenen Stellen des Niveaus immer einem gleichen Winkel α eine sich
gleich bleibende Strecke m n entspricht, d. h. ob die ausgeschliffene Fläche
wirklich in allen Theilen die gleiche Krümmung besitzt.. Aus obiger Gleichung
geht auch sofort hervor, dass eine Libelle um so empfindlicher sein wird,
je grösser unter sonst gleichen Umständen r (der Krümmungsradius) wird;
denn um so grösser wird für dasselbe α (die gleiche Neigung der Axe) die
Strecke m n. Wird jedoch r unendlich gross, d. h. ist a b eine gerade Linie, dann
wird auch m n unendlich gross werden und zwar auch schon für einen äusserst
kleinen Werth von α, d. h. schon bei der geringsten Neigung einer solchen
Libelle wird die Blase ans Ende laufen, eine Messung der Neigung also unmöglich sein (vergl. Seite 48).

Um die Formel für den Winkelwerth des Niveaus noch etwas einfacher
zu gestalten, wollen wir m n = 1 und $180^0 = 180 \cdot 60 \cdot 60$ Bogensekunden
setzen, dann hat man

$$1 \text{ Theile} = \frac{\pi\,\text{r}}{180 \cdot 60 \cdot 60} \cdot \alpha'' = \frac{\text{r}}{206\,265} \cdot \alpha''.$$

Kann also α in Bogensekunden angegeben werden, so wird ein Niveautheil

gleich $\dfrac{\text{r}}{1} \cdot \dfrac{\alpha}{206\,265}$ Bogensekunden.

Ambronn.

Es handelt sich also nur noch darum, den Werth der Neigung, d. h. des Winkels α recht sicher zu bestimmen, da ja $r/206\,265$ für das ganze Niveau eine Konstante bleiben muss, nämlich diejenige Zahl, mit welcher man die Anzahl der Niveautheile zu multipliciren hat, um den Werth der Neigung in Sekunden zu erhalten.

Für die Herstellung der hier in Betracht kommenden Libellen ist zunächst die genaue sphärische Gestalt der inneren Röhrenwandung von der grössten Bedeutung und dieses ist auch der schwierigste Theil der ganzen Ausführung. Nachdem eine geeignete Glasröhre ausgewählt ist, wird dieselbe über einem metallenen sogenannten Dorn, welchem man durch Abdrehen die Gestalt gegeben hat, welche die innere Röhrenwandung erhalten soll, mit Schmirgel in immer feinerer Körnung ausgeschliffen, und zwar ist dabei besonders darauf zu achten, dass jeder Riss oder dergl. auf das sorgfältigste vermieden wird, da sonst an der betreffenden Stelle die Bewegung der Flüssigkeit eine ungleichförmige sein würde. Die Schlifffläche wird nicht polirt, sondern man lässt dieselbe matt aber möglichst feinkörnig, da an einer polirten Fläche erfahrungsgemäss die Bewegung der Blase durchaus nicht so sicher und gleichförmig ist, wie man glauben sollte. Von besonderer Wichtigkeit ist die Wahl der Glasart für die Niveauröhre, da mit der Zeit die Einwirkung des meist nicht ganz wasserfreien Aethers auf das Glas kleine Ausscheidungen an der inneren Fläche herbeiführt, welche die Libelle oft sehr unzuverlässig und für feine Messungen unbrauchbar machen. Eine eingehende Untersuchung über diese Frage wurde vor einigen Jahren an der physikalisch-technischen Reichsanstalt von Dr. Mylius[1]) ausgeführt. Das Resultat derselben war, dass man möglichst reinen Äther in Anwendung zu bringen habe, und dass Gläser von bestimmter Zusammensetzung, nämlich solche von hohem Bleigehalt, ferner Calciumgläser und Zinkgläser gegenüber den Natriumgläsern zu bevorzugen sind. — Ist die gewünschte Krümmung nach einem sehr grossen Radius, der bei feinen Libellen bis zu 400 und 500 Meter gehen kann, hergestellt, so handelt es sich darum, das Rohr für den späteren Verschluss einzurichten. Dieser kann auf zweierlei Weise vorgenommen werden, entweder durch Zukitten oder durch Zuschmelzen der beiden Enden. Soll das Niveau später zugekittet werden, so werden an den beiden Enden der Glasröhre Deckel aufgeschliffen, welche aber nicht einfach auf die End-

Fig. 55.

flächen aufgepasst sind, sondern mit konischen oder sphärischen Facetten versehen sind, wie es Fig. 55 zeigt. Es wird dadurch einmal eine grössere Berührungsfläche hergestellt, und andererseits ist ein besseres Einschleifen beider Flächen möglich. Von diesen beiden Deckeln wird häufig einer durchbohrt, um schon vor der Füllung beide Deckel auf-

[1]) Vergl. auch: Rieth, Zschr. f. Vermessungswesen Bd. XVI, S. 297.
          R. Weber, Dinglers polyt. Journal Bd. 171, S. 129.
          Wiedemann, Annalen Bd. VI, S. 431.
          Zschr. f. Instrkde. 1888, S. 267 ff., 1889, S. 50 u. 117.

setzen zu können; nach der Füllung hat man dann nur diese kleine Öffnung mit einem kleinen aufgeschliffenen Deckgläschen zu schliessen, was sich viel leichter bewerkstelligen lässt, als das Aufkitten des ganzen Deckels. Das Kitten muss mit einer Masse geschehen, welche in der Füllungsflüssigkeit unlöslich ist. Daher schliesst man gewöhnlich die Deckel zunächst mit Hausenblase auf einander, da sich dieses Bindemittel in Alkohol oder Äther nicht löst, wohl aber in warmem Wasser. Erst nach dem völligen Trocknen überzieht man die Enden des Niveaus mit Kappen von Thierblase, welche man vorher gut gewässert und möglichst geschmeidig gemacht hat. Hierauf werden die Enden mit Schellack überzogen, um so noch einen besseren Schutz für den Verschluss zu erzielen.

Soll das Rohr zugeschmolzen werden, so hat man vor Beginn der Füllung das eine Ende des Rohres zuzuschmelzen und das andere in eine Spitze aus- zuziehen; durch diese Spitze hindurch erfolgt die Füllung des Rohres und nach der Füllung wird die Spitze in der Stichflamme eines Löthrohres zu- geschmolzen. Dieses Verfahren hat man in der ersten Zeit sowohl als auch in neuster Zeit vielfach angewandt, da es die völlige Dichte der Libelle bei weitem am besten verbürgt, dasselbe war früher, als man Wasser oder später auch Alkohol zur Füllung der Libellen anwandte, auch ziemlich leicht aus- führbar, während jetzt, bei Benutzung von Schwefeläther als Füllung diese Operation schwieriger und gefährlich ist. — Das Zuschmelzen hat aber auch noch einen Nachtheil, auf welchen man erst in neuerer Zeit aufmerk- sam wurde; derselbe besteht darin, dass die fertig hergestellte Niveauröhre nachträglich durch die starke Erhitzung noch Deformationen und auch Veränderungen ihrer Oberflächenbeschaffenheit erleiden kann, welche später leicht zur Unbrauchbarkeit des Instrumentes führen können.[1]) Der Vor- gang bei der Füllung eines Niveaus ist nun im Allgemeinen der folgende. Zunächst wird das eine Ende des Rohres nach einer der oben angegebenen Methoden geschlossen, sodann auch das andere Ende in entsprechender Weise vorbereitet. Hierauf füllt man das Rohr mit der betreffenden Flüssigkeit, als welche gegenwärtig fast ausschliesslich Schwefeläther verwendet wird und zwar nach Möglichkeit wasserfreier. Je geringer das spec. Gewicht der Flüssig- keit ist, desto leichter ist meist die Blase beweglich und desto besser das Niveau. Man ist deshalb auch vom Alkohol zum Schwefeläther übergegangen, obgleich dadurch wieder der Nachtheil entstand, dass die Einwirkung der Temperatur auf die Blasenlänge grösser wurde und auch die Verdunstung aus gekitteten Niveaus noch leichter stattfinden konnte. Den ersteren Nach- theil kann man heben durch besondere Konstruktion, den zweiten durch Zu- schmelzen. Auch andere Flüssigkeiten sind vorgeschlagen und zeitweise be- nützt worden, so z. B. Naphta, Schwefelkohlenstoff u. s. w., aber man ist doch immer wieder zum Äther zurückgekehrt.[2]) Hat man das Rohr bis oben

---

[1]) Vergl. die oben erwähnten Untersuchungen von Mylius u. a.

[2]) In neuerer Zeit sind auch Versuche mit einer Mischung von Glycerin und Wasser im Verhältniss von 1 : 3 gemacht worden; es hat sich diese Flüssigkeit nach den Versuchen von G. Erede, Ingenieur in Neapel, für nicht zu empfindliche Niveaus ganz gut bewährt. (Vergl. Zschr. f. Instrkde. 1891, S. 29.)

4*

hin gefüllt, so stellt man es in ein Wasser- oder Sandbad, welches bis zum
Siedepunkt des Äthers (circa 45° C) erhitzt wird, dadurch kommt derselbe
in leichtes Kochen und es wird aus dem Rohr ein Theil verdunsten, während
der freiwerdende kleine Raum nicht mit Luft, sondern mit Ätherdämpfen erfüllt ist. Die Erfahrung lehrt dann leicht wie lange dieses Verdunsten an-
dauern darf, um später die rechte Blasenlänge zu erhalten. Ist dieser Moment
erreicht, so schliesst man die freie Öffnung entweder mit dem bereitgehaltenen
und an der Facette mit Fischleim bestrichenen Deckel oder mit dem Deckgläschen, oder man schmilzt im anderen Falle die kleine noch vorhandene
Öffnung der Spitze schnell zu. Die letztere Operation erfordert ziemliche
Geschicklichkeit, da sie wegen der äusserst leicht entzündlichen Ätherdämpfe
nicht ganz ohne Gefahr ist. Hat man Alkohol als Füllung, so kann man
denselben am offenen Ende ruhig anzünden und so die Verdunstung resp.
den mit Alkoholdämpfen gefüllten später die Blase bildenden Raum herstellen.
Ist die Blase nicht ausschliesslich durch Dämpfe der Füllungsflüssigkeit gebildet, so können bei der durch Temperaturerhöhung entstehenden Verkleinerung der Blase leicht so starke Spannungen entstehen, dass nicht nur
die Beweglichkeit derselben gestört, sondern das ganze Rohr zersprengt wird. —
Aber selbst für den Fall, dass die Blase nur mit Dämpfen erfüllt ist, hat
doch namentlich bei dem grossen Ausdehnungskoefficienten des Äthers, die
Temperatur eine sehr starke Einwirkung auf die Blasenlänge, und diese spielt
bei der Ablesung des Niveaus eine grosse Rolle, da man ja nicht in der
Lage ist, die Blasenmitte selbst zu ermitteln, sondern immer erst durch die
Ablesungen der Enden derselben an der auf das Niveaurohr aussen auf-
geätzten oder anderweitig angebrachten Theilung die Mitte finden kann,
resp. diese Ablesungen selbst in geeignete Formeln einführt, um die Neigung
der Niveauaxe zu erhalten. Ist es aus diesem Grunde schon wünschenswerth,
die Blasenlänge möglichst konstant zu erhalten, so ist das um so mehr zu
empfehlen, wenn man bedenkt, dass bei gleicher Blasenlänge auch die Ge-
sammtverhältnisse im Niveau möglichst dieselben bleiben.[1]) Man hat daher
in den Libellen eine Einrichtung angebracht, welche gestattet der Blase eine
gleiche Länge zu sichern, nämlich die sogenannte Kammer. Man setzt
in geringem Abstande, d. h. etwa in $^1/_{10}$—$^1/_{15}$ der Libellenlänge, von

Fig. 56.

dem zuerst geschlossenen Ende eine
Glasplatte senkrecht zur Axe des Niveaus
in dasselbe ein oder es wird auch gleich
bei der Herstellung des Rohres eine Kugel
angeblasen, wie es die Figuren 55 und 56
zeigen. Die so hergestellte Kammer ist aber durch eine kleine Öffnung an der
der Theilung gegenüber liegenden Seite (also unten) mit der eigentlichen Röhre
in Verbindung. Wird jetzt das gefüllte eine verhältnissmässig grosse Blase
enthaltende Niveau so gestellt, dass die Kammer nach oben steht, so wird
durch deren Öffnung der Äther aus der Kammer in das Hauptrohr fliessen
und andererseits werden die Ätherdämpfe in die Kammer eintreten. Dadurch

---

[1]) Bessel legte z. B. um die Flüssigkeitsmenge zu beschränken in das Libellenrohr
Glasstückchen, wodurch die Dimensionen des Rohres dennoch dieselben bleiben konnten.

ist.man in der Lage, die Länge der Blase leicht zu verkürzen und bei umgekehrter Stellung des Niveaus dieselbe zu verlängern. Liegt die Libellenaxe wieder nahe horizontal, so ist eine Kommunikation zwischen der Blase in der Kammer und der im eigentlichen Libellenrohre unmöglich und somit die Letztere in ihrer Grösse gesichert. Auf die Grösse der Öffnung in der Zwischenwand ist einige Aufmerksamkeit zu legen, damit dieselbe nicht zu klein wird, da sonst der Transport von. einem Raum in den anderen recht mühselig werden kann, ebenso muss der übrige Theil der Abschlussplatte gut verkittet sein. — Auf diese Weise ist es möglich geworden, auch für grosse Libellen (bei Meridiankreisen kommen solche von 20—30 cm Länge und 2—3 cm lichter Weite vor) die Blasenlänge bei den verschiedensten Temperaturen immer ziemlich gleich zu erhalten. Die Länge der Blase hat auch Einfluss auf die Genauigkeit mit der dieselbe ihre Ruhelage einnimmt, da im Allgemeinen eine längere Blase besser einspielt, als eine kurze. Ebenso sind die Dimensionen des Libellenrohres für verschiedene Empfindlichkeit verschieden zu wählen. — Prof. REINHERTZ, welcher über diese Fragen und überhaupt betreffs der Genauigkeit, mit welcher Libellen arbeiten, umfangreiche und interessante Untersuchungen angestellt hat, macht bezüglich dieser Punkte die folgenden Angaben:

Empfindlichkeit der Libelle: 11.″9 = 1 Par. Linie.

Blasenlänge:	$4^p.4$	12^p	20^p	26^p
Mittl. Fehler d. Einstellg.:	1.″0	0.″5	0.″3	0.″3

und betreffs der Dimensionen des Rohres:

Empfindlichkeit:

1″ 2″ 3″ 4″ 5″ (6″—8″) (8″—10″) (10″—15″) (15″—60″) für 1 Par. Linie.

Verhältniss des Durchmessers zur Länge:

$1/_{13}$ $1/_{12}$ $1/_{11}$ $1/_{10}$ $1/_9$ $1/_9$ $1/_9$ $1/_8$ $1/_8$

Weiterhin findet REINHERTZ auch für eine Libelle mit einer Empfindlichkeit von 3″.4 pro Paris. Linie diese mit der Blasenlänge veränderlich und zwar bei

Blasenlänge:	$1^p.6$	$3^p.3$	$6^p.1$	$9^p.2$	$15^p.2$	$21^p.0$	$25^p.3$
Empfindlichkeit:	3″.95	3″.68	3″.50	3″.49	3″.45	3″.45	3″.46

Es ist hier nicht möglich auf die vielen interessanten Daten, welche diese Arbeit enthält, einzugehen, wir müssen deshalb auf die Abhandlung selbst verweisen. (Zschr. f. Instrkde. 1890, S. 309 u. 347).

Für die fertige Libelle wird es sich darum handeln, ihre Brauchbarkeit auf Grund der oben gegebenen Theorie zu prüfen, bevor man sie zum Messen verwendet; zu diesem Zwecke dienen die Niveauprüfer oder Legebretter.

. Die Prüfung einer Libelle hat sich auf zwei Fragen zu erstrecken, nämlich 1. darauf, ob dieselbe an allen Stellen die gleiche Krümmung hat, und 2. wie gross diese Krümmung d. h. welche Neigung der Libellenaxe einem Ausschlage der Blase von 1 „Pars" der Theilung entspricht. Zur Ausführung dieser Untersuchungen hat man besondere Apparate konstruirt, deren Gestalt und Anordnung im Laufe der Zeit immer mehr verbessert worden sind. Der wesentlichste Theil aller dieser Apparate ist aber immer eine Schiene, welche sich um irgend eine zu ihr senkrechte Axe drehen lässt, und an deren einem Ende eine feine Schraube diese Drehung gegen eine feste Unterlage bewirkt. Sowohl die ganzen Umdrehungen dieser Schraube als auch deren Bruchtheile lassen sich an einem geeignet getheilten Kopf derselben ablesen. Aus der Kenntniss der Entfernung der horizontalen Axe von der Schraube und aus deren Ganghöhe lässt sich sodann der Winkel, um welchen sich die Schiene bei Drehung der Schraube um 360^0 hebt oder senkt, ermitteln. Hat man dann auch an dem auf der Schiene liegenden Niveau den Ausschlag der Blase für eine bestimmte Drehung der Schraube beobachtet, so kann daraus sofort der Winkelwerth eines Theiles der Niveautheilung gefunden werden, wie folgende Überlegung zeigt.

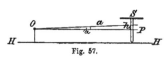

Fig. 57.

Es sei in Fig. 57 O die horizontale Axe, P der Angriffspunkt der Schraube, die Entfernung beider Punkte a, weiterhin h die Höhe eines Schraubenganges, so hat man unmittelbar $tg\ \alpha = \dfrac{h}{a}$; ist also der Ausschlag der Blase für die Umdrehung der Schraube um 360^0 gleich 1 Theile, so ist 1 Theil $p = \dfrac{h}{1\ a}$.

Hat man nicht ganz um 360^0 gedreht, so würde dann an Stelle von h etwa h' treten, dessen Grösse sich sofort bestimmt aus $360^0 : n^0 = h : h'$ oder wenn der Schraubenkopf etwa in 100 Theile getheilt ist (wie gewöhnlich) $100 : n = h : h'$

$$h' = \frac{n\ h}{100}\ \text{also}\ p = \frac{n\ h}{100\ a} \cdot \frac{1}{1}\ \text{(wo n die Anzahl d. Trommelth. ist)}.$$

Das Verfahren, welches man nun in der Praxis anwendet, ist folgendes: Man befestigt zunächst die Libelle und zwar am besten in ihrer Fassung womöglich ganz so, wie sie später am Instrument selbst gebraucht wird, an der Schiene O P und stellt sowohl H H als auch O P nahe horizontal (um das Erstere ausführen zu können, befinden sich an der Unterlage meist drei Stellschrauben, siehe weiter unten die Besprechung der Apparate). Nachdem Alles gut zur Ruhe gekommen ist, dreht man die Schraube S so, dass sich die Blase, deren Länge etwa $^1/_6 — ^1/_8$ der Länge der Libellentheilung betragen soll, mit dem O zugekehrten Ende nahe dem Nullpunkt der Theilung befindet. Es muss diese Stellung der Blase dadurch erreicht werden, dass man erst noch über dieselbe hinausgeht und sodann langsam den Punkt P der Schiene wieder vermittelst der Schraube S soviel hebt, bis die oben angegebene Stellung erreicht ist. Es darf während einer ganzen Untersuchungsreihe die Schraube S nur so bewegt werden, dass der Punkt P gehoben wird, da nur dadurch eine sichere Wirkung derselben verbürgt werden kann. Nun lässt man den Apparat einige Minuten ruhen und liest dann beide Blasenenden ab. Hierauf hebt man P um eine angemessene Anzahl von Schraubentheilen, so dass sich die Blase um etwa 5 oder 10 Niveautheile nach P hin bewegt, lässt wieder ruhen und liest dann Schraubentrommel und Niveau ab; sodann dreht man wieder die Schraube um ebenso viel Theile als vorher, lässt ruhen und liest Trommel und Niveau ab; das setzt man fort, bis die Blase das bei P gelegene Ende der Theilung des Niveaus nahe erreicht hat. Jetzt hat man eine Anzahl Bewegungsintervalle der Blase für ebensoviel

Strecken der Schraube. Sind die letzten Strecken gleich, d. h. hat man immer um gleich viel Schraubentheile gedreht, so sollen auch die Niveaustrecken gleich sein, wenn das Niveau gut ist. Häufig wird diese Gleichheit aber nicht eintreten, sondern es werden die Endstrecken von den mittleren etwas abweichen. Das deutet an, dass die Krümmung des Niveaus keine sphärische, sondern etwa eine parabolische ist. Um unter diesen Umständen den Werth eines Niveautheiles rechnerisch darzustellen, muss man dem Ausdruck für denselben die Form p $(1 + q \lambda)$ geben, also setzen:

$$p\,(1 + q\,\lambda) = \frac{n}{100} \cdot \frac{h}{a} \cdot \frac{1}{l},$$ wo dann λ die Blasenlänge und p und q zwei

Konstante sind, die eben durch die Ablesung an den verschiedenen Theilen des Niveaus aus der Gesammtheit der Messungen bestimmt werden müssen. Bei den jetzt verfertigten guten Libellen ist nur in den seltensten Fällen eine solche Komplikation des Verfahrens nöthig, zumal man sich ja in der Anwendung des Niveaus auch stets bestreben wird, grössere Ausschläge bei genauen Messungen zu vermeiden. Will man die Anzahl der Messungen vermehren, was stets anzurathen ist, so bringt man durch Heben des Punktes O vermittelst der Stellschrauben der Unterlage H H die Blase wieder in die erste Stellung zurück und wiederholt sodann das ganze Verfahren mehrmals. Es ist natürlich erforderlich, dass während der Untersuchung dem ganzen Apparat eine sehr feste Aufstellung gegeben wird. Auch erscheint es zweckmässig, diese Untersuchung einer Libelle sowohl bei entgegengesetzter Lage des Nullpunktes als auch bei verschiedener Temperatur vorzunehmen, da der Werth eines Niveautheiles häufig eine kleine Abhängigkeit von der Temperatur zeigt, was entweder seinen Grund in der verschiedenen Spannung der Ätherdämpfe oder in Formveränderungen der Fassungen haben mag.

Die neueren Konstruktionen der Libellenprüfer unterscheiden sich von den früher im Gebrauche befindlichen namentlich dadurch, dass man jetzt bestrebt ist, die Apparate so einzurichten, dass die Niveaus in ihrer gesammten Fassung aufgelegt werden können und sodann aber auch die grösseren Gewichte von Niveau mit Fassung keine schädlichen Durchbiegungen am Apparate hervorbringen und die Messschraube nach Möglichkeit entlastet wird. Es mag hier die Beschreibung verschiedener Konstruktionen folgen.

Die von REICHEL seinem Legebrett gegebene Einrichtung findet sich beschrieben in „Bericht über die Wissenschaftlichen Instrumente auf der Berliner Gewerbeausstellung im Jahre 1879“ herausgegeben von Dr. L. LOEWENHERZ 1880, S. 62 u. ff. Es besteht aus 2 übereinander liegenden Platten P u. R, Fig. 58, welche auf der einen Seite durch ein Kippstück so verbunden sind, dass die obere Platte, welche die zu untersuchende Libelle aufnimmt, um diesen Verbindungspunkt A gehoben bezw. gesenkt werden kann. Das Maass der Hebung wird dadurch bestimmt, dass eine Mikrometerschraube F mit fest verbundener Theilscheibe durch ein am anderen Ende der oberen Platte eingefügtes Muttergewinde greift und mit ihrem unteren Ende auf einer auf der unteren Platte festgeschraubten Unterlage ruht. An der Theilscheibe ist eine Visirvorrichtung vorhanden, die es gestattet, unmittelbar diejenige

Theilgrösse abzulesen, um welche die Libelle bei der Fortbewegung der Luftblase von einem Theilstrich zu einem anderen gehoben bezw. gesenkt worden ist.

Die untere Platte R ruht einerseits mit den beiden Fussschrauben S,

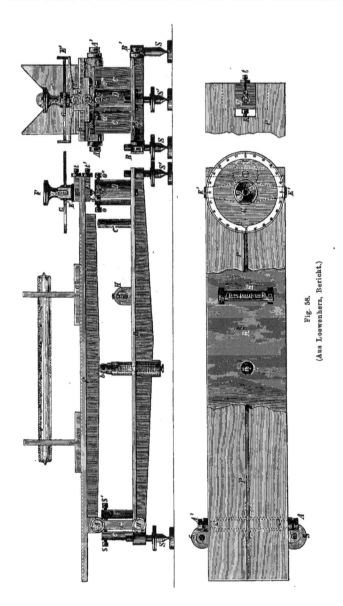

Fig. 58.

(Aus Loewenherz, Bericht.)

andererseits mit einer dritten Fussschraube S' auf. Durch das Zwischenstück C
wird die untere Platte R mit der oberen Platte P und zwar mittels der
in Kugeln endenden Axenschrauben B und B', bez. A und A' verbunden.   Als

Anschläge für das Zwischenstück C dienen die beiden Säulen c und c' mit ihren Stellschrauben s und s'.

Die Mikrometerschraube F geht durch das an P mittelst Schrauben verstellbar befestigte Muttergewinde . E. Zur Beseitigung des todten Ganges dient die stellbare Backe e (vergl. Fig. 58 unten rechts), welche durch die beiden Schrauben t und t' an die Schraube F soweit .wie erforderlich angedrückt werden kann. Zur Berichtigung der Radienlänge ist die Schraube K in P eingeschraubt; diese stützt sich mit ihrem Kopf gegen die Gewinde-Platte E. . Die Mikrometerschraube F endigt oben in den als Handhabe zur Drehung dienenden Kopf g, unten in eine Kugel, welche in dem Trichter-lager d ruht. Dieses befindet sich in dem auf der Platte R befestigten Klemm-futter D und kann darin durch die 4 Schrauben o, o', o" und o''' berichtigt werden. Die Ganghöhe der Schraube F ist so gewählt, dass einer Umdrehung derselben eine. Neigungsänderung der Platte P von 4 Minuten entspricht. Es ist deshalb die an der Mikrometerschraube befestigte Theilscheibe G in 240 Theile getheilt, deren jeder also den Werth einer Sekunde hat. Die genaue Einhaltung dieses Werthes wird durch die bereits erwähnte Schraube K ermöglicht. Zur Ablesung ist die unterhalb der' Theilscheibe an dem Muttergewinde E befestigte Alhidade E' bestimmt, welche an beiden Enden rechtwinklig nach oben gebogene Ansätze trägt. In dem einen derselben — dem Beobachter zugewandten —- befindet sich ein Glasplättchen, auf welchem der Index durch 2 senkrechte rothe Parallelstriche bezeichnet ist. Bei der Ablesung wird der einzustellende Strich der Theilscheibe zwischen diese roten Striche gebracht. Der andere Ansatz enthält eine Skala behufs Zählung der vollen Schraubenumdrehungen.

Die obere Platte P ist der Länge nach mit einer Vertiefung versehen, welche als Führung der Böcke a, a' dient, die zur Aufnahme der zu untersuchenden Libelle bestimmt sind.

Auf der unteren Platte R ruhen noch die Führung für die durch eine Feder gegen die Platte P wirkende Rolle b zur Entlastung der Schraube F

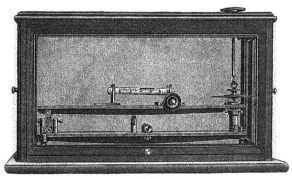

Fig. 59.

und der Axen von C, ferner die Stütze c", welche die Schiene nach Herausnahme der Schraube F trägt, endlich die Libelle H, um den Apparat auch seitlich horizontiren zu können.

Um sowohl das Instrument als auch die zu untersuchende Libelle gegen Temperatureinflüsse möglichst zu schützen, befindet sich der ganze Apparat in einem Glaskasten, Fig. 59, durch dessen Deckel eine an dem Kopf der Schraube F zu befestigende Stange mit Handgriff hindurchreicht.

Die Untersuchung der Mikrometerschraube wurde in der Weise ausgeführt, dass das Legebrett auf einen Steinpfeiler gestellt, und in die Böcke desselben ein Nivellirfernrohr gelegt und horizontirt wurde. Ferner wurde in einer Entfernung von 10,206 m von der Axe C des Legebretts ein Millimeter-maassstab genau senkrecht angebracht. Hierauf wurden die Striche des Maassstabes bei der 5. und 6. Umdrehung der Schraube in der aus nach-folgenden Täfelchen ersichtlichen Weise eingestellt, wobei zu bemerken, dass zunächst die Mikrometerschraube nahezu auf die bestimmte Höhe gebracht und dann der besseren Beobachtung wegen noch so weit geschraubt wurde, dass der Faden des Okulars genau in der Mitte zwischen 2 Theilstrichen des Maassstabes sich befand. Die zweite Kolumne des Täfelchens giebt die hierbei gefundenen Ablesungen der Theilscheibe an:

Umdrehungen	Differenz	Maassstab	Differenz
R.			mm
4,2352	4′ 1″,6	49,5	
5,2368		61,5	12
5,2370	4 1 ,5	61,5	.
4,2355		49,5	12
4,2353	4 1 ,6	49,5	
5,2369		61,5	12
5,2365	4 1 ,8	61,5	
4,2347		49,5	12
4,2349	4 2 ,0	49,5	
5,2369	Mittel 4′ 1″,7	61,5	12

d. h. 4′ 1″,7 auf der Theilscheibe entsprechen 12 mm bei 10,206 m Entfernung oder 4 wirklichen Minuten + 2,5 Sekunden, folglich 4 Theilscheibenminuten gleich 4 wirklichen Minuten + 0,8 Sekunden, oder 1 Theilscheibensekunde gleich 1 + $^1/_{300}$ wirklichen Sekunden.

Derselbe Schraubenumgang wurde sodann in Bezug auf seine einzelnen Theile in ganz analoger Weise untersucht und in seiner ganzen Höhe als vollkommen frei von periodischen Fehlern gefunden.[1]

Der nachstehend beschriebene Apparat ist von der Firma Hildebrand & Schramm in Freiberg i. S. für die Leipziger Sternwarte gebaut worden und ist namentlich auch zur Prüfung besonders schwerer Niveaus ein-gerichtet. Prof. Bruns sagt über denselben folgendes:[2]

---

[1] Ich habe hier ein solches Beispiel ausführlich gegeben, um zu zeigen, wie man auf einfache Weise die Untersuchung einer solchen Schraube bewirken kann.

[2] Zschr. f. Instrkde., 1886, S. 198.

„Der kräftig gehaltene T-förmige Untersatz A A (Fig. 60) ruht mit einer Spitze bei B und mit zwei Fussschrauben C C in der üblichen Weise auf drei Fussplatten und besitzt in der Nähe der Fussschrauben C C nach oben ge-

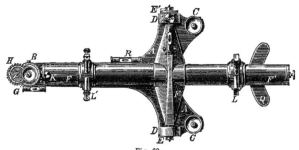

Fig. 60.
(Aus Zschr. f. Instrkde. 1886.)

richtete Ansätze D D, welche das Muttergewinde für je eine starke Körnorschraube E, E' enthalten, zwischen deren Spitzen sich der eigentliche Libellenträger F F', — ein nahezu symmetrisches Kreuz mit kurzem Querarm — dreht. Diese Spitzenführung hat einerseits vor der häufig angewandten Drehung auf zwei Fussspitzen den Vortheil einer sicheren Bewegung voraus, andererseits ist sie leichter herzustellen als die Drehung um cylindrische Zapfen. Längs- und Querarm des Libellenträgerkreuzes bilden ein einziges Gussstück (Eisen); der Längsarm besteht aus einem cylindrischen Rohr von 10 mm

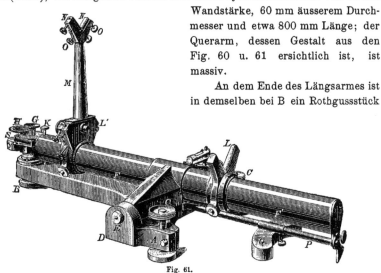

Wandstärke, 60 mm äusserem Durchmesser und etwa 800 mm Länge; der Querarm, dessen Gestalt aus den Fig. 60 u. 61 ersichtlich ist, ist massiv.

An dem Ende des Längsarmes ist in demselben bei B ein Rothgussstück

Fig. 61.
(Aus Zschr. f. Instrkde. 1886.)

eingesetzt, welches das Muttergewinde für die Messschraube G enthält. Die Ganghöhe derselben ist 0,25 mm, so dass eine Revolution bei den gewählten Dimensionen eine Drehung des Libellenträgers von nahe 123″ erzeugt. Das Muttergewinde enthält etwa 120 Umgänge. · Da bei der Messung immer nur wenige

Revolutionen gebraucht werden (höchstens 30), so liegt der weitaus grössere Theil der Gänge der Messschraube beständig in dem Muttergewinde. Diese Anordnung ist absichtlich zur besseren Erhaltung der Schraube gewählt worden. Ein einfaches Differentialgetriebe H dient zur Zählung der ganzen Umdrehungen.

Die Spitze der Messschraube ruht auf einer feingeschliffenen kreisrunden Achatplatte. Diese Platte ist nicht direkt in den Untersatz A eingelassen, sondern sitzt mit Reibung drehbar in einer besonderen, mit Korrektionsschräubchen versehenen Fassung. Der Berührungspunkt zwischen Schraube und Platte liegt auf letzterer excentrisch, so dass bei etwaigem Ausschleifen der Berührungsstelle durch Drehung der Platte in ihrer Fassung neue Punkte unter die Schraube gebracht werden können. Die durch das Trägerrohr hindurchgehende und auf A aufruhende Schraube K dient als Sicherheitsvorrichtung und wird bei der Messung zurückgedreht. An dem der Messschraube entgegengesetzten Ende des Längsrohres ist ein verstellbares Excenterstück angebracht, welches lediglich dazu dient, ein unbeabsichtigtes starkes Kippen des Libellenträgers zu verhüten.

Auf dem Trägerrohr gleiten die Lagerringe L, L' mit den V-förmigen

Fig. 62.

Lagern für die Libellen. Für Reiterlibellen werden an diese Stücke Verlängerungen angeschraubt, (siehe Fig. 62 a u. b und bei M in Fig. 60, wo eine Verlängerung angeschraubt dargestellt ist). Die Lagerringe werden mit je zwei radial wirkenden Schrauben festgestellt und gleiten zur Sicherung gegen seitliche Drehungen mit einer Nase in einer an der Unterseite des Längsrohrs ausgefrästen Nut. Um die Axe der zu untersuchenden Libelle stets zu der durch die Körnerspitzen bestimmten Drehaxe des Libellenträgers senkrecht stellen zu können, sind die Backen der V-förmigen Ausschnitte bei dem einen Lagerring L' und bei der einen Verlängerung (Fig. 62 b bzw. M in Fig. 60) beweglich eingerichtet, indem die losen Stücke N N durch Spiralfedern an die vier Schrauben O angepresst werden. Unter dem Rohre F' des Libellenträgers gleitet auf einer Stange P das Laufgewicht Q. Letzteres dient dazu, nach dem Aufsetzen der Libelle auf den Apparat das ganze um E E' drehbare System gegen diese Axe auszubalanciren. Ist dies geschehen, so wird bei der Messung auf einen bei der Messschraube angebrachten Stift ein kleines Belastungsgewicht S (Fig. 60) von etwa 400 g aufgesteckt; die Schraube arbeitet also unabhängig von der mit den Umständen wechselnden Belastung des Libellenträgers stets unter konstantem Druck.

Zur Entlastung der Körnerspitzen ist folgende einfache (in der Zeichnung nicht sichtbare) Einrichtung getroffen. In dem Querarm des Libellenträgers ist an der Unterseite eine parabolische Höhlung ausgearbeitet, deren Kuppe genau in der Mitte der Verbindungslinie der Körnerspitzen liegt. Gegen diesen Punkt wird von unten ein oben und unten abgerundeter Stift gedrückt, welcher mit seinem unteren Ende auf dem sphärisch vertieften Boden einer Hülse steht, die von einer in dem Untersatz A eingelassenen sehr kräftigen Spiralfeder nach oben gedrückt wird. Bei der gewählten Federstärke wird auf diese Art, ohne Hemmung der Bewegungen, das Gewicht des Libellenträgers für sich fast vollständig kompensirt. Von den beiden Körnerspitzen ist die eine, E, ein für allemal fest angezogen, die andere E′ (Fig. 60) trägt eine getheilte Trommel, um die ursprüngliche Stellung der Schraube sicher wiederfinden zu können, wenn letztere aus irgend einer Veranlassung einmal gelüftet worden ist. Zur Sicherung gegen zufällige Verstellungen dient eine einfache radial wirkende Klemmvorrichtung".

Bei Benutzung des Apparates soll immer von einer bestimmten Normalstellung ausgegangen werden, welche dadurch definirt ist, dass die Drehungsaxe E E′ des Libellenträgers horizontal steht, dass die Oberfläche der Achatplatte horizontal und in gleicher Höhe mit E E′ liegt, und dass endlich die Messschraube vertikal steht. Unter diesen Umständen zeigt dann die Messschraube, sobald sie die Achatplatte berührt, eine bestimmte Normalablesung. Bleibt man bei den Messungen innerhalb eines mässigen Spielraumes zu beiden Seiten dieser Normalstellung, so können die Drehungen der Schraube mit mehr als ausreichender Annäherung den Winkelbewegungen des Libellenträgers proportional gesetzt werden. Zum raschen Auffinden der Normalstellung dienen drei kleine Röhrenlibellen, eine auf dem Untersatz bei R (Fig. 61), die zweite an dem Längsarm neben der Messschraube, und die dritte senkrecht dazu auf dem Querarm. Die Kontrole dieser Libellen bezüglich etwaiger im Laufe der Zeit eintretender Änderungen lässt sich unter Berücksichtigung der Normalablesung der Schraube leicht mittelst einer auf die Achatplatte und den Schraubenkopf aufzusetzenden Setzlibelle ausführen, sobald nur die eine Bedingung erfüllt ist, dass die Drehungsaxe des Libellenträgers und die Axe der Messschraube zu einander senkrecht stehen. Letztere Berichtigung, bezüglich deren eine Änderung nicht zu befürchten ist, solange die Spitzenführung nicht schlottert, wird ein für alle mal mit grösster Schärfe in der Werkstatt ausgeführt; sie kann übrigens bequem nachträglich bei den zur Bestimmung des Winkelwerthes einer Schraubenrevolution dienenden Beobachtungen geprüft werden. Zu dem letztgenannten Zwecke, sowie zur Untersuchung der Schraube auf etwaige Fehler wurde ein Fernrohr auf die Lagerringe gesetzt und nach einer Centimetertheilung in bekannter Entfernung (etwa 40 m) visirt, in ähnlicher Weise wie es bei dem Reichel'schen Apparate beschrieben wurde.

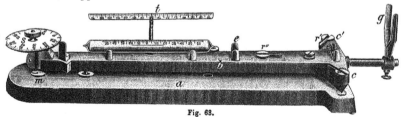

Fig. 63.

Ein von der Firma Buff & Berger in Boston gebauter Libellenprüfer giebt einen amerikanischen Typus dieser Apparate, der sich durch Kompaktheit und Einfachheit der Ausführung auszeichnet, wenn er auch vielleicht die minutiöse Genauigkeit des vorhin beschriebenen nicht aufweisen kann. Der Apparat, wie ihn die Fig. 63 in Gesammtansicht darstellt, besteht aus einer

schweren eisernen Grundplatte a, auf welche eine ebenfalls aus Eisen hergestellte
Schiene b mit den beiden festen Spitzenfüssen c, c' an dem einen Ende und mit
der Mikrometerschraube s an dem anderen Ende aufliegt; die Kopfschraube der
Letzteren ist in 100 Theile getheilt. Diese Schiene trägt eine Reihe von
festen Y-Lagern e, welche zur Aufnahme der zu prüfenden Libellen bestimmt
sind. Die verstellbare Skala t ist beigefügt, um auch Libellen prüfen zu können,

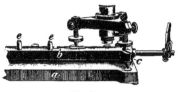

Fig. 64.

welche selbst noch keine Theilung tragen.
Die Gabel g dient dazu, die auf die Lager
aufgelegten Instrumente in einer bestimmten Lage zu fixiren, wie es Fig. 65 zeigt;
denn der Apparat ist in der Absicht konstruirt, auf ihm auch ganze Instrumente
ohne Abnahme der Libellen aufsetzen
zu können. Zu diesem Zwecke sind auch
die drei Rillen r r' r'' angebracht, welche
zur Aufnahme der Fussschrauben eines Universalinstrumentes dienen können
(Fig. 63). Sogar für Instrumente mit 4 Fussschrauben, wie sie in Amerika
noch viel in Verwendung sind, ist durch Beigabe einer besonderen Fussplatte p
(Fig. 66) Sorge getragen. Die Spitzen aller
3 Fusspunkte der Grundplatte sind aus gehärtetem Stahl und ruhen auf eben solchen
polirten Platten, von denen diejenige für die
Mikrometerschraube m durch eine der Hildebrand'schen ähnliche excentrische Anordnung

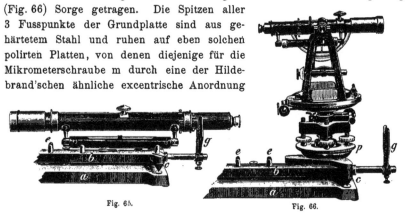

Fig. 65.   Fig. 66.

so bewegt werden kann, dass der Fuss der Mikrometerschraube immer auf
ganz intakten Stellen der Platte aufruht.

Die Schiene b ist 18 engl. Zoll = 0,457 m lang und die Höhe eines
Ganges der Mikrometerschraube beträgt 0,42 mm, sodass der Winkelwerth
einer Umdrehung sehr nahe 190'' und ein Theil der hunderttheiligen Trommel
also nahe 2'' beträgt.

Eine interessante Methode zur Prüfung feiner Libellen hat auch Prof.
Dr. C. Braun vorgeschlagen; derselbe will zu diesem Zwecke die Theilung des
Horizontalkreises eines Theodolithen benützen. Er beschreibt den Vorgang bei
der Prüfung etwa in nachstehender Weise:[1] Hat eine Fussschraube des Instrumentes schon einen Kopf mit Theilung, so ist die Operation sehr einfach;

[1] Astron. Nachr., Bd. 104, S. 279.

eine solche Theilung ist jedoch nicht nothwendig. Man braucht dann auf dem Kopf einer Schraube nur 2 Striche zu markiren, die ungefähr diametral gegenüberstehen und an dem Untersatz eine Spitze anzubringen, welche als Index für jene Striche dienen kann.

Zunächst bestimmt man nun den Winkel, um welchen die Neigung des Instrumentes sich ändert, wenn jene Fussschraube um 1 Revolution gedreht wird. Dies geschieht sehr leicht, indem man das Fernrohr auf ein fernes Objekt einstellt und den Höhenkreis abliest, dann jene Schraube um 5 bis 10 Revolutionen dreht, wieder einstellt und von Neuem abliest. Das Nähere dieser Methode ergiebt sich von selbst, ebenso die Korrektionen, welche anzubringen wären, falls eine extreme Genauigkeit angestrebt würde.

Soll nun eine Libelle untersucht werden, so bringt man sie an Stelle des Obertheiles auf das Instrument und stellt dieses mit Hülfe derselben Libelle horizontal, wobei keine grosse Genauigkeit erforderlich ist. Dabei muss die markirte Fussschraube mit einem Strich unter dem Index bleiben, und es darf nur mit den beiden anderen justirt werden.

Danach dreht man die markirte Fussschraube um $^1/_2$ Revolution, so dass der andere Strich genau unter dem Index steht. Die Alhidade mit der Libelle wird dann soweit gedreht, bis die Blase an einem Ende der Skala steht und der Stand der Nonien und der Libelle notirt.

Darauf wird die Alhidade um einen bestimmten Winkel (5^0, 10^0 oder mehr, nach Bedarf) weiter bewegt, der Libelle Zeit gelassen, zur Ruhe zu kommen, und wieder beides abgelesen. Diese Drehung stets um den gleichen Winkel und die Ablesung setzt man fort, bis die Blase am andern Ende der Skala angelangt ist. Dann dreht man die Alhidade rückwärts und wiederholt dieselbe Operation, bis die Blase wieder am ersten Ende der Röhre steht.

Nun dreht man die Fussschraube rückwärts genau um eine ganze Revolution, wodurch das Instrument nach der entgegengesetzten Seite geneigt wird. Man macht dann wieder ganz dieselbe Operation: Drehen der Alhidade um gleiche, leicht ablesbare Winkel und Notiren des Libellenstandes, und zwar so, dass die Blase die ganze Skala in beiden Richtungen durchschreitet. Je zwei Libellenstände bei Vorwärts- und Rückwärts-Bewegung werden zu einem Mittel vereinigt. Dadurch wird eine etwaige langsame Bewegung der Unterlage durch Temperatur etc. thunlichst unschädlich gemacht. Ist dann i der Winkel, um welchen eine Revolution der Fussschraube das Instrument neigt, und n die jedesmalige Drehung der Alhidade (die Lage der Röhre nahe rechtwinklig gegen den verstellten Fuss vorausgesetzt), so ist n sin $^1/_2$ i der Winkel, um welchen zwischen zwei Notirungen die Libelle geneigt wurde. Es ist dann sehr leicht, entweder graphisch oder durch Rechnung sowohl den mittleren Werth eines Skalentheiles als auch die einzelnen Theile selbst zu bestimmen und die Gleichmässigkeit der Libellen-Skala zu verifiziren.

Die zweite Messungsreihe wird bei geänderter Neigung angestellt, und die Resultate beider Bestimmungen zum Mittel vereinigt einestheils zur Kontrole, anderntheils um von der Theilung des Fussschraubenkopfes das Resultat unabhängig zu machen."

Der Zweck einer Libelle ist nun der, entweder bestimmte Theile der

astron. Messinstrumente horizontal zu stellen oder aber deren Abweichung
von der Horizontalität (so lange diese sehr klein ist) zu bestimmen; daher ist es
erforderlich, dass man das eigentliche Libellenrohr mit geeigneten Einrichtungen
(Fassungen, Füssen zum Aufsetzen oder Armen zum Anhängen) versieht, wodurch es ermöglicht wird, diese Absicht zu erreichen. Diese Fassung besteht
zunächst aus einem Metallrohr (meist Messing), in welches die Libelle leicht
hinein passt und dessen oberer Theil soweit ausgeschnitten ist, dass die Theilung
des Niveaus vollständig sichtbar wird.[1]) In diesem Rohr wird die Libelle
entweder durch Einklemmen von Korkstücken oder durch Einkitten befestigt,
dann werden die beiden Enden des Metallrohres mittelst Deckel verschlossen,
und diese sind nun an ihren Aussenflächen je nach der Bestimmung des
Niveaus verschieden eingerichtet.   Danach kann man eigentlich 3 Klassen
unterscheiden, nämlich:

    1. Libellen zum Aufsetzen auf eine Ebene,

    2. Libellen, welche mit bestimmten Instrumententheilen fest verbunden
       sind und

    3. Libellen zum Aufsetzen oder Anhängen an eine Axe.

    Soll die Libelle nur dazu dienen, eine Ebene zu horizontiren, so sind
gewöhnlich die erwähnten Verschlussplatten der Fassung eingerichtet, wie es
die Fig. 67, 68 u. 69 zeigen.

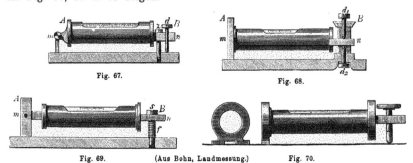

Fig. 67.

Fig. 68.

Fig. 69.   (Aus Bohn, Landmessung.)   Fig. 70.

    In Fig. 67 läuft die Verschlussplatte A in einen Ansatz aus, welcher sich
um eine horizontale Axe drehen lässt, während auf der anderen Seite in B Einrichtungen getroffen sind, diese Bewegung sicher auszuführen, wodurch die
Stellung der Niveauaxe zu der Fussplatte verändert und fixirt werden kann. Es
geschieht dies hier durch Zug- und Druckschrauben z resp. d, von denen z die
Niveauaxe der Grundplatte nähert und d sie davon entfernt. In Fig. 68 sind
es 2 Druckschrauben, von welchen die untere d_2 die Axe m n hebt und die
obere d_1 dieselbe herabdrückt. · In Fig. 69 wirkt der Zugschraube s eine Feder f
entgegen, welche hier an die Stelle von d_2 tritt. Auch andere Bewegungsein-
richtungen kommen wohl vor, doch verdienen die in Fig. 67 und 68 dargestellten

---

    [1]) Bei manchen Libellen, die bei geodätischen, namentlich Nivellir-Instrumenten An-
wendung finden, ist auch die Fassung an der Unterseite in gleicher Weise ausgeschnitten,
und das Libellenrohr trägt auch da eine Theilung; solche Libellen, die dann in beiden
Lagen des mit ihnen verbundenen Fernrohrs ablesbar sind, nennt man Reversions-
libellen.

den Vorzug, da sie namentlich viel sicherer wirken als die mit Federn versehenen Korrektionseinrichtungen, wenn die Federn nicht sehr gut konstruirt sind; allerdings ist ihre Handhabung nicht so bequem. Die Grundplatte muss natürlich sehr gut eben geschliffen sein, um ein sicheres Aufstellen zu gewährleisten. Auch hat man solche Libellen hergestellt, welche statt der Grundplatten an dem einen Ende 2 Füsse und an dem anderen Ende einen solchen eventuell zum Verstellen eingerichteten tragen (Fig. 70). Die letztere Form findet. in der astronomischen Praxis z. B. Anwendung bei Horizontirung von Glashorizonten für Reflexionsbeobachtungen, dann ist es erforderlich, dass die 3 Füsse aus einem Material gemacht sind, welches die Oberfläche der Glasplatte nicht verletzt (Elfenbein, Celluloid oder dergl.)

Im Allgemeinen ähnlich pflegen diejenigen Libellen eingerichtet zu sein, welche mit bestimmten Instrumententheilen fest verbunden sind, nur dass hier an die Stelle der Fussplatte eben die Alhidade eines Kreises, der Mikroskopträger oder dergl. tritt. Da man an diese Niveaus meist höhere An-

Fig. 71.
(Nach Philos. Transact. 1825.)

forderungen zu stellen hat, als an die der vorhergehenden Art, so trifft man auch hier schon manchmal diejenigen Vorsichtsmassregeln an, welche wir später bei den Aufsatz- oder Hängelibellen fast immer vorfinden werden; es sind das meistens Schutzeinrichtungen gegen plötzliche oder einseitige Temperatureinflüsse, gegen die Körperwärme des Beobachters und ausserdem solche, welche dazu dienen, bei Vornahme von Korrektionen in der Stellung der Libelle irgend welche Spannungen zu verhindern. In den nachstehenden Figuren sind einige typische Anordnungen aufgeführt. Fig. 71 zeigt ein Alhidadenniveau, wie man es nach REICHENBACHS Vorgang häufig an grösseren Durchgangsinstrumenten findet, zur Einstellung der Zenithdistanz oder Deklination. Von einer besonderen Korrektion am Niveau selbst ist dabei Abstand genommen, da sich die richtige Stellung desselben für 0^0 Deklination oder

Zenithdistanz durch die Verstellung der Nonien erreichen lässt. Eine ähnliche
Einrichtung für ein gebrochenes Durchgangsinstrument der neueren Konstruktion zeigt Fig. 72. Diese Einrichtungen haben den Vortheil, dass man schon

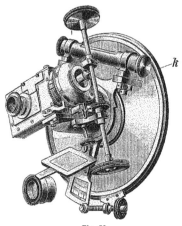

vor dem Durchgang eines Sternes die Einstellung der Nonien für den nächsten
ausführen kann und dann für diesen Stern
nur auf das Einspielen der Blase zu achten
braucht.

Fig. 73 zeigt die Befestigung des
Niveaus an dem Mikroskopträger eines
Universalinstrumentes. Hier ist das Ende
B um die sphärisch abgedrehte Fläche
etwas dadurch drehbar, dass man für den
Hals der Schraube in der Durchbohrung
des Niveauansatzstückes etwas Luft lässt,
während an der anderen Seite der Fassung
die Korrektionseinrichtung angebracht
ist. Vielfach ist auch am einen Ende
die Verbindung mit dem Instrument
durch eine horizontale Axe s vermittelt,

Fig. 72.

um welche sich dann ebenfalls durch die Korrektionsschrauben am anderen
Ende das Niveau bewegen resp. korrigiren lässt (Fig. 74). In diese Klasse

der Libellen gehören auch die neuerdings für die sogenannten
Horrebow-Talcott-Methode der Polhöhenbestimmung eingerichteten sehr genauen Niveaus, welche so gebaut sind, dass
sie sich in Verbindung mit einem Ring an die Umdrehungsaxe des Durchgangsinstrumentes oder an eine besondere

Fig. 73.

horizontale Axe eines Zenithteleskopes anklemmen lassen, um so die Zenithdistanz der Abschusslinie in beiden Lagen des Instrumentes sehr sicher zu

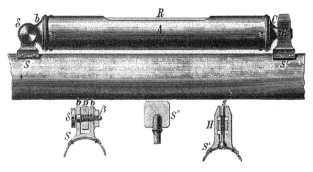

Fig. 74.
(Nach Hunaeus, Geometr. Instrumente.)

fixiren (vergl. darüber die später gegebenen speciellen Beschreibungen dieser
Instrumente).

Durch die feste Verbindung dieser Libellen mit bestimmten Instrumententheilen wird auch die bei ihnen gewöhnliche Bezifferung ihrer Skalen

bedingt. Man pflegt bei ihnen den Nullpunkt meist in die Mitte der Theilung zu setzen, während man bei beweglichen Libellen jetzt fast ausschliesslich den Nullpunkt an einem Ende derselben anbringt. Bei solchen von der Mitte aus bezifferten Libellen ist dann durch die Korrektionseinrichtungen zu bewirken, dass die Normalstellung derselben dann erreicht ist, wenn die Mitte der Blase mit der Mitte des Niveaus, also mit dem Nullpunkt zusammenfällt. Eine Abweichung der Blase aus dieser Stellung zeigt eine Neigung z. B. der Alhidade nach der positiven oder negativen Seite an, d. h. es muss die Angabe des Niveaus noch zu der beobachteten Kreisablesung addirt oder davon subtrahirt werden, um diejenige zu erhalten, welche man für „Blase in der Mitte" gemacht haben würde. Deshalb bezeichnet man auch häufig schon von vornherein auf Grund einer einmal gemachten Überlegung die Enden des Niveaus mit + oder —, so dass man später einfach nur den abgelesenen Ausschlag der Niveaublase in dem betreffenden Sinne an die Kreisablesung anzubringen hat. Ist z. B. ein Kreis so getheilt, dass die Bezifferung seiner Theilung im Sinne des Uhrzeigers wächst, wenn man auf dieselbe sieht, und man hat an dem aus der Mitte getheilten Niveau an dem zur rechten Hand gelegenen Ende der Blase 12 Theilstriche abgelesen, während das links gelegene Ende sich in der Mitte zwischen dem 6. und 7. Theilstrich befand, so wird die Mitte der Blase sich um 2,75 Partes von der Mitte nach rechts befunden haben, das rechte Ende also das höhere sein; danach wird man also am Kreise zu wenig abgelesen haben und zwar um 2,75 mal so viele Sekunden, als ein Theil des Niveaus beträgt, bei 5″ Theilwerth also $5'' \times 2,75$ $= 13'',8$. Es muss also das rechts gelegene Ende mit + und das links mit — bezeichnet werden; und in unserem Falle würde man daher zu der beispielsweise $30^0\ 14'\ 30''$ betragenden Ablesung 13″,8 zu addiren haben, um die Ablesung für die Normalstellung des Niveaus, nämlich $30^0\ 14'\ 43''\ 8$ zu erhalten. Es lässt sich daraus auch die allgemeine Regel ableiten, dass bei solchen Niveaus immer dasjenige Ende das „positive" ist, welches auf der Seite der höheren Theilstriche liegt,[1] wenn man sich so vor den Kreis stellt, dass seine Theilungsbezifferung im Sinne des Uhrzeigers wächst. — Oder auch mit anderen Worten: die Richtung vom negativen Ende des Niveaus zum positiven entspricht immer dem Verlaufe der Theilungsbezifferung auf der dem Beobachter zugewandten oberen Hälfte der Kreistheilung.

Manchmal sind auch Libellen mit dem Stativ eines Instrumentes fest verbunden und dienen dann dazu, die Unveränderlichkeit zu kontroliren.[2] Es ist klar, dass zunächst auf irgend eine Weise die normale Lage hergestellt worden sein muss (vergl. Universalinstrument) und dann die Libellen zum Einspielen gebracht wurden. Für weitere Fälle kann man dann aus dem Einspielen der Libellen resp. aus deren Ausschlägen umgekehrt auf die Stellung des betreffenden Theiles schliessen.

Bei weitem die genauesten Libellen werden aber dann gebraucht, wenn

---

[1] Vorausgesetzt, dass der Kreis von 0^0—360^0 beziffert ist, und der Nullpunkt sich in der unteren Hälfte befindet.

[2] An den Säulen grösserer Äquatorealen kommen solche Libellen auch vor, um deren Aufstellung leichter überwachen zu können.

es sich bei astr. Instrumenten darum handelt, die Umdrehungsaxen derselben
auf ihre Horizontalität zu prüfen oder auch die Lage der Absehenslinie eines
Meridiankreises (älterer Konstruktion) gegen den Horizont mit der grösstmöglichen Schärfe zu messen; wie oben bemerkt, gehören dahin eigentlich
auch die Niveaus der für die Horrebow-Methode eingerichteten Durchgangsinstrumente und Zenith-Teleskope.   In diesen Fällen gelangen die sogenannten
Aufsatz- oder Hängelibellen zur Anwendung, bei denen die Fassungen und
deren Verbindungen mit den Aufsetzfüssen oder Armen zum Anhängen mit
besonderer Genauigkeit eingerichtet sind.

Eine wesentliche Eigenthümlichkeit dieser Instrumente ist die, dass hier die
Parallelität der Libellenaxe L L' (Fig. 75) nicht nur gegen eine Ebene, bei voller

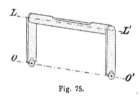

Fig. 75.

Unabhängigkeit des Niveaus von dem Hauptinstrument, sondern gegen eine bestimmte Linie
gefordert werden muss; nämlich gegen die ideelle
Verbindungslinie O O' der Centren der in die Träger-
ausschnitte einbeschriebenen gleichen Kreise.   Diese
Bedingung muss gefordert werden, damit die
Libellenaxe (wenn völlig korrigirt) auch dann der
Instrumentalaxe, welche ja in der Praxis gewöhnlich durch zwei cylindrische Zapfen von gleichem Durchmesser dargestellt wird, parallel bleibt,
wenn das Niveau nicht genau senkrecht über oder unter der zu kon-
trolirenden Axe sich befindet.   Das heisst also, es muss ein gut korrigirtes
Niveau auch bei kleinen Ausweichungen aus der durch die Instrumentalaxe

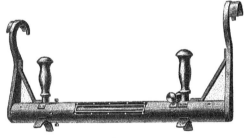

Fig. 76.

gelegten senkrechten Ebene im Einspielen erhalten bleiben. — Man hat daher,
um diese gewöhnlich etwas mühsam zu erfüllende Bedingung nicht allzu
einflussvoll zu machen, an dem Hauptniveau noch ein zweites, ein sogenanntes
„Querniveau" angebracht (Fig. 76).   Achtet man beim Anhängen oder
Aufsetzen der Libelle darauf, dass dieses Querniveau stets einspielt, so
wird man im Stande sein, das Ausweichen aus der senkrechten Ebene
zu vermeiden und so einen etwa noch vorhandenen kleinen Fehler in der
sogenannten „Seitenkorrektion" des Niveaus unschädlich zu machen.   Aber
immer wird es bei genauen Libellen nöthig sein, die Möglichkeit dieser
Seitenkorrektion zu besitzen.   An den nachfolgend zu beschreibenden
verschiedenen Konstruktionen von Niveaufassungen werden wir Gelegenheit
haben, die diesbezüglichen Einrichtungen weiter kennen zu lernen.

Eine viel angewandte Form der Korrektionseinrichtung und Anordnung der Füsse zum Aufsetzen zeigt Fig. 77. Die an beiden Enden zugeschmolzene Niveau-Röhre R ist zunächst von einem Rohre umgeben und zwar so, dass dieselbe nur einen sehr geringen Spielraum in Letzterem hat; sie ist in diesem mit kleinen Korkstücken, Wachs oder auch Siegellack festgeklemmt. Jeder der beiden Deckel A A, welcher durch 3 oder 4 Schräubchen mit dem inneren Umhüllungsrohre verbunden ist, läuft in einen prismatischen Ansatz B resp. C aus, gegen welchen die Korrektionsschrauben d d und δ δ als Druckschrauben wirken. Ein zweites erheblich weiteres Rohr, welches das innere bis auf den oberen Ausschnitt umgiebt, enthält zwei Ringe D und E, in welchen die Muttergewinde für die Korrektionsschrauben eingeschnitten sind. Die Füsse F F sind dann mit den Deckeln des äusseren Rohres in einem Stück gegossen und mit diesem wiederum durch 3 oder 4 Schräubchen ver-

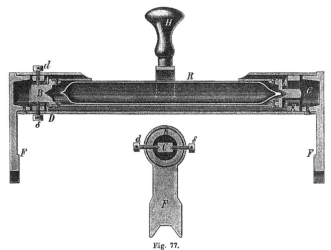

Fig. 77.
(Nach Hunaeus, Geometr. Instrumente.)

bunden. An dem anderen Ende sind die Füsse mit Ausschnitten zum Aufsetzen auf die Axe versehen. Die Korrektur der Axe der Niveauröhre gegen die ideelle, oben näher beschriebene Verbindungslinie der Centren der „Fusskreise“ kann also dadurch erfolgen, dass man für die vertikale Korrektion das eine Schraubenpaar d und δ, und für die horizontale die anderen Schrauben d und δ, in leicht verständlicher Weise benützt. Wenn diese Methode auch ganz zuverlässig ist, so hat sie doch den Nachtheil, dass man an beiden Enden des Niveaus zu korrigiren hat, und dass ausserdem leicht Spannungen hervorgebracht werden können. Dieselbe ist allerdings immer allen solchen Einrichtungen vorzuziehen, bei welchen an die Stelle der einen Druckschraube Federn treten, wie es Fig. 78 andeutet oder bei denen das Niveau wohl gar gegen eine seitlich liegende Feder durch gegenwirkende Schrauben angepresst wird.

Um auch die Einwirkungen der Hand bezüglich der Wärme beim Handhaben des Instrumentes zu beseitigen, sind meist Holzgriffe angebracht

(entweder ein mittlerer, wie Fig. 77, oder zwei seitliche, wie sie Fig. 76 zeigt);
auch ist dann meist die äussere Röhre noch auf dem Ausschnitt mit einem
Planglase oder auch wohl mit einem ganzen Glasrohr umgeben, während die

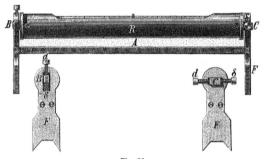

Fig. 78.
(Nach Hunaeus, Geometr. Instrumente.)

Hülse selbst mit Tuch oder Leder umnäht ist.   Verschiedene   andere
Korrektionseinrichtungen mögen hier noch kurz beschrieben werden.

In Fig. 78 sind die beiden Füsse F, F mit der Platte A durch Schrauben
verbunden, sie nehmen oben in Einschnitten die Prismen B und C der beiden
Deckel auf und enthalten die Muttern für die Druckschrauben d, δ.   Die eine
derselben am Arme B wird durch eine unter dem Prisma liegende Spiralfeder

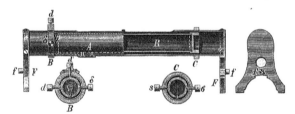

Fig. 79.
(Aus Hunaeus, Geometr. Instrumente.)

ersetzt; bei dem anderen Arme C muss natürlich die eine der Druckschrauben erst gelöst werden, wenn die andere angezogen werden soll.

Bei den in den Fig. 79 und 80 dargestellten Libellen wird bei der angewandten Korrektion die Glas-
röhre R für sich in der Fassung A
verschoben, während diese mit
den Deckeln und den Füssen F
oder Haken H ein Ganzes darstellen.   Bei dieser Einrichtung
hat deshalb die Glasröhre in
der cylindrischen Fassung nicht
nur den erforderlichen Spielraum, sondern ruht ausserdem

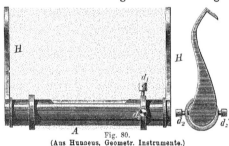

Fig. 80.
(Aus Hunaeus, Geometr. Instrumente.)

meist auf einer Feder, die an der unteren Mantelfläche des Fassungscylinders mittelst kleiner Schräubchen befestigt ist.   Die Korrektionsschrauben

d, δ und d', deren Muttern in einem die Fassung umgebenden Ringe B, C liegen, wirken entweder unmittelbar auf die Glasröhre, wie in Fig. 79 oder auf Metallringe b, c, welche, wie in Fig. 79 die Verschlussplatten der Glasröhre umgeben; in diesem Falle ist die Röhre um die Spitzen der Schrauben s und σ drehbar. Über die an den Füssen F vortretenden Stifte f, f legen sich Bügel, welche die Libelle auf den Zapfen oder Lagerringen festzuhalten bestimmt sind.

Die Fig. 74 (S. 66) stellt eine mittelst der Sättel S, S' auf dem Fernrohre eines Nivellirinstrumentes befestigte Libelle dar. Mit den Deckeln des Fassungscylinders A der Glasröhre R bilden die Arme B und C wieder ein Ganzes. Der Arm C geht durch ein Gehäuse H und enthält die Mutter der Stellschraube s, die mit ihrer Kugel in die Wandung des Fernrohrs etwas eingesenkt ist und welche die wegen der Bewegung des Arms nothwendige geringe Drehung der Schraube möglich macht. Die Umdrehung der Schraube geschieht mittelst des Schlüssels S''. Dem Arm B kann durch die Stellschraube δ eine seitliche Verschiebung zwischen den Backen b, b ertheilt werden. Die Mutter β dient

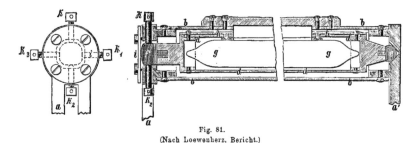

Fig. 81.
(Nach Loewenherz, Bericht.)

zur Sicherung der Schraube. Diese gestattet aber zugleich eine Drehung des Arms B, welche die an dem entgegengesetzten Ende vorgenommene Korrektion erfordert.

Eine neuere Einrichtung der Fassung einer Libelle ist die von BAMBERG angewandte; sie ist in Fig. 81 dargestellt. Dort sind die beiden Libellenfüsse a und a' in fester Verbindung mit dem äusseren Fassungsrohr b, welches mit Tuch bezogen ist und einen passenden Holzgriff trägt. Das innere Fassungsrohr d endet auf der einen Seite in eine Stahlkugel e, auf der anderen Seite in ein vierseitiges Prisma f aus gehärtetem Stahl. Die Libelle g ist innerhalb dieser zweiten Fassung d in zwei zu beiden Seiten des Fassungsausschnittes befindlichen Stellen gelagert und zwar so, dass auf jeder Seite in 120° Abstand je 2 feste Auflagepunkte angebracht sind, während der dritte Punkt durch je eine leichte Feder h bezw. h' gebildet wird, welche die Libelle auf die festen Lager niederdrücken. Gegen seitliche Drehung ist dieselbe durch aufgeleimte Lederstreifchen geschützt, auf welche die Federn mit flachen Spitzen drücken. Längsverschiebungen werden durch passend eingelegte Korkstückchen verhindert. Das eigentliche Libellen-Fassungsrohr tritt mit seinem Kugelende e in eine trichterförmige Vertiefung von a' und wird auf der anderen Seite bei a durch die Stahl-

platte i gesichert, welche durch 4 Schrauben gehalten, leicht gegen das
sphärisch geschliffene Ende des Prismas f drückt. Die Korrektur der Libelle
erfolgt durch die 4 Stellschrauben k, k_1, k_2, k_3, welche mit rundlichen
Köpfen paarweise gegen das Stahlprisma f und zwar in gleichem Querschnitt
desselben drücken.

Wohl um die nachtheiligen Einflüsse von Erschütterungen möglichst unschädlich zu machen, hat BAMBERG die hier beschriebene Lagerung zwischen
4 festen Punkten und 2 Federn und ferner 4 Korrekturschrauben anstatt der
nachfolgend beschriebenen Reichel'schen Fassung gewählt.

Kann dem Niveau eine sehr sorgfältige Behandlung gesichert werden,
so ist die Reichel'sche Konstruktion, weil bequemer zu handhaben, vielleicht
noch vorzuziehen. Dieselbe ist aus Fig. 82 zu ersehen. REICHEL wendet durch-
gehends eine Umhüllung beider Enden des Rohrs mit in Wachs getränkter Baumwolle an und legt ausserdem an den Schlussflächen passende Korkstückchen
ein. Der Vorzug dieses Verfahrens gegen das sonst übliche — Lagerung auf je
zwei Erhöhungen der inneren Fläche der Umhüllungsröhren und federnder

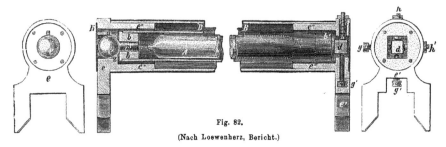

Fig. 82.

(Nach Loewenherz, Bericht.)

Druck von oben her — dürfte hauptsächlich in der Verringerung des Zwanges
des Umhüllungsrohrs gegen das Libellenrohr liegen.

REICHEL hat seine Libellen mit doppelten Umhüllungsröhren
versehen und hierbei eine sehr zweckmässige Lagerung angewandt. Die
innere Röhre, in welcher das Libellenrohr sich befindet, steht ähnlich wie
bei Bambergs Anordnung einerseits mittels einer Kugel, andererseits mittels
eines Vierkants mit dem äusseren Rohr in Berührung. Die gegen eine Zone z
lagernde Kugel und der zwischen Schraubenspitzen liegende Vierkant gestatten zur Vermeidung von Spannungen eine geringe Bewegung und zwar
erstere eine Drehung um die Libellenaxe, letzterer eine solche in der
Richtung derselben. Die Libelle kann so möglichst unabhängig von jedem
Zwange korrigirt werden.

Die innere Fassungsröhre, in welcher die eigentliche Libelle A in
oben beschriebener Weise befestigt ist, wird an beiden Enden durch die
Stöpsel b und b' geschlossen. In den Stöpsel b ist die Kugel c mit
ihrem Zapfen c' fest eingeschraubt, in den Stöpsel b' ist der quadratisch
prismatische Stahlkörper d mit einem konischen Zapfen so befestigt, dass
zwei seiner ebenen Prismenflächen horizontal liegen. Die Füsse e und e'
sind mit ihren röhrenförmigen Ansätzen e'' und e''' in die Enden der äusseren
Röhre B eingepasst und mit derselben in üblicher Weise verschraubt. In den

Fuss e ist ferner von der äusseren Seite eine cylindrische Vertiefung gedreht, die nach innen in einer Kugelzone z endigt, durch welche der Zapfen c' mit Spielraum hindurch geht, während die Kugel c gegen die Zone durch die von aussen vorgeschraubte federnde Platte k gedrückt wird. Zur Verhinderung einer grösseren Drehung der inneren Fassungsröhre um ihre Axe ist ein Stift bestimmt, welcher in die Kugel radial und rechtwinklig zur Axe der Libelle eingesetzt ist und der in eine besondere Führung eingreift. Zur Korrektur der Libellenaxe gegen die Aufsatzflächen der Füsse sind die beiden, die Axe der Röhre B rechtwinklig schneidenden Schrauben g und g' und die denselben entgegenwirkenden federnden Bolzen h' und h angebracht, welche direkt auf den Stahlkörper d wirken und beim Anziehen bezw. Loslassen diesen und somit das betreffende Ende der inneren Fassungsröhre heben bezw. senken oder seitwärts verschieben. Um diese Korrektur ausführen zu können, ist ein grösserer Spielraum zwischen den inneren Wänden der Rohrau-

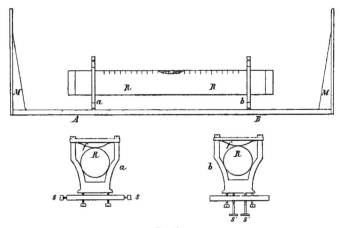

Fig. 83.
(Nach Carl. Principien d. astron. Instrkde.)

sätze e'' und e''' und den Stöpseln b und b' gelassen. Die ausserordentlichen Vorzüge der beiden zuletzt beschriebenen Konstruktionen liegen namentlich darin, dass durch die doppelten Umhüllungen und die wenigen Berührungsstellen des äusseren und inneren Rohres der Einfluss ungleicher Temperaturen möglichst aufgehoben wird, des Weiteren aber auch darin, dass die bequemen Korrektionseinrichtungen im horizontalen und vertikalen Sinn durch die Einführung des genau plan und winkelig gearbeiteten Vierkants fast unabhängig von einander werden.

Ähnlich wie die Anordnung bei den älteren Reichenbach'schen Libellen ist dieselbe auch jetzt noch bei grossen Niveaus für Passageninstrumente oder Meridiankreise Repsold'scher Konstruktion. Eine alte Reichenbach'sche Libelle ist in Fig. 83 Schematisch dargestellt. Dabei befindet sich die Glasröhre R, ganz ähnlich wie die Zapfen der horizontalen Axen, in zwei Lagern a, b. Die Röhre R wird durch die Federn f, f in diesen Lagern festgehalten; letztere sind mit der Schiene A B verbunden und zwar so, dass das eine derselben a eine Verschiebung in horizontaler Richtung mittelst der Schrauben s, s, das andere b eine Korrektion im vertikalen Sinne mittelst der Schrauben s', s' zulässt.

Ein neueres Hängcniveau Repsolds zeigt die Fig. 84. Dabei ist die Anordnung der Theile so getroffen, dass die Libelle auch während der Nadirbeobachtungen, d. h. während das Fernrohr nach dem Quecksilberhorizont

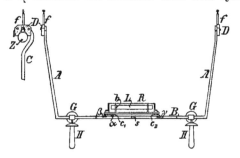

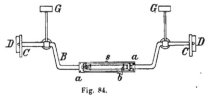

Fig. 84.
(Nach „Publ. d. v. Kuffnerschen Sternwarte" Bd. l.)

gerichtet ist, am Instrumente hängen bleiben kann. Es wird das dadurch bewirkt, dass an dem starken Horizontalstück B, welches das eigentliche Niveau L mit dem Umhüllungsrohr R und den Korrektions Schrauben α, β, γ, c_1 u. c_2 trägt, zwei Arme mit Gewichten GG befestigt sind, welche das Niveau aus der senkrechten, durch die Zapfenaxen gehenden Ebene herausdrücken. Diese Anordnung funktionirt aber nach eigener Erfahrung nur dann sicher, wenn die Konstruktion sehr exakt und stark ausgeführt ist, wie das allerdings bei den von Repsold selbst gelieferten Libellen der Fall ist.

Die Anbringung der Korrektionsschrauben in den Flächen der Haken oder auch in der Weise, dass die Füsse federnd aufgeschnitten werden und sich sodann durch die Schrauben die Weite des Spaltes verändern lässt, wie es Fig. 85 zeigt, kann höchstens für kleine, transportable Instrumente als zulässig erachtet werden; keinesfalls aber für Libellen, welche höheren Ansprüchen entsprechen sollen. Einmal wird durch solche Korrektionseinrichtungen die Unveränderlichkeit des Winkels, welchen die Lagerflächen mit einander einschliessen, nicht genügend gesichert, anderseits bei Korrektion der Libelle dessen Grösse direkt variirt.

Fig. 85.

Dieser Winkel soll am zweckmässigsten nicht erheblich von 90° abweichen, wenn nicht besondere Gründe für eine andere Wahl sprechen (vergl. Untersuchung d. Zapfendurchmesser), aber mindestens von sehr nahe derselben Grösse sein, wie der der Axenlager.

Es ist auch hier der Ort, noch über einen Punkt zu sprechen, welcher sich auf die Schwere der Libellen bezieht. Es ist natürlich, dass bei grossen Instrumenten die verschiedenen Armaturstücke der Libelle dieser ein ziemliches Gewicht geben, dadurch wird aber die Auflagerung auf die Axen leicht Spannungen und Biegungen in den Armen der Niveaus hervorrufen können (namentlich in den hakenförmig ausgeschnittenen Theilen). Um dieses zu verhindern, ist von Repsold an einigen Niveaus eine Aequilibrirungseinrichtung angebracht worden, welche darin besteht, dass in dem Winkel des Hakens D (Fig. 84) ein Federbolzen f eingeschraubt ist, in welchem ein an seinem unteren Ende eine kleine Rolle tragender Stift läuft. Dieser Stift ist in der Durchbohrung frei beweglich und wird durch eine Feder herab gedrückt mit einer der Schwere des Niveaus entsprechenden Kraft. Wird das Niveau auf die Zapfen aufgehängt, dann ruht der grösste Theil seines Gewichtes nicht an den schiefen Flächen auf den Zapfen und vermag die Haken event. zu biegen, sondern nur auf dem mittelsten Theile des Hakens durch Vermittlung der Feder. Dem Niveau ist eine leichte Beweglichkeit gesichert, und etwaige Spannungen werden leichter ausgeglichen werden können.[1]) Für ein spannungsfreies Aufhängen oder Aufsetzen eines schweren Niveaus ist es überhaupt gut, nach dem Anhängen der Libelle diese einige Male um wenige Grade um die Instrumentenaxe schwingen zu lassen oder hin und her zu bewegen, damit eine Ausgleichung in den Armen und eine sichere und gleichmässige Berührung zwischen Axe und Libelle erzielt wird.

Soll mit einem Hängeniveau die Horizontalität einer Axe geprüft werden (ich wähle als Beispiel diesen allgemeinsten Fall, für bestimmte Linien oder Ebenen ist der Gebrauch dementsprechend einfacher), so wird man damit bei einem noch nicht berichtigten Niveau auch zugleich dessen Justirung zu verbinden haben. Bei höheren Anforderungen geht man dann auch nicht darauf aus, die Blase stets zum Einspielen zu bringen, d. h. die Horizontalität des Instrumententheiles stets herzustellen, sondern man wird das Niveau vielmehr dazu verwenden, noch kleine übrigbleibende Abweichungen von der Horizontalen zu messen. Der unter diesen Gesichtspunkten statthabende Verlauf ist folgender: Man hängt das Niveau auf die Zapfen des Instrumentes, es mag dieses z. B. ein transportables Durchgangs-Instrument sein, und bringt nun die Blase durch Drehen der in der Niveaurichtung liegenden Fussschrauben zum Einspielen. Hängt man nun das Niveau auf dem Zapfen um, so dass das früher zur Rechten liegende Ende jetzt auf die linke Seite kommt, so wird die Blase im Allgemeinen nicht mehr in der Mitte der Skala sich befinden. Der Ausschlag wird gleich der Summe der Neigung der Axe und der durch die Ungleichheit der Arme des Niveaus hervorgebrachten Neigung sein. Es wird daher die eine Hälfte der Abweichungen, nachdem man den Ausschlag an der Skala abgelesen hat, durch die Fussschrauben des Instrumentes und die andere, durch die im vertikalen Sinne wirkende Korrektionsschraube des Niveaus fort gebracht. — Die Berichtigung wird meistentheils nicht sofort bei dem ersten Versuche gelingen; deswegen liest man nochmals

---

[1]) Vergl. auch die Libellen an den später abgebildeten Repsold'schen Durchgangs-Instrumenten und Meridiankreisen.

die Theilungen an den Enden der Blase ab, hängt das Niveau von Neuem um, und wenn alsdann die Blase nicht auf den vorigen Ort einspielt, so dreht man die Fussschraube des Instrumentes so lange, bis sich die Blase in die Mitte zwischen Niveaumittte und ihren neuen Stande einstellt, und die noch übrigbleibende Hälfte der Entfernung zwischen dem nun erzielten Stande der Blase und der Mitte schafft man wiederum durch Hülfe der vertikalen Korrektionsschrauben der Libelle weg.

Ist dieses Verfahren nun so oft wiederholt, bis in beiden Lagen des Niveaus die Blase in der Mitte der Röhre einspielt, so wird sowohl die Axe des Niveaus wie auch die Umdrehungsaxe des Instruments, auf welcher das Niveau steht, horizontal sein. Damit die Axen aber untereinander parallel werden, muss man noch eine zweite Korrektion vornehmen, nämlich sich versichern, ob die Lage der Blase in der gläsernen Röhre sich dann nicht verändert, wenn man das Niveau, indem seine Füsse immer in Berührung mit den Zapfen bleiben, ein wenig um die horizontale Umdrehungsaxe des Instruments bewegt. Wenn bei dieser Bewegung die Blase ihren Ort ändert, so ist dies ein Zeichen, dass die beiden vertikalen Ebenen, von denen die eine durch die Niveauaxe und die andere durch die Umdrehungsaxe des Instruments gelegt wird, mit einander weder zusammenfallen noch einander parallel sind. Je nach der Veränderung des Orts der Blase wird man schliessen können, nach welcher Seite hin jedes der beiden Enden des Niveaus von der zweiten der beiden vertikalen Ebenen abweicht. Bewegt man nämlich das Niveau auf den Beobachter zu, so wird dasjenige Ende, nach welchem hin die Blase läuft, bei senkrechter Lage des Niveaus dem Beobachter zu nahe sein, denn dieses erhielt bei der Bewegung die erhöhte Lage; es muss deshalb dieses Ende durch die horizontale Korrektionsschraube von dem Beobachter wegwärts oder das andere Ende auf denselben zu bewegt werden, bis sich bei kleinen Drehungen des Niveaus die Stellung der Blase nicht mehr oder nur ganz unerheblich ändert. Es ist bei dieser Manipulation namentlich darauf zu achten, dass man nicht das Niveau von den Axen abhebt oder auch nur ungleichmässig unterstützt!

Ist die Libelle ganz oder doch sehr nahe berichtigt (denn durch das Nachziehen der Schrauben wird sich immer wieder eine kleine Abweichung einstellen), so wird die Bestimmung der Neigung einer Axe am zweckmässigsten nach folgendem Schema vorgenommen: Wird die Neigung i der Horizontalaxe auf das West- oder das Kreis-Ende bezogen und positiv gerechnet, wenn dieses das höhere Ende ist, so findet sich dieselbe:

$$i = \frac{1}{2} \frac{(w + o') + (w' + o)}{2} = \frac{1}{2} \frac{(k + l') + (k' + l)}{2}$$

wenn folgende Bezeichnungen gelten:

A. Nullpunkt des Niveaus in der Mitte.

1. Lage. Ablesung am westl. oder Kreisende: $+ w$ oder $+ k$

„　　　„ östl. oder dem Kreis

entgegengesetzten Ende: $- o$　„　$- l$

(Nach dem Umlegen des Niveaus.)

2. Lage.　Ablesung am westl. oder Kreisende:　$+ w'$ oder $+ k'$

　　　　　„　　　„　östl. oder dem Kreis

　　　　　　　　entgegengesetzten Ende: $- o'$　„　$- l'$

B. Nullpunkt des Niveaus am Ende.

1. Nullpunkt im Osten oder nächst d. den Kreis nicht

　　tragenden Ende der Axe.

　　Ablesung am westl. Ende oder am Kreisende:　$+ w$ oder $+ k$

　　„　　„ östl.　„　　„ an dem dem Kreise

　　　　　　entfernten Ende: $+ o$　„　$+ l$

2. Nullpunkt im Westen oder zunächst dem Kreisende

　　der Axe gelegen.

　　Ablesung am westl. Ende oder am Kreisende:　$- w'$　„　$- k'$

　　„　　„ östl.　„ oder an dem vom Kreise

　　　　　　entgegengesetzten Ende: $- o'$　„　$- l'$

· Dabei ist vorausgesetzt, dass die beiden Instrumentalzapfen gleichen Durchmesser haben. Ist das nicht der Fall, so muss der Unterschied dieser Durchmesser bestimmt werden, was ebenfalls mittels des Niveaus geschehen kann; über die dabei zu befolgende Methode und deren Begründung wird bei der Besprechung der Axen Weiteres beigebracht werden.

Drittes Kapitel.

Künstliche Horizonte und Kollimatoren.

In naher Beziehung zu den Libellen stehen die sogenannten Horizonte, welche ebenfalls dazu dienen, eine bestimmte Richtung oder in diesem Falle eine Ebene festzulegen, auf welche andere Richtungen z. B. die der Absehenslinie eines Fernrohrs bezogen werden können. Es sind dieses Apparate, welche darauf beruhen, dass nach hydrostatischen Gesetzen sich die Oberfläche einer Flüssigkeit jederzeit der an dem betreffenden Erdort das Geoid tangirenden Ebene, das ist eben dem Horizont parallel, also normal zur Lothrichtung stellt. Durch diesen Umstand wird, sobald die Oberfläche der Flüssigkeit spiegelnd ist, erreicht, dass ein auffallender Lichtstrahl und der zugehörige reflektirte mit der Lothrichtung dieselben Winkel einschliessen. Dadurch ist man daher im Stande, nach Messung dieses doppelten, wirklich zu Stande kommenden Winkels auf dessen Hälfte, also auf die Neigung eines der beiden Strahlen gegen die Normale zu schliessen. In welcher Form solche künstliche Horizonte nun zur Anwendung gelangen, wird bei der Besprechung der einzelnen Instrumente des Näheren erläutert werden; hier sollen nur die verschiedenen Einrichtungen, welche man den Horizonten gegeben hat, besprochen werden.

Die Erfindung der künstlichen Horizonte wird dem Herrn v. SCHÖNAU zugeschrieben, welcher den Vorschlag dazu im Jahre 1804 zuerst gemacht haben soll.[1] Es betrifft das aber wohl nur die Benützung einer Kupferschale an Stelle der früher in Gebrauch befindlichen Gefässe. Die künstlichen Horizonte, welche man für die Messungen namentlich mit den sogenannten Reflexionsinstrumenten gebraucht, bestehen meist aus einer sehr flachen, resp. nach einem sehr grossen Radius gekrümmten Kugelkalotte aus Stahl oder Kupfer (Fig. 86). Wird in diese Schale Quecksilber gegossen, so bildet dessen Oberfläche eine horizontale, spiegelnde Ebene. Diese Ebene wird um so vollkommner

Fig. 86.

sein, je grösser die Schale ist, da dann die Adhäsionserscheinungen zwischen Quecksilber und Metall auf ihre mittleren Theile am wenigsten Einfluss haben werden. Um diese störenden Einflüsse abzuschwächen, pflegt man die Kupferschalen anzuquicken. Das geschieht am besten dadurch, dass man die Metalloberfläche zunächst mit Salzsäure ganz rein macht und sodann einige Tropfen Quecksilber (event. mit etwas Salpetersäure, was aber auch nicht nöthig ist) darauf schüttet; hierauf verreibt

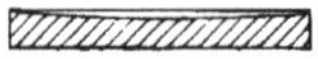

---

[1] Vergl. Astron. Nachr. Bd. 12, S. 135.

man dieses Quecksilber mit einem feinen Schmirgelpapier auf der ganzen Fläche. Durch dieses Verfahren tritt eine innige Berührung des fein vertheilten Quecksilbers mit den feinen Kupferpartikelchen ein und so überzieht sich die Oberfläche der Schale sehr schön gleichmässig mit einer dünnen Schicht von Kupferamalgam, an welcher dann das eingegossene, den Horizont bildende Quecksilber leicht adhärirt und dessen ganze Fläche eine Ebene darstellt. Es ist von besonderer Wichtigkeit, dass die Quecksilberschicht nur eine sehr geringe Tiefe besitzt, in der Mitte nicht über 3—5 mm, da die Unruhe der Oberfläche sowohl durch kleine Erschütterungen des Erdbodens als auch bei freistehenden Horizonten durch den Wind mit der Tiefe des Quecksilbers erheblich zunimmt resp. schädliche Wellen von längerer Periode auftreten, welche dann die Beobachtungen stören können. Bei freistehenden Horizonten, also z. B. bei Benutzung derselben für Höhenmessungen mit Reflexionsinstrumenten pflegt man daher, um den Einfluss des Windes abzuschwächen, über die Schale des Hori-

Fig. 87.

zontes ein Dach C (Fig. 87) mit planparallelen Glasplatten g zu stellen. Da die Herstellung solch grosser planparalleler Glasplatten aber schwierig ist, verwendet man an deren Stelle sehr häufig dünne Scheiben aus durchsichtigem Glimmer. Dieser spaltet bekanntlich in völlig parallelen Scheiben, ist aber empfindlicher und nicht so durchsichtig wie Glas. Man kann kleine Fehler in der Planparallelität beim Messen auch leicht dadurch eliminiren, dass man einen Theil der Messungen ausführt, während die Scheibe I, den anderen während die Scheibe II dem Beobachter zugewandt ist (man pflegt zu diesem Zweck die Seiten des Daches zu bezeichnen). Nicht so leicht der Unruhe ausgesetzt, als das überaus bewegliche Quecksilber, sind zähere Flüssigkeiten z. B. Öl (welches man mit Russ schwärzt, um eine grössere Lichtreflexion hervorzubringen), Theer, Zuckersatz mit Wein im Verhältniss von 2 zu 1 oder auch wohl einfach gefärbtes Wasser; weshalb man auch ab und zu diese als Horizontfüllungen angewandt hat. Wenn wie bei der Sonne, das zu beobachtende Objekt lichtstark genug ist, bringt man dadurch keine Unbequemlichkeit in die Messung; ist aber das Objekt lichtschwach (schwächere Sterne), so ist der Unterschied im Reflexionsvermögen zwischen Quecksilber und anderen Flüssigkeiten doch zu erheblich.

Bei Benutzung von Flüssigkeiten zu künstlichen Horizonten ist mit besonderer Sorgfalt auf die gleichmässige Temperatur des ganzen Horizontes
zu achten; da durch einseitige Erwärmung (z. B. bei Sonnenbeobachtungen)
leicht eine gegen den wirklichen Horizont geneigte Oberfläche des künstlichen entstehen kann. Die Flüssigkeit ändert nämlich durch die Erwärmung
ihre Dichte, und es wird daher auf der warmen Seite eine etwas höhere Schicht,
der niederen, auf der kälteren Seite das Gleichgewicht zu halten haben
(natürlich mit kontinuirlichem Übergang). Dadurch kann, wie bemerkt, eine
kleine Neigung der Oberfläche hervorgerufen werden, welche bei feinen
Messungen schon von merkbarem Einfluss auf das Resultat wird. Diese
Abweichung wird um so geringer sein, je weniger tief die Flüssigkeitsschicht
überhaupt ist, auch deshalb sind sphärisch vertiefte Schalen viel besser als gleichmässig tiefe. Ebenso ist aus diesem Grunde das Quecksilber den anderen in Vorschlag gebrachten Flüssigkeiten bei weitem vorzuziehen, weil es wegen seiner
guten Wärmeleitung einen sehr schnellen Ausgleich der Temperatur ermöglicht.

Eine Hauptbedingung für einen guten Quecksilberhorizont ist es, dass
die Oberfläche desselben immer ganz frei von Oxyd gehalten wird, welches
sich durch die Einwirkung der Luft sehr leicht bildet; auch Staub ver-
unreinigt dieselbe sehr beträchtlich. Es ist deshalb erforderlich, dass
man den Trog des Horizontes erst kurz vor der Beobachtung mit ge-
eignetem Quecksilber (vermittelst einer Tropfflasche) füllt oder, wenn nöthig,
die Oberfläche, am besten mit einem leicht angefeuchteten Papierstreifen, abzieht. Man hat auch Vorrichtungen angewandt, welche bezwecken, dass das
Quecksilber nur während der Beobachtung in den Trog gepresst wird, wie
wir eine solche gleich nachher besprechen werden. Von Professor PRITCHARD
sind mehrere Versuche mit verschiedenen Metallen, namentlich auch mit
Platinschalen gemacht worden, doch ohne, dass es ihm geglückt wäre, die
Oberfläche des Quecksilbers ganz blank zu erhalten.[1]

Um den störenden Einfluss der Erschütterungen auf die Oberfläche des
Horizontes zu umgehen, hat man versucht, auf dem Quecksilber eine planparallele Glasplatte schwimmen zu lassen; die polirte Oberfläche dieser Scheibe
ist es dann, an welcher die Reflexion stattfindet. In diese Einrichtung ist aber
kaum grosses Zutrauen zu setzen; da man erstens ängstlich vermeiden muss,
dass diese Platte irgend wo an den Rand der Schale anstösst und dann ausserdem die Homogenität der Platte eine grosse Rolle spielt; denn sie wird dort,
wo ihre Dichte bei gleicher Dicke grösser ist als an einer anderen Stelle,
tiefer eintauchen. Der dadurch entstehende Fehler liesse sich allerdings durch
Drehen der Platte um 180[0] im horizontalen Sinne eliminiren, aber auch dann
würde der Einfluss ungleicher Temperatur durch Gestaltveränderung der
Oberfläche sehr fühlbar bleiben.[2] Die beim Auflegen der Glasplatte auf das
Quecksilber häufig unter der Platte verbleibenden Luftblasen lassen sich

---

[1] Vergl. Monthly Notices Bd. XIII, S. 60.
[2] Auch bei den in neuester Zeit von Professor Deichmüller vorgeschlagenen Nadir- und
Zenith-Horizonten dürften diese Übelstände nicht ganz gehoben sein; abgesehen von der Frage
der erschütterungsfreien Aufstellung. Übrigens ist ein Zenith-Horizont bekanntlich schon
von Kapitän Kater fast in gleicher Ausführung angegeben worden. (Vergl. Seite 100).

leicht dadurch entfernen, dass man nach der Angabe von ALBRECHT und VIEROW mit der Glasplatte zugleich ein Stückchen geschmeidigen Papiers auf ·das Quecksilber legt und dieses sodann vorsichtig unter der Platte wegzieht.

Will man einmal eine Flüssigkeit als spiegelnde Fläche wegen ihrer Unruhe oder wegen des beschwerlichen Transportes, namentlich auf Reisen, vermeiden, so sind wohl die Horizonte, welche nur aus einer auf einer geeigneten Unterlage ruhenden Planplatte von dunkelgefärbtem Glase bestehen, den schwimmenden Platten vorzuziehen.

Im Laufe der Zeit und je nach den verschiedenen Zwecken, welchen der künstliche Horizont dienen soll, hat man ihm sehr mannigfaltige Einrichtungen gegeben, von denen wir die bemerkenswerthesten näher beschreiben wollen. Fig. 86 zeigt den gewöhnlichen Quecksilberhorizont, wie er für Beobachtungen mit Reflexionsinstrumenten verwendet zu werden pflegt. A ist eine aus Buchsbaumholz gefertigte flache Dose, welche die Kupferschale trägt. Diese ist, wie oben bemerkt, angequickt, damit das Quecksilber besser adhärirt. Nach einem Vorschlage von GERLING [1]) wird die Kupferschale oder ihre Oberfläche jetzt häufig mit Silber legirt oder plattirt. B ist ein auf die Dose gut passender Deckel, meist zum Aufschrauben, womit dieselbe beim Nichtgebrauch des Horizontes fest verschlossen werden kann, um sowohl die Oberfläche des Quecksilbers vor Staub zu schützen als auch zu verhüten, dass beim Transport das wenige nach dem Abgiessen des Horizontes noch auf der Schale zurückbleibende Quecksilber irgendwo Schaden anrichten kann. Die Buchsbaumbüchse F dient zur Aufbewahrung des Quecksilbers und ist so eingerichtet, dass sich sowohl der Deckel D, als auch von diesem wieder der kleine Deckel d abschrauben lässt. In D befinden sich bei l eine oder mehrere feine Öffnungen, aus welchen man das Quecksilber auf den Horizont giesst. Dadurch wird es zugleich etwas filtrirt und gereinigt, so dass seine Oberfläche im Horizonte blank erscheint. C ist ein Dach, welches bei unruhigem Wetter über den Horizont gestellt werden·kann und durch die eingefügte Glas- oder Glimmerplatte g die Beobachtung gestattet.

Einen Horizont von ganz ähnlicher Konstruktion nach BAMBERG zeigt die Fig. 88. Es ist da nur die runde sphärisch vertiefte Schale durch eine von rechteckiger Form ersetzt, welche des sicheren Standes wegen aus Eisen besteht und nur im Innern mit einem silberlegirten, dünnen, kupfernen Belag versehen ist. In der Mitte der einen Schmalseite der Schale befindet sich eine Durchbohrung, die mit einem Stahlstopfen verschraubt werden kann, was gestattet ist, da das Quecksilber bekanntlich Stahl nicht angreift. Durch diese Öffnung wird das lästige Ausgiessen des Quecksilbers in die Aufbewahrungsflasche bedeutend erleichtert, zumal man den inneren eigentlichen Quecksilbertrog während des Ausgiessens durch eine beigegebene, gut passende Glasplatte bedecken kann, welche für gewöhnlich auch den Trog gegen Staub u. s. w. zu schützen bestimmt ist.

Um dieses Ein- und Abfüllen des Quecksilbers ganz zu umgehen, hat

---

[1]) Astron. Nachr., Bd. 15, S. 274.

Ambronn.

man auch besondere Einrichtungen getroffen. In Fig. 89 ist die Kupferschale a
in ihrer Mitte durchbohrt und durch eine Röhre mit Hahn bei r mit einem
Lederbeutel verbunden, ähnlich wie es bei Barometern der Fall ist.

Dieser Beutel ist mit Quecksilber gefüllt und kann durch eine Platte p

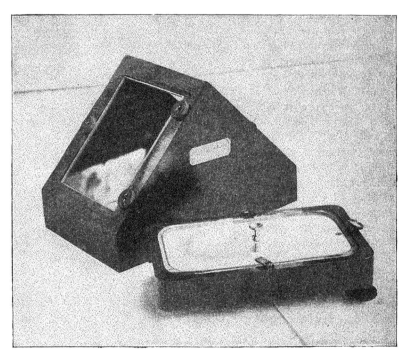

Fig. 88.

vermittels einer Schraube zusammengedrückt werden, wodurch das Quecksilber in die Schale a gehoben wird und dort für den Gebrauch die spiegelnde

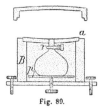

Fig. 89.

Horizontfläche bildet. Nach · Benützung des Apparates
wird der Hahn geöffnet und die Schraube zurückgedreht,
damit das Quecksilber wieder in den Beutel zurück-
läuft, sodann wird der Hahn wieder geschlossen. . Auf
diese Weise ist jeder Verlust von Quecksilber vermieden
und dasselbe auch nach Möglichkeit vor Verunreinigung
geschützt. Den ganzen Apparat umgiebt eine mit Füssen
oder Stellschrauben versehene Büchse B mit Deckel. Wer
diese Konstruktion zuerst angegeben hat, ist nicht bekannt, es könnte vielleicht Dr. PAUGGER sein, wie GELCICH vermuthet.[1]

Eine der beschriebenen ganz ähnliche Einrichtung hat WANSCHAFF angefertigt, dieselbe zeigt Fig. 90. Hier ist die Einrichtung zum Heben des

---

[1] Zschr. f. Instrkde. 1885, S. 60.

Beutels durch die Platte a a mit dem aufgeschraubten Stück b′ ersetzt; dieselbe lässt sich durch Drehung des unteren, ein Gewinde tragenden Mantels M M höher und tiefer schrauben, wodurch das in dem Beutel b befindliche Quecksilber beim Gebrauch in den Trog r gepresst wird. Mittels des Stöpsels s und des Deckels d kann der Horizont für den Transport genügend verschlossen werden.

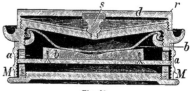

Fig. 90.

Einen Horizont, welcher gleichfalls ein besonderes Reservoir für das Quecksilber hat, ist in England bekannt unter dem Namen „Shadbolt's Patent". und wird von der Firma I. H. STEWARD in London in der Form der Fig. 91 hergestellt. Er unterscheidet sich von den früheren namentlich dadurch, dass das als Windschutz dienende Dach mit den planparallelen Glasplatten fest mit dem Trog selbst verbunden ist. Die übrige Einrichtung dürfte aus der Figur genügend ersichtlich sein; wozu nur bemerkt sein mag, dass zwecks Reinigung des Troges eine der Glasplatten sich leicht abschrauben lässt.

In neuerer Zeit hat man das Senken des Quecksilbers auch bei grösseren

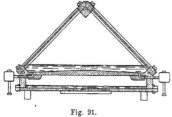

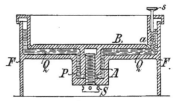

Fig. 91.   Fig. 92.

Horizonten für Meridiankreise in ähnlicher Weise wieder verwendet und zwar so, wie es der in Fig. 92 dargestellte, nach GAUTIER'S[1]) Angaben konstruirte Horizont veranschaulicht. Dieser Horizont soll namentlich da mit Nutzen angewendet werden, wo die Erschütterungen, welche durch den Verkehr in den Strassen u. dergl. veranlasst werden, die Quecksilberschicht selten ganz zur Ruhe kommen lassen. Aus diesem Grunde ist er folgendermassen eingerichtet. In einem mit hohem Bodenrande umgebenen Gefässe F von Stahl befindet sich das Quecksilber Q. Der Boden des runden Bassins hat in der Mitte eine Vertiefung P, welche von der Schraube S durchsetzt wird. Diese hat in dem Ansatz A der eigentlichen Horizontschale, ihr Muttergewinde, so dass diese Schale B durch die Wirkung der Schraube S dem Boden von F genähert und davon entfernt werden kann. Bei a hat die Schale eine Öffnung, durch welche sie mit dem in F befindlichen Quecksilber kommunizirt, sobald die Verschlussschraube s zurückgedreht wird. Auf diese Weise kann also die Schale durch Anziehen der Schraube S von unten langsam mit Quecksilber gefüllt werden. Durch diese Einrichtung wird erstens erzielt, dass der eigentliche

¹) Comptes Rendus, Bd. 102, S. 147. Zschr. f. Instrkde. 1885, S. 178.

Horizont zum weitaus grössten Theil mit dem Aufstellungspfeiler nicht in
fester Berührung steht und somit an dessen Erschütterungen nur durch die
Vermittlung des Quecksilbers und der Schraube S theilnimmt, andererseits
werden sich aber auch die Unreinlichkeiten des Quecksilbers meist auf der
höher stehenden äusseren Oberfläche ansammeln und dadurch wird die spiegelnde
Fläche weit reiner bleiben. Durch Zurückdrehen der Schraube S und Öffnen
des Kanals bei a kann die Schale wieder entleert, und so das Quecksilber vor
mechanischen Verunreinigungen geschützt werden. Im Grossen und Ganzen
sollen, sobald die richtige Stellung der Schraube S durch Versuche ermittelt
worden ist, die Horizonte sich gut bewährt haben. Eine Modifikation der Anwendung dieses Apparates hat PÉRIGAUD[1]) vorgeschlagen und zwar in der
Weise, wie es auch schon PRITCHARD und LAMONT gethan haben. Er will die
über dem Boden der inneren Schale B, Fig. 92, verbleibende Quecksilber
schicht bis auf ein Minimum reduciren, nachdem diese Fläche durch ein aufgesetztes Niveau fast genau horizontirt worden ist. Die Schicht kann dadurch
so dünn gemacht werden, dass sie bei der geringsten Störung sofort reisst.
Inwiefern aber dabei die volle Horizontalität der Quecksilberoberfläche gewahrt
bleibt, und ob dieselbe dabei nicht zu sehr von der Stellung der Schale selbst
abhängt und ausserdem kapillaren Spannungen unterworfen ist, möchte doch
noch nicht ganz entschieden sein. Eine andere Einrichtung, um die Erschütterungen des Erdbodens möglichst unschädlich zu machen, hat der ver-
storbene Kgl. Astronom zu Greenwich, G. B. AIRY, dem Horizont gegeben.
Dieselbe ist in Monthly Notices, Bd. XVII, S. 159, nud in den Greenwich
Observations 1857 folgendermassen beschrieben:

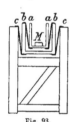

Fig. 93.

„Das flach ausgedrehte Quecksilbergefäss M, Fig. 93, ruht auf dem Boden
des hölzernen Rahmens a a, welcher durch breite Bänder von
vulkanisirtem Kautschuk mit einem ähnlichen Rahmen b b verbunden ist. Dieser Letztere selbst ist auf gleiche Weise mit
dem festen Stativ c c in Verbindung gebracht. Die vertikalen
Erschütterungen werden durch diese elastischen Verbindungen
ganz aufgehoben und es bleiben nur noch kleine horizontale
Schwankungen bemerkbar. Auch diese konnten, dadurch,
dass noch a und c durch zwei schmale Kautschukstreifen
horizontal mit einander verbunden wurden, wesentlich vermindert werden, so dass der so aufgestellte Horizont gute und zufrieden-
stellende Bilder giebt. Auch der durch sein grosses Beobachtungs-
talent ausgezeichnete frühere Direktor der Sternwarte zu Leiden (Holland)
P. J. KAISER hat eine besondere Konstruktion vorgeschlagen, welche sich auch
leicht zum Transport eignet. In den Fig. 94, 95 ist dieselbe dargestellt.
Die erstere zeigt den Horizont im gebrauchsfertigen Zustande, die zweite
Querschnitte in verschiedenen Richtungen. Der aus Mahagoniholz gefertigte
Kasten a enthält alles, was zum Gebrauche des Horizontes nöthig ist, und
in sehr kurzer Zeit ist derselbe in Ordnung gebracht. Der Kasten a ohne
Decke ist 6 cm hoch und hat bei quadratischer Form eine Seitenlänge von

[1]) Comptes Rendus, Bd. 106, S. 919. Zschr. f. Instrkde.- 1893, S. 332.

16 cm und schliesst zugleich auch das Reservoir für das Quecksilber b ein. Eine centrale Bohrung c verbindet das Reservoir mit der eigentlichen aus amalgamirten Kupfer bestehenden, sehr flach sphärischen Horizontschale d, welche luftdicht vermittels eines Kittes aus Harz und Wachs auf das Holz befestigt ist. Der Boden des Reservoirs wird ähnlich, wie bei einem Fortin'schen Barometer und wie bei dem oben beschriebenen einfachen Dosenhorizont, von weichem Leder gebildet, welches durch einen Kupferring e ebenfalls luftdicht mit dem Holzkörper verschraubt ist. Durch den beweglichen Boden kann das

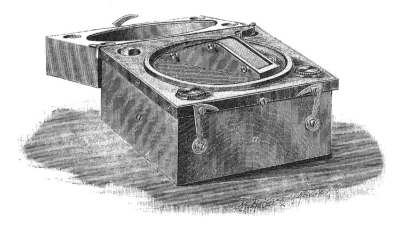

Fig. 94.

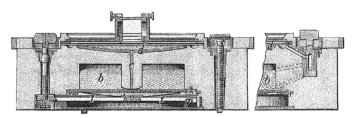

Fig. 95.

Quecksilber in die Schale gehoben werden und wird beim Nachlassen des Druckes von unten wieder in das Reservoir zurückfliessen. Die Bewegung des Lederbodens wird in etwas anderer Weise als bei den obenbeschriebenen Horizonten dadurch erzielt, dass durch eine Hebeleinrichtung, deren Drehpunkt in g ist und welche durch die links sichtbare Schraube bewegt wird, eine Scheibe f gegen den Lederboden gepresst wird. Wenn man durch diese Schraube die Holzscheibe f hebt, wird das Quecksilber sowohl in der Bohrung c in die Höhe getrieben, als auch die Luft über dem Quecksilber im Reservoir etwas verdichtet. Da nun eine einmalige Hebung des Bodens zur Füllung der Schale nicht genügt, so wird der verdichteten Luft durch einen Hahn (Nebenfigur rechts) ein Ausweg ins Freie geschaffen. Ist diese Kommunikation her-

gestellt, so wird die Schraube zurückgedreht, der Hahn geschlossen und
sodann der Lederboden von Neuem gehoben. Dadurch wird wieder eine
weitere Menge Quecksilber in die Horizontschale gebracht. Dieser Wechsel
kann sehr bald die nöthige Menge Quecksilber aus dem Reservoir in die
Schale des Horizontes hinaufführen. Unter diesen Umständen würde also
das Quecksilber in der Horizontschale ruhig verbleiben, wenn der luftdichte Zustand des ganzen Apparates auf längere Zeit verbürgt werden
könnte. Um einen etwaigen Defekt nach dieser Richtung unschädlich zu
machen, kann das Leder soweit gehoben werden, dass die Bohrung unten
verschlossen und damit ein Zurücklaufen des Quecksilbers verhindert wird.
Diese Vorkehrung ist umsomehr nöthig, als die grösste Tiefe der Schale
nur etwa zwei Millimeter betragen soll. — Wird der Horizont nicht mehr
gebraucht, so dreht man die Schraube zurück und öffnet den erwähnten Hahn,
dadurch fliesst das Quecksilber aus der Schale in das Reservoir zurück und
die Bohrung kann dann von unten verschlossen werden. Schliesst man dann
auch den Hahn, so ist der Apparat für den Transport fertig. Sollte beim
Gebrauch etwas Quecksilber aus der Schale in die dieselbe umgebende
Rinne gelaufen sein, was dann leicht vorkommt, wenn der Horizont nicht schon
von vornherein sehr nahe horizontirt ist, so lässt sich dasselbe ohne Weiteres
durch eine andere, in der Figur angedeutete, Bohrung des Hahns wieder in
das Reservoir zurückbringen. Um die Quecksilberoberfläche gegen den Einfluss des Windes zu schützen, ist der Kasten mit einem zweiten inneren Deckel
versehen. In demselben ist eine runde Öffnung ausgeschnitten, welche von
einer Kupferplatte soweit verschlossen wird, dass nur in der Mitte eine Öffnung für ein Dach übrig bleibt. Dieses Dach mit Fenstern aus Glimmer,
kann sammt der runden Kupferplatte in der Öffnung nach allen Richtungen
gedreht werden, sodass die Beobachtung von Objekten in verschiedenen
Vertikalen ohne Drehung des ganzen Apparates möglich ist.

Auch schon Baron von ZACH hat eine Konstruktion des Horizontes angegeben, welche sich die Sicherung der Quecksilberoberfläche gegen Luftzug
zur Aufgabe stellte. Bei seinem Horizont ist das Bassin durch einen Deckel
verschlossen, der in der Mitte durchbrochen und bei welchem auf diese Öffnung 2 Röhren aufgesetzt sind, deren Neigungswinkel gegen die Horizontale
nahe gleich den zu messenden Höhen gemacht werden können. Es ist natürlich, dass durch eine solche Einrichtung die Brauchbarkeit des Horizontes sehr
beschränkt und unbequem wird, deshalb hat dieselbe auch keine weitere
Verbreitung gefunden.

Den Übergang von denjenigen Horizonten, deren Oberfläche eine Flüssigkeitsschicht entweder direkt bildet oder bei denen eine plangeschliffene Glasplatte auf einer Flüssigkeit schwimmt, zu denjenigen, bei welchen eine solche
Glasplatte auf einer nivellirbaren Unterlage ruht, bildet eine Konstruktion,
die GEHLER in seinem „Physikal. Wörterbuch" unter dem Namen „Weingeisthorizont" aufführt. Dieser ist eigentlich nichts anderes als eine gute Dosen-
libelle, deren obere Glasfläche völlig plan geschliffen ist. Spielt nun die
Blase der Libelle in der Mitte ein, so liegt die obere Planfläche des Glases
horizontal und bildet so einen künstlichen Horizont. ·Dieser Weingeisthorizont

wird von GEISSLER[1]) in seiner Übersetzung von Adams' Geometrical and Graphical Essays näher beschrieben. Da derselbe aber wohl kaum ·noch im Gebrauch, begnüge ich mich hier mit dem Hinweis auf jenes Originalwerk, in welchem sich überhaupt eine grosse Anzahl interessanter älterer mathematischer Instrumente beschrieben und abgebildet finden.

Wie schon bei dem zuletzt erwähnten Horizont eigentlich nicht die Oberfläche einer Flüssigkeit die Horizontalität der spiegelnden Fläche herbeiführt, sondern das Gesetz, auf welchem die Konstruktion des Niveaus beruht, so treten diese letzteren direkt in Benützung bei denjenigen Horizonten, welchen recht eigentlich der Name der „künstlichen" zukommt, — bei den Glashorizonten. Diese bestehen aus einer Metall- oder auch Steinplatte, welche die auf ihrer Oberfläche plan geschliffene und polirte Glasplatte an drei Punkten aufruhend trägt. Diese tellerförmige Unterlage ist vermittels dreier Fussschrauben, die entweder aus Messing oder wegen der Ausdehnung durch die Wärme besser aus hartem Holz oder Elfenbein angefertigt werden, horizontirbar, indem auf die Glasplatte ein Niveau mit drei Füssen aufgesetzt wird. Dieses Niveau muss natürlich vorher berichtigt sein, wenn es bequem gebraucht werden soll. Eine vollkommene Horizontalität ist auf diese Weise nur sehr schwer und namentlich bei Sonnenbeobachtungen nur auf ganz kurze Zeit zu erzielen. Bei Beobachtungen, welche nicht den äussersten Grad von Genauigkeit verlangen, sind diese Horizonte aber ihrer grossen Einfachheit und leichten Handhabung halber sehr zu empfehlen und im häufigen Gebrauch, sodass es sich wohl lohnen wird, noch einige Worte über dieselben und ihre zweckmässige Einrichtung zu sagen.

Die zu ·fordernden Eigenschaften sind: 1. Der Horizont darf sowohl von näheren als auch von unendlich entfernten Objekten nur ein Bild geben; 2. die spiegelnde Oberfläche muss völlig plan sein; 3. die Störungen der Horizontalität durch · einseitige Wärmewirkung müssen auf ein Minimum reducirt sein.

Der ersten Bedingung wird am einfachsten dadurch genügt, dass man die Glasplatte aus dunklem, die Lichtstrahlen gut reflektirendem Glase herstellt und ausserdem die untere Fläche derselben matt schleift, so dass von dort nur diffuses Licht, aber kein Bild reflektirt werden kann; denn auch bei völliger Planparallelität der beiden Flächen würden nahe Objekte zwei Bilder geben, während für unendlich entfernte nur dann mehrere Bilder entstehen können, wenn die beiden Flächen einen kleinen Winkel mit einander bilden.

Die zweite Bedingung ist nur durch sorgfältige Wahl und richtigen Schliff zu erfüllen, und es ist nöthig, die Horizontplatte vor dem Gebrauch daraufhin zu untersuchen. Diese Prüfung kann in genügender Weise mit einem Sextanten selbst ausgeführt werden und zwar dadurch, dass man z. B. bei vertikaler Stellung des Sextanten die beiden Bilder der Sonne ohne Benutzung des Horizontes zur scharfen Ränderberührung bringt und sodann nachsieht, ob auch für den Fall, dass die Sonnenbilder, die im Horizonte

---

[1]) Geometrical and Graphical Essays by George Adams, London 1791, in der Übersetzung von J. G. Geissler. Leipzig 1795, S. 632.

reflektirten sind, diese scharfe Berührung für alle Stellen der Horizontplatte bestehen bleibt. Ist dieses der Fall, so kann dieselbe als genügend
plan betrachtet werden. Verschieben sich die Sonnenbilder aber durch
Zwischenschalten des Horizontes gegen einander, so ist die Glasplatte nicht
eben und zu verwerfen.

Die dritte Bedingung wird nach Möglichkeit erreicht einmal, wie schon bemerkt, durch Benutzung geeigneter Fussschrauben, anderseits durch die Lagerung
dieser Schrauben im Inneren von Büchsen oder durch möglichst umfassende
Beschattung des Horizontes; denn auch die Glasplatte selbst wird natürlich

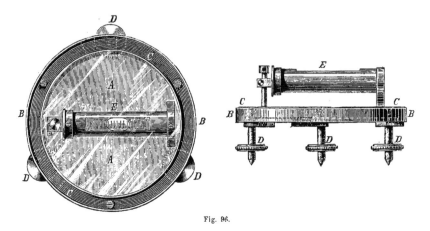

Fig. 96.

durch die Strahlen der Sonne Gestaltsveränderungen erleiden. Es bildet
dieser Einfluss der Sonne auf die „künstlichen" Horizonte immer einen
erheblichen Nachtheil derselben.

Die Fig. 96 bringt eine der gebräuchlichsten Einrichtungen dieser Glas-
horizonte zur Anschauung. Es ist B der Teller, auf welchem die Planglasplatte A ruht; die drei Fussschrauben D D D sind in ihren Muttern

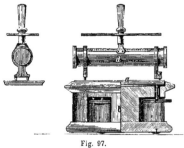

Fig. 97.

möglichst sicher geführt. Die Libelle E
des Horizontes ruht auf der Glasplatte
mit 3 Füssen auf, von denen der eine
häufig durch eine Stellschraube gebildet
wird, wie es hier der Fall ist.

Die Fig. 97 stellt einen von dem
Mechaniker Häcke konstruirten künstlichen Horizont dar, der wegen seiner
exakten und zweckmässigen Anordnung wohl empfohlen werden kann, zumal, wenn man der Libelle die nöthige
Empfindlichkeit, etwa 5″ pro Pariser Linie, giebt. — Das Instrument besteht
aus der runden, starken, auf der oberen Fläche planpolirten Glasplatte a,
die auf den abgerundeten Spitzen dreier in der Holzbüchse b befindlichen,
mit grossen randirten Köpfen versehenen Stellschrauben ruht und mittels

dieser und der Aufsatzlibelle d mit der entsprechenden Genauigkeit horizontirt werden kann. Das Niveau zeigt an dem rechtsstehenden Fusse die Korrektionsschraube für seine Berichtigung. Da die Schrauben, welche die Platte tragen, fast völlig verdeckt sind, ist der Einfluss der strahlenden Wärme auf dieselben ganz minimal.

Kollimatoren.

Eine andere Klasse von Instrumenten, welche ebenfalls zur Festlegung einer bestimmten Richtung dienen, namentlich in Verbindung mit grösseren Meridianinstrumenten, sind die Kollimatoren. Es sind dies gewöhnlich Fernrohre,[1]) deren optische Axen eine bestimmte, gegen den Horizont und die Meridianebene des Beobachtungsortes möglichst konstante Richtung beibehalten. Die optische Axe des Kollimators dient dann dazu, die Absehenslinie des Beobachtungsfernrohres nach ihr zu orientiren; einmal z. B. in Verbindung mit dem Kreise eines Meridiankreises zur Bestimmung des Zenithpunktes des letzteren, im anderen Falle zur Messung des Winkels, welchen die Umdrehungsaxe des Hauptinstruments mit dessen Absehenslinie macht. Die Methoden, nach welchen diese Bestimmungen vorzunehmen sind, werden bei der Besprechung der Meridianinstrumente des Näheren erörtert werden, hier sollen nur die wichtigeren Konstruktionen, sowie die Aufstellung derselben angeführt werden.

Nach optischen Gesetzen ist es möglich, dass man mit einem Fernrohr durch das Objektiv eines zweiten hindurch blickend, das in dessen Fokus angebrachte Fadenkreuz dann deutlich sehen kann, wenn die aus dem Objektiv des letzteren austretenden Strahlen nach ihrem Durchgang durch das Objektiv des ersten Fernrohres sich wieder in dessen Fokus vereinigen.

Das ist nun der Fall, wenn beide Fernrohre, wie man zu sagen pflegt, auf unendlich eingestellt sind, d. h. wenn sich die Fadenebenen beider in den Hauptbrennebenen der Objektivlinsen befinden. Dieser Umstand war schon LAMBERT um das Jahr 1769 bekannt,[2]) ebenso weist auch schon RITTENHOUSE auf diese Thatsache hin; zur wirklich praktischen Anwendung ist derselbe aber erst durch GAUSS gelangt, der auf diesem Wege die Fadendistanzen für ein im Fokus eines Fernrohres befindliches Mikrometernetz bestimmte; vergl. Kapitel Mikrometer.

Ein Haupterforderniss ist es, dass die als Kollimatoren dienenden Fernrohre oder Miren- und Linsenverbindungen oder auch die Quecksilber-Bassins eine besonders sichere und feste Aufstellung haben. Deshalb erbaut man für dieselben eigene gut fundirte Pfeiler, welche sowohl von den Grundmauern der Gebäude, als auch unter Umständen von den Instrumentalpfeilern möglichst isolirt sind. Sind die Pfeiler nur zur Aufstellung von Kollimator-Instrumenten für Biegungs- und Kollimationsfehler-Bestimmungen errichtet und tragen sie nicht auch zugleich Mirenobjektive zur Azimuth-Kontrole, so hat man auch wohl diese und die Instrumentalpfeiler durch verbindende Ge-

---

[1]) Mehrfach tritt auch eine einfache Sammellinse in Verbindung mit einer Mire an deren Stelle.

[2]) Vergl. Astron. Nachr., Bd. 2, No. 43; Astron. Nachr., Bd. 4, No. 89; Lamberts deutscher gelehrter Briefwechsel, Bd. III, S. 199 u. 202.

wölbe zu einem in sich festen System vereinigt; vergl. die Aufstellung des Meridiankreises und seiner Hülfsinstrumente.

Die Kollimatoren selbst kann man nach der Richtung, in welcher die optische Axe derselben liegt, eintheilen in horizontale, vertikale und solche von beliebiger Richtung.

Die ersten sind mit Ausnahme des Quecksilberhorizontes heute bei weitem die gebräuchlichsten, doch pflegt man auch diese meistens in Verbindung mit Quecksilberhorizonten anzuwenden, um auch die Verschiedenheiten des Zenithpunktes und der Kollimation bei horizontaler und vertikaler Stellung des Fernrohres des Hauptinstrumentes kennen zu lernen und daraus einen Schluss ziehen zu können auf das Verhalten dieser Fehler in allen Lagen des Instrumentes. — Einige typische Kollimatoren-Einrichtungen aus älterer und neuerer Zeit sollen im Folgenden beschrieben werden.

Horizontale Kollimatoren.

Eine der ersten dieser Einrichtungen ist der von REPSOLD für die Altonaer Sternwarte konstruirte Kollimator ohne Libelle. Dieselbe ist durch ein schweres Pendel ersetzt, welches mit einer Stange fest mit dem Kollimator-Fernrohr verbunden ist, und dieses wiederum hängt in einer Art Cardanischen Aufhängung, wie sie Fig. 98 zeigt. SCHUMACHER beschreibt den Apparat in wenigen Worten in einem Briefe an GAUSS vom 8. Sept. 1826.[1]

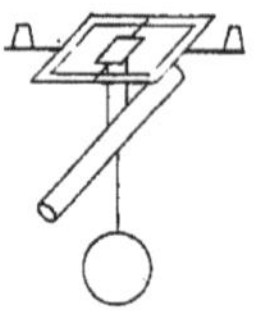

Fig. 98.

Eine etwas ausführlichere Beschreibung, aber ohne Skizze, giebt PETERS in Astron. Nachr., Bd. 45, S. 67 (1857); ich führe dieselbe des historischen Interesses wegen hier wörtlich an: „Die Konstruktion des Repsold'schen Kollimators, der weniger bekannt sein dürfte als der Kater'sche, erlaube ich mir hier mit einigen Worten anzudeuten. Ein Objektiv von etwa einem Zoll Durchmesser und 12 Zoll Brennweite und ein Fadenkreuz im Brennpunkte dieses Objektives sind durch eine dünne Stahlstange, über welcher sie befestigt sind, mit einander verbunden. Senkrecht zu dieser Stange ist, nahezu in der Mitte derselben, eine stählerne horizontale Axe befestigt, die in zwei runden Zapfen endigt. Von der Mitte dieser Axe geht eine Stange herab, die unten ein Gewicht trägt. Die Zapfen der Axe ruhen in zwei Lagern, die in den Seitenwänden eines Kastens befestigt sind, der unten Öl enthält, in welches das genannte Gewicht sich hineinsenkt. Dieses Öl dient dazu, dass der Kollimator langsamere Schwingungen macht und schneller zur Ruhe kommt. Die Massen sind auf die verschiedenen Theile des Kollimators so ausgeglichen, dass, wenn er in Ruhe ist, die Linie vom optischen Mittelpunkte seines Objektivs zur Mitte seines Fadenkreuzes nahezu horizontal ist."

Das Bestreben schon damals die Libellen zu vermeiden, welche allerdings noch nicht in so zuverlässiger Konstruktion wie heutigentags hergestellt wurden, führte auf einige andere Kollimator-Einrichtungen, von denen die

---

[1] Briefwechsel zwischen Gauss und Schumacher, No. 277. Nach Schumachers Beschreibung wurden statt der Schneiden zuerst seidene Bänder zur Aufhängung verwandt.

des Capt. KATER die wichtigste sein dürfte, zumal derselbe auch einen vertikalen Kollimator herstellte, welcher auf demselben hydrostatischen Princip beruht.

Der erstere ist beschrieben und abgebildet in Philos. Transact. 1825, Bd. I, S. 147 und einen Auszug daraus giebt CARL.[1]) Der Kollimator besteht aus einer Eisenplatte A B, Fig. 99, auf welcher zwei Lager M M' befestigt sind; auf diese Lager ist ein Fernrohr F gelegt, welches kein Okular, wohl aber ein Fadenkreuz besitzt. Der ganze Apparat wird in ein Gefäss mit Queck-

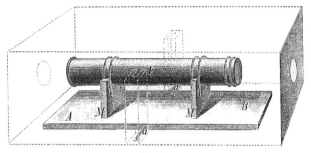

Fig. 99.
(Nach Philos. Transact. 1825, Bd. I.)

silber gebracht und senkt sich bei ganz symmetrischer Konstruktion so in dasselbe ein, dass das Fernrohr F genau horizontal steht. Damit hierbei keine Drehung (Abweichung nach rechts oder links) stattfinden kann, sind an der Platte A B die An-sätze a, a befestigt, welche in vertikalen Rinnen laufen. Um Luftströmungen so viel als möglich abzuhalten, wird über das Ganze ein Kasten gesetzt, welcher dem Objektiv- und dem Okularende des Fern-rohrs gegenüber mit einemPlan-parallelglase geschlossen ist.

Im Übrigen ist die An-wendung dieses Kollimators ganz dieselbe, wie die der jetzt in Gebrauch befindlichen. In Fig. 100 ist ein solcher abgebildet, wie ihn REPSOLD seinerzeit ebenfalls für die Altonaer Sternwarte konstru-irte. Eine nähere Beschrei-

Fig. 100.
(Nach Astron. Nachr., Bd. 4.)

bung dieses Apparates kann hier unterbleiben, da die Konstruktion nach dem Folgenden ohne Weiteres verständlich sein wird.[2])

---

[1]) Carl, Principien der astron. Instrkde., S. 131.
[2]) Astron. Nachr., Bd. 4, S. 15; Carl l. c. S. 133.

Wesentlich schärfere Bestimmungen erhielt 1824 BESSEL durch die Benutzung zweier nördlich und südlich des Meridiankreises aufgestellter Kollimator-Fernrohre. Diese Einrichtung und ihre Anwendung findet sich ausführlich beschrieben in Astron. Nachr., Bd. III, S. 209 ff. und in Abtheilung X, S. II der Königsberger Beobachtungen. Sie bezieht sich dort noch zunächst auf den Reichenbach'schen Meridiankreis, aus welchem um die beiden Kollimatoren auf einander richten zu können, Okular und Objektiv entfernt werden mussten. Es ist vielleicht nicht ohne Interesse, eine dort gegebene Reihe von Biegungsbestimmungen ihres klassischen Werthes wegen hier anzuführen. BESSEL fand dadurch, dass er beide Kollimatoren genau aufeinander richtete und sodann die Summe ihrer Zenithdistanzen mass, diese Summe gleich:

20./21. April 1824:	$180^0 + 0{,}12''$	15./16. Juni:	$180^0 + 0{,}19''$
	$- 0{,}81$		$- 0{,}56$
	$+ 0{,}08$		$+ 0{,}25$
	$- 0{,}38$		$+ 0{,}54$
	$+ 0{,}53$		$0{,}00$
	$- 0{,}39$		$- 0{,}07$
	$- 0{,}29$		$- 0{,}06$
	$+ 0{,}20$		$+ 0{,}24$
	$+ 0{,}10$		$- 0{,}12$
	$- 0{,}06$		$- 0{,}26$
	Mittel $180^0 - 0{,}090''$		Mittel $180^0 + 0{,}067$

Das Mittel aus beiden Bestimmungen giebt für die Summe der Zenithdistanzen $180^0 - 0''{,}0115$; also für die Biegung im Horizont $+ 0''{,}0058$.

Wilhelm STRUVE gab den für den Repsold'schen Meridiankreis in Pulkowa bestimmten Kollimatoren eine Einrichtung, welche sich beschrieben und abgebildet findet in „Description de l'observatoire de Poulkova etc." S. 155 ffg. resp. auf Tafel XXXI, Fig. 1 dieses Werkes.

Diese Instrumente sind ebenfalls im Norden und Süden des Meridiankreises auf isolirten Steinpfeilern aufgestellt. Auf den Pfeilern P, Fig. 101, sind zunächst zwei starke Lager a und a' befestigt durch Eingiessen der Zapfen α und α'. In diesen Lagern liegt das Fernrohr F mit zwei auf dasselbe aufgesetzten Ringen von genau gleichem Durchmesser und ganz cylindrischer Form. Auf diese Ringe kann sodann ein sehr empfindliches Niveau mit Füssen, welche den Lagern analog gebildet sind, aufgesetzt werden. Eine präcise Horizontirung der mechanischen Axe des Fernrohrs wird zunächst dadurch ermöglicht, dass das eine Kollimator-Lager in Höhe und das andere in Azimuth justirbar ist. (Zur Fixirung der Stellung des Aufsatzniveaus ist auf demselben noch eine kleine Querlibelle Q angebracht.)

Die optische Axe, d. h. die durch ein einfaches Fadenkreuz bestimmte Absehenslinie kann sodann durch 4 Schrauben, welche die Fadenplatte verschieben mit Hülfe der Rotation des Fernrohrs in seinen Lagern genau mit der geometrischen Rotationsaxe zum Zusammenfallen gebracht werden. Auf diese Weise ist es möglich, da sich die Mitte des Kollimator-Fernrohrs in derselben Höhe wie die Umdrehungsaxe des Meridian-Instrumentes befindet,

mit letzterem in den Kollimator genau hinein zu sehen und die beiden Absehenslinien aufeinander zu richten.   Dieser Theil der Pulkowaer Kollimatoren dient
namentlich zur Bestimmung des Horizontpunktes und der Biegung des Hauptinstrumentes; denn die Absehenslinien der beiden Kollimatoren stellen dann
auf beiden Seiten des Meridians eine Richtung dar, welche genau 90° gegen
die Lothrichtung geneigt ist und deren Zenithdistanz also 90° betragen muss,
wenn keine Biegung vorhanden wäre.   Eine etwaige Abweichung von 90° resp.
der Summe beider Zenithdistanzen von 180, giebt wieder direkt die Biegung
im Horizont.   Zur Bestimmung des Kollimationsfehlers hat STRUVE auf
denselben Pfeilern noch je ein anderes Fernrohr aufgestellt, welches mittelst
einer horizontalen Axe in zwei auf den Trägern M angebrachten Lagern

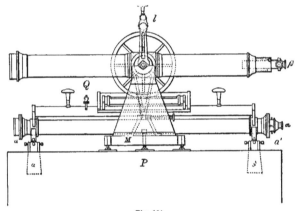

Fig. 101.
(Nach „Descript. de l'observ. de Poulkova".)

ruht.   Diese Axe kann durch die Libelle l horizontirt werden und zwar
vermittels der einen von 3 Fussschrauben, auf denen die Fussplatte der
Axenträger aufruht.   Da die Umdrehungsaxe dieser Kollimator-Fernrohre
höher liegen musste als die Axe des Meridiankreises, um sie beide über
diesen hinweg auf einander einstellen zu können,[1] so sind zur Einstellung
des Kollimators auf das Hauptinstrument auf den Axen noch kleine Kreise
angebracht, an welchen die Neigung der Kollimator-Fernrohre abgelesen
werden kann.   Die verhältnissmässig lange, senkrecht zum Meridian gerichtete Umdrehungsaxe verbürgt dann die Innehaltung der Richtung der Absehenslinie.   Diese Letztere wird in dem Pulkowaer Kollimator durch ein
einfaches Fadenkreuz definirt, welches in dem einen Fernrohr durch einen
vertikalen und einen horizontalen, in dem anderen durch zwei um je 45° gegen
die Vertikale geneigte Fäden gebildet wird.   Die Absehenslinien der beiden
Kollimatoren liegen, sobald sich die Durchschnittspunkte ihrer Fadenkreuze
in ihrem Gesichtsfeld decken, in einer Ebene, die nahezu durch den Mittelpunkt des Kubus des Meridiankreises geht.   Wird jetzt zunächst der letztere
auf den einen Kollimator gerichtet und die Abweichung seines vertikalen

---

[1] Der Repsold'sche Kreis in Pulkowa hatte im Kubus keine Durchbohrung für die
Durchsicht der Kollimatoren.

Mittelfadens von dem Durchschnittspunkt der Fäden desselben gemessen, sodann der Meridiankreis auf den zweiten Kollimator gerichtet und dort dieselbe Messung gemacht, so giebt die halbe Differenz beider mit der Mikrometerschraube gemessenen Intervalle (mit Rücksicht auf das Vorzeichen resp.
die Lage gegen den vertikalen Mittelfaden) den Kollimationsfehler; vergl.
auch Meridiankreis und Durchgangsinstrument.

In Greenwich ist eine ähnliche Einrichtung im Gebrauch, welche allerdings im Laufe der Jahre erhebliche Änderungen erfahren hat. Dort ist
nur je ein Fernrohr in Nord und Süd aufgestellt, welches dem unteren
der Struve'schen Einrichtung entspricht und mit der ursprünglichen Bessel'schen
übereinkommt. Es musste aber dort, um die beiden Kollimatoren aufeinander
richten zu können, der Meridiankreis, welcher sich nicht umlegen lässt, aus
seinen Lagern gehoben werden, um unter demselben hinweg sehen zu können.
Später ist der Kubus des Instrumentes in eigenthümlicher Weise (die

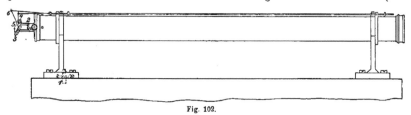

Fig. 102.

durch dessen Konstruktion bedingt war) sektorenförmig durchbrochen worden,
so dass jetzt die Kollimatoren durch diese Öffnungen hindurch aufeinander
gerichtet werden können.

Die Einrichtungen an diesen Kollimatoren[1]) sind folgende:

Fig. 102 ist eine Seitenansicht des einen der ursprünglich in Benützung
gewesenen Kollimatoren und zeigt namentlich die Art der Beleuchtung der

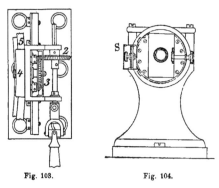

Fig. 103.   Fig. 104.

Fäden. Die Beschränktheit des
Raumes machte diese Einrichtung
erforderlich, weil direkt hinter die
Kollimatoren kein Licht mehr gebracht werden konnte. 1 bezeichnet
den Ort der Lampe, 2 ist ein kleines
Rohr, welches auf den Okularstutzen aufgesetzt werden kann und
welches zwei Arme trägt, in deren
äusseren Enden sich ein Rahmen 3
im Zapfen drehen lässt; 4 ist ein
Arm, welcher an dem Rahmen befestigt ist um diesen sowohl um die
optische Axe drehen, als auch gegen dieselbe neigen zu können; 5 ist

---

[1]) Greenwich Observations 1867. Appendix: Description of the transit Circle, S. 15 und
ebenda 1891, S. VIII. Die Fig. 103 u. 104 geben Ansichten der Lagerständer der Kollimatoren von oben und von der Seite, und zeigen die Korrektionseinrichtung und das Okular
mit Bewegungseinrichtung.

der reflektirende Spiegel, der sich wiederum mittels Zapfen in dem Rahmen 3 drehen kann. Die Bewegung dieses Mechanismus kann durch eine Stange, welche bei 4 und 6 angreift, durch den Beobachter vom Objektivende aus so ausgeführt werden, dass das Licht das Gesichtsfeld erleuchtet.

Später sind die Beleuchtungseinrichtungen überflüssig geworden, da die alten Kollimator-Fernrohre durch grössere gleichmässig ersetzt wurden, für welche es möglich war, durch die Löcher in den Vertikalklappen Tageslicht in den Kollimator zu reflektiren. Im Jahre 1882 wurden auch diese Kollimatoren wieder durch andere ersetzt. Die neue Einrichtung und ihr Gebrauch ist in den Greenwich Observations 1891, S. 7 ff. etwa wie folgt beschrieben; wozu zu bemerken ist, dass auch in den älteren Kollimatoren die Fadennetze ebenso konstruirt waren, wie in diesen und deren Gebrauch also auch im Wesentlichen derselbe war.

Bei der neuen Einrichtung wurden die beiden Pfeiler niedriger gemacht und die Kollimatoren auf aufrecht stehenden gusseisernen Ständern so montirt, dass diese sich um senkrechte, centrale Zapfen drehen lassen und so, durch Drehung um 90° gegen den Meridian, einen grösseren Spielraum für Reflexionsbeobachtungen frei geben. Durch diese Beweglichkeit der Kollimatoren ist deren Stabilität wohl etwas beeinträchtigt worden und es ist daher nöthig, dieselben daraufhin bei ihrer Benutzung zur Kollimations-Fehlerbestimmung zu prüfen. Es pflegt das dadurch zu geschehen, dass kurz vor und nach der Einstellung des Meridiankreises auf einen der Kollimatoren, dessen Absehenslinie mit der des anderen Kollimators verglichen wird, mit Hülfe der Mikrometereinrichtungen an den Fadensystemen. Die Anordnung dieser ist aber eine von der gewöhnlichen abweichende; der Wichtigkeit der Greenwicher Meridianbeobachtungen wegen mag dieselbe noch näher beschrieben werden.

Fig. 105 ist das Fadensystem im Südkollimator, so wie man es in seinem eigenen Okular wahrnimmt. Die punktirte Linie stellt die Horizontalrichtung dar. Die Fäden a_1 a_2 a_3 sind nicht ganz 3 Grad gegen den Horizont geneigt und natürlich die dazu senkrechten Fäden b_1 b_2 ebenso viel gegen die Vertikale; der eine der letzteren b_2 ist stärker als der andere b_1, und ebenso sind die Fäden a_1 a_2 etwas stärker als der Faden a_3 und zwar aus Gründen, welche gleich näher erläutert werden sollen.

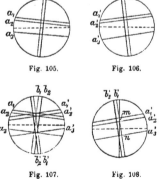

Fig. 105.   Fig. 106.

Fig. 107.   Fig. 108.

Fig. 106 stellt das Fadensystem des Nordkollimators dar und zwar so, wie es im Gesichtsfeld des Südkollimators oder des Meridiankreises erscheint. Da dieses eine dem Südkollimator entsprechende Anordnung bezüglich Neigung und Stärke der Fäden besitzt, so stellt sich das Bild beider Fadennetze im Südkollimator so dar, wie es Fig. 107 zeigt, und zwar in derjenigen Stellung, in welcher die beiden Kollimatoren genau aufeinander gerichtet sind.

Die beiden dicken Fäden a_1 und a_2 des Südkollimators dienen nur dazu, ein kleines Stückchen des dünnen Vertikalfadens b_1 zu bezeichnen, und ebenso ist es beim Nordkollimator mit den beiden Fäden a'_1 a'_2 und dem Vertikalfaden b'_1. Der Durchschnittspunkt der beiden kleinen, von den Fäden b_1 und b'_1 abgeschnittenen Stückchen hat dann genau in deren Mitte zu erfolgen und dient zur Justirung der Kollimatoren aufeinander. Dazu ist es aber erforderlich, dass diese Stückchen genau in derselben scheinbaren Höhe liegen; was durch den Schnittpunkt der beiden feineren Horizontalfäden a_3 und a'_3 kontrolirt wird.

Fig. 108 zeigt das Aussehen des Gesichtsfeldes im Meridiankreis, wenn derselbe auf den nördlichen Kollimator gerichtet ist. Dann wird der Vertikalfaden des Meridiankreis-Fernrohres den Kollimatorfaden b'_1 bei m (d. h. in der Mitte zwischen a'_1 und a'_2) durchschneiden und der Horizontalfaden den Faden a'_3 bei n.

Nachdem der Meridiankreis in die richtige (vertikale) Stellung gebracht ist, wird das Feld des einen (südl.) Kollimators erleuchtet, dann sieht man durch den anderen (nördl.) Kollimator die Fadensysteme beider und zwar der Anordnung derselben entsprechend die Vertikalfäden sich unter Winkel von etwa $5\,^1/_2\,^0$ schneidend symmetrisch zur Vertikalrichtung, wie es Fig. 107 zeigt.

Um diese Stellung der beiden Fadennetze hervorzubringen, ist die Fadenplatte des Nordkollimators vermittels der Mikrometerschraube S, Fig. 104, im Sinne des Azimuths und diejenige des Südkollimators nur in Höhe ebenfalls durch eine ähnliche Mikrometerschraube beweglich.[1]) Es wird nun vermittels dieser Schrauben die Stellung in Fig. 107 genau hervorgebracht und die Einstellung 6 mal wiederholt, sodann dem Mikrometerfaden die dem Mittel entsprechende Stellung gegeben. Wird nun der Meridiankreis nach einander auf beide Kollimatoren gerichtet und die Koincidenz seines vertikalen Mittelfadens mit den Punkten der Kollimatorfäden, an welchen sich diese vorher schnitten, mittelst des entsprechenden Mikrometers hergestellt, so wird man aus den beiden Stellungen der Mikrometerschraube des Meridiankreises im Stande sein, die Kollimation desselben zu bestimmen. Die Einstellung des Meridiankreis-Mittelfadens auf die schiefen Fäden der Kollimatoren ist wegen der Genauigkeit, mit welcher die dabei gebildeten sehr spitzwinkligen kleinen Dreiecke aufgefasst werden können, recht zuverlässig.

Bei den neueren Meridiankreisen und Durchgangsinstrumenten ist der Kubus so stark gebaut, dass eine Durchbohrung senkrecht zur optischen Axe und zur Rotationsaxe von einer lichten Weite, welche der Öffnung der Kollimatoren nahe gleichkommt, ohne Bedenken vorgenommen werden kann. Dadurch ist die vorwurfsfreie Verwendbarkeit horizontaler Kollimatoren in der nach BESSELS Vorschlag- konstruirten Form gesichert, zumal auch die zur Kontrole der Stellung der letzteren benutzten Libellen jetzt so gut hergestellt werden, dass keine erhebliche Unsicherheit durch deren Anwendung entsteht.

---

[1]) In der früheren Anordnung waren die Funktionen der Kollimatoren vertauscht.

Eine von der gebräuchlichen Form der Kollimatorfernrohre abweichende Anordnung für einen horizontalen Kollimator hat H. BRUNS in den Astron. Nachr., Bd. 103, S. 163 ff. beschrieben, und zwar leiteten ihn verschiedene Umstände auf diese Konstruktion. Die Erörterung derselben ist für die Anwendung der Kollimatoren überhaupt von besonderem Interesse, und es mag daher das dort Gesagte auszugsweise hier einen Platz finden.

„Bei der Verwendung der Kollimatoren in ihrer bisherigen Form ist man ganz erheblich abhängig von der Gestalt der Zapfen; die systematischen Fehler, welche aus der Abweichung von der Cylinderform, aus der unvollkommenen Centrirung, sowie aus der Abweichung des Zapfenquerschnitts von der Kreisform entspringen, erfordern zu ihrer Beseitigung, sobald es sich um die äusserste Schärfe handelt, theils recht zeitraubende Untersuchungen, theils eine minutiöse Vorsicht beim Gebrauch des Instruments. Um ferner die Durchbiegung des Kollimatorrohrs unschädlich zu machen, ist man genöthigt, entweder Objektiv und Okular zum Vertauschen einzurichten, also den Apparat und seine Handhabung zu kompliciren, oder Objektiv und Okular in die Zapfen selbst zu verlegen, d. h. den Querschnitt der Zapfen zu vergrössern und dadurch die Herstellung einer vollkommenen Gestalt derselben zu erschweren. Ein dritter und zwar recht erheblicher Übelstand beruht auf der Kleinheit der Öffnungen der Kollimatorobjektive. Selbst wenn man von dem dadurch erzeugten verwaschenen Aussehen der Bilder der Kollimatorfäden absehen will, ist es sicher nicht gleichgültig, namentlich mit Rücksicht auf kleine Fehler in der Fokal-Berichtigung des Kollimators, dass bei einem grossen Meridiankreise nur ein kleines Stück seines Objektivs bei der Einstellung auf den Kollimator verwendet wird. Andererseits liegt auf der Hand, dass einer Vergrösserung der Kollimatoröffnung, ganz abgesehen vom Kostenpunkte, bestimmte enge Grenzen gesteckt sind, wenn man das Instrument in der üblichen Form zu wirklichen absoluten Bestimmungen benutzen will."

Deshalb dürfte etwa ein nach folgenden Principien hergestellter Kollimator seinem Zwecke besser entsprechen. Auf einem mit drei Stellschrauben versehenen Untersatz ruht ein um eine Vertikalaxe drehbarer horizontaler Träger mit zwei an seinen Enden angebrachten Lagern, ähnlich wie es bei einem Nivellirinstrument der Fall ist. In diesen Lagern ruht das Kollimatorfernrohr, während das Niveau mit dem Träger fest verbunden ist. Das Kollimatorrohr ist aber nicht ein gewöhnliches Fernrohr, sondern dasselbe hat an beiden Enden Objektive von nahezu gleicher Brennweite. „Die Distanz dieser beiden Objektive O_1 u. O_2 ist so gewählt, dass die entsprechenden Brennebenen E_1 und E_2 zwischen O_1 und O_2 dicht bei O_2 resp. O_1 zu liegen kommen. In E_1 und E_2 sind in passender Weise Fäden mit den Kreuzungspunkten F_1 und F_2 ausgespannt. Die Handhabung geht dann in folgender Weise vor sich: Einstellung auf $O_1 F_1$, Drehung im Horizont um 180°, Einstellung auf $O_2 F_2$, Drehung des Kollimatorrohrs um seine Längsaxe um 180°, Einstellung auf $O_2 F_2$, Drehung im Horizont, Einstellung auf $O_1 F_1$; dazu jedesmal Ablesung des Niveaus und des Kreises. Um die Vorstellung zu vereinfachen, wollen wir annehmen, dass die vertikale Axe in allen vier

Lagen genau berichtigt sei, dass also eine mit dem Träger fest verbundene
Ebene, wenn sie in Lage I horizontal ist, auch in den drei anderen Lagen
horizontal bleibt; dies kommt darauf hinaus, dass wir uns die vier Ablesungen am Meridiankreis $A_1 A_2 A_3 A_4$ bereits für die Ausschläge der Blase der
Libelle korrigirt denken. Sind ferner $a_1 a_4$ resp. $a_2 a_3$ die Neigungen der Absehenslinien O_1 nach F_1 resp. O_2 nach F_2 gegen den Horizont, A_0 die Kreisablesung für den Horizontalpunkt, so wird, wenn die A mit der Deklination
wachsen und der Kollimator südlich vom Kreise steht,

$$A_1 = A_0 + a_1 \qquad A_3 = A_0 + a_3$$
$$A_2 = A_0 + a_2 \qquad A_4 = A_0 + a_4$$
$$A_0 = \tfrac{1}{2}(A_1 + A_2) - \tfrac{1}{2}(a_1 + a_2)$$
$$A_0 = \tfrac{1}{2}(A_3 + A_4) - \tfrac{1}{2}(a_3 + a_4).$$

Die Mittel aus $A_1 A_2$ resp. $A_3 A_4$ sind nur von der Verschiebung der
Niveaublase beim Übergange von Lage I zu II resp. von Lage III zu IV
abhängig, während der Nullpunkt des Niveaus herausfällt, so dass eine etwaige
Änderung in dem System Träger-Niveau beim Übergange von II zu III unschädlich ist. Die Grössen $a_1 + a_2$, $a_3 + a_4$ sind abgesehen vom Vorzeichen
gleich den spitzen Winkeln, welche die Projektionen von $O_1 F_1$, $O_2 F_2$ auf
die Meridianebenen in den Lagenpaaren (I, II) resp. (III, IV) mit einander
einschliessen. Diese beiden Winkel sind einander gleich mit entgegen-
gesetztem Vorzeichen, sobald das Kollimatorrohr vollkommen starr ist und
die Drehung von II zu III um genau 180^0 ausgeführt wird, so dass man
dann haben würde

$$A_0 = \tfrac{1}{4}(A_1 + A_2 + A_3 + A_4).$$

. Nun wird ein kleiner Fehler in der letztgenannten Drehung völlig unschädlich, sobald man dafür sorgt, dass die Richtungen $O_1 F_1$ und $O_2 F_2$
der Axe, um welche jene Drehung erfolgt, parallel sind. Es ist also nur noch
der Einfluss der Formänderung durch Biegung beim Übergange von II zu III
zu untersuchen, da alle anderweitigen Formänderungen bei richtiger Konstruktion des Instruments höchstens von Temperatureinwirkungen herrühren
könnten, also mit der Idee des Apparates nichts zu thun haben. Der Einfluss
der Biegung wird aber unschädlich gemacht, wenn man einerseits für eine
solide Verbindung von O_1 mit F_2 resp. O_2 mit F_1 sorgt, und wenn man
andererseits $O_1 F_1$ und $O_2 F_2$ in die Zapfen des Kollimatorrohres verlegt.
Dieses ist selbst bei grossen Öffnungen ohne Schwierigkeit zu erreichen, weil
in unserem Falle die Gestalt der Zapfen eine völlig untergeordnete Rolle
spielt, und es vermuthlich genügen würde, die Zapfen auf Friktionsrollen,
statt in den üblichen Lagerausschnitten laufen zu lassen. Als ein weiterer
Vorzug der Konstruktion ist es anzusehen, dass das Umsetzen des Niveaus
und alles Hantiren mit schweren Massen, welches sonst besondere Hülfsvor-
richtungen erfordert, fortfällt."

Vertikale Kollimatoren oder solche in beliebiger Richtung.

Solche Kollimatoren werden sich gegenwärtig wohl nur ganz ausnahms-
weise im Gebrauch befinden, da an deren Stelle der Quecksilberhorizont getreten
ist, der in Verbindung mit dem Bohnenberger'schen oder Gauss'schen Okular

viel sicherere Resultate ergiebt, als ein durch Libellen oder durch Schwimmen eines Ringes auf Quecksilber senkrecht gestelltes Kollimatorfernrohr.

Schon BESSEL hat an dem oben angegebenen Orte die Konstruktion eines senkrechten Kollimators angedeutet. Er wollte ein um eine vertikale Axe drehbares Fernrohr mitten über dem Durchgangsinstrument mit dem Objektiv nach unten aufhängen, dessen Absehenslinie durch ein zu ihr senkrechtes Niveau vertikal gestellt werden sollte. Durch ein Umdrehen des Kollimators kann dann sowohl der Zenithpunkt als auch der Kollimationsfehler bestimmt werden, da eine etwaige Abweichung des Winkels zwischen Niveauaxe und Absehenslinie des Kollimators von 90° durch die Drehung eliminirt wird.

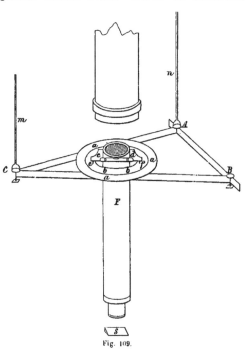

Fig. 109.

Auf ganz demselben Principe beruht auch der Kollimator, welchen LAMONT an der Münchner Sternwarte verwendete, nur dass dieser das Fernrohr mit dem Objektiv nach oben im Nadir aufstellte. Den Lamont'schen Apparat beschreibt CARL etwa folgendermassen:[1])

Das Kollimatorfernrohr F, Fig. 109, trägt unter seinem Objektiv zwei Arme c, d, welche unten mit Spitzen versehen sind; dieselben sitzen auf dem Ringe b b auf, welcher in einem zweiten Ringe a a gedreht werden kann. Es ist ausserdem noch eine Libelle e f parallel mit den Spitzen an den Armen c d angebracht, mittels welcher die genau senkrechte Stellung des Fernrohrs erkannt wird. Der Ring a a ruht auf einem mittelst der Schlüssel m und n justirbaren eisernen Dreiecke A B C, welches zwischen die beiden Steinpfeiler des Meridianinstrumentes gebracht wird. Das Fernrohr hat wieder, wie dies beim nachfolgend beschriebenen Kater'schen Kollimator der Fall ist, kein Okular, aber ein Fadenkreuz, welches durch einen geeigneten Spiegel s erleuchtet wird.

Durch Einstellen des Fernrohrs auf die Absehenslinie des Kollimatorrohres F kann sodann eine Lage des ersteren fixirt werden, welche von der Vertikalen nur soviel abweicht, als der Unterschied des Winkels zwischen Kollimatoraxe und Libellenaxe von 90° beträgt. Wird der Kollimator in dem Ringe a a um 180° gedreht, so wird diese Abweichung von der Verti-

---

[1]) Carl, Principien d. astron. Instrkde., S. 134.

kalen in der entgegengesetzten Richtung wirken. Das Mittel der bei beiden
Einstellungen gemachten Kreisablesungen liefert dann den Nadirpunkt. Da
diese ganze Beobachtungsweise aber im Wesentlichen von der Zuverlässigkeit der Libelle abhängt, entspricht sie heutigen Anforderungen nicht mehr
ganz, zumal die Gesammtanordnung eine etwas komplicirte ist.

Kapitain KATER hat ausser seinem Horizontal-Kollimator auch einen
solchen angegeben, welcher direkt für Bestimmungen im Zenith oder Nadir
gebraucht werden kann. Das Princip ist dasselbe wie bei seinem Horizontal-
Kollimator. Der Apparat schwimmt
nämlich ebenfalls auf einem Quecksilbertrog und zwar auf die in
Fig. 110 dargestellte Weise.[1]

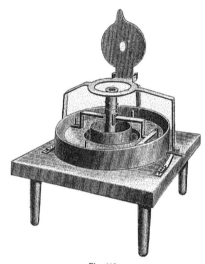

An einem Fernrohre sind zwei
seitliche Arme befestigt, welche
rechtwinklig umgebogen und mit
ihren Enden auf einem Eisen-
ringe befestigt sind. Dieser schwimmt
auf dem Quecksilber, das sich in
einem cylindrischen Gefässe befindet,
welches eine ringförmige Rinne bildet, durch deren innere Höhlung
das Kollimatorfernrohr hindurchgeht. Wenn der an diesem Fernrohre angebrachte Schwimmer symmetrisch konstruirt ist, so soll sich
dasselbe entweder genau senkrecht
oder doch wenigstens mit einer ganz
geringen Neigung gegen die Vertikale einstellen. Das Fernrohr besitzt am
oberen Ende (ist der Kollimator im Zenith angebracht, dann sind Objektiv
und Fadennetz vertauscht) ein Objektiv, in dessen Fokus sich ein Fadenkreuz befindet, aber kein Okular.

Die Anwendungsweise dieses Apparates ist also, abgesehen von dem zu
Grunde liegenden Princip, ganz dieselbe wie bei dem nach Lamont.[2]

Am Bischoffsheim'schen Meridiankreis in Paris ist ein Zenithkollimator angebracht, welcher darin besteht, dass auf einem der Pfeiler des Instrumentes
ein schweres und sicheres Stativ aufgestellt ist, auf welchem sich mittels einer
langen Vertikalaxe ein horizontales Fernrohr dreht. Vor dem Objektiv dieses
Fernrohres befindet sich ein grosses Reflexionsprisma, welches sich beim Gebrauch des Kollimators gerade oberhalb des nach dem Zenith gerichteten
Meridiankreis-Fernrohres befindet. Wird jetzt mittelst einer Gasflamme durch
das Kollimatorfernrohr Licht gesandt, so wird man, wenn das Fadenkreuz
des letzteren sich im Brennpunkt seines Objektivs befindet, im Gesichts-

---

[1] Kater, A description of a vertical floating Collimator. Philos. Transact. 1828,
Bd. II, S. 257 u. 132.

[2] Prof. Deichmüller hat in neuester Zeit fast genau das Kater'sche Princip wieder in
Vorschlag gebracht. (Vergl. Astron. Nachr., Bd. 142, S. 145 u. 377.)

feld des Meridiankreises das Bild desselben erblicken. Wird nun der Abstand des Mittelfadens des Meridiankreises in beiden Lagen des Instrumentes vom Faden des Kollimators gemessen, so ist man dadurch in der Lage, den Kollimationsfehler desselben für das Zenith zu bestimmen. Diese Einrichtung dürfte aber doch nur dann zu empfehlen sein, wenn die örtlichen Verhältnisse die Benützung anderer Mittel ausschliessen, da auch der Zenithpunkt des Kreises auf diese Weise nicht bestimmt werden kann.

Die Anordnung, welche der englische Mechaniker W . Simms seinem Vertikal-Kollimator gegeben hat,[1] eignet sich namentlich für grössere azimuthal montirte, transportabele Instrumente. Dieselbe besteht darin, dass er die Vertikalaxe selbst durchbohrt hat, sodass diese durch Einsetzen eines Objektivs und Fadenkreuzes direkt zu einem Fernrohr wird. In Fig. 111 ist A der den Horizontalkreis tragende Dreifuss, mit welchem die Vertikalaxe fest verbunden ist; B ist das Objektiv des Kollimators; dasselbe ist mit seiner eigentlichen Fassung durch Korrektionsschrauben in einem oben auf der Axe angeschraubten büchsenartigen Aufsatze centrirbar, während in diesem Falle das Fadenkreuz in C unbeweglich befestigt ist, weil letzteres behufs einer Korrektion schwer zu erreichen sein würde. Ein geschwärzter Deckel mit geeigneter Durchbohrung verhindert den Eintritt seitlichen Lichtes in das Objektiv.

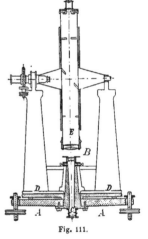

Fig. 111.

Ein unter dem Okular angebrachter Spiegel vermittelt die Beleuchtung des Fadenkreuzes, welches aus zwei sich unter einem Winkel von 30^0 schneidenden Fäden besteht.

D D ist die um die Vertikalaxe bewegliche Horizontalplatte, welche die Stützen für die Lager des Fernrohrs E trägt, so dass also bei einer azimuthalen Bewegung des Fernrohrs der Kollimator in Ruhe bleibt.

Die Berichtigung des Kollimationsfehlers wird nun, wie leicht ersichtlich, nach einigermassen guter Rektifikation des Instruméntes vermittelst der angebrachten Libellen dadurch erzielt, dass man den vertikalen Mittelfaden des Mikrometer-Netzes in zwei um 180^0 im Azimuth verschiedenen Stellungen des Obertheiles des Instrumentes mit dem Kreuzungspunkt der Fäden im Kollimator vergleicht und durch die am Okularende des Fernrohres und am Objektiv des Kollimators angebrachte Korrektionsschraube nach und nach die Abweichung wegschafft. Es ist klar, dass, wenn das Mikrometer einen beweglichen Faden besitzt, auch nicht nur ein Wegschaffen des Kollimationsfehlers, sondern auch eine Messung desselben ausgeführt werden kann. Auch der Zenithpunkt eines Vertikalkreises lässt sich in ganz analoger Weise mit diesem Kollimator ermitteln, wenn man das Fernrohr in seinen Lagern umlegt und die event. nach den Angaben eines Niveaus verbesserten Ablesungen der Mikroskope in beiden Lagen vergleicht.

---

[1] Memoirs of the Royal Astron. Soc., Bd. XV, S. 19.

Eine eigenthümliche Konstruktion eines Kollimators hat J. M. SCHAEBERLE[1]) angegeben. Diese Einrichtung ist anwendbar ohne das Instrument umzulegen oder ohne besondere Kollimatorfernrohre und mag ihrer Einfachheit wegen hier noch angeführt werden.

Ein leichter aber fester Rahmen wird wie ein Niveau auf die Axen des Hauptinstrumentes gehängt; die Arme sind so lang, dass das Fernrohr mit dem Objektiv nach unten senkrecht gestellt werden kann.

An der Stelle der Libelle befindet sich aber in diesem Falle ein ganz ebener Spiegel, welcher etwa von der Grösse des Objektivs ist, und nahezu senkrecht zur optischen Axe des Fernrohrs steht. Die Aufhängearme können ihrer Länge nach korrigirt werden, so dass man das Spiegelbild des Mittelfadens nahe bei diesem selbst erblickt. Wird dann das Fernrohr vertikal gestellt, und die Entfernung des Mittelfadens von seinem Bilde gemessen, sodann das Kollimator-Instrument auf den Zapfen umgehängt und dieselbe Messung wieder vorgenommen, so kann man aus der Differenz beider Messungen die Abweichung des Winkels zwischen Rotationsaxe und Absehenslinie von einem Rechten (den Kollimationsfehler) leicht bestimmen. Diese Methode der Bestimmung des Kollimationsfehlers lässt sich leicht bei allen Durchgangsinstrumenten und in jedem Vertikal anwenden und erfordert nur eine sichere Anordnung des Spiegels und eine exakte Form desselben. Ist dann m die Entfernung des Mittelfadens von seinem Spiegelbilde in der einen Lage des „Hänge-Kollimators" und n dieselbe in der anderen Lage, so hat man als Kollimationsfehler unmittelbar $c = \dfrac{m+n}{4}$, wobei nur darauf zu achten ist, ob das Spiegelbild in beiden Fällen auf derselben oder auf entgegengesetzten Seiten des Mittelfadens liegt, d. h. ob m und n dasselbe oder entgegengesetztes Vorzeichen erhalten müssen. Ob c selbst positiv oder negativ zu nehmen ist, lässt sich dann durch eine später zu erläuternde Betrachtung entscheiden; vergl. Durchgangsinstrument und Meridiankreis.

Sind die Zapfen der Umdrehungsaxe von ungleicher Dicke, so ist dieser Umstand in den Ausdruck für c dadurch einzuführen, dass man setzt $c = \dfrac{m+n}{4} + p$, wo p diese Ungleichheit in demselben Maasse ausgedrückt bedeutet, in welchem m und n angegeben sind, also etwa in Schraubentheilen des Okularmikrometers oder direkt in Zeitsekunden.

Von Kollimatoren in anderen als der horizontalen oder vertikalen Lage ist man ganz abgekommen, da sich die Unveränderlichkeit ihrer Lage nicht genügend kontroliren lässt und man durch Beobachtungen von dem Pol nahen Sternen sowohl direkt als auch reflektirt in geeignet angebrachten Quecksilberhorizonten ein Mittel hat, Bestimmungen der Biegung, Kollimation und Neigung bei Durchgangsinstrumenten auszuführen. Nur des historischen Interesses wegen will ich eine Stelle aus dem Briefwechsel zwischen GAUSS und SCHUMACHER[2]) hier anführen, welche einen Vorschlag

[1]) Am. Journal of Science. 1883, S. 145.
[2]) Briefw. zw. Gauss u. Schumacher, Bd. II, S. 67.

zu einem in beliebiger Lage einrichtbaren Kollimator nebst Skizze, Fig. 112, dazu enthält. Es heisst dort:

„Ich bin neugierig, den Repsold'schen Kollimator näher kennen zu lernen, Sie haben dessen Beschreibung versprochen. Wenn dabei gar keine Flüssigkeit gebraucht wird, also auch kein Niveau, so sehe ich keine andere Manier ab, als dass das Fernrohr hängt, etwa wie ein Uhrpendel an einer Messerschneide. Ich sollte glauben, dass sich auf eine solche Art, zweckmässig ausgeführt, auch eine sehr grosse Genauigkeit müsste erreichen lassen. Es liesse sich wohl auch so machen, dass das Fernrohr ganz senkrecht hinge."

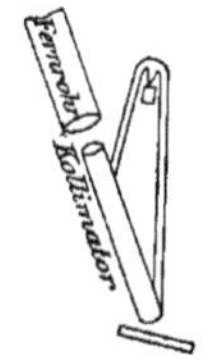

Spiegel um Licht zu geben.
Fig. 112.

Einige Seiten weiter findet sich auch eine interessante Auseinandersetzung über den Gebrauch von Kollimatoren überhaupt, auf welche ich aber hier nur hinweisen kann.

Die Einrichtung von SCHAEBERLE leitet schon über zu den jetzt fast ausschliesslich gebräuchlichen Horizonten im Nadir, welche natürlich für die Ableitung der Beziehungen der Absehenslinie eines Fernrohres zur Vertikalen den vorzüglichsten Anhalt bieten, sobald, wie schon oben auseinandergesetzt, der Einfluss von Bodenerschütterungen unschädlich gemacht werden kann. Die Konstruktion dieser Horizonte ist am Anfang dieses Kapitels eingehend beschrieben. Ihre Verwendung bei der Fehlerbestimmung einzelner Instrumente wird dort des Näheren erläutert werden.

Miren.

Die verschiedenen Arten von Kollimatoren und auch der Quecksilberhorizont können in zweckmässiger Weise nur zur Bestimmung des Kollimationsfehlers oder der Biegung eines Fernrohres und der letztere auch zur Ermittlung der Neigung der horizontalen Umdrehungsaxe dienen. Die Abweichung dieser Axe aber von der Ost-West-Richtung ist durch Kollimatoren sehr unvollkommen zu finden, da es ja darauf ankommt, für die Bestimmung des Azimuthes eine Richtung zu schaffen, die sich bezüglich des Winkels, welchen sie mit dem Meridian einschliesst, nicht oder nur um Grössen ändert, die im Vergleich zu etwaigen Änderungen der Pfeiler des Hauptinstrumentes von geringerer Ordnung sind. Um diesen Zweck zu erreichen, hat man namentlich in früherer Zeit, als noch leichter weit entfernte, nahe im Horizont gelegene, irdische Gegenstände von den Sternwarten aus wahrgenommen werden konnten (gegenwärtig ist man nur noch an wenigen besonders isolirt und gut gelegenen Observatorien dazu im Stande), sogenannte Meridianzeichen errichtet. Es sind das vom Observatorium 5—10 oder noch mehr Kilometer entfernte, gut fundirte Steinblöcke, welche auf ihrer Oberfläche entweder eine Skala tragen, etwa in der Form von Durchbohrungen einer dünnen Platte, welche sich dann auf dem hellen Hintergrund projiciren, oder eine andere Einrichtung, welche gestattet, einen bestimmten Punkt des Meridianzeichens mit den Fäden eines Durchgangs-Instrumentes leicht zu fixiren. — In solchen Entfernungen werden selbst kleine Verschiebungen der Mire oder ihrer Pointirungseinrichtung auf die Richtung der

Verbindungslinie zwischen diesem und dem Mittelfaden des Meridian-Instrumentes nur ganz verschwindenden Einfluss ausüben. Es wird deshalb durch Vergleichung der Stellung des Bildes der Mire mit dem Mittelfaden immer leicht sein, die Azimuthkorrektion abzuleiten, wenn aus einer genügenden Anzahl von Polsternbeobachtungen das Azimuth der Mire als bekannt angesehen werden kann. Ist man im Stande, das Meridian-Instrument in seinen

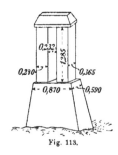

Fig. 113.

Lagern umzulegen, so kann eine solche Mire auch zur Bestimmung des Kollimationsfehlers, ja selbst der Biegung verwendet werden. Ist die Mire genügend weit entfernt, so wird das Bild auch sehr nahe in die Brennebene des Objektivs fallen und dann ohne Verstellung des Okulars mit den Fäden des Netzes verglichen werden können. Das ist ein grosser Vorzug des Meridianzeichens älterer Konstruktion; ein grosser Nachtheil ist aber die Unsichtbarkeit desselben bei Nacht, falls man nicht ganz umständliche und meist kostspielige Einrichtungen oder besondere Bedienung zu benutzen in der Lage ist. Die Fig. 113 stellt das Meridianzeichen dar, welches Gauss im Jahre 1821 nördlich des Reichenbach'schen Meridiankreises der Göttinger Sternwarte erbauen liess, und welches heute noch steht, aber wegen Zwischenbauten schon lange nicht mehr von der Sternwarte aus gesehen werden kann.[1]

In neuerer Zeit ist man dazu übergegangen Miren zu errichten, in nur etwa 60—200 Meter Entfernung vom Observatorium. Diese kann man leicht sichtbar machen, und es können auch Einrichtungen getroffen werden, die trotz der geringen Entfernung doch ein Verstellen des Okulars unnöthig machen. Im Folgenden sollen einige solche Mireneinrichtungen und auch die Konstruktion einer besonderen für Nizza ausgeführten, weit entfernten Kollimator-Mire näher beschrieben werden, und es ist vielleicht auch von Interesse die Bestätigung des oben Gesagten in der nachfolgend gegebenen Beschreibung der auf der Sternwarte in Leiden getroffenen diesbezüglichen Einrichtungen, wie sie der ausgezeichnete frühere Direktor K a i s e r seinerzeit niedergeschrieben hat, zu finden.[2]

„Wendet man als Meridianzeichen ein Fernrohr an, welches am Fundamente des Meridiankreises oder an einem auf diesem Fundamente stehenden

---

[1] Eine eigenthümliche Einrichtung hatte Bessel seiner Meridian-Mire gegeben, da er dem Meridiankreis keinen beweglichen Mikrometerfaden hatte geben lassen. Er zeichnete auf einer entsprechend grossen Fläche, die ihm im Gesichtsfeld des Instruments als Rechteck von 33″,6 Breite und 32″,0 Höhe· erschien, eine grosse Anzahl rechteckiger Felder von je 2¹/₃″ Höhe und 4″ Breite. Diese waren so angeordnet, wie es die Skizze, Fig. 114, zeigt. Die Mitten zusammenhängender Felder, waren also immer um Feldbreite gegeneinander seitlich verschoben. Je nachdem nun der Mittelfaden eines dieser Felder durchschnitt, konnte man sofort beurtheilen, um wieviel die Absehenslinie des Fernrohrs im Sinne des Azimuths aus ihrer idealen Lage abwich. — Bessel giebt an, dass er im Stande gewesen sei bis auf eine Genauigkeit von etwa ± 0″,2 gekommen zu sein. (Gauss stellte auf den Zwischenraum zwischen den beiden senkrechten Pfeilern ein.)

[2] Ann. der Sternw. zu Leiden, Bd. I, S. LXXXI ff.

Pfeiler befestigt ist, so hat man, meiner Meinung nach, durchaus keine Sicherheit, dass die Versetzungen dieses Fernrohres nicht von derselben Ordnung als die Versetzungen des Instruments selbst sein werden, und ein solches Fernrohr scheint sich mir daher nicht zu einem Meridianzeichen zu eignen. Soll ein Meridianzeichen wirklich gute Dienste leisten, so müssen dabei die-

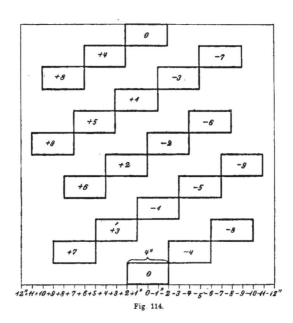

Fig. 114.

selben linearen Versetzungen weit kleineren angulären Werth haben, wie beim Meridiankreise selbst, und dies lässt sich nur erreichen, wenn das Zeichen weit entfernt ist. Die Erfahrung hat gezeigt, dass Meridianzeichen in so grosser Entfernung, dass man zu ihrer Betrachtung weder Linsen noch Versetzung des Okulars braucht, meistens nutzlos sind. Die einzigen wirklich brauchbaren Meridianzeichen dagegen sind die in 100 bis 200 Meter Entfernung befindlichen, welche durch eine besondere Linse beobachtet werden müssen. Diese Meridianzeichen, welche schon längst zuvor in England in Gebrauch waren, sind auch an der Pulkowaer Sternwarte gleich bei ihrer Gründung eingeführt, und sie sind auch von mir angewandt, obgleich ich keine grösseren Entfernungen, als solche von etwa 100 Meter, zu meiner Verfügung hatte. Diese Linsen sind mit Eisenplatten sehr solide auf den Pfeiler der Kollimatoren befestigt. Dieselben haben einen quadratischen Durchschnitt, dessen Seiten 0,55 Meter betragen, und sind also stärker als die oberen Theile der Pfeiler des Meridiankreises. Man hat daher durchaus keine Ursache zu befürchten, dass die Pfeiler der Kollimatoren sich mehr als die Pfeiler des Kreises versetzen werden. Unterliegt einer der Pfeiler des Kreises einer Änderung, wodurch die Richtung von dessen Kollimationslinie sich um etwa 20″ ändert, so genügt dazu eine Verschiebung in der Nord-Südrichtung von etwa $^1/_{10}$ mm. Eine Versetzung des Kollimator-Pfeilers von demselben Betrage, in der Ost-Westrichtung, würde aber das Azimuth des Meridianzeichens nur um $0'',2$ ändern, indem die Entfernung des Zeichens nahe hundert mal grösser als die gegenseitige Entfernung der Zapfen des Instruments ist.

Das eigentliche Meridianzeichen ist eine kleine Öffnung in einer Messingplatte, welche, wenn der Hintergrund gut erleuchtet ist, sich im Fernrohre des Meridiankreises als eine lichte Scheibe zeigt, welche einen Durchmesser von ungefähr drei Sekunden hat und sich, durch einen Faden, sehr scharf bisseziren lässt. Die Änderungen des Azimuthes werden dann mit Hülfe eines beweglichen vertikalen Fadens bestimmt. Beim nördlichen Meridianzeichen findet die Beleuchtung des Hintergrundes mittelst der Gasflamme statt, welche den Meridiansaal erleuchtet. Vor einem der Fenster an der Nordseite ist eine dicke Glaslinse angebracht, welche einen Durchmesser von 0,185 Meter hat. Die Gasflamme kann so hinter die Glaslinse gestellt werden, dass ihr Bild auf das Meridianzeichen fällt. Die Flamme muss alsdann, vom Meridianzeichen aus gesehen, die ganze Glaslinse, welche sich dort unter einem Durchmesser von mehr als sechs Minuten zeigt, zu erleuchten scheinen, und so hat man einen beträchtlichen Spielraum. Auf der Säule des Meridianzeichens und hinter demselben befinden sich zwei vertikale Glasspiegel, welche Winkel von ungefähr 45^0 mit dem Meridian bilden. In Fig. 115 wird der eine Spiegel durch a b, der andere durch c d dargestellt. Das

Fig. 115.

Licht der Linse fällt in der Richtung e f auf den Spiegel a b, wird von da nach dem Spiegel c d und weiter von diesem, im Punkte g, durch das Meridianzeichen h, nach der Axe des Fernrohrs zurückgeworfen. Jeder von beiden Spiegeln wird durch Federkraft gegen drei feste Punkte in einer starken Eisenplatte angedrückt. Beim Spiegel c d sind diese Punkte die Spitzen dreier Schrauben, womit er sich berichtigen lässt. Zu diesem Zwecke ist, von einem kleinen Theil des Spiegels c d, bei g die Folie weggenommen und die ihn tragende Eisenplatte durchbohrt. Es wird ein kleines Fernrohr mit einem Fadenkreuz durch die Öffnung g auf den Mittelpunkt des von dem Spiegel a b reflektirten Bildes der erleuchteten Glaslinse gerichtet. Ein zweites Fernrohr wird hinter dem Spiegel c d durch die Öffnung g auf die Glaslinse des Meridianzeichens im Meridiansaal gerichtet, und der Spiegel c d wird mittelst seiner Stellschrauben so gestellt, dass das darauf reflektirte Bild des Kreuzungspunktes der Fäden im ersten Fernrohre, durch das zweite Fernrohr gesehen, ungefähr vor dem Mittelpunkte der Glaslinse erscheint. Es ist dafür Sorge getragen, dass der Lichtstrahl, welcher durch das Meridianzeichen h gehen muss, auf einen mit Folie belegten Theil des Spiegels fällt. Diese Rektifikation, welche mit der Anwendung des Steinheil'schen Heliotropen[1] übereinstimmt, erfordert nur wenige Minuten und braucht im ganzen Jahre nicht wiederholt zu werden. Diese Einrichtung, um die Meridianzeichen bei Tag und Nacht zu beleuchten,

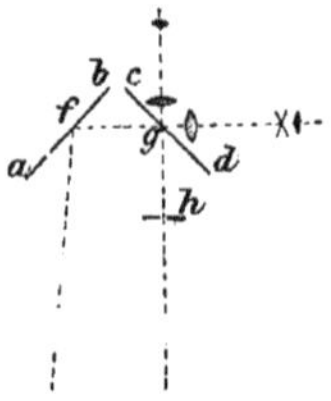

---

[1] Hunaeus, Geometr. Instrumente, S. 349.

ist so zweckmässig, dass ich dieselbe doch noch vorziehen würde, wenn sich auch Lampen hinter den Meridianzeichen anbringen liessen.[1])

Die Linie vom Fernrohr des Meridiankreises zum südlichen Meridianzeichen ist allenthalben mehr als 1,5 Meter vom Boden entfernt. Die Linie vom genannten Fernrohr zum nördlichen Meridianzeichen streicht aber, bis auf wenige Centimeter, über den Gipfel einer Anhöhe hin, welche sich im Botanischen Garten findet. Diese Anhöhe ist jedoch mit Bäumen bepflanzt und der Boden derselben wird nicht unmittelbar durch die Sonnenstrahlen erwärmt. Öfters, und besonders bei Sonnenschein, sind die Bilder der Meridianzeichen sehr unruhig, aber meistens lassen sie sich mit gehöriger Schärfe einstellen.

Aus Letzterem geht hervor, dass die Gesichtslinie nach den Miren nicht zu nahe über den Boden hingehen darf und dass dieser am besten eine Oberflächenbedeckung erhält, die der Insolation so wenig wie möglich ausgesetzt ist (Grasflächen)."

Eine ganz ähnliche Einrichtung ist in Kiel von Prof. KRUEGER getroffen worden, nur wurden bezüglich der Justirung einige Änderungen erforderlich, die ich, weil auch anderweitig ähnliche Verhältnisse eintreten können, ebenfalls dem Originale im Wesentlichen folgend noch kurz mittheilen will.[2])

Für die dortige feste Nord-Mire beträgt die Entfernung zwischen dem Pfeiler im Innern des Meridiansaales, der das Mirenobjektiv trägt, und dem in einem Holzhause befindlichen Pfeiler für die Mire 67,24 Meter. Die Brennweite des Objektivs war anfänglich zu gross ausgefallen, vermuthlich aus dem Grunde, weil bei der Prüfung nicht ausreichend starke Vergrösserungen angewandt worden waren. Es gelang jedoch den Fehler sehr nahe zu korrigiren, sodass das Objektiv jetzt ein ganz scharfes, von Parallaxe freies Bild der Mire giebt. Die Beleuchtung geschieht durch eine kleine Handlampe, die im Meridiansaale, 4,4 Meter östlich vom Objektiv, wie in Leiden, im Brennpunkte einer Linse von 0,11 Meter Öffnung und 0,18 Meter Brennweite aufgestellt wird. Das parallel austretende Licht wird durch zwei rechtwinklige Prismen, die dicht neben einander hinter der Mire (einer durchbohrten Messingplatte) stehen, zum Mirenobjektiv zurück geleitet. Da das in Leiden angewandte Verfahren der Berichtigung in Kiel nicht anwendbar war, wurde folgendermassen verfahren: In der Nähe der Mire, etwa 10 Meter entfernt, wurde bei Tage eine Stange in die Erde gesteckt, deren obere Spitze genau in die Visirlinie von der Mire nach dem Meridiankreise gebracht wurde. Es war nun ganz leicht, am darauffolgenden Abend die beiden Prismen einzeln nahe richtig zu stellen, indem ein Gehülfe, mit dem Auge an der Stange, die von der vordern Seite der Prismen reflektirten Bilder der Beleuchtungslinse aufsuchte. Danach wurde mittelst der Korrektionsschrauben das durch viel grössere Helligkeit ausgezeichnete zweimal total reflektirte Bild zur Koincidenz mit der Spitze der Stange gebracht. Nachdem dann die Stange

---

[1]) Auch in Strassburg war von Prof. Winnecke die Beleuchtung der Miren zunächst auf diese Weise beabsichtigt (vergl. nächste Seite), sie ist aber später durch kleine elektrische Glühlampen bewirkt worden.

[2]) Astron. Nachr., Bd. 106, S. 159 ff.

weggenommen war, war das Bild der erleuchteten Linse im Meridiansaale
leicht aufzufinden und wurde nach Angabe des dort stehenden Gehülfen
durch Anwendung der Korrektionsschrauben genau auf das Mirenobjektiv
dirigirt. Darauf wurde die durchbohrte Messingplatte an ihrer Stelle vor
dem westlichen Prisma festgeschraubt. Dies einfache Verfahren führte in
ganz kurzer Zeit und ohne alle Vorbereitungen zum Ziele.

Die Anordnung, welche W. STRUVE der Mire und der Kollimationslinse

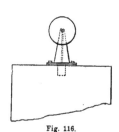

Fig. 116.

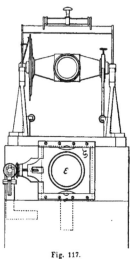

Fig. 117.
(Nach „Descript. de l'observ. de
Poulkova.")

für das grosse Ertel'sche Durchgangs-Instrument
gegeben hat und welche den eben erörterten
Grundsätzen entspricht, ist in den Fig. 116 und
117 dargestellt. Fig. 116 zeigt die Mire als runde
in der Mitte mit einer Durchbohrung von etwa
1,7 mm Durchmesser versehenen Platte, welche
auf einem festen Stativ befestigt ist, und dieses
ist wiederum mit einem Zapfen in den Pfeiler
eingekittet. Fig. 117 dagegen zeigt die Kollimationslinse, wie sie auf dem im Meridiansaal
befindlichen Pfeiler befestigt ist. Unter einem
Kollimator, ganz gleich dem oben beschriebenen
für den Repsold'schen Kreis an derselben Sternwarte, ist in einem starken Rahmen ζ die einfache Linse ε gefasst. Dieselbe hat 108 mm
Öffnung bei einer Brennweite von nahe 180 m,
gleich der Entfernung der Mire von ihr. Der
Rahmen ζ ist durch eine seitliche Schraube mit
getheilter Trommel in einer Führung azimuthal
verstellbar, sodass kleine Korrektionen der Kollimationslinse leicht bewirkt werden können. Diese
Miren waren zunächst nur für Beobachtungen bei
Tage bestimmt, da sich die Öffnung der Mire nur
gegen den hellen Himmel projicirte.

Auch auf der neuen Sternwarte zu Strassburg sind ganz ähnliche Einrichtungen getroffen.[1]
Es befinden sich dort die Miren im Norden und
Süden des Kreises in einer Entfernung von
140 m in dem die Sternwarte umgebenden Bota-
nischen Garten und zwar etwas tiefer als die Axe des Fernrohrs, sodass dieses etwa 2^0 gegen den Horizont geneigt werden muss. Dieselben
bestehen aus einem geschwärzten Diaphragma von 75 mm Durchmesser
mit einer Durchbohrung von 2 mm, hinter welcher sich ein Glasspiegel befand, der das aus einem Fenster des Meridiansaales (wie in Leiden) durch
eine einfache plankonvexe Linse von 164 mm Durchmesser ausgesandte Licht
einer hinter der Linse aufgestellten Lampe in das Fernrohr reflektirte und so
einen Lichtpunkt von der Helligkeit eines Sternes 7—8 Grösse hervorbrachte.

---

[1] Astron. Nachr., Bd. 109, S. 129.

Am Tage erscheinen die Miren als glänzende weisse Punkte, die sich bei ruhiger Luft mit grosser Schärfe einstellen lassen. Gegen die Einwirkung der Sonnenstrahlung auf die Nordmire sind durch Vorhänge geeignete Einrichtungen getroffen. Es zeigte sich, dass die Stellung der Beobachtungslampen auf den Ort des Mirenbildes ohne Einfluss ist. Die Miren selbst sind auf sehr massiven Pfeilern montirt, sodass ihre linearen Ortsänderungen nur sehr minimal sein werden. Eine Kollimatorlinse ist aber hier nicht vorhanden, sondern es wurde nach dem Vorschlage von Prof. WINNECKE durch REPSOLD eine Einrichtung getroffen, welche gestattet, gleich hinter dem Fadennetze eine kleine Kollektivlinse in sehr sicherer Führung einzuschieben. Dadurch wird das Bild der Mire in der Brennebene des Objektivs erzeugt und kann so ohne weiteres mit den dort befindlichen Mikrometerfäden verglichen werden. Diese Einrichtung ist natürlich sehr bequem, hat aber die äusserste Präcision der mechanischen Ausführung zur Bedingung.

Bei Anlage der grossen Sternwarte zu Nizza hatte man wieder Gelegenheit, mit der Meridianmire auf grosse Entfernung zu gehen, und wollte diese auch nicht unbenutzt lassen; es galt aber das Sichtbarmachen so einzurichten, dass die Vortheile einer nahen Mire nicht aufgegeben zu werden brauchten. Es ist deshalb die dort nach den Vorschlägen von CORNU zur Anwendung gelangte Konstruktion von besonderem Interesse.[1] Diese beruht nämlich auf einer Beobachtung von FIZEAU über die Reflexion nicht parallel zur optischen Axe in das Objektiv eines Fernrohrs einfallender Strahlen. Ein solches Lichtstrahlenbündel erleidet danach, wenn seine Neigung gegen die optische Axe nur klein ist, an den Rändern des Objektivs zum Theil eine derartige Beugung, dass man vermittelst eines hinter dem Okularende befindlichen Reflektors einen kleinen Lichtpunkt in grösserer Entfernung vom Objektiv wahrnehmen kann.

Demgemäss wurde auf einem Pfeiler auf dem Mont Macaron, welcher etwa $6^1/_2$ Kilometer vom Observatorium auf dem Mont Gros entfernt liegt und durch ein tiefes Thal von demselben getrennt ist, der Kollimator aufgestellt, der, auf die oben angedeutete Weise erleuchtet, die Mire bildet. Dieser Kollimator besteht aus einem vollständigen Fernrohr von 6 cm Öffnung, in dessen Brennebene sich eine auf der äusseren Seite versilberte Glasplatte befindet. Diese ist auf einem Mikrometerrahmen befestigt und lässt sich durch eine feine Schraube senkrecht zur optischen Axe verschieben. Von einer Hälfte der Glasplatte ist die Versilberung entfernt, sodass man mit Hülfe eines starken Okulars das Fernrohr genau auf die entgegengesetzte Station (das Meridian-Instrument) richten und sodann auch wieder die versilberte Fläche genau in die Brennebene bringen kann. Dieses Kollimatorfernrohr wird von einem 18 cm weiten Rohr umgeben, welches fest mit dem Pfeiler verbunden ist, und in welchem sich das erstere vermittelst Korrektionsschrauben in die richtige Lage bringen und darin fixiren lässt. Auf der Okularseite ist das äussere Rohr durch eine Metallplatte geschlossen

---

[1] Comptes Rendus. 1888, Bd. I, S. 710 u. Zschr. f. Instrkde. 1889, S. 372.

und auch das über dem Pfeiler erbaute Häuschen hat hier keine Öffnung,
während dasselbe an der Objektivseite der 7 cm weiten Öffnung des Um-
hüllungsrohres gegenüber ebenfalls ein entsprechendes Loch hat. Diese Öffnung
ist zum Schutze des Ganzen mit einem gleichmässigen Gitter verschlossen,
welches auf den Gang der Lichtstrahlen keine nachtheilige Wirkung ausübt.

Die Beleuchtung dieses Apparates erfolgt nun der Symmetrie wegen
durch 2 Fernrohre von 16 cm Öffnung und 100 cm Brennweite, welche
auf besonderen Pfeilern im Meridiansaal je 35 cm seitlich der Verbindungslinie des Meridiankreises mit dem entfernten Kollimator (der optischen
Axe des letzteren) montirt sind. Nachdem diese beiden Fernrohre auf den
Kollimator gerichtet worden sind, kann an die Stelle der Bilder desselben,
also sehr nahe in die Brennebenen der Beleuchtungsfernrohre je eine Lichtquelle gebracht werden, diese schickt durch das Objektiv ein intensives
Strahlenbündel nach dem Kollimator, welches von dort zum grössten Theil
reflektirt nach dem entsprechenden Ausgangspunkte zurückkehrt. Bei dem
Durchgang durch den Kollimator erweitern sich aber diese Strahlenbündel
durch Diffraktion nach allen Seiten, und ein Theil dieses deflektirten Lichtes
wird auch nach dem Meridiankreis zurückgeworfen und erzeugt dann in
dessen Fokalebene das Bild der Mire, welches sich als ein sehr heller, feiner
Punkt darstellt; bei Benutzung von gewöhnlichen Petroleumlampen entspricht
dasselbe etwa einem Stern 3—4 Grösse.

Werden an die Stelle der Petroleumlampen kleine elektrische Glühlämp-
chen gesetzt, so lässt sich sowohl die Lichtstärke des Mirenbildes leicht
variiren, als auch die störende Wärme dieser Lampen beseitigen, und ausserdem braucht nur im Moment der Beobachtung der Strom geschlossen zu werden.
Später hat sich auch herausgestellt, dass man die Beleuchtungsfernrohre
von der optischen Axe des Kollimators sehr wohl so weit entfernen darf (man
sah nämlich auch im zweiten Beleuchtungsfernrohre das Bild der Mire, wenn
dieselbe vom ersteren aus erleuchtet wurde), dass man diese auf den Pfeilern
des Meridiankreises selbst aufstellen kann. Ein weiterer Vortheil zeigte sich bei
der Benutzung darin, dass es nicht, wie man anfangs glaubte, nöthig war, eine
schwache konvexe Linse vor das Objektiv des Meridiankreises einzuschalten,
sondern dass auch in dem auf „unendlich" eingestellten Okular das Bild der
Mire sehr scharf wahrzunehmen war. Dadurch ist es möglich, sowohl Sterne,
als auch Mire und Quecksilberhorizont ohne Änderung der Okularstellung und
ohne Zwischenschaltung einer Linse zu beobachten, was als ein erheblicher
Vortheil dieser Miren-Einrichtung bezeichnet werden muss. Die technische
Ausführung besorgte der Pariser Mechaniker Brunner, welcher auch den
Meridiankreis gebaut hat.

Diese komplicirten Vorrichtungen zur Beleuchtung der Miren dürften
aber doch durch Anwendung kleiner elektrischer Glühlampen, welche vom
Beobachtungsraum aus leicht in eine Leitung eingeschaltet werden können,
und deren Helligkeit ausserdem bequem moderirt werden kann, im Allgemeinen
ersetzt werden, zumal die Kosten für eine einfache Leitung nur gering sind und
auch jetzt bei Beleuchtung der übrigen Instrumententheile meist zum elektrischen Licht übergegangen wird.

Viertes Kapitel.

Vernier oder Nonius und Ablese-Mikroskope.

1. Index.

Ist es im Verlaufe einer Messung nöthig, auf einem Maassstabe oder einer Kreistheilung einen bestimmten Punkt seiner Lage nach in Bezug auf die benachbarten Striche oder Punkte der Theilung zu bestimmen, so ist das erste Erforderniss, dass dieser Punkt in irgend einer Weise kenntlich gemacht wird. Das kann geschehen, mag der Maassstab ein gerader oder der Theil eines Kreises sein, indem auf oder neben demselben ein Schieber mit einem feinen Strich oder mit einem Ausschnitt, über welchem ein Faden gespannt oder an dem eine feine Spitze als Zeiger angebracht ist, verschoben werden kann, wie es die Fig. 118 erkennen lässt.

Eine solche Einrichtung nennt man einen „Index". Die Lage des auf diese Weise markirten Ortes auf der Theilung kann dann nur durch einfache

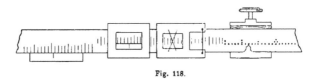

Fig. 118.

Schätzung der Abstände zwischen dem Index und den benachbarten Theilungsmarken erhalten werden. Es ist klar, dass so nur eine sehr beschränkte Genauigkeit erzielt werden kann, welche wesentlich abhängig ist von der Übung des Messenden, von der Grösse des Theilungsintervalls, sowie auch in mancher Beziehung von der Feinheit und Genauigkeit der Theilstriche oder Punkte, natürlich hier abgesehen von etwaigen Fehlern der Theilung selbst. Das Theilungsintervall darf nicht zu gross und unübersichtlich, aber auch nicht zu klein sein.[1]

Im Allgemeinen wird man bei diesen Schätzungen nicht weiter gehen können, als etwa bis zu halben Zehnteln des Theilungsintervalls, sodass man für eine Centimetertheilung bequem noch Millimeter, für Millimetertheilung noch $^1/_{10}$ mm wird ablesen können. Die Angabe des Index besteht dann aus der Anzahl ganzer Theile des Maassstabes, welche auf der Strecke vom Nullpunkt bis zu demjenigen dem Index benachbarten Theilpunkt, welcher die niedrigere

---

[1] Vergl. F. J. Dorst, Über die Grösse der Beobachtungsfehler beim Ablesen eingetheilter Instrumente. Zschr. f. Iustrkde. 1886, S. 383.

Bezifferung trägt, gezählt werden, vermehrt um die Anzahl von Zehntel oder höchstens Hundertel des Theilungsintervalls, um welche der Index von dem genannten Theilpunkte absteht.

Soll auf diesem Wege einige Genauigkeit erlangt werden, so ist namentlich nöthig, dass der Index der Einrichtung der Theilung möglichst angepasst ist, d. h. Strichtheilung: Index auch ein Strich; Punkttheilung: Index ein Faden, eine Spitze oder ein Strich auf durchsichtigem Materiale u. s. w. Weiterhin ist erforderlich, dass sich der Index, soweit nur irgend ausführbar, in derselben Ebene mit der Theilung befindet, weil sonst eine Abweichung des Auges aus der im Index zur Theilung senkrechten Richtung sofort eine fehlerhafte Schätzung durch das Eintreten einer sogenannten Parallaxe herbeiführt. Befindet sich die Theilung auf einer spiegelnden Glasplatte und ist der Index sodann etwas höher gelegen, so lässt sich durch die Koincidenz des Index mit seinem Spiegelbild die richtige Stellung des Auges leicht finden. Solche Einrichtungen findet man z. B. auch bei magnetischen Inklinatorien von MEYERSTEIN, wo dann die Nadelspitze den Index vorstellt.

Es ist für die Ausführung der Messung natürlich ganz gleichgültig, ob der Index sich längs der festen Theilung oder die bewegliche Theilung sich längs eines fest angebrachten Index fortschiebt. Beide Einrichtungen kommen z. B. bei den Horizontalkreisen der Theodolithe oder ähnlicher Instrumente vor.

Da die Genauigkeit, welche solche einfache Indices gewähren, wie gesagt nur eine geringe sein kann, andererseits aber die Einfachheit und Schnelligkeit ihrer Benutzung sie sehr brauchbar macht, so wendet man dieselben heutigentags vornehmlich bei groben, vorläufigen Einstellungen, bei Aufsuchekreisen u. dgl. an.

2. Transversaltheilungen.

Wird es erforderlich die Unterabtheilungen einer Längen- oder Kreistheilung genauer zu bestimmen, als es ein gewöhnlicher Index gestattet, so muss man zu besonderen Hülfsmitteln greifen. Ein solches bieten die sogenannten Transversaltheilungen dar. Diese waren in früherer Zeit sowohl bei Längen als auch bei Kreistheilungen allgemein in Verwendung. Jetzt kommen sie bei den Letzteren garnicht mehr vor und bei den Ersteren nur noch in einer bestimmten Form derselben, nämlich bei den sogenannten verjüngten „Maassstäben". Das Princip der Transversaltheilungen beruht auf den einfachsten Proportionalitäts- und Ähnlichkeitssätzen der Geometrie. Denken wir uns die Linie a k, Fig. 119, in eine Reihe gleicher Theile getheilt und einen derselben a b wieder in 10 Theile, so wird man in der Lage sein, mit einem solchen Maasse Ganze und Zehntel der Theilungseinheit noch unmittelbar zu bestimmen. Sollten aber auch noch $^1/_{100}$ abgelesen werden, so würde eine direkte Theilung sehr unübersichtlich werden. Deshalb zieht man in einigem Abstande eine Parallele a' k' zu a k und theilt diese in derselben Weise ein. Verbindet man jetzt den Theilpunkt 9' von a' k' mit dem Anfangspunkt a der Theilung auf a k und weiterhin den Punkt 8' von a' k'

mit dem Punkt 9 von a k u. s. w., so bekommt man eine Reihe von Transversalen, von denen die letzte den Punkt b' mit dem Punkt 1 von a k
verbindet. Ist jetzt noch die Strecke a a' in zehn gleiche Theile getheilt
und durch jeden dieser Theilpunkte eine Parallele zu a k resp. a' k' gezogen,
so werden durch diese auch die Transversallinien c c' und d d' in je 10 gleiche
Theile getheilt. Will man nun z. B. die Länge 2,84 abgreifen, so hat
man nur nöthig, vom Punkte d' aus bis zur 4. Parallelen nach d'' weiter

Fig. 119.

zu gehen und auf dieser nach dem Anfang zu bis zum Durchschnittspunkt
der Parallelen, mit der die Punkte 8' auf a' k' mit 9 auf a k verbindenden
Transversalen; dann wird die Strecke d'' bis zur gestrichelten Linie (8—8')
gleich 2,8 sein und das noch übrige Stück gleich 0,04; denn es verhält sich
dieses Stück zu (8—9) offenbar wie 4 : 10 und ist daher gleich 0,4 des zehnten
Theiles der Strecke ab, d. h. gleich 0,04 der Theilungseinheit.

Aus dieser Ableitung des Principes der Transversaltheilung geht auch
sofort hervor, weshalb man diese gewöhnlich am Ende des Maassstabes anbringt und die Bezifferung desselben dann von der Linie b b' an nach beiden
Seiten aufträgt, so dass sie so, wie es die Fig. 119 zeigt, ausgeführt wird.
Den Namen „verjüngte Maassstäbe" haben diese Einrichtungen deshalb bekommen, weil man gewöhnlich als Theilungseinheit den $^{1}/_{10000}$, $^{1}/_{25000}$ oder
$^{1}/_{50000}$ Theil der Feldmaasseinheit wählt, und die Bezifferung dementsprechend
einrichtet.

Ebenso wie es hier für eine geradlinige Theilung beschrieben worden ist,
hat man auch durch eine Reihe von concentrischen Kreisbögen dieses Verfahren auf die Kreistheilung übertragen. So haben Tycho und seine Nachfolger bis auf Bird ihre Kreistheilungen mit 10 oder 12 koncentrischen
Kreisen versehen, von denen der äussere und innere etwa von 5' zu 5' oder
von 10' zu 10' getheilt waren, diese Unterabtheilungen wurden dann durch
Transversalen verbunden. Bird hat allerdings auch schon vielfach den
Vernier in Verbindung mit zweierlei Theilungen des Quadranten, nämlich in
90 und 96 Theile, angewandt; vergl. Kreise und deren Theilungen.

Bürgi und Tycho haben an Stelle der zwischenliegenden koncentrischen
Kreise auf dem Alhidadenlineal die Strecke zwischen dem äusseren und inneren
Kreise in eine entsprechende Anzahl gleicher Theile getheilt und dann beobachtet, wo eine solche Marke mit der Transversale zusammenfiel, welche
die beiden der Alhidadenkante benachbarten Theilpunkte des äusseren und
inneren Kreises mit einander verband. Diese Einrichtung, welche in Fig. 120b
schematisch dargestellt ist, muss als ein bedeutender Fortschritt auf dem

Wege zum eigentlichen Vernier oder Nonius angesehen werden. Geometrisch sei hier noch bemerkt, dass die Kreistransversalen eigentlich keine geraden Linien sein dürfen, wenn die grösstmögliche Genauigkeit erzielt werden soll;

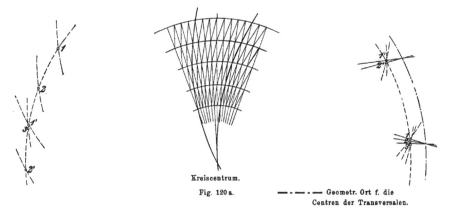

Kreiscentrum.

Fig. 120 a.   — · — · — Geometr. Ort f. die
                              Centren der Transversalen.

denn denkt man sich die Radien der koncentrischen Bögen allmählich kleiner werdend, so sieht man sofort, dass sich zuletzt alle Transversalen im Centrum schneiden müssen, dass diese also selbst wieder bestimmte Kreisbogen sein müssen.[1]

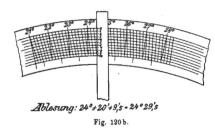

Ablesung: 24°+20'+9',5 = 24°29',5

Fig. 120 b.

Eine solche Transversaltheilung eines Kreises stellt Fig. 120a dar. Diese Figur lässt zugleich erkennen, auf welchem Weg die geometrische Konstruktion solcher Kreistransversalen zu erfolgen hat, wenn dieselben den strengen Anforderungen genügen sollen und sie erläutert den eben erwähnten Umstand, dass diese Linien selbst wieder Kreise sein müssen.

3. Vernier oder Nonius.

Die in dem vorigen Paragraphen erläuterte Transversaltheilung war der unmittelbare Vorläufer der jetzt noch allgemein angewendeten Verniers oder Nonien, die so lange es sich nicht um die äusserste Genauigkeit handelt, also etwa noch zur Ermittlung des 100. Theiles des Millimeters oder bei Kreistheilungen zu Ablesungen bis auf 5, in selteneren Fällen bis auf 1 oder 2 Bogensekunden, in Benutzung sind.

Die Erfindung ist früher irrthümlich dem Petro NUNEZ, einem Portugiesen, zugeschrieben worden, der in seiner Schrift „De crepusculis", (Olyssibone 1542) eine ähnliche Einrichtung beschreibt. Es ist aber ziemlich sicher

---

[1] Eine ausführliche Behandlung dieses Gegenstandes, der ja eigentlich nur historisches Interesse hat, findet man mit den nöthigen Quellenangaben bei Lalande, Astronomie, Bd. II, S. 593, Delambre, Kaestner und neuerlich bei Wolf, Handb. d. Astronomie, Bd. II, S. 33 ff., Zürich 1892.

nachgewiesen, dass Pierre VERNIER,[1] Schlosshauptmann zu Dornaus in der Franche-Comté, die heute gebräuchlichen, mit Recht seinen Namen tragenden, beweglichen Ablesevorrichtungen zuerst beschrieben hat. Auch hier die historische Seite nicht weiter verfolgend, sondern in dieser Richtung ebenfalls auf LALANDE, Astronomie, sowie auf R. WOLF, Handbuch der Astronomie, verweisend, soll sofort auf das Princip des VERNIER übergegangen werden. Dasselbe gilt für geradlinige und Kreistheilungen in ganz gleicher Weise.

Mögen in Fig. 121a und b zwei Theilungen I und II gegeben sein und neben einer jeden derselben eine zweite kürzere A und B. Letztere sind so

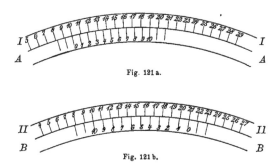

Fig. 121a.

Fig. 121b.

eingerichtet, dass n Theile von I n + 1 gleichen Theilen auf A, entsprechen, während n Theile von II gleich n — 1 Theilen auf B sind.

In Fig. 121a ist also ein Theil von $A = \dfrac{n}{n+1}$ Theilen und in Fig. 121b ein Theil von $B = \dfrac{n}{n-1}$ Theilen der Haupttheilung. Damit sind die beiden Arten des Vernier gekennzeichnet, welche beide in der Technik vorkommen. Die erste Einrichtung nennt man einen „nachtragenden" und die letztere einen „vortragenden" Vernier. Ist die Länge eines Theiles der Haupttheilung gleich k, so ist im 1. Falle diejenige eines Verniertheiles gleich $\dfrac{n}{n+1}$ k und im 2. Fall $\dfrac{n}{n-1}$ k, also im 1. Fall kürzer und im 2. Fall länger als ein Theil der Haupttheilung. Die bei weitem häufigste Anwendung findet jetzt der nachtragende Vernier in der Instrumententechnik, weil er die Bequemlichkeit hat, dass seine Bezifferung in derselben Richtung fortschreitet, wie diejenige der Haupttheilung, während die andere Art einen entgegengesetzten Verlauf der Vernierzahlen bedingt.

Aus dem Vorstehenden ist der Gebrauch des Vernier eigentlich schon begreiflich. Liegt der zugleich als Index dienende Nullpunkt des Vernier zwischen den Theilen r und s der Haupttheilung, so wird, wenn man die Theilung weiter verfolgt, eine Stelle kommen, an welcher ein Theilstrich der Haupttheilung mit einem Strich des Vernier koincidirt oder beide sich wenig-

---

[1] Vergl. Breusing, Astron. Nachr., Bd. 96, S. 129.

stens so nahe liegen, dass der Unterschied kleiner ist als die Differenz zwischen Hauptintervall und Vernierintervall. Für den Fall der Koincidenz des m^{ten} Vernier-Striches würde man von dem koincidirenden Strich der Haupttheilung noch m Theile des Verniers abzuziehen haben, um auf die Stelle des Nullpunktes des Vernier zu gelangen. Da aber von dem, dem Nullpunkte des Vernier vorangehenden Strich der Haupttheilung bis zum koincidirenden ebenfalls m Theilintervalle sein müssen, so wird man für die Entfernung des Vernier-Nullpunktes von dem vorhergehenden Strich der Theilung haben, wenn k wieder die Theilungseinheit ist:

$$m\,k - \frac{m\,k\,n}{n+1} = m\,k\,\left(1 - \left(\frac{n}{n+1}\right)\right) = m\,k\left(\frac{1}{n+1}\right) = m\,\frac{k}{n+1}$$

d. h. die Ablesung ist gleich r Theilen der Haupttheilung vermehrt um das Produkt aus Vernierangabe in die Ordnungszahl des koincidirenden Vernierstriches, also gleich $r + m\,\dfrac{k}{n+1}$; $\dfrac{k}{n+1}$ nennt man die Angabe des Vernier, es ist der Betrag um wieviel ein Theil des Verniers kleiner ist als ein Theil der Haupttheilung. Für den vortragenden Vernier gilt ganz dieselbe Betrachtung, wenn man als Vernierangabe der obigen Erläuterung gemäss $\dfrac{k}{n-1}$ einführt und die Bezifferung des Verniers der Theilungsbezifferung entgegengesetzt laufen lässt; die Ablesung ist dann gleich $r + m\,\dfrac{k}{n-1}$.

In der technischen Ausführung besteht der Vernier bei Längentheilungen aus einer kleinen Platte, welche die Vernier-Theilung trägt, und sich längs der Haupttheilung, entweder mit freier Hand oder vermittelst einer Schraube verschieben lässt. Im letzteren Fall ist der Ruhepunkt der Schraube gewöhnlich eine Nuss, eine Flansch oder ein Hals, welcher in einem an der Haupttheilung anklemmbaren Lager ruht, während sich die Schraubenmutter in einem Ansatz der Vernierplatte befindet und diese also durch Drehung der Schraube an der Theilung entlang bewegt werden kann.

Ganz analoge Einrichtungen finden sich bei Kreistheilungen, nur dass die Verniertheilung auf einem zur Haupttheilung koncentrischen Kreisstücke angebracht ist, welches sich mit der Alhidade zusammen um das gemeinschaftliche Centrum drehen lässt.

Ist ein Kreis z. B. bis auf $30'$ eingetheilt und man macht dann 29 solcher Theile auf dem Vernier gleich 30 gleichen Theilen, so wird das Intervall eines der letzteren offenbar $\dfrac{29}{30}$ von $30'$ also gleich $29'$ sein. Koincidirt daher z. B. der 8. Strich des Vernier mit einem Strich der Kreistheilung, so wird der Nullpunkt des Vernier noch um $8'$ von dem ihm vorausgehenden Theilstrich abstehen, und man wird, wenn dieser etwa $45^{0}\ 30'$ war, als Ablesung haben $45^{0}\ 38'.0$. Würde man bei einer solchen Theilung 59 Intervalle der Haupttheilung in 60 auf dem Vernier getheilt haben, so wäre die Länge eines Verniertheiles $\dfrac{59}{60} . 30'$ gleich $\tfrac{59'}{2}$. Wenn daher wiederum der Nullpunkt des Vernier zwischen $45^{0}\ 30'$ und 46^{0} steht und sodann abermals der 8. Strich

des Vernier zur Koincidenz gelangt, so wird die Ablesung sein: $45^0\ 30' +$
$8 \times 30' - \dfrac{8 \times 59'}{2} = 45^0\ 30' + 8 \left(\dfrac{60 - 59}{2}\right) = 45^0\ 34'.0.$ Bei einem so eingerichteten Vernier bringt man aber auch die Bezifferung demgemäss an, indem
man an den 0. Strich eine 0, an den 2. Strich eine 1, an den 4. eine 2 u. s. w.
setzt, dann wird man bei Koincidenz des 8. Striches 4′ und beim 9. Strich
4′ 30″ zu addiren haben.   Giebt die Haupttheilung z. B. noch 10′ und es
sind 59 solche Intervalle gleich 60 des Vernier gemacht, so wird der Vernier
noch 10″ abzulesen gestatten.   Man nehme an, es stehe der Nullpunkt
zwischen 89⁰ 50′ und 89⁰ 0′, während der 40. Strich des Vernier zur Koincidenz
gelangt. Dieser 40. Strich wird dann aber nicht die Zahl 40 tragen, sondern
mit 6′ 40″ = 40 × 10″ bezeichnet sein, denn es müssen zu

$$89^0\ 50' \text{ noch } 40 \times 10' - 40 . \frac{59}{60} . 10' = 400'' = 6'\ 40'' \text{ addirt werden, um}$$

die Kreisablesung zu erhalten, man hat also als solche 88⁰ 56′ 40″.

Geht die Kreistheilung z. B. bis auf 3′ herab, wie es bei den Reichenbach'schen Meridiankreisen der Fall war, und sind 89 solche Theile auf dem
Vernier in 90 getheilt, so wird das Vernier-Intervall gleich $\dfrac{89}{90} . 3' = 89 \times 2''$

sein und es werden dann noch unmittelbar 2″ am Kreise abgelesen werden
können.   Nun kann es aber auch vorkommen, dass kein Strich des Vernier
mit einem solchen der Kreistheilung koincidirt, sondern an irgend einer Stelle
ein Verniertheil von einem Kreistheil zu beiden Seiten überragt wird, dann
ist die Sache offenbar die, dass man zu einer Koincidenz gelangen würde,
wenn sowohl die Kreistheile als auch die Verniertheile noch einmal halbirt
sein würden; und es geht aus dieser Überlegung sofort hervor, dass zu dem
dem Vernier-Nullpunkte vorangehenden Strich noch soviel zu addiren ist, wie
der vorangehende der eingeschlossenen Vernierstriche angiebt und sodann
noch einmal die Hälfte der Vernierangabe.   Achtet man also bei feinen
gut ausgeführten Theilungen sehr scharf auf den Verlauf beider nebeneinander, so wird man sehr wohl in der Lage sein, auch noch Unterabtheilungen
der Vernierangabe schätzungsweise abzulesen.[1])

Zum Zwecke einer solchen genauen Vergleichung der beiden Theilungen
für eine Reihe von Strichen bringt man auf dem Vernier noch die sogenannten
Excedenz- oder Überstriche an.   Das sind 2 oder 3 Theilstriche, welche
sowohl vor dem Nullstrich als auch nach dem Endstrich, d. h. also nach dem
30., 60. etc. Strich des Vernier liegen.   Sie gestatten für den Fall, dass die
Koincidenz in der Nähe des Anfangs oder des Endes des Vernier stattfindet,
noch eine scharfe Vergleichung der beiden Theilungen und so event. ein
sicheres Schätzen von Unterabtheilungen.   In manchen Fällen befindet sich
auch der Nullpunkt des Vernier in der Mitte von dessen Theilung, und es
schliessen sich an denselben dann gewissermassen nach beiden Seiten zwei
symmetrische Vernier an.   Das kommt vor, wenn, wie z. B. bei Spiegel-

---

[1]) Es mag hier bemerkt werden, dass für scharfe Kreisablesungen fast mehr die saubere
Ausführung der Theilung als die Eintheilung in recht kleine Unterabtheilungen wünschenswerth ist.

kreisen, eine doppelte Theilung vorhanden ist, die sich vom Nullpunkte
desselben ebenfalls nach beiden Seiten symmetrisch fortsetzt. Dann ist es

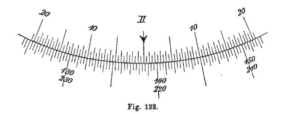

Fig. 122.

erforderlich, mit derselben Verniereinrichtung auf beiden entgegengesetzt
laufenden Theilungen ablesen zu können, wozu auch ein doppelter Vernier
nöthig wird.   Eine solche Anordnung zeigt Fig. 122.

a. Verbindung des Vernier mit dem Instrument.

Solcher Verbindungen hat man zweierlei zu unterscheiden.

a) Der Vernier ist beweglich mit dem Alhidadenarm oder mit irgend
einem Theil des Axenlagers verbunden.   Fliegender Vernier.

b) Der Vernier ist fest mit der Alhidade verbunden oder er bildet einen
Theil des ganzen Alhidadenkreises.

Bei einer Reihe von Instrumenten ist der die Ablesung vermittelnde
Vernier am Ende der Alhidade in einer Art Gabel angebracht, Fig. 123a, und
wird in derselben durch die Spitzenschrauben S u. S', um welche er sich drehen

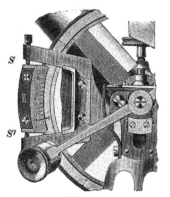

Fig. 123 a.   Fig. 123 b.
(Nach Vogler, Abbildgn. geodät. Instrumente.)

kann, festgehalten.   Der eingetheilte Vernierbogen muss dann fest auf der
Theilung des Kreises aufliegen; er ist gewöhnlich gut zugeschärft, damit
seine Theilstriche möglichst nahe mit der Haupttheilung in derselben Ebene
liegen, wodurch die oben schon erwähnte Parallaxe am besten vermieden wird.
Damit das sichere Anliegen immer erzielt wird, ist bei Horizontalkreisen die

Axe, um welche sich der Vernier zwischen den Spitzen dreht, weit von der Theilung weg nach hinten verlegt oder man hat auch wohl extra zu diesem Zweck
kleine Federchen auf den Vernier wirken lassen. Diese Einrichtung der Verniers
kommt meist nur bei kleineren Instrumenten vor. Gewöhnlich hat man zwei
solcher Verniers, je einen an den beiden entgegengesetzten Enden der Alhidade.

Die kleinen Spitzenschräubchen S, S' dienen dann auch zugleich dazu, den
einzelnen Verniers die richtige Stellung gegen einander und zur Kreistheilung zu
geben, indem man dadurch bewirken kann, dass die Nullpunkte derselben
sich genau diametral gegenüberstehen und dass die Verbindungslinie derselben mit der Absehenslinie der Visiereinrichtung resp. des Fernrohrs einen
bestimmten Winkel einschliesst.

Vielfach findet man eine bewegliche Verbindung der vernierähnlichen
Platte auch dann in Anwendung gebracht, wenn dieselbe nur einen einfachen
Indexstrich trägt, Fig. 123b. Soweit nicht ganz besondere Gründe für die Beweg·
lichkeit des Vernier sprechen, sollte derselbe immer in fester Verbindung mit

Fig. 124.
(Aus Zschr. f. Instrkde. 1891.)

dem Alhidadenarm stehen, da die Bewegung zwischen Spitzen selten so gut
ausgeführt ist, dass eine unveränderte Stellung des Vernier zu den übrigen
in Betracht kommenden Theilen verbürgt werden kann.

Eine besondere Konstruktion dieser beweglichen Verniers findet man
z. B. bei den neueren transportablen Durchgangsinstrumenten. Dieselbe dient
dort dazu, den Vernier während des Umlegens der Horizontalaxe von dem
Aufsuchekreis zu entfernen und ihm nach Einlegen derselben in die Lager
wieder gegen den Limbus des Kreises zu legen.[1] Diese Einrichtung ist in

---

[1] Zschr. f. Instrkde. 1891, S. 128.

der Fig. 124 dargestellt. Der Vernier ist wie gewöhnlich um zwei Spitzenschrauben $\delta_1 \delta_2$ beweglich und damit regulirbar; eine kleine Blattfeder β
drückt ihn gegen den Kreis. Ausserdem verbindet ihn ein über eine Rolle α
geleiteter Faden ε mit einem kleinen Stift ζ, welcher zwei Rollen $\gamma_1 \gamma_2$ trägt,
die durch eine Spiralfeder φ gegen die Axe des Fernrohrs gedrückt werden.
Wird Letzteres zum Umlegen angehoben, so hebt die Spiralfeder den Stift ζ,
der Faden ε wird mit angezogen und dadurch der Vernier vom Kreise weg-
bewegt.

Wird andererseits die Axe in ihre Lager gesenkt, so drückt sie den
Stift ζ nach unten, der Faden ε wird schlaff und die Blattfeder β kann
wieder in Wirksamkeit treten und den Vernier an den Theilkreis anlegen.

Feste Verniers können sich sowohl an einer Alhidade befinden, als
auch Theile des Limbus ganzer Kreise sein. Im ersteren Fall ist gewöhnlich
das über der Haupttheilung schleifende Ende des Alhidadenarmes verbreitert
und dann in Form eines Rahmens ausgeschnitten, so dass durch die Öffnung
die Theilung sichtbar wird. Die innere dem Kreisbogen zugewandte Kante
dieses Rahmens ist dann flach zugeschärft und mit Silber, Platin oder einem
ähnlichen für Theilungen zweckmässigen Metalle belegt. Es ist natürlich auch
hier wieder Bedingung, dass die Kante des Vernier sehr gut zugeschärft ist,
damit die beiden Theilungen möglichst nahe zusammenfallen. — Da durch diese
Bedingung aber leicht eine Verletzung des Vernierrandes eintreten kann, hat
man wohl auch den die Haupttheilung tragenden Silberstreifen an seiner
inneren oder äusseren Peripherie genau kreisförmig ausgedreht[1]) und dann

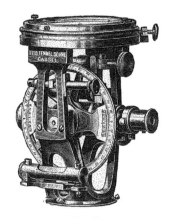

Fig. 125.

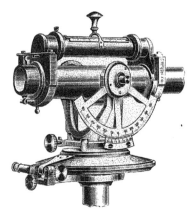

Fig. 126.

den Radius des Vernierbogens so eingerichtet, dass dessen Kante sich genau
nach innen oder aussen an die Haupttheilung anlegt. Dadurch kommen die
beiden Theilungen genau in eine Ebene, und es lässt sich eine sehr gute Ablesung erzielen, die namentlich ganz frei von parallaktischen Fehlern ist.
Diese Einrichtung erfordert eine sehr exakte Arbeit, damit an keiner Stelle

---

[1]) bis zu welcher dann die Theilstriche laufen.

ein Klemmen zwischen Theilung und Vernier stattfinden kann. In den nebenstehenden Fig. 125—129 sind verschiedene Verbindungsweisen des Vernier mit
der Alhidade oder mit dem dieselbe vertretenden Instrumententheile dargestellt. Bei Vertikalkreisen ist der Vernier auch häufig an einem der Axenlager resp. deren Stützen oder an einem anderen festen Theil des Instumentes
angebracht, Fig. 126 u. 127, unter Umständen auch in geringem Maasse justirbar
gegen denselben, z. B. durch ovale Schraubenlöcher. Dann bewegt sich nicht
der Vernier über den Kreis hinweg, wenn das Fernrohr auf und ab bewegt
wird, sondern dieser an dem Vernier vorbei. Das ist natürlich nur in
solchen Fällen erlaubt, wo der Höhenkreis, wie bei Kippregeln oder Theodolithen, nur eine untergeordnete Bedeutung in der Anwendung des Instrumentes hat. In Fig. 129 sind die Verniers mit dem beweglichen Theile (dem
Fernrohre) fest verbunden.

In Fig. 128 sind zwei diametrale Verniers fest mit einem horizontalen

Fig. 127.

Fig. 128.

Arm verbunden, welcher mittelst einer Büchse auf der Axe des Fernrohrs
sitzt und in geringem Umfange justirbar mit dem Instrument verbunden ist.
Es ist bei allen bisher beschriebenen Verniereinrichtungen mit Schwierig-

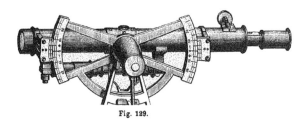

Fig. 129.

keiten verbunden, die Theilungen derselben richtig herzustellen und zu bewirken, dass die die Verniers begrenzenden Bogenstücke auch wirklich ein
und demselben mit der Haupttheilung koncentrischen Kreise von richtigem
Radius angehören.

Das Zutreffen dieser Forderungen lässt sich nur dadurch prüfen, dass

man die Verniers an möglichst vielen Theilen des Kreises mit dessen Theilung vergleicht und sieht, ob immer die richtige Anzahl Verniertheile der
um Eins verminderten (resp. wohl auch um Eins vergrösserten) Anzahl Kreis-
theilen entspricht. Ergeben sich Unterschiede mit einem bestimmten, regelmässigen, periodischen Verlauf, so kann man sicher auf eine Excentricität
der Alhidade schliessen, ja aus diesen Vergleichungen jene sogar rechnerisch
auffinden.[1])

Unregelmässiger Verlauf der Unterschiede zwischen Vernier und Theilung
deutet auf Theilungsfehler der letzteren, während durchgängig gleiche Abweichung anzeigt, dass entweder der Radius des Vernier zu gross (wenn demselben auf der Haupttheilung zu wenig Intervalle entsprechen) oder zu klein
ist (wenn z. B. 60 Theilen des Vernier mehr als 59 Intervalle des Kreises
entsprechen).

Diesen Übelständen hat, wenn ich nicht irre, zuerst REICHENBACH abzu-
helfen versucht, indem er seine Verniers nicht an einzelnen Albidadenarmen
befestigte, sondern als kleine getheilte Strecken ganzer mit dem Hauptkreis
koncentrischer Kreise konstruirte. — Solche Kreise mit 4 Verniers befanden sich
z. B. auch an den von REICHENBACH für Göttingen und Königsberg gebauten
Meridiankreisen. Fig. 130 zeigt diese Einrichtung an dem Horizontalkreis

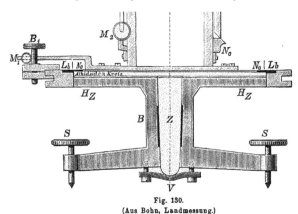

Fig. 130.
(Aus Bohn, Landmessung.)

eines Theodolithen in schematischer Form,[2]) No stellt den Vernier und Lb
den Limbuskreis dar. Vernierkreis und Hauptkreis liegen in derselben Ebene
und tragen an den einander zugekehrten Rändern, die mit grosser Genauigkeit in einander passen müssen, die entsprechenden Theilungen. Durch
diese Einrichtung wird die Parallaxe bei der Ablesung vermieden und wie
oben schon bemerkt, eine sehr genaue Vergleichung der Vernierstriche mit
denen der Theilung herbeigeführt.

---

[1]) Der Gang solcher Rechnungen wird später bei Gelegenheit der Bestimmung der Excentricität der Kreise mit Bezug auf die ihnen entsprechenden Umdrehungsaxen der Instrumente erläutert werden.

[2]) Vergl. auch den später beschriebenen Reichenbach'schen Vertikalkreis der Sternwarte
zu Neapel.

Heute findet man diese Vernierkreise fast an allen Universalinstrumenten, Theodolithen u. dgl., namentlich bei den Horizontalkreisen derselben, soweit nicht die mikroskopische Ablesung in Anwendung gebracht ist.

Da man bei kleineren Instrumenten meist nur sehr wenig Raum hat, hat man (vielleicht zuerst BREITHAUPT in Kassel), um das Auge senkrecht über die Theilungen bringen zu können, die Flächen der Kreise, welche die Theilungen tragen, nicht eben, sondern konisch gemacht, sodass sowohl Vernierkreis als Hauptkreis zusammen ein Stück eines sehr flachen Kegelmantels ausmachen,

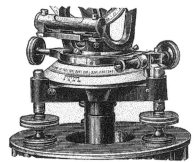

Fig. 131 a.

wie in Fig. 131a; dadurch ist die Ablesung wesentlich erleichtert worden. — Gleichzeitig ist auch mehrfach die Einrichtung getroffen, dass der Vernierkreis noch bedeckt wird durch einen auf ihm aufliegenden und sowohl ihn selbst, als auch den ganzen Limbus des Hauptkreises schützenden Mantel, Fig. 131 b u.c, in welchem nur zwei resp. vier Ausschnitte angebracht sind, in denen die Verniers und die diesen gerade gegenüber liegenden Kreistheile sichtbar sind. Die Öffnung wird dann auch gewöhnlich durch eine plane Glasplatte verschlossen. So wird die Ablesung nicht behindert und die Theilung erhält einen sehr wirksamen Schutz.

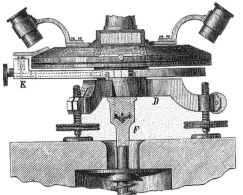

Fig. 131 b.

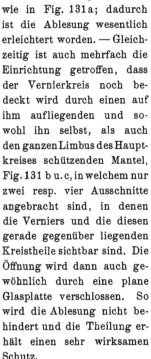

In neuerer Zeit hat man die Theilungen bei kleineren Instrumenten auch auf den verhältnissmässig sehr stark gearbeiteten Rändern der Kreise angebracht und sodann den Vernierkreis ganz

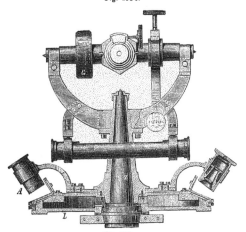

Fig. 131 c.
(Aus Loewenherz, Bericht.)

ebenso konstruirt, so dass die Ablesung senkrecht zur Drehungsaxe der

Kreise erfolgt. Eine solche Einrichtung zeigt Fig. 132. Sie ist allerdings für die Ablesung sehr bequem, doch ist die Theilung mit Umständen verknüpft und ausserdem bleibt dieselbe auch leicht Verletzungen ausgesetzt.

Aus diesen Gründen halte ich diese Anordnung nur für gröbere Theilungen für empfehlenswerth.

So sind z. B. bei den grossen, neueren amerikanischen Äquatorealen die Aufsuchekreise auf diese Weise sehr derb, aber auch recht zweckmässig getheilt, wobei sich dann die Verniers oder auch wohl nur Indices auf ganzen Kreisen oder auf alhidadenartigen Armen befinden und man im Stande ist, womöglich noch unterstützt durch prägnante Färbung, die Einstellungen von unten aus ablesen und kontroliren zu können.[1] Alte Mauerkreise tragen auch die Theilung häufig auf der Stirnfläche und sogar mit Einrichtungen für mikroskopische Ablesungen.

Fig. 132.

b. Lupen.

Soll mit diesen Mitteln eine gute Ablesung erzielt werden, so muss die Beleuchtung des Vernier eine gute sein, und es müssen zum schärferen Ablesen Lupen angebracht werden, durch welche man die Theilungen vergrössert sieht. Die erstere Forderung wird dadurch erreicht, dass man nach Möglichkeit alle störenden Reflexe von den Theilungen abhält und eine gleichförmige Beleuchtung durch aufgesetzte kleine

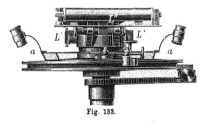

Fig. 133.

Blenden aus transparentem Papier oder Milchglas bewirkt. Auch lässt man

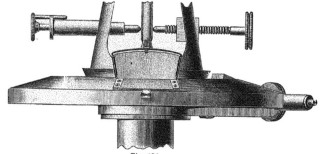

Fig. 134.
(Nach Vogler, Abbildgn. geodät. Instrumente.)

namentlich für Nachtbeobachtungen das Licht der Lampe von einem an Stelle der Blenden, aber in gleicher Weise angebrachten, gut reflektirenden

---

[1] Vergl. dazu auch die Abbildungen amerikanischer Aequatoreale.

Schirmchen auf die Theilung fallen. Die Fig. 133—136 stellen solche
Einrichtungen dar. In der ersten ist das Rähmchen a mit transparentem
Papier überzogen und auf den Albidadenkreis aufgeschraubt; in der zweiten
wird ein Stückchen Milchglas m zwischen einer Fassung gehalten, und in der
dritten ist mit der Lupe L der kleine
Reflektor r verbunden und kann
mittelst eines Ringes mit jener zugleich in die geeignete Stellung über
den Vernier gebracht werden.

Fig. 135.
(Aus Bohn, Landmessung.)

Die zweite Forderung des
verschärften Sehens kann durch
Anbringung ganz einfacher Ver-
grösserungsgläser (konvexer Linsen)
erlangt werden. Diese Lupen sind
gewöhnlich an einem besonderen
Arme, welcher an seinem einen Ende eine Hülse zu ihrer Aufnahme trägt,
befestigt, während das andere Ende sich entweder um die Axe der Alhidade
frei bewegt oder auch, wie z. B. bei Sextanten, einen dem Vernier
näher gelegenen Dreh-
punkt hat. Bei zwei
Lupen sind diese dann
an dem einem Durch-
messer entsprechen-
den Arme angebracht,
dessen Drehaxe sich
im Kreiscentrum be-
findet. Solche Ein-
richtungen bringen
die Fig. 123 und 132,
135, 136, 137 zur An-
schauung. In den
Fig. 138 und 139 ist
die Verbindung der
Lupen r mit ihren
Trägern b und
Fassungen dargestellt,
welche auch gleich-
zeitig Durchschnitte
der optischen Theile

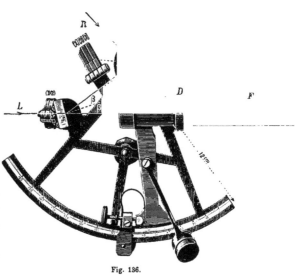

Fig. 136.
(Aus Jordan, Zeit- u. Ortsbestimmungen.)

bestimmter Konstruktionen veranschaulichen.

Die Konstruktion der Lupen selbst kann eine verschiedene sein, je nachdem
man geringere oder stärkere Vergrösserung beansprucht. Dieselbe muss namentlich darauf gerichtet sein, bei einer mässigen Vergrösserung ein grosses und möglichst ebenes Gesichtsfeld zu liefern. Ausserdem soll die Wirkung der Lupe von
dem Ort des Auges, soweit angängig, unabhängig sein, oder dessen Stellung soll
durch eine geeignete Einrichtung (Diaphragma) o, Fig. 139, fixirt werden.

Die Verhältnisse, welche beim Sehen durch eine Lupe eintreten, sind dann folgende:[1]

Bedeuten in Fig. 140 β und β' die linearen Dimensionen des Objektes und seines Bildes, x und x' deren Entfernungen von dem ersten resp. zweiten Hauptpunkt H u. H', so ist nach den optischen Gesetzen

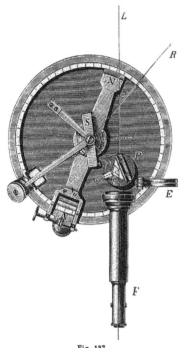

$$(1) \quad . \quad \beta' = - \beta \, \frac{x'}{x}.$$

Bezeichnet man mit ξ den Abstand des Auges von dem zweiten Hauptpunkt, so dass $\xi - x'$ den Abstand des Bildes von dem Auge darstellt, so ist die Hälfte des Winkels, unter welchem das Bild von dem Auge erblickt wird, gegeben durch die Gleichung:

$$(2) \quad \operatorname{tg} \Theta = \frac{\beta'}{\xi - x'} = \frac{\beta}{x \left(1 - \dfrac{\xi}{x'}\right)}.$$

Theoretisch lässt sich daher der Winkel Θ beliebig einem Rechten nähern, wenn man nur x' fast ebenso gross wie ξ werden lässt. Der physiologische Vorgang des Sehens setzt indessen dieser beliebigen Annäherung an den rechten Winkel eine Grenze, indem das Auge, sobald es zu nahe kommt, das Bild nicht mehr deutlich zu erkennen vermag. Bezeichnet λ den kleinsten zulässigen Abstand für das deutliche Sehen, so

Fig. 137.
(Aus Jordan, Zeit- u. Ortsbestimmungen.)

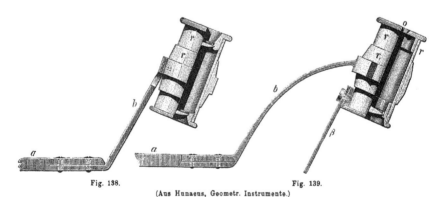

Fig. 138.   Fig. 139.
(Aus Hunaeus, Geometr. Instrumente.)

---

[1] Heath, Lehrb. d. geometr. Optik, Berlin 1891, S. 257. Ferner vergl.: Theorie d. optischen Instr., nach Prof. Abbe v. Dr. S. Czapski, Breslau 1893 u. F. Meisel, Lehrb. d. Optik, Weimar 1889.

erhält man als grössten Werth für Θ, wenn man $\xi - x' = \lambda$ werden lässt, nämlich

$$(3) \quad \ldots \ldots \quad \operatorname{tg} \Theta = - \frac{\beta}{\lambda} \cdot \frac{x'}{x}.$$

Das Minuszeichen deutet an, dass das Bild ein umgekehrtes ist.

Fällt das Bild auf die andere Seite der Linse, so wird x' negativ und

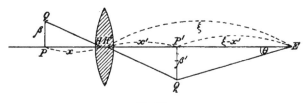

Fig. 140.

Θ erhält dann seinen grösstmöglichen Werth, wenn man das Auge möglichst nahe an die Linse bringt. In diesem Falle ist ξ so klein, dass man es gewöhnlich vernachlässigen kann, und man erhält dann als genäherten Werth für Θ

$$\operatorname{tg} \Theta = \frac{\beta}{x}.$$

Also auch durch Verkleinerung von x könnte man theoretisch einen beliebig grossen Werth von $\operatorname{tg} \Theta$ erhalten, aber es ist auch

$$(4) \quad \ldots \ldots \ldots \quad \frac{1}{x} + \frac{1}{x'} = \frac{1}{f},$$

und setzt man hierin $x' = - \lambda$, so erhält man für den Fall, dass x' seinen kleinsten Werth erreicht hat,

$$\frac{1}{x} = \frac{1}{\lambda} + \frac{1}{f}.$$

Der grösste Sehwinkel, unter welchem ein Objekt deutlich gesehen werden kann, ist somit bestimmt durch die Gleichung

$$(5) \quad \ldots \ldots \quad \operatorname{tg} \Theta = \beta \left(\frac{1}{\lambda} + \frac{1}{f} \right).$$

Die Tangente des Sehwinkels, unter welchem das in die Lage des Bildes gebrachte Objekt erscheinen würde, ist $\frac{\beta}{\lambda}$. Das Verhältniss der Tangenten beider Sehwinkel stellt die Vergrösserung dar. Für diese Grösse erhält man somit

$$(6) \quad \ldots \ldots \quad V = 1 + \frac{\lambda}{f}.$$

Für Konvexlinsen ist f positiv, und daher erscheint das Objekt durch die

Linse vergrössert; für Konkavlinsen ist f negativ und das Objekt erscheint in Folge dessen verkleinert.

Substituirt man in dem ersten Ausdruck für tg Θ für x' den Werth

$$x' = \frac{f\,x}{x - f}, \text{ nach Gl. (4),}$$

so erhält man

$$(7) \ldots\ldots\ldots \text{tg } \Theta = \frac{\beta}{x + \xi - \dfrac{x\,\xi}{f}}.$$

Aus dieser Formel erkennt man sofort, in welcher Weise der Sehwinkel sich entsprechend verschiedenen Stellungen des Objektes und des Auges ändert.

Befindet sich das Auge in einem der Brennpunkte, so ist die scheinbare Grösse unabhängig von der Lage des Objektes; und umgekehrt, wenn das Objekt mit einem der Brennpunkte zusammenfällt, so ist die scheinbare Grösse unabhängig von der Lage des Auges. Es ist nämlich in beiden Fällen die scheinbare Grösse die nämliche, wie in dem Falle eines mit dem blossen Auge gesehenen Objektes, das sich in Brennweitenabstand von dem Auge befindet. Setzt man in dem letzten Ausdruck entweder $x = f$ oder $\xi = f$, so erhält man in beiden Fällen

$$\text{tg } \Theta = \frac{\beta}{f}.$$

Andererseits ist, wenn Objekt oder Auge sich unmittelbar vor der Linse befinden, die scheinbare Grösse dieselbe, in welcher das Objekt von dem blossen Auge gesehen würde. Denn in diesen Fällen müssen wir ξ oder x als sehr klein ansehen, und es wird somit

$$\text{tg } \Theta = \frac{\beta}{x} \text{ oder } \frac{\beta}{\xi}.$$

Das Gesichtsfeld der einfachen Lupe wird um so grösser, je näher man das Auge an die Lupe bringt; während die Helligkeit des Bildes von der freien Öffnung der Lupe und deren Verhältniss zur Pupillengrösse des Auges abhängt und abgesehen von der Absorption des Lichtes, in der oder in den Linsen für alle Vergrösserungen dieselbe bleibt, so lange die Pupille des Auges kleiner ist, als die effektive Öffnung der Lupe. Die einzelnen Formen der im Gebrauch befindlichen Lupen, bespricht Dr. CZAPSKI (l. c.) Seite 209 ff. etwa folgendermassen:

Die einfache unachromatische Linse lässt sich bis herab zu Brennweiten von ca. 30 mm, d. h. bis zu ca. 8 maliger Vergrösserung ganz gut gebrauchen, wenn man ihr eine plankonvexe Gestalt giebt, mit der ebenen Seite nach dem Auge zu.[1]

Man hat, wenn man die Linse nahe ans Auge hält, ein Bildfeld von ungefähr $^1/_5$ der Brennweite merklich eben und ziemlich frei von Verzerrung.

---

[1] Diese Stellung ist zwar wegen des bei ihr relativ grossen Betrages der sphärischen Aberration in der Axe ungünstig, verdient aber trotzdem wegen der erheblich geringeren Fehler ausser der Axe den Vorzug.

Darüber hinaus sind die Fehler in diesen letzteren beiden Eigenschaften, wie auch namentlich in Bezug auf die chromatische Vergrösserungsdifferenz sehr bemerklich.

Eine wesentliche Verbesserung diesen einfachen Lupen gegenüber bilden die aus zwei unachromatischen (meist plankonvexen) Linsen zusammengesetzten, deren bekannteste Typen die von FRAUNHOFER, Fig. 141, und WILSON, Fig. 142, sind. Bei der ersteren Konstruktion, in welcher noch nahezu der Typus der einfachen Linse festgehalten ist, sind durch die Vertheilung der Brechung auf die doppelte Anzahl von Flächen und die infolge-

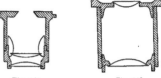

Fig. 141.   Fig. 142.
(Nach Czapski, Theorie d. optischen Instr.)

dessen geringeren Krümmungen derselben die Aberrationen in der Axe erheblich verringert. Durch die besondere Art der Zusammensetzung aus zwei annähernd gleichen, mit den konvexen Flächen einander zugewandten Linsen ist auch der Verminderung der Aberrationen ausserhalb der Axe möglichst Rechnung getragen.

Bei der Wilson'schen Lupe kommen dieselben Vortheile zur Geltung; die grössere Entfernung der Linsen von einander gewährt aber für die Verminderung der Aberrationen ausser der Axe noch günstigere Bedingungen und ermöglicht ausserdem, wenn auch nicht die Aufhebung so doch eine Verminderung der chromatischen Differenz der Vergrösserung; dafür ist diese Lupe gegen die Fraunhofer'sche im Nachtheil in Bezug auf den Objektabstand. Man wählt die Brennweiten der Einzellinsen bei ihr ungefähr gleich, ihren Abstand zu $^3/_8$ der Brennweiten. Das Sehfeld wird bei der Wilson'schen Lupe entweder durch ein zwischen den Linsen befindliches Diaphragma oder ebenso wie bei einer einfachen Linse durch die Grösse (den Rand) einer der beiden Linsen bestimmt.

Von geringerem Werthe als die oben genannten und meist nur zum Gebrauche in freier Hand bestimmt, und dann mit einem einfachen Griff versehen, sind die aus einem dickeren Glasstück bestehenden und daher ebenfalls mehr nach dem Typus zweier Einzelsysteme, als nach dem einer dünnen Linse zu betrachtenden Lupen, wie sie BREWSTER, Fig. 143, und STANHOPE, Fig. 144, vorgeschlagen haben. Bei ersterer bilden die beiden Begrenzungsflächen Theile einer und derselben Kugel. Die Apertur der seitlichen Büschel ist durch einen meridionalen Einschliff so weit reducirt, dass die Bilder erträglich werden. Bei der Stanhope'schen

Fig. 143.   Fig. 144.
(Nach Czapski, Theorie d. optischen Instr.)

Linse sind die beiden Krümmungen erheblich verschieden, oft in der Weise, dass die vordere (untere) Brennebene dem Orte und der Krümmung nach mit der vorderen Linsenfläche zusammenfällt, sodass sie also mit dieser direkt auf das zu beobachtende Objekt gehalten werden muss, was für die hier in Frage kommenden Zwecke nicht angeht.

Unter den aus Gläsern mit verschiedenem Zerstreuungsverhältniss zusammengesetzten Lupen haben sich namentlich die von STEINHEIL konstruirten, sogen. aplanatischen Lupen, bewährt. Dieselben, Fig. 145, bestehen aus einer zwischen zwei gleichen Flintglasmenisken eingeschlossenen bikonvexen Krownglaslinse. Eine weitere Verbesserung dieser Konstruktion wurde dadurch eingeführt, dass der mittleren Krownlinse eine grössere Dicke gegeben wurde, so dass gewissermassen eine achromatisirte Brewster'sche Lupe entstand.

Fig. 145.

Die folgende Tabelle enthält eine Zusammenstellung der Objektabstände und des Gesichtsfelds der oben genannten Lupen bei verschiedenen Brennweiten bezw. Vergrösserungen. [1])

Konstruktionstypus	Lineare Vergrösserung	Fokalabstand mm	Objektseitiges Gesichtsfeld mm
Einfache plankonvexe Linse	6	40	bis ca. 8 mm brauchbar
Wilson'sche Lupe	10	12—14	14
Steinheil'sche Lupen	6	34	18
	10	20	10
	20	10	3.5
Achromatisirte Brewster'sche Lupen	6	32	30
	10	12	15

Einen eigenthümlichen Vergrösserungsapparat für Vernierablesungen hat Th. SIMON in Paris konstruirt, über dessen Leistungsfähigkeit mir allerdings Nichts bekannt geworden ist, den ich aber doch kurz mit anführen will. Die Vergrösserung erfolgt mittelst des Hohlspiegels B, Fig. 146, der in schräger Lage gegen einen Planspiegel A derart festgestellt ist, dass das durch Reflexion an dem Konkavspiegel B vergrösserte Bild das Auge in einer bequemen Stellung trifft und ausserdem die Beleuchtung von Theilung und Vernier nicht durch das Instrument selbst beeinträchtigt wird, wie das bei Lupen ab und zu vorkommen mag. [2])

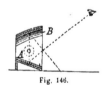

Fig. 146.

4. Ablesemikroskope.

Werden an die Genauigkeit der Ablesungen von Theilungen grössere Ansprüche gestellt, als dass dieselben durch Vernier und Lupe befriedigt

[1]) Einige noch vorkommende Lupenkonstruktionen stellen schon mehr ein zusammengesetztes Mikroskop dar und werden zu Ablesungen von Theilungen kaum verwendet; vergl. die bei Czapski angeführte Literatur.

[2]) Vergl. Zschr. f. Instrkde. 1890, S. 151.

·werden können, und sind andererseits die Theilungen selbst sauber genug ausgeführt, so wendet man zur Bestimmung von Unterabtheilungen das Ablese-mikroskop an. Wenn auch der rein optische Theil dieses Instrumentes schon lange bekannt war und so ziemlich gleichzeitig mit dem Fernrohr erfunden sein mag, so ist das Mikroskop als solches doch bis zum Beginn dieses Jahrhunderts bei astronomischen Messungen nicht in Anwendung gebracht worden, und selbst nachdem man schon zu anderen Zwecken dasselbe mit mikrometrischen Einrichtungen versehen hatte, konnte es sich zur Ablesung von Längen und Kreistheilungen nur langsam Eingang verschaffen. Zuerst haben es wohl englische Mechaniker dazu benützt. Erst als BESSEL und GAUSS seine Überlegenheit über die von ihnen so hoch geschätzten und von REICHENBACH in vorzüglicher Form ausgeführten Verniers erkannt hatten, war ihm · seine Stelle unter den Hülfsapparaten der astronomischen Instrumente gesichert, zumal auch die Repsold'sche Werkstatt die Mikrometer-Mikroskope bei ihren Meridiankreisen anbrachte. [1])

Diese Apparate bestehen_ eigentlich aus zwei Theilen, nämlich erstens dem optischen Theil (dem eigentlichen Mikroskop) und zweitens dem messen-den, mikrometrischen Theil.

Die optischen Bestandtheile sind das der Theilung zugewandte Ob-jektiv und das zur Betrachtung des vom Objektiv entworfenen Bildes der Theilung dienende Okular. Zwischen beiden befindet sich in den meisten Fällen eine dritte Linse, das sogenannte Kollektivglas. Diese letztere Linse ist nicht als ein wesentlicher Bestandtheil des Mikroskopes zu betrachten, sie soll nur den Zweck haben, ein etwas grösseres Gesichtsfeld zu erzielen und ausserdem mit zur Korrektur der sphärischen Aberration dienen; nament-lich wenn man sie, wie es jetzt gewöhnlich geschieht, mit zum Okularapparat des Mikroskopes rechnet. Das Objektiv besteht in unserem Falle immer nur aus der achromatischen Verbindung einer plankonvexen Krown- und einer konkavkonvexen Flintglaslinse, und zwar ist das Krownglas dem Objekte zu-gewandt. Die Brennweiten der Objektive der hier vorkommenden Mikroskope sind meist noch ziemlich grosse, und selten unter 2 cm, da man nur ge-ringe Vergrösserungen, die wohl kaum über eine 50 fache hinausgehen, zu erzielen beabsichtigt. Damit ist der Vortheil verbunden, dass das Objektiv-ende des Mikroskopes immer noch ein erhebliches Stück von der Theilung entfernt bleibt; ja in manchen Fällen z. B. bei Mikroskopen zur Ablesung der Kreistheilungen an Refraktoren oder bei den Skalenmikroskopen an Helio-metern geht die Konstruktion eigentlich mehr in die eines Fernrohrs mit Fadenmikrometer über. Das Okular, mit welchem sowohl das Objektbild, als auch die in derselben Ebene befindlichen Mikrometerfäden betrachtet wer-den, ist entweder eine in ein besonderes Rohr gefasste einfache plan- oder bikonvexe Linse oder nach Art der weiter unten bei dem Fernrohr zu be-

---

[1]) Es ist sehr interessant, aus den betreffenden Briefwechseln etc. zu ersehen, wie hart-näckig sich Reichenbach gegen die Ausführung der Mikroskope gewehrt hat; er hat, so weit mir bekannt, nie ein solches an seinen Instrumenten angebracht.

sprechenden Ramsden'schen Okulare aus zwei plankonvexen Linsen so zusammengesetzt, dass diese sich die konvexen Seiten zuwenden.[1])

Was die mechanische Anordnung dieser Theile, d. h. ihre Fassung und gegenseitige Stellung anlangt, so steht diese so eng mit dem mikrometrischen Theil des Mikroskopes in Verbindung, dass dieselbe zugleich mit diesem zusammen beschrieben werden soll.

Der mikrometrische Theil des Ablesemikroskopes besteht gewöhnlich darin, dass mittels einer feinen Schraube im Fokus des Objektivs (event. im Gesammtfokus von Objektiv und Kollektivglas) ein Fadenkreuz oder jetzt meist ein System von 2 oder mehr Doppelfäden senkrecht zur optischen Axe des Mikroskopes und tangential zum Limbus hin und her bewegt werden kann.

In der Fokalebene des Mikroskopes befindet sich dann gewöhnlich noch ein sogenannter Index oder auch wohl nur ein Bild eines solchen, was dann der Fall ist, wenn am Kreise selbst ein den Nullstrich eines Verniers darstellender Index an dem Ende einer alhidadenähnlichen Einrichtung angebracht ist. Wird zur Ablesung vermittelst der Schraube der Doppelfaden von dem Index bis zum nächst vorhergehenden im Gesichtsfeld erscheinenden Strich der Theilung bewegt und dabei die Anzahl der Schraubenumdrehungen und deren Bruchtheile gezählt, so wird man auch im Stande sein, diese Entfernung in Minuten und Sekunden der Angabe des betreffenden Theilstriches hinzuzufügen, wenn man weiss, welchem Winkelwerth eine Umdrehung der Mikrometerschraube entspricht. Auf dieser Betrachtung beruht die Benutzung des Schraubenmikroskopes zur Ablesung von Unterabtheilungen einer Theilung. Daraus geht auch hervor, dass die zur Bewegung und Messung dienende Schraube eine sehr exakte Ausführung besitzen muss und, dass auch die Möglichkeit vorhanden sein muss, den Werth eines Schraubenumganges in Einheiten der Theilung (d. h. in Minuten und Sekunden) bestimmen und reguliren zu können. Das Letztere ist deswegen erforderlich, damit man, nachdem schon die optischen Theile des Mikroskops so nahe als möglich mit Bezug darauf gewählt sind, ein Theilintervall einer angemessenen Anzahl von Schraubenumdrehungen gleich machen kann, so dass also z. B. für einen von $5'$ zu $5'$ getheilten Kreis auch 5 oder $2^{1}/_{2}$ Schraubenumdrehungen nöthig sind, ein Fadenpaar um das Bild des 5 Minutenintervalles fortzubewegen. Da man zur genaueren Messung der Unterabtheilungen der Umdrehungen der Schraube auf das aus dem Mikroskop herausragende Ende derselben eine in 60 oder 100 Theile getheilte Trommel aufzusetzen pflegt, so werden dann in ersterem Falle 5×60 Trommeltheile auf $5'$ des Kreises kommen, ein Trommeltheil wird also 1 Bogensekunde darstellen.

Würde daher die Strecke vom Index bis zum vorausgehenden Theilungsstrich etwa eine Umdrehung und 30 Trommeltheile betragen haben, so wären zu der Angabe dieses Theilstriches noch $1'\cdot30'$ zu addiren ge-

---

[1]) Betreffs weiterer Details über die optischen Theile der Mikroskope und deren Wirkungsweise muss ich hier auf die oben schon citirten vorzüglichen Werke von Czapski und Heath, verweisen. Betreffend der Okulare vergl. auch Kapitel Fernrohr.

wesen. Meistens ist aber ein solcher Index im Mikroskop nur von neben-
sächlicher Bedeutung; denn es bildet eigentlich derjenige Nullpunkt der
Trommeltheilung, welcher der Einstellung der Fäden auf dem Index zunächst
gelegen ist, den Ausgangspunkt der Zählung für die Schraubenumdrehungen.
Allerdings ist dann in der Einrichtung des Messapparates meist die Möglichkeit geboten, für die Nullstellung der Trommel auch den Index in
möglichst gute Koincidenz mit den Fäden zu bringen. Da man nun, wie
oben gesagt, bei der Messung von dieser Koincidenzstellung nach dem
nächst vorhergehenden Theilstriche zurückgeht und also die Umdrehungen
der Schraube und ihre Bruchtheile in dieser Richtung zählt, so ist klar, dass
auf der Trommel des Schraubenkopfes auch die Bezifferung im umgekehrten
Sinne wie die der .Kreis- oder Längentheilung wachsen muss. Dies ist ein
Punkt, welchem bei Herstellung der Mikrometermikroskope seitens des Mechanikers besondere Aufmerksamkeit zuzuwenden ist, da sonst bei der Benützung
des Apparates unangenehme Unbequemlichkeiten entstehen; vergl. S. 38.

Aus Gründen, deren Auseinander-
setzung· sogleich erfolgen wird, pflegt
man bei exakten Messungen mit den
Mikrometerfäden meist nicht nur den
vorhergehenden Theilstrich, sondern auch den nachfolgenden einzustellen und die betreffende Trommel-
angabe abzulesen, welche beiden Daten
ja bei völlig korrigirtem Mikroskop
identisch sein sollten. In diesem Falle
ist es erwünscht, den Weg von einem
Theilstrich zum andern immer so
zurückzulegen, dass dabei die Schraube
allein die Bewegung vermittelt und
nicht die im Mikrometer etwa befindlichen Federn der wirkende Theil
werden. Die Beachtung dieses Punktes
erhöht die Sicherheit der Messung
meist erheblich.

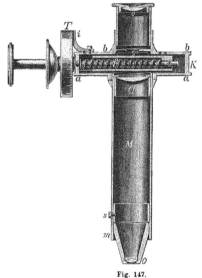

Fig. 147.
(Nach Hunaeus, Geometr. Instrumente.)

Ich lasse nun nach Darlegung des
Principes des Schraubenmikroskopes
die detaillirte Beschreibung einer Anzahl verschiedener solcher Apparate
folgen, wodurch nicht nur das Gesagte wesentlich erläutert werden wird,
sondern bei welcher Gelegenheit ich auch noch auf den einen oder anderen
Punkt besonders aufmerksam zu machen haben werde. In Fig. 147 ist ein
gewöhnliches Schraubenmikroskop dargestellt, wie es an grösseren Theodolithen, Universalinstrumenten, Meridiankreisen älteren Typus u. s. w. angebracht
zu werden pflegt. O ist das achromatische Objektiv,[1] welches in das untere

---

[1] In dieser und den nachstehenden Abbildungen von Schraubenmikroskopen und Theilen
derselben sind, soweit angängig, die entsprechenden Konstruktionstheile auch mit derselben
Bezeichnung versehen.

Ende des meist konisch zulaufenden Rohres R gefasst ist; dieses Rohr lässt sich in dem Hauptrohre M verschieben und seine Stellung kann dann meist, wenn die Reibung allein nicht genügende Sicherheit bietet, durch die in dem engen Schlitz bei m fahrende Schraube s fixirt werden. C ist die Kollektivlinse mit ihrer Fassung. Diese lässt sich zur Korrektur des Mikroskopes zumeist auch im Rohr M verschieben und durch ein oder zwei Schräubchen ebenso wie das Objektiv festklemmen. Das Okular O bildet den Schluss des optischen Theiles. Dasselbe kann entweder eine einfache Lupe, wie in Fig. 147, oder auch eine Kombination zweier Linsen, ein Ramsden'sches oder positives Okular[1]) sein, wie in Fig. 148, 154 und 159; in diesem Falle fehlt häufig das Kollektivglas. Den wichtigsten, den messenden Theil enthält der rechteckige oder auch wohl ab und zu runde (Fraunhofer) Kasten K., vergl. auch die folgenden Figuren. Derselbe besteht zumeist aus den zwei Deckplatten a und b, von denen a die Öffnung für den Objektivansatz und b das Gleitrohr des Okulars enthält, in welche diese Theile eingeschraubt werden können. Diese Platten bilden dann mit den entweder aus einem Stück, Fig. 149, gearbeiteten oder aus einzelnen Lamellen zusammengesetzten Rahmen, Fig. 150, den Kasten K. In diesem bewegt sich der sogenannte Schlitten mit der Fadenplatte p, Fig. 149, welcher in den verschiedenen Werkstätten verschieden gestaltet wird. Vielfach ist er ein vollständiger Rahmen, welcher auf der einen Seite eine Deckplatte mit der Öffnung für die Fäden trägt, in älteren Einrichtungen hat auch wohl diese Platte an ihrer unteren Seite nur drei oder vier Ansätze (K_1, K_2, K_3), Fig. 149, mit den Bohrungen für Schraube und Führungsstifte.

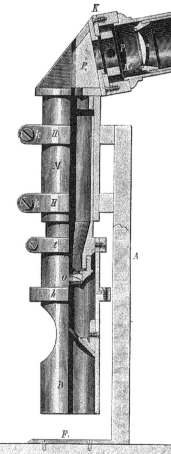

Fig. 148.
(Aus Hunaeus, Geometr. Instrumente.)

In den neueren Konstruktionen befinden sich diese Bohrungen l für das Muttergewinde der Mikrometerschraube und für die an oder in der schmalen

---

[1]) Vergl. Okular in dem Kapitel über das Fernrohr.

Wand des Mikrometerkastens befestigten Führungsstifte t, in den kurzen Seiten des Rahmens. Letztere dienen einmal dazu, die durch die Mikrometerschraube hervorgebrachte Bewegung des Schlittens zu sichern und ausserdem auch häufig die Federn f zu stützen. Diese Federn wirken dem Drucke der Mikrometerschraube entgegen und verhindern so nicht nur den todten Gang, sondern bewirken überhaupt bei Linksdrehen der Mikrometerschraube das Zurückgehen des Schlittens.

Bei älteren und einfacheren Mikroskopen findet die Mikrometerschraube

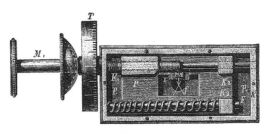

Fig. 149.
(Aus Hunaeus, Geometr. Instrumente.)

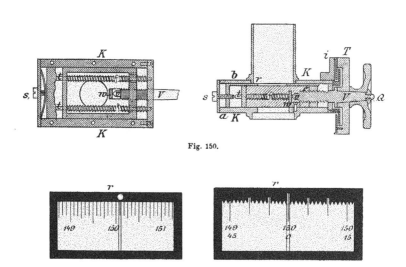

Fig. 150.

Fig. 151.

hre Führung und Stütze ausser in dem Muttergewinde des Schlittens in einer Bohrung der einen Schmalseite des Rahmens. Dort liegt sie mit einem gut plan abgedrehten Flansch aussen oder innen auf, Fig. 149 u. 154, so dass sie beim Rechtsdrehen den Schlitten dieser Seite nähern muss. Auf der Fortsetzung der Schraubenspindel, die dann entweder zu einem flachen Konus V oder zu einem Vierkant ausgebildet ist, sitzt die sogenannte Trommel T, welche auf ihrer cylindrischen Fläche eine Theilung von 30, 60 oder 100 Intervalle trägt, wodurch an einem an dem Mikrometerkasten sicher be-

festigten Index i die Bruchtheile einer Umdrehung abgelesen werden können.
Zur Zählung der ganzen Revolution findet sich im Mikrometerkasten direkt
über der Fadenplatte, also auch noch sehr nahe in der Fokalebene, eine
eigenthümliche Einrichtung, der sogenannte Rechen r. Dieses ist ein häufig
fest mit der oberen Deckplatte b, Fig. 147 u. 149, verbundenes kleines Blättchen,
dessen einer in das Gesichtsfeld hineinragender Rand eine grössere Anzahl Zähne
oder auch nur eine einfache Kerbe hat. Der Abstand der Zähne von einander entspricht gewöhnlich einer Revolution der Mikrometerschraube. Das

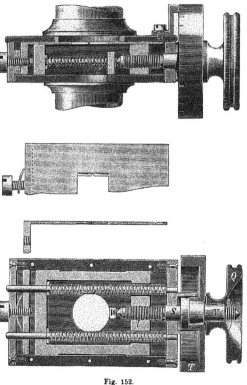

Fig. 152.

(Nach Vogler, Abbildgn. geodät. Instrumente.)

mittelste Intervall ist dann durch irgend eine Besonderheit (Schlitz, kleines
Loch u. s. w.), Fig. 151, ausgezeichnet und markirt so den Ausgangspunkt
der Zählungen für die Schraubenumdrehungen (siehe oben). — Dieser
Rechen kann auch bei genaueren Mikroskopen ein Theil einer besonderen,
zwischen Deckplatte b und Schlitten dicht auf der Fadenebene des letztern
aufliegende Platte sein, welche durch eine eigene Korrektionsschraube s
um kleinere Stückchen bewegt werden kann, Fig. 150 bis 154. Dadurch
wird es möglich z. B. bei Universalinstrumenten die Indices der beiden Mikroskope genau auf einen Durchmesser des Kreises zu bringen oder bei Meridian-

kreisen den Winkelabstand derselben genau gleich 90^0 oder 60^0 zu machen, ohne die Verbindung zwischen Mikroskop und seinem Träger verändern zu müssen. Mit diesem Index sollen dann, wie bemerkt, die Fäden koincidiren für eine bestimmte Nullstellung der Trommel. Die Fäden, mittelst deren die Einstellungen der Striche oder auch wohl Punkte der Theilung erfolgen, sind je nach

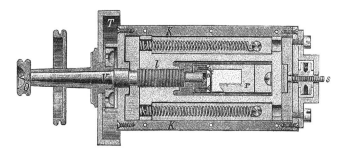

Fig. 153.
(Nach Vogler, Abbildgn. geodät. Instrumente.)

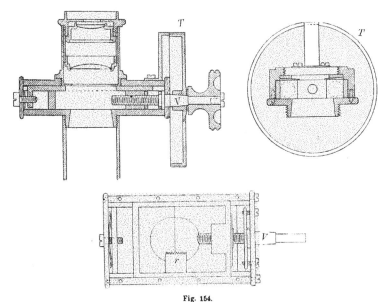

Fig. 154.
(Nach Bauernfeind, Elem. d. Vermessungskde.)

dem Zwecke verschieden angeordnet. In Fig. 149 sind die Fäden in Form eines gewöhnlichen Andreaskreuzes eingezogen, durch dessen Durchschnittspunkt der einzustellende Theilstrich gehen muss; meistens hat man aber jetzt auf der Fadenplatte zwei zu den Strichen der Theilung parallele Fäden aufgespannt, welche soweit von einander entfernt sind, dass die Striche der Theilung das Intervall nicht ganz ausfüllen, sondern auf beiden Seiten noch je eine sehr

schmale „Lichtlinie" übrig bleibt, Fig. 151. Die Breite dieser „Lichtlinien"
kann erfahrungsmässig sehr genau gleich gemacht werden (durch Schätzung),
wodurch eine weit sicherere Einstellung erfolgt, als wenn man z. B. einen einzelnen Faden direkt mit einem Striche zur Deckung bringen wollte. In den
Ablesemikroskopen der grösseren astronomischen Instrumente sind zum
Zwecke der Eliminirung periodischer Fehler der Mikrometerschraube jetzt
meist zwei solcher Fädenpaare eingezogen und zwar in einem möglichst nahe
1,5 oder 2,5 Revolution der Schraube betragenden Abstande; vergl. Mikrometerschraube S. 40. Wie oben bemerkt, besteht nur bei gewöhnlichen
Schraubenmikroskopen das Widerlager der Schraube in einem Flansch, wie
in Fig. 37; bei neueren, guten Einrichtungen dieser Art stützt sich vielmehr
das in eine sehr genau centrirte glasharte Spitze v, Fig. 150, 152, 153, oder
in eine Kugelkalotte auslaufende Ende der Schraubenspindel gegen eine eben
so harte völlig plane Stahl- oder auch wohl Steinplatte w, die mit einem
Theil des Mikrometerkastens selbst in feste Verbindung gebracht ist. Dadurch ist natürlich der Mikrometerschraube eine viel grössere Sicherheit der Bewegung gegeben und ausserdem sucht man dadurch die nicht von der Schraube
selbst abhängenden „periodischen" Fehler zu vermeiden. Da dergleichen Fehler
direkt an entsprechende Stellen der einzelnen Schraubenumgänge gebunden
sind, so ist es offenbar auch nöthig, dass die Stellung der Ablesetrommel
gegen die Spindel der Schraube bezüglich einer Drehung um dieselbe durchaus gesichert ist; deshalb zieht man jetzt häufig vor, dieselben auf einen
Vierkant zu setzen und sie nicht nur durch die mittelst der Schraubenmutter Q auf einen flachen Konus V bewirkte Reibung zu befestigen.
Haben sich durch eine genaue Untersuchung der einzelnen Schraubenumgänge solche, wegen periodischer Fehler nöthige Korrektionen ergeben,
vergl. S. 43, so hat man deren Betrag bei den Einstellungen an die
Trommellesungen anzubringen (am Besten nach einer zu diesem Zwecke
entworfenen Tafel). In Pulkowa hat man aber auch den Versuch gemacht,
diese Korrektionen gleich bei der dann neu vorzunehmenden Theilung der
Trommel mit in Rechnung zu bringen, sodass dann die einzelnen Trommeltheile um diese Beträge von dem sechzigsten Theil der Trommelperipherie
abweichen werden. Das vereinfacht zwar die Rechnung, hat aber den Nachtheil, dass bei etwaigen Änderungen der Fehler, was z. B. durch Abnutzen
der Schraube oder Widerlager eintreten kann, die Trommeltheilungen nicht
mehr stimmen, also eine Neutheilung an die Stelle einer einfachen Verbesserung
der Hülfstafel treten muss. — Ich glaube daher, dass diese Anordnung nicht
zu empfehlen ist.

Für manche Ablesungen von Theilungen mittelst des Schraubenmikroskopes wird ein ziemlich grosses Gesichtsfeld gefordert, d. h. es soll an verhältnissmässig weit von einander abstehenden Stellen der Theilung pointirt
werden. Das ist z. B. bei den Skalenmikroskopen der neuen Repsold'schen
Heliometer der Fall. Da muss zunächst das Objektiv danach eingerichtet
werden, was in diesem Fall bei der Länge des Mikroskopes (2—3 m) keine
Schwierigkeiten hat. Sodann muss aber auch, den Aplanatismus des Skalen-
bildes vorausgesetzt, das Okular, welches ein so grosses brauchbares Gesichts-

feld meist nicht hat, so bewegt werden können, wie es bei den grossen Fadenmikrometern der Fall ist, damit die gerade zu benutzende Stelle des Bildes möglichst axial zu demselben wird. Das erreicht man wie bei den Okularen der Durchgangsinstrumente und Fadenmikrometer (siehe dort) dadurch, dass das Okular auf einen besonderen Schlitten montirt ist, der zwischen zwei Backen und durch eine Schraube mit steilem mehrfachen Gewinde auf der oberen Platte des Mikrometerkastens schnell bewegt werden kann.

Mehr noch als bei den Verniers ist es auch hier erforderlich, die betreffenden Stellen des Kreises gut zu beleuchten. Zu diesem Zwecke sind an den Mikroskopen selbst oder an davon unabhängigen Haltern Beleuchtungseinrichtungen angebracht. In den Fig. 155, 156, 157 sind solche für sich dargestellt, während die Fig. 148 u. 158—160 sie in Verbindung mit den Mikro-

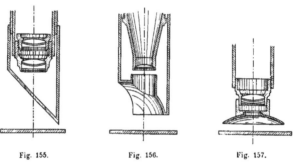

Fig. 155.   Fig. 156.   Fig. 157.
(Nach Bauernfeind, Elem. d. Vermessuugskde.)

skopen deutlich zeigen. Sie bestehen meist aus kurzen Röhrchen, die entweder an einer Seite schief zur Axe abgeschnitten sind, Fig. 155, oder einen entsprechenden Ausschnitt haben oder Theile sphärischer Spiegel tragen, wie in Fig. 156 u. 157. An den schiefen oder gewölbten Flächen ist dann eine Gyps-, Celluloid oder Milchglasplatte befestigt oder dieselben sind matt geschliffen und versilbert, sodass das auf dieselbe auffallende Licht einer Lampe oder am Tage das diffuse Sonnenlicht die im Gesichtsfeld erscheinende Stelle der Theilung möglichst intensiv aber ohne Reflexe hervorzurufen erleuchtet. Meist ist der Reflektor durchbohrt, damit man durch ihn hindurch auf die Theilung sehen kann. Das den Reflektor tragende Röhrchen lässt sich um die optische Axe drehen, um diesem jederzeit die der Lichtquelle entsprechende Stellung geben zu können. Meist erfolgt die Bewegung nur mit leichter Reibung auf dem Mikroskoprohr.

Bei den neueren grossen Meridiankreisen und namentlich den Äquatorealen haben die Mikroskope, wie erwähnt, theilweise gewaltige Längen erhalten, um die Ablesung der Kreise möglichst bequem zu machen. Es sind eigentlich mehr Fernrohre aus ihnen geworden; die mikrometrischen Einrichtungen sind aber den oben beschriebenen gleich geblieben. Die später folgenden Darstellungen solcher Instrumente werden mehrfach Gelegenheit geben, die so gestalteten Mikroskope zur Anschauung zu bringen.

a. Verbindung der Ablesemikroskope mit den Instrumenten.

Die Befestigung der Mikroskope an den übrigen Instrumententheilen kann eine zweifache sein. Einmal sind die Mikroskope an den beweglichen Theilen, den Alhidaden, der Instrumente angebracht, im anderen Falle an den festen Lagern oder Pfeilern, während die betreffenden Kreise sich bewegen. Die erstere Einrichtung findet meist bei Horizontalkreisen statt, während feste Mikroskope am häufigsten bei den Vertikalkreisen fest aufgestellter Instrumente in Verwendung kommen. Es wird diese Anordnung durch den Umstand bedingt, dass im zweiten Falle ja eben durch die Stellung der Mikroskope (oder auch Verniers) eine bestimmte Fundamentalebene (der Horizont oder die Lothlinie) fixirt werden soll; während durch azimuthale Messungen bestimmte Winkel für sich meist keiner solchen festen Ausgangsrichtung bedürfen.[1]

Verschiedene Befestigungsweisen von Horizontalkreismikroskopen stellen die folgenden Figuren dar. In Fig. 158 ist eine Einrichtung gegeben, wie sie

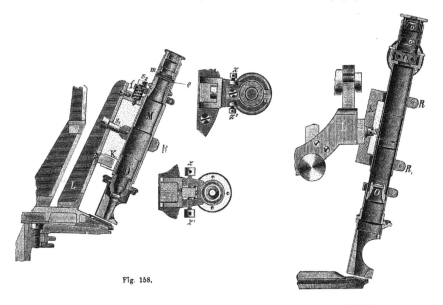

Fig. 158.

(Nach Vogler, Abbildgn. geodät. Instrumente.)

Fig. 159.

O. Fennel in Cassel ausgeführt hat. M ist die Mikroskopröhre, welche durch den Ring R etwa in der Mitte umfasst wird und mittelst diesem und der Schraube s_1 ihre Befestigung an einem besonderen, das eine Ende der Alhidade darstellenden Bock L erhält. An dem unteren Ende der Röhre M, in welchem sich das Objektivrohr auf Reibung verschiebt, ist eine Gabel angelöthet, die den an dem Träger sitzenden Klotz K zwischen sich fasst und mittelst der beiden Schrauben z z' in horizontalem Sinne gegen den letzteren

---

[1] Das ist bei allen geodätischen Horizontalwinkelmessungen der Fall, während allerdings die Bestimmung absoluter Azimuthe eine Beziehung auf den Meridian erfordert.

verschoben werden kann. Ebenso ist an dem Auszug für den Okulartheil eine ähnliche Einrichtung angebracht, nur mit dem Unterschied, dass dort die Anordnung umgekehrt ist. Ausserdem aber liegt oben zwischen Klotz und Gabelblock eine axial wirkende Feder f, welche durch die Schraube s_2 eine Verschiebung des Okulars sammt der bei e liegenden Schätzmikroskopplatte gegen das Objektiv, also eine Korrektur zwischen Bild und Mikrometerebene ermöglicht. Es wird auf diese Weise die diametrale Stellung beider Mikroskope sowohl, als auch die genaue Vertikalität ihrer Axen zur Lim-

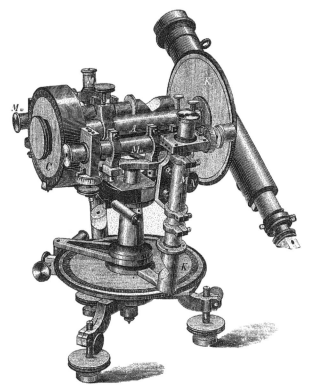

Fig. 160.
(Aus Loewenherz, Bericht.)

busebene erzielt werden können, was namentlich für kleine transportable Instrumente, bei denen diese Stellung leicht gestört wird, von Vortheil ist. Nicht soweit gehende Korrektionseinrichtungen zeigt Fig. 159. Dort ist das Mikroskop (Schraubenmikrometer) mittelst der beiden Ringe R R$_1$ gefasst und durch das Verbindungsstück K an dem Lagerbock L der Horizontalaxe angeschraubt. Die Schrauben S (die zweite ist in der Figur nicht sichtbar) gehen durch Löcher, welche etwas grösser sind als ihre Spindeln, so dass auf diese Weise eine Korrektur in azimuthalem und axialem Sinne erreicht werden kann. Die Korrektur ist wohl nicht so bequem als im vorigen Falle, aber die Stellung des einmal berichtigten Mikroskopes vielleicht da-

durch eine gesichertere. Ganz ähnliche Verbindung der Mikroskope M u. M₁
mit dem Obertheil des Instrumentes zeigt das von BAMBERG gebaute
Universalinstrument der Fig. 160, nur sind bei diesem die Mikroskopträger
senkrecht zur Horizontalaxe gestellt, was manche Vortheile hat, da dann
der Beobachter nicht so nahe mit dem Körper an die Lagerstützen herankommt und ausserdem auch mehr Platz vorhanden ist, namentlich, wenn
Fernrohr und Höhenkreis, wie es bei diesem Instrumente der Fall ist, an den
Enden der Horizontalaxe (excentrisch) befestigt sind.[1] Nahe die gleiche
Anordnung der Mikroskope findet sich auch bei den Repsold'schen Universalinstrumenten.

Fig. 161 stellt ein Universalinstrument von BREITHAUPT dar. Hier sind
die Mikroskope für den Horizontal-
kreis an einer eigenen Alhidade P
befestigt und lassen sich durch
die Schrauben s sowohl in azimuthalem als auch vertikalem
Sinne korrigiren, wie aus der
Zeichnung ohne Weiteres ver-

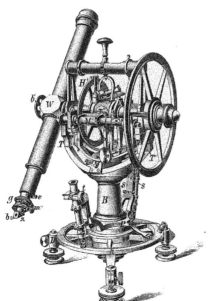

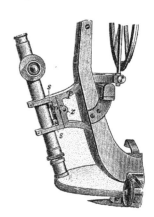

Fig. 161.   Fig. 162.

ständlich ist. — Eine eigenthümliche Vorrichtung zur Korrektur der Mikroskope
zeigt die Fig. 162, welche einen von der Firma SAEGMÜLLER (FAUTH & Co.) in
Washington gefertigten Typus veranschaulicht. Dieselben sind dort, wie es
auch sonst geschieht, durch Ringe an der Platte P befestigt, diese wird
durch die in Schlitzlöchern gehenden Schrauben s s mit dem Träger T verbunden. Die Platte P hat aber auf ihrer an T anliegenden Fläche eine
Rippe r, welche in eine entsprechende horizontale Nuth der Trägerfläche passt
und die mit einem Ansatz in den Träger selbst hineinreicht. In den

---

[1] Die für Ablesung des Vertikalkreises dienenden Mikroskope M,, u. M,,, sind nicht
auf die Axe des Letzteren aufgesetzt, sondern sind mit dem Lagerbock verbunden, wie das
auch in den Fig. 165 u. 166 der Fall ist.

Träger ist eine Schraube z eingelassen, die bei ihrer Bewegung gegen den genannten Ansatz drückt und so nach Lüftung der Schrauben s s das Mikroskop in azimuthalem Sinne etwas verschieben kann, während durch Drehung um die Rippe r sich die Neigung korrigiren lässt. Diese Einrichtung dürfte mit grosser Einfachheit auch einen bedeutenden Grad von Stabilität verbinden; vergl. Kapitel Universalinstrumente etc.

Diejenigen Mikroskope, welche zur Ablesung der Vertikalkreise dienen, sind, wie schon bemerkt, bei kleineren Instrumenten fast stets an den Enden eines alhidadenähnlichen Armes meist ebenso, wie oben beschrieben, befestigt, während dieser Träger mittels einer genau passenden Büchse auf die Horizontalaxe des Instrumentes aufgeschoben ist. Auf diesem Träger ist dann

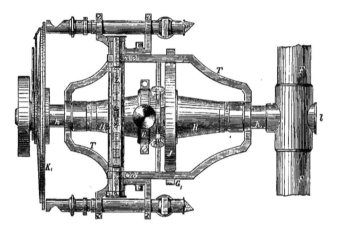

Fig. 163.
(Aus Loewenherz, Bericht.)

auch, wie schon beschrieben (vergl. Niveau), eine der Theilung des Vertikalkreises entsprechend genaue Libelle zur Sicherung der Horizontalität der Mikroskope befestigt.

Die Korrektionseinrichtungen und die Gesammtanordnungen auch dieser Mikroskope sind aus einigen der vorstehenden Figuren leicht zu ersehen. Sie unterscheiden sich im Wesentlichen nur durch den Ort, an welchem die Trägerbüchse die Horizontalaxe umfasst. Es ist von Vortheil, die Metalle, aus der Axe und Büchse hergestellt sind, so zu wählen, dass auch bei starken Temperaturänderungen keine Klemmung eintreten kann. Ein besonderer Theil, welcher hier mit dem Mikroskopträger vereinigt sein muss, ist dazu bestimmt, denselben bei einer Drehung der Axe des Fernrohrs festzuhalten. Zu diesem Zwecke geht von der Büchse nach unten ein Ansatz, Fig. 161 u. 164, welcher als Gabel um einen festen Dorn oder auch als Dorn zwischen eine Gabel fasst und dort von Schraube und Gegenfeder festgehalten wird.

Eine besonders zweckmässige, namentlich für grössere Instrumente geeignete Einrichtung für die Mikroskope des Vertikalkreises, hat C. BAMBERG bei seinem grossen Universalinstrument getroffen. Dieselbe ist in dem Berichte über die Berliner Gewerbe-Ausstellung etwa wie folgt beschrieben:[1])

Ein Rahmen T, Fig. 163, ruht mittels passend cylindrisch ausgeschliffener, zum Theil unterbrochener Lager auf den stählernen Axcylindern h und h₁, sodass er keine Verschiebung auf den Zapfen gestattet; gegen Abheben von den Zapfen ist der Rahmen geschützt durch Querverbindungen auf der unteren Seite der Lager, welche so bemessen sind, dass der Rahmen sich möglichst leicht dreht, ohne Spielraum zu gestatten. An den Rahmen T sind die Mikroskope M für den Höhenkreis mit ihren Trägern angeschraubt. Sie unterscheiden sich von den Mikroskopen des Horizontalkreises nur dadurch, dass die Okulare mit Prismen versehen sind, um die nach innen gelegene Theilung bequem

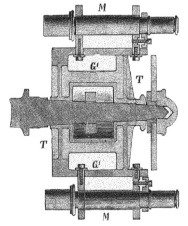

(Querschnitt des Mikroskopträgers.)

Fig. 164.

ablesen zu können. Die Dimensionen des Instrumentes gestatten sehr gut eine solche Anordnung, welche bei kleineren Instrumenten nicht möglich sein würde. Ein bogenförmiges Zwischenstück G₁ umfasst den Aufsuchekreis I nach unten, verbindet die beiden Bügel T und endet unten in einen Stahldorn a, Fig. 164, welcher die Horizontirung mittels einfachen Mikrometerwerks mit Hülfe der Libelle L₁ ermöglicht.[2]) Der Grund für diese Anordnung des Mikroskopträgers liegt in dem Bestreben eine möglichst symmetrische Form und eine gleichmässige Belastung der Horizontalaxe herbeizuführen; dann aber auch dem Mikroskopträger eine sichere Lagerung auf der Horizontalaxe zu geben.

Bei den in den Figuren 165 und 166 dargestellten Instrumenten ist der Übergang zu den fest aufgestellten dadurch gemacht, dass die Mikroskope für den Vertikalkreis mit den Lagerböcken der horizontalen Axe durch starke

---

[1]) Ganz ähnlich ist die in Fig. 164 dargestellte Einrichtung, welche Fennel anzuwenden pflegt, um dem Mikroskopträger eine sichere Führung zu geben; die Bezeichnung ist der in Fig. 163 entsprechend.

[2]) Im Allgemeinen möchte sich empfehlen die Korrektur des Mikroskopträgers mittels zweier Druckschrauben oder in ähnlicher Weise zu bewirken, da eine Feder zu diesem Zwecke nicht die genügende Sicherheit und Konstanz bietet.

Träger fest verbunden sind; vergl. auch Fig. 160. Durch diese Anordnung ist den Mikroskopen ohne Frage eine sicherere Befestigung, als in den früher beschriebenen Konstruktionen gegeben,[1]) und alle diejenigen Übelstände, welche eine auf der Horizontalaxe sitzende Büchse mit sich bringt (geringes Mitgehen bei der Bewegung des Fernrohres, Klemmung oder Schlottern u. s. w.) sind vermieden; dafür aber ist das Umlegen der Horizontalaxe in den Lagern ausgeschlossen, wenn man nicht zwei Paare von Mikroskopen anbringen will, was wohl bei Meridiankreisen geschieht.

Bei älteren Meridiankreisen sind die vier Ablesemikroskope häufig noch an den vier Ecken eines Rahmens von ähnlicher Form, wie ihn

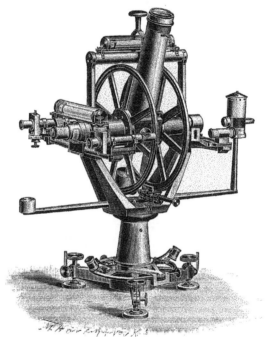

Fig. 165.

Fig. 169 zeigt, angebracht. Der Rahmen selbst sitzt aber mit einer Büchse auf der Axe des Meridiankreises, wie es Fig. 167[2]) erkennen lässt, und wird dann durch einen mit ihm fest verbundenen Arm, der durch Nuss und Schraube mit einem in den Pfeiler eingelassenen Bolzen verbunden ist, festgehalten. An der unteren und oberen horizontalen Seite des Rahmens können Libellen angebracht werden, die die Stellung der in m, m, m, m, Fig. 169, angebrachten Mikroskope kontroliren. Es ist bei dieser Einrichtung aber kaum eine zuverlässige Stellung der Mikroskope zu erlangen, selbst wenn

---

[1]) Aus diesem Grunde sind die grösseren Werkstätten vielfach zu der letztgenannten Befestigung der Mikroskope übergegangen. Fig. 165 stellt ein Instrument aus der Repsold'-schen und Fig. 166 ein solches aus der Saegmüller'schen Werkstätte dar.

[2]) Die Figur stellt den Hamburger Meridiankreis dar.

man den in manchen Stellungen des Fernrohrs nur sehr schwer abzulesenden Libellen volles Vertrauen schenken wollte. Aus diesem Grunde hat auch schon REPSOLD dem ersten von ihm gebauten Meridiankreis (wohl überhaupt das erste Instrument, welches diesen Namen verdient), der heute noch fast im ursprünglichen Zustande auf der Göttinger Sternwarte aufgestellt ist, eine

Fig. 166.

Einrichtung gegeben, bei welcher die Mikroskope (drei an der Zahl) an besonderen mit den Lagern zugleich am Pfeiler befestigten Armen angebracht sind. Fig. 168 stellt diese historisch bemerkenswerthe Konstruktion dar.

Dieselbe hat ebenso wie die Reichenbach'sche den Vortheil, dass bei Korrektion des Zapfenlagers die Mikroskope doch stets centrirt bleiben; sie hat aber ausserdem noch eine bei weiten festere Stellung derselben zur Folge, da der sie tragende Rahmen ganz unabhängig von den Bewegungen des Fernrohres ist; vergl. darüber Meridiankreise. Die Befestigung der Mikroskope an diesen Rahmen ist auf ähnliche Weise bewirkt, wie bei den kleineren Instrumenten. Nur der alte Repsold'sche Kreis macht eine Ausnahme; doch will ich hier nur auf die Fig. 168 verweisen, da diese Anordnung heutigen Tages nicht mehr vorkommt und bei der Besprechung der Meridiankreise noch kurz davon die Rede sein wird.

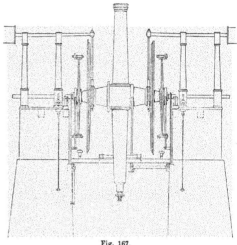

Später hat REPSOLD beim Hamburger, Königsberger und Pulkowaer Meridiankreis an die Stelle der 3 Mikroskope 4 gesetzt, die Anordnung derselben an einem Rahmen, der bei letzteren beiden mit den Pfeilern ebenso wie die Lager

Fig. 167.
(Nach Astron. Nachr., Bd. 15.)

in unmittelbarer Verbindung steht, aber beibehalten, Fig. 169. Mittelst der Schrauben c ist die viereckige Platte E mit dem Steinpfeiler direkt verbunden;

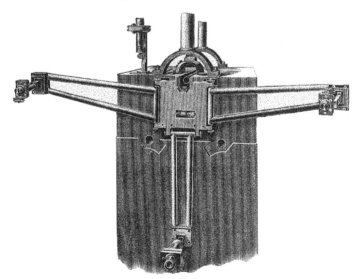

Fig. 168.

an diese Platte ist eine ringförmige Büchse K K mittelst Schrauben befestigt und in ihrer Mitte zugleich das Zapfenlager Z angebracht. Von dieser Büchse

10*

gehen die vier Alhidadenarme a aus, welche an ihren Enden die Mikroskope m tragen. Die Alhidadenarme sind durch die Querstäbe q verbunden, welche wieder durch die Speichen p mit der Büchse K K in Verbindung stehen. Durch die Schrauben V V kann eine geringe Drehung des ganzen Rahmens um seinen Mittelpunkt bewerkstelligt und so die Stellung der Mikroskope korrigirt werden. Die beiden horizontalen Querstäbe tragen die Libellen L und L', welche Veränderungen in der Stellung der Mikroskope erkennen lassen.

Später hat man die Mikroskope an die Enden stark gebauter Arme gesetzt, welche sich an einer die Lager umgebenden Scheibe festklemmen und verstellen liessen. Das ist die Anordnung, wie sie PISTOR und MARTINS

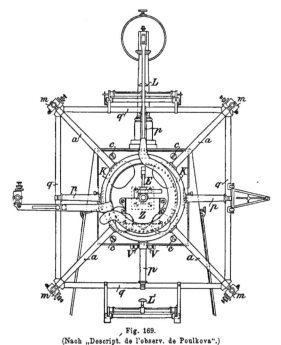

Fig. 169.
(Nach „Descript. de l'observ. de Poulkova".)

unter anderen bei dem grossen Berliner Meridianinstrument, ebenso bei denjenigen der Sternwarte zu Leiden, Leipzig, Washington u. s. w. getroffen hat. Fig. 170 stellt diejenige des Washingtoner Meridiankreises dar.

Weiterhin hat man namentlich in England und Frankreich die Mikroskope an starken Böcken an den Pfeilern selbst festgemacht, oder auch wohl, wie z. B. in Greenwich, durch einen derselben hindurchgehen lassen; einmal um ihnen eine äusserst gesicherte Stellung zu geben, dann aber auch, um die Okulare der Mikroskope (in Greenwich und Kap der guten Hoffnung sind es sechs) möglichst nahe beisammen zu haben. Das Letztere wird dadurch erzielt, dass man vom Kreise aus die Mikroskop-Axen nach Osten oder Westen hin stark konvergiren lässt. Nachdem man aber zu der Einsicht gelangt ist, dass es der Genauigkeit der Ablesungen zu grossem Vortheil gereicht, wenn die Kreise nicht Steinpfeilern gegenüberstehen und noch dazu nur in dem jeweiligen unteren Theile ihrer Peripherie, während dieselben oben frei liegen, hat die von der Repsold'schen Werkstätte eingeführte Anordnung jetzt wohl allseitige Anerkennung gefunden.

Dieselbe besteht darin, dass die Mikroskope an grossen trommelähnlichen

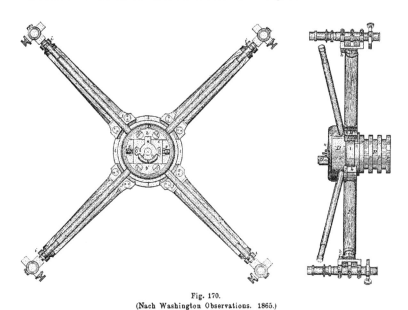

Fig. 170.
(Nach Washington Observations. 1865.)

Ringsystemen von nahezu dem Durchmesser der Kreise, welche auch zugleich die Lager tragen, angebracht sind, wie es die Fig. 171, 172 erkennen lassen.[1]

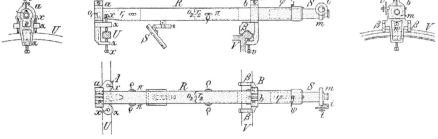

Fig. 171.
(Nach „Publ. d. v. Kuffner'schen Sternwarte", Bd. I.)

Dr. N. Herz beschreibt dieselbe sowie die Mikroskope selbst im I. Bd. der Publikationen der Sternwarte des Herrn v. Kuffner wie folgt:

---

[1] Die verschiedenen Befestigungsarten für die Mikroskope bei Meridiankreisen werden später noch näher zu erläutern sein.

„In der Mikroskopröhre R befinden sich, in die beiden Röhren r_1, r_2 gefasst, in welche die Schräubchen p von aussen eingreifen, die beiden Linsen o_1, o_2. Durch geringes Lüften der Schräubchen p können behufs Korrektion des Ganges (Run) die Röhren r_1, r_2 in R verschoben und durch Anziehen dieser Schräubchen mittels der Metallplatten π festgeklemmt werden. Die Okularröhre S wird durch Anziehen der Schraube ψ, welche die Feder φ an dieselbe andrückt, festgestellt, nachdem das Okular in die richtige Entfernung vom Objektiv gebracht und das Mikrometer m so gedreht wurde, dass die Fäden parallel zu den Bildern der Theilstriche stehen. Die Verschiebung des Schlittens wird an der Trommel t mittelst des Index i abgelesen.

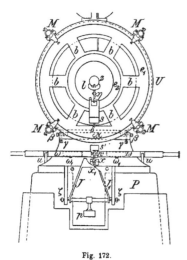

Fig. 172.
(Nach „Publ. d. v. Kuffner'schen Sternwarte", Bd. 1.)

Die Mikroskope sind bei A und B auf der Trommel befestigt. Bei B trägt zu diesem Zwecke der an dem Mikroskope festgeklemmte Ring b die beiden v-förmigen Lager β und die Bodenplatte für das Muttergewinde der Schraube v, welche die Lager β auf den äusseren Kranz K der Trommel T festdrückt. Eine Drehung des Mikroskopes in dem Ringe b ist durch die Schraube w, durch welche der Ring an der Mikroskopröhre befestigt ist, verhindert. Bei A trägt der an dem Mikroskope festgeklemmte Ring a die Ansätze a für die Muttern der drei Schrauben x, welche das Objektivende des Mikroskopes an den inneren Kranz U der Trommel befestigen. Durch gleichzeitiges Lüften der beiden oberen Schrauben und Anziehen der unteren wird das Objektiv dem Mittelpunkte des Kranzes U genähert, durch Lüften der unteren und Anziehen der beiden oberen Schrauben aber entfernt, wodurch man die Theilung unter das Mikroskop bringen kann. Eine grössere Korrektion mittels dieser Schrauben ist jedoch nicht gestattet, da man auch darauf zu achten hat, dass die Mikroskop-Axe sehr nahe senkrecht zur Kreisebene bleibt".

Werden die Mikroskope nicht verwendet, so können vor die Objektivöffnungen zum Schutz kleine Deckel k gedreht werden. Die Befestigung der ganzen Mikroskope an den erwähnten Trommeln ist zunächst aus Fig. 172 leicht ersichtlich, im übrigen wird später darauf zurückzukommen sein.

Was nun die Befestigung der Mikroskope anlangt, welche bei Äquatorealen und überhaupt parallaktisch aufgestellten Instrumenten Verwendung finden, so ist diese eine so mannigfaltige und den bestimmten Zwecken der Instrumente angepasste, dass es kaum angängig erscheint, diese Einrichtungen hier zu besprechen; sondern ich halte es für weit zweckmässiger, dieselben bei der Beschreibung der betreffenden Instrumente im Ganzen mit zu erläutern; zumal dort die Mikroskope zur Ablesung der Kreise heutzutage meist nur eine untergeordnete Bedeutung haben, mit Ausnahme derjenigen an den Positionskreisen, an denen aber eigentliche Mikrometermikroskope nur sehr selten vorkommen dürften.

Eine Vereinfachung der Ablesemikroskope ist in neuerer Zeit dadurch herbeigeführt worden, dass wohl der optische Theil geblieben oder event. auch durch Weglassung des Kollektivglases einfacher eingerichtet wird, dass man das Mikrometer aber durch Einfügen einer auf Glas gefertigten Theilung ersetzte. Diese ist so angeordnet, dass sie sich in der Bildebene des Objektives befindet und dort durch Einschätzen noch leicht Zehntel, Dreissigstel oder dergl. der Haupttheilung zu messen gestattet.

Die Fig. 173, 174 zeigen die Gesichtsfelder solcher „Schätzungsmikroskope" und Fig. 42 den Querschnitt eines solchen, wie sie z. B. FENNEL bei seinem kleinen Theodolithen anzubringen pflegt. Es ist m die dünne Glasplatte, welche auf dem Diaphragma d in der Bildebene des Objektivs liegt.[1]

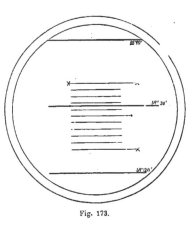

Fig. 173.

Die Fig. 173 zeigt in der Bildebene ein fein getheiltes dünnes Glasplättchen, welches die Strecke eines Hauptintervalls in 10 gleiche Theile theilt. Von dieser Theilung ist der eine Endstrich besonders markirt und bildet den Index. Durch dessen Stellung zwischen den Strichen 18^0 $30'$ und 18^0 $40'$ wird sofort eine rohe Schätzung ermöglicht, dadurch aber, dass nun der Strich 18^0 $30'$ wiederum zwischen den 4. und 5. Strich der Hülfstheilung fällt, wird diese rohe Schätzung zehnmal verfeinert; denn der Strich 18^0 $30'$ gestattet von dem Minutenintervall der Hülfstheilung wieder Zehntel zu schätzen, sodass also mit Leichtigkeit im dargestellten Falle die Ablesung auf 18^0 $33',4$ verschärft werden kann. Bei guter Ausführung kann wohl noch genauer abgelesen werden.

Eine dem Wesen nach völlig gleiche Einrichtung zeigt die Fig. 174,[2] nur sind dort die Striche der Hülfstheilung doppelt angeordnet, sodass es ohne Störung möglich ist, dieselbe in doppelt so viele Intervalle

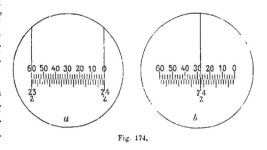

Fig. 174.

---

[1] Vergl. Hensold, Zschr. f. Vermessungsw. 1879, S. 497 und M. Schmidt l. c. S. 505 Bohn, Landmessung, S. 190 u. Vogler, Abbildgn. geodät. Instrumente. Bewährt hat sich diese Einrichtung z. B. auch für die Ablesung genauer Pos. Kreise u. dergl.

[2] Mikroskop an einem Grubentheodolith von Jos. und Jan Fric in Prag.

zu theilen, was ja natürlich auch die Schätzung noch einmal so genau macht. Die Ablesung würde in a gleich 224° 0'0 und in b 224° 27' 30'' sein. Es ist bei der Herstellung dieser Hülfstheilungen namentlich darauf zu achten, dass ihre Striche bezüglich Stärke und Aussehen nicht zu stark von den Bildern der Kreistheilstriche abweichen, da sonst leicht physiologische Fehler entstehen können. — Die Berichtigung dieser Mikroskope, d. h. die Übereinstimmung von Hülfstheilung und Haupttheilung bezüglich Länge und Parallaxe geht ohne Weiteres aus den Vorschriften für die Berichtigungsmethode der Schraubenmikroskope hervor. Eine andere Einrichtung, welche ebenfalls die einer guten Theilung entsprechende Ablesungsgenauigkeit ohne Anwendung der immerhin etwas komplicirten Schraubenmikroskope bewirken soll, hat G. HEYDE in Dresden getroffen. Er bringt den messenden Mechanismus überhaupt ausserhalb des Mikroskops an und benutzt dann nur ein einfaches, festes Fädenpaar. Der Verfertiger beschreibt diese Einrichtung, deren Zweckmässigkeit in manchen Fällen ausser Frage steht, in der Zeitschrift für Instrumenten-Kunde[1]) wie folgt:

„In die centrische Durchbohrung der Hauptaxe a,, Fig. 175, eines nach sonst gewöhnlicher Konstruktion gebauten Theodolithen oder Universalinstrumentes, welche in der Büchse B ihre Führung hat, ist eine zweite Axe a,, eingepasst, welche eine zweite Alhidade A,, trägt. Auf dieser sind die beiden Mikroskope M, und M',, festgeschraubt. Die mit der Hauptaxe a, verbundene Hauptalhidade A,, welche das Fernrohrobertheil trägt, hat zwei Verlängerungen, welche über den Theilkreis hinausragen. Die erstere, β, ist mit der an der Klemme k befindlichen Feineinstellungsschraube in Verbindung. Auf der Verlängerung α ist das Mikrometerwerk S festgeschraubt. Durch die Mikrometerschraube S mit gegenwirkender Spiralfeder zur Aufhebung des todten Ganges der Schraube, wird die Mikroskopalhidade A,, allein entsprechend bewegt, während, wie aus Fig. 176 ersichtlich ist, durch die entgegengesetzt stehende Feineinstellungsschraube F nach Klemmung durch die Klemme k, die Hauptalhidade A, mit dem Instrumentenobertheil und der Mikroskopalhidade gleichzeitig gedreht wird. Am Höhenkreise ist eine zweite Alhidade nicht nöthig; dort vertritt die Stelle derselben der Mikroskopträger. Hier ist die Mikrometereinrichtung direkt mit der Höhenkreisalhidade in Verbindung, in ähnlicher Weise wie am Horizontalkreis.

Die Ganghöhen der Mikrometerschrauben sind so gewählt, dass eine Umdrehung derselben eine Winkelbewegung von genau einem kleinsten Kreistheilungsintervall bewirkt. Sind z. B. die Kreise in Drittelgrade getheilt, so bewirkt ein Schraubenumgang eine Drehung von genau 20 Minuten; die Trommel an der Mikrometerschraube ist dann in 200 Theile getheilt, die 200 Zehntel-Minuten entsprechen; die Bezifferung geht von Minute zu Minute die Hundertel-Minuten lassen sich noch bequem schätzen. Sind die Kreise in Sechstel-Grade getheilt, so ist ein Schraubenumgang gleich 10 Minuten, die Trommel ist dann in 100 Zehntel-Minuten getheilt und die Hundertel-Minuten können ebenfalls leicht geschätzt werden",.

---

[1]) Zschr. f. Instrkde. 1888, S. 172.

Geheimrat NAGEL und Dr. UHLICH in Dresden haben nach vorliegenden Mittheilungen recht gute Resultate mit so eingerichteten Instrumenten erzielt.

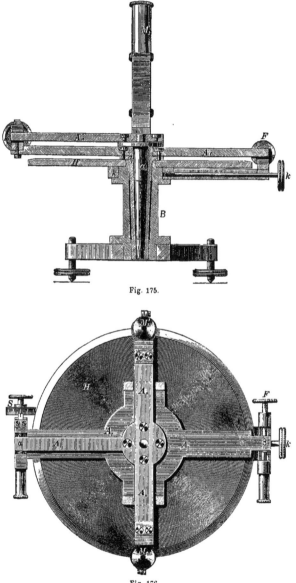

Fig. 175.

Fig. 176.
(Aus Zschr. f. Instrkde, 1888.)

b. Berichtigung und Untersuchung der Ablesemikroskope.

Wie oben bei der Erläuterung des Princips des Schraubenmikroskops gesagt wurde, besteht die Methode der Messung mit demselben darin, dass vermittels der Schraube das Intervall zwischen dem Index oder einer bestimmten Nullstellung der Trommel und dem nächst vorhergehenden Strich der Theilung gemessen und diese Strecke dann noch zu der Angabe des betreffenden Striches hinzugefügt wird. Dazu ist zunächst erforderlich, dass man im Stande ist, die Anzahl der Schraubenumdrehungen und der Bruchtheile in Einheiten der Kreistheilung (also in Minuten und Sekunden) auszudrücken; weiterhin, dass dieser Verwandlungskoefficient für alle Stellen der Schraube derselbe ist, d. h. dass deren Gänge überall gleiche Neigung haben und die Fäden sich den Bruchtheilen ihrer Umdrehung proportional bewegen.

Für eine genaue Messung ist aber auch erforderlich, dass die Fäden genau in der Bildebene liegen, also keine sogenannte Parallaxe vorhanden ist. Sodann soll auch eine bestimmte Anzahl (der Bequemlichkeit wegen ganzer) Umdrehungen der Schraube einem Theilungsintervall genau entsprechen oder der Betrag einer etwaigen Abweichung davon — die immer in sehr engen Grenzen gehalten werden muss — bekannt sein, damit deren Einfluss in Rechnung gebracht werden kann. Diesen etwa vorhandenen Unterschied nennt man den „Gang" oder auch wohl den „Run" des Mikrometers.

Was den ersten hier erwähnten Punkt, die Genauigkeit der Schraube und deren Untersuchung anlangt, so ist darüber schon das Nöthige im Kapitel „Schrauben" S. 39 beigebracht.

Die beiden anderen Forderungen sind aber so eng mit einander verknüpft, dass wir sie hier zugleich behandeln müssen. Wie leicht einzusehen, kann es durch Verschieben des ganzen Mikroskopes sowohl als auch des Objektivs oder der Kollektivlinse allein in Richtung der optischen Axe leicht dahingebracht werden, dass Faden- und Bildebene genau zusammenfallen, was man sehr gut dadurch erkennen kann, dass der Beobachter das Auge, soweit es das Okulardiaphragma zulässt, in Richtung der Theilung hin und her bewegt und dabei darauf achtet, ob sich Fäden- und Theilstriche gegen einander verschieben oder nicht. Nur für den Fall gleichzeitiger absoluter Ruhe ist die Parallaxe beseitigt. Geht jedoch bei der Bewegung des Auges nach rechts ein in nächste Nähe eines Theilstriches gebrachter Faden des Systems relativ zu jenem auch nach rechts, so ist dieses ein Zeichen, dass die Bildebene des Mikroskopes zwischen Faden und Auge liegt, also das Mikroskop von der Theilung entfernt werden muss. Geht bei nach links bewegtem Auge der Faden scheinbar vom Theilstrich nach rechts, so liegt die Bildebene zwischen Fadensystem und Objektiv; das Mikroskop ist also der Theilung zu nähern. So lässt sich wohl Bild und Fadenebene leicht zusammenbringen. Jede solche Änderung in der Stellung des Mikroskopes bringt aber auch eine Veränderung der Bildgrösse hervor, und es wird somit, falls z. B. für eine Stellung 2 Umdrehungen der Schraube nöthig waren, um einen Faden von einem der etwa 5′ von einander entfernten Theilstriche (resp. deren Bilder) zum nächsten zu führen, dieses bei der geringsten axialen Verschiebung des Mikroskopes oder des Objektives desselben nicht mehr der Fall sein. Ist dasselbe der Theilung genähert worden, so wird etwas mehr als 2 Umdrehungen auf das Bild eines Theilungsintervalles kommen, im umgekehrten Falle weniger; aber es wird sich auch als nöthig erweisen, dass die Entfernungen zwischen Objektiv, Kollektivlinse und Fadenebene gegenseitig geändert werden, um die entstandene Parallaxe wieder wegzuschaffen. Wie man sieht, sind die beiden Forderungen nur dadurch gleichzeitig zu erfüllen, dass man (wie auch oben bei der Beschreibung einzelner Konstruktionen von Schraubenmikroskopen besonders erwähnt), sowohl das ganze Mikroskop gegen die Theilungen hin, als auch die einzelnen Bestandtheile desselben untereinander verschiebbar macht. Dabei soll auch noch vorgesehen sein, die optische Axe gegen die Ebene der Theilung etwas neigen zu können, damit diese senkrecht zu derselben gestellt werden kann, um sowohl die gleiche Schärfe und gleichzeitiges Verschwinden der Parallaxe für das ganze Gesichtsfeld zu erzielen. Um diese Korrekturen aus freier Hand auszuführen, bedarf es ziemlicher Übung und unter Umständen, wenn die Korrektionsschrauben nicht bequem und sachgemäss angebracht sind, was leider noch häufig vorkommt, grosser Geduld. Man hat deshalb versucht diese Arbeit durch Rechnung zu erleichtern. Zu diesem Vorgehen müssen allerdings die optischen Elemente des Mikroskopes bekannt sein. Die Rechnung ist aber nach einfachen optischen Formeln ausführbar, und die Korrektion kann sodann z. B. mittelst eines von Prof. KRUEGER in Kiel angegebenen und beschriebenen einfachen Apparates wie folgt ausgeführt werden. [1])

Ist a die lineare Grösse des Theilungsintervalles, b diejenige des von dem Objektivsystem erzeugten Bildes, α der Abstand des ersteren von der Theilung und β dessen Abstand von der Bildebene (für die hier in Frage kommenden Zwecke kann die Dicke der Linsen resp. die Entfernung ihrer Hauptpunkte natürlich vernachlässigt werden), so hat man

$$(1) \quad \ldots \ldots \quad a \, \beta = b \, \alpha.$$

Verändert man α um die Strecke $\triangle \alpha$, so wird sich b um $\triangle$ b und β und $\triangle \beta$ ändern, während a natürlich dasselbe bleibt. Um die Abhängigkeit des $\triangle$ b und $\triangle \beta$ von $\triangle \alpha$ zu bestimmen, ist zu setzen nach Gleichung (1):

$$a \, (\beta + \triangle \beta) = (b + \triangle b) \, (\alpha + \triangle \alpha), \quad \text{was ausmultiplicirt giebt}$$

$a \beta + a \triangle \beta = a b + a \triangle b + b \triangle \alpha + \triangle \alpha \triangle \beta$, da aber sowohl $\triangle \alpha$ als $\triangle \beta$ kleine Grössen sind, kann hier und in der Folge deren Produkt den anderen Grössen gegenüber vernachlässigt werden, und man erhält dann, wenn gleichzeitig für b aus Gleichung (1) der Werth $\dfrac{a \, \beta}{\alpha}$ eingesetzt wird:

$$(2) \quad \ldots \quad \triangle b = \frac{a \triangle \beta - \dfrac{a \, \beta}{\alpha} \triangle \alpha}{\alpha} = a \left(\frac{\triangle \beta}{\alpha} - \frac{\beta \triangle \alpha}{\alpha^2} \right).$$

Weiterhin ist für f als Brennweite des Objektivsystems

$$(3) \quad \ldots \ldots \ldots \quad \frac{1}{f} = \frac{1}{\alpha} + \frac{1}{\beta}, \quad \text{und lässt man auch hier die}$$

Änderungen $\triangle \alpha$ und $\triangle \beta$ bei konstantem f eintreten, so geht diese Gleichung über in

$$\frac{1}{f} = \frac{(\beta + \triangle \beta) + (\alpha + \triangle \alpha)}{(\alpha + \triangle \alpha) \, (\beta + \triangle \beta)}$$

---

[1]) Astron. Nachr., Bd. 109, S. 201.

und man erhält durch Kombination mit (3):

$$\alpha^2 \triangle \beta = -\beta^2 \triangle \alpha$$

$$(4) \quad \ldots \ldots \quad \triangle \beta = -\frac{\beta^2}{\alpha^2} \triangle \alpha.$$

Aus (2) und (4) findet man sofort

$$\triangle b = -a \left(\frac{\alpha+\beta}{\alpha^2}\right) \frac{\beta}{\alpha} \triangle \alpha, \text{ da aber nach (1)} \; \frac{\beta}{\alpha} \cdot a = b \text{ ist, so ist auch}$$

$$(5) \quad \ldots \ldots \quad \triangle \alpha = -\frac{\alpha^2}{\alpha+\beta} \cdot \frac{\triangle b}{b}.$$

Ist jetzt $\alpha + \beta = \sigma$ also auch $\triangle \alpha + \triangle \beta = \triangle \sigma$ und nach Gleichung

$$(4) \text{ und } (5) \quad \triangle \sigma = \alpha \cdot \frac{\alpha^2 - \beta^2}{\alpha^2} = -\frac{\alpha-\beta}{b} \cdot \triangle b = (\beta - \alpha)\frac{\triangle b}{b}.$$

Die kleineren Strecken $\triangle \alpha$ und $\triangle \sigma$ sind nun unmittelbar diejenigen, um welche Objektiv und Bildebene gegenüber dem Limbus verschoben werden müssen, um die Grösse des Bildes der Theilung im Verhältniss von $\triangle b : b$ zu ändern. Hat man also α und β oder auch σ gemessen und kennt man aus den Schraubenumdrehungen die linearen Werthe von b und $\triangle b$, so kann man $\triangle \alpha$ und $\triangle \sigma$ finden, auf welcher Voraussetzung der Krueger'sche Apparat beruht.

Der Apparat ist für die ältere Repsold'sche Konstruktion der Mikroskope berechnet, bei welchen das Objektiv in einem Rohre steckt, welches frei in das äussere Rohr geschoben und dort durch Reibung, resp. Klemmung, festgehalten wird.

Fig. 177 a.

Das Messingstück M von quadratischem Querschnitt ist der Länge nach durchbohrt und mit einem Schraubengewinde versehen; der Vorsprung bei A ist nach Art eines Zapfenlagers ausgefeilt. Die lange Schraube mit dem Kopfe oben dient nur zur Abmessung der Entfernung des Mikrometers vom Limbus. Zunächst lässt man den Vorsprung bei A sich gegen das untere Lager des Mikroskopes anlegen, bringt die obere flache Spitze s' der Schraube mit dem Mikrometerkasten in Berührung. Danach verstellt man die Schraube um so viel, als die vorhergegangene Rechnung erfordert, lockert die Lager des Mikroskopes, lässt den Kasten in gleicher Weise berühren und schraubt das Mikroskop wieder fest, so wird man ohne Mühe bis auf ein Hundertstel Millimeter oder noch genauer diese Verschiebung bewerkstelligen und dabei den Faden parallel zu den Limbusstrichen stellen können.

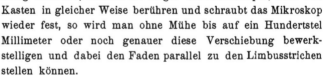

Fig. 177 b.

Zur richtigen Verschiebung des Objektivs dient der in Fig. 177 b abgebildete Mikrometerapparat. Das Messingstück legt sich auf den Rand der Mikroskopröhre; darauf wird mittelst der Schraube die untere kleine Scheibe mit der Objektivfassung in Berührung gebracht. Auch diese Berührung lässt sich sehr genau auffassen: so wie man etwas zu weit geschraubt hat, fühlt man, dass das Messingstück nicht mehr gleichzeitig auf beiden Seiten das Mikroskoprohr berührt. Stellt man sodann die Mikrometerschraube in der erforderlichen

Weise, zieht das Objektivrohr etwas heraus und drückt es wieder soweit zurück, als die Berührung der betreffenden Theile zulässt, so wird auch die Stellung des Objektivs schnell der Rechnung gemäss berichtigt sein.

In wenigen Minuten kann das Alles ausgeführt werden. Die vorher nothwendige Berechnung der erforderlichen Verschiebungen verlangt noch weniger Zeit, da man gewöhnlich für den betreffenden Satz von Mikroskopen dieselben Daten und Regeln benutzen kann und zur Hand haben wird.

Je nach der Form der vorhandenen Mikroskope wird man den Apparat zur Messung der Verstellungen leicht ändern, und eine dem betreffenden Fall entsprechende Gestalt geben können.

Den linearen Werth für die Höhe eines Schraubenganges kann man mit der nöthigen Schärfe leicht nach der auf Seite 29 angegebenen Methode finden.[1])

Ist das Bild in der Fadenebene zu gross, d. h. gehen zu viele Trommeltheile auf dasselbe, so muss b verkleinert, also $\triangle$ b negativ genommen werden; dann ergiebt sich $\triangle \sigma$ negativ, $\triangle \alpha$ aber positiv, d. h. Mikrometer und Okular sind dem Limbus oder dem Maassstabe zu nähern, das Objektiv aber dagegen vom Limbus zu entfernen, also der Fadenebene näher zu bringen. Umgekehrt ist die Sache, wenn das Bild in der Fadenebene zu klein erscheint.

Ein auf solche Art justirtes Mikroskop wird aber nicht lange die bemerkte einfache Beziehung zwischen Trommeltheilen und Theilungsintervall bewahren, theils wegen mechanischer, theils wegen thermischer Einflüsse auf dasselbe, d. h. es werden zum Beispiele nicht mehr genau 300 ^{p} = 300″ oder 150 ^{p} = 300″, sondern es wird allgemein $(l' + r) \mu = I$ sein, wo I' die Anzahl der Trommeltheile ist, die nominell dem Theilungsintervall von I (etwa in Bogensekunden ausgedrückt) entsprechen sollte, und r die Anzahl der Trommeltheile, um welche man das Fadenpaar weniger oder mehr weiter bewegen muss, als es dem idealen Zustande des Mikroskopes entsprechen würde. Es ist dann μ der Verwandlungsfaktor für Trommeltheile in Ablesungseinheiten (Bogensekunden). Die Grösse r nennt man dann den Gang oder den Run des Mikroskopes für das Theilungsintervall. Man findet dessen Werth wegen Elimination der Theilungsfehler des Limbus oder Maassstabes am besten aus der Messung einer grösseren Anzahl von Theilungsintervallen mit der Schraube. Für eine bestimmte Stellung des Limbus gegen das Mikroskop geschieht die Einstellung des Mikrometerfadens zweckmässig zuerst auf den höher bezifferten Theilstrich[2]) (Strich B, Trommelablesung b),

---

[1]) Das oben schon erläuterte Abdrücken der Schraube geschieht am besten in der Weise, dass man dieselbe auf einer ebenen Unterlage zwischen zwei Papierstreifen legt und den oberen derselben ebenfalls mittels einer ebenen Fläche, etwa mittels eines Lineales sanft gegen die Schraube presst und ganz wenig rollt.

[2]) Praktisch ist es ganz gleichgültig, welchen Theilstrich man zuerst einstellt, da die Wahl desselben auf die Messungsresultate natürlich ohne Einfluss ist, es hängt die Messungsrichtung wesentlich von der Anordnung des Mikroskopes ab. Auf jeden Fall ist aber immer darauf zu achten, dass die Einstellung eines Striches nur bei derselben Bewegungsrichtung der Schraube bewirkt werden darf, und zwar am besten so, dass diese den Fadenschlitten bewegt und nicht eine entgegenwirkende Feder. Bezüglich der Bezifferung der Trommeltheile im Verhältniss zu der des Limbus vergl. S. 88.

dann auf den numerisch kleineren (Strich A, Trommelablesung a), und man operirt dann mit dem Mittel beider Einstellungen weiter.

Zunächst giebt eine Reihe von Messungen von Theilungsintervallen (oder besser vielleicht von doppelten) den Werth $b - a = r$ und zwar positiv, wenn die Ablesung an dem niedriger bezifferten Theilstriche die kleinere ist; denn dann hat man $r \frac{\text{positiv}}{\text{negativ}}$, wenn die durch die Trommelangaben erhaltene Zahl $\frac{\text{kleiner}}{\text{grösser}}$ ist, als die zu a hinzuzufügende Anzahl von nominellen Theilungseinheiten (Bogensekunden), d. h. ein Trommeltheil ist $\frac{\text{grösser}}{\text{kleiner}}$ als die ihm nominell entsprechende Anzahl von Bogensekunden, sodass man also, um von Trommeltheilen auf Bogenmaass überzugehen, die Anzahl der ersteren $\frac{\text{vergrössern}}{\text{verkleinern}}$ muss. Es wird daher $\mu = \frac{I}{l' - r}$ der Werth eines Trommeltheiles sein z. B. ausgedrückt in Bogensekunden. Hat man nun am vorhergehenden Theilstrich A die Trommelablesung a gemacht und am nachfolgenden B die Ablesung b, so wird man die Stellung des Mikroskop-Nullpunktes (also die Kreisablesung) offenbar auf zwei Wegen finden können; einmal mit Hülfe der Ablesung a und einmal mittels der Ablesung b. Im ersten Fall hat man, wenn die Kreisablesung K ist:

$$(1) \quad \ldots \quad \begin{cases} K = A + a\,\mu & \text{im zweiten Fall:} \\ K = B - (I' - b)\,\mu. \end{cases}$$

Aus beiden Gleichungen hat man also

$$(2) \quad \ldots \quad K = \frac{A + B}{2} - \frac{I'}{2}\,\mu + \frac{a + b}{2}\,\mu; \quad \text{setzt man hier}$$

$\frac{A + B}{2} = A + \frac{I}{2}$ und für μ den obigen Werth, so kann man schreiben

$$K = A + \frac{I}{2} - \frac{I'}{2} \cdot \frac{I}{I' - r} + \frac{a + b}{2} - \frac{a + b}{2}\left(1 - \frac{I}{I' - r}\right) \text{ und wenn man}$$

bedenkt, dass $\frac{I}{2}\left(1 - \frac{l'}{l' - r}\right) = - \frac{I}{2} \cdot \frac{r}{l' - r}$ ist,

$$(3) \quad . \quad K = A + \frac{a + b}{2} - \frac{I}{2} \cdot \frac{r}{I' - r} - \frac{a + b}{2} \cdot \frac{I' - I - r}{I' - r}.$$

Dieser Ausdruck für eine wegen Mikroskopgang korrigirte Kreisablesung K ist ganz allgemein gültig, mag I' sich gegen I verhalten wie es will. Setzt man aber z. B. $I' = 5$ Revolutionen à 60 Partes der Schraube für ein Theilungsintervall von $300'' = 5'$, oder 2 Revolutionen à 60 Partes für eine 2 Minutentheilung, so hat man $I' = I$ zu nehmen, und man erhält aus Gleichung (3):

$$K = A + \frac{a + b}{2} - \frac{I}{2} \cdot \frac{r}{I - r} + \frac{a + b}{2} \cdot \frac{r}{I - r}$$

$$(4) \quad \ldots \quad = A + \frac{a + b}{2} + \left(\frac{a + b}{2} - \frac{I}{2}\right)\frac{r}{I - r}. \quad [1)]$$

[1)] Dieses ist die Form, welche sich auch in Albrecht's Tafeln für Geographische Ortsbestimmungen angegeben findet. Im Übrigen ist bezüglich der Theorie des Runs noch zu

Schreibt man die Glieder der Gleichung (3) etwas anders, so erhält man

$$K = A + \frac{2\frac{a+b}{2}(I'-r) - I\,r + 2\frac{a+b}{2}(I'-r) + 2\,a\frac{+\,b}{2}I}{2\,I' - r}$$

(5) . . . . . . $K = A + \left(\frac{a+b}{2} - \frac{r}{2}\right)\frac{I}{I'-r}$, welche Form dann

für den speciellen Fall $I' - I$ übergeht in

(6) . . . . . . $K = A + \left(\frac{a+b}{2} - \frac{r}{2}\right)\frac{I}{I-r}$.

Für die Tabulirung der Runkorrektion ist aber die erstere Form vorzuziehen, weil sie die an die direkten Ablesungen anzubringende Korrektion für sich enthält und auch ohne Weiteres zeigt, dass in der einen Hälfte des Theilungsintervalls nach Bildung des Arithmetischen Mittels beider Trommelablesungen $\left(\frac{a+b}{2}\right)$ diese Korrektion oder das, was man auch schlechthin den Run nennt, positiv und ¨ die andere Hälfte negativ wird, da der Klammerwerth für $\frac{a+b}{2} > \frac{I}{2}$ für positiv und für $\frac{a+b}{2} < \frac{I}{2}$ negativ wird, wenn $r = b - a$ selbst positiv ist.

Nimmt man weiterhin z. B. für $I' = \frac{1}{2}I$, d. h. entsprechen etwa 150 Trommeltheile einem Theilungsintervall von $5' = 300''$ oder eine Revolution à 60 Partes etwa $120''$, so geht die Gleichung (3) über in:

(7) . $K = A + \frac{a+b}{2} - \frac{I}{2} \cdot \frac{r}{\frac{I}{2} - r} - \frac{a+b}{2} \cdot \frac{\frac{I}{2} - I - r}{\frac{I}{2} - r}$

$$K = A + \frac{a+b}{2} - \frac{I}{2}\cdot\frac{2\,r}{I-2\,r} + \frac{a+b}{2}\cdot\frac{I}{1-2\,r} + \frac{a+b}{2}\cdot\frac{2\,r}{I-2\,r}.$$

(8) $K = A + \frac{a+b}{2}\cdot\frac{2\,I}{I-2\,r} - \frac{I}{2}\cdot\frac{2\,r}{I-2\,r} = A + \left[2\left(\frac{a+b}{2}\right) - r\right]\frac{I}{I-2\,r}$

woraus sofort hervorgeht, dass man die etwa für $I = I'$ entworfenen Tafeln auch für andere Theilungsverhältnisse gebrauchen kann, wenn man nur das Argument $\frac{a+b}{2}$ verdoppelt und damit in die Tafel eingeht.

Beispiel: Hat man am Theilstrich B abgelesen $b = 1^{\text{Rev.}}\,20^{\text{p}}$ der Trommel
und „ „ A „ $a = 1 \quad 10$ „ „
und ist das Theilungsintervall $5' = 300''$, während auf diese Strecke $5^{\text{Rev.}}$ à 60^{p} der Trommel gehen sollten, so entsprechen demselben aber nur 290^{p}, man hat also $b - a = r = 10^{\text{p}}$. Damit erhält man $\frac{a+b}{2} = 1^{\text{Rev.}}\,15^{\text{p}}$;

---

vergleichen: L. Weinek, Der Mikroskop-Run, Astron. Nachr., Bd. 109, S. 199 und Oudemans, Der Mikroskop-Run, Astron. Nachr., Bd. 109, S. 347. Dabei ist zu bemerken, dass Weinek das Vorzeichen von r in umgekehrtem Sinne annimmt.

$\dfrac{\mathrm{I}}{2} = 2^{\text{Rev.}}\,30^{\text{p}}$ (Nominelles halbes Theilungsintervall) und

$$\frac{r}{\mathrm{I}-r} = \frac{10}{290} = \frac{1}{29}; \text{ also}$$

$$K = A + 1'\,15'' + (1^{\text{Rev.}}\,15^{\text{p}} - 2^{\text{Rev.}}\,30^{\text{p}})\,\frac{1''}{29} = A + 1'\,15'' - \frac{75''}{29}$$

$$= A + 1'\,15'' - 2''.586 = A + 1'\,12''.414. \text{ Wäre also A etwa gleich}$$

$10^{\circ}\,5'$ gewesen, so hätte man $K = 10^{\circ}\,6'\,12''.414$.

Eine mit $1 = 300^{\text{p}}$ und $r = +10^{\text{p}}$ entworfene Tafel hätte die nachfolgende Form:

Tafel für den Gang (Run) einer Mikroskop-Mikrometerschraube.

$$\mathrm{I} = 300; \quad r = +10;$$

$\mathrm{I}' = \dfrac{\mathrm{I}}{2}$	$\mathrm{I}' = \mathrm{I}$	
$\dfrac{a+b}{2}$	$\dfrac{a+b}{2}$	$\left(\dfrac{a+b}{2} - \dfrac{\mathrm{I}}{2}\right)\dfrac{r}{\mathrm{I}-r}$[1]
$0^{\text{R}}\,0^{\text{p}}$	$0^{\text{R}}\,0^{\text{p}}$	$-5''$
	30	-4
0 30	1 0	-3
	30	-2
1 0	2 0	-1
	30	0
1 30	3 0	$+1$
	30	$+2$
2 0	4 0	$+3$
	30	$+4$
2 30	5 0	$+5$

Aus derselben findet sich mit $\dfrac{a+b}{2} = 1^{\text{R.}}\,15^{\text{p.}}$ die Korrektion der Trommelablesung zu $-2''.5$, was mit dem strengen Werth von $-2''.586$ bis auf $0''.086$ stimmt. Daraus ist aber auch zugleich ersichtlich, dass bei so grossem Werth von r — will man das Zehntel einer Sekunde der Ablesung noch verbürgen — die Vernachlässigung von r in dem Faktor $\dfrac{\mathrm{I}}{\mathrm{I}-r}$ nicht mehr stattfinden darf.

---

[1] In der Tafel ist aber $\mathrm{I} - r = \mathrm{I}$ gesetzt, was, da man r immer in sehr kleinen Grenzen hält, der Einfachheit wegen stets erlaubt sein wird.

II.

Uhren.

Fünftes Kapitel.

Allgemeines, Zählwerk und Hemmung.

Eines der wichtigsten Hülfsinstrumente des Astronomen ist die Uhr, durch welche er in den Stand gesetzt wird, nicht nur den Moment des Eintrittes irgend eines Ereignisses fest zu legen, sondern auch die Dauer eines solchen zu messen.[1]) Die Uhr giebt den Astronomen das Mittel in die Hand, den als Einheit der Zeit angenommenen Tag, d. h. die einmalige Umdrehung der Erde um ihre Axe, in eine entsprechende Anzahl von Unterabtheilungen zu theilen, und zwar wie allgemein gebräuchlich in 24 Stunden zu 60 Minuten zu je 60 Sekunden.[2]) Da bisher eine Veränderung der Länge eines Tages im Laufe der Zeit mit Sicherheit nicht hat nachgewiesen werden können, ist man bis auf Weiteres berechtigt die Uhren so einzurichten, dass bei ihnen die die Zeit sichtbar angebenden Theile, die Zeiger, nach Verlauf einer Erdrotation wieder an derselben Stelle angekommen sind, an welcher sie beim Beginn derselben gestanden. Der Astronom unterscheidet im Allgemeinen 3 Arten von Tagen: 1. den Sterntag, 2. den wahren Sonnentag u. 3. den mittleren Sonnentag.

Der Sterntag ist diejenige Zeit, welche von einer Kulmination eines bestimmten Punktes des Himmels, also z. B. des Frühlingsanfangspunktes, bis zu seiner nächsten an demselben Erdort verfliesst. Der Sterntag entspricht also thatsächlich genau der Dauer einer Rotation der Erde.

Der wahre Sonnentag ist die Zeit, welche von einem Meridiandurchgang der Sonne bis zum nächsten verstreicht. Da die Sonne im Laufe eines Jahres sich scheinbar einmal um die Erde dreht und zwar so, dass ihre Rektascension von Tag zu Tag etwa einen Grad zunimmt, so muss die Erde sich etwas mehr als eine volle Rotation bewegen, wenn derselbe Erdort die Sonne wieder im Meridian haben soll. Nun bewegt sich aber die Erde nicht in allen Theilen ihrer Bahn mit gleichförmiger Geschwindigkeit um die Sonne, also kann auch nicht ein wahrer Sonnentag so lang sein wie der andere. Es ist aber mechanisch so gut wie unmöglich, eine Uhr herzustellen, welche diesen Schwankungen mit der hier geforderten Genauigkeit Rechnung tragen könnte. Deshalb eignet sich der wahre Sonnen-

---

[1]) Im Grund genommen ist beides ja dasselbe; denn wir können eine Zeitangabe immer nur auf eine andere als Ausgangspunkt angenommene beziehen, und insofern ist auch die Fixirung eines Momentes doch nur die Messung eines verstrichenen Intervalles.

[2]) Zu Anfang des Jahrhunderts theilte man auch häufig die Sekunden noch in sogenannte Tertien und richtete demgemäss die Uhren ein, doch ist man davon wieder völlig abgekommen.

tag ganz abgesehen von der thatsächlich dann hervortretenden fortwährenden Verschiedenheit seiner Unterabtheilungen unter sich, nicht als Grundlage für ein zeitmessendes Instrument und als Einheit für Zeitangaben überhaupt.

Ein mittlerer Sonnentag, welchen man aus den eben genannten Gründen an Stelle des wahren Sonnentages gesetzt hat, ist die Zeit, welche verstreicht zwischen zwei Kulminationen einer Sonne, die man sich um die Erde in der Ebene des Äquators und nicht in der Ekliptik (wirkliche Bahnebene der Erde) mit gleichförmiger Geschwindigkeit kreisend denkt. Dieser fingirten Erde resp. Sonne sind unsere gewöhnlichen Uhren angepasst, sie zeigen mittlere Sonnenzeit oder kurz „Mittlere Zeit." Da die mittleren Tage alle gleich lang sind, können sie und ihre Unterabtheilungen als Zeitmaass und zur einfachen Fixirung eines Zeitpunktes ebenso gut dienen wie die Sternentage. — In der Praxis der Astronomie kommen also nur Uhren vor, welche nach Sternzeit, und solche, welche nach mittlerer Zeit gehen, während wahre Sonnenzeit die sogenannten Sonnenuhren angeben. Da nun im Laufe eines Jahres die Erde sich einmal um die Sonne dreht, so folgt daraus, dass in diesem Zeitraume genau ein Sterntag mehr sein muss als ein mittlerer Tag; ein sogenanntes tropisches Jahr hat aber nach den besten Bestimmungen 365.242201 mittlere Tage, also 366.242201 Sterntage, daraus ergiebt sich sofort 1 Sterntag $= \dfrac{365.242201}{366.242201}$ mittl. Tage $= 1$ mittl.

Tag weniger $3^{\mathrm{m}} 55^{\mathrm{s}}.909$ mittl. Zeit; 1 mittl. Tag $= \dfrac{366.242201}{365.242201}$ Sterntage $= 1$ Sterntag vermehrt um $3^{\mathrm{m}} 56^{\mathrm{s}}.555$ Sternzeit.

Hat man nun noch eine Festsetzung getroffen über den Beginn eines Tages, d. h. betreffs desjenigen Zeitpunktes, zu welchem die Uhr $0^{\mathrm{h}} 0^{\mathrm{m}} 0^{\mathrm{s}}$ zeigen soll, so ist damit die Zeitangabe für irgend ein Ereigniss gesichert, wenn ausserdem noch Jahr und Tag der Uhrenangabe hinzugefügt werden.

Für die mittlere Zeit ergiebt sich der Beginn des Tages einfach für denjenigen Moment, zu welchem die mittlere Sonne den Meridian passirt, also der sogenannte mittlere Mittag jedes Ortes. Der Astronom zählt allerdings, um einen Datumswechsel während der Nacht zu vermeiden, nach dieser Annahme; das bürgerliche Leben aber beginnt den Tag um Mitternacht und zählt die Stunden zweimal bis zwölf, während in der Astronomie die Stunden eines Tages bis 24 durchgezählt werden, um einer Unterscheidung zwischen Vormittag und Nachmittag überhoben zu sein. Den Beginn des Sterntages verlegt man auf denjenigen Moment, in dem der Frühlingsanfangspunkt sich im Meridian des betreffenden Ortes befindet; während im übrigen die Eintheilung in Stunden, Minuten und Sekunden und die Bezifferung dieselbe wie bei mittlerer Zeit ist. Die Angabe einer mittleren Zeit-Uhr bedeutet also astronomisch gedacht den westlichen Stundenwinkel der mittleren Sonne, und diejenige einer Sternzeit-Uhr den westlichen Stundenwinkel des Frühlingsanfangspunktes. „Null Uhr Sternzeit" wird also im Laufe eines Jahres sämmtliche Tageszeiten durchlaufen, was der Grund dafür ist, dass man nicht den Sterntag für die gewöhnliche Zeitangabe wählen kann.

Nach diesen Bemerkungen über das Wesen unserer Zeitrechnung mögen nun die Uhren selbst als die Vermittler der Zeitangaben nach ihrer mechanischen Einrichtung des näheren erläutert werden.

Die erste Bedingung, welche an eine brauchbare Uhr gestellt werden muss, ist natürlich die, dass ihr Gang ein ganz gleichförmiger ist, und dass dieser Gang so wenig wie nur irgend möglich von äusseren oder inneren Störungen beeinflusst werden darf. Der Mechanismus einer Uhr zerfällt in zwei Haupttheile, nämlich in denjenigen, welcher die Zeit misst und in denjenigen, welcher die Zeit zählt. Der erstere ist natürlich bei weitem der wichtigere, während der zweite eigentlich nur zur Bequemlichkeit des Beobachters dient. Zu diesen beiden Theilen kommt noch gewissermassen als Hülfseinrichtung eine die Uhr treibende Kraftquelle (Gewicht, Triebfeder oder dergl.). Dieselbe hat aber nur den Zweck zu erfüllen, die den einzelnen Theilen durch äussere Einflüsse (Luftwiderstand, Reibung der Zapfen u. s. w.) entzogene lebendige Kraft wieder zu verleihen, dem Pendel den sogenannten Antrieb zu ertheilen und ausserdem das Zählwerk in Bewegung zu erhalten. Mit einer je kleineren oder schwächeren Kraft der Künstler auszukommen vermag, desto besser ist es für die Uhr, desto besser werden die einzelnen Theile derselben im Allgemeinen gearbeitet sein. Es ist jedoch auch gleich hier zu erwähnen, dass durch Verwendung zu geringer Kraftquellen leicht die Sicherheit des Ganges gefährdet werden kann. — Je nach der verschiedenen Einrichtung der Uhren kann man dieselben füglich, wenn auch vielleicht nicht streng gesondert, eintheilen in:

1. Pendeluhren, in der Astronomie (nicht im gewöhnlichen Sprachgebrauch) gleichbedeutend mit „Gewichtuhren".

2. Tragbare Uhren (Federuhren, Chronometer).

3. Elektrische Uhren, d. h. Uhren, deren Triebkraft entweder unmittelbar oder mittelbar eine Elektricitätsquelle ist, die aber im übrigen verschiedener Konstruktion sein können.

1. Pendeluhren.

Nachdem GALILEI die Eigenschaften des freischwingenden Pendels gefunden hatte, war es entweder sein Sohn oder sein Bruder oder noch wahrscheinlicher der Holländer CHRISTIAN HUYGENS, welcher ein solches Pendel mit dem Räderwerk der schon längere Zeit bekannten Räderuhren verband, um durch dasselbe die bis dahin noch sehr unvollkommenen Einrichtungen zur Regulirung des Ganges solcher Uhren zu ersetzen. Es soll hier nicht auf die geschichtliche Entwicklung des Uhrenbaues näher eingegangen werden, da es sich für unsere Zwecke nur um die jetzt gebräuchlichen Einrichtungen handelt, und nur diese näher erläutert werden sollen. [1]

Die astronomischen Pendeluhren sind alle festaufgestellte Uhren, welche als Triebkraft ein Gewicht besitzen. Dasselbe ist an einer Darmsaite so aufgehängt, dass diese an dem einen Ende am Gestell der Uhr befestigt ist, so-

---

[1] Bezüglich der geschichtlichen Daten mag auf die von E. Gelcich neu herausgegebene „Geschichte der Uhrmacherkunst" von Dr. Fr. Wilh. Barfuss, Weimar 1892, verwiesen werden. Wenn auch das dort Gegebene nicht allgemein zutreffend und auf den neusten Stand gebracht ist, so sind doch vielfach die Quellen für weitere Informationen angegeben. Auch desselben Verfassers „Handbuch der Uhrmacherkunst" wird im Folgenden mehrfach benützt werden.

dann über eine Rolle geht, welche das Gewicht trägt, Fig. 178, und wieder in die Höhe gehend sich um eine schraubenförmig ausgedrehte Trommel windet, die durch ein sogenanntes Gesperr mit der Aufzugswelle verbunden ist. Durch diese Einrichtung wird namentlich erreicht, dass man allerdings bei Verdopplung der Schwere des Gewichtes für dieselbe Fallhöhe, also die Höhe des Uhrgehäuses, der Uhr die doppelte Gangdauer giebt. Diese letztere ist bei astronomischen Penduluhren gewöhnlich auf 8 Tage berechnet. Ausserdem bietet die erwähnte Anordnung auch die Möglichkeit, das Gewicht, wie es jetzt mehrfach vorgeschlagen und auch ausgeführt wird, möglichst weit seitlich von dem Pendel und dessen „Linse" vorbei gehen zu lassen, um so die etwa störende Wirkung der Masse des Gewichtes auf die Schwingungen des Pendels, soweit es sich mit der sonst noch bequemen Einrichtung der Uhr vereinigen lässt, zu einer minimalen zu machen.

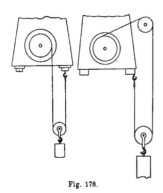

Fig. 178.

Die Fig. 179, 180, 181 stellen den schematischen Grundriss und eine Seitenansicht einer einfachen astronomischen Penduluhr dar, wie heutigen Tages dieselben im Allgemeinen ausgeführt

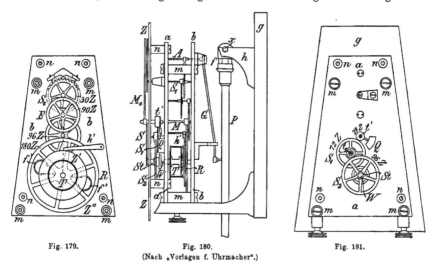

Fig. 179.   Fig. 180.   Fig. 181.
(Nach „Vorlagen f. Uhrmacher".)

werden. Man lässt aus einer solchen Uhr, wenn sie nicht ganz besonderen Zwecken dienen soll, alle nicht unbedingt nöthigen Theile und Räder weg; denn je komplicirter die Einrichtung, desto weniger sicher der Gang.[1]

---

[1]) Die häufig als astronomische Uhren bezeichneten höchst komplicirten Mechanismen, welche alle möglichen Dinge anzeigen, haben für den Astronomen als Messwerkzeuge natürlich gar kein Interesse, er wird sie nur ebenso bewundern, wie jedes andere Produkt besonderer Kunstfertigkeit und ausdauernden Fleisses.

Es ist g die Grundplatte, welche das ganze Uhrwerk und das Pendel P vermittels des Hakens h trägt. Diese Platte wird meist schwer gearbeitet und jetzt häufig unabhängig vom Umhüllungskasten an einer massiven Wand oder an einem speciell zu diesem Zwecke errichteten isolirten Pfeiler gut befestigt. Das Pendel ist auf diese Weise als direkt am Pfeiler aufgehängt zu betrachten. In älteren Uhren ist der Haken für das Pendel noch vielfach an der hinteren Platine b befestigt, was aber natürlich bei weitem nicht so sicher ist und deshalb jetzt, wenn möglich, vermieden wird. Zwischen den beiden Platinen b und a, welche durch die 4 Säulen m fest miteinander verbunden sind, befinden sich die das Zählwerk bildenden Räder. Die Zapfenlöcher der Platinen, in denen die Räder laufen, hat man vielfach mit Steinen ausgefüttert, um die Abnützung zu verringern, doch geschieht das jetzt meist nicht mehr, da es den Bau der Uhren nur erschwert und keinen erheblichen Nutzen schafft. Auf der vorderen Platine a ist ebenfalls durch 4 kleine Säulchen n das Zifferblatt Z befestigt. Zwischen ihm und a befinden sich noch die zwei Räder S_1 und S_2, welche den Stundenzeiger S treiben. In der Figur sind die Zahlen für die Zähne an der Peripherie der Räder und Triebe angeschrieben, aus welchen hervorgeht, dass sich S, für drei Umdrehungen des auf der Minutenaxe M sitzenden Triebes t', nur einmal herum dreht, und dass wiederum auf 4 Umdrehungen von t_2 (resp. S_1) eine solche von S_2 kommt; es entsprechen daher 12 Umdrehungen der Minutenaxe einer solchen der Stundenaxe St. Manchmal ist bei astronomischen Uhren dieses Verhältniss auch auf 1 : 24 eingerichtet und sodann natürlich auch das Zifferblatt in 24 Stunden getheilt, während es in ersterem Falle in 12 Stunden getheilt wird. Um die Trommel T ist auf einen Schneckengang, wie schon erwähnt, die Gewichtsschnur (Darmsaite) aufgewickelt, und das Zuggewicht ist daher bestrebt, zunächst diese Trommel zu drehen. Durch den Eingriff eines Sperrkegels, Fig. 182, welcher durch die Feder f in das mit der Trommel fest verbundene Zahnrad Z eingedrückt wird, wird aber auch das auf derselben Axe frei bewegliche Zahnrad Z' mitgenommen, da die Schraube, um welche sich der Sperrkegel dreht, in dieses Zahnrad eingeschraubt ist. Dasselbe kann aber andererseits wegen eines zweiten Gesperres K', welches seinen Stützpunkt an einer der Platinen des Uhrgehäuses hat, nicht der Aufziehbewegung folgen und so rückdrehend auf das Räderwerk wirken. Mit Z' ist weiterhin das Zahnrad Z'' verbunden, und dieses greift nun in das Trieb des Minutenrades M, Fig. 180, ein und übermittelt

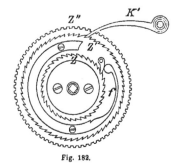

Fig. 182.

so zunächst die Zugkraft auf das Uhrwerk. Wird vermittels der Aufzugwelle W, welche durch die Hülse des Stundenzeigers hindurchgeht, das Gewicht aufgewunden, so wird dasselbe während dieser Zeit nicht auf das Räderwerk einwirken können und der durch dasselbe vermittelte Antrieb für das Pendel wird ausfallen; das darf aber nicht sein, deshalb ist mit dem Gesperre noch ein sogenanntes Gegengesperre verbunden. Die Ausführung dieser Einrichtung durch die einzelnen Künstler ist sehr verschieden; das Princip ist folgendes: Das Sperrrad Z', Fig. 179, ist mit Z'' nicht fest verbunden, sondern wird von diesem nur mitgenommen, wenn die Feder f' (in den meisten Fällen zwei Federn symmetrisch gelagert) durch Drehen von Z' gegen Z'' so stark angespannt ist, dass sie dem Gewichtzug das Gleichgewicht hält; erst dann erfolgt gemeinschaftliche Drehung. Beim Aufziehen wird hingegen das Sperrrad Z' stehen bleiben, aber durch die der Feder des Gegengesperres ertheilte Spannung wird für kurze Zeit das Rad Z'' weitergetrieben und so dem Pendel der nöthige Antrieb auch während des Aufziehens ertheilt. Dieses Gegengesperre muss sehr gut ausgeführt sein, wenn es seinen Zweck vollkommen erfüllen soll. Häufig wird auch an Stelle der Federn ein besonderer, mit einem Gewicht beschwerter Hebel in die Zähne von Z'' geschoben, um während des Aufziehens das Räderwerk im Gang zu erhalten. An Stelle dieses Gewichtes tritt bei älteren Uhren manchmal wieder eine Feder, welche den Hebel niederdrückt.

Das mit der Schneckenwalze (Trommel) durch Gesperr und Gegengesperr verbundene Rad R, Fig. 179, hat 180 Zähne, mit denen es in das Minutengetriebe von 12 Zähnen eingreift; auf derselben Axe M sitzt das Minutenrad mit 96 Zähnen, das obenerwähnte Trieb t' und der Minuten zeiger M z. Das Minutenrad greift in das Trieb (12 Zähne) des sogenannten Zwischenrades E ein, welches weiterhin vermittelst 90 Zähnen durch das Trieb (12 Zähne) des Steigrades mit diesem in Verbindung steht. Das Steigrad S e hat fast stets 30 Zähne, welche je nach der Art der Hemmung verschieden geformt sind. Durch diese Zähne erhält einerseits das Pendel seinen Antrieb, andererseits wird das Ablaufen des Gewichtes und die Bewegung des Zeigerwerkes durch den Eingriff der von dem Pendel bewegten Hemmung in dieses letzte Rad regulirt. Auf der Axe des Steigrades, welche ebenso wie die des Minutenrades durch die vordere Platine und das Zifferblatt hindurchgeht, sitzt der Sekundenzeiger vermittelst einer gut passenden Hülse und wird nur durch Reibung, ebenso wie der Stundenzeiger, mitgenommen. Der Minutenzeiger ist meist auf einen Vierkant aufgesteckt und lässt sich unabhängig von der Stundenaxe nicht drehen, sondern steht mit dieser durch die Räder des Vorgeleges in Verbindung. Das ist nöthig, damit die erforderliche gegenseitige Stellung beider Zeiger immer gesichert bleibt.

Wenn auch verlangt werden muss, dass das Räderwerk (Zählwerk) einer astronomischen Uhr auf das exakteste konstruirt ist, so bildet es doch nicht den wesentlichen Theil der Uhr, sondern das sind die Hemmungen und der Regulator (Pendel oder Unruhe, welche später weiter besprochen werden).

2. Tragbare oder Feder-Uhren.

Die Einrichtung des Räder- und Zeigerwerkes ist bei diesen Uhren nicht erheblich verschieden von derjenigen der Pendeluhren, nur tritt an Stelle des Zuggewichtes die Zugfeder; denn es muss die stets in senkrechter Richtung wirkende Schwerkraft, da diese Uhren sowohl ihren Ort als auch unter Umständen ihre Lage ändern sollen, durch eine andere Kraftquelle ersetzt werden, welche von den für die Gravitation gültigen Regeln unabhängig ist. Man verwendet daher eine den Zwecken entsprechend starke bandförmige Stahlfeder, welche nach geschehener Aufrollung um eine Axe, durch ihr Bestreben sich wieder abzurollen, das Räderwerk in Bewegung setzt und dem Regulator den nöthigen Impuls ertheilt.

Den Zugfedern pflegt man verschiedene Gestalt zu geben, namentlich sind im Gebrauch solche, welche auf ihrer ganzen Länge gleich stark sind, und solche, welche am festen Ende stärker sind als am freien; diese nennt man peitschenförmige Federn. Sie sollen vor den ersteren den Vorzug haben, die Triebkraft während der Abwickelungen der einzelnen Windungen gleichförmiger zu vertheilen. Es bestehen für die richtige Stärke und Länge der Feder, in Bezug auf die Grösse der Uhr und des Federhauses bestimmte Regeln, welche kurz etwa folgendermassen lauten (nach Rozé): „Eine Feder wird beim Abwickeln in ihrem Federhause so viel Umgänge entwickeln, als die Differenz der Umgänge im auf- und abgewickeltem Zustande beträgt. Sodann soll die Länge so bemessen sein, dass der Raum, welchen die Feder im aufgewickelten Zustande einnimmt, gleich ist demjenigen, welchen sie nach ihrer völligen Abwickelung leer lässt, d. h. die Feder muss die Hälfte des Federhauses ausfüllen." Die Begrenzung der Wirksamkeit der Federn wird durch die sogenannte „Stellung" bewirkt, welche darin besteht, dass auf dem Zapfenvierkant der Federaxe z. B. ein Rädchen mit bestimmt geformten Zähnen oder ein solches mit einem einzelnen Zahn aufgesetzt ist. Dieses greift dann entweder in ein Rädchen auf besonderer Axe mit einem einzelnen Zahn oder dem zweiten Fall entsprechend in ein solches mit verschieden geformten Zähnen ein; dadurch wird die Drehung der Federaxe begrenzt; denn an einer Stelle gehen die beiden Räder nicht an einander vorbei. Fig. 183 zeigt eine solche sehr gebräuchliche Stellung, die so-

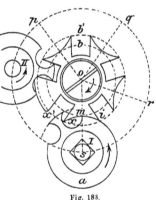

Fig. 183.

genannte Maltheserkreuzstellung und zwar schematisch im Falle des Vorübergehens beider Rädchen (Lage I) und im Falle der Sperrung (Lage II).

Bezüglich der Berechnung von Länge, Stärke und Kraft der Zugfeder muss auf die Specialliteratur verwiesen werden (Saunier, Felsz, Rozé, Gelcich u. s. w.).

Wir wollen auch hier wieder an der Hand der typischen Figuren[1]) 184—187, welche den Grund- und Aufriss (das Kaliber) eines Boxchronometers

---

[1]) Die Figuren sind im wesentlichen entnommen aus: Stechert, Das Marine-Chronometer (Archiv der Deutschen Seewarte 1894, Bd. XVII, No. 4), resp. Caspari, Untersuchungen über Chronometer und nautische Instrumente, deutsch von E. Gohlke, Bautzen 1893.

in verschiedener Weise darstellen, die Einzelheiten von dessen Bau näher
erläutern. Die Bezeichnungen in den einzelnen Darstellungen sind soweit
möglich einander entsprechend gewählt, es ist nur dabei zu bemerken, dass die
Fig. 184 und 185 insofern als schematisch aufzufassen sind, als die verschiedenen

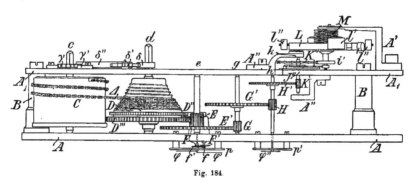

Fig. 184.

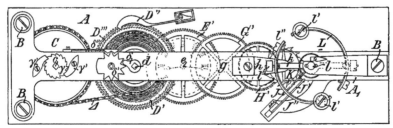

Fig. 185.

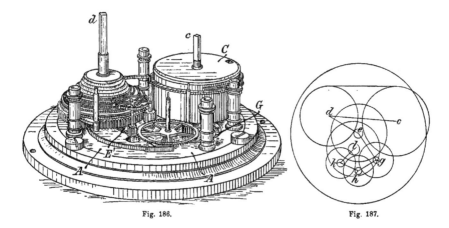

Fig. 186.   Fig. 187.

Bestandtheile in anderen als den natürlichen gegenseitigen Stellungen gezeichnet
sind, um ein Verdecken einzelner Theile zu vermeiden. Die durch die Axenpunkte
c d e g h k l in Fig. 187 gezogene Linie lässt den Verlauf des dargestellten
Durchschnittes leicht erkennen. Die angewendete Triebkraft ist, wie schon

gesagt, eine aufgerollte Feder. Diese ist in dem Federhause C so angebracht, dass das eine Ende derselben an der Axe c und das andere an der inneren Seite der Peripherie des um diese Axe frei beweglichen cylindrischen Gehäuses befestigt ist. Entweder wird nun wie bei den Uhren mit verzahntem Federhaus, Fig. 188, die Feder durch Drehen der Axe mittels des Uhrschlüssels aufgewunden oder wie bei den meisten Chronometern durch die Drehung des Gehäuses um diese Axe. In letzterem Falle, Fig. 189, befindet sich neben dem Federhaus C die sogenannte Schnecke D,[1]) welche um die Axe d mittels des Uhrschlüssels gedreht werden kann. Sowohl bei den Chronometern als auch bei den Pendeluhren ist eine Einrichtung angebracht, welche verhindert, dass man die Uhr zu weit aufziehen kann oder welche bei den Chronometern anzeigt, wie weit und wann das Aufziehen geschehen ist.

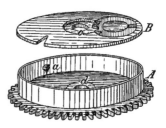

Fig. 188.

Es ist nämlich bei den Chronometern auf der Schnecke D, Fig. 189, und bei Pendeluhren auf der Trommel eine kleine Stahlzunge F so angebracht, dass sie bei der letzten Windung der Kette oder der Gewichtssaite an einem von dieser

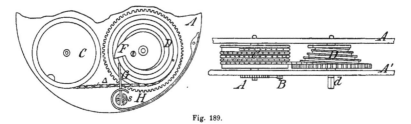

Fig. 189.

gehobenen Anschlag G, welcher mit einem festen Theile des Gehäuses in Verbindung steht, ein Hinderniss findet, an dem sie, so lange die letzte Windung noch nicht erreicht war, frei vorüber ging. Auf den Zifferblättern der Chronometer ist ausser den Stunden-, Minuten- und Sekundenzeigern meist noch ein 4. kleiner Zeiger angebracht, welcher sich über einen in 8 oder 16 gleiche Theile getheilten Kreisbogen bewegt, an dessen einem Ende „Ab" und „0" und an dessen anderem „Auf" und „56" steht. Das heisst, befindet sich der durch eine Zahnradübertragung mit der Schneckenaxe in Verbindung stehende Zeiger bei 56, so ist das Chronometer abgelaufen, befindet der Zeiger sich aber bei 0, so ist das Chronometer, falls es wie gewöhnlich 56 Stunden läuft, ganz aufgezogen, was meist nach 7—8 maligem Umdrehen des Schlüssels geschehen ist.[2]) Es ist gut beim Aufziehen eines Chronometers immer zu zählen, damit die letzte Umdrehung vorsichtig

---

[1]) Auch in den Figuren 184—186 ist diese Anordnung dargestellt, sie dient zur Ausgleichung der Federwirkung.

[2]) Vorausgesetzt, dass jeden Tag um dieselbe Zeit aufgezogen wird, was sehr zu empfehlen ist. Man hat auch Chronometer, welche 8 Tage laufen, diese bieten aber nur dann Vortheile, wenn aus irgend einem Grunde das Instrument nicht jeden Tag zugänglich ist.

ausgeführt wird; auch soll man dasselbe dabei immer ganz umkehren (Zifferblatt nach unten), denn dadurch wird das Öl der Zapfen wieder besser vertheilt.

Die Axen von Federhaus und Schnecke haben, wie die meisten Räder der Uhr, ihre Führung mit dem einen Zapfen in der Grossbodenplatte A und mit dem anderen in der Kleinbodenplatte A_1. Federhaus und Schnecke sind durch die Kette $\triangle$ mit einander derart verbunden, dass beim Drehen der Schnecke die Kette sich von dem Federhaus auf jene abwickelt, wobei das letztere sich dreht und die Feder aufrollt. Die Schnecke steht durch ein Sperrrad und Gegengesperr D' und D", Fig. 184 und 185, ganz ähnlich denjenigen der Pendeluhren mit dem Schneckenrad D''' in Verbindung, welches seinerseits wiederum das beim Aufziehen in Thätigkeit tretende Gegengesperre enthält. Durch den Zug der Feder treibt nun das Schneckenrad mittels des Eingriffes in das Minutenrad E' (Grossbodenrad), sowohl dieses als auch das Kleinbodenrad oder Zwischenrad G', welches sodann in das Sekundenrad H' eingreift. Das Minutenrad trägt auf seiner Axe den Minutenzeiger, und diese dient ausserdem auch dem Rohre des Stundenzeigers als Führung, welcher vermittelst eines dem bei Pendeluhren ganz ähnlichen Vorgeleges F F', f f' in Bewegung gesetzt wird.[1]) Die Sekundenradaxe h trägt den Sekundenzeiger φ''; die eine Führung dieser Axe liegt gewöhnlich in einer besonderen, aufgeschraubten Platine p', ebenso wie die der Minutenaxe in p. Das Sekundenrad seinerseits ist hier nicht auch zugleich das

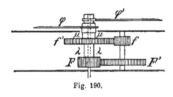

Fig. 190.

Hemmungs- oder Steigrad, sondern seine Zähne greifen erst in das Trieb K des Steigrades K' ein. Das letztere bildet sodann mit der um die Axe 1 schwingenden Unruhe L und der Auslösung J J' die Gesammthemmung. In der Zeichnung ist diese Auslösung als ein Chronometergang dargestellt, welcher später eingehender besprochen werden wird. Der Regulator ist eine kompensirte Unruhe L (Balance), deren Schwingungen durch die cylindrische Spirale M hervorgebracht werden. Den Impuls für die Unruhe ertheilt, ebenso wie beim Pendel, das Steigrad bei seinem Abfalle von dem Auslösungsprisma. Nachdem die allgemeine Anordnung eines Chronometers beschrieben ist, mag noch nachstehend die Nomenklatur der einzelnen Theile kurz tabellarisch zusammengestellt werden, wobei noch der eine oder andere unwesentliche Theil Erwähnung finden wird (die Buchstaben sind in den einzelnen Figuren korrespondirend).

Es bezeichnet in Fig. 184, 185, 186 u. 190

c Axe des Federhauses,
d „ der Schnecke,
e „ des Grossbodenrades,
g „ des Kleinbodenrades,

h Axe des Sekundenrades,
k „ des Hemmungsrades,
l „ der Unruhe.

[1]) In Figur 190 ist die Einrichtung dieses Vorgeleges besonders dargestellt.

A	obere Platine (Grossbodenplatte),	f'	Stundenrad,
A,	untere Platine (Kleinbodenplatte),	φ	Stundenzeiger,
A'	Brücke der Unruhe,	φ'	Minutenzeiger,
A''	Brücken der Hemmung,	φ''	Sekundenzeiger,
B, B	Pfeiler der Platinen,	G	Trieb des Kleinbodenrades
C	Federhaus,		(Zwischenrad),
γ	Sperrrad für die Feder,	G'	Kleinbodenrad,
γ', γ'	Sperrkegel,	H	Trieb des Sekundenrades,
D	Schnecke,	H'	Sekundenrad,
D'	Gegensperrrad,	K	Trieb des Hemmungsrades,
D''	Sperrfeder für das Gegengesperr,	K'	Hemmungsrad,
D'''	Schneckenrad,	J	Hemmungsfeder,
△	Kette,	J'	Anschlagkloben für die
δ	Zahn der Stellung,		Hemmungsfeder,
δ'	Stellungsrad,	J''	Brücke der Hemmungsfeder,
δ''	Stellungsfeder,	i'	grosse Rolle, darunter kleine Rolle,
E	Trieb des Grossbodenrads,	L	Unruhe,
E'	Grossbodenrad,	l	Axe der Unruhe,
F	Minutenrohr	l'	Kompensations-Gewichte,
F'	Wechselrad,	l''	Regulirungsschrauben,
f	Trieb des Wechselrades,	M	Spirale.

3. Elektrische Uhren.

Die elektrischen Uhren können selbständige Uhren sein, bei denen
die elektrische Kraft an Stelle des Gewichtes oder der Zugfeder tritt,
oder es können Uhren sein, welche sowohl Zählwerk als Regulator enthalten,
von denen der letztere aber von Zeit zu Zeit — jede Minute resp. jede
Sekunde — einen von einer Normaluhr auf elektrischem Weg übertragenen
regulirenden Einfluss erleidet; diese nennt man sympathetische oder sym-
pathische Uhren. Auch einfache Zifferblätter, welche ohne selbständiges
Uhrwerk zu besitzen, nur ein auf elektrischem Wege in regelmässigen
Intervallen fortgeschobenes Zeigerwerk darstellen, bezeichnet man als elektrische Uhren resp. elektr. Zeigerwerke. Die beiden letzteren Typen
sind also im Gegensatz zu der erstgenannten Art Sekundäruhren, während
die ersteren als Hauptuhren angesehen werden können.

a. Selbständige elektrische Uhren.

Es ist natürlich nicht möglich, die vielfachen Konstruktionen auf diesem
Gebiete alle zu besprechen, und in dem Rahmen dieses Buches auch nicht
erforderlich. Von den zur ersten Klasse gehörenden Uhren hat sich nur die von
HIPP in Neuenburg angegebene und im Laufe der Zeit verbesserte Einrichtung
bewährt, während allerdings auch diejenigen von TIEDE und KNOBLICH bei
ihren luftdichten Uhren angewandten Konstruktionen zu erwähnen sein werden,
da namentlich die Bedingung des luftdichten Abschlusses, dessen Wichtigkeit

an anderer Stelle besprochen werden wird, die Aufziehvorrichtung gewöhnlich erschwert, wodurch der elektrischen Impulsertheilung ein hervorragender
Platz in der Technik der Präcisionsuhrmacherkunst gesichert bleibt. Allerdings ist es auch TIEDE gelungen, z. B. bei der Hamburger luftdicht
abgeschlossenen Uhr mittelst einer Stopfbüchse und anderer besonderen
Einrichtungen, welche verhindern, dass der Schlüssel auf dem Trommelzapfen
stecken bleiben muss, eine gute Dichtung zu erreichen; doch hatte das
immer ziemliche Schwierigkeiten.

Die Einrichtung der Räder resp. des Zählwerkes und der Hemmung einer
solchen elektrischen Hauptuhr unterscheidet sich von dem einer gewöhnlichen
Penduluhr im Allgemeinen nicht, und es mag deshalb hier auf das oben Gesagte verwiesen werden; auch ist das bezüglich des eigentlichen Pendels der
Fall, nur die technische Ausführung dieses Theiles, sowie die mit demselben
direkt verbundene Impulsvorrichtung ist dieser Gattung von Uhren eigenthümlich.   Nachdem STEINHEIL wohl die erste Anregung zur Konstruktion
elektrischer Uhren gegeben hatte,[1]) sind Uhren der ersten Art von BAIN 1840,[2])
von WEARE[3]) und Anderen konstruirt worden.[4]) Die wichtigste von allen
ist die Konstruktion von HIPP. Sie besteht im Princip darin, dass das Pendel
zunächst in Schwingungen versetzt, sich durch einen Elektromagneten M,
Fig. 191, welcher auf einen am Pendel selbst angebrachten Anker a einzuwirken vermag, auch in Schwingungen erhält. Es ist
nämlich bei k am Pendel ein sehr leicht beweglicher
Kegel angebracht, welcher für den Fall, dass die Pendelschwingungen noch gross genug sind, über das auf seiner
Oberseite mit Riffelungen versehene Prisma p nach beiden
Seiten hinweg streicht. Dieses Prisma sitzt auf einer sehr
dünnen Feder f f', welche bei f befestigt ist und mit ihrem
anderen Ende f' über einem Kontaktstücke n (z. B. einem mit
Quecksilber gefüllten Napf) schwebt. Werden die Pendelschwingungen kleiner, so wird der Kegel nicht mehr ganz
über p hinweg streichen können, sondern er wird sich beim
Rückschwingen des Pendels in einer der Riffelungen fangen,
durch sein eigenes Gewicht, — aber auch nur durch dieses,
er ist deshalb um seine Axe mit einem grossen Spielraum
beweglich — die Feder niederdrücken und den Strom,

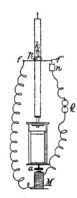

Fig. 191.

welcher von den Elementen Q geliefert wird, schliessen, den Elektromagneten
erregen und so dem Pendel, vermöge des an ihm angebrachten Ankers,
immer einen Impuls ertheilen. Es ist natürlich nöthig, dass die Stellung
von M im Einklang mit den Schwingungen des Pendels regulirt werden
muss und kann. Den jetzt im Gebrauch befindlichen Uhren hat HIPP eine
verbesserte Konstruktion gegeben, deren Beschreibung ich im wesentlichen

---

[1]) Bayer. Industrie- u. Gewerbebl., XXI, S. 127.
[2]) Mechan. Mag., XXXIV, S. 64.
[3]) Kuhn, Handb. d. angew. Elektricitätslehre. Leipzig 1866, S. 1137.
[4]) Vergl. über weitere dergleichen Uhren: Tobler, Elektr. Uhren. Wien, 1883.

hier nach Dr. A. Tobler und Dr. Hirsch[1]) in Neuenburg nebst den dort beigebrachten Zeichnungen geben will.

Fig. 192 stellt den Gesammtaufbau der Uhr dar; A ist das an der
Feder F aufgehängte Pendel, welches aus zwei Stahlstangen mit 4 Querverbindungen besteht. Die erste derselben b trägt die Aufhängefeder, die zweite

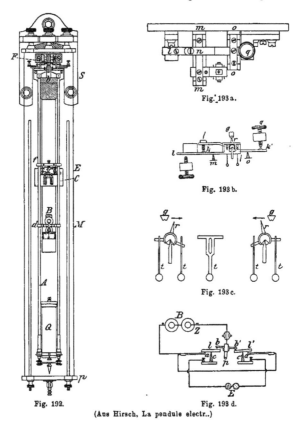

Fig. 192.

Fig. 193 a.

Fig. 193 b.

Fig. 193 c.

Fig. 193 d.

(Aus Hirsch, La pendule electr..)

f Theile der Kontaktvorrichtung, die dritte d den Anker für den Elektromagneten B, welcher dem Pendel den neuen Impuls ertheilt, und die vierte
das cylindrische Quecksilbergefäss Q, welches als Linse und zur Temperaturkompensation dient. Die ganze Uhr ist an dem grossen mit der Wand oder
dem Pfeiler fest verbundenen Bock S befestigt und mit einem Glascylinder E
umgeben, welcher unten hermetisch durch die mit Hahn versehene Metallplatte p verschlossen ist.[2]) Das Kontaktwerk befindet sich an der fest mit dem

[1]) Dr. Hirsch, La pendule electrique de précision par M. Hipp. Neuchâtel 1884.

[2]) Das Pendel ist hier ohne ein Zählwerk dargestellt, damit die einzelnen Konstruktionstheile besser sichtbar sind. Im Übrigen konstruirt Hipp diese Pendel auch überhaupt ohne
Uhrwerk und lässt, wie im Verlauf der Beschreibung gezeigt wird, durch dieselben ein sekundäres Zeigerwerk in Bewegung setzen, was den Vorzug hat, dass Ungleichmässigkeiten des
letzteren auf die Schwingungen des Pendels ohne Einfluss sind.

Kopftheil verbundenen Platte C und ist in Fig. 193 a u. b besonders dargestellt. Der Strom wird hier geschlossen, wenn der Palettenhebel l um seinen Drehpunkt m unter dem Einflusse des in diesem Falle am Pendel befestigten Prismas zum Oscilliren gebracht wird. Ein zweiter Hebel n trägt eine Kontaktschraube und kann selbst um den Drehpunkt o oscilliren; von zwei Anschlagschrauben, die zur Begrenzung des Hubes der beiden Hebel dienen, vermittelt die eine q zugleich den Kontakt bei k'. Die relative Lage von l und n ist aus der Figur deutlich zu ersehen.

Der Palettenkörper, Fig. 193c, besteht aus einem Messingcylinder, welcher auf einer vom Hebel l getragenen Stahlschneide oscilliren kann; die Zunge r der Palette ist nach oben gerichtet, folglich wirkt das Prisma g von unten (d. h. umgekehrt, wie in Fig. 191). Rechts und links sind am Palettenkörper zwei Stifte angebracht; dieselben bilden miteinander einen bestimmten Winkel. Je nachdem nun die Palettenzunge nach rechts oder links geneigt ist, hebt der eine oder andere dieser Stifte das eine oder andere von zwei kleinen Gewichten t t. Das nicht gehobene Gewichtchen ruht alsdann mit Hülfe einer Traverse, die in einem Schlitze des Palettenkörpers spielt, auf letzterem. Die Bewegung der Palette nach rechts und links ist so begrenzt, dass der Winkel, welcher dieser Bewegung entspricht, etwa 40° beträgt.

Nehmen wir nun an, dass die Zunge r nach rechts geneigt sei, Fig. 193c; dann ruht das rechte Gewichtchen im Schlitze des Palettenkörpers, das linke ist sammt seiner Traverse vom linken Stift gehoben. Schwingt nun das an der Pendelstange befestigte Prisma g nach rechts, so schleift dasselbe gegen das obere Ende der Zunge r, es wird folglich die Palette sammt Körper und Stiften gezwungen, sich noch etwas mehr nach rechts zu neigen, daher hebt sich das linke Gewicht noch etwas. In dem Augenblicke aber, in welchem das Prisma g, seine Bewegung nach rechts fortsetzend, die Zunge r wieder verlässt, bewirkt das linke Gewichtchen das Umkippen des Palettenkörpers, der nunmehr die rechts gezeichnete Lage einnimmt.

Jetzt ist das rechte Gewichtchen gehoben und das linke (resp. dessen Traverse) ruht im Schlitze des Palettenkörpers. Das nach links zurückschwingende Prisma g streift gegen die Zunge und bewirkt schliesslich wieder das Umkippen von r nach rechts.

Die eben beschriebenen Vorgänge wiederholen sich bei jeder Schwingung des Pendels, so lange der Schwingungsbogen gross genug ist, um der Zunge r zu gestatten, bei der Rückkehr des Prismas g zu „entfliehen". Hat aber der Schwingungsbogen den Werth erreicht, bei welchem die Zunge der Palette sich in der Furche des Prismas g fängt, so wird diese bei der Rückkehr des Pendels mitgenommen und hierdurch der Palettenhebel l, Fig. 193b, nach unten gedrückt, es erfolgt Schluss des Stromes bei k, und der Elektromagnet B giebt dem Pendel einen neuen Impuls.

Die gegenseitige Lage der Palette und des Prismas ist so bemessen, dass der Kontakt k nur dann geschlossen wird, wenn der schwingende Anker sich dem Elektromagnet nähert.

Der Nebenkontakt zur Vermeidung des Extrastromfunkens befindet sich bei k'. Wie sich aus Fig. 193b ohne weiteres ergiebt, wird derselbe erst geöffnet, wenn die Verbindung zwischen l und n bei k bereits hergestellt ist und umgekehrt.

Die Vortheile der eben beschriebenen Kontaktvorrichtung bestehen in erster Linie darin, dass die Palette, wenn sie nicht in Berührung mit dem Prisma ist, eine feste Lage nach rechts und links hat. Bei der früheren Anordnung, Fig. 191, geriet dieselbe nach jedem Durchgange des Prismas in Schwingungen, so dass durch die hieraus erfolgenden kleinen Stösse der sichere Gang des Pendels etwas beeinträchtigt wurde. Ausserdem spielen Palettenkörper und Kontakthebel auf Stahlschneiden.

Um mittels dieses Pendels ein oder mehrere Zählwerke in Verbindung zu setzen, befindet sich zu beiden Seiten der Federaufhängung des Pendels eine eigenthümliche Kontakteinrichtung. Am unteren Theile des Federträgers sind zwei Kontaktstücke c c', Fig. 193 d, angebracht, welche, wenn das Pendel schwingt, mit entsprechenden dreitheiligen Hebeln l l' in Berührung kommen. Diese Hebel osciliren je auf einer Schneide c c', ihre äusseren Enden ruhen (wenn die inneren Enden durch die Kontaktstücke b b' nicht niedergedrückt sind) auf den Kontaktfedern a, a'. Die mit Platin armirten Enden von b b' sind so breit, dass sie drei Kontaktstreifen von l, l', gleichzeitig berühren, auf diese Weise wird ein sehr sicherer Stromschluss erzielt. Der Kontakt zwischen den Federn a a' und den Hebeln l l' kann durch geeignet angebrachte Schrauben regulirt werden.

Der Stromlauf ergiebt sich sofort aus Fig. 193 d. Schlägt das Pendel p nach links aus, so ist der Stromlauf von der Batterie B ausgehend: b' l' c' Elektromagnet E c l a B. Schwingt das Pendel nach rechts, so ist der Stromlauf: B b l c E c' l' a' B. Der Strom umkreist also den Elektromagneten E des Zeigerwerkes ebenfalls, aber in umgekehrter Richtung, so dass auf diese Weise etwa remanenter Magnetismus in E vermieden wird und das Zählwerk daher sicherer funktionirt. Die Funkenbildung wird dadurch vermieden, dass wie in dem Antriebsstromlauf für das Pendel der eine Stromlauf stets erst dann geöffnet wird, wenn der andere geschlossen ist.

In mancher Beziehung ähnlich sind die Einrichtungen von TIEDE und KNOBLICH. Dieselben gehören aber eigentlich mehr zu den Hemmungen mit konstanter Kraft, doch sollen sie der bei ihnen benutzten elektrischen Kraft wegen auch an dieser Stelle kurz beschrieben werden. Die Tiede'sche Einrichtung wurde auf Veranlassung von Prof. FÖRSTER in Berlin ausgeführt und besteht in Folgendem:[1]

„In Fig. 194 bedeutet P A die Pendelstange, welche in P an einer Feder aufgehangen ist und in A einen Arm mit zwei durch Schrauben verstellbaren Kontakt-Spitzen c_1 und c_2 trägt.

Über diesen beiden Kontakt-Spitzen sieht man zwei Hebelarme $u_1 g_1$ und $u_2 g_2$. Dieselben drehen sich, um die in der Uhr-Platte eingelassenen Angelpunkte u_1 und u_2 und würden sich unter der Last der kleinen Gewichte g_1 und g_2 auf die Kontakt-Spitzen c_1 und c_2 herabsenken, wenn sie nicht von der Rubin-Stütze s_1 und s_2 unterstützt würden.

---

[1] Vergl. darüber Astron. Nachr., Bd. 69, S. 55 ff. und ausserdem „Monatsberichte der Kgl. Akademie der Wissenschaften zu Berlin", 1867, 2. Mai.

Diese sind in Verbindung mit einem Balancier, welcher sich um den Angelpunkt U dreht und dessen eiserne End-Platten durch die Anziehungskraft der Elektromagnete E_1 und E_2 rechts oder links angehoben werden können.

Bei diesen Anhebungen wird die Bewegung durch die Schrauben-Spitzen O_1 und O_2 begrenzt. Unterhalb der Elektromagnete E_1 und E_2 und unter den Balancier-Enden befinden sich zwei permanente Magnete M_1 und M_2, deren Funktion es ist, die Wirkung von E_2 u. E_1 zu verzögern.

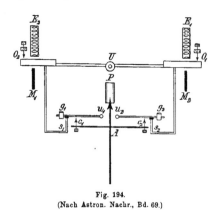

Fig. 194.
(Nach Astron. Nachr., Bd. 69.)

Zunächst tritt das Echappement mit Hülfe der Elektromagnete E_1 und E_2 folgendermassen in Thätigkeit:

Lässt man das Pendel nach rechts ausschwingen, so trifft die Kontakt-Spitze c_2 auf ein Iridium-Plättchen an der unteren Fläche des Hebelarmes $u_2 g_2$ und schliesst dadurch einen Stromkreis, durch welchen der Elektromagnet E_2 wirksam wird und das linke Balancierende mit der Stütze s_1 anhebt, so dass dann das Gewicht g_1 seine grösste Hubhöhe und zugleich die Stütze s_2 ihre relativ tiefste Stellung erreicht.

Sobald nun in Folge der Rückkehr des Pendels der Gewichtsarm $u_2 g_2$ (der sinkenden Kontakt-Spitze c_2 folgend) die Stütze s_2 erreicht, wird der Kontakt bei c_2 also auch die Wirksamkeit des Elektromagneten E_2 aufgehoben. In demselben Moment muss aber schon die andere KontaktSpitze c_1 die Lamelle $u_1 g_1$ fassen und dadurch den Elektromagneten E_1 in Thätigkeit setzen, welcher nun die Stütze s_2 auf ihre höchste Stellung hebt, und s_1 in die tiefste Stellung bringt.

Das Kraftmagazin des Pendels liegt also in den Hebungen der kleinen Gewichte, welche von den Kontakt-Spitzen c_1 und c_2 des Pendelarms in der höchsten Stellung getroffen werden und demselben bei der Rückkehr des Pendels bis in ihre tiefste Stellung folgen. Diese Bewegungsgrösse, deren Amplitude der doppelten Hebung der Balancier-Enden und der Stützen entspricht, reicht hin, die Schwingungen des Pendel zu erhalten.

Die Grundidee dieses Echappements ist nicht neu. Schon 1854 ist ein ähnliches von LIAIS ausgeführt worden, aber die Einrichtungen von LIAIS sind komplicirter und verlangen die Erfüllung eines sehr empfindlichen Spiels von Hebelarmen, wenn die Variationen der galvanischen Stromstärke ohne merklichen Einfluss bleiben sollen.[1])

Bei der obigen Einrichtung könnte theoretisch genommen kein Einfluss der Variation der Stromstärke bemerklich werden, wenn es gelänge, mit ab-

---

[1]) Vergl. Du Moncel, Exposé des applications de l'électricité, Paris 1874—1878.

soluter Präcision die beiden Kontakte c_1 und c_2 sich wechselseitig ablösen zu lassen; denn dann würden alle elektromagnetischen Wirkungen genau in Zeitpunkten auftreten, wo ihre, von der Stromstärke abhängige, schnellere oder langsamere Akkumulation auf die Amplitude der Senkung der Gewichte g_1 und g_2 ohne Einfluss bliebe."

Tritt der Kontakt c_1 erst dann ein, wenn schon der Kontakt c_2 durch das Ankommen der Gewichtslamelle u_2 g_2 auf der Stütze s_2 aufgehoben ist, so beginnt durch die Entkräftung des Elektromagneten E_2 die Stütze s_1 und mit ihr das Gewicht g_1 bereits, sich der Kontakt-Spitze c_1 entgegen zu bewegen, so dass letztere je nach dem Verlauf der Stromstärke das Gewicht in verschiedener Höhe antrifft, wodurch natürlich bald die Schwingungsbogen beinflusst werden. Wenn aber z. B. der Kontakt c_1 schon eintrifft, bevor der Kontakt c_2 aufgehoben ist, so tritt die Wirkung des Elektromagneten E_1 zu früh ein und schwächt die anhebende Wirkung von E_2, so dass auch in diesem Falle eine mit der Stromstärke variable Amplitude der Bewegung der Gewichte eintreten kann.

Die Knoblich'sche Konstruktion stellt Fig. 195 dar; er selbst beschreibt dieselbe wie folgt: [1]

„a ist die Pendelstange; b das Aufhängungsstück des Pendels; c Elektromagnete; d Anker; e Aufhängungsfeder des Pendels; f Impulsfedern; g Hebel-

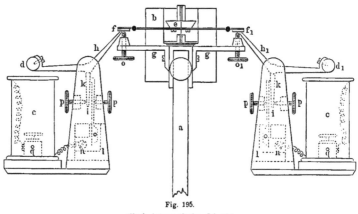

Fig. 195.
(Nach Astron. Nachr., Bd. 69.)

arme des Pendels; h u. h' Arme des Ankers, welche die Impulsfedern heben; i stählerne Federn, welche auf die Hebelarme k drücken; l Elfenbeinplatten, welche die Feder i und die Metallplatte m, auf welcher die Klemme n sitzt, isoliren; o Schrauben an den Pendelarmen, um den Abfall zu justiren; p Schrauben, durch welche man den Impuls auf das Pendel länger oder kürzer wirken lassen kann, q Klemmen, an welchen das eine Ende vom Draht des Magneten befestigt ist.

---

[1] Astron. Nachr., Bd. 69, S. 59.

Die Zeichnung stellt das Pendel in der Ruhe dar, und dasselbe wird auf folgende Weise in Schwingungen gesetzt und erhalten.

Beide galvanischen Ströme sind geöffnet. Der eine Pol des Elements ist mit der isolirten Klemme q in Verbindung gebracht und das andere Ende des Drahts vom Magneten mit der isolirten Klemme n. Wenn nun das Pendel von der rechten nach der linken Seite bewegt wird, so berührt die Feder f_1 den Hebel h_1. Sodann geht der Strom durch die Feder f_1, von da weiter durch das Aufhängungsstück des Pendels und das metallene Uhrgehäuse, an welches der andere Pol befestigt ist, in das Element zurück.

Sowie nun der Magnet anzieht, wird die Feder f_1 gehoben und bleibt in dieser angespannten Lage ruhen. Nun bewegt sich das Pendel von links nach rechts. Die Feder f verfolgt die Schraube o, bis sie mit dem Hebel h in Berührung kommt. Sofort geht der Strom durch diesen Hebel hindurch um den Elektromagneten, der Anker wird angezogen und die Feder wird sofort gehoben. Nun schwingt das Pendel noch etwas weiter, die Hebelschraube o_1 hebt die Feder f_1 in die Höhe und trennt sie von dem Hebel h_1, wodurch der Strom unterbrochen wird. Die Feder i führt den Anker vom Magneten ab, und die Impulsfeder f kann das Pendel so lange führen, bis sie den Hebel h_1 wieder berührt.

Der Hebelarm des Magnetankers ist so gesetzt, dass er während der Berührung mit der Impulsfeder auf der Platinfläche derselben eine sehr geringe schiebende Bewegung macht, um Staub und Oxyd zu beseitigen".

Auch die Einrichtung, welche SEBASTIAN GEIST in Würzburg seiner elektrischen Uhr gegeben hat, verdient hier kurze Erwähnung. Dieselbe besteht darin, dass ein sich immer gleichbleibendes Gewicht bei jeder Schwingung des Pendels auf einen Arm desselben fällt, dessen Hebung auf elektrischem Wege wieder bewirkt wird. Fig. 196a stellt die in Betracht kommenden Theile dar.

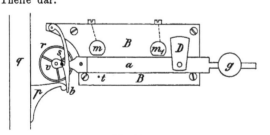
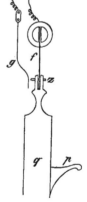

Fig. 196a.
(Nach Tobler, Elektr. Uhren.)

Fig. 196b.

Der Elektromagnet ist hinter der Messingplatte B B normal zu ihrer Ebene festgeschraubt, seine mit Schuhen versehenen Pole sind bei m m'

---

[1]) Schellen, Der elektromagnet. Telegraph, S. 357. — Tobler l. c. S. 85.

sichtbar. Der Drehpunkt des Ankers a befindet sich bei D, das Gegengewicht g dient zum theilweisen Ausbalanciren des Ankers. Bei v trägt der Ankerhebel eine in feinen Zapfen drehbare Friktionsrolle r, sowie einen Stift s, der für gewöhnlich auf der Nase des Hakens b ruht; endlich ist die Pendelstange q mit einem eigenthümlich geformten Stahlansatz p versehen. Das Spiel des Apparates ist nun wie folgt: So oft das Pendel nach links schwingt, kommt der nahe bei der Aufhängung angebrachte Platinstift Z, Fig. 196 b, mit der Kontaktfeder g in Berührung, was den Schluss der Batterie zur Folge hat. Der Anker a wird von m m' angezogen, der frei bewegliche Haken b biegt sich unter dem Drucke des Stiftes s etwas nach rechts, schnappt aber sogleich, wenn s eine gewisse Höhe erreicht hat, mit der Nase unter s ein. Beginnt nun gleich darauf das Pendel seine Schwingungen nach rechts, so wird der Strom zwischen f und g wieder unterbrochen, und der Anker a fällt ab, wobei sein Fall durch den Stift s begrenzt wird, da dieser durch die Nase des Einfallshebels b gehalten wird. Er verharrt so lange in dieser Lage, bis der Ansatz p der Pendelstange den Hebel b zur Seite drückt; sofort fällt nun a mit seiner Friktionsrolle r vollständig ab und übt in dem Momente, wo diese Rolle auf die schräge Fläche von p gelangt, den Impuls auf das Pendel aus. Derselbe hängt offenbar nur vom Gewichte des Ankers und seiner Fallhöhe ab, ist daher unabhängig von der Stärke der Batterie. Immerhin ist die präcise Wirkung des ganzen Mechanismus in hohem Grade von der Zuverlässigkeit des Kontaktes zwischen f u. g abhängig, es bedarf daher der letztere jedenfalls einer sorgfältigen Überwachung.

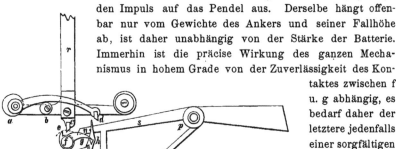

Fig. 197.
(Aus Zschr. f. Instrkde. 1881.)

Als neben anderen noch hierher gehörige Konstruktion möchte ich diejenige des durch seinen Meteorographen bekannten A. G. THORELL noch erwähnen, welche DAVID LINDHAGEN vor einigen Jahren beschrieben hat.[1] Die Triebkraft ist auch hier, wie bei den gewöhnlichen Penduluhren, die Schwere, nur wirkt dieselbe in konstanter Weise dadurch ein, dass das den Impuls ertheilende Gewicht auf elektrischem Wege jede Sekunde gehoben wird. Die nähere Einrichtung zeigt vorstehende Fig. 197. Dieselbe stellt in natürlicher Grösse den betreffenden Theil des Echappements dar für den Moment, in welchem das Pendel sich in der Gleichgewichtslage befindet. Es ist r der die Gabel vertretende Theil der Uhr (das Pendel selbst ist nicht dargestellt), und es wird während der Bewegung des Pendels nach links der um den Punkt a

---

[1] Zschr. f. Instrkde., 1881, S. 17.

drehbare Hebelarm, welcher an seinem anderen Ende den Stein d trägt, durch dessen Hinübergleiten über die Spitze des Federchens l um eine geringe Grösse gehoben. Im Übrigen ruht dieser Arm nach dem Zurückfallen auf einer um die Schraube b zur Regulirung der Stellung dieses Hebels dienenden kleinen excentrischen Scheibe. Bewegt sich nun das Pendel wieder nach rechts, so stösst zuerst der Stein d gegen die Feder l und führt diese zur Seite, bis die an derselben befestigte prismatische Stütze h den Zahn g frei lässt. Dieser sowie auch der Zahn e ist auf der Axe f befestigt, um welche ein mit einem Gewichte von etwa 4 Gr. beschwertes Seidenschnürchen gewunden ist; dieses ist bestrebt, die Axe f im Sinne des Uhrzeigers zu drehen. Sobald nun das Prisma h den Zahn g frei lässt, dreht das Gewicht die Axe f und der zweite kleinere Zahn e stösst gegen den Stein c des Gabeltheils, wodurch das Pendel einen sich stets gleichbleibenden Impuls erhält. Im nächsten Augenblicke wird die Feder l so viel zur Seite geführt, dass sie von der Stütze k frei wird, wonach sie, durch die Schwere des um den Punkt p drehbaren Rahmens s, mit diesem gegen den festen Stift m fällt. Hiermit endigt der vom Pendel zu überwindende Widerstand. Das Schliessen des Stromes wird jetzt auf einfache Weise durch einen zweiten Haken an der Axe f bewerkstelligt, worauf der Rahmen s durch den Strom in seine ursprüngliche Lage zurückgehoben wird. Da dieser Vorgang nur bei den Pendelschwingungen nach rechts geschehen kann, und doch jede Sekunde eintreffen muss, versieht man die Uhr mit einem Halbsekundenpendel.

Man sieht nun leicht ein, dass das Pendel und der elektrische Strom direkt nichts mit einander zu schaffen haben, und dass die Konstanz des Widerstandes hauptsächlich davon abhängt, dass der Haken der Feder l immer gleich weit auf den Stein k eingreift. Und da diese Lage durch einen kleinen Stift n, gegen welchen die Feder drückt, gesichert wird, kann man wohl den vom Pendel zu überwindenden Widerstand als in befriedigendem Grade konstant bezeichnen.

Bevor ich zu den elektrischen Uhren der zweiten und dritten Klasse übergehe, möchte ich noch darauf hinweisen, dass man namentlich auch mit Rücksicht auf hermetisch verschlossene Uhren Einrichtungen erdacht hat, welche dazu dienen, die anderweitig in Gestalt eines Gewichtes oder einer Feder vorhandene Triebkraft nur immer wieder von neuem „aufzuziehen“.[1]) Dahin gehören z. B. die Uhr von Levin & Comp. in Berlin[2]) und ähnliche Anordnungen von Förster in Posen und Zimber in Furtwangen,[3]) welche aber kaum für Präcisionsuhren Anwendung finden, weiterhin auch die von Gelcich[4]) beschriebene Uhr von Herotizky in Hamburg. Ich muss aber hier auf die Quellen, sowie auf das betreffende Patentblatt verweisen, da eine Beschreibung der einzelnen Theile dieser Einrichtung zu weit führen würde.

---

[1]) Es dürfte wohl Bréguet gewesen sein, welcher zuerst vor etwa 30 Jahren eine solche Einrichtung getroffen hat. Vergl. Du Moncel, Exposé etc., Bd. 4, S. 152.

[2]) Elektr. Zschr. 1881, S. 157.

[3]) Elektr. Zschr. 1881, S. 185.

[4]) Gelcich, Handb. d. Uhrmacherkunst, S. 613 — DRP 49151.

b. Elektrische Sekundär-Uhren.

Einfache Zifferblätter ohne selbständiges Uhrwerk lassen sich überall da verwenden, wo eine gesicherte Aufstellung einer Uhr nicht angängig, oder wo andere Verhältnisse (Kälte, Feuchtigkeit oder auch ein Ortswechsel — am Instrument selbst —) hinderlich sind. Man hat solcher Zeigerwerke, bei denen eine Art Steigrad vermittels eines Stoss- oder Zugwerkes von Sekunde zu Sekunde fortgeschoben wird, eine grosse Anzahl konstruirt, von denen hier einige angeführt werden sollen. Eine der ältesten und einfachsten Einrichtungen, deren Princip aber auch heute noch An-

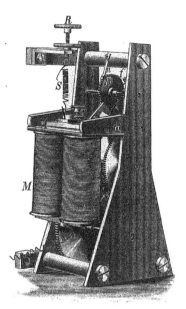

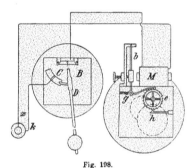

Fig. 198.
(Nach Tobler, Elektr. Uhren.)

Fig. 199.

wendung findet bei Knoblich'schen und Denker'schen Zifferblättern mit Gleichstrombetrieb, ist die von BAIN.[1] Sie ist in Fig. 198 schematisch dargestellt. Der Elektromagnet M zieht bei dem von der Hauptuhr C B D veranlassten Stromschluss den Anker b an, wobei der Sperrhaken über einen Zahn des Steigrades e hinweggleitet. Wird nun der Strom unterbrochen, so zieht die Spiralfeder g den Anker zurück, der Sperrhaken nimmt den erfassten Zahn mit und dreht auf diese Weise den Sekundenzeiger um ein Stück weiter, welches den so vielsten Theil der Peripherie ausmacht, als das Steigrad e Zähne hat; im Falle unserer Zifferblätter also 60. Der Sicherheitshaken h verhütet, dass zwei Zähne gleichzeitig vorrücken. In den Fig. 199, 200 ist ein Zifferblatt von DENKER in Hamburg in verschiedenen Ansichten dargestellt. Es ist darin M der von der Hauptuhr elektrisch erregte Magnet, A der Anker, welcher sich um die Axe a dreht und in seiner Bewegung durch zwei Schrauben begrenzt wird, von denen nur die obere bei r in der Figur sichtbar ist. Die Schraube R mit der Spiralfeder S dient zum Abreissen des Ankers nach Öffnung des

---

[1] Mechan. Mag., Bd. XXXV, S. 139. — Schellen, Der elektromagnet. Telegraph, S. 1144, Fig. 753. — Tobler, l. c., S. 5.

Stromes. An der dem Anker entgegengesetzten Seite des Hebels ist ein
eigenthümlich geformter Arm mittelst zweier Schräubchen befestigt, die eine
Regulirung desselben zulassen, welcher eine Sperrklinke mit der Feder f trägt.
Wird jetzt durch einen Stromschluss der Anker angezogen, so wird das Steigrad D durch die Sperrklinke einen Zahn weitergeschoben, fällt der Anker ab,
so springt jene in die nächste Zahnlücke, während die kleine Feder n verhindert, dass das Steigrad dieser Rückwärtsbewegung folgen kann, indem
das eine Ende derselben in das Steigrad eingreift, was auch gleichzeitig den

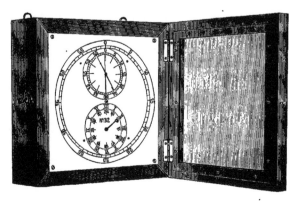

Fig. 200.

Zweck hat zu verhindern, dass das Steigrad D durch den Stoss des Sperrkegels mehr als einen Zahn fortgeschoben wird. Die Axe von D trägt auch
zugleich den Sekundenzeiger. Die verschiedenen Zwischenräder sind so
berechnet, dass sie die auf den resp. Axen sitzenden Minuten- und Stundenzeiger angemessen bewegen.

Es ist für diese Art Zifferblätter eine recht genaue Regulirung der Hubhöhe des Ankers sowie der Kraft der Abreissfeder f erforderlich, damit trotz
der Sicherheitseinrichtung das Steigrad nicht mehr und nicht weniger als
um ein Zahnintervall fortgeschoben wird. Da die Stärke der Abreissfeder sich
daher nach der jeweiligen Stromstärke richten muss, so ist die Zuverlässigkeit
des Zifferblattes auch häufig von einem Wechsel derselben beeinflusst. Es
sind deshalb Einrichtungen zu bevorzugen, welche von der Stromstärke oder
von einer variablen Federkraft unabhängig sind. Eine der letzteren Art ist
z. B. die von Prof. Fr. Arzberger in Wien angegebene.[1] . Namentlich
aber gehören hierher, die mit Wechselstrombetrieb arbeitenden Zifferblätter.
Die Arzberger'sche Anordnung ist in den Fig. 201 u. 202 dargestellt. Auf der
Welle a, die zugleich die Axe für den Sekundenzeiger ist, steckt ein Rad,
dessen Zähne die in der Fig. 201 gezeichnete Form haben; ein Anker K,
der sich um b als Axe drehen kann, ist mit den Klauen m und n versehen,

---

[1] Zschr. f. Instrkde. 1882, S. 53 u. 54.

welche abwechselnd in die Zähne des Rades eingreifen und dasselbe ruck-
weise in der Pfeilrichtung fortschieben können. In der gezeichneten Stellung
hält gerade m das Rad fest, sobald der Anker aber nach links bewegt
wird, greift n ein, rückt das Rad um eine halbe Zahnbreite fort und hält es
wiederum in dieser Stellung fest und so geht das Spiel beider Theile weiter.
Der Hub des Ankers ist also durch die
lineare Entfernung der Klauen m und n
begrenzt, ebenso ist ein Gegengesperre völlig
überflüssig. Wenn das Rad 30 Zähne hat,
wird der mit demselben durch die Axe a
verbundene Zeiger während eines Umlaufes 60 Intervalle markiren, also den
Sekundenzeiger einer Uhr darstellen können.
Es ist dazu nur nöthig,
dass der Kontakt der
Hauptuhr z. B. zur Se-
kunde 0 geschlossen,
zu 1 geöffnet, zu 2
wieder geschlossen wird
u. s. w. Die Fig. 202
zeigt die Gesammtein-
richtung von der Rück-
seite; h ist der Anker
eines Hufeisenmagne-
ten,[1] welcher den Hebel
s mit der Korrektions-
schraube trägt, diese
wirkt auf den Hebel K,

Fig. 201.   Fig. 202.

(Aus Zschr. f. Iustrkde. 1882.)

welcher durch das Gewicht g immer nach rechts gezogen wird und die linke
Klaue zum Eingriff bringt, während durch die Wirkung des Magneten die
rechte Klaue in das Rad gedrückt wird. Das Arbeiten eines solchen Zeigerwerkes ist sehr sicher, zumal noch die Oxydbildung an den Kontakten durch
eine kleine Widerstandsrolle w verhindert wird, durch welche der durch die
Klemmschrauben k^1 und k^2 zugeleitete Strom stets hindurchgehen wird,
mag der Hauptzweig der Leitung geschlossen oder geöffnet sein. Diese Einrichtung eines Nebenschlusses von grossem Widerstand ist überhaupt bei
allen elektrischen Kontakten, soweit sie in den astronomischen Uhren vorkommen, sehr zu empfehlen, zumal sie leicht herzustellen ist. Hat man keine
Rolle mit sehr grossem Widerstand (sehr dünnem und langem Draht) zur
Verfügung, so kann man sich leicht dadurch helfen, dass man den die Neben-
linie bildenden Draht an einer passenden Stelle durchschneidet und beide
Endon in oin kleines Glas mit angesäuertem Wasser eintauchen lässt. Das
Wasser stellt dann den Widerstand dar; die beiden Drahtenden dürfen sich

---

[1] In diesem Falle ist ein ebenfalls nach Prof. Arzberger gebauter vereinfachter Elektromagnet zur Verwendung gelangt (vergl. Zschr. f. Instrkde. 1882, S. 6).

natürlich nicht berühren, und das Glas verschliesst man, um die Verdunstung nach Möglichkeit zu hindern.

Ein mit Wechselstrom arbeitendes Zifferblatt ist z. B. das von HIPP, von dem zum Schluss hier noch der wesentliche Theil, der Indikator, beschrieben werden soll. Die Fig. 203 zeigt denselben in zwei Ansichten.[1])

Das Verbindungsstück P der Kerne mm', des Elektromagneten ist mit dem Nordpol eines kräftigen Stahlmagneten M verbunden; der Südpol von M bildet das eine Lager für den um die Axe a drehbaren Anker A, Fig. 204. Die Kerne mm'

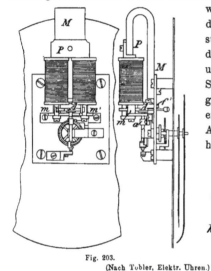

werden daher beide, wenn kein Strom durch den Elektromagnet geht, gleichstark nordmagnetisch, der Eisenanker A dagegen südmagnetisch sein. Die Art und Weise, in welcher der Eingriff eines Spindel-Echappements in das Steigrad geschieht, ist aus Fig. 203 deutlich zu ersehen. Die eigenthümliche Form des Ankers bezweckt, selbst mit einem verhältnissmässig schwachen Strome eine bedeutende Wirkung hervorzubringen; der grosse Weg (circa 60⁰),

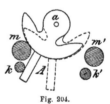

den er bei jeder Stromeinwirkung zurücklegt, ermöglicht einen sicheren Eingriff in das

Fig. 203.
(Nach Tobler, Elektr. Uhren.)

Fig. 204.

Steigrad und macht Erschütterungen und schwächere Induktionsströme wirkunglos. Geht nun ein Strom von bestimmter Richtung durch den Elektromagneten, so wird in m der vorhandene Nordmagnetismus geschwächt, in m' verstärkt; der südmagnetische Anker A bewegt sich daher nach m' hin, wobei der obere Klotz der Spindel das Steigrad um einen Zahn vorwärts schiebt. Kehrt man die Richtung des Stromes um, so legt sich A wieder an m und es findet ein abermaliges Vorschieben des Rades, diesmal mittels des unteren Klotzes, statt. Ein in der Figur nicht sichtbarer Sperrhaken greift in eine zweite, auf der Peripherie des Steigrades befindliche Verzahnung und verhindert eine rückgängige Drehung; 'das verschiebbare Gegengewicht f' dient zur Äquilibrirung des Ankers, während die kleinen mit Tuch gepolsterten Anschlagsäulen k k', Fig. 204, eine direkte Berührung zwischen A und m oder m' verhindern. An der Hauptuhr muss dann aber die Kontakteinrichtung so getroffen werden, dass von Sekunde zu Sekunde eine Stromumkehr stattfindet, wie das z. B. bei der Hipp'schen elektrischen Uhr der Fall ist (vergl. S. 175, Fig. 193).

Nur wenige Worte brauchen noch über die Uhren gesagt zu werden,

---

[1]) Vergl. Tobler l. c., S. 23.

welche jede Sekunde einen regulirenden Einfluss erfahren. Das Princip ist dabei meist das, dass an irgend einer Stelle des Pendels, wie bei der oben näher beschriebenen Hipp'schen elektrischen Normaluhr, ein Anker von weichem Eisen angebracht ist, der von einem unter oder über ihm befindlichen Elektromagneten angezogen wird, sobald in der Hauptuhr der Stromschluss erfolgt. Die Stellung der Magneten ist dann so zu wählen, dass in der Ruhelage des Pendels sich Aufhängepunkt, Anker und Magnet in einer geraden Linie befinden; dass also keine die Schwingungen des Pendels beeinflussende Wirkung stattfindet, wenn genau in diesem Moment der Strom seitens der Hauptuhr geschlossen wird. Ist der Gang der Nebenuhr nicht genau derselbe wie der der Hauptuhr, so wird das angegebene Zusammentreffen nach längerer oder kürzerer Zeit nicht mehr stattfinden, und der Elektromagnet wird dann regulirend auf das Pendel wirken können. In Wahrheit verhindert er eben jede Abweichung der Schwingungszeiten; vergl. Kontakteinrichtungen.

4. Hemmungen.

Die Hemmung ist, wie oben erwähnt, derjenige Theil der Uhr, welcher Zahlwerk und Regulator mit einander verbindet und von einander abhängig macht. Man unterscheidet gewöhnlich vier verschiedene Arten von Hemmungen, nämlich

a) Ruckfallende Hemmungen,   c) Freie Hemmungen,
b) Ruhende Hemmungen,   d) Hemmungen mit konstanter Kraft.

Diese Eintheilung stützt sich einmal auf die Art und Weise, wie das Steigrad (oder wohl auch direkt Hemmungsrad genannt)[1] auf die in Frage kommenden Theile der Hemmung wirkt, und andererseits auf das Zustandekommen des dem Pendel ertheilten Impulses zur Erhaltung seiner Schwingungen. Das Princip dieser Einrichtungen mag an einem bestimmten Beispiele näher erläutert werden, das wird die weiteren Erörterungen wesentlich vereinfachen. Ich wähle dazu die in Fig. 205 dargestellte schematische Zeichnung einer „ruhenden Ankerhemmung", wie sie meist bei Penduluhren angewendet wird, ohne vorläufig auf weitere Details dieser Hemmung[2] oder dieses „Ganges", wie man wohl auch diese Theile der Uhr nennt, näher einzugehen. Der aus den beiden Armen A und A¹ bestehende anker-

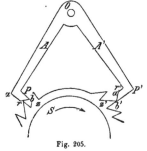

Fig. 205.

ähnliche Theil ist um die Zapfen der durch O gehenden Axe, welche parallel zu der des Steigrades S ist, sehr leicht drehbar und mit ihr fest verbunden; ebenso ist mit der Axe O die sogenannte Gabel, fest oder korrigirbar ver-

---

[1] Streng genommen bildet eigentlich erst das Steigrad mit dem hier speciell Hemmung genannten Theile der Uhr die Gesammthemmung (Echappement), denn beide hängen sowohl nach Form wie Anordnung in zwingender Weise von einander ab.

[2] Diese auch „Graham Gang" genannte Hemmungsart kommt noch sehr häufig bei Penduluhren vor und wird eingehender unter diesem Namen beschrieben werden.

bunden; diese wird wiederum durch das Pendel geführt. Die Enden der beiden Theile A werden von den Haken PP' (Paletten) gebildet, welche in die Zähne z, z' in bestimmter Weise eingreifen und zwar bald von rechts, bald von links, je nachdem das Pendel nach links oder rechts ausschlägt und den Anker vermittels der Gabel mitnimmt. In der Figur ist das Pendel eben nahe seiner rechts gelegenen Elongation gedacht, dann ist ein Zahn von S eben von der Fläche a r der Palette P der sogenannten Ruhefläche abgeglitten. Das Anliegen eines Zahnes an dieser Fläche verhindert somit das Steigrad an seiner im Sinne des Pfeilers sich vollziehenden Bewegung.

Wird jetzt das Pendel seine Bewegung nach links fortsetzen, so wird der Zahn z allmählich frei werden, und das Steigrad würde sich sofort in volle Bewegung setzen. Nun aber ist die zweite Fläche r b der Palette derartig angeschliffen, dass sie mit a r einen stumpfen Winkel macht, wodurch das Steigrad veranlasst wird, den Ankerarm erst noch etwas zur Seite zu drücken, damit der Zahn frei wird. Diese Arbeit, welche das Steigrad zu leisten hat, ist die Hebung, und die Fläche r b nennt man daher die Hebungs-fläche des Ankers. Durch dieses Weiterschieben bekommt auch das Pendel seinen neuen Impuls; denn der Anker wird durch Vermittelung der Gabel auch das Pendel nach links zu drücken versuchen. Sobald nun der Zahn z den Anker soweit zurück geschoben hat, dass er bei b vorbei gehen kann, wird das Steigrad sich frei zu drehen beginnen; zu gleicher Zeit hat sich aber mit der Linksbewegung des Pendels auch der Haken P' zwischen die Zähne bei z' geschoben, sodass von diesen einer auf die Fläche a'r' (Ruhe) aufschlägt und dort ruht, bis er wieder durch die Rechtsbewegung des Pendels befreit wird und auf die Hebefläche a'b' gelangt; dort streift er unter Hebung des Ankerarmes A' entlang, bis er bei b' diese Fläche verlässt und dem Pendel den neuen Impuls nach rechts ertheilt hat. Sobald er frei ist, fällt wieder einer der Zähne z auf die Ruhefläche a r der Palette P, und so geht das Spiel der Hemmung weiter. Macht das Pendel in einer Sekunde den Weg von rechts nach links, also eine Schwingung in einer Sekunde (Sekundenpendel), so werden 30 Zähne genügen, um den auf der Axe des Steigrades sitzenden Sekundenzeiger in 60 Intervallen um die Peripherie des Sekundenzifferblattes herumzuführen. Ist die Dicke der Paletten so bemessen, dass sie sehr nahe das halbe Zahnintervall beträgt, so werden die Winkel, um welche sich der Sekundenzeiger fortbewegt, einander gleich sein, was ja fast stets gefordert wird. Wenn nun auch bei den einzelnen „Hemmungen" der Vorgang im Einzelnen verschieden ist, so bleibt das Princip mit geringen Ausnahmen doch dasselbe. Man nennt nun eine Hemmung eine „rückfallende", wenn sich das Steigrad während des Aufliegens eines Zahnes auf der „Ruhefläche" bei der Bewegung des Ankers etwas zurückbewegt. Eine „ruhende" Hemmung entsteht, wenn der Zahn wohl einen erheblichen Bruchtheil der Schwingungsdauer auf der Ruhefläche aufliegt, aber gar keine Bewegung des Steigrades erfolgt; die Ruhefläche also einem mit O koncentrischen Kreise angehört — oder sogar selbst ein Stückchen des Axenkörpers darstellt. Es gehören z. B. dahin die eben kurz geschilderte Graham-Hemmung und der Stiftengang in der Penduluhr, sowie der Cylindergang und der Duplexgang in Taschenuhren.

Freie Hemmungen nennt man solche, bei welchen der bei weitem grösste Theil der Schwingungen des Regulators ganz unabhängig vom Steigrade vollführt werden kann und nur ein ganz kurzer Moment (wenn man so sagen darf) zur eigentlichen Auslösung benutzt wird. Solche Gänge sind z. B. die freie Ankerhemmung der Taschenuhren und der sogenannte Chronometergang, auch für Pendeluhren giebt es einige solche Hemmungen. Die unter d) genannten Hemmungen sind auch frei, aber sie unterscheiden sich von den letzteren dadurch, dass der auf den Regulator ausgeübte Impuls unabhängig gemacht wird von den Schwankungen der treibenden Kraft des Steigrades, indem während der freien Schwingungen des Regulators irgend eine sich ganz gleich bleibende Kraftquelle. (Schwerkraft, Federkraft) durch das Triebwerk der Uhr geschaffen resp. in Bereitschaft gesetzt wird, welche später durch eine besondere Auslösung befreit und als Impuls ertheilend benutzt wird. Diese letzteren Einrichtungen müssen äusserst korrekt ausgeführt werden und erfordern deshalb sowohl grosse Geschicklichkeit des Künstlers, als auch meist sehr gute Aufstellung der Uhren. Sie werden daher verhältnissmässig selten angewendet. Es gehören dahin z. B. Gangeinrichtungen von HARDY, BLOXOM, KNOBLICH und TIEDE[1] u. A.

Die zweckmässigsten Arten der Hemmung und die günstigsten Verhältnisse zwischen Hemmung, Steigrad und treibender Kraft sind auch theoretischen Untersuchungen unterworfen worden; am eingehendsten wohl von GRASHOF.[2] Die wichtigsten Resultate daraus sind: Die Reibung der einzelnen Theile aneinander ist zu einem Minimum zu machen; die Arbeit, welche der Motor auf den Regulator überträgt, muss möglichst konstant sein; die lebendige Kraft des Regulators soll gross sein, und der ihm durch das Steigrad ertheilte Impuls muss so gut als möglich in dem Moment zur Wirkung kommen, in welchem der Regulator (Pendel oder Unruhe) durch seine Ruhelage geht, also auch seine grösste Geschwindigkeit hat.

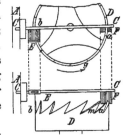

Fig. 206.
(Nach Gelcich, Handb. d. Uhrmacherkunst.)

Von der grossen Anzahl von Hemmungen, die es giebt, sollen hier nur die des Weiteren besprochen werden, welche in astronomischen Uhren (Pendeluhren, Chronometern oder erstklassigen Ankeruhren) vorkommen.

Eine der ältesten Hemmungen, die allerdings heute nur sehr selten bei besseren Uhren noch angewendet wird, ist der „Spindelgang".[3] Fig. 206 stellt diese Hemmung dar. Die Unruhe A (Durchschnitt des Steges derselben) ruht auf der Axe (Spindel) CC, welche zugleich die beiden Lappen oder Flügel E und F trägt. Diese aus Stahl gefertigten Platten sind nun etwas mehr als 90^{0} gegeneinander geneigt und greifen abwechselnd bei a resp. b

---

[1] Die beiden letzteren sind oben bei den „Elektrischen Uhren" schon besprochen, da die die gleichen Impulse ertheilenden Einrichtungen durch elektrische Ströme in Betrieb gesetzt werden.

[2] Grashof, Theoretische Maschinenlehre.

[3] Beim Hipp'schen elektrischen Zeigerwerk ist er z. B. noch verwendet.

in das Steigrad D ein. Wird das Steigrad in der Richtung des Pfeiles herumbewegt, so stösst ein Zahn desselben bei a gegen den Lappen F und schiebt diesen vor sich her; sobald aber der Zahn a darunter hervor kann, hat sich der Lappen E gegen einen Zahn bei b gelegt und hält dort das Steigrad so lange auf, bis nach einer Schwingung der Unruhe (oder auch des Pendels) dieser Lappen sich wieder hebt und nun seinerseits den ·Zahn b hervorlässt. Zu gleicher Zeit fällt aber der Lappen F wieder bei m ein, und das Spiel beginnt von Neuem. Während der Schwingungen des Regulators wird sogar das Steigrad abwechselnd von ·jedem Lappen wieder etwas mit zurück genommen, wenn das auch durch die Form der Zähne nach Möglichkeit abgeschwächt wird. Es ist daher diese Hemmung auch zugleich ein Beispiel für eine „rückfallende".

Die ruhende Ankerhemmung oder der Graham-Gang[1]) ist oben schon in allgemeinen Zügen besprochen; er kommt namentlich in Pendeluhren vor und ist deshalb von grosser Bedeutung, während der rückfallende Ankergang höchstens in minderwerthigen Uhren vorkommt. Diese Hemmungen tragen ihren Namen wegen der eigenthümlichen, einem Anker ähnlichen Form des hemmenden Theiles. Indem auf das oben Gesagte Bezug zu nehmen ist, sollen hier die Verhältnisse der einzelnen Theile eines solchen

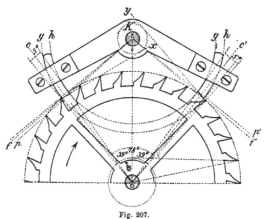

Fig. 207.
(Nach „Vorlagen f. Uhrmacher.")

Grahamganges näher beschrieben werden, woraus die genaue Wirkungsweise ersichtlich sein wird und auch bei etwa vorkommenden Störungen leicht ein Fehler gefunden werden kann. Bei der in Fig. 207 dargestellten Form des Ankerganges fasst der Anker $6^{1}/_{2}$ Zähne, also $\frac{360}{30} \times 6^{1}/_{2}{}^{0} = 78^{0}$ der Radperipherie; denkt man sich die Mittellinie i o gezogen, deren Länge die Entfernung der Zapfenlöcher darstellt, und nach jeder Seite 39^{0} angetragen, so müssen diese Linien o c und o c' durch die Mitten der Hebungsflächen des Ankers

---

¹) Nach ihrem Erfinder so genannt.

gehen. Zieht man nun von i aus zwei Senkrechte i f und i f' auf o c und
o c', so müssen diese zugleich Tangenten an der äusseren Zahnperipherie des
Steigrades sein. Da nun die Entfernung zweier Zähne 12^0 beträgt, so ist,
wenn für den Abfall $^1/_2{}^0$ und für die Dicke der Zahnspitzen auch $^1/_2{}^0$ gerechnet wird, noch auf jeder Seite von c resp. c' ein Winkel von $2^1/_2{}^0$ an-
zutragen, dessen äussere Schenkel dann durch die Ecken der Klauen gehen
müssen. Die Orte dieser Ecken selbst werden dann dadurch gefunden, dass
man von i aus an i f einen Winkel von $^1/_2{}^0$ als sogenannten Rühewinkel anträgt,
wodurch die äussere Ecke der linken Klaue betimmt ist; an die Linie i f sowohl, als auch an i f trägt man den Hebungswinkel von 1^0 an und findet nun
in den Durchschnittspunkten der Linien i p u. i p' mit den oben gefundenen Orten
für die Klauenbreite auch die Orte der anderen Ecken der Paletten. Von
diesen Ecken müssen dann je zwei immer auf den um i gezogenen Kreisen
g und h liegen, der Abstand beider Kreise ist die Klauenbreite. Die beiden
Kreise geben die Form „der Klauen" an, welche diese haben müssen,
wenn das Steigrad während „der Ruhe" keinerlei Bewegung machen soll.
Die Klauen sind also Theile eines und desselben Kreisringes. Sie sind
dann, wie die Figur andeutet, in dem Hauptstück des Ankers durch zwei
Plättchen gefasst, und zwar beweglich, um ihre Stellung genau reguliren
zu können. Die die Hebeflächen von einem Grad Neigung bezeichnenden
Linien x und y müssen gemeinschaftliche Tangenten eines mit den Klauen-
kreisen koncentrischen Kreises sein, wenn die Hebung auf beiden Seiten gleich
sein soll. Das Spiel des Ankers ist aus dem früher Gesagten klar und
braucht nicht wieder beschrieben zu werden. In der praktischen Ausführung
ist das Steigrad entweder von Stahl oder von Messing, der Ankerkörper stets
aus Stahl. Die beiden Paletten (Klauen) macht man entweder aus ganz
hartem Stahl oder noch besser aus zwei Edelsteinen, Rubin, Saphir od. dergl.,
denen man durch Schleifen die genaue Gestalt giebt und die man dann in
den Stahlkörper des Ankers so einklemmt, dass man ihre Stellung etwas
korrigiren kann. Manchmal besteht auch der Ankerkörper aus zwei getrennten
oder federnd mit einander verbundenen Armen, sodass man den Raum,
welchen die Paletten überspannen, und damit die Grösse des Abfalles, etwas
verändern kann; es müssen dann aber für die Sicherung der gegenseitigen
Stellung beider Arme besondere Schrauben vorhanden sein.

In manchen älteren Uhren findet man auch den Stiftengang vor; dieser
ist eigentlich nichts Anderes als ein Ankergang, bei welchem aber die beiden
Arme des Ankers auf derselben Seite der Centrallinie liegen. Es sollte dadurch der Druck der Arme oder Paletten auf das Steigrad immer in derselben Richtung wirken. Ein solcher Stiftengang ist in Fig. 208 dargestellt.
An Stelle der Zähne befinden sich auf dem Steigrade senkrecht zu seiner Ebene
in den Kranz des Rades eingefügte Stifte s, s_1, s_2 von meist halbcylindrischer
Form. Diese Stifte stehen um je 12^0 von einander ab, zwischen sie
schiebt sich der scheerenähnlich geformte Anker O B B', ein. Die Axe des
Steigrades c liegt nicht senkrecht unter derjenigen des Ankers O, sondern
nahe um den Radius desselben seitwärts, die beiden Ankerarme endigen in
die Paletten p p'. Es ist gewöhnlich so eingerichtet, dass bei einem Steigrad

von 30 Zähnen der Winkel d C b $3\frac{1}{2}^0$ beträgt, ebenso der Winkel x C d', der Radius des Stiftes nimmt dann 2^0 in Anspruch, und der kleine noch übrige Fallwinkel ist auf $\frac{1}{2}^0$ bemessen. Dadurch wird erzielt, dass bei jeder Weiterbewegung resp. bei jeder Schwingung des Pendels das Steigrad um 6^0, also um den 60. Theil der Peripherie weitergeht. Die Flächen m n und m' n' sind die Hebungen und m r resp. m' r' die Ruheflächen. Das Spiel der Hemmung ist derart, dass bei jedem Linksschwingen des Pendels dieses den Anker vermittelst der Gabel mitnimmt und so ihm die gezeichnete Stellung ertheilt. Geht jetzt das Pendel nach rechts, so kann der Stift s' an der Hebefläche m n herabgleiten, wobei er dem Pendel den Impuls ertheilt, ist er frei, so hat sich während dessen die Palette p' zwischen s' und s'' geschoben, und s'' fällt auf diese auf, ruht dort, bis das Pendel wieder nach links geht, und fällt dann an der Hebefläche m' n' herab auf die Palette p, und so geht es fort.

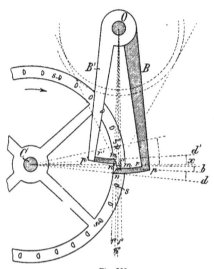

Fig. 208.
(Nach „Vorlagen f. Uhrmacher.")

Diese Hemmung ist noch leichter herzustellen als der Grahamgang, auch ist sie wegen der Stärke der Stifte und der grossen Ruheflächen noch dauerhafter, aber eben die letzteren bringen für die Schwingungen des Pendels mehr Störung durch Reibung hervor, man wendet sie daher an, wo starke Triebkräfte und überhaupt grosse Verhältnisse gegeben sind, weniger in feinen Penduluhren, welche als Hauptuhren dienen sollen.

Man bezeichnet auch manchmal als Stiftenhemmung eine Einrichtung, bei welcher das Steigrad in gewöhnlicher Weise gebildet ist, an Stelle der Paletten auf den Ankerarmen aber Stifte sitzen, welche den vorhin beschriebenen ganz analog gebildet sind. Eine schematische Zeichnung giebt Fig. 209.

Der Cylindergang wird in astronomischen Uhren nicht angewendet, da er wohl einfach und sicher funktionirt, aber den Schwingungen der Unruhe (in Taschenuhren) sehr grosse Ruheflächen und damit viel Reibung entgegensetzt, etwas was man bei Präcisionsuhren gerade vermeiden will. Er kann daher hier füglich übergangen werden.[1]

Eine andere ruhende Hemmung, welche ab und zu in Taschenuhren angewendet wird, wenn solche zu astronomischen Beobachtungen benutzt werden sollen, und welche ihre Anwendung dem Umstand verdankt, dass sich der Sekundenzeiger nicht schleichend wie gewöhnlich, sondern springend

---

[1] Vergl. darüber Gelcich, Handb. d. Uhrmacherkunst, S. 361 ff. — Heidner, Schule d. Uhrmachers, S. 94 ff. — Martens, Die Hemmungen der höheren Uhrmacherkunst.

fortbewegt. Es ist dieses die **Duplexhemmung**, so genannt wegen des mit einem doppelten Zahnkranze versehenen Steigrades. Fig. 210 stellt diese Hemmung im Auf- und Grundriss dar.[1]) A A′ ist das Steigrad, Z, Z′, Z″ . . .

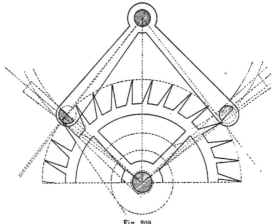

Fig. 209.
(Nach „Vorlagen f. Uhrmacher".)

sind die scharf gebildeten **Ruhezähne** und s, s′, s″ . . . die stumpfen **Stosszähne**. Auf der Axe der Unruhe G F ist koncentrisch mit ihr der kleine Steincylinder r (Rolle) aufgekittet; sein Radius ist so gewählt (auch die Ent-

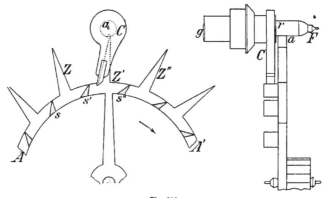

Fig. 210.
(Nach „Vorlagen f. Uhrmacher".)

fernung der beiden Axen von Steigrad und Unruhe muss dementsprechend bemessen sein), dass die Spitzen der Ruhezähne nicht an ihm vorübergehen können, sondern mit ihren äussersten Enden eben noch aufliegen. Weiterhin sitzt auf derselben Axe der Daumen C, welcher so eingerichtet ist, dass sein

---

[1]) Diese sowie andere Konstruktionszeichnungen sind zum Theil dem Werke „Vorlagen für den Unterricht im Fachzeichnen der Uhrmacher" von A. Kittel und J. Emele, Berlin 1887, Verlag von W. H. Kühl, entnommen, welches zur genauen Orientirung über die Einzelheiten der Konstruktion sehr empfohlen werden kann.

Ende noch bis in den Kreis hineinragt, auf dem die Spitzen der Stosszähne liegen. Nun hat aber die genannte Rolle a einen kleinen Einschnitt, dessen Weite etwa 20—25° beträgt, und dessen Tiefe so bemessen ist, dass ein Ruhezahn den Boden nicht erreichen kann. Das Spiel der Hemmung ist dann folgendes: Das Steigrad mag von der Zugfeder nach rechts getrieben werden, die Unruhe, welche mit auf der Axe G F sitzt, möge gerade nach links ausgeschwungen, d. h. die sogenannte stumme oder todte Schwingung, bei welcher sie keinen Impuls erhält, gemacht haben; dann ruht während dieser Zeit ein Zahn z auf der Rolle, das Steigrad kann nicht weiter, und erst, wenn der Einschnitt in a bis zum Zahne gelangt ist, fällt dieser in denselben ein und legt sich an die rechte Seite desselben. Dabei treibt er gleich die Unruhe wieder nach rechts, und zwar so lange, bis er an der Kante des Einschnittes vorbei kann (kleine Hebung). Ist dieses der Fall, so hat sich während dieser Zeit der Daumen C zwischen die Stosszähne s′ s″ geschoben und einer dieser fällt auf ihn und giebt damit der Unruhe einen zweiten weit stärkeren Impuls während ihrer Schwingung nach rechts (grosse Hebung). Dies dauert so lange, bis auch dieser Stosszahn frei wird. Ist dies geschehen, so schwingt die Unruhe weiter nach rechts, und es fällt wieder der nächste der Ruhezähne auf die Rolle, welcher dann dort so lange liegen bleibt, bis die Unruhe auch die Rechts- und den grössten Theil der Linksschwingung wieder vollendet hat, worauf der Vorgang von Neuem beginnt. Die Verhältnisse, welche diese Hemmungen gewöhnlich zeigen, sind dadurch bestimmt, dass das Steigrad gewöhnlich 15 Ruhe- und 15 Stosszähne hat, diese also 24° von einander abstehen. Den Halbmesser der Rolle macht man etwa $\frac{1}{8}$—$\frac{1}{7}$ der Entfernung der Spitzen der Ruhezähne. Der Winkel, welchen die Unruhe während der kleinen Hebung beschreibt, beträgt etwa 25—30°, der für die grosse Hebung nicht über 35°. Die Stosszähne sollen in der Mitte zwischen den Ruhezähnen liegen, wodurch auch Grösse und Stellung des Daumens gegeben ist. — Die Duplexhemmung, welche hiernach noch zu den ruhenden Hemmungen gehört, bedarf einer sehr exakten Ausführung, dann gewährt sie aber auch ganz gute Gänge, namentlich, wenn die Uhr in gleicher Lage erhalten wird. Es kommt aber leicht vor, dass bei stärkeren Erschütterungen mehr als ein Zahn durchschlägt, wenn die Unruhe zu übergrossen Schwingungen angetrieben wird; man verwendet diese Hemmung daher in besonders guten Uhren nicht mehr.

Bei Weitem die am häufigsten vorkommende Hemmung in Taschenuhren ist der freie Ankergang, er ist ein den Verhältnissen der Taschenuhren angepasster Grahamgang, für den aber die Schwingungen der Unruhe möglichst unabhängig von dem Steigrad gemacht sind durch Zwischenschieben eines supplementären Stückes, der sogenannten Gabel. Ich lasse hier die Einrichtung und das Spiel dieser Hemmung im Wesentlichen nach GELCICH l. c. folgen. Die Fig. 211 stellt die Einrichtung eines freien Ankerganges schematisch dar; a d′ ist der um die Axe B bewegliche Anker mit den Hebeflächen b c und b′ c′ auf den Paletten p und p′, während a b und a′ b′ die Ruheflächen sind. Der Anker a d′ setzt sich nach der Unruhaxe zu in eine Gabel C fort, und letztere endigt in die beiden Zinken o und o′, die Fangohren oder Hörner.[1]) Mit der Axe der Unruhe ist die Scheibe oder Rolle E verbunden. Diese trägt senkrecht zu ihrer Ebene den cylindrischen oder elliptischen Stift h aus Stahl oder Edelstein, den Hebestift, er ragt bis in die Zinken der Gabel hinein, so dass diese ihn bei ihren Bewegungen fassen kann. Die Zähne des Steigrades können entweder die in der Figur angedeutete Form haben (Kolbenzähne) oder auch spitz sein, wie bei den früher beschriebenen Hemmungen. Das Spiel dieser Hemmung ist folgendes: Die Unruhe auf der Axe der Rolle mag ihre Amplitude von links nach rechts gerade erreicht haben und nunmehr in der Richtung des Pfeiles zurückzuschwingen beginnen; in diesem Augenblick befindet sich der Hebestift gerade in h', die Gabel liegt an dem Sicherheitsstifte s an, ihre Axe hat also die Richtung B x', der Steigradzahn z liegt auf der Ruhefläche a b. Die Richtung dieses Druckes muss aus den Formverhältnissen von Zahn und Hebefläche so resultiren,

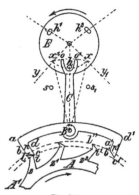

Fig. 211.
(Nach Gelcich, Handb. d. Uhrmacherkunst.)

dass sie innerhalb des Ankers von B vorbeigeht, damit ein Drehungsmoment entsteht, welches die Gabel etwas gegen s andrückt. Es ist das für die sichere Lage des Ankers erforderlich. Schwingt nun die Unruhe weiter, so wird der Hebestift in der Lage x' zwischen die dort befindliche Gabel treten und diese mitnehmen. Dadurch wird der Zahn z frei, und die Hebeflächen von Zahn l i und der Palette b c gleiten auf einander ab. Zugleich damit hat der Hebestift h sich nach x bewegt, so dass der Zahn z^2 auf die Ruhefläche a' b' fällt.

Nun schwingt die Unruhe wieder frei, bis h sich an der Stelle von h^2 befindet; bei der Umkehr nimmt h in x die Gabel des Ankers wieder mit, befreit den Zahn z^2, und das Spiel geht wie schon mehrfach erläutert weiter. Es ist aus dem Gesagten ersichtlich, dass die Unruhe bei weitem den grössten Theil ihrer Schwingungen ganz frei ausführt, nur so lange die Hebeflächen auf einander gleiten, wird durch Hebestift und Gabel der nöthige Impuls ertheilt. Das ist ein grosser Vorzug dieser Hemmung. Damit die beschriebenen Funktionen immer sicher ausgeführt werden können, trägt die Gabel noch einen kleinen Ansatz d, Fig. 212, welcher in den Ausschnitt einer zweiten kleinen, auf der Unruhaxe sitzenden Rolle b eingreift. Dadurch wird erzielt, dass die Gabel nicht von selbst ihre Lage ändern kann, falls der oben erwähnte Druck auf die Paletten nicht stark genug sein sollte; ebenso wird der

---

[1]) Die Gabel ist mit dem Anker meist nicht aus einem Stück gemacht, sondern nur dicht über oder unter ihm auf derselben Axe mit den Ankerarmen befestigt. Sie braucht auch nicht senkrecht zum Anker zu stehen, sondern kann jede beliebige Lage zu demselben haben, z. B. in die Richtung der Ankerarme fallen. Das hängt ganz von der besonderen Anordnung der übrigen Uhrtheile ab; auf alle Fälle muss sie aber äquilibrirt sein, damit der Schwerpunkt des ganzen Stückes in die Ankeraxe fällt; man verlängert sie daher nach der anderen Seite hin und giebt diesem Stück eine passende Form.

Ausschlag der Gabel durch die beiden Sicherheitsstifte s und s', Fig. 211, begrenzt, so dass der Hebestift bei jeder Schwingung richtig in die Gabel treffen
muss und der Ruhewinkel das bestimmte Maass nicht überschreitet. Die

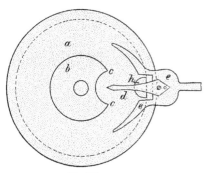

Konstruktionsverhältnisse der freien
Ankerhemmungen sind verschieden,
je nachdem ein Steigrad mit spitzen
oder mit Kolbenzähnen benutzt wird.
Das Steigrad trägt gewöhnlich 15
Zähne.. Die Breite der Palette ist
für spitze Zähne gleich der Hälfte
der Entfernung der Zahnspitzen, also
gleich 12°, für Kolbenzähne kommt
die Hälfte dieses Winkels auf die
Hebefläche der Zähne und nur 6°
auf die Breite der Paletten. Die
Neigung der Hebeflächen schwankt
zwischen 20—30°. Der Anker über-

Fig. 212.
(Nach Gelcich, Randh. d. Uhrmacherkunst.)

spannt 3—4 Zähne. Die Verhältnisse einiger weiterer Ankergänge sind in
den Fig. 213 u. 214 zur Anschauung gebracht. Es würde hier zu weit

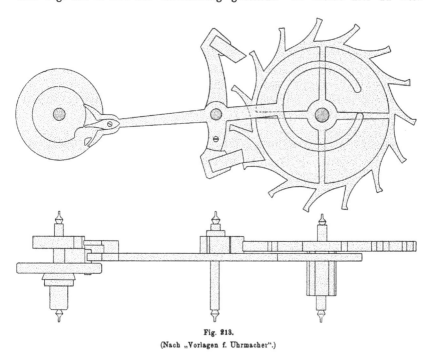

Fig. 213.
(Nach „Vorlagen f. Uhrmacher".)

führen, näher darauf einzugehen; es ist bezüglich der Details vielmehr
auch auf die oben schon genannten Werke zu verweisen.

Die wichtigste aller freien Hemmungen für tragbare astronomische

Uhren ist der Chronometergang, wie er nach seiner Anwendung in den Schiffschronometern genannt wird. Diese Hemmung gewährt der Unruhe bei weitem die grösste Freiheit, leider ist dieselbe aber für Uhren, welche, häufigen Erschütterungen ausgesetzt sind, wie sie z. B. beim Tragen in der Tasche oder auf Reisen zu Lande vorkommen können, wegen ihrer grossen Empfindlichkeit nicht geeignet. Nur in Schiffschronometern oder Uhren, welche mit grosser Sorgfalt behandelt werden können, ist sie empfehlenswerth.

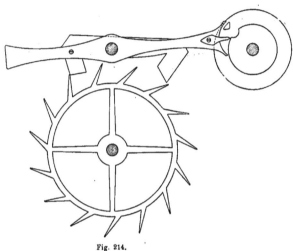

Fig. 214.
(Nach „Vorlagen f. Uhrmacher".)

In ersteren werden die Schwankungen des Schiffes durch die sogenannte Cardansche Aufhängung nahezu unschädlich gemacht. Diese Hemmung ist in der Form, welche ihr zuerst EARNSHAW gegeben hat, in Fig. 215 dargestellt. A ist das Steigrad, welches gewöhnlich 12 oder 15 Zähne hat und auf der Axe C sitzt; die Zähne haben eine zum Radius geneigte Stellung, der eine derselben z' liegt bei S auf einem Hinderniss auf, welches durch ein Stein- oder Stahlprisma P, den Ruhestein, gebildet wird. Dieses sitzt auf der bei B auf der Platine des Chronometers (vergl. Fig. 185) festgeschraubten Feder F.[1]) Diese Feder trägt bei O befestigt noch ein zweites, aber weit schwächeres Federchen F', welches meist aus Gold oder vergoldetem Stahl gefertigt ist. Diese beiden Federn sind nicht ganz gleich lang, sondern F' ragt noch etwas über die bei G leicht gebogene Feder F hinaus, welche der ersteren als Ruhe dient, indem F' leicht gegen die stärkere drückt. Den dritten Theil dieser Hemmung bildet die Unruhe mit den auf ihrer Axe befestigten beiden Scheibchen (Rollen) a und b. Die Rolle a ist so bemessen, dass ihre Peripherie nahe mit der Rückenkurve der Steigradzähne zusammen-

---

[1]) Die Form dieses Prismas ist verschieden; entweder giebt man ihm die hier gezeichnete Gestalt oder auch die eines Halbcylinders, auf dessen Durchmesserfläche sodann der Zahn des Steigrades anfliegt.

fällt und diese nicht an ihr vorüber gehen könnten, wenn sie nicht an einer
Stelle einen Ausschnitt e c hätte. Nahe dem einen Ende dieses Ausschnittes
ist die Stossplatte a eingesetzt, welche aus einem harten Edelsteine besteht.

Die zweite Rolle b liegt über der ersten
in der Ebene der Federn F und F',
während a in der Ebene des Steigrades liegen muss. Sie trägt bei d
eingelassen ebenfalls einen Zahn β aus
Stahl oder Edelstein, welcher einmal
zur Hebung des Goldfederchens dient,
und sodann auch zur Auslösung des
Ruhesteins P nöthig ist. In der Nähe
von P ist ein kleiner Bügel R aufgeschraubt, welcher einer Schraube s
als Mutter dient, die mit ihrem durch
einen Spalt in der Feder hindurchragen-
den Kopf verhindert, dass diese Feder
zu weit nach dem Steigrade hingebogen
wird; denn es sollen die Zähne desselben nur ganz wenig
auf dem Ruhestein P aufliegen. Das Spiel dieser Hemmung
ist nun leicht einzusehen. Das von der Zugfeder getriebene
Steigrad A liegt bei P mit dem Zahne z' auf, während dieser
Zeit schwingt die Unruhe frei nach links; auf ihrer Rückkehr
hebt der Stein β das feine Goldfederchen ohne nennenswerthen
Widerstand, und die Unruhe setzt unbehindert ihre Schwingungen
nach rechts fort. Kehrt sie aber nun zurück und kommt β mit

Fig. 215.

F' wieder zusammen, so kann dieses jetzt wegen des Widerstandes von F nicht sogleich folgen, sondern β muss auch die
Feder F mitnehmen, um vorüber zu können. Damit wird aber P unter z' weg-
gezogen und das Steigrad wird frei. In Folge dessen schlägt der Zahn z''' auf
a auf und giebt der Unruhe den neuen Impuls. Während dessen ist aber β
an F vorbei und P wieder in seine erste Lage zurückgekehrt und hat z''
gefangen. Bei einer zweiten Schwingung der Unruhe wiederholt sich nun
derselbe Vorgang und so fort bei den weiteren Schwingungen. Man sieht, dass
nur für einen ganz kleinen Zeitraum Unruhe und Hemmung (im engeren Sinne)
mit einander in Berührung sind, und dass ausserdem nahe in demselben
Moment auch der Unruhe der neue Impuls ertheilt wird. Auch ist klar,
dass die Sicherheit dieser Hemmung im Wesentlichen von der Form des
Prismas und der Zähne, sowie von der Winkelgrösse der „Ruhe" abhängt.
Die Formen der beiden Stücke wählt man daher so, dass der aufliegende
Zahn bemüht ist, die Feder F nach dem Steigrade zu zu ziehen, was durch
die in Fig. 215 angedeutete Neigung dieser Flächen gegen den Radius des
Steigrades erreicht wird. Die Ausführung einer solchen Chronometerhemmung
muss äusserst exakt sein, sonst kommt es zu leicht vor, dass einer oder der
andere Theil nicht im genau bestimmten Moment am richtigen Platze ist;
namentlich auf Ruhstein und Federn ist grosse Sorgfalt zu verwenden. Auch

ist aus dem beschriebenen Spiel ersichtlich, dass eine Erschütterung es leicht
bewirken kann, dass der Zahn des Steigrades von dem Prisma vorzeitig abfällt.
Auch kann durch manche Bewegung, namentlich solche um eine zum Zifferblatte
senkrechte Axe, ein mehrmaliges Auslösen durch zu weites Ausschwingen der
Unruhe erfolgen. Uhren mit
solchen Hemmungen müssen
also immer mit besonderer
Aufmerksamkeit von einem
Ort zum anderen befördert
werden.

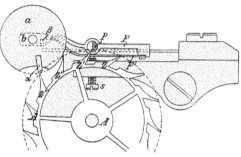

Fig. 216.
(Nach Gelcich, Handb. d. Uhrmacherkunst.)

Die Verhältnisse der ein-
zelnen Theile des Chrono-
meterganges gehen auch aus
der Fig. 216 deutlich hervor;
diese stellt zugleich einen
solchen Gang mit etwas
anderem Detail, nämlich den
Chronometergang nach ARNOLD dar. Die Bezeichnung entspricht der Fig. 215
und der dort gegebenen Erläuterung; das Steigrad hat auch hier 15 Zähne,
und sind in Folge
dessen die Dimen-
sionen ähnliche.

Von den mannig-
faltigen anderen
Konstruktionen sei
hier nur noch die
von JÜRGENSEN er-
wähnt, welche sich
durch die Benutz-
ung eines Doppel-
steigrades (ähnlich
dem der Duplex-
hemmung) von den
anderen unterschei-
det.[1]) JÜRGENSEN
hatte diese Hem-
mung eigentlich für
den Gebrauch in
Pendeluhren be-
stimmt, sie bewährt

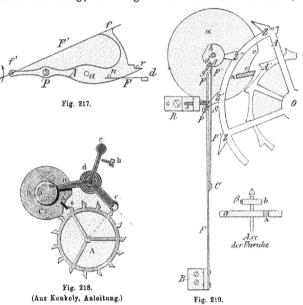

Fig. 217.

Fig. 218.
(Aus Konkoly, Anleitung.)

Fig. 219.

sich aber auch in Chronometeruhren sehr gut. Fig. 219 zeigt diese Einrichtung. A ist das gewöhnliche Steigrad, A' ein zweites als Stossrad

---

    ¹) Es gehört hierher ausser der Konstruktion von Jürgensen weiterhin eine dem Chrono-
metergang sehr ähnliche Hemmung, welche den Namen „Wippenhemmung“ (Bascule) führt
(Fig. 217), ebenso auch das von Patterson angegebene Echappement mit drei Hebelarmen
(Fig. 218). Sie werden ohne weitere Erklärung verständlich sein.

dienendes. Im Übrigen sind die Bezeichnungen dieselben wie bei Fig. 215, welche die Earnshawsche Konstruktion darstellt; auch die Wirkungsweise dürfte nach der dort gegebenen Beschreibung ohne Weiteres verständlich sein.

Eine freie Hemmung eigenthümlicher Art für Penduluhren hat neuerdings RIEFLER in München angegeben.[1]) Diese sowohl wie die ganze Pendel-aufhängung scheint sich nach den bisher vorliegenden Erfahrungen gut zu bewähren, sie mag deshalb hier noch nach den eigenen Angaben Rieflers näher beschrieben werden.[2])

Fig. 220 stellt die Vorder-, Fig. 221 die Seitenansicht des Echappements

Fig. 220.

in natürlicher Grösse dar. Fig. 222 und Fig. 223 sind Abbildungen der Pendelaufhängung mit Axe und Pendelfeder.

T T ist ein an der rückseitigen Werkplatine W der Uhr durch 4 Schrauben

---

[1]) Vergl. auch im Abschnitt über Triebwerke die von Appel in Cleveland angegebene Hemmung für das Triebwerk eines Äquatoreals, welche nahezu auf denselben Grundsätzen beruht wie das Rieflersche Echappement.

[2]) Riefler, Die Präcisions-Uhr mit vollkommen freiem Echappement und neuem Quecksilberkompensationspendel etc., München 1894. Vergl. auch J. B. Bauer, Hemmungen und Pendel des Riefler'schen Uhrsystems, München 1893; ebenso Zschr. f. Instrkde. 1894, S. 350.

u u befestigter kräftiger Träger aus Metallguss, in welchen die beiden Lagersteine P P eingesetzt sind, deren Oberflächen, zwischen denen die Pendelaufhängung hindurchgeht, in einer horizontalen Ebene liegen.

Auf dieser Ebene liegt die Drehungsaxe a a des Ankers A, welche durch
die Schneiden der Stahlprismen c c gebildet ist. Die für den richtigen
Eingriff des Ankers in die Gangräder H und R erforderliche Richtung erhält
die Drehungaxe des Ankers durch die Körnerspitzen der Schrauben K K₁,
welche jedoch, wenn das Pendel B eingehängt ist, ein wenig zurückgeschraubt
werden, damit sie das freie Spiel des Ankers nicht beeinträchtigen.

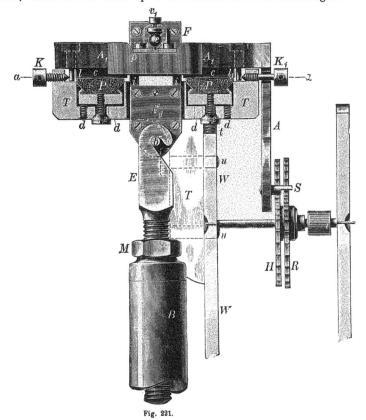

Fig. 221.

F F₁ ist die auf das Ankerstück A₁ A₁ aufgesetzte Pendelaufhängung
mit den Pendelfedern i i, deren Biegungsaxe mit der Drehungsaxe a a des
Ankers zusammenfällt.

Das Gangrad ist ein Doppelrad und besteht aus dem Hebungsrad H
und dem etwas grösseren Ruherad R, Fig. 221. Die Zähne h h₁ des ersteren
bewirken mit ihren schrägen Flächen die Hebung, die Zähne r r₁ des letzteren
bilden mit ihren radialen Flächen die Ruhen.

S und S₁ sind die Hebe- und zugleich Ruhepaletten des Ankers. Dieselben
sind cylindrisch, jedoch am vorderen Ende bis zur Cylinderaxe abgeflacht.

An der Cylinderfläche findet die Hebung des Ankers durch die Zähne des Hebungsrades H statt, an den ebenen Flächen erfolgt die Ruhe durch die Zähne des Ruherades R.

Das Spiel des Echappements ist folgendes: Fig. 220 stellt dasselbe in dem Momente dar, in welchem das Pendel sich in der Ruhelage befindet und der Zahn r des Ruherades auf der ebenen Fläche der Palette S aufruht.

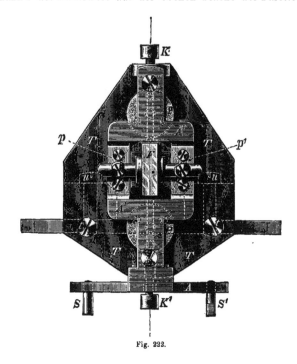

Fig. 222.

Schwingt das Pendel in der Richtung des Pfeiles nach links aus, so bleibt die Pendelfeder i i zunächst noch gerade gestreckt und die Schwingung

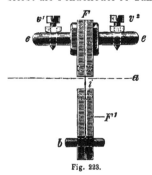

Fig. 223.

findet anfänglich um die Schneidenaxe a a des Ankers statt. Der Anker A wird, weil er durch die Pendelfedern mit dem Pendel in Verbindung steht, diese Schwingung des Pendels soweit mitmachen, bis die Zahnspitze des Ruheradzahnes r von der Ruhefläche der Palette S abfällt. Das Pendel hat bis dahin einen Hebungsbogen von etwa $1/4^0$ zurückgelegt. In diesem Moment ist die Cylinderfläche der Palette S_1 an den Hebezahn h des Hebungsrades bis auf den erforderlichen Spielraum herangerückt, die Räder drehen sich in der Pfeilrichtung, bis der Ruhezahn r_1 auf der ebenen Fläche der Palette S_1 aufliegt, und der Hebungszahn h bewirkt während dieser Drehung die Hebung, d. h. derselbe drängt die

Palette S_1 zurück und bewegt dadurch den Anker in der der Pendelschwingung entgegengesetzten Richtung.

Durch diese vom Räderwerk bewirkte Drehbewegung des Ankers haben
die Pendelfedern i i eine kleine Biegung um die Schwingungsaxe a a und
damit eine geringe Spannung erfahren, welche dem Pendel den Antrieb ertheilt. Das Pendel folgt jedoch nicht sofort der antreibenden Kraft, sondern
vollendet zunächst seine Schwingung nach links, nunmehr um die Biegungsaxe der Pendelfeder schwingend, wobei der Anker in Ruhe bleibt. Der betreffende Ergänzungsbogen beträgt etwa 1^0 nach jeder Seite hin.

Bei der Rückkehr des Pendels wird, nachdem dasselbe die Ruhelage
nach rechts überschritten hat, der inzwischen auf S_1 aufruhende Zahn r_1
frei, und eine neue Hebung findet auf der anderen Seite durch den Zahn
h_1 statt.

Neben diesen zum eigentlichen Echappement gehörigen Theilen sind
noch einige Korrektionseinrichtungen etc. nöthig; dazu gehört die konische
Schraube v, Fig. 220, welche zur Einstellung der Weite des Ankers dient,
während die Tiefe des Ankereingriffes in die Gangräder durch die Schrauben t t
eingestellt wird.

Durch die Schrauben v_1 v_2 der Pendelaufhängung, welche durch kleine
Gegenmuttern festgestellt werden können, wird die Höhenlage der Pendelaufhängung derart eingestellt, dass die Biegungsaxe der Pendelfedern i i mit
der Schneidenaxe, also der Drehungsaxe a a des Ankers zusammenfällt. Zugleich wird durch diese Schrauben auch der gleichmässige Abfall des
Ankers regulirt.

Die Lagerschrauben v_1 v_2 ruhen mit ihren konischen Stirnflächen nicht
direkt auf dem Ankerstück A_1 A_1, sondern auf dünnen, mit entsprechenden
Vertiefungen versehenen Lagerplättchen p p_1, welche auf das Ankerstück
A_1 A_1 aufgeschraubt sind, jedoch einigen Spielraum in den Schrauben-
löchern haben. Dadurch kann die genaue Übereinstimmung der Schneidenaxe a a mit der Biegungsaxe der Pendelfeder in horizontaler Richtung
bewirkt werden.

Die eingeschraubten Stahlstifte l und l_1, Fig. 221, haben seitliche Höhlungen, in welche die Körnerspitzen der Richtungsschrauben K K_1 eingreifen.

Die Lagersteine P P ruhen mit ihren Messingfassungen auf je 3 Druckschrauben d auf, welche im Pendelträger T ihre Gewinde haben. Durch die
Zugschraube z werden sie in der erforderlichen Lage festgehalten.

Wie leicht ersichtlich ist, bestehen die Widerstände, welche durch die
Verbindung des Pendels mit dem Uhrwerk auf das Pendel einwirken, nur
in der Axenreibung des Ankers und in dem Auslösungswiderstand, welcher
bei dem Herabgleiten der Zähne des Ruherades von den Ruheflächen der
Paletten stattfindet. Beide Widerstände sind aber äusserst gering und überdies sehr konstant.

Die Pendelfeder, welche in Folge der Bewegung des Ankers gebogen
wird, erfährt stets die gleiche Biegung, gleichgültig, ob die im Steigrade
wirkende Kraft gross oder klein ist, wenn sie nur überhaupt jenen Grad
von Stärke erreicht, der erforderlich ist, um die Feder zu biegen. Ein

weiteres Anwachsen dieser Kraft kann aber keine stärkere Biegung der Pendelfedern bewirken.

Auch der Schwingungsbogen des Pendels ist bei diesem Echappement nahezu konstant. Was die Grösse desselben anbelangt, so hängt diese lediglich von der Spannkraft der Pendelfedern ab.

Diese Spannkraft richtet sich einerseits nach der Grösse der Biegung, welche die Feder bei der Umschaltung des Ankers erfährt, und dieser Biegungswinkel ist durch die Steigung der Zähne des Hebungsrades bestimmt. Andererseits ist die Spannkraft der Pendelfeder auch von der Breite der Federn, hauptsächlich aber von ihrer Dicke abhängig, welche hier etwa 0,1 mm beträgt.

Die Hauptvortheile dieses Echappements sind:

1. Das Pendel schwingt vollkommen frei und unabhängig vom Uhrwerk.

2. Der Pendelantrieb sowie die Auslösung finden in der Schwingungsaxe statt, so dass der Antriebhebel die geringste mögliche Länge hat. Dieselbe beträgt nur Bruchtheile eines Millimeters, da die Biegung der Pendelfeder sich nur über eine so geringe Länge erstreckt. (Wenn auch die Gangradzähne auf einen längeren Hebel, nämlich den Anker, einwirken, so liegt doch der Angriffspunkt der Kraft am Pendel innerhalb des gebogenen Theils der Feder, also an einem äusserst kurzen Hebel.)

3. Der Antrieb und die Auslösung finden in dem Moment statt, in welchem das Pendel durch die Mittellage hindurchschwingt, also die grösste lebendige Kraft besitzt.

4. Da die Hebung des Ankers sehr rasch vor sich geht, so vollzieht sich auch der Antrieb sehr schnell. Derselbe findet aber auch vollständig stossfrei statt, weil er nicht von dem starren Pendelstab, sondern von einem elastischen Zwischenglied, der Pendelfeder, aufgenommen wird.

Dasselbe Princip hat RIEFLER auch auf eine Hemmung für tragbare Uhren mit Unruhe angewendet.[1]

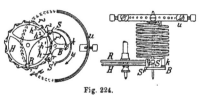

Fig. 224.
(Aus Zschr. f. Instrkde. 1891.)

Zu diesem Zwecke ist ein dreiarmiger Hebel B, Fig. 224, an dessen einem Ende das Spiralklötzchen K und an dessen beiden anderen Armen je ein Stein S, S' befestigt ist, mit zwei Hemmungsrädern H und R, welche auf ein und derselben Axe sitzen, verbunden. Jeder der Steine dient gleichzeitig als Hebungs- und Ruhestein. Wird die Unruhe u in der Richtung des Pfeiles aus der Ruhelage gebracht, so bewegt die Spirale den Stern B in gleichem Sinne, bis der Stein S' sich an die Hebefläche h des Hebungsrades H anlegt. In diesem Augenblick verlässt die Ruhefläche des Steines S den Zahn r^2 des Ruherades R, die Räder drehen sich in der Pfeilrichtung, und der Zahn h bewirkt die Hebung, d. h. er drängt den Stein S' zurück, bewegt dadurch den Stern entgegengesetzt der Pfeilrichtung und erhöht

---

[1] Vergl. Zschr. f. Instrkde. 1891, S. 37.

auf diese Weise die Spannung der Spiralfeder. Die Unruhe schwingt sodann vollends aus, und bei der Rückkehr findet in dem Augenblick, wo sie die Ruhelage in entgegengesetzter Richtung des Pfeiles überschreitet, die zweite Auslösung statt, d. h. der Stein S′ verlässt den inzwischen vorgerückten Zahn h^3 und bewirkt die Hebung des Steines S. Dieses Spiel wiederholt sich bei jeder Schwingung der Unruhe.

Dieses Echappement bildet den Übergang zu den „Hemmungen mit konstanter Kraft“, da auch bei ihm der dem Regulator ertheilte Impuls von den Schwankungen in der Triebkraft des Uhrwerkes unabhängig ist.

Damit dürften die freien Hemmungen, soweit sie hier von Interesse sind, abzuschliessen sein. Die Hemmungen mit konstanter Kraft, zu denen das eben beschriebene Riefler'sche Echappement gewissermassen schon gehört, zeichnen sich dadurch aus, dass bei ihnen der dem Pendel ertheilte Impuls von der dem Steigrad durch die Triebkraft der Uhr mitgetheilten Kraft unabhängig gemacht wird, indem man zu diesem Zwecke die Spannung einer schwachen Hülfsfeder oder auch wohl die lebendige Kraft in Anspruch nimmt, welche durch die Schwere einem frei herabfallenden leichten Körper ertheilt wird, der durch seinen Auffall auf einen Theil des Pendels den dann nur von der Fallhöhe abhängigen Antrieb ausübt. Sowohl die Spannung der Hülfsfeder als die Hebung des Fallgewichtes (Lamelle, Stift oder dergl.) geschieht dann stets während das Pendel völlig frei schwingt durch das ausgelöste Uhrwerk in ganz gleicher Weise. Solche Hemmungen kommen, wie schon erwähnt,

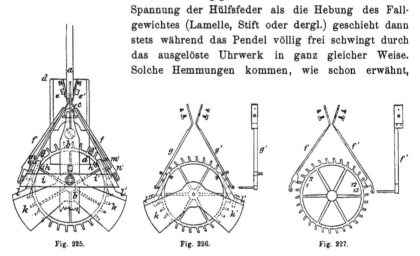

Fig. 225.   Fig. 226.   Fig. 227.

sowohl bei Pendeluhren als bei tragbaren Uhren vor. Eine der interessantesten ist ausser den schon früher bei den elektrischen Uhren besprochenen Einrichtungen von TIEDE, KNOBLICH und SEBASTIAN GEIST, die im Princip später mehrfach nachgebildete Schwerkrafthemmung von HARDY, wie sie z. B. eine auf der Göttinger Sternwarte befindliche heute noch sehr gut gehende Pendeluhr dieses Künstlers besitzt [1]) Dieselbe ist in den Fig. 225, 226, 227 dargestellt und eingehend beschrieben in PEARSON, Practical Astronomy, welcher Beschreibung wir auch hier im Wesentlichen folgen wollen.

---

[1]) Auch die Hauptuhr in Greenwich hat ein solches Echappement.

Fig. 225 zeigt die Gesammtansicht des Echappements von der Rückseite der Uhr gesehen, während die übrigen Figuren einzelne Theile besonders darstellen. Die Bezeichnungen sind in den einzelnen Figuren korrespondirend. In Fig. 225 ist a eine Stahlstange, welche die Pendelfeder mit dem Pendel b b hält. d d' ist ein Theil des Befestigungsrahmens, auf welchem das kleine Stück e e' mit einer starken Schraube c befestigt wird, wenn es in seine richtige Lage gebracht ist. Der obere Theil dieser Platte trägt einen dreieckigen Ansatz. Die Palettenfedern f f' und die Ruhefedern g g', welche bei c gebogen sind, werden durch je 4 Schrauben neben einander an dem dreieckigen Bocke befestigt. Diese Federn zeigen die Figuren 226, 227 einzeln in zwei Lagen. In denselben ist auch das Steigrad und die Lage der Palette zwischen den Zähnen desselben zu sehen; daneben ist eine Feder von der Seite gesehen dargestellt, so dass man den an ihrem unteren Ende angebrachten Stift sieht, welcher dem Pendel durch Vermittlung der Stange i i' den Impuls ertheilt. Die Ansätze bei m m' vermitteln die Hebung, und die Steine bei n n', welche an g g' sitzen und von denen einer in Fig. 226 besonders sichtbar ist, dienen zur Ruhe und Auslösung der Steigradzähne. k k' ist die Brücke des Steigrades, auf ihr sind die Arme l l' befestigt, welche bei h h' Schrauben tragen zur Regulirung der Federn g g' und damit des Eingriffs der Ruhesteine. Wird nun das Steigrad, welches 30 Zähne hat, sich in der Richtung g' b g drehen, so wird ein Zahn z. B. der mit 1 bezeichnete auf die Palette links zu liegen kommen; dort aber nicht ruhen, sondern die Feder f zurückschieben (heben), während er an der schiefen Kante entlang streicht, bis der Zahn 2 auf den Ruhestein bei m fällt; gleichzeitig hat der Zahn 1 das andere Ende der Hebefläche fast erreicht. Dieser Moment ist in Fig. 225 dargestellt. Wird nun das Pendel noch etwas weiter nach links bewegt, so wird der Zahn 2 ausgelöst durch Berührung des Stückes i mit dem seitlichen Stift von g, das Steigrad geht weiter und giebt die Feder f frei, welche nun durch ihre Spannung dem Pendel einen Impuls nach rechts ertheilt, indem der seitliche Stift von f, welcher neben dem von g liegt, auf das Stück i aufschlägt.

Während dieser Zeit ist der Zahn 12 des Steigrades auf der rechten Seite thätig gewesen, er hat die Feder f' gehoben und den Zahn 13 auf die Ruhe von g' fallen lassen. Geht nun das Pendel nach rechts, so wiederholt sich hier dasselbe Spiel wie auf der linken Seite.

Man sieht, es ist hier die Kraft des Steigrades, welche, während das Pendel völlig frei schwingt, die Federn f f' hebt, diese werden dann durch eine äusserst geringe Einwirkung des Pendels ausgelöst und geben ihm durch ihre immer gleichmässig erzielte Spannung den konstanten Impuls. Soll dieses Echappement sicher wirken, so ist eine äusserst exakte Regulirung der beiden Hebungsfedern nöthig.

Eine andere Einrichtung dieser Art ist die von APPEL in Cleveland angegebene und z. B. bei der Normal-Uhr in Princeton verwendete. Sie ist von APPEL selbst beschrieben in Zschr. f. Instrkde. 1887, S. 29 ff. Wir folgen dem dort Gesagten an der Hand der Fig. 228. In dieser schematischen Darstellung, welche den Leser hinter der Uhr stehend voraussetzt,

arretirt der Sperrhebel B'B, welcher bei b drehbar ist, eben das Hemmungsrad in o. Dieses macht für jeden Antrieb einen vollen Umlauf. B'B ist
selbst bei g gefangen und vor dem Herabfallen durch den Vorfallhebel C C'
gesichert, welcher sehr empfindlich bei c gelagert ist und sich gegen den
justirbaren Stift a lehnt.

Das Pendel R ist dargestellt, wie es sich von der Linken her der Vertikalen nähert. Der Auslöser U, ganz ähnlich der Sperrklinke des gewöhnlichen Chronometers, ist eben im Begriffe, das obere Ende des Vorfallhebels
zu berühren. Indem sich das Pendel noch weiter bewegt, schiebt der Auslöser den Vorfallhebel nach rechts und gleitet darauf über ihn hinweg, so
dass derselbe völlig frei wird; bevor dies jedoch geschieht, wird der Sperrhebel B'B bei g ausgelöst und fällt, theilweise durch das Gewicht B' entlastet, auf den festen Stift m.

Indem er fällt, nimmt er den Antriebhebel D D, drehbar bei d und belastet mit dem Gewicht L, mit sich. Inzwischen hat sich das Pendel mit

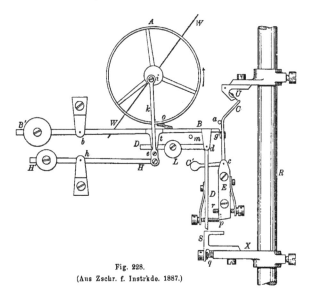

Fig. 228.
(Aus Zschr. f. Instrkde. 1887.)

dem am Arme X durch die Schraube q justirbaren Winkel S so weit nach
rechts bewegt, dass das untere Ende des Antriebhebels während des Fallens
zur Linken von S herab sinkend, eben passiren kann; sobald nun die Schraube p
von dem Stein am unteren Ende des festen Trägers E, gegen den sie sich
bislang stützte, abgleitet, wird das untere Ende des Antriebhebels augen-
blicklich unter der Wirkung des Gewichtes L nach rechts gehen und gegen
S drückend dem Pendel einen Antrieb ertheilen, welcher so lange dauert,
bis der Antriebhebel sich gegen die Schraube r lehnt. Im Augenblick der
Befreiung von p wird der Zahn des Hemmungsrades bei o ausgelöst und das
Rad A beginnt seinen Umlauf. Der Windflügel W W ist so justirt und seine
Form so gewählt, dass der Umlauf nahezu $^7/_8$ Sekunden dauert.

Indem sich das Rad dreht, senkt der Kurbelzapfen i noch für einen Augenblick die Kurbelstange k und mit ihr den Stift e am unteren Ende. Dieser Stift greift unter den Antriebhebel D D; sobald inzwischen der Antrieb beendet ist, beginnt der. Stift e sich zu heben und auf das Ende des Hebels D D zu wirken. Er wird zuerst L heben, bis p genügend zurückgezogen ist, um den Stein auf E zu passiren; dann erreicht e den Vorsprung t am Sperrhebel B′ B, wirkt gleichzeitig auf diesen und hebt B′ B, die an diesem hängenden Theile noch weiter mitnehmend, bis etwas über die angegebene Stellung hinaus, um dem Vorfallhebel C′ C zu gestatten, durch die Wirkung des Gewichtes C′ seine Stellung wieder einzunehmen. Wenn der Kurbelzapfen i seinen oberen todten Punkt passirt hat, wird B′ B sanft herabgelassen bis auf den Ruhestein bei g, und das Hemmungsrad wird weiter laufen, bis sein Arretirzahn o wieder in die Stellung gebracht ist, wie ihn die Figur zeigt.

Der Hebel H′ h H führt das untere Ende der Kurbelstange k, und das Gewicht H′ ist so justirt, dass seine Wirkung der während der beiden halben Umläufe des Hemmungsrades aufgewandten Arbeit fast gleichkommt.

Indem das Pendel nach links zurückkehrt, gleitet das Auslösefederchen U ohne merklichen Widerstand über das äusserste Ende des Vorfallhebels, und der Kreislauf ist vollendet. Das Pendel ist demnach während seiner ganzen Schwingung vollkommen frei, ausgenommen den einen Augenblick, während es die Ruhelage passirt.

Auch GELCICH beschreibt in seinem Handbuch der Uhrmacherkunst eine Hemmung mit konstanter Kraft, welche ihrer Konstruktion nach für tragbare Uhren bestimmt ist. Sie ist in der schematischen Fig. 229 abgebildet, ihre Wirkungsweise ist die folgende: H stellt das Hemmungsrad vor; durch A B und $A_1 B_1$ sind die Grenzlagen des um a drehbaren, links in die (in der Figur nicht gezeichnete) Gabel auslaufenden Ankers angedeutet, dessen Drehung durch die Prellstifte t und t_1 begrenzt wird. Die schrägen Endflächen der Ankerhaken haben bei dieser Anordnung nur für die Hemmung zu dienen, und der Anker ist der Leistung des Antriebes enthoben. U ist die Axe der Unruhe, S eine Scheibe auf derselben, welche einen radial hervorragenden Antriebzahn Z trägt; diese Scheibe trägt ferner den hervorstehenden Auslösungsstift o. Zur Hervorbringung der konstanten Kraft ist eine Hülfsspiralfeder bestimmt, deren inneres Ende an der Axe β des Armsystems a b c, deren äusseres aber am Uhrgehäuse befestigt ist. Wenn das Armsystem die Lage a b c einnimmt, so befindet sich die Hülfsfeder in ihrem gespannten Zustande, und der auf dem Zahn u des Hemmungsrades H ruhende Arm a verhindert die Abwickelung. Bei dieser Stellung hat die Unruhe ungefähr die Hälfte ihrer Schwingung von rechts nach links (im Sinne des Pfeiles) vollführt, und der Stift o hat den Anker aus der Lage $A_1 B_1$ in jene A B gebracht. Durch diese Bewegung des

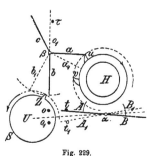

Fig. 229.
(Nach Gelcich, Handb. d. Uhrmacherkunst.)

Ankers ist eben ein Zahn des Hemmungsrades ausgelöst worden, und das Hemmungsrad hat sich, durch die Triebkraft der Uhr, im Sinne des Pfeiles um ein halbes Zahnintervall gedreht, indem dann durch den Anschlag eines anderen Zahnes des Hemmungsrades gegen die innere Fläche des linken Ankerhakens abermals Ruhe eintritt.

Während dieser Bewegung des Hemmungsrades schiebt der Zahn u den Hebel a vor sich her, der zunächst durch eine äusserst geringe Zeit noch mitgeführt wird und dadurch die Hülfsfeder noch etwas stärker spannt. Wie aber der Hebel a vom Zahne u gelöst wird, schnellt die Hülfsfeder in ihre Gleichgewichtslage zurück, und zwar so weit, als es der Anschlagstift τ gestattet, gegen den sich der Arm c stützt. Bei dieser Bewegung ertheilt der Arm b dem Zahne Z der Unruhe einen Stoss, letztere erhält somit den nöthigen Antrieb. Jetzt nehmen die Arme a b c die Lage $a_1 b_1 c_1$ ein, der Arm a_1 steht dem um ein halbes Zahnintervall vorgerückten Zahne v dicht gegenüber.

Bei der umgekehrten Schwingung der Unruhe, von links nach rechts, geht ihr Zahn Z an dem in der Lage b_1 befindlichen Arm vorüber, ohne irgend eine Wirkung hervorzubringen. Dadurch aber, dass der Stift o in die Lage o_1 kam, brachte er den Anker nach $A_1 B_1$; die Hemmung wurde wieder gelöst, v rückte um ein halbes Intervall vor und nahm bei dieser Gelegenheit den Arm a_1 mit, der sich wieder in die Lage a begiebt, weil jetzt der Zahn v die Stelle von u behauptet. Durch diese Rückbewegung des Armsystems aus der Position $a_1 b_1 c_1$ in jene a b c ist selbstverständlich die Hülfsfeder wieder gespannt worden, und das Spiel beginnt von Neuem.

Während also die Hülfsfeder durch die Wirkung des Armes b auf den Zahn Z die Unruhe antreibt, wird erstere durch die Zähne des Hemmungsrades, beziehungsweise durch die Bewegung des letzteren, also durch die Haupttriebkraft gespannt.

Zum Schluss möchte ich noch einige Anordnungen dieser Art erwähnen, welche neuerdings angegeben worden sind, über deren praktische Ausführung für Präcisionsuhren mir aber nichts weiter bekannt geworden ist. Es sind das die in Fig. 230 dargestellte Hemmung mit stetiger Kraft für Pendeluhren nach F. W. Rüffert in Döbeln; die für Chronometer bestimmte nach P. Th. Rodeck in Amsterdam, Fig. 231, und weiterhin eine der Hardy'schen sehr ähnliche von A. Kittel in Altona.

„In Fig. 230[1]) ist c das Pendel, welches bei jeder Schwingung von rechts nach links einen Antrieb empfängt durch das Gewicht des auf ihm ruhenden Armes d und der mit diesem verbundenen Theile b und e, die sammt dem Arm d ein um die Axe a schwingendes Ganzes bilden. Von letzterem unabhängig ist um die gleiche Axe der Hemmarm h drehbar, welcher mit einer kleinen Rast einen der Zähne des Steigrades S aufhält, diesen Zahn aber freigiebt, sobald die am Antriebsarm b sitzende Schraube k an den mit h verbundenen Hebel i stösst. Während das Steigrad nun in der Pfeilrichtung sich dreht, vollzieht es die Hebung an der schiefen Fläche p des

---

[1]) Zschr. f. Instrkde. 1891, S. 75.

Armes b, und in der gleichen Zeit schwingt das Pendel frei weiter nach
links. Am Schlusse der Hebung legt sich die jeweilig wirkende Zahnspitze
auf eine kleine Stufe der Neigungsfläche p. Bei der Schwingung des Pendels
von links nach rechts entzieht das Pendel, indem es d mitnimmt und hierdurch b nach rechts bewegt, dem letztgenannten Zahne seine Ruhefläche.

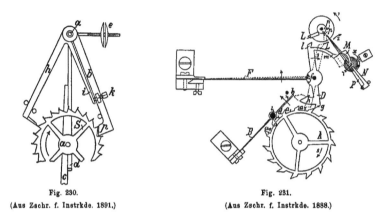

<table>
<tr><td>Fig. 230.</td><td>Fig. 231.</td></tr>
<tr><td>(Aus Zschr. f. Instrkde. 1891.)</td><td>(Aus Zschr. f. Instrkde. 1888.)</td></tr>
</table>

Nunmehr wird das Steigrad wieder von h gehemmt und das beschriebene
Spiel beginnt von Neuem".

Die etwas komplicirtere Hemmung von Rodeck zeigt Fig. 231 in schematischer Darstellung. [1]) „Dreht sich die Unruhe im Sinne des Pfeiles 1,
so trifft zunächst der kleine Hebestein p derselben die Auslösungsfeder P
und nimmt sie im Sinne des Pfeiles 2 und damit auch Hebel N mit Arm M,
entgegen der Wirkung der Feder x, so weit mit, bis der Zahn m vom Arm M
abgleitet und der Hebel D, dem Einfluss der Feder F folgend, sich im Sinne
des Pfeiles 3 dreht und in die punktirte Lage gelangt. Hierbei trifft der
Zahn l des Hebels D den grossen Hebestein L und giebt der Unruhe den
Impuls, dessen Stärke also ausschliesslich von der Spannung der Feder F
abhängt. Es dreht sich nun sowohl die Unruhe im Sinne des Pfeiles 1, als
auch der Hebel D im Sinne des Pfeiles 3 weiter, bis beide Theile in die
punktirte Stellung gelangen. Der schnabelförmige Ansatz h des Hebels D
trifft hierbei das Ende b der Hemmungsfeder B und dreht dieselbe im Sinne
des Pfeiles 4 derart, dass der Ruhestein i den Zahn a des Rades A freigiebt
und letzteres nun im Sinne des Pfeiles 5 sich dreht. Hierbei trifft der
Zahn a_2 den Zahn g des Hebels D und bringt letzteren wieder soweit zurück, dass der Zahn m den Arm M streift, denselben entgegen der Einwirkung der Feder x etwas zurückdreht und sich dann auf den Arm M
des Hebels N stützt, sodass der Hebel D seine Ruhelage wieder einnimmt.
Zu gleicher Zeit kehrt auch die Hemmungsfeder B in ihre Ruhelage zurück
und der Ruhestein i hemmt von Neuem das Steigrad A, indem der folgende

---

[1]) Zschr. f. Instrkde. 1888, S. 259.

Zahn a_0 sich gegen i legt. Gleichzeitig schwingt auch die Unruhe in ihre Anfangslage zurück. Der kleine **Hebestein** p trifft hierbei allerdings auch die **Auslösungsfeder** P, hebt dieselbe aber nur vom Hebel N ab, ohne letzteren zu beeinflussen."

Man sieht aus der Mannigfaltigkeit der hier angeführten Konstruktionen, welche durchaus noch nicht Anspruch auf Vollständigkeit machen kann, auf wie vielfache Weise man das Ziel zu erreichen versucht hat, welches darin besteht, dem Pendel eine möglichst grosse Unabhängigkeit vom übrigen Uhrwerk zu sichern und den ihm ertheilten Impuls so gleichförmig wie nur immer möglich zu machen und auch diesen im günstigsten Moment der Schwingung des Pendels auf dasselbe wirken zu lassen, also dann, wenn es selbst seine grösste Geschwindigkeit hat.

Sechstes Kapitel.

Regulatoren der Bewegung und ihre Kompensation.

1. Das einfache Pendel.

Das Pendel bildet den eigentlichen zeitmessenden Theil der Penduluhr und besteht aus drei Theilen, nämlich a) Aufhängevorrichtung, b) Pendellinse und c) Pendelstange.

a. Die Aufhängevorrichtung.

Wenn wir hier von allen minderwerthigen Uhren absehen, bei denen man sehr verschiedene Aufhängungen anwendet und dieselben auch wohl gleichzeitig zur Regulirung der Pendellängen einrichtet, kommen eigentlich nur zwei Arten der Aufhängung in Betracht; nämlich die Aufhängung auf einer Schneide (Messer) oder die an Federn. Schneiden werden nur sehr selten bei Uhrpendeln angewendet, weil sich dieselben leicht abnutzen und dann Störungen in der gleichförmigen Bewegung hervortreten. Auch ist die

Fig. 232.

technische Ausführung guter Schneiden und ebener Pfannen recht schwierig. Eine derartige Einrichtung ist in der Fig. 232 dargestellt, bei welcher die in der Pendelstange P befestigte Schneide s auf einem Rahmen t in den Pfannen f f aufruht und dieser Rahmen selbst nicht fest, sondern durch die runden Zapfen der Schrauben E E mit dem Pendelträger A B C D verbunden ist. Dadurch wird erreicht, dass das Pendel nie einseitig aufzuliegen kommt, selbst nicht bei schiefen Schwingungen. Man hat auch versucht, die Pfanne am Pendel zu befestigen und die Schneide dann von unten nach oben gegen dieselbe drückend am Tragebock anzubringen. Doch ist man jetzt überhaupt von dieser Aufhängung aus mehrfachen Gründen zurückgekommen; ja Jürgensen selbst, der sie besonders empfohlen und Regeln für ihre Konstruktion angegeben hat, wendete sie wegen der in der nöthigen Vollkommenheit schwierigen Herstellung doch nicht an. Ganz allgemein werden jetzt die Pendel der Präcisionsuhren an einer oder noch häufiger und besser an zwei dünnen Uhrfedern aufgehängt.[1] Das schwer gearbeitete Stück h, Fig. 233, ist entweder mit der Grundplatte aus einem Stück gegossen oder fest mit derselben verschraubt, es besteht aus zwei Armen, welche zwischen sich ganz genau eingepasst den oberen Theil der Aufhängevorrichtung fassen.

---

[1] Hierzu sind auch die Fig. 180 u. 221 zu vergleichen.

Dieser Theil besteht aus zwei Messingplatten, welche auf beiden Seiten der einzelnen oder zweifachen Feder aufgesetzt sind und diese verstärken resp. zusammenhalten. Durch diese Plättchen geht der runde Stift x; er liegt in einem Einschnitte der beiden Trägerarme h, so dass eine Bewegung des Pendels senkrecht zu seiner Schwingungsebene möglich ist.[1] Das untere Ende der Feder oder der Federn ist ähnlich dem oberen wiederum zwischen zwei Messingplättchen gefasst und mit diesen fest verschraubt. Durch dieselben geht entweder ebenfalls ein Stift für den Pendelhaken, Fig. 234, oder das eine derselben ist am unteren Ende verbreitert und auf irgend eine sichere Weise mit der Pendelstange verschraubt. Die erstere Einrichtung verdient, wenn sie vielleicht auch weniger stabil ist, doch den Vorzug, da beim Aus- und Einhängen des Pendels die äusserst subtilen Federn besser geschützt sind. Zum Schutze derselben hat man sogar besondere Einrichtungen getroffen.[2]

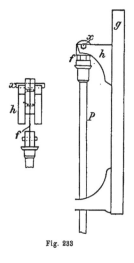

Fig. 233

Die Feder besteht aus einem oder zwei Stückchen gut gehärtetem Uhrfederstahl von verschiedener Länge und Breite, je nachdem eine oder zwei solcher Federn zur Verwendung kommen. Im letzteren Falle werden die beiden Federn in einem nicht zu kleinen Abstande in der Ebene ihrer Fläche neben einander angebracht. Man erreicht damit, dass ohne Verstärkung der Federkraft ein seitliches Oscilliren des Pendels verhindert wird.[3] Bei Benutzung einer Feder kommen solche von 3—6 mm Breite und 20—60 mm

---

[1] Manchmal ist auch der Stift nach Einfügung des oberen Federtheiles durch eine Bohrung in diesem und in den Trägern hindurchzuschieben.

[2] Eine solche Einrichtung ist z. B. von Riefler in München angegeben worden und besteht darin, dass die Pendelstange aus zwei Stäben a und b, Fig. 234, zusammengesetzt ist. Der obere Stab a, welcher stets mit dem Uhrwerk in Verbindung bleibt, hat an seinem unteren Ende einen langen Querstift SS, dessen Längsaxe in der Schwingungsebene des Pendels liegt und an welchen der untere Pendelstab b mit dem breiten Aufhängehaken h angehängt wird. Die beiden Enden des Querstiftes SS werden von einem, an die Rückwand oder an die hintere Werkplatte angeschraubten Doppelschutzhaken d d umklammert, jedoch dergestalt, dass dem Stift S S genügend Raum zur freien Bewegung gelassen ist. Dieser Raum ist indess so begrenzt, dass beim Ein- und Aushängen des unteren Pendelstabes weder durch Vor-, Rück- oder Aufwärtsbewegen, noch durch eine Drehbewegung oder durch allzu grosse seitliche Ablenkung des Stiftes S S eine Verletzung der Aufhängefeder eintreten kann. Eine einfache Vorkehrung zum Schutze der Pendelfeder hat auch schon früher Kessels an einer bekannten Hamburger Uhr angebracht. Er hat, wie die Fig. 235 zeigt, durch die obere Beseitigung der Federn zwei Stifte gesetzt, welche, wenn sie durch eine mittlere Schraube genügend weit eingedrückt werden, mit ihren cylindrischen Enden in entsprechende Bohrungen der unteren Federplatte eingreifen. Dadurch halten sie dann die Federn straff und verhindern auf sehr einfache Weise jede Verletzung derselben, während sie nach dem Zurückdrehen der Schraube der Feder ganz freies Spiel gewähren.

[3] Man hat auch wohl statt zwei Federn aus einer breiteren den mittleren Theil ausgebohrt.

Länge vor; im zweiten Falle betragen die Dimensionen zwischen 3—4 mm resp. 8—15 mm freier Länge. Die Dicke schwankt zwischen der eines Kartenblattes und wenigen Hundertttheilen eines Millimeters.

Vielfach ist die Breite nicht für die ganze Länge dieselbe, und ebenso machen manche Künstler die Federn oben etwas dicker als unten. Beides hat den Zweck, den Isochronismus des Pendels vollkommener zu erzielen, als es eine einfache Feder schon an und für sich bewirkt. Gerade diese Eigenschaft der Federaufhängung gewährt ihr den grossen Vorzug vor allen anderen. Dieser Umstand beruht darauf, dass bei den Schwingungen des Pendels die Feder nicht nur an einer Stelle gebogen wird, sondern sich die Krümmung allmählich bildet und zwar je nach der Grösse der Amplitude und der Schwere des Gewichtes an anderer Stelle und mit verschiedenem Krümmungsradius. So kommt es, dass bei grösserer Amplitude der Abstand zwischen Schwingungspunkt des Pendels und Aufhängepunkt (wenn man von einem solchen dann sprechen darf), sich etwas verringert, das Pendel also eigentlich etwas kürzer wird. Es hat dadurch das Bestreben in den äusseren Theilen seines Schwingungsbogens etwas schneller zu schwingen, und ausserdem gewissermassen die Kurve seiner Schwingung der Cykloidenform zu nähern. Bei dieser Form der Schwingungen würde ja bekanntlich voller Isochronismus bestehen. Bei den geringen Amplituden, welche man den Pendeln astronomischer Uhren giebt, sie erreichen höchstens 2—4 Grad, ist der Unterschied zwischen Kreisbogen und der ihn im Ruhepunkte berührenden Cykloide ohnehin nur sehr gering.

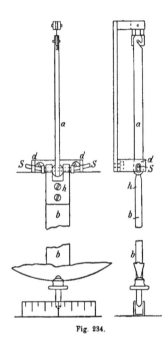

Fig. 234.

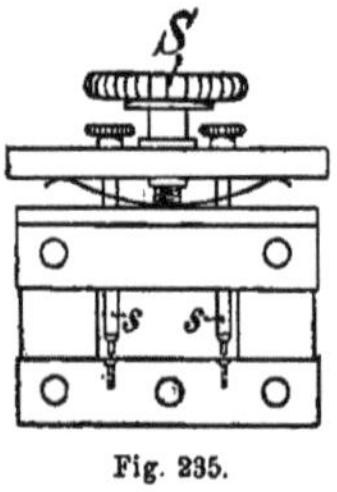

Fig. 235.

b. Die Pendellinse.

Dem Massenpunkt des mathematischen Pendels entspricht beim physischen (Uhrpendel) die Pendellinse; sie befindet sich demgemäss an dem der Aufhängung entgegengesetzten Ende des Pendels und sie veranlasst hauptsächlich vermöge ihrer Schwere die Schwingungen des Pendels, wenn sie aus ihrer Ruhelage, senkrecht unter dem Aufhängepunkt entfernt wird. Es ist nötig, dass die Pendellinse ein gewisses Gewicht und eine möglichst günstige Gestalt hat. Da man bei astronomischen Penduhren meist Sekundenpendel und nur verhältnissmässig selten Halbsekundenpendel anwendet, giebt man der Linse ein Gewicht von 3—6 kg; für die letzteren Pendel genügt ein kleineres Gewicht. Es ist von der richtigen Wahl des Gewichtes die Regelmässigkeit des Ganges insofern abhängig, als kleine Verschiedenheiten des Impulses um so weniger störend auf die Schwingungen des Pendels einzuwirken vermögen, je schwerer das Gewicht und je länger das Pendel im Verhältniss zur Entfernung des Angriffspunktes der den Impuls ertheilenden Gabel vom Aufhängepunkte ist. Der letztere Umstand ist der Grund für die Bevorzugung des Sekundenpendels. Auch der Widerstand, den das schwingende Pendel in der Luft erfährt, ist zum Theil von der Schwere der Linse, namentlich aber von deren Form abhängig. Aus diesem Grunde hat man auch gerade die Form der „Linse" gewählt, welche bei möglichst grossem Volumen, doch beim Durchschneiden der Luft in der Richtung der Grundebene beider Kugelkalotten den geringsten Widerstand erfährt. Man geht von dieser Form nur dann ab, wenn wie bei den Quecksilber-Kompensationspendeln die Linse selbst noch eine bestimmte Funktion in der Konstruktion des Pendels zu übernehmen hat, und selbst dort setzt man häufig an Stelle eines cylindrischen Gefässes ein solches von ovalem oder linsenförmigem horizontalem Querschnitt.

c. Die Pendelstange.

Aufhängevorrichtung und Linse werden durch die Pendelstange verbunden, welche die Stelle der mathematischen Linie ersetzen muss. Bei gewöhnlichen Uhren besteht diese Stange aus einer einfachen Stahl- oder Holzstange; letztere muss dann durch sorgfältiges Zusammenleimen, Ölen und Lackiren vor den Einflüssen der Feuchtigkeit geschützt werden. Bei guten Uhren wird aber stets eine Metallstange verwendet, die an ihrem unteren Ende, über welches die Linse so geschoben wird, dass sie sich nicht drehen kann, ein Schraubengewinde hat. Eine auf dieses Gewinde unterhalb der Linse aufgeschraubte Mutter event. mit Gegenmutter gestattet dann, erstere längs des Pendels zu verschieben und so demselben die gewünschte Länge resp. Schwingungsdauer zu geben.

Das Pendel ist durch die Gabel G, Fig. 180, mit der Hemmung verbunden und erhält auch vermittelst dieser d. h. durch den am unteren Ende derselben befindlichen Stift den Antrieb. — In der Ruhelage des Pendels soll der Stift der Gabel ohne jeden Zwang durch die Bohrung des Pendels gehen, und bei gleichen seitlichen Schwingungen desselben muss der Winkel, um welchen sich das Steigrad weiterbewegen kann, wenn die betreffende Ankerplatte einen Zahn freilässt, auf beiden Seiten gleich sein; es muss, wie man sagt, der Abfall auf beiden Seiten oder, was nahezu dasselbe ist, die Ruhe für den aufliegenden Zahn rechts und links von gleicher Dauer sein. Man kann mittelst des Gehöres bei einiger Übung das sehr scharf unterscheiden. Um diese Bedingung zu erfüllen, hat man den Stift der Gabel mit dieser in mannichfacher Weise korrigirbar verbunden und auch gegen dieselbe beweglich gemacht. Dadurch soll erreicht werden, dass in der Pendelführung auch dann kein Zwang entsteht, wenn das Centrum der Ankerbewegung nicht genau mit dem der Pendelschwingung zusammenfällt. Die Fig. 236 zeigt einige derartige Einrichtungen. Die Gabel ist in zwei Theile getheilt, von denen der eine A den Stift für das

Pendel trägt. Derselbe hat in einer scheibenartigen Erweiterung einen Schlitz, in welchen die Scheibe a genau hineinpasst. Diese Scheibe ist aber mit der Schraube b c, welche bei b einen Vierkant zum Aufsetzen eines Uhrschlüssels hat, aus einem Stück gearbeitet. Ihre Lager hat die Schraube in dem aus zwei Theilen bestehenden Stücke B. Wird nun b c gedreht, so muss sich

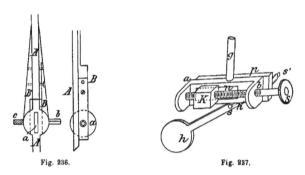

Fig. 236.   Fig. 237.

A gegen B etwas verstellen und die Gabel erhält eine kleine Richtungs-änderung, wodurch der Abfall korrigirt werden kann. In der in Fig. 237 dargestellten Anordnung ist aber auch noch Sorge getragen, dass der in das Pendel eingeführte Stift s eine besondere Bewegung hat. Er befindet sich nämlich auf dem Stücke h h', welches bei h ein kleines Gewichtchen trägt und mit einer Hülse auf dem Stift s_1 sehr leicht beweglich aber sicher auf-gesteckt ist. Der Stift s_1 ist an der Platte p befestigt. Diese Platte aber ist auf dem Rahmenstück a b, welches gleichzeitig den unteren Theil der Gabel g bildet, verschiebbar vermittelst der Schraube S, welche in den beiden An-sätzen des Rahmens a b gelagert ist, so dass sie sich in der Richtung ihrer Längsaxe nicht verschieben kann, wohl aber bei ihrer Drehung den Klotz k mit nimmt, welcher durch den Ausschnitt n des Rahmens a b hindurch mit der Platte p verschraubt ist. Auf diese Weise kann also sowohl der Abfall, regulirt werden, als auch der Stift s der etwa nicht mit zur Ankeraxe cen-trischen Bewegung der Pendelbohrung ohne Zwang folgen.

2. Das kompensirte Pendel.

Die Veränderungen der Temperatur bewirken, dass sich die Länge der Pendelstange merkbar und regelmässig ändert, wenn dieselbe aus Metall konstruirt ist. Das würde, wie sofort ersichtlich, die Schwingungs-dauer eines Pendels für eine Temperaturerhöhung vergrössern, für eine Tem-peraturabnahme vermindern; die Uhr würde also im ersteren Falle lang-samer, im zweiten schneller gehen als im normalen Zustande. Da nun diese Veränderungen gesetzmässig vor sich gehen, so würde man dieselben so-wohl rein theoretisch auf Grund der Form und Konstruktion des Pendels in Rechnung ziehen, als auch dieselben empirisch für möglichst verschiedene Temperaturen durch die Beobachtung ableiten können und sodann für eine gegebene Temperatur den jeweiligen Gang der Uhr zu berechnen in der

Lage sein. ·Der erstere Weg stösst auf so viele Schwierigkeiten technischer Art, dass er kaum je zur Ableitung genügender Resultate einzuschlagen sein wird; der zweite dagegen findet ab und zu Verwendung, sowohl bei Pendeluhren als auch bei den später von diesem Gesichtspunkt aus näher zu beschreibenden Regulatoren der Chronometer. Er hat den Vorzug vor den sofort zu erwähnenden Kompensationen, dass für den Regulator der Uhr die möglichst einfachste Konstruktion beibehalten werden kann, und damit der Grundsatz der Präcisionsmechanik zur Geltung gelangt, dass je einfacher der Instrumententheil, desto zuverlässiger seine Arbeitsleistung ist.

Aber in der Praxis hat es thatsächlich manche Unbequemlichkeit, wenn man immer erst durch Rechnung den wahren Gang oder Stand einer Uhr ableiten muss, und man hat deshalb seine Zuflucht zu Anordnungen genommen, welche nicht nur die Wirkungen der Temperatur, sondern auch die des schwankenden Luftdruckes unschädlich machen sollen; das sind die sogenannten Kompensationen. Man hat auch versucht, die Pendelstangen aus Materialien zu machen, welche durch Änderungen der Temperatur nur sehr wenig beeinflusst werden, also sehr geringe Ausdehnungskoefficienten haben. In dieser Hinsicht ist das oben schon erwähnte Holzpendel für Uhren zweiten Ranges wohl brauchbar, besser aber ist dann die Anwendung einer Glasstange. Nach mannigfachen Versuchen mit solchen hat man aber aus technischen Gründen ihre Anwendung wieder aufgegeben, zumal sie ja natürlich auch noch einen geringen Ausdehnungskoefficienten haben. Die Kompensation soll also bewirken, die Entfernung des Schwingungspunktes des Pendels, d. h. nahezu den Schwerpunkt der Linse, vom Aufhängepunkt konstant zu halten; denn die Schwingungsdauer t hängt bekanntlich mit dieser Strecke l zusammen durch die Gleichung $t = \pi \sqrt{\dfrac{l}{g}}$, wo g die Konstante der Schwerkraft bedeutet.

a. Kompensation gegen Temperaturänderungen.

Diese wird durch verschiedene Konstruktionen herbeigeführt, von denen die des sogenannten Rostpendels und die der Quecksilberkompensation die gebräuchlichsten sind; auch noch einige andere Methoden kommen zur Anwendung und sollen kurz erwähnt werden.

α. Das Rostpendel und seine Berechnung.

Das Wesen des Rostpendels besteht darin, dass man die Pendellinse nicht an einer einfachen Metallstange aufhängt, sondern an Stelle derselben ein System von Stangen zweier Metalle mit möglichst verschiedenem Ausdehnungskoefficienten benutzt, welche so angeordnet sind, dass durch die Ausdehnung eines Theiles der Stangen diejenige des anderen Theiles wieder wirkungslos gemacht wird. Es mag dieser Vorgang hier an verschiedenen Einzelfällen näher erläutert werden.

Die Fig. 238 u. 239 stellen die Einrichtung zweier gewöhnlicher Rostpendel dar. Die stählerne Stange A B, welche mit ihrer Fortsetzung O P die eigentliche Pendelstange bildet, trägt bei B das messingene Querstück C D, mit welchem wieder die beiden Zinkstangen E F und G H bei E und H fest verschraubt sind. Diese tragen an ihren oberen Enden F und G das Querstück K L in fester Verbindung, während die Stange A B durch eine weitere Bohrung frei hindurch geht. Mit diesem Querstück wiederum fest verbunden sind die beiden Stahlstangen L N und K M, welche ihrerseits durch entsprechende Bohrungen in C D frei hindurch gehen und an den Enden mittelst M N in gegenseitiger Verbindung stehen.

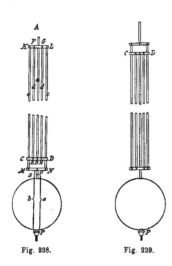

Mit M N ist in Fig. 238 die Pendellinse und in Fig. 239 die die Aufhängevorrichtung aufnehmende Fortsetzung von A B verbunden. Das Spiel dieser Kompensationseinrichtung ist nun leicht verständlich. Wenn durch die Wärme sich die Stahlstangen A B und O P ausdehnen und ebenso K M und L N und somit das Pendel verlängert würde, so thun dieses aber auch und zwar gemäss ihrem grösseren Ausdehnungskoefficienten in weit stärkerem Maasse die Zinkstangen E F und G H. Dadurch wird aber offenbar das Pendel wieder verkürzt. Für die Richtigkeit der Kompensation ist also Bedingung, dass EF und GH sich für jede Temperaturänderung um ebenso viel ausdehnen als die wirksamen Längen der Stahlstangen des Pendels zusammen; daraus ergiebt sich ohne Weiteres, wie ein solches Rostpendel und die ihm verwandten Pendelkonstruktionen zusammengesetzt werden müssen.

Fig. 238.   Fig. 239.

Setzt man der Einfachheit halber die Länge von $AB = a$, diejenige von KM resp. $LN = c$, $OP = b$, die Länge der Zinkstangen EF resp. $GH = d$ und beachtet, dass für die Dauer einer Schwingung eigentlich die Länge des mathematischen Pendels, d. h. die Entfernung Aufhängepunkt — Schwingungspunkt in Betracht kommt, also noch die Strecke vom Unterstützungspunkt der Pendellinse bis zum Schwingungspunkt etwa bei S in Abzug gebracht werden muss,[1] so hat man für die Gesammtlänge des Pendels

$$l = (a + c + b - s) - d.$$

Nun mag a der Ausdehnungskoefficient des Stahles, β der des Zinkes sein, dann wird für die Temperatur von m^0 C. sein

$$l_m = (a + b + c - s)(1 + a\, t_m) - d\, \beta\, t_m,[2]$$

---

[1] Die Strecke s könnte ohne irgend erheblichen Fehler als konstant angesehen werden. Ist die Pendellinse in der Mitte durch eine Schraube mit der mittelsten Stange verbunden, so ist obiger Ansatz streng, wenn für s die Strecke S bis Linsenmitte genommen wird; ruht die Linse aber wie oben beschrieben auf einer Schraubenmutter auf, so wäre von Rechtswegen noch der Radius der Linse mit dem entsprechenden Ausdehnungskoefficienten multiplicirt mit dem Gliede d gemeinsam in Abzug zu bringen.

[2] Für diesen Fall kann man ohne Fehler die Ausdehnung der Metalle als einfach proportional der Temperatur vor sich gehend annehmen.

und für n^0 C. ist dann

$$l = (a + b + c - s)(1 + a\, t_n) - d\beta\, t_n,$$

da aber die Forderung besteht, dass eine Änderung der Temperatur den Werth 1 nicht beeinflussen soll, so muss werden

$$l_m = l_n = (a + b + c - s)\, a\, t_m - d\beta\, t_m = (a + b + c - s)\, a\, t_n - d\beta\, t_n,$$

also

$$(a + b + c - s)\, a = - d\beta$$

oder

$$d : (a + b + c - s) = a : \beta,$$

aber die Richtung der Ausdehnungsmöglichkeit nach entgegengesetzten Seiten gerichtet.

In Worten: Es müssen sich die wirkenden Längen der Metallstangen umgekehrt verhalten wie ihre Ausdehnungskoefficienten. Ist also z. B. die Länge der Stahlstangen durch die Forderung eines Sekundenpendels bestimmt, so kann man die Länge, welche den Zink- oder event. Messingstangen gegeben werden muss, aus obiger Schlussgleichung ohne Weiteres berechnen, wenn die Ausdehnungskoefficienten bekannt sind. Ein Beispiel mag die in Betracht kommenden numerischen Verhältnisse noch näher erläutern.

Aus $t = \pi \sqrt{\dfrac{l}{g}}$ folgt für ein Sekundenpendel (mittl. Zeit)

$$g = \pi^2 l \text{ also } l = \frac{g}{\pi^2} = \frac{9{,}7810\,\text{m}}{(3{,}1415)^2} = 0{,}99102\,\text{m}\,{}^1)$$

und zwar haben diese Zahlen Geltung für den Äquator.[2]

Nimmt man nun ein fünftheiliges Pendel (wie es hier beschrieben ist) und als wirksame Länge der Stahlstangen 1500 mm an und als genäherten Ausdehnungskoefficienten für Stahl 0,000012, für Zink 0,000029 und für Messing 0,0000188 für 1^0 C., dann erhält man als nötige Länge der Zink- resp. Messingstangen 620,7 mm resp. 957,4 mm. Nun ist 1500 mm für die Stahlstangen etwas niedrig gegriffen, aber es ist schon ersichtlich, dass man für Messing nicht weiter gehen darf, da die bedingte Länge dieser Stangen schon nahe an die geforderte Pendellänge herankommt. Führt man in der That statt 1500 mm die Stahlstangen mit 1700 mm Länge ein, so bekommt man als entsprechende Zahlen für Zink 703,4 mm Länge und für Messing 1058,1 mm. Für Zink also noch eine zulässige Zahl, für Messing aber schon eine viel zu grosse Länge. Da sich nun Messing weit besser mechanisch bearbeiten lässt, und auch sonst manche Vorzüge vor Zink hat, so ist man bei der Verwendung dieses Materials gezwungen, von einem fünftheiligen Pendel zu einem neun- oder gar elftheiligen überzugehen. Würde man im Falle eines neuntheiligen Pendels die wirksame Länge der Stahlstangen zu etwa 2300 mm annehmen,

---

[1] Für ein Sternzeit-Sekundenpendel würde 0,99102 m noch mit 0,99927 zu multipliciren sein, da 1^s. St. Zt. = 0^s,99727 mittl. Zt. ist. Es wird also an Stelle von 0,99102 m 0,98832 m zu setzen sein.

[2] Die genauen Werthe würden sein für 1^s mittl. Zt.

$$l = 0{.}99102\,\text{m} + 0{,}00510\,\sin^2 \varphi$$

und

$$g = 9{.}7810\,\text{m} + 0{,}0503\,\sin^2 \varphi.$$

was ein plausibler Werth ist, so bekommt man für die Messingstangen die wirksame Länge von 1468,1 mm, welche sich nun recht gut auf zwei Stangenpaare vertheilen lässt. Die letztere Anordnung ist sogar bei weitem die gebräuchlichste. Da es nicht leicht möglich ist, sofort eine genau richtige Pendellänge zu erhalten, ist es nöthig, dieselbe sowohl selbst als auch deren Kompensation korrigiren zu können; dem ersten Zwecke dient z. B. die Schraube am unteren Ende der Pendelstange, indem man mittelst darauf beweglicher Mutter, welche zur Messung der Bewegung eine Theilung trägt, die Linse heben und senken kann. Es lässt sich leicht durch die Beobachtung feststellen, wieviel eine Hebung oder Senkung der Linse um die Höhe eines

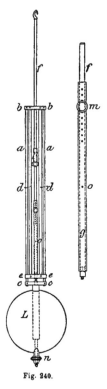

Fig. 240.

Schraubenganges den täglichen Gang verändert, und demgemäss wird sich eine Korrektion dann ausführen lassen. Man kann aber auch diesen Betrag ungefähr schon dadurch ermitteln, dass man die Grundformel für das Pendel nach t und l differentiirt, dadurch erhält man $dt = \dfrac{\pi^2}{2g} dl$ und damit die Änderung des Ganges für 24 Stunden $dt_{24} = 86400 \dfrac{\pi^2}{2g} dl$. Das geht für ein mittl. Zeit-Pendel über in $dt_{24} = 43^{s}48 \, dl$ und für ein Sternzeit-Pendel in $dt_{24} = 43^{s}72 \, dl$, d. h. die Hebung resp. Senkung des Schwerpunktes der Linse (eigentlich richtiger des Schwingungspunktes des Gesammtpendels) um einen Millimeter, wird den täglichen Gang um resp. 43^{s}48 (43^{s}72) beschleunigen resp. verlangsamen. Kennt man also die Höhe des Schraubenganges, vergl. über dessen Bestimmung S. 29, so kann man auch vorher nahezu sagen, wie viel eine Drehung der betreffenden Schraubenmutter ausmachen wird. Wie bemerkt ist es weiterhin schwer, die Kompensation sofort richtig zu treffen, und das namentlich deshalb, weil die Ausdehnungskoefficienten der benutzten Metalle häufig von den gewöhnlich angegebenen Mittelwerthen abweichen.[1]) Man wird deshalb auch diese zur event. Korrektion einzurichten haben; dann erhält man Pendel mit sogenannter veränderlicher Kompensation im Gegensatz zu dem eben beschriebenen (Harrison'schen) mit fester Kompensation. Ein solches Pendel ist in Fig. 240 dargestellt; die Form, wie sie JÜRGENSEN seinem Pendel gegeben hat.[2]) Die beiden Stahlstangen aa sind an ihren beiden Enden durch die Messingspangen cc und bb mittelst Stiften mit einander verbunden. Mit bb sind die beiden Zinkstangen dd fest

---

[1]) Manche Künstler untersuchen jede Metallstange, welche sie zu einem Rostpendel verwenden, erst sorgfältig auf ihren speciellen Ausdehnungskoefficienten, wie Dencker in Hamburg, der noch neuerdings einige recht gute Rostpendel geliefert hat, z. B. für die Sternwarte zu Leipzig.

[2]) Astron. Nachr. Bd. 3, Nr. 49, S. 4.

verbunden, und ebenso tragen dieselben in fester Verbindung mit sich das Querstück e e, welches die Stangen a a frei hindurchlässt und auf dessen Mitte das Messingrohr g festgeschraubt ist. In diesem frei, aber sicher beweglich ist die eigentliche stählerne Pendelstange f mit dem Aufhängehaken,[1]) welche auch das Querstück b b frei, aber ohne Spielraum durchsetzt. Diese Stange geht fast bis zu e e hinab und ist mittelst eines Stiftes m, welcher durch die in Rohr und Stahlstange entsprechend gebohrten Löcher je nach Bedarf gesteckt werden kann, mit dem Rohre g verbunden. Durch die Bohrung o kann ebenfalls ein Stift geschoben werden; derselbe kann zu Beginn der Versuche benutzt werden, später aber auch dazu dienen, die verschiebbaren Theile der Stange so lange gegen einander zu fixiren, bis der Stift bei m seinen neuen Platz eingenommen hat. Die Wirkungsweise dieser Kompensation ist schon aus dem Anblick der Figur klar; denn die veränderte Lage des Stiftes m wird verschiedene wirksame Längen des Messingrohres und der Stahlstange f bedingen und damit eine Veränderung resp. Korrektion der Kompensationswirkung. Man wird den Stift in ein höher oder tiefer gelegenes Loch zu stecken haben, je nachdem die Kompensation zu stark oder zu schwach ausgefallen ist oder, wie man zu sagen pflegt, das Pendel über- resp. unterkompensirt war. Man kann natürlich eine solche Veränderung der Kompensation auch rechnerisch ableiten, und mag der Weg, welcher dabei einzuschlagen ist, an einem einfachen Beispiel gezeigt werden: Ist α der Ausdehnungskoefficient des Stabes, β derjenige des Messings, so ist die durch eine Versetzung des Stiftes m um k mm bewirkte Änderung in der wirksamen Länge der Mittelstange für 1^0 C. $(\beta - \alpha)$ k, wodurch eine Änderung im täglichen Gange $dt_{24} = 43^s,48 (\beta - \alpha)$ k entsteht oder mit den obigen Zahlen für α und β $dt_{24} = 0^s,000296$ k, d. h. bei einer Versetzung des Stiftes um 1 mm wird die Uhr in 24 Stunden ihren Gang um 0,000 296 Sekunden ändern, falls die Temperatur um 1^0 C variirt.

Zur erstmaligen genauen Regulirung der Pendellänge resp. der Lage des Schwingungspunktes lässt JÜRGENSEN, um die immer einen grösseren Eingriff in den Gang der Uhr bedingende Verschiebung der Pendellinse zu umgehen, auf der Pendelstange f eine kleine Hülse p gleiten, welche durch geringes Heben resp. Senken die Schwingungsdauer zu reguliren vermag. Diese Hülse führt auch wohl nach HUYGENS, welcher sie zuerst zu diesem Zwecke angewendet haben soll, den Namen „Der Huygens'sche Läufer."

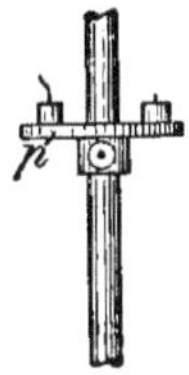

Da aber auch schon das Verschieben eines solchen Läufers oder einer ähnlichen Einrichtung kaum ohne Störung der Pendelschwingungen vorgenommen werden kann, ist es weit besser, mit der Pendelstange etwa auf der Mitte derselben ein kleines Tellerchen p, wie es Fig. 241 zeigt, zu verbinden. Auf dieses legt man dann kleine Gewichtchen, die mittelst einer Pincette und eines an ihnen befestigten Stiftes oder Fadens ohne irgend welche Störung der Pendelschwingungen aufgesetzt oder abgenommen werden können. Das Hinzulegen eines solchen Gewichtes wird den Schwerpunkt

Fig. 241.

---

[1]) Dieser ist, entgegen der Figur, um 90° gedreht zu denken.

resp. Schwingungspunkt etwas heben, die Schwingungszeit also verkürzen, die Hinwegnahme eines Gewichtchens wird sie verlängern. Man kann leicht den Betrag, um welchen etwa ein Gramm die Schwingungszeit ändert, durch Versuch bestimmen und danach die Gewichtchen für Zehntel und ganze Sekunden abgleichen. Damit stets die Regulirung auf diese Weise vorgenommen werden kann, ist es gut, was auch aus anderen Gründen zu empfehlen ist (nur Vorwärtsrücken des Minutenzeigers), das Pendel so einzurichten, dass es ohne jedes Gewichtchen auf alle Fälle zu langsam schwingt. Das nach englischem Muster häufig verwendete Trichterchen an der Pendelstange (jar), in welches Schrotkörner eingelegt werden sollen, ist durchaus nicht zu empfehlen, da man diese nicht wieder herausbekommen kann, ohne die Pendelschwingungen zu stören.

β. Verschiedene andere Konstruktionen kompensirter Pendel.

Eine ähnliche Einrichtung wie das Jürgensen'sche Pendel, nur in etwas einfacherer Form, zeigt die Fig. 242. Die Stahlstange a steckt in dem Zinkrohr g und ist mit diesem durch den Stift h veränderlich verbunden,

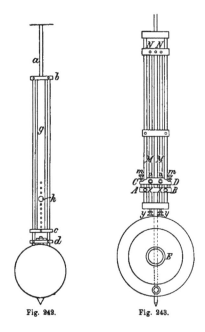

sie trägt oben das Querstück b, an welchem nach unten zwei Stahlstangen befestigt sind, diese gehen frei durch c hindurch und halten vermittelst des dritten Querstückes d die Pendellinse. Die Wirkungsweise dürfte nach Obigem ohne Weiteres klar sein. Fig. 243 zeigt die Einrichtung, wie sie DUCHEMIN einem seiner Kompensationspendel gegeben hat. Es ist ein fünftheiliges Rostpendel, welches aber mit einer Vorrichtung versehen ist, um die wirksame Länge der Zinkstäbe zu verändern. Zu diesem Zwecke sind die beiden messingenen Querstücke AB und CD durch die Schrauben m m verbunden. In beiden Stücken befinden sich je 5 Bohrungen, welche mit jenen in den übrigen Querstücken korrespondiren. Das Querstück AB wird durch 2 Schrauben x x an den äusseren Stahlstangen NN und CD

Fig. 242.   Fig. 243.

auf dieselbe Weise bei v v an den Zinkstangen MM befestigt. Die unteren Enden der beiden Zinkstäbe berühren das untere Querstück nicht; sie können sich also verlängern oder verkürzen, ohne die Kompensation zu beeinflussen. Soll nun die Kompensation verändert werden, so bringt man zunächst die beiden Schrauben y y mit den Stangen MM zur Berührung, wodurch die momentane Länge des Pendels gesichert wird; sodann löst man die Schrauben im Querstücke CD und verschiebt dasselbe je nach Bedarf mittelst m m nach

oben oder nach unten, wodurch die wirksame Länge der Zinkstangen verkürzt oder. verlängert wird, je nachdem das Pendel über- oder unterkompensirt war.

Eine Kompensation, bei welcher die Länge der wirkenden. Stangen so
weit als möglich verringert und damit eine grössere Garantie der Homogenität des Materials gegeben ist, wurde von
P. J. Krüger in seinem Handbuch der Uhrmacherkunst gegeben. Dieselbe befindet sich
ganz unterhalb der Pendellinse und wirkt
durch direktes Verschieben der letzteren auf
der einfachen stählernen Pendelstange. Diese
Anordnung zeigt Fig. 244. Es ist d die stählerne Pendelstange, welche an ihrem unteren
Ende korrigirbar befestigt das Querstück g g
trägt; auf diesem ruhen die Zinkstangen b b,
welche oben durch die Spange i i mit einander
verbunden sind, welches die Stange d frei
durchlässt, aber in ss zwei Stahlstangen c c
in fester Verbindung aufnimmt. Diese sind
ihrerseits am unteren Ende wieder durch das
Querstück f f mit einander verbunden, welches
so viel verbreitert ist, dass es die Zinkstangen a a zu tragen vermag; die Stangen

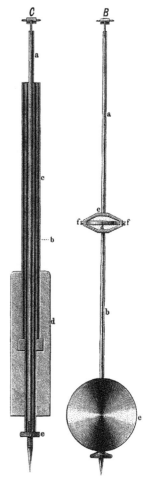

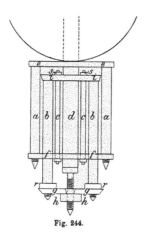

Fig. 244.

Fig. 245.   Fig. 246.
(Nach Konkoly, Anleitung.)

d und b b lässt es frei hindurch. Oben sind a a durch e e derart mit einander verbunden, dass dieses Stück die Pendelstange frei passiren lässt,
aber bei Hebungen und Senkungen, die auf ihm ruhende Pendellinse mitnimmt und somit den Schwingungspunkt des Pendels bei richtiger Bemessung
der Stangenlängen, wie leicht einzusehen, in konstanter Entfernung vom
Aufhängepunkt zu erhalten vermag.

Fig. 245 stellt das Pendel der Greenwicher Sternzeit-Uhr von HARDY dar. Die mittlere Stahlstange a ist von einem Zinkrohre b umgeben,[1]) welches unten auf der zur Regulirung der Pendellänge dienenden Schraubenmutter e aufruht und seinerseits wieder von einem Stahlrohr umgeben ist. Dieses ruht mit einer Verschraubung, welche a frei hindurchlässt, auf dem oberen Rande des Zinkrohres auf und trägt unten das cylindrische Pendelgewicht d mit centraler Befestigung. Nach dem Vorigen ist die Wirkungsweise sofort klar. Damit die inneren Metallstäbe resp. Röhren leicht die im Uhrkasten herrschende Temperatur annehmen, sind die einzelnen Theile des Pendels vielfach mit Kanälen und Bohrungen durchsetzt.[2]) Wie KONKOLY berichtet, ist eine in Österreich mehrfach ausgeführte, namentlich von dem Uhrmacher J. Vorauer angewendete Kompensationsmethode die folgende: „In Fig. 246 ist a eine Eisenstange, welche an ihrem oberen Ende die gewöhnliche Aufhängungsfeder trägt; b ist die weitere Fortsetzung dieses Stückes. Beider Enden sind in der Mitte durch ein rautenförmiges Stahlstück vereinigt.

Diese Raute schliesst in ihrer grossen Axe einen gedrehten Zinkcylinder d ein, welcher durch zwei starke Schrauben bei f mit der Raute fest verbunden ist. Wenn sich nun bei zunehmender Wärme die Eisenstäbe

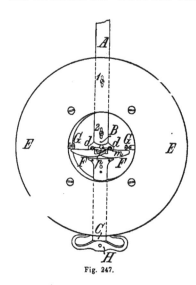

Fig. 247.

a und b ausdehnen, so würde der Schwerpunkt der Linse e sinken und die Uhr würde retardiren; die Länge des Zinkcylinders d ist aber so berechnet, dass dieselbe durch ihre Ausdehnung die kleine Axe der Raute gerade so viel kleiner macht, als jene Ausdehnung der Eisenstäbe beträgt. Dadurch wird dann, wie leicht ersichtlich, das Sinken der Pendellinse aufgehoben.

Einige ebenfalls nicht streng zu den Rostpendeln gehörige Konstruktionen der Kompensation mögen hier noch einer gewissen Vollständigkeit wegen kurz beschrieben werden. Bei dem Pendel von ELLICOT[3]) ist auf der eigentlichen stählernen Pendelstange, nur oben fest mit derselben verbunden,

eine Messingstange AB, Fig. 247, entlang gelegt, welche bis zu dem Punkte B herabreicht und durch die sie in länglichen Löchern durchsetzenden Schrauben 1, 2 etc. ihre Führung erhält. Bei dd ist die Stahl-

---

[1]) Konkoly, Anleitung, S. 86.

[2]) Statt der Zinkrohre hat man auch wohl vorgeschlagen, solche aus Ebonit zu verwenden, doch scheint dieser Vorschlag, der von Prof. Schmidt herrührt, welcher die starke Ausdehnung dieses Materials verwenden wollte, nicht allgemein bekannt geworden zu sein.

[3]) Gelcich, Handb. d. Uhrmacherkunst, S. 318.

stange etwas verbreitert und nimmt dort je einen Zapfen der Axen der ungleicharmigen Hebel FF auf, während der andere in einem besonders aufgesetzten Lager ruht, welches aber in der Figur entfernt gedacht ist. Auf den beiden längeren Armen dieser Hebel ruht an ihren Enden, die in der Mitte ausgedrehte Pendellinse E vermittelst der beiden Schräubchen GG, während die kürzeren gegen die frei bewegliche Platte p drücken, auf welcher der Cylinder m liegt, der mit seiner oberen Seite gegen die Messingstange AB drückt. Das Spiel dieser Kompensation ist derart, dass bei einer Erwärmung sich die Messingstange stärker ausdehnt als die eigentliche stählerne Pendelstange (welche frei durch Bohrungen der Pendellinse hindurchgeht) und in Folge dessen die kurzen Hebelarme herabdrückt; dadurch werden sich die längeren heben und natürlich die Pendellinse mitnehmen. Es muss diese Hebung der Linse also so bemessen sein, dass durch sie der Schwingungspunkt wieder so viel gehoben wird, als er durch Ausdehnung der Pendelstange sinkt. Die Feder H am unteren Ende der Pendelstange dient dazu, die Axen u. s. w. der Hebel möglichst zu entlasten, so dass nur ein geringer Theil des Gewichtes der Linse auf ihnen ruht.

Das Pendel von MAHLER, welches in den Astron. Nachr. Bd. 9, S. 69 beschrieben und abgebildet ist, ähnelt dem Elicot'schen, vermeidet aber einige Übelstände desselben. SCHUMACHER beschreibt dasselbe in einem längeren Aufsatze, aus dem das Folgende angeführt sein mag: „An dem oberen Querstück, Fig. 248, das durch zwei kleine Stangen mit der Schneide, auf der das Pendel schwingt, verbunden ist, hängt an der mittleren eisernen Stange die grosse Pendellinse. An beiden Seiten an demselben Querstück sind zwei Zinkstangen befestigt, die sich durch alle an der mittleren eisernen Stange angeschraubten Querstücke frei hindurch bewegen können. Die Kompensation wird durch die zwei kleinen Seitenlinsen bewirkt, von denen jede an einem Hebel hängt, dessen Axe mit der eisernen Pendelstange und dessen anderer Arm mit je einer der Zinkstangen leicht drehbar so verbunden ist, dass der Überschuss der Ausdehnung der Zinkstangen über die der eisernen die beiden Seitenlinsen in die Höhe treibt.

Fig. 248.
(Nach Astron. Nachr., Bd. 9.)

Die Seitenlinsen lassen sich an ihren eingetheilten Hebelarmen verschieben und durch eine Schraube darauf befestigen, wodurch ein Mittel gegeben ist, die Kompensation zu berichtigen. Es ist noch ausserdem an dem einen Hebel ein Zeiger von etwa der halben Länge des Pendels angebracht, der auf einem eingetheilten Bogen die Temperatur der Stange angiebt, also zugleich ein Metallthermometer darstellt"; vergl. auch das in Fig. 249 dargestellte Kessels'sche Pendel.

Ein etwas anderes Princip ist bei dem Pendel von BOURDIN verwendet. Die Pendelstange A, Fig. 250, ist ein Rohr von Glas; in welches an

seinen Enden zwei **Stahlcylinder eingekittet** sind; an dem oberen a ist der
Haken des Pendels angebracht, während der untere b die Schraubenspindel c
trägt, auf welcher die beiden verschieden geformten und sich gegenseitig
sichernden Schraubenmuttern e und d sitzen. Auf der oberen dieser beiden
ruht ein das Glasrohr eng umfassendes Zinkrohr B, welches seinerseits wieder
frei durch die schwere Messingslinse C hindurchgeht. Zwei kleine Stifte bei f
und g, welche in länglichen Löchern fahren, verhindern eine seitliche Drehung
der genannten Pendeltheile. Zwei Platinstäbe D D, welche mit ihrem einen
Ende durch die Schrauben h h am Mittelpunkte der Linse befestigt sind,

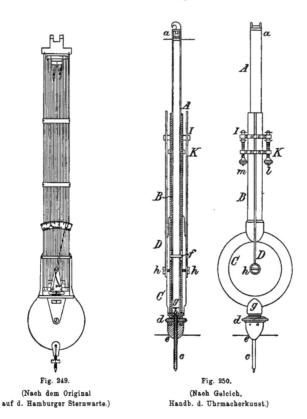

Fig. 249.
(Nach dem Original
auf d. Hamburger Sternwarte.)

Fig. 250.
(Nach Gelcich,
Handb. d. Uhrmacherkunst.)

werden am anderen Ende durch Ansätze des Ringes J gehalten, beide Theile
können aber durch Lösen entsprechender Schrauben gegen einander verschoben werden; der Ring J ist weiterhin mit einem zweiten fest auf der Zinkstange sitzenden Ringe K durch die Stellschrauben l und m verbunden, wodurch auch der erstere auf der Zinkstange verschoben werden kann und zwar
allein oder zugleich mit der mit ihm verbundenen Pendellinse C. Die Verwendung von Glas mit seinem geringen Ausdehnungskoefficienten gestattet, dass
das die Kompensation vermittelnde Zinkrohr und die Platinstangen ziemlich
kurz gemacht werden können und so einige oben schon erwähnte Vortheile

zu erreichen sind; im Übrigen ist die Einrichtung immerhin etwas komplicirt, wenn auch in ihrer Wirkungsweise ganz den vorigen Pendelkompensationen analog.

In noch anderer Weise ist die verschiedene Ausdehnung der Metalle zur Kompensation eines Pendels in demjenigen von PERRON benutzt. Das Pendel, dessen unteren wesentlichen Theil die Fig. 251 darstellt, besteht aus einer einfachen Stahlstange A, an welcher nahe ihrem unteren Ende der

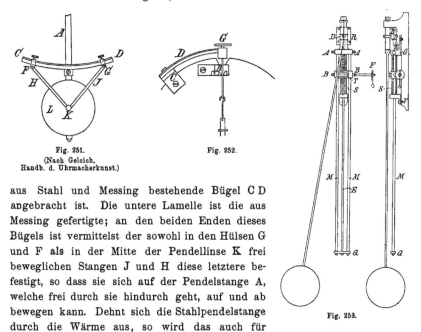

Fig. 251.
(Nach Gelcich,
Handb. d. Uhrmacherkunst.)

Fig. 252.

Fig. 253.

aus Stahl und Messing bestehende Bügel C D angebracht ist. Die untere Lamelle ist die aus Messing gefertigte; an den beiden Enden dieses Bügels ist vermittelst der sowohl in den Hülsen G und F als in der Mitte der Pendellinse K frei beweglichen Stangen J und H diese letztere befestigt, so dass sie sich auf der Pendelstange A, welche frei durch sie hindurch geht, auf und ab bewegen kann. Dehnt sich die Stahlpendelstange durch die Wärme aus, so wird das auch für den Bügel C D der Fall sein, dieser aber wird sich, weil er unten aus Messing, oben aus Stahl besteht, nach oben krümmen und in Folge dessen die Linse, resp. den Schwingungspunkt wieder heben. Behufs Erzielung des richtigen Verhältnisses sind G und F auf dem Bügel C D symmetrisch verschiebbar.

Eine Methode, ähnlich der Kompensation, wie sie bei geringwerthigen Uhren in verschiedener Weise zur Anwendung gelangt, hat der Engländer R. INWARDS auch für Präcisionsuhren in Vorschlag gebracht. Sie besteht darin, dass die Aufhängefeder in ihrer Länge verändert werden kann.[1]

INWARDS[2] stellt als einen Hauptvorzug seines Pendels hin, dass eine Änderung der Kompensation ausgeführt werden kann, ohne jeden Eingriff in den Gang der Uhr, und dass die kompensirenden Theile nicht unter dem Druck der schweren Pendellinse ständen und auch nicht zum schwingenden Theil des

---

[1] Wie dies bei gewöhnlichen (namentlich französischen) Uhren geschieht, geht ohne Weiteres aus der Fig. 252 hervor, wenn man bedenkt, dass der Bügel D aus einer unteren messingenen und einer oberen stählernen Lamelle besteht.

[2] Monthly Notices, Bd. XXXXIX, Tafel 5, S. 13 ff.

Pendels gehörten. Das Pendel Fig. 253 besteht aus einer einfachen Stahlstange mit schwerer Linse und ist an einer Feder in der gewöhnlichen Weise an einer gut befestigten Wandplatte aufgehangen. Nahe der Mitte der Feder aber wird diese von dem gabelförmig gespaltenen Stücke D eng umfasst; durch zwei Schrauben können beide Theile von D etwas gelockert oder auch fest an die Feder angepresst werden. Der Arm D ist auf einem Klotz befestigt, welcher sich in einer Führung vertikal bewegen kann, und zwar muss das mit grosser Sicherheit gegen jede seitliche Bewegung geschehen können. Es wird dadurch erreicht, dass nicht wie vorhin die Feder sammt dem schweren Pendel durch die sie umfassende Gabel hindurchgeführt wird, sondern das Pendel völlig sicher aufgehängt ist und die Gabel D an der Feder entlang geführt wird. Diese Bewegung wird nun hervorgebracht durch die einem Rostpendel ähnliche Einrichtung A B M E Q. D ist nämlich befestigt an der Stahlstange E von etwa 80 cm Länge und durch sie verschiebbar; am unteren Ende dieser Stange sitzt das Querstück Q, welches die beiden Zinkstangen M M trägt. Diese etwa 2—3 cm kürzer als E, sind für die Kompensation aber nur mit etwa 65 cm in Anspruch genommen, und zwar sind sie unter einander verbunden durch das Stück B, welches in seiner Mitte die mit einem Stirngewinde von 60 Zähnen versehene Scheibe fasst, welche in eine Schraube ohne Ende eingreift. Die Welle dieser Tangentenschraube trägt auf ihrer Verlängerung F eine Scheibe mit einer Theilung. Durch diese Einrichtung lässt sich, wie leicht ersichtlich, die wirksame Länge der Zinkstäbe nach Lockerung ihrer durch die Schrauben bei B B hergestellten Verbindung mit dem Querstück bei B korrigiren. Dieses Stück wird nämlich durch Drehen der Schraube T F auf dem Gewinde S, welches die Eisenstange E frei umgiebt und von den Lagern G und V gehalten wird, auf und ab bewegt; nach geschehener Korrektion wird die Verbindung zwischen B B und M M wieder hergestellt. Es ist nun leicht zu sehen, dass bei Erwärmung mittelst dieser Kompensation die die Feder umfassende Gabel D herabgezogen und bei Abkühlung hinaufgeschoben wird, was eine Verkürzung resp. Verlängerung der wirksamen Länge der Pendelfeder, also konstante Schwingungsdauer gewährleisten soll. Die Schrauben A A dienen nur zur Sicherung der Zinkstangen während einer Korrektion an deren Längen; sie müssen aber sonst stets gelockert sein, damit die oberen Enden dieser Stangen frei durch dieses Querstück hindurchgehen und keine Spannung verursachen können. So sinnreich auch diese ganze Einrichtung ist, so wenig empfehlenswerth dürfte sie oder eine ähnliche für Präcisionsuhren sein, weil dadurch ein Faktor, nämlich die Pendelfeder, in die die Schwingungsdauer bedingenden Daten mit hineingezogen wird, dessen Wirkungsweise noch keineswegs vollständig klargestellt ist. [1]

γ. Pendel mit Quecksilberkompensation und deren Berechnung.

Die Quecksilberkompensation, welche heutigen Tages bei weitem am meisten angewendet wird, beruht allerdings auch auf der verschiedenen Aus

---

[1] Vergl. darüber namentlich die Untersuchung von Bessel, Astron. Nachr., Bd. 20, S. 137 ff.

dehnung zweier Metalle, ist aber doch in ihrer Einrichtung so wesentlich verschieden von den bisher besprochenen Methoden, dass sie einer besonderen Erläuterung bedarf.

Fig. 254 stellt den unteren Theil eines Quecksilberpendels, auf den es hier allein ankommt, dar. Die stählerne Stange α trägt am oberen Ende die Aufhängefeder, am unteren aber den Rahmen A B C D, dessen Längsstangen ebenfalls aus Stahl, dessen Querstücke aber meist aus Messing gefertigt sind; das untere derselben C D ist tellerförmig verbreitert. (Fig. 255 stellt das Pendel der Hauptuhr der Lick-Sternwarte mit allen seinen Details und Abmessungen dar und wird zur näheren Erläuterung der späteren Angaben dienen können). C D trägt das cylindrische Glasgefäss[1]) G, welches das Quecksilber zur Kompensation enthält. Dieses Gefäss ist mit dem Deckel EF bedeckt, welcher auf seiner unteren Fläche einen Rand besitzt, der in das Glas

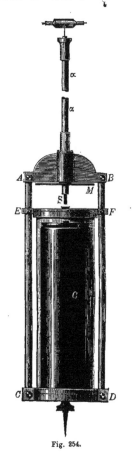

Fig. 254.

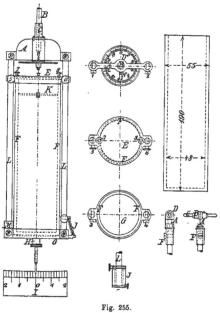

Fig. 255.

(Nach „Publ. of the Lick Observ.", Bd. 1.)

eingreift und so nicht nur gegen Eindringen von Staub u. s. w. schützt, sondern zugleich das Gefäss in seiner Stellung sichert. Auf der Quecksilberoberfläche ruht ein Stahlschwimmer ζ, der ein Oscilliren dieser Oberfläche bei

---

[1]) Manchmal wird statt des Glasgefässes auch ein solches aus Stahl verwendet, oder an Stelle des Rahmens tritt sofort ein entsprechendes Stahlgefäss (z. B. Kittel in Hamburg hat solche Gefässe verwendet).

den Schwingungen des Pendels völlig verhindert. Die Pendelstange geht durch
das Stück AB hindurch und ragt unten mit einer Schraube S hervor, auf welcher
die Mutter M mit getheilter Scheibe aufgeschraubt ist, vermittelst der die Länge
des Pendels in der schon oben erwähnten Weise um messbare Stücke variirt
werden kann. Die Wirkungsweise dieser Kompensation ist ganz analog der
des Rostpendels; während durch die Wärme die Pendelstange verlängert wird,
wird sich auch das Quecksilber ausdehnen und dadurch der Schwerpunkt
seiner Masse nach oben rücken, wodurch bei richtigem Verhältniss zwischen
Länge der Pendelstange und Höhe der Quecksilbersäule die Entfernung
zwischen „Aufhängepunkt" und Schwingungspunkt konstant erhalten wird.
Es gilt also auch hier dieses Verhältniss zu bestimmen.

Ist a die Länge der Pendelstange und b die der Seitenstangen des
Rahmens, so muss, wie aus den Betrachtungen auf S. 218 hervorgeht, wenn
h die Höhe der Quecksilbersäule bedeutet und ausserdem der Schwingungspunkt als sehr nahe zusammenfallend mit dem Schwerpunkt der Quecksilber-
masse angenommen wird, werden:

$$(1) \ldots \ldots \quad l = (a + b)\, \alpha - \frac{1}{2}\, h\, \varepsilon,$$ wo α der Ausdehnungskoefficient
des Stahles, ε der des Quecksilbers relativ zum Glas ist und der des Glases
als von ohne weiterem Belang vernachlässigt wird; diese Länge muss also für
alle Temperaturen konstant bleiben, woraus folgt:

$$(a + b)\, \alpha = \frac{1}{2}\, h\, \varepsilon; \quad h = \frac{2\,(a + b)\,\alpha}{\varepsilon}. [1])$$

Zur Berechnung der Grösse von h müsste man somit $a + b$ und α und ε
kennen; an Stelle der obigen strengen Gleichung kann man aber einfacher
setzen:

$$(2) \ldots \ldots \quad \left(a + \frac{1}{2}\, h\right)\alpha = \frac{1}{2}\, h\, \varepsilon,$$ wo dann a die Entfernung vom Aufhängepunkt bis zum Schwerpunkt der Quecksilbersäule und h die Höhe dieser
selbst bedeutet. Daraus folgt, weil man a dann auch gleich der Länge des
Sekundenpendels setzen kann resp. gleich dem konstant zu erhaltenden Abstand:

$$(3) \ldots \ldots \quad h = 2\,a \cdot \frac{\alpha}{\varepsilon - \alpha} \text{ oder auch } h = 2\,l \cdot \frac{\alpha}{\varepsilon - \alpha}.$$

Für die Veränderung aber, welche hervorgebracht wird in der Pendellänge für eine Änderung in h, erhält man aus

$$l = \left(a + \frac{1}{2}\, h\right)\alpha - \frac{1}{2}\, h\, \varepsilon$$

und der Bedingung für die Kompensation

$$l_0 = \left(a + \frac{1}{2}\, h_0\right)\alpha - \frac{1}{2}\, h_0\, \varepsilon$$

---

[1]) Vergl. auch die Entwicklung für das Rostpendel, S. 219.

durch Subtraktion

$$1 - l_0 = d\, l = \frac{1}{2}\left(h - h_0\right)a - \frac{1}{2}\left(h - h_0\right)\varepsilon; \quad \text{setzt man } h - h_0 = d\, h.$$

so ist: (4) . . . . . $d\, l = \dfrac{1}{2}\, d\, h\,(a - \varepsilon)$ oder $\quad d\, h = \dfrac{2\, d\, l}{a - \varepsilon},$

wobei wieder zu bedenken, dass $d\, h$ und $d\, l$ nach entgegengesetzter Richtung wachsen.

Zeigt sich aus einer Reihe von Beobachtungen, dass die Kompensation nicht richtig getroffen ist, dass also unter sonst gleichen Umständen eine Änderung des täglichen Ganges der Uhr um $d\, t_{24}$ eintritt, so zeigt das (nach Seite 220) an, dass sich die Pendellänge gemäss der Beziehung

$$d\, t_{24} = 43^s.48\, d\, l \quad \text{resp.} \quad d\, t_{24} = 43^s.72\, d\, l$$

geändert hat.

Ist nun aber V das Volumen des Quecksilbers, r der innere Halbmesser des Cylinders, so hat man $V = r^2 \pi\, h$, wenn h die Höhe der Quecksilbersäule bedeutet, woraus sich für kleine Änderungen von V, h und r die Differenzialgleichung

$$(5) \ldots \ldots \frac{d\, V}{V} = 2\frac{d\, r}{r} + \frac{d\, h}{h} \quad \text{ergiebt, wenn noch auf beiden Seiten ent-}$$

sprechend mit dem Werth von V dividirt wird. Bedeuten nun $d\, r$ resp. $d\, h$ die durch die Änderung der Temperatur um 1^0 C. hervorgebrachten Variationen vòn r resp. h, so wird, wenn man den körperlichen Ausdehnungskoefficienten des Quecksilbers mit ε' und den linearen des Glases mit γ bezeichnet:

$$\frac{d\, V}{V} = \varepsilon'; \quad \frac{d\, r}{r} = \gamma \text{ und } \frac{d\, h}{h} = \varepsilon, \quad \text{also auch}$$

$$(6) \ldots \ldots \varepsilon' = 2\,\gamma + \varepsilon \text{ oder } \varepsilon = \varepsilon' - 2\,\gamma, \quad \text{daher nach Gleichung (4)}$$

$$d\, h = \frac{2\, d\, l}{a - \varepsilon' + 2\,\gamma}\, .$$

Für $d\, l$ die Gangänderung in 24 Stunden eingeführt, erhält man:

$$(7) \ldots \ldots \begin{cases} d\, h = \dfrac{0.04\,600}{a - \varepsilon + 2\,\gamma}\, d\, t_{24} & \text{für mittlere Zeit,} \\[2ex] d\, h = \dfrac{0.04\,575}{a - \varepsilon' + 2\,\gamma}\, d\, t_{24} & \text{für Sternzeit.} \end{cases}$$

Beispiel.

Für die Pendellänge von 0.994 m und die folgenden Annahmen
$a = 0.000012$; $\varepsilon = 0.000171$; $\varepsilon' = 0.000180$ und $\gamma = 0.000009$
erhält man zunächst

$$h = 1.988 \cdot \frac{12}{168} = 0.142 \text{ m}$$

und weiterhin

$$d\, h = \frac{0.04\,600}{0.000150}\, d\, t_{24} \quad \text{resp.} \quad \frac{0.04\,575}{0.000150}\, d\, t_{24}$$

$$= 306.8\, d\, t_{24} \text{ (mittl. Zeit) resp. } 305.0\, d\, t_{24} \text{ (Sternzeit).}$$

Würde also aus den Beobachtungen (Zeitbestimmungen und deren geeigneter Ausgleichung) hervorgehen, dass für eine Temperaturänderung von 1^0 C. sich der tägliche Gang der Uhr noch um $+ 0^s.01$ ändert, so ist offenbar (für eine mittl. Zeit-Uhr) die Quecksilbersäule um

$$d\,h = 306.8 \times 0.01 \text{ mm} = 3.068 \text{ mm}$$

zu erhöhen und für $- 0^s.01$ um ebenso viel zu erniedrigen. Nun wiegt ein Quecksilbercylinder von 30 mm Radius und 3.068 mm Höhe, wenn 13.596 das spec. Gewicht des Quecksilbers ist:

$$0.3068 \times 13.596 \times 9 \times 3.1415 = 42.71 \times 2.760 = 117.9 \text{ Gramm},$$

also ist diese Menge Quecksilber bei der gegebenen Dimension des Cylinders im Falle des Retardirens hinzuzufügen und im Falle des Accelerirens hinwegzunehmen. (Das Letztere geschieht am besten mittelst eines kleinen Stechhebers, den man in das Quecksilber eintaucht, dann oben zuhält und heraushebt.)

Nach diesen rechnerischen Erläuterungen sollen noch einige Konstruktionen von Quecksilberpendeln angeführt werden; dieselben sind viel weniger mannigfaltig als die der Rostpendel.

GRAHAM, welcher etwa 1727 die Quecksilberkompensation zuerst anwendete, benutzte eine röhrenförmige stählerne Pendelstange, die er bis zu entsprechender Höhe mit Quecksilber füllte, wobei aber die Quecksilbersäule weit höher wurde, als es nach obiger Rechnung der Fall sein sollte; denn er benutzte das Quecksilber nicht zugleich als Pendellinse, eine solche war noch ausserdem am unteren Ende der Stange angebracht. TROUGHTON ersetzte die Linse durch die einem Thermometer nachgebildete Kugel mit Quecksilber, so dass thatsächlich das Pendel ein grosses Thermometer wurde. Da sich aber bei diesen Einrichtungen schwer Änderungen der Quecksilbermenge vornehmen liessen, so waren sie ganz ausser Gebrauch gekommen; bis in neuster Zeit RIEFLER wieder zur Graham'schen Anordnung zurückging.[1]

Er benutzt zu seinem in Fig. 256 in ein Zehntel der natürlichen Grösse dargestellten Pendel ein Mannesmann-Stahlrohr von 16 mm Weite und 1 mm Wandstärke, welches unten verschlossen bis auf etwa $^2/_3$ seiner Länge mit Quecksilber angefüllt ist. Das Pendel trägt nahe seinem unteren Ende eine mehrere Kilogramm schwere Metalllinse, welche in ihrer Mitte auf einer Schraubenmutter justirbar ruht. Die grosse Homogenität des Rohres gestattet die Höhe des Quecksilbers gegenüber den übrigen Massenverhältnissen mit grosser Annäherung für die richtige Kompensationswirkung zu berechnen. Im Übrigen ist aber für eine Korrektion dadurch gesorgt, dass man eine Reihe kleiner Gewichtsscheiben auf die untere Schraubenmutter auflegen kann, wodurch wohl auch die Kompensation, aber namentlich die Lage des Schwingungspunktes verändert wird.

Es ist kein Zweifel, dass die Quecksilberkompensation einfacher und daher gegenwärtig viel verbreiteter ist als die durch ein Rostpendel, aber unter

---

[1] Rieflers Pendel-Konstruktion wurde zugleich mit den S. 200 schon besprochenen Hemmungen eingeführt.

sonst gleichen Umständen würde ein vollkommen gebautes Rostpendel unbedingt den Vorzug verdienen, wenn nicht ganz besondere Vorkehrungen
getroffen sind, um die Schichtung der Luft im Uhrgehäuse nach ihrer Temperatur zu vermeiden. Nun soll ja natürlich eine gute Uhr nicht nur möglichst sicher, sondern auch in einem Raume aufgestellt sein, dessen Temp-
ratur geringe und langsame Schwankungen erleidet,[1])

Ist diese letzte Bedingung aber nicht gut erfüllt, so wird doch im unteren
Theile des Gehäuses im Allgemeinen eine niedrigere Temperatur herrschen als

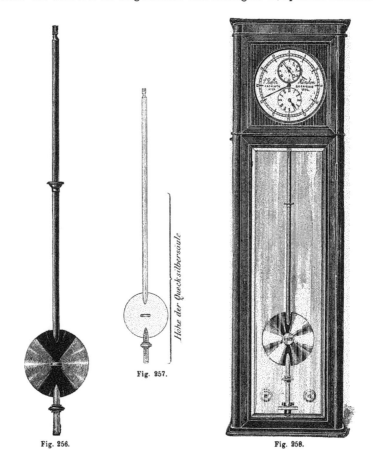

Fig. 257.

Fig. 256.   Fig. 258.

im oberen; da aber nun die Kompensations-Einrichtungen mittelst Quecksilber
nur durch die untere Temperatur beeinflusst werden, während die Pendelstange
sich auch gemäss der oberen Temperatur ausdehnt, so ist eine sichere Kompensation auf diesem Wege viel schwieriger zu erreichen als mittelst des
Rostpendels, dessen kompensirend wirksame Theile meistens in gleicher Weise,

---

[1]) Man hat auch wohl in den Uhrkästen für besondere Ventilation oder gar für gleichförmige Heizung vermittelst hindurchgeführter Kupferrohre gesorgt.

wie die Pendelstange selbst, fast die gesammte Luftsäule im Kasten durchsetzen.[1])

Ausserdem wird ein Rostpendel viel schneller den Temperaturänderungen
zu folgen vermögen als ein Quecksilberpendel. Aus diesem Grunde hat man
das eine cylindrische Quecksilbergefäss häufig durch zwei oder noch mehr,
Fig. 259[2]), wohl auch übereinander an-
geordnete zu ersetzen versucht. Es ist dadurch wohl ein schnellerer Temperaturausgleich erzielt worden, doch lässt sich nicht
behaupten, dass die Pendel dadurch stabiler,
einfacher und schöner geworden wären.
Es spricht sogar noch ein bestimmter Grund
gegen eine solche Anordnung, nämlich der
des event. Mitschwingens der umgebenden
Luft, welchen wir sofort näher zu erläutern
haben werden.

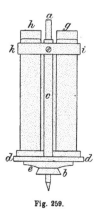

Fig. 259.

Fig. 260.

b. Kompensation des Pendels gegen Luftdruckänderungen.

Die Schwingungsdauer des Pendels ist aber, wenn es auf grosse Genauigkeit ankommt, nicht nur als abhängig zu betrachten von seiner Länge, sondern auch von der Dichtigkeit des umgebenden Mediums und sogar von
seiner geometrischen Form. Man findet, dass unter gewöhnlichen Verhältnissen eine Luftdruckänderung von einem Millimeter Quecksilberdruck im
wachsenden Sinne den Gang einer Sekundenpendeluhr um etwas mehr als
$0^s.01$ täglich verlangsamt.

---

[1]) Auch diesem Übelstand der Quecksilberpendel soll die Riefler'sche Einrichtung abhelfen.
[2]) Es ist a die Pendelstange, auf welcher die beiden Quecksilbergefässe g und h in ihrer
Fassung i d k durch die Schraube b zugleich verschiebbar sind.

a. Kompensation durch Manometer oder Aneroiddosen und deren Berechnung.

Gegen die Wirkung der Luftdruckänderung hat man etwa seit Anfang des Jahrhunderts versucht eine Kompensation herzustellen. Der Erste, der in dieser Richtung konstruirend vorging, nachdem schon Baily[1] nnd Sabine auf die Nothwendigkeit einer solchen Kompensation hingewiesen und auch Vorschläge zu ihrer Ausführung gemacht hatten, war der englische Astronom Robinson vom Armagh Observatorium. Er giebt am angeführten Orte eine sehr interessante Entwicklung der einschlägigen Fragen, bezügl. derer aber hier auf die Quelle verwiesen werden muss.[2] Sein Pendel ist in Fig. 261 dargestellt; das Princip erläutert er etwa folgendermassen: Neben der Pendelstange A sind zwei Heberbarometer von gleicher Weite T S mittelst der Spangen C befestigt. Die beiden Schenkel müssen gleiche Weite haben. Die Wirkung dieser Einrichtung besteht nun darin, dass z. B. bei sinkendem Luftdruck eine kleine Quecksilbersäule von der Höhe c aus T nach S translocirt wird, wodurch der Schwingungspunkt des Pendels von seinem Aufhängepunkt entfernt und damit die Acceleration, welche durch den geringeren Luftdruck herbeigeführt werden würde, wieder aufgehoben wird.

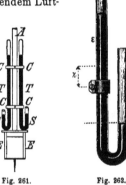

Fig. 261.   Fig. 262.

Um die Lage, welche die beiden Barometerröhren am Pendel haben müssen, zu bestimmen, mag M die Masse des Pendels im Anfangsstadium sein, $M K^2$ dessen Trägheitsmoment, A die Entfernung zwischen Schwerpunkt und Drehpunkt; dann ist, wenn r die Länge des Sekundenpendels für den betreffenden Luftzustand ist,

$$r = \frac{M K^2}{M A} = \frac{K^2}{A}$$

nach einer Änderung des Barometerstandes um c Zoll engl.[3]

$$r' = \frac{M K^2 + m(k_1^2 - k^2)}{M A + m(a_1 - a)},$$

wenn m die Masse der beiden von oben nach unten gebrachten Quecksilbersäulen ist und k resp. a ihre Entfernungen vom Schwingungspunkte und vom Schwerpunkte des Pendels v o r und k_1 resp a_1 nach der Druckänderung bedeutet. Ausserdem ist aber offenbar $k_1^2 - k^2 = a_1^2 - a^2$ und daher, wenn $\mu = \frac{m}{M}$ und dt_{24} für eine positive Gangänderung in 24 Stunden gesetzt wird:

---

[1] Memoirs of the Royal Astron. Soc., Bd. I, S. 381 ff.
[2] Memoirs of the Royal Astron. Soc., Bd. V, S. 125 ff.
[3] Es sind hier dem Original entsprechend die engl. Zoll beibehalten, da auch die numerischen Koefficienten sich darauf beziehen.

$$r' - r \over r} = {d\,t_{24} \over 43\,200} = {\mu\left({(a_1 + a) \over K^2} - {1 \over A}\right)(a_1 - a) \over 1 + \mu\left({a_1 - a \over A}\right)},$$

wofür auch bei der Kleinheit von μ gesetzt werden kann:

$$d\,t_{24} = 43\,200\,{a_1 - a \over K^2}\,(a_1 + a - r)\,\mu.$$

Setzt man nun noch $K = r$ und für die Entfernung der oberen Queck-silberkuppe vom Aufhängepunkt δ, so hat man, wenn a den mittleren Baro-meterstand von 29.5 engl. Zoll bedeutet

$$d\,t_{24} = {43\,200 \over r^2}\left(2\,\delta + a - r\right)\left(a - {1 \over 2}\,c\right)\mu.$$

ROBINSON hat nun gefunden, dass für einen engl. Zoll Druckzunahme sein Pendel in 24 Stunden $0^s.24$ retardirte[1]), woraus sich (ohne auf die weiteren Details einzugehen) ergiebt, dass die beiden Barometer so anzubringen sind, dass die oberen Kuppen 5.08 engl. Zoll vom Aufhängepunkt entfernt sein müssen, dabei ist $\mu = {1 \over 2878}$, $c = 1$ und die Weite des Barometers $= 0.1$ Zoll gesetzt.

Die Arbeit von BESSEL über diesen Punkt datirt aus dem Jahre 1843[2]) und ist im Anschluss an die oben schon erwähnte Untersuchung über die Wirkung der Federaufhängung ausgeführt. Die betreffenden Stellen, welche ich des historischen Interesses wegen wörtlich anführen will, lauten folgender-massen, indem BESSEL eine etwas andere Betrachtungsweise zu Grunde legt:

„Durch die Berichtigung eines Pendels in Beziehung auf die Wärme werden die Schwingungszeiten desselben (in gleichen Winkeln) noch nicht jederzeit gleichzeitig, indem die den Veränderungen des Barometerstandes entsprechenden Veränderungen der Dichtigkeit der Luft Einfluss darauf er-halten. Eine Gegenwirkung gegen diesen Einfluss kann erlangt werden, in-dem eine mit der genügenden Masse Quecksilber gefüllte Barometerröhre an dem Pendel befestigt wird. Die Theorie davon werde ich hier mittheilen. Aus meinen Untersuchungen über die Länge des einfachen Sekunden-pendels weiss man, dass ein Pendel sich in der Luft bewegt, wie ein ein-faches im leeren Raum, dessen Länge

$$l = {m\,(\mu + ss) + K\,m' \over m\,s - m'\,s'}$$

ist, wo m, m' die Massen des Pendels und der dadurch verdrängten Luft; s, s' die Entfernungen der Schwerpunkte des Pendels und seines Raumes vom Aufhängungspunkte, $m\,(\mu + ss)$ das auf diesen bezogene Moment der Träg-heit und K einen unbekannten Koefficienten bedeuten. Dieser Ausdruck kann, wenn man

---

[1]) Das würde für den leeren Raum eine Acceleration von $7^s.11$ bedeuten, während Sabine auf experimentellem Weg dafür $10^s.18$ fand, was etwa dem reciproken Werth des spec. Gewichtes des angewandten Pendels entspricht.
[2]) Astron. Nachr. Bd. 20, S. 141 ff.

$$k = \frac{K}{\mu + s\,s}$$

annimmt und $s' = s$ setzt, was ohne in Betracht kommenden Fehler geschehen kann, bis auf die erste Potenz der kleinen Grösse $\frac{m'}{m}$ richtig

$$l = \frac{m\,(\mu + s\,s)}{m\,s}\left[1 + (1 + k)\,\frac{m'}{m}\right]$$

geschrieben werden. Wenn das Pendel bei verschiedenen Barometerständen, b und $b + \delta\,b$, gleichzeitig schwingen soll, so muss also dieser Ausdruck von $\delta\,b$ unabhängig sein, oder die Veränderung, welche

(A) . . . . $l\,m\,s - m\,(\mu + s\,s) - l\,s\,(1 + k)\,m'$

durch diese Veränderung des Barometerstandes erfährt, muss verschwinden.

Wenn die Entfernungen des Quecksilbers im unteren und oberen Schenkel des Barometers von dem Aufhängungspunkte bei dem Barometerstande b durch h und $h - b$ bezeichnet werden, die Halbmesser dieser Schenkel durch a und a', die Masse einer Kubikeinheit des Quecksilbers durch q, so ist die Masse, welche durch die Veränderung des Barometerstandes von dem unteren Schenkel in den oberen übergeht:

$$\pi\,\frac{a^2\,a'^2}{a^2 + a'^2}\,q\,\delta\,b$$

und die daraus entstehenden Veränderungen sind

$$\delta\,.\,m\,s = -\pi\,\frac{a^2\,a'^2}{a^2 + a'^2}\,q\,b\,\delta\,b$$

$$\delta\,.\,m\,(\mu + s\,s) = -\pi\,\frac{a^2\,a'^2}{a^2 + a'^2}\,q\,b\,(2\,h - b)\,\delta\,b.$$

Die Veränderung, welche m' durch dieselbe Ursache erfährt, ist

$$\delta\,m' = m'\,\frac{\delta\,b}{b},$$

und wenn die Dichtigkeiten des Pendels und der Luft durch $\triangle$ und $\triangle'$ bezeichnet werden:

$$\delta\,m' = m\,\frac{\triangle'}{\triangle}\,\frac{\delta\,b}{b}.$$

Der Ausdruck der Veränderung von Gleichung (A) ist daher:

$$\pi\,\frac{a^2\,a'^2}{a^2 + a'^2}\,q\,b\,(2\,h - b - l)\,\delta\,b - l\,s\,(1 + k)\,m\,\frac{\triangle'}{\triangle}\,\frac{\delta\,b}{b}$$

und die Bedingung seines Verschwindens ergiebt:

$$\frac{a^2\,a'^2}{a^2 + a'^2} = \frac{m\,l\,s\,(1 + k)\,\triangle'}{\pi\,q\,b^2\,(2\,h - b - l)\,\triangle}.$$

Nimmt man die Pariser Linie als Einheit des Längenmaasses an, das specifische Gewicht des Quecksilbers gleich 13,6, das Gewicht einer Kubiklinie des dichtesten Wassers = 0,1884961 Preussische Gran[1]), so wird

$$q = 2{,}563547.$$

---

[1]) Untersuchungen über die Länge des einfachen Sekundenpendels, § 130. 1 Pr. Pfd. = 7680 Gran = 467.7112 Gramm.

Der Werth von $\triangle'$ ist bei der Barometerhöhe von $336^L 905$ und in der Wärme des gefrierenden Wassers[1])

$$\triangle' = \frac{1}{770,488}.$$

Die Länge des einfachen Sekundenpendels in Königsberg ist $= 440^L 81$, und dieses ist, wenn das Uhrpendel mittlere Sekunden schwingen soll, auch der Werth von 1. Nimmt man b $= 336^L 905$, m $= 15$ Pfund $= 115\,200$ Gran ($= 7,016$ Kilogr.), in welchem Gewichte zwei Uhrpendel, die ich gewogen habe, ziemlich nahe übereinkamen; das specifische Gewicht des Pendels $\triangle = 10$, was auch ziemlich nahe das gewöhnliche sein wird; setzt man endlich h $= 1$, oder nimmt man die Barometerröhre so am Pendel befestigt an, dass die untere Quecksilberfläche sich in seinem Mittelpunkte der Schwingung befindet, welcher ihr vortheilhaftester Ort ist, so erhält man:

$$\frac{a^2 a'^2}{a^2 + a'^2} = 0,03059 \frac{s}{l} (1 + k).$$

Die in diesem Ausdrucke vorkommenden s und k hängen von der Konstruktion des Pendels ab; das erstere ist für jedes Pendel, dessen Konstruktion gegeben ist, bekannt und stets etwas kleiner als l; das andere müsste, durch besondere Experimente über die Grösse der Einwirkung der Luft auf die Schwingungszeiten des Pendels bestimmt werden, scheint aber etwa der Einheit gleich geschätzt werden zu können. Nimmt man diesen Werth an und vernachlässigt die Verschiedenheit von $\frac{s}{l}$ und 1, so erhält man

$$\frac{a^2 a'^2}{a^2 + a'^2} = 0,06118.$$

Nimmt man a viel grösser an als a', oder wendet man eine mit einem Gefässe versehene Barometerröhre an, welche am vortheilhaftesten ist, weil sie die untere Quecksilberfläche stets sehr nahe am Mittelpunkte der Schwingung erhält und daher ihren Veränderungen kaum einen Einfluss auf die Schwingungszeit verstattet, so folgt aus dieser Rechnung

$$a' = 0^L 2474.$$

Hieraus geht hervor, dass eine sehr wenig Quecksilber zu ihrer Füllung bedürfende Barometerröhre, von kaum einer halben Linie innerer Weite, hinreicht, den kleinen Einfluss auszugleichen, welchen die Veränderlichkeit des Barometerstandes auf die Schwingungszeiten des Pendels äussert. Diese Weite wird man für jeden besonderen Fall bestimmen, indem man die ihm zugehörigen Werthe der in ihrem Ausdrucke vorkommenden Grössen anwendet. Zwar sollte der Werth von k eigentlich für jeden besonderen Fall aufgesucht werden, was unter der Glocke einer Luftpumpe, welche Herr BAILY schon zu ähnlichen Zwecken angewandt hat, am leichtesten geschehen würde; allein es ist wahrscheinlich, dass schon die Annahme k $= 1$, indem sie sich der Bestimmung nähert, welche Herr BAILY für den nicht so sehr verschiedenen Fall des Kater'schen Pendels erhalten hat, hinreicht, wenigstens den grössten Theil des Einflusses des Barometerstandes auszugleichen.

---

[1]) Untersuchungen über die Länge des einfachen Sekundenpendels, S. 39.

Will man diesen Einfluss nicht vernachlässigen, sondern die Barometer-röhre zu seiner Ausgleichung anwenden, so wird diese ihren schicklichsten Platz wohl in der Mitte sämmtlicher Kompensationsstangen (deren Zahl dann gerade wird) erhalten[1]); das kleine Gefäss von höchstens 8 Lin. innerer Weite wird in der Pendellinse seinen Platz erhalten. Den Annahmen zufolge, welche der obigen Rechnung zu Grunde liegen, ändert jede Linie der Barometervariation den täglichen Gang der Uhr um $0\overset{s}{.}03328$, so dass Fälle, in welchen der Einfluss des Barometerstandes über zwei Zehntel einer Sekunde steigt, schon zu den seltenen gehören. Dass, im Falle der Anbringung des Barometers am Pendel, seine Berichtigung für die Wärme auf diese Anbringung folgen muss, braucht kaum erwähnt zu werden".

KITTEL in Hamburg hat in neuerer Zeit ein Pendel konstruirt, bei welchem die Barometerröhren (es sind deren wie bei Robinson zwei) in das stählerne Quecksilbergefäss zu beiden Seiten der Pendelstange direkt ein-tauchen, deren oberer Raum aber noch etwas Luft enthält, so dass dieselben also eigentlich Manometer darstellen, wie es der sofort zu besprechende Vor-schlag von A. KRUEGER verlangt,[2]) nach dessen Methode jetzt die meisten Barometerkompensationen ausgeführt werden. Die Theorie des Krueger'schen Manometers hat ausserdem eine eingehende Diskussion mit Behandlung eines vollständigen Beispiels durch J. A. C. OUDEMANS gefunden.[3]) OUDEMANS giebt am angeführten Orte mit Rücksicht auf die Krueger'sche Entwicklung unter Annahme der folgenden Bezeichnungen eine vollständige Darlegung aller bezüglichen Fragen:

Es sei y der Höhenunterschied des Quecksilbers in beiden Schenkeln des Manometers,

λ die Länge des mit verdünnter Luft gefüllten Theiles der Röhre,

h der Barometerstand,

z das Gewicht einer Längeneinheit Quecksilber in der Röhre des Manometers,

V das Trägheitsmoment des ganzen Pendels,

1 die Länge des einfachen Sekundenpendels,

μ die tägliche Retardation der Uhr, welche dem Steigen des Barometerstandes um ein Millimeter entspricht. Diese Retardation muss aus der Erfahrung, am besten an eben demselben Pendel, welches man kompensiren will, abgeleitet werden.

Zunächst hat man für ein Manometer:

$$d\,y = \frac{d\,h}{1 + \frac{1}{2}\left(\frac{h - y}{\lambda}\right)},$$

---

[1]) Wendet man Röhren statt voller Stangen an, so wird das Barometer in der mitt-leren angebracht werden.

[2]) Astron. Naehr., Bd. 62, S. 141 ff.

[3]) Astron. Nachr., Bd. 100, S. 17 ff. und etwas zusammengezogen: Zschr. f. Instrkde. 1881, S. 190 ff.

durch eine Veränderung von y in y + d y kommt in der Entfernung x vom Drehungspunkte eine Masse $\frac{1}{2}$ z d y zum Pendel hinzu, während dieselbe Masse in der Entfernung x + y fortgenommen wird, daher

$$\frac{d\,l}{l} = \frac{y\,z\,d\,y}{2\,V}\left(1 - 2\,x - y\right)$$

also die Veränderung nach h:

$$\frac{\frac{d\,l}{l}}{d\,h} = \frac{y \cdot z}{2\,V\left(1 + \frac{1}{2}\frac{(h-y)}{\lambda}\right)}\,(1 - 2\,C), \text{ wo } C = x + \frac{1}{2}\,y \text{ ist}$$

und die Entfernung der „Mitte des Manometers" von der Drehungsaxe bedeutet (vergl. Fig. 262).

Soll also für Luftdruckschwankungen kompensirt sein, so muss, wenn wieder $d\,t_{24}$ die Retardation in 24 Stunden bedeutet,

$$d\,t_{24} = \frac{43\,200\,y\,z}{2\,V\left(1 + \frac{1}{2}\frac{(h-y)}{\lambda}\right)}\,(2\,C - 1)$$

sein, oder kürzer, wenn man den für dasselbe Manometer konstanten Faktor

$$\frac{d\,t_{24}}{86.4} \cdot \frac{2\,\lambda - h - y}{\lambda\,y\,z} = a \text{ setzt,}$$

wobei für l die Länge des einfachen Sekundenpendels eingeführt ist:

$$C = a\,V.$$

Kennt man also das Trägheitsmoment des Pendels, welches sich mit der hier nöthigen Annäherung aus den Dimensionen und dem Materiale desselben berechnen lässt, so kann man auch leicht den Ort für das Manometer finden.

OUDEMANS führt eine solche Berechnung vollständig durch und zwar auch sogleich für die Temperaturkompensation, so dass sich dort alles findet, was zur Berechnung eines Quecksilberpendels mit Temperatur- und Luftdruckkompensation erforderlich ist. Wegen der Umständlichkeit der Rechnungen, muss aber hier auf das Original verwiesen werden.

Die eigentliche Aufgabe lässt sich in folgende Punkte zusammenfassen: Es sei gegeben ein für Quecksilberkompensation eingerichtetes Pendel, es ist zu berechnen:

1. Wie viel Quecksilber der Cylinder enthalten muss,

2. wie gross die Entfernung des Bodens, auf welchem der Cylinder steht, vom Aufhängepunkte sein muss und

3. wo das gegebene Manometer angebracht werden muss, damit die Oscillationszeit einer Sekunde gleich, und vollkommen vom Einflusse des Temperatur- und Luftdruckwechsels unabhängig sei.

Als Schlussresultat der Oudemans'schen Untersuchungen möchte ich hier nur noch die folgenden Tafeln anführen:

Wenn die in Tabelle I angegebenen Bezeichnungen eingeführt werden, so erhält man als Zahlenwerthe für dieselben die in Tabelle II zusammengestellten Werthe:

Tabelle I.

Stücke des Pendels (siehe die Figuren 254 u. 262)	Gewicht	Abstand des Schwerpunktes von der Drehungsaxe	Statisches Moment	Trägheitsmoment bezogen auf den Drehungspunkt des Pendels	Eigenes Trägheitsmoment bezogen auf den Schwerpunkt des betreffenden Theiles
Die Stange a, darunter begriffen das Schrotnäpfchen, wenn eines vorhanden ist,	G_0	r_0	M_0	V_0	(in V_0 begr.)
Der Bügel A B C D u. E F .	G_1	r_1	M_1	V_1	T_1
Das Quecksilbergefäss G . .	G_2	r_2	M_2	V_2	T_2
Das Quecksilber	G_3	r_3	M_3	V_3	T_3
Das Manometer mit Klemme .	G_4	r_4	M_4	V_4	T_4
Das Deckgläschen, das auf dem Quecksilber schwimmt . .	G_5	r_5	M_5	V_5	

Tabelle II.

Zahlenwerthe für das Pendel.

$G_0 = 237{,}50$		$M_0 = 103{,}85$	$V_0 = 60{,}41$			Einh. der 10. Stelle
$G_1 = 452{,}00$	$r_1 = 0{,}975\ 393$	$M_1 = 440{,}88$	$V_1 = 430{,}03$	$T_1 = 4{,}48$	$\dfrac{d\,T_1}{1^0\,C} =$	$917\ 400$
$G_2 = 112{,}77$	$r_2 = 1{,}009\ 543$	$M_2 = 113{,}85$	$V_2 = 114{,}93$	$T_2 = 0{,}40$	$\dfrac{d\,T_2}{1^0\,C} =$	$63\ 500$
$G_3 = 4362{,}81$	$r_3 = 1{,}006\ 972$	$M_3 = 4393{,}21$	$V_3 = 4423{,}83$	$T_3 = 10{,}92$	$\dfrac{d\,T_3}{1^0\,C} =$	$34\ 047\ 900$
$G_4 = 102{,}81$	$r_4 = 0{,}676\ 25$	$M_4 = 69{,}52$	$V_4 = 47{,}02$	$T_4 = 0{,}25$	$\dfrac{d\,T_4}{1^0\,C} =$	$443\ 300$
$G_5 = 8{,}40$	$r_5 = 0{,}922\ 00$	$M_5 = 7{,}75$	$V_5 = 7{,}14$			
		$M = 5129{,}07$	$5083{,}38$	$15{,}95$	$\dfrac{d\,T}{1^0\,C} =$	$35\ 472\ 000$

$$V = 5099{,}33$$

und damit $\dfrac{V}{M} = l = 0{,}994200$ Meter, was der geforderten Pendellänge entspricht.

KRUEGER findet für sein Pendel, dessen Trägheitsmoment 21 370 betrug, wenn er es in Pariser Zoll und schwedischen Pfunden ausdrückte,[1] und bei welchem das Manometer eine lichte Weite von $2\frac{1}{2}$ Par. Linien hatte, während $y = 7\frac{1}{2}$ Zoll und $\lambda = 5$ Zoll war, für die Forderung, dass für 1 Zoll Druckschwankung ein täglicher Gang von $0^s.5$ kompensirt werden soll, $2\,C - l = 8\frac{1}{2}$ Zoll, also $C = 22.6$ Par. Zoll oder sehr nahe 61.2 cm als Entfernung der Mitte des Manometers vom Drehungspunkte des Pendels.[2] Er macht dabei besonders darauf aufmerksam, dass man $l - 2\,C$ nicht zu klein wählen darf, was aber nicht durch eine zu enge Röhre (also ein zu

---

[1] Eine Umrechnung der hier gegebenen Daten in metrisches Maass habe ich, weil ohne Kenntniss der Konstruktionsverhältnisse nicht von Interesse, unterlassen. Ich gebe bis auf den Werth von C die Zahlen des Originals.

[2] Das entspricht etwa dem $r_4 = 67.6$ cm bei Oudemans.

kleines z) erreicht werden soll. Ein mit einem Krueger'schen Manometer
versehenes Pendel ist in Fig. 263 schematisch dargestellt.

Statt eines Quecksilberbarometers oder Manometers hat man auch schon
mehrfach (namentlich BRÖCKING in Hamburg) Aneroiddosen zur Luftdruckkompensation angewendet. Das Verfahren besteht
dann darin, dass man etwa in der Mitte der Pendelstange an einem kleinen Querstück eine oder der
Symmetrie wegen auch wohl zwei kleine Aneroiddosen anbringt, wie es die Fig. 264 zeigt. A ist
die Pendelstange, Q das Querstück, D D die beiden
an dessen Unterseite angebrachten Aneroiddosen,
welche an ihrer unteren Fläche je ein kleines
Gewichtchen P tragen. Wird jetzt durch Verminderung des Luftdruckes die Schwingungszeit des
Pendels etwas kleiner, so werden sich die beiden
Dosen aber auch etwas ausdehnen, die Gewichtchen
herunter sinken. Dadurch wird der Schwingungspunkt des Pendels vom Drehungspunkt entfernt
und die Schwingungszeit entsprechend vergrössert. Der
numerischen Rechnung ist diese
Art der Kompensation aber
nur schwer zugänglich, da die
Stärke der Evakuirung der
Dosen und damit auch wieder
ein gewisser Temperatureinfluss
auf die eingeschlossene Luft
von grosser Bedeutung für die Wirkung dieser Kompensation ist. Man geht
bei der Anbringung dieser Einrichtung am besten experimentell vor, indem
man die Schwere des Gewichtes P sowohl als den Ort des Querstückes auf
der Pendelstange leicht der Korrektion zugänglich macht.[1]

Es scheitert überhaupt die strenge mathematische Behandlung einer
numerischen Auswerthung der Luftdruckkompensation daran, dass nicht nur
die direkte Änderung der Luftdichte für die Dauer einer Pendelschwingung
von Bedeutung ist, sondern dass auch höchst wahrscheinlich das Pendel
bei seinen Schwingungen noch eine von seiner Form abhängige Menge der
es direkt umgebenden Luft mit sich führt. Aus diesem Grunde spielt auch

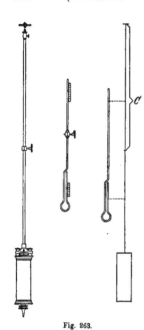

Fig. 263.   Fig. 264.

---

[1] Einen gewissen Anhalt giebt folgende Betrachtung: Mehrfache Beobachtungen an
verschiedenen Uhren haben die tägliche Gangänderung für ein Quecksilberpendel bei 1 mm
Barometerschwankung, wie oben erwähnt, zu etwa $0^{\text{s}}.015$ ergeben.

Brächte man nun im Abstand von einem Meter vom Aufhängepunkt des Pendels
eine Aneroidkapsel an, deren elastischer Deckel bei derselben Barometerschwankung eine
Bewegung in vertikaler Richtung von δ Meter vollzieht, so müsste der Deckel für jedes Kilogramm Pendelmasse mit $2 \times 0,15/86400 \cdot \delta$ Kilogramm belastet sein, wenn die Hebung und
Senkung dieses Gewichtes jene Gangänderung von $0^{\text{s}}.015$ ausgleichen soll. Für $\delta = 1$ Millimeter ergiebt sich die bewegliche Masse zu 3,742 Gramm für jedes Kilogramm Pendelmasse.

die Reibung des Pendels an der Luft und die Reibung der bewegten an der unbewegten Luftschicht eine grosse Rolle, deren Wirkung sich aber nur empirisch durch den Versuch einigermassen schätzen resp. kompensiren lässt.

β. Andere Arten von Luftdruckkompensation.

Der Physiker Dr. W. A. NIPPOLDT in Frankfurt a/M. hat zur Kompensation sowohl gegen Temperatur- als Luftdruckänderungen dem Uhrpendel eine ganz besondere Einrichtung gegeben, welche hier noch beschrieben werden soll, obgleich sie in der Praxis meines Wissens wohl aus konstruktiven Gründen noch keine weitere Anwendung gefunden hat. Die Originalabhandlungen finden sich in Zschr. f. Instrkde. 1889, S. 197 ff. und 1894, S. 44 ff. Es ist darin noch auf mancherlei, was bei der Konstruktion von Penduluhren im Allgemeinen und der Wirkungsweise der verschiedenen, störenden Einflüsse von Interesse ist, hingewiesen, was aber hier, um nicht gar zu ausführlich zu werden, übergangen werden muss.

Das Nippoldt'sche Pendel ist in Fig. 265 a u. b dargestellt. Es ist ein Doppelpendel von folgender Einrichtung: S ist die feste Stütze, an welcher das Pendel aufgehängt ist; dasselbe ist in der zweiten Figur als in der Ebene des Papiers schwingend zu denken, also S seitlich befestigt gedacht; f ist die Aufhängefeder. Der aus einem oberen und einem unteren Theile bestehende Rahmen des Pendelgerippes wird gebildet aus den unteren Stahl- und den oberen Zinkstäben, welche bei f fest mit einander verschraubt und durch eine Querverbindung an der Aufhängefeder befestigt sind. Die verschiedene Ausdehnung dieser beiden Rahmen gewährt bei bestimmten Dimensionen die Kompensation wegen Temperaturschwankungen.

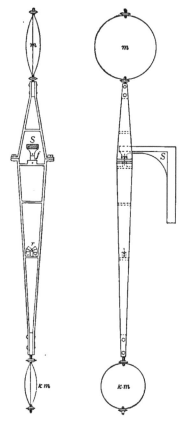

Fig. 265 a.   Fig. 265 b.
(Aus Zschr. f. Instrkde. 1889.)

An dem Ende jedes Rahmens ist weiterhin eine linsenförmige Metallmasse m resp. km angebracht (auf einer Schraubenspindel regulirbar befestigt), deren Verhältniss zwischen Masse und Volumen so gewählt sein muss, dass die Veränderungen des Luftwiderstandes gegenüber den schwingenden Massen sich oben und unten ausgleicht, wobei natürlich auch die Veränderungen der linearen Entfernungen dieser Massen von der Drehungsaxe berücksichtigt werden müssen. Da es

16*

schwer halten wird, auf diesem Weg durch Rechnung ein richtig funktioni-
rendes Pendel zu bauen, ist noch eine Hülfsvorrichtung angebracht, welche
eine kleine Korrektion der Wirkung des Luftwiderstandes erlaubt. Es ist
dieses ein in .r angebrachter kleiner Apparat, welcher aus einer Anzahl
dünner, in Form von kleinen Doppelkreissektoren geschnittener Bleche ·be-
steht, die auf einer gemeinsamen, durch den Schwerpunkt der Sektoren
gehenden Drehungsaxe befestigt sind, so dass letztere senkrecht zu den unter
sich parallelen Ebenen der Sektoren steht. Die Sektoren lassen sich derart
um die Axe drehen, dass sie eine grössere oder kleinere Fläche dem Luftwiderstand darbieten. Diese Vorrichtung wird je nach Bedürfniss in

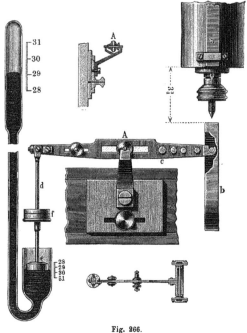

Fig. 266.
(Aus Konkoly, Anleitung.)

grösserer oder geringerer Entfernung vom Aufhängepunkt am Pendel befestigt, so dass die Fächeraxe in die Richtung der Pendelbewegung fällt.
Die Gesammtfläche aller Sektoren braucht nur wenige Procente des Maximal-
querschnittes aller Pendeltheile senkrecht zur Schwingungsebene des Pendels
zu betragen. Die Justirung der Kompensation für wechselnde Luftdichte soll
sich mit Hülfe der angegebenen Fächervorrichtung leicht bewerkstelligen lassen.
    Die Figuren stellen das Pendel, falls es aus Stahl und Zink gebaut ist, zu
etwa $^1/_5$ der natürlichen Grösse dar; für Stahl und Bronze resp. Messing würde
der Maassstab zu nahe $^3/_{10}$ anzunehmen sein.
    Eine Methode der Barometerkompensation, welche man ihrer Um-
ständlichkeit wegen wohl nicht mehr anwenden wird, welche aber ein

gewisses historisches Interesse hat, ist die in Greenwich an der dortigen Hauptuhr eingerichtete. Sie mag zum Schlusse hier noch beschrieben werden.[1])

Am unteren Ende des in Fig. 266 abgebildeten und beschriebenen Pendels sind parallel zur Pendelstange zwei starke Stahlmagnete a befestigt, ihre Pole stehen in der Ruhelage, einem entsprechend aufgehängten Hufeisenmagneten in einiger Entfernung gegenüber, wie sie die Fig. 266 darstellt, so dass beide anziehend auf einander wirken. Wenn das Pendel schwingt, wird der letztere die Schwingungsdauer desselben um so mehr beschleunigen, je näher er sich den Pendelmagneten befindet. Dieser Umstand ist nun dadurch zur Luftdruckkompensation benutzt, dass der Hufeisenmagnet an dem einen Arme c eines Wagebalkens A aufgehängt ist, während an dem anderen Arm der Stab d mit dem Schwimmer e hängt. Der Hufeisenmagnet b wird durch Gewichte, die in das auf dem Stabe d befestigte oben offene Gefäss f eingelegt werden, auf das Sorgfältigste balancirt. Wenn nun das Quecksilber im Barometer steigt oder fällt, senkt und hebt sich auch der Hufeisenmagnet und gleicht durch die Vermehrung und Verminderung der magnetischen Wirkung zwischen seinen Polen und den Polen der Pendelmagnete die durch die Schwankungen des Luftdruckes bewirkten Veränderungen der Schwingungsdauer des Pendels aus. Der Querschnitt des kürzeren Schenkels des Barometers ist viermal so gross als die Oberfläche des Quecksilbers im oberen Theile des Barometerrohres, so dass durch eine bedeutende Änderung des Barometerstandes die Stellung des Hufeisenmagneten doch nur wenig verändert wird. Einem Steigen oder Fallen des Barometers um einen Zoll entspricht eine Verschiebung

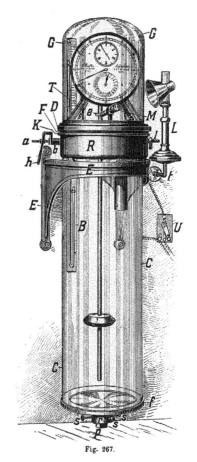

Fig. 267.

des Hufeisenmagneten um $1/_4$ Zoll. Der Abstand des Hufeisenmagneten vom Pendelmagneten beträgt $3^1/_4$ englische Zoll.

Damit man die Pole des Hufeisenmagneten bei der Ruhelage des Pendels genau unter die Pole der Pendelmagnete bringen kann, was für die gleichförmige Schwingung von besonderer Wichtigkeit ist, lässt sich die Metall-

---

[1]) Konkoly l. c. S. 46 ff.

platte, auf welcher die Lager der den Hebel tragenden Schneiden befestigt
sind, in der Schwingungsebene verschieben. In der Darstellung ist die
Hebeleinrichtung noch von oben gesehen und in einem durch A gelegten
Querschnitt gezeichnet.

Es kann in Anbetracht des Umstandes, dass sowohl eine ganz zuverlässige
Temperaturkompensation, als namentlich eine solche wegen der Schwankungen
des Luftdruckes mit ziemlichen Schwierigkeiten verbunden ist, nicht genug
darauf hingewiesen werden, dass Normaluhren nicht nur mit Rücksicht auf
volle Freiheit von Erschütterungen aufgestellt werden sollen, sondern auch
(was sich ja sehr gut damit vereinigen lässt) in Räumen, die nur sehr geringen
Temperaturveränderungen ausgesetzt sind, dabei aber keine zu hohe Feuchtigkeit aufweisen. Die Erlangung eines konstanten Luftdruckes ist mit den
technischen Mitteln der Neuzeit, namentlich auch bei Anwendung elektrischen
Betriebes nicht allzu schwer. Deshalb sollten die Hauptuhren an Sternwarten, welche ihrem Beobachtungsprogramm zufolge stets genauer Zeitangaben bedürfen, unter Luftabschluss stehen. Die Einrichtungen, welche
Tiede und Knoblich solchen Uhren gegeben haben, sind neuerdings wesentlich verbessert worden durch eine Uhr, die Riefler nach diesen Principien gebaut hat und von der ich in Fig. 267 eine Ansicht gebe. Die
Uhr hängt ganz frei in einer Art Konsole E und ist in einer aus zwei Theilen
zusammengesetzten Glashülle CC eingeschlossen, die sich an ein Mittelstück
R anschliessen, auf dem die Uhr mittelst der Streben T ruht. Das Mittelstück R besteht eigentlich aus mehreren Theilen, nämlich dem Ringe R selbst,
an welchem der untere Cylindertheil angekittet ist, und den Ringen K und D
mit der zwischenliegenden Liederung F. Die Aufziehvorrichtung ist elektrisch,
die Kontaktdrähte gehen nach dem Umschalter U. Der Schwingungsbogen
wird mit dem Mikroskop M bei e beobachtet (auch bei Tiede geschieht dies
in ähnlicher Weise). B ist ein Barometer, um den Luftdruck in der Uhr zu
kontroliren, und an der unteren Platte f ist noch das Prisma p angesetzt, um
die vertikale Stellung der Uhr und damit den Abfall mittelst der Schrauben
sss korrigiren zu können.

3. Die Unruhe oder Balance.

In tragbaren Uhren ist natürlich ein Pendel als Regulator nicht zu verwenden, deshalb muss, wie schon oben erwähnt, die Wirkung der Schwerkraft durch eine andere, soweit möglich ebenso konstant wirkende Kraft ersetzt werden. Man hat eine solche in der Elasticität einer feinen Spiralfeder aus
Stahl oder auch wohl einem anderen Metalle gefunden und allgemein, wenn
auch in verschiedener Form, zur Anwendung gebracht. Diese Feder steht
in Verbindung mit einem schweren, meist ringförmigen Theile der eigentlichen
„Unruhe", welche durch die Oscillationen derselben in Bewegung erhalten wird,
und die wiederum umgekehrt durch eine ihr einmal ertheilte lebendige Kraft
und durch weiterhin empfangene Impulse die Formänderungen der Spiralfeder immer von Neuem bewirkt.

Diese Bewegung kann entgegen der des Pendels in jeder Lage der Unruhaxe in gleicher Weise erhalten werden.[1])

a. Die einfache Unruhe und ihre Theile.

Die wesentlichen Theile dieser ganzen Einrichtung, welche schon aus
den Fig. 184 u. 185 ersichtlich sind, sind im Speciellen für eine gewöhnliche
Ankeruhr in den Fig. 268 a, 268 b, 268 c dargestellt. In derselben ist die gewöhnliche Spiralfeder, der Reifen der Unruhe und die Gesammtanordnung

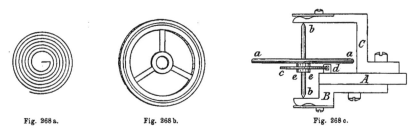

Fig. 268 a. Fig. 268 b. Fig. 268 c.

der verschiedenen Theile in schematischer Weise gezeichnet. B und C sind
die beiden Kloben, zwischen welchen in Steinlöchern mit Gegenplatten die
Axe bb der Unruhe aa läuft. Die Spiralfeder c ist an ihrem einen Ende in
dem sogenannten Spiralklötzchen d durch einen kleinen Keil und am
anderen Ende an der Spiralrolle ee befestigt, welche ihrerseits mit starker
Reibung auf die Axe der Unruhe aufgeschoben ist. Die hier in ihrer einfachsten Gestalt dargestellten Theile der Unruhe haben nun bestimmte Funktionen zu erfüllen und sind demgemäss in astronomischen Uhren nicht so einfach gestaltet.

α. Die Spiralfeder.

Es war Pierre Leroy, welcher zuerst darauf aufmerksam machte,
dass die von der Unruhe ausgeführten Schwingungen nicht immer in der

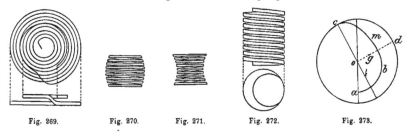

Fig. 269. Fig. 270. Fig. 271. Fig. 272. Fig. 273.

gleichen Zeit zurückgelegt würden, wenn sie grössere oder kleinere Winkel
umfassten, d. h. dass dieselben nicht isochron seien.[2]) Es fand sich aber,

---

[1]) Allerdings ist das nur theoretisch der Fall, in der Praxis übt die Lage der Unruhaxe gegen die Vertikale einen im Allgemeinen von der Güte der Uhr abhängigen, vielfach
nicht unbeträchtlichen Einfluss auf den Gang derselben aus.

[2]) Ganz ebenso, wie es beim Pendel auch der Fall ist, falls dasselbe in einen Kreisbogen
und nicht auf einer Cykloide schwingt, resp. seine Schwingungen überhaupt eine erhebliche
Amplitude haben.

dass man sowohl durch geeignete Wahl der Länge der Spiralfeder, als auch
durch eine besondere Form derselben diesem Übelstande abhelfen kann.
Den ersteren Weg schlug LEROY ein, den letzteren BERTHOUD, BRÉGUET und
namentlich in neuerer Zeit PHILLIPS, von denen letzterer eingehende Studien über
die Spiralfeder gemacht hat, auf die hier aber nur verwiesen werden kann,
weil ein weiteres Eingehen darauf den Rahmen dieses Buches weit überschreiten würde. Die Form, welche BRÉGUET der Spirale gegeben hat, ist in
Fig. 269 dargestellt, sie trägt noch heute seinen Namen; an sie schlossen sich
die Formen der Fig. 270—272 an, von denen heute namentlich die cylindrische Form Fig. 272 in Chronometern zur Verwendung gelangt. Die Untersuchungen PHILLIPS'[1]) haben zu folgenden Bedingungen für den Isochronismus
der cylindrischen Spirale geführt.

Ist in Fig. 273 a das mit der Spiralrolle verbundene Ende der Spirale
und a b c ein Theil der letzten Windung, die sogenannte Endkurve, und o
die Projektion der Axe, so muss zunächst der Schwerpunkt g dieser letzteren

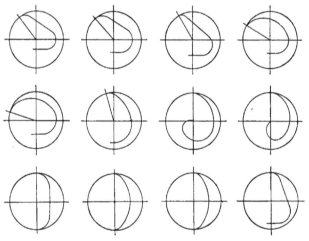

Fig. 274.
(Nach Phillips, Mem. sur le spiral réglant.)

Kurve auf einer Linie d o liegen, welche auf demjenigen Radius c o senkrecht
steht, der von dem Übergangspunkt der kreisförmigen Windungen in die
Endkurve aus gezogen werden kann; und sodann muss die Entfernung des
Kurven-Schwerpunktes von der Axe der Gleichung $og = \dfrac{oc^2}{abme}$ entsprechen,
wo a b m c die Länge der Endkurve bedeutet.

Ist diesen Bedingungen genügt, so lassen sich für die Gesammt-
spirale die weiteren Anforderungen, welche ihren Isochronismus ermöglichen, erfüllen. Es wird nämlich der Schwerpunkt der· Spirale in die
Axe der Unruhe fallen, die Spirale wird bei ihren Schwingungen immer
eine sich selbst koncentrisch bleibende Cylinderform behalten, und endlich

---

[1]) Phillips, Mémoire sur le spiral réglant des chronomètres et des montres, Paris 1861.

wird bei diesen Schwingungen die Spirale keinerlei Seitendruck auf die Unruhaxe ausüben, so dass diese auch an ihren Führungsstellen, den Zapfenlöchern, theoretisch keine Reibung zu erleiden braucht. Es sollte in der That
eine in Schwingungen versetzte Unruhe ohne Störung weiter osцilliren, wenn
man die sie führenden Brücken entfernte und sie nur mit ihrem einen Axenende auf einer ebenen Unterlage aufruhte. PHILLIPS hat eine Reihe solcher
Endkurven gezeichnet, welche die gestellten Bedingungen erfüllen; in Fig. 274
sind einige derselben dargestellt. Es ist nun allerdings in der Praxis nicht
möglich, diesen idealen Zustand ganz zu erreichen, was schon durch den
Eingriff der Hemmung bedingt wird, aber immerhin soll der Künstler bestrebt sein, sich der Theorie so viel wie möglich zu nähern, und nicht etwa
darauf ausgehen, einen Fehler durch einen anderen unschädlich zu machen,
wie dies häufig bei der Reglage der Uhren geschieht.[1])

β. Kurze Theorie der Unruhe.

Die Verbindung der Unruhe mit der Spiralfeder stellt den eigentlichen
Regulator dar; seine Bewegungen erfolgen nach den allgemeinen Bewegungs-
gesetzen und denen der Elasticität. Die Zeit t, in welcher eine Schwingung
vollbracht wird, ist $t = \pi \sqrt{\dfrac{A\,L}{M}}$, worin A das Trägheitsmoment der Unruhe, L die Länge und M das Elasticitätsmoment der Spirale bedeutet. Das
letztere wird sein $M = E\,\dfrac{\pi r^4}{4}$ oder $M = E\,\dfrac{a\,c^3}{12}$, je nachdem die Spirale einen
kreisförmigen oder einen rechteckigen Querchnitt hat. Im ersten Fall ist r
der Radius dieses Querschnittes und im zweiten Fall a die Breite und c die
Höhe desselben; E ist der Elasticitätsmodulus.[2]) Aus diesen Ausdrücken
geht unmittelbar hervor:

1. Dass sich bei sonst gleichen Verhältnissen die Schwingungszeiten
der Unruhen verhalten wie die Quadratwurzeln aus den Längen ihrer Spiralen; denn es ist $t : t' = \sqrt{L} : \sqrt{L'}$.

2. Dass die Anzahl der Schwingungen zweier sonst gleicher Unruhen
im umgekehrten Verhältniss zu den Quadratwurzeln aus ihren Längen steht

$$n' : n = \sqrt{L} : \sqrt{L'},$$

wenn n und n' die Anzahl der in gleichen Zeiten vollführten Schwingungen
bedeuten.[3]) Es lässt sich demnach für die Unruhe einer Uhr, für welche die
Spirale einmal gegeben ist, deren Schwingungszahl entweder durch Änderung

---

[1]) Einschlägige Untersuchungen über die Spiralfeder sind auch noch angestellt von
C. F. Fritts, von Lossier und Anderen. Sie beziehen sich aber zumeist nur auf sogenannte
flache Spiralen für Taschenuhren.

[2]) Weitere und strengere Untersuchungen über die Theorie der Unruhe finden sich bei
Gelcich l. c. S. 294 ff., wo dieselben nach Grashof's „Maschinenlehre" und Kamarsch und
Heeren's „Technischem Wörterbuch" citirt sind.

[3]) Man kann die Länge einer Spiralfeder leicht finden. Für cylindrische Spiralen ist einfach $L = 2\,n\,r\,\pi$, wo n die Anzahl der Windungen (resp. deren Bruchtheile) und r den Radius
der Spirale bedeutet; für flache Spiralen wird $L = n\,(r_0 + r_n)\,\pi$, wo r_0 und r_n die Halbmesser der Spiralrolle und der äussersten Windung bedeuten.

der Länge der Spirale oder durch Änderung des Trägheitsmomentes der Unruhe variiren. Den ersteren Weg schlägt man gewöhnlich bei Taschenuhren, den letzteren bei Chronometern ein; dieser ist unbedingt der sicherere, wenn auch nicht so leicht auszuführende. Die Veränderung der Länge der Spirale geschieht durch den sogenannten Rücker, welcher in Fig. 275 dargestellt ist. Es ist a a die Unruhe, b die Spiralfeder, deren äusserster Umgang durch den Spiralhalter bei o an der Brücke A befestigt ist.

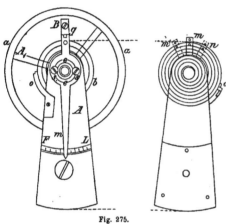

Auf derselben bemerkt man den Knopf e e, in welchem sich das Loch für den Zapfen der Unruhe befindet. Das Stück g m, der eigentliche Rücker, ist auf diesen Knopf mit geringer Reibung aufgesetzt, so dass das zeigerförmige Ende m den Bogen F L überstreichen kann; der entgegengesetzte Theil g trägt an seinem äusseren Ende zwei nahe bei einander stehende Stifte, welche die äusserste Windung der Spiralfeder mit geringem Spielraum zwischen

Fig. 275.
(Nach Gelcich, Handb. d. Uhrmacherkunst.)

sich fassen, s s sind zwei Schrauben, welche ein Abgleiten des Rückers von dem Knopfe e e verhindern. Auf diese Weise kommt nur derjenige Theil der Spiralfeder zur Wirkung, welcher sich zwischen den beiden Stiften und der Axe der Unruhe befindet. Durch ein Verschieben des Rückers längs des Bogens F L kann somit der wirksame Theil der Spirale verkürzt oder verlängert werden, was nach der oben gegebenen Theorie der Spiralfeder eine Beschleunigung resp. Verlängerung der Schwingungen der Unruhe zur Folge hat.

In unserer Figur ist eine ganz einfache Unruhe dargestellt; bei genaueren Unruhen macht man den Ring derselben möglichst schwer und setzt in denselben zwei kleine Schräubchen an denjenigen Stellen ein, an denen der sogenannte Steg s, ein den Ring mit der Axe verbindender Durchmesser aus Stahl, den ersteren trifft. Auf jedem dieser Schräubchen dreht sich mit einem Muttergewinde ein kleiner Cylinder B aus vergoldetem Messing. Dadurch wird erstens das Trägheitsmoment noch vermehrt, und zweitens kann dasselbe durch symmetrisches Hinein- und Herausschrauben dieser Cylinder verkleinert oder vergrössert werden. Fig. 276 stellt diese Einrichtung dar. Zum Drehen der Gewichtchen B B braucht man einen kleinen Schraubenzieher von der in Fig. 277 dargestellten Form.

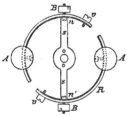

Fig. 276.   **Fig. 277.**

Der Astronom ist auf diese Weise selbst im Stande, den Gang des Chronometers zu reguliren, nur ist dabei grosse Vorsicht anzuwenden, da der leiseste Druck auf die Unruhaxe diese beschädigen kann. Auf die Bewegung der Unruhe sind selbstverständlich auch Zapfenreibung und Luftwiderstand nicht ohne Einfluss; der des Luftwiderstandes ist verschwindend klein, und derjenige der Reibung wird um so mehr vermindert, je grösser man das Trägheitsmoment der Unruhe macht. Da die lebendige Kraft einer schwingenden Unruhe mit dem Quadrat ihres Radius und proportional der Masse des Ringes selbst zunimmt, so lässt sich der Einfluss der Zapfenreibung leicht auf ein Minimum herabbringen; denn diese wird im allgemeinen unter sonst gleichen Umständen nur der Schwere der Unruhe proportional sein.

b. Die Kompensation der Unruhe.

Eine einfache Unruhe, wie wir sie bisher betrachtet, wird Schwingungen von derselben Dauer nur unter gleichen thermischen Umständen machen; denn eine Erhöhung der Temperatur wird den Radius der Unruhe und damit das Trägheitsmoment derselben vergrössern, also auch die Dauer einer Schwingung. Gleichzeitig wird aber, was den Vorgang von dem beim Pendel stattfindenden unterscheidet, auch die Elasticität der Spiralfeder verringert und ihre Länge vergrössert, was ebenfalls die Schwingungsdauer verlängert. Beide Einwirkungen der Temperatur werden bei einer Erniedrigung derselben in umgekehrter Weise wirken, also die Schwingungsdauer verkürzen. Aber noch ein weiterer Punkt erschwert die Kompensation der Unruhen; nämlich das Verhalten des Öls bei Temperaturveränderungen. Um die Zapfenreibung zu verringern, ist es fast stets nöthig,[1]) in die Zapfenlöcher etwas Öl[2]) zu geben; dieses ist in der Wärme dünnflüssiger als in der Kälte, es wird also dadurch im ersteren Falle die Dauer einer Schwingung kürzer, im letzteren länger sein.

---

[1]) Da bei sehr starker Kälte das Öl so dick werden kann, dass die Uhr stehen bleibt, so hatte man den auf den Deutschen Polarexpeditionen benutzten Chronometern kein Öl gegeben, was sich recht gut bewährt hat, da einige derselben Temperaturen bis zu — 45° C. ausgesetzt werden mussten.

[2]) Die Beschaffung eines guten Öles für Präcisionsuhren ist durchaus nicht leicht; es muss namentlich folgende Forderungen in hohem Grade erfüllen: 1. Durchaus gleichmässige Beschaffenheit, 2. geringe Änderungen der Konsistenz bei verschiedenen Temperaturen, namentlich bei Kälte, 3. das Öl darf keinerlei chemische Einwirkung auf die Bestandtheile der Uhr ausüben, es muss vollständig neutral sein, 4. die Atmosphärilien sollen dasselbe nicht verändern. Man verwendet demgemäss entweder ganz reines Olivenöl oder besser Knochen- und Fischöle; letztere haben namentlich den Vorzug, dass sie dünnflüssiger sind als die ersteren. Aber auch bei Anwendung der besten Öle ist es nöthig, dieselben ab und zu in den Uhren zu erneuern; das hat bei Penduluhren im Allgemeinen immer nach 5—6 Jahren, bei Chronometern aber schon nach 2—4 Jahren zu geschehen, je nach der Benutzung derselben auf See oder am Lande. Namentlich bei den Chronometern ist dann auch stets eine Reinigung der Uhr vorzunehmen, damit die Zapfen und Steine nicht zu stark durch Staub etc. angegriffen werden. Vor der Neuölung ist sorgfältige Entfernung des alten Öles besonders wichtig, da sonst das neue Öl sehr bald verdorben wird.

Alle diese Wirkungen führen dazu, dass die Kompensation einer Unruhe für Temperatur, und diese kommt bei Chronometern eigentlich nur in
Betracht, weit schwieriger und umständlicher ist als bei Penduluhren, ganz
abgesehen von den kleinen Dimensionen, um welche es sich hier handelt.
Diese letzteren[1]) machen eine genaue Ausführung auf rechnerischer Basis
meist ganz unmöglich, so dass die letzten Korrekturen der Kompensation
ganz dem Versuch und dem Geschick des Künstlers anheimgestellt werden
müssen, wenn auch wohl die Rechnung das Gerippe und die nöthigen Finger-
zeige zu liefern im Stande ist. Man hat zur Kompensation der Unruh-
schwingungen versucht, die Länge des wirksamen Theiles der Spiralfeder zu
verändern, indem man die Verschiebung des Rückers durch Anwendung
zweier Metalle automatisch mit der Temperaturänderung erfolgen liess, doch
können wir diese Arten der Kompensation hier ganz übergehen,[2]) da sie nur
ein sehr unzuverlässiges Resultat liefern. Für Genauigkeituhren ist man
ausschliesslich bei der Veränderung des Trägheitsmomentes der Unruhe geblieben. Man hat Versuche gemacht zu erproben, wie viel ein Grad Wärme-
änderung den täglichen Gang eines Chronometers zu variiren vermag,
und welcher Betrag den einzelnen Theilen der Unruhe zukommt. Dent in
London hat eine Uhr mit gläserner Unruhe gebaut und beobachtet, dass
dieselbe bei 0⁰ täglich 137,8 Sekunden vorging, bei + 19⁰ C. aber schon
43,2 Sekunden und bei + 38⁰ C. gar um 247,2 Sekunden nachging. Da
nun die Änderung des Trägheitsmomentes dieser Unruhe nur eine sehr geringe gewesen sein kann, so wird der Haupttheil der Gangänderung von
nahe 10ˢ pro Tag und Celsiusgrad der Spirale zuzuschreiben sein.

Ein ähnliches Resultat erhält man bei Verwendung einfacher Unruhen
aus Messing. Airy fand für eine solche Uhr nahe + 10ˢ,5 Gangänderung.[3])
Ebenso werden bei den Chronometerprüfungen an der Deutschen Seewarte
zwei Chronometer verwendet, von denen das eine eine einfache Messing-
unruhe und das andere früher sogar eine sogenannte inverse Kompensation
hatte; sie dienen dort als Temperaturintegratoren und erfüllen ihren Zweck
recht gut. Die Konkurrenzprüfung 1894/95 lieferte für beide Uhren folgende instruktive Werthe für die täglichen Gänge:[4])

	Tiede 108	Diff. für 1⁰	Eppner 20	Diff. für 1⁰
Für + 30⁰ C.	+ 147ˢ,2		+ 156ˢ,2	
		12ˢ,42		10ˢ,40
25	+ 85,1		+ 104,2	
		11,14		11,04
20	+ 29,4		+ 49,0	
		11,20		10,24
15	− 26,6		− 3,1	
		10,84		11,24
10	− 80,8		− 59,3	
		12,20		10,22
+ 5	− 141,8		− 120,4	

---

[1]) E. Caspari, Untersuchungen über Chronometer und nautische Instrumente, übersetzt
von E. Gohlke, Bautzen 1893.

[2]) Vergl. Gelcich, Handb. d. Uhrmacherkunst, S. 325.

[3]) Es ist hier stets ein Nachgehen der Uhr mit dem + Zeichen und ein Vorgehen
mit dem − Zeichen bezeichnet.

[4]) Ann. d. Hydrographie 1895, S. 298.

Aus dem Verhalten von TIEDE 108 sieht man, dass auch für die einzelnen Temperaturstufen die Gangänderung nicht immer dieselbe ist; dieser Umstand giebt die Veranlassung für die später zu erwähnenden Hülfskompensationen für Wärme und Kälte. Auch rechnerisch lässt sich der Antheil, welchen Unruhe und Spirale allein an der durch Temperatureinfluss bedingten Gangänderung haben, unter bestimmten Annahmen angeben, und da hat man gefunden, dass das Resultat mit dem empirisch gefundenen recht gut stimmt. Wird nämlich in unserer obigen Formel $t = \sqrt{\dfrac{A\,L}{M}}$, L und M, d. h. die Länge und das Elasticitätsmoment als unverändert angenommen, so bleibt nur der Einfluss der Änderung des Trägheitsmomentes A übrig. Dieses ist aber von der Form $m\,r^2$, wo m die unveränderliche Masse, r aber der mit der Wärme veränderliche Radius ist, an dem man sich die Masse wirkend denken kann. Es ist also t proportional $\sqrt{A}$ oder direkt proportional r. Für Messing z. B. ist der Ausdehnungskoefficient für 1^0 C. gleich 0,000018, es wird also bei τ ^{0}C. für r der Werth $r\,(1 + 0{,}000018\,\tau^0)$ zu setzen sein, und es werden sich für 0^0 und τ^0 die Schwingungszeiten verhalten wie $1 : (1 + 0{,}000018\,\tau)$ resp. die Anzahl der im gleichen Zeitraum ausgeführten Schwingungen wie $(1 + 0{,}000018\,\tau^0) : 1$.

Macht nun z. B. bei einem Chronometer die Unruhe 2 Schwingungen in der Sekunde, so wird sie in 24 Stunden $24 \times 60 \times 60 \times 2 = 172\,800$ Schwingungen machen. Erhöht sich die Temperatur um 1^0, so wird sich die Anzahl der nun ausgeführten Schwingungen zu den vorigen verhalten müssen wie $1 : 1.000018$. Die Unruhe wird demgemäss nur 172 796,9 Schwingungen machen, was einem Weiterschreiten der Zeiger von 86 398,45 Sekunden entspricht, d. h. die Uhr wird für $+ 1^0$ C. um 1,45 Sekunden zurückbleiben. Die Ausdehnung der Unruhe selbst liefert also zu dem gefundenen Betrage des Zurückbleibens von ca. 11^{S} nur etwa 1,5 Sekunden.

Mit Annahme angemessener Werthe für den Elasticitätsmodulus und die Längenänderung der Spirale lässt sich auch für letztere der Einfluss auf die Gangänderung für 1^0 C. berechnen. Für die Retardation, welche die Verlängerung der Spirale erzeugt, findet CASPARI[1]) auf ganz ähnliche Weise den Betrag von $+ 0^{\mathrm{S}}{,}52$ pro Tag und Celsiusgrad, so dass für die Wirkung der Elasticitätsänderung allein noch etwa $+ 9^{\mathrm{S}}$ pro Tag und Celsiusgrad übrig bleiben. Es ist diese also die wesentliche Ursache der Gangänderung, und es geht weiterhin daraus hervor, dass eine Kompensation vermittelst des Trägheitsmomentes nicht nur darauf ausgehen muss, dieses für alle Temperaturen auf demselben Werth zu erhalten, sondern dasselbe mit steigender Temperatur zu verringern, damit auch die veränderte Wirkung der Spirale ausgeglichen wird.

Zum Zwecke der Kompensation im obigen Sinne ist der Ring R, Fig. 276, der Unruhe aus zwei Metallen zusammengesetzt, und zwar ist der innere

---

[1]) Caspari l. c. S. 29.

Reifen von Stahl, der äussere von Messing; [1]) in der Nähe der beiden Stellen, an denen der Steg s mit dem Ring verbunden ist, wird der letztere ganz durchgeschnitten, so dass jede der beiden Ringhälften nur an je einer Stelle nn' mit dem Stege verbunden bleibt.. An diesen Stellen sitzen die oben erwähnten Regulirschrauben B B, während man auf dem Ring noch einige symmetrisch vertheilte Schräubchen vv aufsetzt, um dessen Trägheitsmoment zu vermehren. Ausserdem aber werden zum Zwecke der stärkeren Kompensation auf die etwa 130—160° überspannenden längeren Bögen des Ringes die Gewichte A A symmetrisch verschiebbar aufgesetzt. Der Vorgang bei der Kompensation ist nun sehr leicht einzusehen. Wird die Temperatur steigen, die Unruhe also bei gleicher Form aus den oben erörterten Gründen längere Schwingungen ausführen, so werden sich vermöge der Wirkung der beiden Metalle die beiden grossen Bögen des Ringes nach innen biegen; denn das äussere Messing wird sich stärker ausdehnen als der innen gelegene Stahl. Das Trägheitsmoment der Unruhe wird kleiner und zwar um so mehr, als auch die beiden Gewichte A A der Umdrehungsaxe näher gerückt werden, und die Schwingungsdauer wird dadurch wieder verkürzt. Bei fallender Temperatur ist natürlich der Vorgang umgekehrt. Nun sind aber, wie wir gesehen haben, die Wirkungen der die Unruhe zusammensetzenden Theile nicht proportional derjenigen, welche durch die Veränderungen des Trägheitsmomentes, namentlich des Abstandes der Gewichte A A von der Axe der Unruhe, durch die Temperatur hervorgebracht wird. Man kann dies leicht einsehen, wenn man annimmt, in Fig. 278 sei O der Mittelpunkt der bimetallischen Unruhe A M N für eine Temperatur von 15° und der Schwerpunkt der kompensirenden Masse in M. Wenn die Temperatur steigt, bleibt der Reifen kreisförmig; da er aber in A befestigt ist und folglich die Centrallinie A O dort senkrecht zum

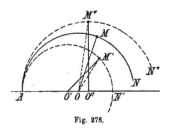

Fig. 278.

Streifen bleibt, wandert das Centrum auf dieser Linie nach O', während M nach M' gelangt. Ähnlich wird der Vorgang für eine Temperaturverminderung sein; das Centrum des Kreisbogens A M″ N″ wird nach O″ rücken und M nach

[1]) Die erste Idee der Verwendung zweier Metalle rührt von P. Leroy her, aber erst der englische Chronometermacher Arnold hat eine solche Unruhe ausgeführt. Er nietete die beiden Streifen, von denen er jeden für sich herstellte, an sehr vielen Stellen zusammen, um eine ganz innige Verbindung und damit eine gleichförmige Wirkung beider Metalle auf einander zu erzielen. Gegenwärtig dreht man eine cylindrische Röhre von dem Durchmesser und der Höhe der Unruhe genau ab und legt um dieselbe herum eine Menge kleiner Messingstücke. Bringt man diese dann zum Schmelzen, so wird sich um den Stahlring herum eine starke Schicht von Messing fest anschmelzen. Diese dann, von Neuem abgedreht, liefert den durchaus fest mit dem Stahlring verbundenen Messingstreifen. Die Dicke beider Metalle soll nach Y. Villarceau im umgekehrten Verhältniss der Quadratwurzeln aus dem Elasticitätskoefficienten derselben stehen. Das würde etwa sein: Dicke des Stahls zu der des Messings wie 12 : 17. In der Praxis schwankt dieses Verhältniss etwas, indem $^1/_3$—$^2/_5$ auf Stahl und $^2/_3$—$^3/_5$ auf das Messing kommt.

M". Es stehen die Ortsveränderungen von M aber keineswegs in demselben Verhältniss wie die Veränderungen der Radien, was aber ebenfalls schon einer proportionalen Kompensation entgegenwirkt.[1]

Deshalb ist es nicht möglich, auf diese einfache Weise ein Chronometer für alle Temperaturen oder doch wenigstens für etwa 40° Amplitude zu kompensiren. Man hat deshalb seine Zuflucht zu sogenannten Hülfskompensationen genommen. Die Anordnung dieser Einrichtungen ist so mannigfaltig, dass hier nur die wichtigsten derselben kurz besprochen werden können.

c. Hülfskompensationen.

Würde man z. B. eine auf gewöhnliche Weise kompensirte Unruhe für etwa + 15° korrigiren, so kann es vorkommen, dass die Uhr sowohl bei 0° als auch bei + 30° nachgeht, ebenso tritt häufig der Fall ein, dass bei einer für + 5° und + 30° kompensirten Unruhe deren Schwingungen bei mittleren Temperaturen zu schnell werden. In beiden Fällen muss ein Mittel geschaffen werden. die Bewegungen der kompensirenden Massen zu vergrössern resp. zu verringern. Die zur Ausgleichung dieser Unterschiede angewandten Hülfskompensationen sind im Allgemeinen von zweierlei Art; nämlich solche, welche nur in den extremen Temperaturen in Wirksamkeit treten, und solche, welche kontinuirlich wirken. Zu den ersteren gehören die Hülfskompensationen nach AIRY, HEINRICH in New-York, POOLE's Widerstands-Supplement für Kälte oder Wärme u. s. w. Zu den letzteren gehören namentlich die Zügel-Kompensation nach UHRIG in London, welche z. B. von EHRLICH in Bremerhaven mit besonderem Erfolge angewendet wird; ferner die Einrichtungen von DENT, HARTNUP, VISSIÉRE, WINNERL und Anderen.

---

[1] Eine eigenthümliche Konstruktion hat auf v. Konkoly's Veranlassung Franz Klenner jr. in Pest der Unruhe gegeben. In Fig. 279 ist der Stahlarm a e b bei e auf der Unruhaxe befestigt; um seine Endpunkte bewegen sich um die Schrauben a und b, die Hebel f c und f_1 d. Diese Arme tragen an ihrem einen Ende die kompensirenden Gewichte c und d, sind aber bei f und f_1 durch den Messingstab f_1 e f beweglich verbunden. Bei e geht die Axe der Unruhe frei durch diesen Stab hindurch. Bei zunehmender Temperatur übertrifft die Ausdehnung des Messingstabes f e f_1, die des stählernen Steges a e b. Die Folge hiervon ist eine Annäherung der Gewichte c und d an den Mittelpunkt der Unruhe. Auch hier ist die richtige Kompensation nur durch Versuche zu ermitteln. Zu dem Ende lassen sich die Gewichte c und d an

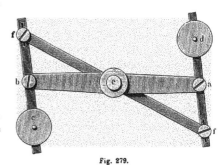

Fig. 279.
(Aus Konkoly, Anleitung.)

den sie tragenden Hebeln dem Drehungspunkte näher oder entfernter stellen. Zu weiterer Korrektur der Wirkung laufen die Schrauben f f_1 in Schlitzen, so dass die Angriffspunkte beider Stangen verschoben werden können.

Die Airy'sche Hülfskompensation. In Fig. 280 ist A A der
Steg der Balance, B B sind die gewöhnlichen Lamellen, C C die Kompensationsgewichte.[1]) Die Neuerung Airy's besteht in dem Querstücke a,

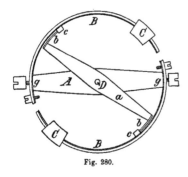

welches um D drehbar ist und den Träger
der Feder b b und der Gewichtchen c c
bildet. Die Gewichtchen c c machen ungefähr den zehnten Theil der Massen C C
aus. Um die Kompensation zu bewerkstelligen, müssen die Gewichtchen c c zuerst auf halber Entfernung zwischen g
und C eingestellt werden. Sodann kompensirt man die Uhr bestmöglichst mit
den Gewichten C C. Erweist sich dann
die Kompensation als zu schwach, so muss

Fig. 280.

der Arm a so gedreht werden, dass die
Gewichtchen c c den Punkten g g sich nähern; ist die Kompensation zu stark,
so nähert man c c den Gewichten C C.

Ganz ähnlich ist die zu Anfang der achtziger Jahre bekannt gewordene
Heinrich'sche Hülfskompensation, welche Fig. 281 zeigt. Steg M und
Ring N der Unruhe sind in gewöhnlicher Weise ausgeführt. Die Hülfs-

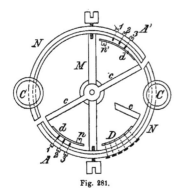

Fig. 281.

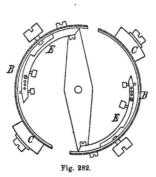

Fig. 282.

kompensation besteht nun darin, dass zunächst auf der Axe der Unruhe,
wie bei Airy, ein zweiter Steg c c aufgesetzt ist, welcher an seinen Enden
zwei federnde Ansätze d d' trägt, die am anderen Ende die kleinen Gewichtsschräubchen n n' halten. Durch die kurzen Arme des Unruhringes A A₁
gehen mehrere Schräubchen 1, 2 und 3 radial hindurch. Dieselben können
so gestellt werden, dass sie sich für den Fall einer Temperaturveränderung
durch die sich nach innen oder aussen biegenden Arme A A' in bestimmten
Momenten an d d' der Reihe nach anlegen und so diese Lamellen nach
innen biegen oder ihnen gestatten ihre Krümmung zu verringern. Dadurch
kann man es nach längerem Probiren bewirken, dass diese Kompensation

---

[1]) Gelcich, Geschichte d. Uhrmacherkunst, S. 123.

auch für extreme Temperaturen in der richtigen Weise funktionirt. Man hat in der That mit dieser Einrichtung sehr gute Resultate erzielt. Ebenso auch mit ganz ähnlich gebauten, bei denen aber die Schräubchen durch die längeren Ringarme gesetzt sind und dort gegen gleiche Lamellen andrücken, welche entweder ebenfalls an einem besonderen Steg oder an den kürzeren Ringarmen befestigt sind. Eine solche Hülfskompensation zeigt andeutungsweise die Fig. 281 bei D und ausserdem die Fig. 282, welche die Anordnung von EIFFE und MOLYNEUX darstellt.

Bei diesen diskontinuirlich wirkenden Konstruktionen tritt leicht durch kleine Partikelchen von Staub oder Öl an den sich berührenden Theilen ein Kleben ein, so dass dieselben· nicht genau im beabsichtigten Moment zur Wirkung gelangen, sondern erst nach Überwindung einer gewissen Spannung; das lässt dieselben, wenn sie theoretisch auch gut begründet und angeordnet sein mögen, doch meiner Ansicht nach der zweiten .Art der Hülfskompensationen nachstehen, von denen nun einige typische erläutert werden sollen.

Dent's Hülfskompensation: Sie wurde zuerst 1842 im „Nautical Magazine" beschrieben. Fig. 283 zeigt dieselbe. A A ist der Steg der gewöhnlichen Unruhe mit den Regulirschrauben g g, B B sind bimetallische Lamellen, welche die Hauptkompensation dadurch bewirken, dass sie die Massen D D bei Erhöhung der Temperatur dem Centrum nähern, resp. bei Erniedrigung von demselben entfernen. Die Hülfskompensation wird durch die mit den Armen B B verbundenen gleichfalls bimetallischen Lamellen C C vermittelt. Diese werden sich bei Veränderung der Temperatur entweder nach der einen oder der anderen Seite krümmen und so in jedem Falle die Massen D D dem Centrum näher bringen. Damit wird das Trägheitsmoment sowohl für hohe Wärme-

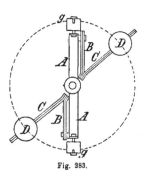

Fig. 283.

als niedrige Kältegrade verringert und die durch die Krümmung der Arme B erzeugte Wirkung verstärkt resp. verringert.

Eine ganz ähnliche Einrichtung gab JOHN HARTNUP, ehemaliger Direktor der Sternwarte zu Liverpool, der Unruhe. Diese Konstruktion wurde häufig angewendet und unterscheidet sich von der eben beschriebenen nur dadurch, dass die Lamellen C C, Fig. 283, bei ihr durch den bimetallischen Steg A A, Fig. 284. selbst ersetzt wurden (Stahl unten); dadurch wird sowohl bei Kälte als Wärme eine Krümmung desselben bewirkt, wenn er bei einer bestimmten Mitteltemperatur gerade ist. In beiden Fällen nähern sich die kompensirenden Massen der Axe.

Fig. 284.

Die Hülfskompensation von WINNERL. Eine exakte Theo· rie dieser Unruhe, Fig. 285, giebt CASPARI auf S. 223 seines mehrfach citirten Buches. A ist die Axe der Unruhe, auf ihr sind zwei stählerne Lamellen befestigt. Die eine davon trägt die Regulirschrauben D D, welche die konstante Gangänderung der Uhr ermöglichen, während an den Enden der anderen Lamelle B

die beiden senkrecht zu ihr aufgesetzten Plättchen E F E′ G′ angeschraubt sind,
welche ihrerseits wiederum als Ausgangspunkte der beiden bimetallischen
Streifen G G u. F F dienen. Der obere Theil dieser besteht aus Stahl, der untere
aus Messing. In den Punkten H H sind zwei Schraubenspindeln p p′ an diese
Lamellen unter einem Winkel von etwa 45° zur Horizontalen angesetzt, auf
denen die beiden kegelförmigen Massen K K verstellbar aufgeschraubt sind.
Die Wirkung dieser Einrichtungen ist zunächst die, dass bei zunehmender Temperatur die beiden Gewichte nach aufwärts bewegt werden, damit zugleich
aber auch nach innen, so dass sie eine Verringerung des Trägheitsmomentes
veranlassen. Weiterhin kommt aber, da sich die Massen K K nicht linear bewegen, sondern auf einem Kreisbogen, der senkrecht zur Schwingungsebene
der Unruhe steht, noch ein Glied zu dem Ausdrucke, welcher die Gangänderung
darstellt, hinzu, das von dem Quadrat des Biegungswinkels der Lamellen abhängt und welches stets negativ, d. h. die Schwingungen verlängernd wirkt,
wenn die Temperatur sich vom Mittel entfernt. Eine etwas andere Einrichtung

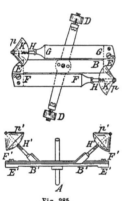
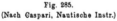
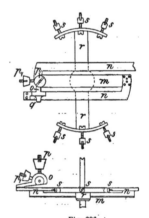

Fig. 285.   Fig. 286.
(Nach Caspari, Nautische Instr.)   (Nach Gelcich, Geschichte d. Uhrmacherkunst.)

hat COLLIER dieser Unruhe gegeben; dieselbe ist in Fig. 286 dargestellt.[1]) Es ist
m der bimetallische Steg, mit dem die Streifen n durch Kniee verbunden sind.
An dem freien Ende jedes der beiden Streifen ist ein Träger o befestigt; auf
einem seitlichen Vorsprunge desselben ist in senkrechter Stellung eine Spindel p
angebracht, worauf sich ein Platingewicht auf- und niederschrauben lässt.
Eine zweite Schraubenspindel p′ mit einem kleineren Platingewicht ist an
einem drehbaren Cylinder befestigt, der durch die Schraube q in jeder Lage
fixirt werden kann; p′ kann also zu der festen Spindel p verschiedene Winkel-
stellung annehmen. Zur Messung dieses Winkels ist an der inneren Seite
des Trägers o eine Gradtheilung angebracht. r r ist ein Stahlsteg mit den
Schrauben s s für die Regulirung des mittleren Ganges.
    Als besondere Vortheile seines Systems bezeichnet COLLIER die sym-
metrische Vertheilung der Gewichte p und p′, welche anstatt auf Sehnen,

¹) Gelcich, Geschichte d. Uhrmacherkunst, S. 124.

sich auf den Durchmesser des Schwingungskreises projiziren. Ein zweiter Vortheil liegt in der Verkürzung der Regulirungsoperation. Damit die Ortsveränderung der Korrektionsmassen nur das Trägheitsmoment beeinflusst, müssen die Schraubenspindeln auf der Ebene der Kompensationslamellen senkrecht stehen und der Rotationsaxe parallel sein, was eben hier der Fall ist. Dadurch ändern sich niemals die Abstände jener Massen von der Axe. Um die Korrektionsmittel zu vermehren, dienen die Gewichtchen p', p'. Mit der Masse p gelangt man schnell zu einer sehr genäherten Regulirung. Die kleinere Korrektionsmasse p' dient zum endgültigen Einstellen, indem ihre Ortsveränderung eben wegen ihrer Kleinheit nur sehr geringfügige Veränderungen verursacht.

Die starke Komplikation der hier angebrachten Theile dürfte die Ausführung dieser Einrichtung immerhin sehr erschweren.

Die Zügelkompensation, wie sie EHRLICH anzuwenden pflegt, besteht, wie Fig. 287 zeigt, darin, dass der lange Bogen der gewöhnlichen bimetallischen Unruhe an seinem Ende durch einen dünnen metallischen Bogen mit dem kurzen Arme verbunden ist. Diese federnde Verbindung wird der Bewegung der kompensirenden Massen einen um so grösseren Widerstand in den Weg stellen, je mehr sie sich aus einer mittleren Lage entfernen. Dadurch wird bei richtiger Wahl der Spannung dieses

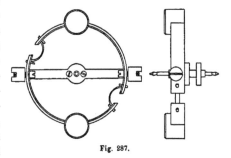

Fig. 287.

Bogens auf ganz einfache Weise eine kontinuirlich wirkende Hülfskompensation erzielt. Die Spannung dieses „Zügels" lässt sich nach dessen Einsetzung noch durch Längenänderung reguliren.

Es ist bei allen erwähnten Unruhkonstruktionen, deren es ausserdem noch eine sehr grosse Anzahl giebt, darauf zu sehen, dass die freien Bögen der Unruhe, an denen die schweren Kompensationsmassen befestigt sind, stark genug konstruirt werden, um den Wirkungen der Centrifugalkraft, welche bei der Schnelligkeit der Schwingungen immerhin einen nennenswerthen Betrag erreichen kann, genügenden Widerstand zu bieten. Man hat, um in dieser Beziehung sicher zu gehen, die Unruhen mit radial angeordneten Lamellen konstruirt.

Ein Umstand, welcher den Gang der Chronometer sowohl, als auch den der Pendeluhren namentlich in der ersten Zeit ihrer Ingangsetzung zu verändern pflegt, ist die „Acceleration", d. h. eine Neigung zum Schnellergehen. Dieselbe wird hervorgebracht durch die molekularen Änderungen, welche die Spirale resp. die Aufhängefeder des Pendels durch die beständigen Schwingungen erleidet. Es ist das bei neuen Uhren eine äusserst unangenehme Erscheinung, und es ist noch nicht gelungen, ein Mittel zu finden, welches diesen Übelstand beseitigt. Es kann daher nur empfohlen werden, Uhren, namentlich Chronometer, in den ersten 4—6 Monaten nach ihrer Fertigstellung oder nach Einsetzung einer neuen Spirale nicht bei genaueren Zeitbestimmungen zu benutzen, also namentlich Vorausrechnungen nicht auf sie zu gründen, da man keine Möglichkeit hat, den Verlauf der Acceleration anzugeben. Ebenso ist der Einfluss der Feuchtigkeit der Luft auf die Schwingungsdauer wohl längst festgestellt, aber die Wirkung desselben weder nach ihrer Richtung noch nach der Art, wie sie zu Stande kommt, genügend erkannt, um sie mit Sicherheit voraussagen zu können, zumal dieselbe, wie noch manche andere, stark von der Individualität des Chronometers abzuhängen scheint.

Eine genaue Betrachtung aller Einflüsse, welchen die regulirenden Theile eines Chronometers ausgesetzt sind, lassen es in mancher Hinsicht gerathen erscheinen, von Komplikationen in der Kompensation ganz abzusehen, und diese so einfach wie möglich zu gestalten, es dann aber der Rechnung zu überlassen, den für eine bestimmte Temperatur u. s. w. geltenden Gang zu ermitteln, was um so leichter und sicherer der Fall sein kann, je geringer die Zahl der eingehenden Faktoren ist.

4. Die Prüfung der Uhren und die Gangformeln.

Aus allem Diesem geht hervor, wie wichtig es ist, dass man Mittel besitzt, die Güte der Uhren genauen Prüfungen zu unterziehen, und es kann nur auf das Dringendste angerathen werden, namentlich Chronometer nicht zu erwerben, wenn dieselben nicht in einem der staatlich eingerichteten Prüfungsinstitute allseitig untersucht und als gut befunden worden sind.

Dort wird für jedes einzelne Chronometer eine Gangformel, wie sie VILLARCEAU angegeben hat, berechnet, woraus sich das Verhalten der Uhr ersehen und für bestimmte Grenzen voraussagen lässt.

Die Ursachen, welche eine Gangänderung eines Chronometers oder auch einer Penduluhr beeinflussen können, sind bei guter Aufstellung und vorsichtiger Behandlung[1]) also die folgenden:

1. Temperaturänderung,	4. Veränderung der Struktur der Metalle (der Federn),
2. Änderung des Luftdruckes,	5. Veränderung der Konsistenz des Öles,
3. Änderung der Luftfeuchtigkeit,	6. Schiffsbewegung.

---

[1]) Bei Chronometern hat auch die Lage der Axen gegen die Vertikale oft einen bedeutenden Einfluss auf den Gang derselben. Man hat diese daher in einer besonderen Aufhängung (Cardansche Aufhängung), wie sie auch bei Kompassen angewendet wird, befestigt. Diese besteht darin, dass an zwei diametralen Stellen der Chronometerbüchse (gewöhnlich bei XII und VI) je ein Zapfen angebracht ist; diese ruhen auf einem grossen Messingring, welcher seinerseits an zwei um 90° davon verschiedenen Stellen wieder zwei Zapfen trägt. Letztere sind in dem Chronometerkasten (Box, daher Boxchronometer) drehbar befestigt. Auf diese Weise ist es möglich, dass das Zifferblatt des Chronometers bei jeder Stellung des Kastens eine horizontale Lage einnimmt. Für gewöhnlich ist diese Bewegung aber arretirt, was auch beim Transport an Land stets der Fall sein soll. Nur bei den regelmässigen und langsamen Bewegungen des Schiffes lässt man dieselbe frei spielen. Soll diese Cardansche Aufhängung zuverlässig sein, so müssen die beiden Drehaxen sich senkrecht schneiden und dieser Schnittpunkt muss erheblich über dem Schwerpunkt des Uhrwerkes liegen.

Dazu kommt noch der Einfluss, welchen der Magnetismus auf ein Chronometer ausüben kann, und der unter Umständen ein solches ganz unbrauchbar zu machen vermag. Die beiden letzten Ursachen können für unsere Zwecke aber ausser näherer Betrachtung bleiben, da sich ihr Einfluss bei Uhren, welche rein astronomischen Beobachtungen dienen, gewiss immer vermeiden lassen wird. Es kann an dieser Stelle füglich auf die specielle Litteratur verwiesen werden.

Den Einfluss der Faktoren unter 1., 4. und 5. hat Y. VILLARCEAU[1]) in eine „Gangformel" zusammengefasst von der Form:

$$g = g_0 + a\,(T - T_0) + b\,(T - T_0)^2 + c\,(t - t_0) + d\,(t - t_0)^2$$
$$+ e\,(T - T_0)\,(t - t_0),$$

worin g_0 der Gang für eine bestimmte Anfangszeit T_0 und für eine mittlere Temperatur t_0 bedeutet, während g der tägliche Gang zur Zeit T und für die Temperatur t ist. Die Koefficienten a, b, c u. s. w. sind die betreffenden Differentialquotienten, deren numerischer Werth experimentell ermittelt werden muss. Durch die neueren Untersuchungen ist noch ein Glied als nöthig befunden worden, welches dem Faktor unter 3. Rechnung trägt, während man häufig die von dem Quadrat der Zeit und dem Produkt von Zeit und Temperatur abhängigen Glieder weglässt. Es nimmt dann die Gleichung die Gestalt an:

$$g = g_0 + a\,(T - T_0) + b\,(t - t_0) + c\,(t - t_0)^2 + d\,(h - h_0)$$

oder auch $g = g_0 + a\,(T - T_0) + b\,(t - t_0) + c\,(h - h_0) + d\,(h - h_0)\,(T - T_0)$,

wo ausser den oben erläuterten Zeichen noch h_0 für eine mittlere und h für die beobachtete relative Luftfeuchtigkeit (in $^0/_0$) eingeführt ist, welche im Aufbewahrungsraum der Chronometer herrscht.

Sowohl für die erstere Form als auch für die letztere findet man zahlreiche Beispiele in den Veröffentlichungen der Chronometerprüfungsinstitute. Für Pendeluhren tritt sodann noch die Wirkung des Luftdruckes, wie wir oben gesehen haben, hinzu, dessen Einfluss auf den Gang der Chronometer verschwindend klein ist. Zur näheren Erläuterung lasse ich noch die nach den gegebenen Principien und durch Beobachtung unter den verschiedensten Verhältnissen abgeleiteten Gangformeln einiger besonders guter Uhren hier folgen, wobei zu bemerken ist, dass die für Chronometer den Berichten über die Konkurrenzprüfungen auf der Deutschen Seewarte entnommen sind, während die für Pendeluhren sich zumeist in den Astron. Nachr. publicirt finden.

Pendeluhren:

Strassburg, HowÜH 25 $\quad g = 0^s.000 + 0^s.0125\,(b - 750\,\text{mm})^2) - 0^s.0110\,(t - 20^0)$

Upsala „ 34 $\quad g = +0.287 + 0.0149\,(b - 760) - 0.02646\,(t - 10^0)$

Kiel, KNOBLICH 1847 $\quad g = +0.082 - 0.01135\,(b - 760) - 0.00254\,(t - 10^0)$
$$\qquad\qquad\qquad\qquad\qquad + 0.000717\,(T - 1876\,\text{Nov. 0})$$

Potsdam, „ 1952 $\quad g = -0.11 + 0.0014\,(b - 758) - 0.045\,(t - 9^0\,R)$
$$\qquad\qquad\qquad\qquad\qquad - 0.0014\,(T - 1877\,\text{Nov. 17})$$

Strassburg, „ 1963 $\quad g = +0.438 + 0.0240\,(t - 20^0)$

---

[1]) A. J. Yvon Villarceau, Recherches sur le mouvement et la compensation des chronomètres, Annales de l'observ. impérial de Paris, Bd. VII, S. 161.

[2]) Hier bedeutet b den beobachteten Barometerstand.

Neuenburg: Winnerl $g = -1.46 + 0.009\,(b - 720) - 0.025\,(t - 12^0)$
(Rostpd.) $- 0.0011\,(T - 1884.0)$
Leipzig, DENCKER XII. $g = 0.00 + 0.011\,(b - b_0) - 0.016\,(t - t_0)$
Rostpd.) $+ 0.011\,(T - T_0)$
München, RIEFLER 1 $g = -0.0588 + 0.0097\,(b - 716) - 0.0003\,(t - 10^0)$
                                              $+ 0.1364\,(T - 1893\ \text{Jan. 15})$

Für die Pendeluhr von Tiede, Berlin (unter konstantem Luftdruck) findet sich nach der Arbeit von DR. ZWINK unter Annahme der Formel:

$$g = g_0 + a\,(T - T_0) + b\,(T - T_0)^2 + c\,(t - t_0) + d\,(\triangle t - \triangle t_0) + e\,(S - S_0),$$

wo T_0 die Ausgangsepoche, t_0 die Mitteltemperatur, $\triangle t_0$ eine mittlere Differenz der Temperaturen oben und unten im Uhrgehäuse und S_0 einen mittleren Schwingungsbogen bedeutet,[1] während dieselben Zeichen ohne Indices die für das Rechnungsintervall gültigen sind:

$$g = +0^s.144 + 0^s.0658\,(T - 1883\ \text{Nov. 7}) - 0^s.00057\,(T - 1883\ \text{Nov. 7})^2$$
$$+ 0.0039\,(t - 12^0) + 1^s.592\,(\triangle t_0 - 0^0.05) + 0^s.064\,(S - 76'.0).$$

Ganz neuerlich ist ein interessantes Resultat bekannt geworden, welches aus dem Verhalten der Pendeluhr von WINNERL hervorgeht, welche in dem Keller des Pariser Observatoriums etwa 27 m unter der Erdoberfläche aufgestellt ist.[2]

In diesem Raume beträgt die Schwankung der Temperatur im Jahre nur $0^0.02$ C., und auch gegen Luftdruckschwankungen war die Uhr abgeschlossen. Trotzdem wurden aber die beobachteten Gänge ganz vorzüglich dargestellt durch die Formel

$$g = +0^s.019 + 0^s.0146\,(b - 753\ \text{mm}).$$

Auch auf lange Zeit voraus berechnete Uhrstände zeigen, dass trotz der getroffenen Vorsichtsmaassregeln der Koefficient für das Luftdruckglied seine volle Berechtigung hat, indem Stände, die auf nahe 5 Monate voraus berechnet wurden, sich durch die Formel

$$g = g_0 + 0^s.0616\,(T - T_0) - 0^s.000161\,(T - T_0)^2 + 0^s.0140\,(b - b_0)$$

gut darstellten.

Im Laufe dieser Zeit haben sich nur Abweichungen von $-1^s.3$ und $+1^s.1$ gegen die richtige Zeit ergeben. Der Barometerkoefficient ist bemerkenswerther Weise nahe von gleicher Grösse, wie ihn auch die nicht unter konstantem Druck stehenden ähnlichen Uhren verlangen, obgleich wegen der konstanten Temperatur auch Druckschwankungen aus dieser Veranlassung ausgeschlossen sind.

Chronometer:

EHRLICH 451 $g = -0^s.206 - 0^s.00673\,(T - T_0) + 0^s.00004\,(T - T_0)^2$
(Zügelkomp.)[3] $- 0^s.01146\,(t - 15^0) + 0^s.00212\,(t - 15^0)^2$
                   $+ 0^s.00005\,(T - T_0)\,(t - 15^0)$
BROEKING 1061 $g = +1.496 - 0.00622\,(T - T_0) + 0.00004\,(T - T)^0$
(Gewöhnl.Hülfskp.)[3] $- 0.01199\,(t - 15^0) + 0.00249\,(t - 15^0) + 0.00009\,(T - T_0)(t - 15^0)$

---

[1] Die Einführung von Schwingungsbogen und Zeit neben einander dürfte sich wohl kaum empfehlen. D. Verf.

[2] Comptes Rendus 1896, Bd. I, S. 646, Mittheilung von F. Tisserand — Bull. Astron. 1896, S. 254.

[3] Nach dem Archiv der Deutschen Seewarte 1890. Für T_0 ist zu setzen: 1886, Jan. 8.

Tiede 280[1]) $g = +1^s.92 + 0^s.0873\,(t-15^0) - 0^s.0170\,(t-15^0)^2$
$\qquad\qquad\qquad - 0^s.1540\,(T - 1887\ \text{Mai}\ 23) + 0^s.2240\,(h - 55\,^0/_0)$

Broeking 884[2]) $g = +0.6096 + 0.16159\,(T - 1887\ \text{Mz. 31}) + 0.02350\,(h - 55\,^0/_0)$
$\qquad\qquad - 0.00016\,(h - 55\,^0/_0)^2 + 0.00747\,(T - T_0)(h - 55\,^0/_0)$
$\qquad\qquad + 0.20757\,(t - 15^0).$

Für gewöhnlichen Gebrauch genügt wohl stets eine Gangformel wie die folgende:

Kutter 20: $g = +0^s.07 - 0^s.07\,(t - 10^0) + 0^s.0095\,(t - 10^0)^2 + 0^s.00004\,(T - T^0).$

Die Ableitung der in den Formeln vorkommenden Koefficienten muss natürlich, soll sie irgend genaue Resultate geben, aus einer grossen Reihe von Beobachtungen nach der Methode der kleinsten Quadrate erfolgen. Die dazu nöthigen Vorschriften liegen aber gänzlich ausserhalb des Rahmens dieses Buches.

Bevor ich dieses Kapitel schliesse, halte ich es für angebracht, noch auf die Vorsichtsmassregeln hinzuweisen, welche beim Transport oder der Versendung eines Chronometers besonders zu beachten sind. Ich gebe diese Anweisung nach den aus langjährigen Erfahrungen hervorgegangenen Vorschriften der Deutschen Seewarte:[3])

„1. Man setze die Unruhe durch Unterschieben von Korkstückchen oder Papierstreifen fest, so dass jede Bewegung verhindert wird.

2. Man befestige die Kompass-Aufhängung durch Einschieben des Befestigungs-Armes, oder auf irgend eine andere, fest und sicher erscheinende Weise.

3. Man fülle den ganzen Raum zwischen dem Uhrgehäuse und dem hölzernen Kasten mit trockenem, staubfreiem Werg oder mit Papierschnitzeln oder anderem weichen Materiale aus, um jede Bewegung des Chronometers zu verhindern.

4. Der geschlossene Chronometerkasten ist in einem Weidenkorb oder einem etwas elastischen Kasten in einer grossen Menge weichen Materials zu verpacken.

5. Zwei Chronometer können in einem Korbe verpackt werden, doch so, dass jede Berührung zwischen ihnen durch Füllmaterial, Stroh oder Werg verhindert wird.

Es wird sich im Allgemeinen empfehlen, das soeben erwähnte „Feststellen der Unruhe" durch einen geschickten Uhrmacher ausführen zu lassen; für den Fall, dass der Astronom dieses selbst besorgen muss, mögen hier die folgenden praktischen Winke beigefügt werden.

Da es für die Wirksamkeit der Zugfeder nicht vortheilhaft ist, wenn sich dieselbe längere Zeit ruhend in ganz oder halb gespanntem Zustande befindet, so lasse man — wenn es irgend möglich ist — das Chronometer zunächst vollständig ablaufen; das Stehenbleiben wird gewöhnlich 56 bis 60

---

[1]) Nach den Untersuchungen von Prof. Peters in Kiel, Ann. d. Hydrographie 1887, Heft XII.

[2]) C. Stechert, Ann. d. Hydrographie 1889, Heft III.

[3]) Archiv der Deutschen Seewarte 1894, No. 4, S. 27.

Stunden nach dem letzten Aufziehen stattfinden. Nachdem man dann den Arretirhebel eingesetzt und das Deckelglas entfernt hat, überzeuge man sich, ob auf dem Zifferblatte oder an den Seiten des Gehäuses noch kleine Schrauben vorhanden sind, welche das Werk mit dem Gehäuse verbinden. Diese Schrauben müssen zunächst herausgenommen werden. Nun lege man die Finger der linken Hand auf den Rand des Zifferblattes und kehre das ganze Instrument mit der rechten Hand um; es wird durch diese Bewegung das Werk meistens schon aus dem Gehäuse heraus und in die geöffnete linke Hand gleiten. Sollte dies nicht eintreten, so löse man wiederum den Arretirhebel, wende das Gehäuse halb um und drücke das Werk mit Hülfe des auf den Aufziehzapfen gesetzten Schlüssels vorsichtig aus dem Gehäuse heraus. Die linke Hand bleibt, um ein Herausfallen des Werkes zu verhindern, während der letzteren Manipulation in der vorhin beschriebenen Stellung. Es ist hierbei natürlich jede Verletzung der Zeiger und des Werkes sorgfältig zu vermeiden. Man lege jetzt das herausgenommene Werk in umgekehrter Stellung (Zifferblatt unten, Platine oben) auf das durch den Arretirhebel festgestellte Gehäuse, bringe — falls sich das Chronometer noch in Gang befindet — durch ein vorsichtig gegen die Unruhe gehaltenes weiches Papierblatt diese zum Stillstand und nehme das Feststellen der Unruhe vermittelst zweier kleiner Korkkeile vor. Dieselben sind mit Hülfe einer Pincette ungefähr an denjenigen Stellen unter den Reifen der Unruhe zu schieben, wo letztere mit dem Steg zusammenhängt; niemals dürfen die Korke in der Nähe des freischwebenden Endes des Unruhreifens untergeschoben werden. Auch vermeide man, die Korke zu fest zu klemmen, weil hierdurch leicht ein Verbiegen der Unruhe oder ein Brechen der Unruhaxe veranlasst werden kann; die Keile sollen nur so fest haften, um eben eine schwingende Bewegung der Unruhe während des Transportes zu verhindern. Der benutzte Kork muss vollständig neu und vor Allem frei von Säure sein, weil sonst leicht ein Rosten der Metalltheile eintreten kann. Die Berührung der Korrektions-Schrauben an der Unruhe ist stets zu vermeiden. War das Chronometer vollständig abgelaufen, so ist es vortheilhaft, nach dem Einsetzen und Feststellen dasselbe ein wenig aufzuziehen, etwa eine halbe Umdrehung, um zu verhindern, dass das Hemmungsrad während des Transportes hin- und hergeschleudert wird.[1])

Es ist zu empfehlen, das Feststellen der Unruhe auch dann vorzunehmen, wenn während der Seereise das Chronometer ausser Gebrauch gesetzt wird. Jedes Mal, nachdem das Chronometer mit festgestellter Unruhe verschickt worden ist, muss eine Neubestimmung des Gangwerthes vorgenommen werden, da meistens eine Veränderung desselben eintreten wird."

---

[1]) Es ist auch zu empfehlen, durch das Steigrad einen Faden zu ziehen und diesen leicht um eine der Platinenstützen mit viel Spielraum zu binden. Dadurch wird selbst für den Fall, dass die Korkstückchen herausfallen sollten, verhindert, dass die Räder des Chronometers durch die Bewegung verletzt werden können.

5. Einrichtungen in den Uhren zur Herstellung elektrischer Kontakte.

Mit der Einführung des elektrischen Registrirverfahrens in die astronomische Beobachtungskunst ist den Uhren der Sternwarten noch eine andere Aufgabe zugefallen, als sie sonst durch Anzeigen der Zeit durch die Zeiger am Zifferblatte und der hörbaren Markirung der Sekundenschläge zu erfüllen hatten. Sie sollen nämlich auch die Sekunden- oder unter Umständen auch die Minuten-Intervalle sichtbar mit Hülfe eines sogenannten Chronographen aufzeichnen. Wenn auch diese Apparate am besten bei der Besprechung der Durchgangsinstrumente erläutert werden, so gehören doch hierher diejenigen Einrichtungen, welche in der Uhr die Übertragung der Zeitmarken vermitteln, die sogenannten Kontaktapparate. Da diese den Schluss oder die Öffnung eines elektrischen Stromes ausführen sollen, so müssen sie aus zwei Theilen bestehen, welche mit Hülfe des Uhrmechanismus zur Berührung und zur Trennung gebracht werden können. Es giebt solcher Anordnungen eine sehr grosse Anzahl, da der genannte Zweck natürlich auf den verschiedensten Wegen erreicht werden kann. Offenbar sind die beiden Hauptbedingungen, welche sie alle zu erfüllen haben, die, dass sie den Gang der Uhr so wenig wie nur möglich beeinflussen, und dass sie mit aller Zuverlässigkeit funktioniren. Weil es sehr schwer ist, die erste Bedingung ganz zu erfüllen, lässt man diese Einrichtungen meist nicht an der Normaluhr einer Sternwarte selbst anbringen, sondern verwendet dazu andere, aber immerhin gut gehende Pendeluhren.[1]

Der Erfüllung der zweiten Bedingung steht namentlich die Wirkung des bei der Öffnung der Verbindung entstehenden elektrischen Funkens im Wege, welcher eine Oxydation der Berührungsstellen veranlasst, sodass nach einiger Zeit keine genügend leitende Verbindung der Kontakttheile mehr stattfindet. Um diesen Umstand zu vermeiden, pflegt man die Kontaktstellen selbst mit Plättchen oder Stiften aus Platin[2] zu montiren, wodurch die Oxydation verzögert, wenn auch nicht ganz aufgehoben wird. Am besten ist es, in einer Nebenleitung einen grossen Widerstand in den Stromkreis einzuschalten, der dann fortwährend geschlossen bleibt. Diese Einrichtung ist sehr einfach und zuverlässig. Man verbindet zu diesem Zwecke z. B. die beiden End-Klemmschrauben der Batterie noch mit einem zweiten sehr feinen und langen Draht von grossem Widerstande, dann wird sich bei geschlossenem Kontakte der Strom im umgekehrten Verhältnisse der Widerstände durch beide Stromkreise bewegen, also bei weitem der grösste Theil durck Kontakt und Relais oder Registrirapparat gehen. Wird jetzt der Erstere geöffnet, so wird kein Funke entstehen, obgleich die Apparate ausgeschaltet werden; denn der Stromkreis bleibt durch den dünnen Draht (den Widerstand) stets geschlossen, und beim Schliessen des Kontaktes wird nur wieder der Haupttheil des Stromes durch die Apparate geführt.

An Stelle eines solchen dünnen Drahtes kann man auch die Enden

---

[1] Auch an Chronometern hat man Kontakteinrichtungen angebracht.

[2] Auch Legirungen von Platin, namentlich Platin-Iridium werden vielfach angewendet, da diese meist härter als reines Platin sind.

zweier Drähte, welche an die Batteriepole angeschlossen sind, in ein kleines Gefäss mit Wasser tauchen lassen, welches etwas Kupfervitriol enthält. Man setzt dann am besten Platinenden an die Drähte und verschliesst das Gefäss (etwa ein Medicinglas) mit einem Stopfen, durch den die beiden Drähte o h n e sich zu berühren — was auch im Wasser nicht geschehen darf — hindurchgehen. Eine solche Kondensatoreinrichtung schont die Kontakte ganz ausserordentlich.

Indem wir hier von denjenigen Kontakteinrichtungen, welche sich an Primäruhren für den öffentlichen Zeitdienst vorfinden und welche meist nur durch die Uhr selbst ausgelöst, im Übrigen aber wegen ihrer grossen Kraftansprüche von einem eigenen Laufwerk getrieben werden, absehen, [1] wollen wir einige der an wirklichen Präcisionsuhren vorkommenden charakteristischen Konstruktionen besprechen.

a. Kontakte in Pendeluhren.

Die Kontakteinrichtungen unterscheiden sich im Allgemeinen dadurch, dass ein Theil derselben mit dem Pendel in direkter Verbindung steht, während Andere durch Räder- oder Hebelwerke gebildet werden, welche direkt auf der Welle des Steigrades befestigt sind oder von dort aus in Bewegung gesetzt werden. Auch würden sich dieselben eintheilen lassen, je nachdem ein Theil der Uhr selbst (meist das Pendel und die mit ihm direkt in Verbindung stehenden Theile) einen Theil des Stromkreises bildet, oder ob dieser ganz unabhängig von irgend welchen wesentlichen Theilen der Uhr zu Stande kommt. Streng lassen sich diese Unterschiede aber wohl kaum als Eintheilungsprincip durchführen; nur mag erwähnt werden, dass die in beiden Fällen zuletzt genannten Einrichtungen stets den Vorzug verdienen.

Die einfachste Kontakteinrichtung ist offenbar dadurch herzustellen, dass man entweder am Gehäuse der Uhr oder am Pendel selbst ein kleines Gefäss mit Quecksilber anbringt, welches so eingerichtet ist, dass eine Quecksilberkuppe über die Oberfläche der Höhlung hervorragt, was ja durch die Capillarwirkung zwischen Holz oder Glas und Quecksilber leicht möglich ist. Durch diese Kuppe wird sodann ein am Pendel resp. am Gehäuse der Uhr befestigter Draht, welcher in eine Platinspitze oder Schneide ausläuft, bei jeder Schwingung hindurchgeführt. Taucht dann gleichzeitig der eine Leitungsdraht in das Quecksilbergefäss, während der andere mit der Schneide oder Spitze verbunden ist, so wird natürlich bei jedem Hindurchgehen derselben durch das Quecksilber der Strom geschlossen werden. Wegen ihrer Einfachheit ist diese Konstruktion häufig angewendet worden und wird es vielfach noch. So hat LAMONT das Quecksilbergefäss am Pendel angebracht, obgleich man meinen sollte, dass durch Verdunsten und event. Verspritzen des Quecksilbers leicht Störungen im Gange der Uhr hervorgebracht werden könnten. Diese Einflüsse sind aber thatsächlich nur gering gegenüber demjenigen,

---

[1] Dergleichen Uhren findet man z. B. beschrieben bei: Schellen, Der elektromagn. Telegraph — Tobler, Die elektrischen Uhren — Zetsche, Handb. d. elektr. Telegraphie, Bd. IV u. a. m.

welchen schon das Durchschneiden des Quecksilbers durch den Draht selbst hervorbringt. Lamont machte geltend, dass auf diese Weise eine Reinigung der Schneide leicht möglich sei, ohne Eingriff in den Gang der Uhr.

Eine ähnliche Einrichtung, nur mit umgekehrter Anordnung, ist z. B. die von G. W. Hough[1]) angegebene. Fig. 288 zeigt dieselbe. An der Pendelstange, in etwa 40 cm Entfernung von der Linse, ist der Klemmring p angebracht, welcher einen Draht mit Platinende trägt. Dieses streicht bei den Schwingungen des Pendels über den Napf c hinweg, welcher eine kleine Durchbohrung hat, aus der stets ein gleich hoher Quecksilbertropfen hervorragt. Die konstante Höhe dieses Tropfens wird dadurch erzielt, dass mit dem Napf durch die Bohrleitung s ein grösseres Reservoir in Verbindung steht,

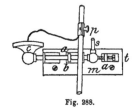

Fig. 288.

welches stets einen Ersatz des etwa verdunsteten oder weggeschleuderten Quecksilbers herbeiführt. Ausserdem kann durch die Schrauben bei b und t die Stellung des Napfes so justirt werden, dass das Drahtende immer genau durch die Quecksilberkuppe geht, wenn das Pendel die Ruhelage passirt, und dass ausserdem auch bei der Veränderung der Pendellängen durch die Temperatur doch die Tiefe des Eintauchens gleich erhalten werden kann. Gerade der letztere Umstand ist eine Hauptquelle der Störungen, welche diese Kontakteinrichtungen in dem Gang der Uhr hervorbringen. Man hat aus diesem Grunde auch wohl schon die Quecksilbernäpfe an den unteren Enden von Eisenstangen befestigt, deren obere Enden in der Nähe des Aufhängepunktes des Pendels mit dem Uhrgehäuse verschraubt waren. Dadurch wurde offenbar eine mit der Temperatur veränderliche Stellung des Quecksilbers erzielt, welche der des betreffenden Pendelabschnittes gleich ist. Auch pflegt man zum Theil aus diesem Grunde solche Kontakte nicht gerne am unteren Ende des Pendels anzubringen, was ja sonst am einfachsten wäre, wenn man nur das Pendel unten in eine Platinspitze würde endigen lassen. Andererseits würde dabei aber auch der störende Einfluss auf das Pendel am grössten sein. Diese Kontakteinrichtung darf man aber auch nicht zu hoch an dem Pendel anbringen, da sonst der Stromschluss zu lange dauern und namentlich zu stark von der jeweiligen Form der Quecksilberkuppe abhängig sein würde, was eine ganz ungleiche Entfernung der Registrirzeichen zur Folge haben würde.

Eine andere Art Quecksilberkontakt mit direkter Einwirkung des Pendels hat seiner Zeit Krille ausgeführt.[2])

Bei dieser Einrichtung wird je während einer Sekunde der Strom geschlossen und geöffnet. AB und CD, Fig. 289, sind zwei mit Quecksilber gefüllte Glasröhren, die in den Elfenbeinstücken F und H befestigt sind. Von den Glasröhren aus sind Kanäle bei I und K durch das Elfenbein ge-

¹) Astronomy and Astrophysics 1894, S. 185 — G. W. Hough, Electrical Clock connections.

²) Astron. Nachr., Bd. 49, S. 8.

führt, mittels welcher das in den Gefässen enthaltene Quecksilber aus den
Öffnungen I und K ausfliessen kann, wenn dem Abflusse kein Hinderniss
entgegen steht. Die Gefässe werden, wie in der Figur angedeutet ist,
so nebeneinander gestellt, dass die bei I
und K austretenden Quecksilberkuppen gerade in der Mitte zusammentreffen. Auf
solche Weise wird das Ausfliessen des
Quecksilbers verhindert, und es findet alsdann zwischen beiden Gefässen mittels des
unbeweglichen dünnen Quecksilberstrahls
IK eine Verbindung statt.

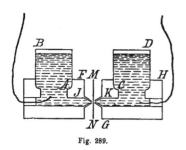

Fig. 289.

Beide Gefässe werden dann im Uhrgehäuse so neben der Uhr befestigt, dass
der Quecksilberstrahl IK der Ankerwelle
der Uhr parallel ist und nahezu in gleicher Höhe mit derselben sich befindet.
An der Ankerwelle ist ein kleiner metallener Arm befestigt, der ungefähr
bis an den Zwischenraum FG der beiden Elfenbeinstücke reicht und am
anderen Ende ein Gegengewicht trägt, so dass sein Schwerpunkt in die
Drehungsaxe der Ankerwelle fällt. Am Ende dieses Armes ist ein äusserst
dünnes Glimmerblättchen befestigt, dessen Fläche senkrecht zur Richtung
des Quecksilberstrahls IK gestellt ist und welches diesen Strahl in seiner
Mitte so durchschneidet, dass der Durchschnitt die Kante des Blättchens berührt, wenn das Pendel durch die Ruhelage geht.

Wenn sich das Pendel nun nach derjenigen Richtung bewegt, bei
welcher das Glimmerblättchen sich senkt, so bleibt die metallische Verbindung zwischen den beiden Quecksilbergefässen AB und CD so lange
unterbrochen, bis das Pendel von seiner grössten Ausweichung zurückkehrend
wieder die Vertikale erreicht. Es ist klar, dass in der darauffolgenden Sekunde das Glimmerblättchen den Quecksilberstrahl IK nicht durchschneidet,
und dass folglich während der Dauer derselben eine metallische Verbindung
zwischen AB und CD stattfindet. In der darauffolgenden Sekunde ist die
Verbindung wieder unterbrochen u. s. w.

Mit den Quecksilbergefässen AB und CD sind kupferne Drähte in Berührung gebracht, die zu den entgegengesetzten Polen eines galvanischen
Elementes führen.

Eine Kontakteinrichtung besonderer Art hat O. M. MITCHEL für eine Uhr
des Cincinati Observatory konstruirt. Dieselbe ist im ersten Bande der
Annalen des Dudley Observatory S. 37 abgebildet und kurz wie folgt beschrieben. In Fig. 290 ist p das Pendel, c ein Drahtkreuz und a ein Holzklotz, an welchem das Kreuz (ein Winkelhebel) sich im Scheitelpunkt um
eine horizontale sehr leicht bewegliche Axe dreht. Ausserdem ist in demselben eine Höhlung für Quecksilber, welches mit dem einen Ende der Leitung
in Verbindung steht, die Axe des Hebels ist an das andere angeschlossen.
Durch die Bewegung des Pendels wird vermittelst eines hervorstehenden Ansatzes an c in der Nähe der Amplitude nach rechts der horizontale Arm
des Winkelhebels mit seiner Platinspitze für kurze Zeit in den Quecksilber-

napf gedrückt, während er gleich nach Umkehr des Pendels vermöge des etwas schwereren entgegengesetzt gerichteten Armes sofort wieder aus dem Quecksilber gehoben wird. Beim Eintauchen wird die galvanische Verbindung hergestellt. MITCHEL selbst hat zuerst die Spitze durch einen

Fig. 290.

zwischen Pendel und vertikalem Arm gespannten feinen Spinnenfaden bei der linksseitigen Amplitude herausheben lassen, also mit Ruhestrom gearbeitet, während hier der Kontakt auf Arbeitsstrom eingerichtet ist.

An Stelle des Quecksilbers hat man vielfach die Berührung zweier Federn gesetzt, weil dadurch manche Übelstände, die jenes mit sich bringt, gehoben werden, namentlich auch der, dass man in unmittelbarer Nähe guter Uhren nicht gerne die Quecksilberdämpfe hat. Durch die Einführung der Federn wird aber dem Pendel, falls dieselben an diesem angebracht oder direkt von ihm berührt werden, eine etwas grössere Arbeit zugemuthet, welche ausserdem noch variabel sein kann, da Federn leicht durch Temperatur und Anderes beeinflusst werden. — Es gehören dahin z. B. die Einrichtungen von H. C. RUSSEL[1]) und von T. Cooke & Sons in York. Beide sind wenig verschieden und repräsentiren den Typus einer ganzen Anzahl ähnlicher Anordnungen, so dass hier nur die Russel'sche näher beschrieben werden soll, wodurch alle ähnlichen ohne Weiteres verständlich sein werden. In Fig. 291 ist das Ansatzstück h etwa 360 mm oberhalb der Linse an der Pendelstange festgeschraubt und trägt zwischen sich und der Brücke i ein sehr leichtes Rädchen f. Am Gehäuse cc der Uhr ist das Stück a mittelst der Schrauben bb befestigt. Der mit a verbundene metallene Streifen d trägt bei o′ eine Klemmschraube zur Aufnahme des einen Leitungsdrahtes und ausserdem

---

[1]) Vergl. Monthly Notices, Bd. XXXXIX, S. 381.

durch r und s angeschraubt die feine Feder g, und zwar ist dieselbe durch
verschieden starkes Anziehen dieser Schrauben auf der abgerundeten Lager-
fläche etwas justirbar. Nahe ihrer Mitte trägt die Feder g ein kleines stählernes Prisma v, ·durch welches dieselbe, wenn das Rädchen darüber hinweg
geht, herabgedrückt werden kann; m und n sind die Theile, welche die mit
Platinspitzen versehenen Kontaktschrauben k und k' durchsetzen. Dieselben
sind gegen einander und gegen die Schraube o'' isolirt. Wird beim Passiren
des Pendels durch die Ruhelage die für gewöhnlich an k anliegende Feder g
durch die Schwere des Rädchens (nur durch diese) herabgedrückt, so wird
sie mit der Kontaktschraube k' in Berührung kommen und, falls diese und
o' mit Batterie und Registrirapparat oder Zifferblatt leitend verbunden sind,
den Strom schliessen und die sekundären Apparate in Thätigkeit setzen. Man

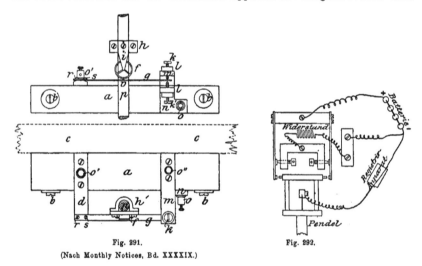

Fig. 291.
(Nach Monthly Notices, Bd. XXXXIX.)   Fig. 292.

sieht, dass diese Einrichtung sowohl für Arbeitsstrom als auch für Ruhestrom
leicht benutzbar ist, je nachdem k' oder k als Kontaktschraube verwendet wird.

. Auch an den oberen Theilen des Pendels hat man ähnliche Einrichtungen
getroffen, sie stören dort den Gang natürlich weniger, weil sie an einem
kürzeren Hebelarm angreifen; aber die Präcision der Wirkung ist auch geringer, da kleine Verschiebungen in den einzelnen Theilen gleich starke
Änderungen in den Berührungsmomenten hervorbringen. Eine solche Anordnung, bei welcher der Kontakt an einem oberhalb der Aufhängefeder
befestigten besonderen Stücke der Pendelstange angebracht ist, zeigt Fig. 292.[1]

Ähnlich dem Krille'schen Kontakt ist ein solcher von DANISCHEFSKY,
weichen v. OPPOLZER vielfach angewendet und empfohlen hat. KONKOLY beschreibt denselben folgendermassen:

---

[1] Es ist das eine von E. Wagner in Wiesbaden an einer Shelton'schen Uhr angebrachte
Kontaktvorrichtung, welche trotz ihrer grossen Einwirkung auf das Pendel doch recht gut
funktionirt, was zum Theil dem Vorhandensein eines Nebenschlusses mit grossem Widerstand
zu verdanken ist.

„An der Axe des Ankers der Uhr ist ein kleiner, dünner Hebel be-
befestigt, welcher die Bewegung desselben mitmacht. Er bewegt sich mit
seiner scharfen Kante in der Schwingungsebene des Pendels seitlich von
demselben auf und ab. Sein Ende trägt zwei Platinplättchen, mit denen er
zwischen zwei sich nahezu berührenden Federchen, welche an ihrer Innenseite ebenfalls mit Platin belegt sind, bei jeder Schwingung des Pendels auf
die Dauer von einer Sekunde tritt. Dadurch wird der galvanische Strom,
welcher, durch die beiden Federchen geht, geschlossen, bei dem Heraustritt
des Hebels aber wieder geöffnet."[1]

Bei dieser Einrichtung findet ebenfalls der Stromschluss für je eine ganze
Sekunde statt, während nur jede zweite Sekunde ein Signal erfolgt.[2] Die
Arbeit des Kontaktes wird hier nicht vom Pendel besorgt. Etwaige Oxydation
der Kontaktstellen wird durch das fortwährende Aneinanderreiben derselben
unschädlich gemacht.

Wie hier ist auch bei dem schon vielfach beschriebenen, aber nie abgebildeten Kessels'schen Kontakt an der Hamburger Uhr (deren Pendel oben
schon abgebildet ist) der auslösende Theil auf der Ankeraxe angebracht und
besteht in einem langen, äquilibrirten Stift s, Fig. 293, welcher an seinem

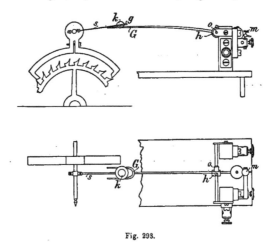

Fig. 293.

Ende in eine feine Gabel g ausläuft. Auf derselben ruht eine kleine
Metallkugel k, welche einen äquatorealen Ring besitzt. Senkt sich dieser
Arm mit der Kugel, so gleitet die Gabel g durch eine zweite Gabel G
hindurch, welche das eine Ende eines um o drehbaren zweiarmigen Hebels

---

[1] Bei v. Oppolzers ursprünglicher Einrichtung waren die beiden Federchen gemein-
schaftlich mit dem einen Ende der Leitung gegen das Uhrgehäuse isolirt verbunden, während
das andere Ende an eine der Uhrplatinen angeschlossen war, so dass der Strom durch einen
Theil des Pendels und die Ankeraxe ging.

[2] Dieser letztere Umstand findet noch bei mehreren anderen Kontakteinrichtungen
statt, ist aber bei gut gehenden Chronographen ohne Belang; er lässt sich jedoch auch leicht
dadurch umgehen, dass man statt des Sekunden-Pendels ein Halbsekunden-Pendel verwendet.

bildet, dessen anderes kurzes Ende die als Kontakt dienende Schraube m
trägt. Kommt die Kugel k auf die Gabel des Hebelarmes h zu liegen, so
wird sich jener auf dieser Seite senken und den Kontakt bei m öffnen; wird
die Kugel durch die Gabel g gehoben, wird sich der Kontakt bei m schliessen.
Die weitere Wirkungsweise der Kontakteinrichtung ist aus der Figur ohne
weiteres verständlich.[1]

Eine weit bessere als die vorgenannten Methoden zur Herstellung eines
Kontaktes ist die, welche weder das Pendel noch den Anker resp. dessen
Axe in Mitleidenschaft zieht, und darauf beruht, dass auf der Axe des Steigrades ein zweites leichtes Rädchen mit 60 scharfen Zähnen sitzt.[2] Die Zähne
dieses Rädchens wirken auf irgend eine Weise auf einen Hebel oder (weniger
zu empfehlen) auf ein Federchen, durch welche dann der Kontakt bewirkt
wird. Dabei ist dieses Rädchen oder der Hebel so zu stellen, dass die
Wirkung zwischen beiden kurz nach dem Abfall eines Zahnes vom Anker
erfolgt. In diesen Momenten ist das Uhrwerk ganz frei vom Regulator und
dessen Schwingungen werden völlig unabhängig von der Herstellung des Kontaktes bleiben, da der hierzu nöthige Kraftaufwand nur direkt von dem Motor
der Uhr geleistet wird. Man hat bei diesen Einrichtungen den Vortheil,
dass die Ankerwelle gänzlich unbelastet ist und keinerlei Störungen in ihren
Bewegungen erleidet, weiterhin aber auch den, dass kein Theil der eigentlichen Uhr zur Stromleitung verwendet wird, was namentlich in dem Falle, in
welchem der Strom seinen Weg durch Axen zu nehmen hat, nicht unbedenk-
lich ist, wegen der elektrolytischen Wirkung an den geölten Zapfenlöchern.[3]

Zu dieser Art von Kontakten gehören die von LOCKE, von WOLF, und
die in neuerer Zeit von KNOBLICH, DENCKER, KITTEL und Anderen ausgeführten
Einrichtungen. Die Locke'sche Anordnung ist die folgende: Die Axe des
Hemmungsrades trägt, wie oben angegeben, ein zweites Rad mit 60 Zähnen.
Auf dem gerade in gleicher Höhe mit der Axe sich befindenden Zahne ruht
das eine Ende eines sehr zart gebauten zweiarmigen Hebels, dessen anderes

---

[1] Diese Kontakteinrichtung ist gegenwärtig nicht mehr in Benutzung und durch
Kittel in Altona durch eine andere ersetzt, welche sogleich beschrieben werden soll. Ich
verdanke umstehende Darstellung der besonderen Freundlichkeit des Herrn Direktor
G. Rümker.

[2] Soll neben den Sekundenkontakten auch noch die Minute auf irgend eine Weise
markirt werden, so schneidet man häufig einen Zahn aus diesem Rade heraus, und zwar so,
dass die Lücke mit der Sekunde 0 zusammenfällt. Besser ist es allerdings zur Markirung
des Minutenanfanges am Minutenrad noch einen zweiten Kontaktstift anzubringen, welcher
mit etwas Phasenunterschied kurz vor oder nach dem „Nullpunkt" auf dem Streifen ein
zweites Signal macht. Mit Ankerwelle oder Pendel hat man auch wohl eine ringförmige
geschlossene und evakuirte Glasröhre verbunden (die Ringebene in der Schwingungsebene des
Pendels), welche in ihrer unteren Hälfte mit Quecksilber gefüllt ist. Werden sowohl an der
unteren Hälfte als dicht über den beiden Quecksilberkuppen Platindrähte eingeschmolzen,
welche mit der elektrischen Leitung in Verbindung stehen, so wird bei jeder Schwingung des
Pendels ein wechselweises Eintauchen der oberen Platinenden und damit ein wechselnder
Stromschluss erfolgen. Durch die Evakuirung wird eine Oxydation vermieden.

[3] Man thut gut, durch die Uhr immer nur einen möglichst schwachen Strom (etwa von 2 bis
3 Meidinger Elementen) zu schicken und durch diesen ein empfindliches Relais zu treiben,
welches seinerseits dann den die Hülfsapparate in Thätigkeit setzenden starken Strom schliesst.

um sehr wenig schwereres Ende sich mit einer Platinspitze auf eine aus gleichem Metall bestehende Fläche stützt. Das eine Ende der Leitung ist durch ein ganz feines, langes Spiralfederchen mit der Axe dieses Hebels verbunden, das andere mit der vom Uhrwerk isolirten Anschlagplatte. Ruht also die Spitze (es ist dieses gewöhnlich das Ende einer feinen Korrektionsschraube, damit man durch sie zugleich die Lage des Hebels korrigiren kann) auf der Platte,[1]) so ist der Strom geschlossen, wird aber bei der Drehung des Rädchens der Hebel auf der anderen Seite niedergedrückt, so öffnet sich der Strom und das betreffende Signal erfolgt durch Abfall des Ankers. Der hier benutzte Ruhestrom kann durch Zwischenschaltung eines Relais, was ohnedies vortheilhaft ist, in Arbeitsstrom umgesetzt werden. Einrichtungen zur Vermeidung des Öffnungsfunkens sind in beiden Fällen wünschenswerth.

Ganz ähnlich ist die Einrichtung von KITTEL in Altona, welche Fig. 294 zeigt. A A ist ein durch die Schraube S verstellbarer Block, welcher an der hinteren Uhrplatine P befestigt ist und die Säule B trägt, auf dieser ruht eine Platte d, welche an ihrem einen Ende die Lager f für die Axe des Kontakthebels k und am anderen Ende die Schraube r aufnimmt. Diese hat auf ihrer Spitze eine Platte m mit Platinbelag, auf welcher die Kontaktschraube n aufruht. Durch Drehen der Schraube r kann die Platte gehoben und gesenkt und durch Drehen der Platte selbst um die Axe der Schraube die Kontaktstelle variirt werden, falls dieselbe im Laufe der Zeit oxydiren sollte.[2]) Das andere Ende des Hebels k läuft in einen kleinen Haken h aus, welcher in die Zähne des Rades l eingreift und von diesem in oben beschriebener Weise bewegt wird. Es wird dadurch also jede Sekunde der Strom zwischen m und n

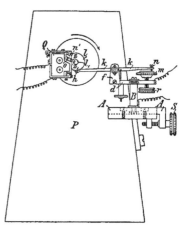

Fig. 294.

unterbrochen. Ausser dem Rade l trägt aber die Steigradaxe auch noch die Rolle l_1 mit dem Steinzahn z_1. Dieser wird bei jeder Umdrehung des Steigrades einmal an den Steinzahn z kommen, welcher in einem kleinen Hebelchen o sitzt. Dadurch wird der andere Arm desselben von der Kontaktschraube n′ entfernt und jede Minute derselbe galvanische Strom, welcher seine Verbindung mit dem Registrirapparat durch die Lamellen auf der Platte Q erhält, zum zweiten Male geöffnet, wodurch der Anfang der Minute

---

[1]) Vergl. dazu auch die Fig. 294, welche die Kittel'sche Einrichtung für die Kessels'sche Uhr in Hamburg darstellt.

[2]) Dieser Weg zur Verhütung der Nachtheile des Öffnungsfunkens ist vielfach angewendet, z. B. auch automatisch wirkend in der Weise, dass statt der Platte m eine sich um eine horizontale Axe drehende Walze eingeführt wird, welche die Schnur des Zuggewichtes mittelbar oder unmittelbar in langsame Bewegung versetzt.

durch einen zweiten Punkt mit einem kleinen Phasenunterschied auf dem Streifen markirt wird. Diese Anordnung der Kontakte ist wohl die beste und zugleich zuverlässigste, die bis jetzt konstruiert worden ist, natürlich kann dieselbe der äusseren Form nach sehr mannigfaltig sein. So könnte man z. B. an Stelle des Hebels von dem Unterbrechungsrade l direkt ein kleines Stiftchen r heben lassen, wie es Fig. 295 schematisch zeigt, welches mit der Nase k versehen ist und in einer Führung ff' sich sehr leicht bewegen kann. Am unteren Ende ist ein Platinstift m, der für gewöhnlich auf der mit Platin belegten Platte n ruht. Durch jeden Zahn des Rades l wird hier der Kontakt unterbrochen. Diese Einrichtung ist äusserst einfach und absolut zuverlässig.

Eine Kontakteinrichtung, welche eigentlich das Ideal derselben wäre, wenn sie zuverlässig funktionirte, ist von BRUNNOW[1]) angegeben worden; auch HANSEN hat in seiner Beschreibung der Gothaer Sternwarte dieselbe Idee, als von seinem ältesten Sohne herrührend, ausgesprochen. Sie besteht darin, dass man an dem unteren Theile des Pendels einen oder zwei kräftige permanente Magnete M, Fig. 296, anbringt (ganz ähnlich wie bei der

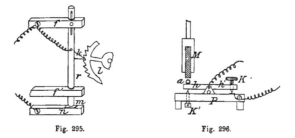

Fig. 295.   Fig. 296.

Barometerkompensation des Greenwicher Pendels) und in kleine Entfernung unter der Gleichgewichtslage des Pendels einen beweglichen Anker a, der an einem zweiarmigen Hebelarm hh' befestigt ist, der sich um eine durch zwei Lager gehende horizontale Axe o sehr leicht drehen kann. Diesen Anker wird das Pendel dann bei seinem Durchgange durch die Ruhelage zu sich heranziehen und so den anderen Arm h' des Hebels niederdrücken. In diesem befindet sich die Kontaktschraube K, welche sodann mit der Grundplatte P die galvanische Verbindung herstellt. Durch die Schraube K' kann sowohl die Lage des Ankers korrigirt werden, als auch mittelst Ruhestroms gearbeitet werden, wenn die Leitung durch diese Schraube statt durch K hergestellt wird. Dieser Kontakt ist aber sehr empfindlich und daher nicht besonders zuverlässig, namentlich wird er fortwährend durch die Längenänderung des Pendels von der Temperatur beeinflusst, weil dadurch die Entfernung zwischen Anker und Magneten verändert wird. Er hat sich, so viel mir bekannt, nicht eingebürgert.[2])

---

[1]) Brünnow, Astron. Notices.
[2]) Um die Wirkung zu verstärken, könnte man den Anker a aus Stahl machen und polarisiren, das würde auch zugleich die Änderungen des Erdmagnetismus unschädlich machen, wenn diese einen merkbaren Einfluss haben sollten.

Ein ziemlich komplicirtes, theoretisch aber interessantes Kontaktwerk hat gleichfalls HANSEN angegeben; es ist das ein solches, welches durch ein von der Uhr nur ausgelöstes Laufwerk vermittelt wird. Ich glaube aber hier von einer eingehenden Beschreibung absehen zu können, da eine praktische Ausführung wohl kaum noch vorkommen wird und die Beschreibung sehr viel Raum beansprucht; ich verweise in Bezug darauf auf das Original.[1])

b. Kontakte in Chronometern.

Auch in Chronometern hat man Kontakteinrichtungen angebracht. Zuerst dürfte das auf einen Vorschlag ELLERYS in Melbourne hin im Jahre 1860 geschehen sein. Das Chronometer, welches damit versehen wurde, war MOLYNEUX 1438.[2]) Dasselbe soll gegenwärtig noch gut funktioniren. Die Schwierigkeit war bei diesen Ausführungen zumeist in der Zartheit der ge-

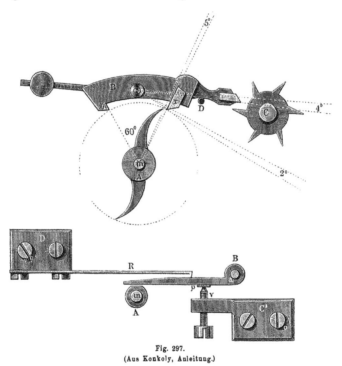

Fig. 297.
(Aus Konkoly, Anleitung.)

forderten Konstruktion zu suchen, welche einem Minimum von Kraftaufwand angepasst sein musste, und ferner darin, dass durch die Wirkungsweise der Cardanschen Aufhängung keine Störung eintreten durfte.

---

[1]) A. Hansen, Bestimmung des Längenunterschiedes zwischen den Sternwarten Gotha und Leipzig, Leipzig 1866, S. 11.
[2]) „The Observatory" 1887 in den Heften von März, September und December. Vergl. auch Ann. of Harvard Coll., Bd. VIII, S. 19.

Später sind solche Einrichtungen mehrfach von Bond & Comp. in Boston, von Parkinson & Frodsham und in neuer Zeit auch von deutschen und schweizer Chronometermachern ausgeführt worden. v. Konkoly beschreibt einen solchen Kontakt von Hipp und W. du Bois in Locle nach Prof. Hirschs Angabe etwa wie folgt. [1])

Unter der unteren Platte des Chronometers mit ihm in derselben Metallbüchse befindet sich noch eine dritte Platte, welche das Hülfsräderwerk trägt, das den Flügel A, Fig. 297, in Bewegung setzt. Die Axe des Chronometer-Echappements trägt das Auslösungsrad C. Indem dasselbe jede Sekunde um einen Zahn vorrückt, hebt es den Anker B. Derselbe wird durch eine Spiralfeder an den Ruhestift D angelegt; wird er aber gehoben, so lässt der Zahn r den Flügel A frei, dieser wird sich um 180° drehen und sein zweiter Arm, nachdem er unter Umständen durch Vermittlung des Zahnes r_1 den Anker B wieder an D angelegt hat, wird wieder durch r gefangen. Bei der Drehung von A wird der um a drehbare Hebel von der Feder R dadurch einmal mit dem auf ihm befestigten Platinblättchen p auf die Schraube v herabgedrückt, dass ein auf der Axe m befestigtes Scheibchen an einer Stelle plan geschliffen ist.

Das Federchen R macht die Berührung von p und v zu einer sicheren und vermittelt zugleich den Stromschluss zwischen den gegeneinander isolirten Platten D und C^1. Die Anzahl der Zähne an C ist so eingerichtet, dass jede Sekunde ein Kontaktschluss erfolgt. Der Einfluss, welchen dieses Kontaktwerk auf den Gang der Uhr ausübt, ist so gering, dass die Schwingungen der Unruhe bei angestellten Versuchen von 540° nur auf 530° herunter gingen. Diese Einrichtung ist aber ziemlich komplicirt und hat sich daher kaum weiterer Verbreitung erfreut.

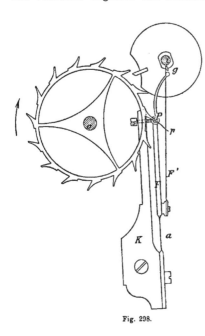

Fig. 298.

Viel einfacher ist es, die einzelnen Theile des Chronometer-Echappements gegenseitig zu isoliren und Hemmungsfeder resp. Gegenschraube als die beiden Enden der galvanischen Leitung zu benutzen, sodass also etwa in Fig. 298 die Feder a einerseits und die Schraube s andererseits an die Drähte angeschlossen werden, sodass nur K sowohl gegen die Platine der Uhr, als auch gegen die Feder a isolirt zu sein braucht, während man die Spitze der Schraube s und die Platte für den Stein p mit Platin-

¹) Konkoly l. c. S. 75.

iridiumstückchen belegt. Auch lässt sich mittelst Einführung eines besonderen Rades auf der Steigradaxe, gerade wie oben bei den Pendeluhren, ein guter Erfolg erzielen, nur ist dazu der Raum meist zu beschränkt. Es ist nicht zu leugnen, dass absolut gute und einfache Kontakteinrichtungen in Chronometern noch ein Desiderat sind; denn namentlich auf den jetzt so vielfach benöthigten temporären Beobachtungsstationen würde es von grossem Vortheile sein, wenn von der Mitführung und Aufstellung von Pendeluhren abgesehen werden könnte.

Einen ganz anderen Weg, die Schläge einer Penduluhr, welche vielleicht, wie es häufig geschieht, in einem nur selten betretenen Raume aufgestellt ist, weiterhin hörbar zu machen und unter Umständen auch zur Registrirung zu verwenden, hat M. W. MEYER, der frühere Direktor der Urania, als er noch an der Sternwarte in Genf thätig war, vorgeschlagen und in einem kleinen Heftchen näher erläutert.[1])

Er bringt mit einem Theile der Uhr, z. B. einer Platine oder auch nur mit dem Gehäuse derselben, ein empfindliches Mikrophon in Verbindung, dieses wird von den durch den Abfall des Ankers erzeugten minimalen Erschütterungen in Thätigkeit gesetzt und ist im Stande, einen galvanischen Strom zu öffnen und zu schliessen, der durch die beiden Kohlenspitzen geleitet wird. Dieser galvanische Strom kann dann entweder die Umwicklung eines Telephons als Bestandtheil mit einschliessen und somit dieses zum Tönen bringen, oder es kann auch ein sehr empfindliches Relais damit in Betrieb gesetzt werden, welches dann seinerseits beliebige Sekundär-Uhren, Chronographen u. s. w. mit Sekundenzeichen zu versehen im Stande ist.

Übrigens kann selbstverständlich auch in jeden anderen Stromkreis, welcher Sekundenschlüsse durch irgend ein Kontaktwerk erhält, ein Telephon eingeschaltet werden, sobald es sich darum handelt, die Sekundenschläge in irgend einem anderen Raume nur hörbar zu machen. Ja es genügt schon, wie ich aus Erfahrung weiss, einen zweiten Draht, welcher an die Umwicklung eines Telephons angeschlossen ist, auf eine kurze Strecke (etwa 4—5 m) dicht neben einen Kontaktdraht zu legen, um durch Induktion sehr deutlich Töne in dem Telephon hervorzurufen.

Die von MEYER angegebene Methode ist vielfach versucht worden, sie scheitert nur häufig daran, dass natürlich auch alle anderen, wenn auch nur äusserst geringen Erschütterungen des Mikrophons als Strom-Unterbrechungen mit wirken und so recht oft Störungen des Betriebes vorkommen. Zur Übertragung der Schläge der Uhr allein auf telephonischem Weg ist sie aber trotzdem recht wohl zu empfehlen.

Damit möchte ich die Besprechung der Kontaktwerke abschliessen und zugleich auch das Kapitel über die astronomischen Uhren, sofern hier nur die heute noch regelmässig im Gebrauch befindlichen Konstruktionen be-

---

[1]) M. W. Meyer, Sur l'enregistrement des Battiments de secondes d'une pendule au moyen du microphone, Archives des Sciences phys. et naturelles. 1881, III. Periode, tome VI, S. 418.

sprochen werden sollten. Es gehört die Anführung der sogenannten Tertien-
uhren, der Dreizehnschläger u. s. w. weit mehr in eine Geschichte der astronomischen Instrumente als hierher. Die ersteren, welche noch zur Messung
der Unterabtheilung der Sekunden dienen sollten, sind heute ganz ausser
Gebrauch,[1]) und auch die anderen, welche zur Vergleichung von zwei nach
mittlerer Zeit oder zwei nach Sternzeit gehenden Uhren dienen sollten, und
deshalb als Ersatz für eine Uhr der anderen Art gebraucht werden können,
kommen ebenfalls nur noch sehr selten vor, weil solche Vergleichungen jetzt
sehr häufig vermittelst der chronographischen Registrirung ausgeführt werden.

---

[1]) In einer solchen Uhr beschreibt z. B. ein über einem in 60 Theile eingetheilten
Kreisbogen oder ganzen Kreis schwingender Zeiger in einer Sekunde diesen Bogen;
häufig kann er durch ein Schleifwerk vermittelst eines von aussen andrückbaren Knopfes
momentan angehalten werden und seine Stellung auf dem Bogen giebt dann die Theile der
Sekunde an, wie das oft in sogenannten Registrirtaschenuhren der Fall ist. Letztere sind
häufig so eingerichtet, dass man durch einen Druck auf einen Knopf die Zeiger in Thätigkeit setzen, sie anhalten und auch den Sekundenzeiger wieder auf „Null“ zurückspringen
lassen kann; was durch Einfügung einer eigenthümlich geformten Scheibe bewirkt wird,
gegen die eine Feder schleift.

III.

Einzelne Theile der Instrumente.

Siebentes Kapitel.

Axen.

Wie in der Einleitung gezeigt wurde, beruht ein grosser Theil der Beobachtungen der praktischen Astronomie auf der Messung der Winkel, welche bestimmte Visirrichtungen mit festen (wenigstens relativ festen) Ebenen oder Linien machen. Diese Linien und Ebenen treten gewöhnlich als Theile der Instrumente auf und werden dann durch deren Axen und Kreise dargestellt.

Die Axen der Instrumente sollten eigentlich nur gerade Linien sein, um welche bestimmte Drehungen ausgeführt werden. Es können solcher Axen bei einem Instrumente mehrere vorhanden sein, welche entweder unabhängig von einander in Funktion treten oder in bestimmten Verbindungen mit einander stehen; die Winkel, welche sie im letzteren Falle mit einander einschliessen, werden in der Regel 90^0 betragen.

Da mathematische Linien natürlich technisch nicht ausführbar sind, so muss man an deren Stelle konkrete Gebilde setzen, welche denselben Bedingungen genügen können, wie jene selbst. Das ist bei den sogenannten Rotationskörpern der Fall, namentlich bei den hier in Betracht kommenden: dem Cylinder, dem Kegel und der Kugel.

Die auf den Axen dieser Körper senkrechten Querschnitte stellen stets Kreise dar. Daher stehen die Axen von den Punkten der Peripherie desselben Querschnittes gleich weit ab, sodass auch dann, wenn eine solche „materielle Axe" an irgend einem Punkte unterstützt wird, die durch sie repräsentirte mathematische Axe immer von diesem Punkte oder einer durch ihn gehenden Ebene bei Drehung der ersteren gleichweit entfernt bleibt. Damit die Axen bei den Bewegungen des Instrumentes bestimmte Lagen beibehalten, sind dieselben durch ihre „Lager" unterstützt und geführt. Diese Lager sowohl als auch die Axen selbst werden je nach der näheren Bestimmung des Instrumentes verschieden eingerichtet sein. Die Form und Anordnung der Lager wird sich namentlich nach der Richtung der Axe zum Horizont und nach der Konstruktion und dem Zweck des ganzen Instrumentes richten. Die Axen der astronomischen Instrumente sind sämmtlich aus Metall verfertigt, ebenso auch die Lager, in denen sie sich bewegen.[1] Die Wahl des Metalles hängt im Wesentlichen von den Zwecken ab, denen die Axe dienen soll, und dabei auch

---

[1] An den Berührungsstellen zwischen Axe und Lager werden auch manchmal Steinfütterungen eingesetzt.

wiederum von ihrer Lage im Raume. Gegenwärtig verwendet man für grössere Axen meist Messing oder sogenannten Rothguss und macht nur diejenigen Stellen derselben, welche in den Lagern aufliegen, die Zapfen, aus Stahl. Eine Ausnahme von dieser Regel bilden die Axen kleinerer Instrumente, bei denen man wohl den ganzen Axenkörper aus einem Stücke herstellt und dann meist Eisen oder· Stahl dazu verwendet.   Sollen die Instrumente auch gleichzeitig magnetischen Zwecken dienen, was wohl bei Universalinstrumenten u. dergl. vorkommt, so pflegt man die ganzen Axen sammt Zapfen aus gänzlich eisenfreiem Materiale, Messing, Rothguss oder dergl. herzustellen. Kupfer selbst, welches sonst sich am besten dazu eignen würde, ist allein verwendet zu weich.   Man hat sogar für solche Zwecke Axenzapfen aus Glas hergestellt, doch hat sich dieses Material, welches seinerzeit von MEYERSTEIN in Göttingen versucht wurde, selbst bei kleinen Instrumenten nicht bewährt. Für die Zapfen pflegt man stets ein härteres Material zu verwenden als für die Lager, damit diese nicht schädigend auf jene einwirken können.   Es ist allerdings auch nicht zu übersehen, dass von zwei sich aufeinander reibenden Metallen im Laufe der Zeit das härtere stärker abgenutzt wird als das weichere, namentlich, wenn eine sehr innige Berührung beider in ausgedehntem Maasse stattfindet.

Aus diesem Grunde sowohl als auch deshalb, weil es sehr schwer ist, die Zapfen der Axen auf eine grössere Strecke absolut cylindrisch oder ge-

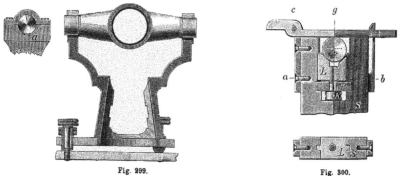

Fig. 299.

Fig. 300.

(Nach Vogler, Abbildgn. geodät. Instrumente.)

nau konisch herzustellen, lässt man die Lager mit diesen nur in möglichst wenigen Punkten zur Berührung kommen.   Lager, welche die Zapfen als Halbcylinder umfassen, sind mit Ausnahme ganz kleiner Instrumente fast völlig ausser Verwendung gekommen.   Die vollen Cylinderflächen sind, wie nebenstehende Fig. 299 zeigt, an der Stelle a ausgespart, sodass sich dort die etwa zwischen die Berührungsflächen gekommenen Staub- und Schmutztheilchen mit dem Öle in dem Ausschnitt a sammeln können und so weiterhin für das Zapfenlager unschädlich werden.   Fig. 300 stellt ein Lager dar, wie solches bei kleineren Instrumenten namentlich dann angewendet wird, wenn ein „in die Höhe drücken" der Axe beim Gebrauch etwa durch Klemmen oder beim Durchschlagen zu befürchten steht. Das Lager ist durch den um c aufklappbaren Deckel g, welcher in den Haken b einschnappt, so geschlossen, dass dieser den Zapfen an seiner höchsten Stelle leicht in das Lager niederdrückt. Auch Lager wie in Fig. 299 sind häufig durch aufgeschraubte Deckel geschlossen, wenn von einem Umlegen der Axen in den Lagern abgesehen werden kann. In Fig. 300 berührt das Lager den Zapfen nur noch in einzelnen geraden Linien; diese Art der Lagerung bietet zugleich den Vortheil, dass die Berührungslinien zwei Flächen angehören, welche einen rechten Winkel mit einander einschliessen. Damit wird erzielt, dass die Centrallinie des Zapfens, selbst wenn dieser nicht genau ein Kreiscylinder, sondern im Durchschnitt etwa von elliptischer Form sein sollte, doch bei allen Drehungen der Axe in gleicher Höhe (horizontale Axe vorausgesetzt) verbleibt.

Aber auch davon ist man in neuerer Zeit bei grösseren Instrumenten ganz abgekommen. Man formt jetzt die Lager allgemein so, dass sie die Zapfen nur noch an zwei Punkten berühren, welche den ebenbesprochenen Berührungslinien angehören und die den Zapfen im gleichen Querschnitte treffen. Man erreicht dies dadurch, dass man die Lagerflächen keil- oder bogenförmig gestaltet, Fig. 301, 302, sodass von diesen selbst nur das oberste

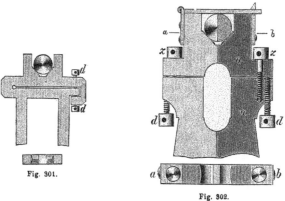

Fig. 301.

Fig. 302.

(Nach Vogler, Abbildgn. geodät. Instrumente.)

Element, also eine gerade Linie das Lager darstellt, welches wiederum den Zapfen theoretisch nur in einem Punkte berührt. Dass in der Praxis dieser Punkt immer zu einer kleinen Fläche wird, ist natürlich. Sind die Axen konisch und laufen sie in konischen Büchsen, so spart man auch hier dieselben so viel aus, dass nur noch zwei schmale Ringe stehen bleiben, Fig. 303, welche die Zapfen zu führen haben. Der letztere Fall kommt namentlich bei vertikalen Axen vor und wird dort näher besprochen werden.

Nach den vorhergehenden mehr allgemeinen Betrachtungen wollen wir nun auf die einzelnen Axen je nach ihrer Lagerung und Form im Speciellen eingehen, wobei auch noch auf einige eigenartige Fälle hinzuweisen sein wird. Man kann die Axen, wenn auch nicht ganz systematisch, eintheilen nach Lage und Führung, und hätte dann zu unterscheiden:

1. Horizontale Axen,
2. vertikale Axen,
3. Axen, welche unter anderen Winkeln gegen den Horizont gerichtet sind,
4. Axen, welche zwischen Spitzen laufen.

Gewöhnlich kommen zwei oder mehr Axen zugleich bei den Instrumenten

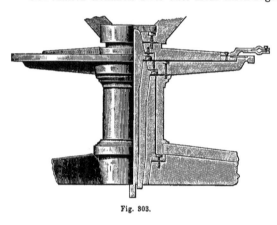

Fig. 303.

vor; von denen die eine horizontal, die andere vertikal, oder die eine in der Richtung der Weltaxe und die andere senkrecht dazu liegt.

Mit diesen verbunden können aber auch noch dritte und vierte Axen angefügt sein; denn auch die Absehenslinie des Fernrohrs ist eigentlich eine Axe. Fast in allen Fällen sollen aber, wie erwähnt, die mit einander fest verbundenen Axen senkrecht zu einander stehen.

1. Horizontale Axen.

Je nach ihrer Verbindung mit Fernrohr und Kreis können diese Axen so eingerichtet sein, dass jene Theile zwischen den Zapfen resp. zwischen den Lagern oder ausserhalb derselben mit ihnen verbunden sind. Im ersteren Falle besteht die Axe bei kleineren Instrumenten, höchstens abgesehen von den Zapfen, aus einem Stück Messing oder Rothguss, bei grösseren Instrumenten (Durchgangsinstrument, Meridiankreis u. s. w.) aber fast immer aus mehreren Stücken, welche mit einander fest verschraubt sind. Im zweiten Falle ist der Axenkörper sehr häufig aus Stahl und immer aus einem Stücke hergestellt und zwar einschliesslich der Zapfen. Die einzelnen Stücke, welche der Betrachtung zu unterziehen sind, sind demnach:

    a) Der Axenkörper,
    b) die Zapfen,
    c) die Lager.

a. Der Axenkörper.

Derselbe ist gewöhnlich hohl gegossen und nur bei kleinen Instrumenten massiv, solange er dadurch nicht zu schwer wird oder z. B. die Beleuchtungseinrichtung für das Gesichtsfeld des Fernrohres es nicht anders bedingt. Die Wandstärke muss aber immer so gross gelassen werden, dass eine Durchbiegung der Axe nicht vorkommen kann. Die Form ist diejenige zweier an einander gesetzter Kegel, deren grössere Grundflächen entweder direkt zusammenstossen oder die durch einen zwischengeschobenen Würfel oder auch durch eine Kugel von gleichem Metalle mit einander verbunden sind.

Ist das Fernrohr an einem Ende der Axe angebracht, so endet auch da der Axenkörper entweder in einen Kubus oder in einen Ring, an welchem das dann aus zwei Theilen bestehende Fernrohr angeschraubt, oder durch den es als ein Stück hindurch gesteckt ist. Die Axe kann auch cylindrisch oder einfach konisch sein, namentlich, wenn sie verdeckt gelagert ist oder ihrer ganzen Länge nach in einer Büchse läuft; sie besteht dann häufig aus Stahl und ist aus einem Stück mit den Zapfen gefertigt. Diese Einrichtungen unterscheiden sich dann nicht von den weiterhin zu besprechenden vertikalen Axen.[1]) Bei grösseren Instrumenten sind die beiden Konen und der Kubus einzeln hergestellt und sodann sehr gut durch mindestens 6 Schrauben auf jeder Ansatzfläche mit einander verbunden, indem die Konen an den dickeren Enden mit ringförmigen Flanschen versehen sind.

Die Länge der Axenkörper richtet sich ganz nach der Grösse und dem Zwecke des Instrumentes; sie schwankt zwischen 20—30 cm bei kleinen Theodoliten und Universalinstrumenten und 100—130 cm bei fest aufgestellten Durchgangsinstrumenten. Bei so grossen Längen werden dann häufig noch besondere Vorkehrungen getroffen, um einer auch bei festem Bau doch auftretenden Durchbiegung entgegen zu wirken. Es sind dieses die sogenannten Äquilibrirungseinrichtungen. Dieselben bestehen meist darin, dass man die Axen in einiger Entfernung von der Mitte symmetrisch zu derselben durch Rollen unterstützt, welche entweder vermittelst Federn von unten gegen die Axen gedrückt werden, oder welche durch Hebelwerke mit Gewichtbelastung die Axen nach oben ziehen. Diese Einrichtungen sind aber so mannigfaltig, dass sie besser bei Beschreibung der einzelnen Instrumententypen mit besprochen werden, da sonst doch alles hier zu Sagende später wiederholt werden müsste. Häufig sind die Äquilibrirungseinrichtungen mit denjenigen Apparaten verbunden, mittelst welcher man die grösseren Instrumente in ihren Lagern umzulegen vermag.

b. Die Zapfen.

Die wichtigsten Theile der Horizontal-Axen sind die Zapfen. Um sie bewegt sich das Instrument und sie bilden den eigentlichen Ersatz der mathematischen Axe, welcher ihre Centrallinie entsprechen soll. Man hat dieselben früher wohl auch bei grossen Instrumenten noch aus Rothguss gemacht,[2]) gegenwärtig sind sie mit Ausnahme der oben erwähnten Fälle stets aus Stahl, und zwar werden dieselben jetzt nicht mehr so stark gehärtet wie früher, da die grosse Spröde der glasharten Zapfen sehr gefährlich für das Instru-

---

[1]) Solche Führung in Büchsen fand früher bei Quadranten, Mauerkreisen u. s. w. häufig statt; sie entspricht der heute noch bei Sextanten und Prismen-Instrumenten allgemein üblichen.

[2]) So hat z. B. der erste Meridiankreis, den Repsold baute und welcher sich jetzt noch auf der Göttinger Sternwarte aufgestellt befindet, Zapfen von Rothguss von 4 cm Durchmesser.

ment werden kann. So sind bei einem Brüsseler grossen Passageninstrument durch ein heftiges Rutschen in die Lager aus geringer Höhe einmal beide Zapfen abgebrochen. Dieselben werden jetzt gewöhnlich nicht härter gemacht, als dass sie sich im gehärteten Zustande noch bearbeiten lassen.

Es muss von brauchbaren Zapfen verlangt werden, dass sie den folgenden Bedingungen soweit möglich genügen:

1. Die in Anspruch genommenen Theile derselben müssen vollkommene Kreiscylinder sein.

2. Beide Zapfen müssen gleichen Radius haben.

3. Die geometrischen Axen beider Zapfen müssen in einer geraden Linie liegen.

Wie schwer es ist, für grosse Instrumente diesen Bedingungen genau nachzukommen, zeigt der Umstand, dass nur wenige Werkstätten in der Lage sind, tadellose Zapfen zu liefern. Den ersten Rang nimmt in dieser Beziehung unbedingt die Repsold'sche Anstalt in Hamburg ein, welche schon vor vielen Jahren in der Lage war, Zapfen mit solcher Genauigkeit zu fertigen, dass G. B. AIRY 1840 der Britisch Association in Glasgow einen mittelst Diamant abgedrehten Cylinder vorzeigen konnte, welcher so genau in einen Hohlcylinder passte, dass er diesen völlig luftdicht verschloss und ohne Öffnen des aufgesetzten Bodens nicht aus demselben entfernt werden konnte. Die Zapfen können auf der Drehbank, nachdem die ganze Axe sehr genau centrirt ist, mittelst Diamant abgedreht werden, was derart fein geschehen kann, dass ein späteres Poliren unnöthig wird. Das ist insofern von Vortheil, als man damit den Fehlern entgeht, die ein nachträgliches Schleifen bei gut gedrehten Zapfen wieder hervorbringen kann.

Ein anderes Verfahren gute Zapfen herzustellen besteht darin, dass man denselben nach der rohen Herstellung sofort durch Schleifen die richtige Form giebt. Man bringt zu diesem Zwecke, nachdem der Zapfen einfach abgedreht ist, denselben in ringförmige Schalen von weicherem Metall und zwischen beide Theile nach und nach immer feineren Schmirgel und zuletzt Blaustein, Polirroth oder dergl., wodurch die Politur hergestellt wird. Auf diese Weise schleifen sich Zapfen und Schalen zuletzt völlig cylindrisch in einander ein.

Die Hauptsache bleibt aber immer, dass es Mittel und Wege giebt, die Form der Zapfen bezüglich ihrer Abweichungen von der idealen Gestalt zu prüfen. Ein auf die Zapfen aufgesetztes oder angehängtes empfindliches Niveau wird bei der Drehung des Instrumentes um seine Axe schon anzeigen, ob die Zapfen etwa von der cylindrischen Gestalt abweichen, oder ihre Axen vielleicht nicht in einer geraden Linie liegen. Eine ungleiche Dicke bei sonstiger guter Beschaffenheit wird das Niveau aber so noch nicht bemerken lassen, dazu ist schon ein Umlegen der Axe in ihrem Lager nöthig. Man pflegt daher die Untersuchungen über die Zapfengestalt auf verschiedene Arten vorzunehmen. Durch Anwendung sogenannter Fühlhebel kann man schon sehr geringe Abweichungen konstatiren. Ein solcher Fühlhebel ist nichts anderes als ein zweiarmiger Hebel, dessen Arme aber von sehr ungleicher Länge sind. Wird der Unterstützungspunkt z. B. auf dem

Pfeiler oder am Axenlager sicher befestigt und zwar so, dass der kürzere
Arm des Hebels den Zapfen an dem zu untersuchenden Querschnitte leicht
berührt, so wird, falls derselbe kreisförmig ist, der Hebel in Ruhe bleiben;
im anderen Fälle aber würde der längere Hebelarm die Schwankungen des
kürzeren sehr stark vergrössert anzeigen. Man bringt häufig noch eine
mehrfache Hebelübertragung an, um eine stärkere Bewegung des letzten als
Zeiger geformten Hebelarmes hervorzubringen. Diese Bewegung kann man
dann an einer geeigneten Skala ablesen und aus der Grösse von deren Intervallen und den bekannten Dimensionen der einzelnen Hebelarme auf die
Abweichungen des Zapfens von der Kreisgestalt zurückschliessen. Es ist
natürlich hier wie auch bei anderen Methoden der Zapfenuntersuchung
nöthig, dass der Hülfsapparat sehr sicher befestigt ist und dass die Berührung
des Zapfens immer unter gleichem Drucke erfolgt.

An Stelle des Fühlhebels wendet man auch häufig ein feines Niveau an,

Fig. 304.

dessen Empfindlichkeit eine genügende Messungsgenauigkeit verbürgt. Fig. 304
zeigt einen solchen kleinen Apparat.[1])

In neuerer Zeit hat man auch zu optischen Mitteln gegriffen. Einmal
in der Weise, dass man in dem einen Zapfen, welche bei grösseren Instrumenten doch meist hohl sind, eine Linse einsetzt und in die Höhlung des
anderen Zapfens eine matte Glasplatte, mit einer kleinen centralen Öffnung,
durch welche Licht in das Instrument gelangt. Bei dem Strassburger Meridiankreis z. B. hat die Linse einen Durchmesser von 55 mm und als Brennweite
ihre Entfernung von der Glasplatte im anderen Zapfen. Auf diese Weise ist es
möglich, mittelst eines Fernrohrs mit Mikrometer, welches im Osten oder
Westen in der Verlängerung der Axe des Instruments aufgestellt ist, das
kleine Bild, welches die kollimatorähnliche Einrichtung der Zapfen in seiner
Fokalebene erzeugt, zu beobachten und die Bewegungen, welche es beim
Drehen des Instrumentes um seine Axe ausführt, zu messen. Diese Bewegungen geben sofort das Maass für die Veränderung der Richtung der

---

[1]) Mit Vortheil lässt sich zur Ablesung der kleinen Ausschläge des Fühlhebels durch
Anbringung eines Spiegelchens auch die Poggendorf'sche Methode des optischen Zeigers anwenden.

Centrallinie der Axen beim Drehen des Instrumentes um seine Zapfen.
Es lässt sich auf diese Weise zunächst nur die Gesammtwirkung der Ungleichheiten beider Zapfen ermitteln. Wird man aber die Anordnung so
treffen, dass man in beide Zapfen Linsen einsetzt und auf deren Mitten
kleine Marken anbringt, und sodann auch die Messungen sowohl von Osten
als von Westen aus vornimmt, so wird man aus den erhaltenen Resultaten
auf die Formen jedes einzelnen Zapfens schliessen können. Ist nur ein
Zapfen durchbohrt, wie es bei älteren Durchgangsinstrumenten meist der
Fall ist, so kann man sich dadurch helfen, dass in dem Inneren des Kubus,
dem durchbohrten Zapfen gegenüber,
ein Planspiegelchen s, Fig. 305, so
angebracht wird, dass seine Normale in der Drehungsaxe liegt.
Stellt man jetzt ausserhalb in der
Verlängerung der Axe ein Mikro-
meter-Fernrohr C fest auf, dessen
Fadenkreuz bei f, so wie es die
Figur schematisch zeigt, durch das
Prisma p beleuchtet werden kann,
so wird, wenn dasselbe auf unendlich eingestellt ist, durch den Spiegel

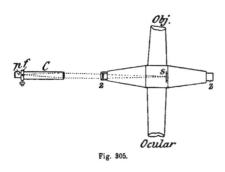

Fig. 305.

s ein Bild des Fadennetzes durch Autokollimation in der Fokalebene des
Fernrohres entstehen.

Dieses Bild wird offenbar dann, wenn sich beim Drehen des Instrumentes
die Centrallinie der Zapfen bewegt, auch hin und her wandern. Die Abweichungen seines Weges von einem genauen Kreis (resp. bei absolut richtiger
Stellung des Spiegels s seine Bewegung überhaupt) werden auf die durch
die ungleiche Beschaffenheit der Zapfen bedingte Veränderung dieser Centrallinie schliessen lassen. Eine Trennung der Wirkungen der einzelnen Zapfen
ist aber damit ohne Weiteres nicht möglich, es würde dazu eventuell die
Benutzung stark von einander abweichender Lagerwinkel nöthig sein und
sodann das Instrument umgelegt werden müssen.

Ein sehr sinnreiches und grosse Genauigkeit gewährendes Mittel zur
Untersuchung der einzelnen Zapfen hat man neuerdings nach den Vorschlägen von Fizeau benutzt. Ausführlich ist diese Methode von M. Hamy
beschrieben worden.[1] Ein Metallstück A, Fig. 306, ist mit einem Ausschnitte
versehen, welcher die Form eines Zapfenlagers hat, nur ist dasselbe von oben
über den zu untersuchenden Zapfen T gelegt, welcher in seinem eigentlichen
Lager C C ruht. Das Stück A A ruht ausserdem noch mit einer senkrecht
zur Zapfenaxe gerichteten Rille r auf einem spitzen Stifte p, welcher in C
befestigt ist. Das Stück A wird, wenn nöthig, noch mit einigen Kilo-
grammen bei Q beschwert, damit es sicher auf T aufruht und gleichmässig
dagegen gedrückt wird und so bei der Drehung des Zapfens nur durch dessen

[1] Comptes Rendus, Bd. 117, S. 659 — Bull. Astron. 1895, Bd. XII, S. 49. — Monthly
Notices, Bd. LVI, S. 338 — Zschr. f. Instrkde. 1894, S. 217. Vergl. dazu auch Bull. Astron.
1889, Bd. VI, S. 377.

etwa vorhandene Ungleichheiten gehoben oder gesenkt wird. Um diese kleinen Bewegungen leichter der Messung zugänglich zu machen, ruht eine Schiene L, welche um eine Axe a sehr leicht drehbar ist, mit einem Stifte u in einer zweiten Rille v des Stückes A. Ist die Axe a mit dem Pfeiler fest verbunden, so wird bei der Bewegung von T auch L seine Neigung ändern und damit der auf der Schiene befestigte horizontale Spiegel m. Sehr nahe über diesem Spiegel befindet sich die plane Fläche einer Sammellinse l, welche gewissermassen das Objektiv eines gebrochenen Kollimators B bildet, der ebenfalls fest auf dem Pfeiler und unabhängig von den anderen Theilen des Instrumentes aufgestellt ist. Im Brennpunkte der Linse l befindet sich ein kleines Prisma d, mittelst welchem man monochromatisches Licht durch das Prisma D auf die Linse senden kann. In dem äusserst schmalen Zwischenraume zwischen l und m werden

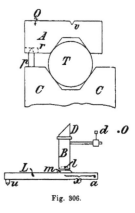

Fig. 306.

sich dann für den Fall, dass kein völliger Parallelismus stattfindet, Interferenzen zwischen den Lichtstrahlen bilden, welche von einem in O befindlichen Auge als Streifung des Gesichtsfeldes wahrgenommen werden. Ändert sich der Winkel zwischen l und m in Folge der Drehung des Zapfens, ist dieser also kein genauer Cylinder, so werden diese Interferenzstreifen ihren Ort im Gesichtsfelde ändern und zwar selbst bei kleinen Schwankungen zwischen l und m schon um sehr erhebliche Strecken. Wird nun der Spiegel m in einer solchen Entfernung x von der Axe a befestigt, dass durch die beiden Bewegungen von A um die Spitze von p[1]) und von L um die Axe a eine bestimmte Verschiebung der Interferenzstreifen erfolgen soll, z. B. für Licht von der Wellenlänge λ um eine Phasenbreite, so hat man, wenn M die Distanz der Zapfen, k die Länge des Hebels L ist, für $0^s,01$ Neigungsänderung der Instrumentalaxe

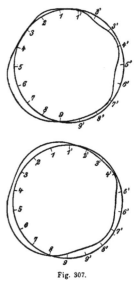

Fig. 307.

$$x = \frac{50\,\lambda}{\sin 15''} \cdot \frac{k}{M} \quad \text{zu wählen.}$$

Damit wird $x = 405 \dfrac{k}{M}$ mm,

also für $M = 1000$ mm,
x sehr nahe gleich 0.4 k.

---

[1]) Ist die Rille v genau über der Mitte des Zapfens, so repräsentirt deren Hebung und Senkung direkt den Betrag der Neigungsänderung und den mit der Cosecante multiplicirten Werth der entsprechenden Zapfenungleichheit.

Die Methode gewährt eine sehr grosse Schärfe und hat den grossen
Vortheil, dass sie sehr einfach ist und während der Beobachtung fortwährend
dazu dienen kann, die jeder Fernrohrlage entsprechende Neigungsänderung
zu verfolgen, so dass diese, wenn nöthig, bei der Reduktion in Rechnung
gezogen werden kann.

Wie bedeutend übrigens die Deformationen der Zapfen bei sonst guten
Instrumenten sein können, zeigt z. B. eine eingehende Untersuchung der
Zapfen des Pistor- und Martins'schen Meridiankreises in Santiago, welchen
DEVAUX[1]) mittelst eines Niveaus genau untersucht hat. Im Einzelnen auf das
Original in Bull. Astron. verweisend, möchte ich hier noch die beiden Dia-
gramme, Fig. 307, zur Anschauung bringen, welche diese Untersuchung für die
Form der Zapfen gegeben hat. Die Kreise geben etwa den Querschnitt der
Zapfen, während die Ungleichheiten so eingetragen sind, dass sie 5000mal
vergrössert erscheinen.

c. Die Lager.

Eine Reihe von Lagerformen ist oben schon beschrieben, aber hier, wo
es sich um die besondere Erläuterung der Lagerung der horizontalen Axen
grosser Instrumente handelt, mag noch einmal auf die Form der heute fast
allgemein für diese Zwecke verwendeten Lager hingewiesen werden, welche die
in den Fig. 301 u. 302 abgebildete Gestalt haben, bei welcher also stets nur
zwei Punkte des Zapfens unterstützt werden, welche gleichem Querschnitt desselben angehören. Der Winkel, welchen die beiden Lagerbacken mit einander
einschliessen, schwankt etwa zwischen 70^0—90^0. Der letztere Winkel
ist für manche Untersuchungen von Vortheil, doch ist eine ganz genaue
Einhaltung dieser Grösse nicht von besonderem Belang. Um die Abnützung, welche die Lagerpunkte bei dieser Einrichtung leicht erleiden, zu
verringern, ohne doch den Vortheil derselben ganz aufzugeben, hat z. B. LAMONT auf die scharfen Kanten
der Lagerbacken Platten von Spiegelglas gelegt und
erst auf diesen die Zapfen aufruhen lassen, Fig. 308.
Diese können sich dann auf den Kanten so bewegen,
dass sie mit der ganzen Länge der Zapfen in Berührung
kommen, wodurch die Last des Instrumentes auf eine
grössere Anzahl von Punkten der Unterlage vertheilt
wird, aber auch die Form der Zapfen einen grösseren
Einfluss auf die Lage der Horizontalaxe erhält.

Fig. 308.
(Nach Vogler, Abbildgn.
geodät. Instrumente.)

Gedeckt, wie bei den kleineren Instrumenten,
werden diese Lager gewöhnlich nicht, nur legt
man über die Zapfen geeignet geformte Blech- oder
Pappdeckel, welche diese und dann auch zugleich die Lager vor Staub und
Verletzungen schützen sollen. Häufig pflegt man an dem einen Zapfenlager an der dem Pfeiler zugekehrten Seite eine feste Platte, welche eine
Durchbohrung für die Beleuchtung hat, anzubringen, gegen die die Axe des

---

[1]) Bull. Astron. 1888, Bd. V, S. 523. Vergl. des Weiteren auch Astron. Nachr. Bd. 54,
S. 117, Bd. 56, S. 235 — Monthly Notices, Bd. XIX, S. 134 — Memoirs of the Royal Astron.
Soc., Bd. XIX, S. 103 ff.

Instrumentes durch eine am anderen Lager in gleicher Weise befestigte und ähnlich geformte Feder gut angedrückt wird. Einmal bewirkt diese Einrichtung, dass immer dieselben Querschnitte der Zapfen auf die Lagerkanten zu liegen kommen, und sodann, dass bei Meridiankreisen die Ebene der Kreistheilung immer genau in derselben Entfernung von den Ablesemikroskopen gehalten wird; vergl. darüber auch das Kapitel über Meridiankreise. Es ist auch hier daran zu erinnern, dass es für eine exakte Nivellirung der Horizontalaxen und eine brauchbare Untersuehung der Zapfenform dringend nöthig ist, die Angriffsstellen der Niveaufüsse oder Haken in denselben Querschnitt der Zapfen zu legen, mit welchen dieselben in den Lagern aufruhen.

Um die theoretisch geforderte Lage der Axe zu erlangen, oder wenigstens die Abweichungen von derselben möglichst klein zu machen, sind die Lager besonders der horizontalen Axen mit entsprechenden Korrektionseinrichtungen versehen.

Bei grossen, fest aufgestellten Instrumenten, bei welchen die Lager an zwei isolirten Pfeilern oder in ähnlicher Weise angebracht sind (vergl. die Beschreibung der einzelnen Instrumententypen), pflegt man das eine derselben in horizontalem und das andere in vertikalem Sinne um kleine Stücke durch Schrauben verschiebbar einzurichten, wodurch die Lage der Axe sowohl azimuthal als vertikal korrigirt werden kann.

Ein wichtiger Punkt bei diesen Korrektionseinrichtungen ist bei Instrumenten mit Kreisen für mikroskopische Ablesung der, dass eine Verschiebung der Lager unter Umständen eine excentrische Stellung des Kreises gegen die Mikroskope hervorbringen kann. Es sind daher diejenigen Vorrichtungen zu bevorzugen, welche mit den Lagern zugleich auch die Mikroskope verschieben. Sind die Mikroskope fest an den Pfeilern befestigt, so kann diese Bedingung nicht eingehalten werden.

Aber schon der alte Repsold'sche Meridiankreis zeigt eine diesem Umstande Rechnung tragende Konstruktion der Mikroskopträger (vergl. Fig. 168). Auch bei den neuen Meridiankreisen, bei welchen die Mikroskope an besonderen trommelförmigen Pfeileraufsätzen angebracht sind, tragen letztere auch gleichzeitig die Lager in fester Verbindung. Durch Verschiebung

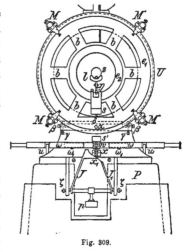

Fig. 309.

dieser ganzen Aufsätze können dann die gewünschten Korrektionen vorgenommen werden.

Die Fig. 309, welche der Herz'schen Beschreibung des auf der v. Kuffner'schen Sternwarte in Wien aufgestellten Repsold'schen Meridiankreises entnommen ist, zeigt diese Einrichtung. Die Schrauben β, je 4 an jeder Trommel, dienen zur horizontalen, die Schrauben γ, je 3 an jeder Trommel, zur

19*

vertikalen Korrektion, während die Lager 1 an den Trommeln mittelst der starken Platten e_2 unveränderlich befestigt sind (siehe Meridiankreise).

Bei kleineren, transportablen Instrumenten sind entweder die ganzen Untertheile, Lagerböcke u. s. w., sowohl horizontal als vertikal verstellbar, sodass die Lage der Horizontalaxe regulirt werden kann, wie das namentlich bei den transportablen Durchgangsinstrumenten der Fall ist (siehe dort); oder es ist wie bei den Theodoliten und Universalinstrumenten, bei denen die Lagerträger mit dem vertikalen Axensystem in direkter Verbindung stehen, nur eine Korrektion im vertikalen Sinne erforderlich. Diese hat dann zunächst den Zweck zu erfüllen, die horizontale Umdrehungsaxe genau senkrecht zur „Vertikalaxe" zu stellen, während die Horizontirung selbst durch wirkliches Vertikalstellen der Vertikalaxe zu erfolgen hat.

Die Korrektionseinrichtung ist dementsprechend auch nur an einem Axenlager angebracht und zeigt sehr verschiedene Formen, von denen die meist vorkommenden etwa die folgenden sind:[1]

Fig. 310 zeigt eine Korrektionsvorrichtung für Lager, die wohl, was Sicherheit und Stabilität betrifft, als die beste bezeichnet werden kann, nur ist die Ausführung einer Berichtigung verhältnissmässig umständlich. Der Obertheil des Axenträgers o, das eigentliche Lager, ist ganz vom Untertheil u getrennt und wird nur durch die beiden Zugschrauben z, z auf dem-

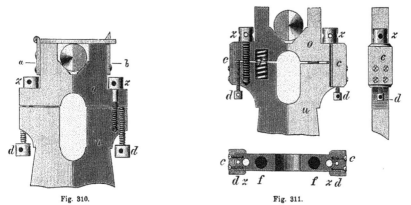

Fig. 310.   Fig. 311.
(Nach Vogler, Abbildgn. geodät. Instrumente.)

selben befestigt; diesen wirken die beiden Druckschrauben d d entgegen und ermöglichen in verständlicher Weise sowohl Korrektion als Sicherung in der richtigen Stellung. Eine kleine Erweiterung hat BREITHAUPT dieser Einrichtung dadurch gegeben, dass er den Zugschrauben z, z, Fig. 311, bei ihrer Lüftung die beiden in besonderen Bohrungen ruhenden Federn f, f entgegenwirken lässt, sodass die Lager sich sofort heben und die Druckschrauben d, d nur noch zur Versicherung der Stellung dienen. Zu demselben Zweck

---

[1] Die Figuren sind zum grössten Theil der sehr hübschen Sammlung von Vogler (Dr. C. A. Vogler, Abbildungen geodätischer Instrumente) entnommen.

sind auch an der schmalen Seite der Lagerständer noch kulissenartige Führungen c angebracht, welche ein seitliches Verschieben der eigentlichen Lager-
theile o verhindern sollen.

Ähnlich ist eine Lagereinrichtung, welche die Firma A. Meissner in
Berlin mehrfach ausgeführt hat; sie ist in Fig. 312 dargestellt. Die Führungen für den beweglichen Lagertheil L sind in Form von zwei Nuthen
aus einem weiten Ausschnitt des Lagerständers S ausgearbeitet, in denen
sich der erstere bewegt. Der doppelt gerundete Kopf der Schraube K
passt genau zwischen den Boden des Lagerungsschnittes und eine unterhalb
der Nuthen eingeschobene Platte p, durch welche der Hals der Schraube K frei
hindurchgeht, um in das Muttergewinde des Lagertheiles L einzugreifen.
Durch Drehen von K wird sich die Axe horizontiren lassen. Es ist hier
namentlich darauf zu sehen, die Nachtheile eines leicht eintretenden
todten Ganges dadurch zu vermeiden, dass bei einer Korrektion die letzte
Drehung der Schraube immer im Sinne dieser Korrektion ausgeführt wird.[1]

Fig. 313 stellt eine jetzt sehr häufig angewandte Lagerkorrektion dar,
welche an Einfachheit die bisher beschriebenen übertrifft, aber theoretisch

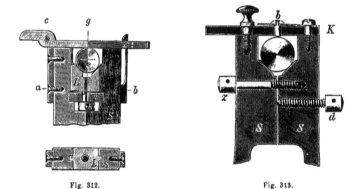

Fig. 312.   Fig. 313.

doch nicht so vollkommen ist. Der Axenständer S ist vertikal durchschnitten,
sodass auch das Lager in zwei Hälften zerfällt. Diese beiden Theile, welche
leicht gegen einander federn, sind durch die Zugschraube z mit einander
verbunden, welcher die Druckschraube d entgegenwirkt. Eine Verengung
des Lagers hebt die Axe, eine Erweiterung senkt dieselbe; dabei verändert
sich allerdings der Neigungswinkel der Lagerbacken, was aber bei den kleinen
Instrumenten ohne Belang ist. Die Axe wird durch den am Lagerdeckel
federnd befestigten kleinen Bolzen b in ihrer Lage gesichert.

Der eine Lagerständer kann auch die in Fig. 314 dargestellte Form
haben, bei welcher das Lagerende wagerecht fast ganz durchschnitten ist
und der obere Theil mittelst der beiden Druckschrauben d, d' verstellt
werden kann. Es ist dieses eine derjenigen Konstruktionen, bei welchen
auf die betreffenden Instrumententheile ein gewisser Zwang ausgeübt wird,

[1] Vergl. auch die im „Kapitel Heliometer“ beschriebene Einrichtung von Repsold.

was bei feineren Instrumenten immer vermieden werden muss. Auch sind im Allgemeinen Korrektionseinrichtungen, die bei ihrer Benützung nicht nur die gewollte Verstellung hervorbringen, sondern auch noch eine solche nach anderer Richtung — wenn auch nur in sehr geringem Maasse — bedingen, denjenigen, welche ganz direkt wirken, unbedingt nachzustellen. Zu letzteren gehört ausser den schon Angeführten auch noch die in Fig. 315 ab-

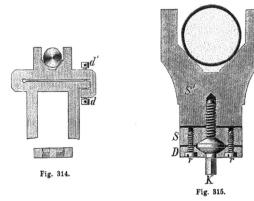

Fig. 314.

Fig. 315.

gebildete Einrichtung, bei welcher, wenn das Stück S mit der Unterlage oder dem Lagerbock fest verbunden ist, das eigentliche Lagerstück S' durch die Schraube K sowohl auf- als abwärts bewegt werden kann, es müssen nur dann sowohl die Deckplatte D als die Schrauben r der Schwere des Instruments angemessen kräftig sein. Die Einfachheit dieser Vorrichtung wird durch das schon an anderer Stelle (S. 32) erwähnte nicht leicht zu vermeidende Vorhandensein eines todten Ganges beeinträchtigt.

Es giebt natürlich noch eine Reihe hierher gehörender Konstruktionen, doch werden die hier besprochenen Typen und Principien auch für die Beurtheilung anderer Einrichtungen genügen.

2. Vertikale Axen.

Die vertikalen Axen bildete man früher, wie es auch bei den horizontalen der Fall war, als ganz kurze Cylinder oder abgestutzte Kegel, welche sich in einer entsprechenden Büchse bewegten. Diese umschloss dann die mehr einem einzelnen Zapfen entsprechende Axe an allen Stellen. An dem einen Ende war direkt an ihr das Diopter oder Fernrohr befestigt, am anderen Ende befand sich gewöhnlich eine Schraubenspindel angedreht mit kurzem 4kantigem Hals, über welchen eine entsprechend durchbrochene Platte gesteckt wurde. Durch eine Schraubenmutter, gewöhnlich Flügelmutter, konnte dann diese Platte gegen die untere Seite der Büchse angepresst werden, wodurch sowohl die Axe gesichert, als auch deren Bewegungsfreiheit variirt wurde.

Jetzt lässt man, wie schon oben bemerkt, auch die vertikalen Axen nur mit möglichst wenigen Theilen ihres Umfanges mit der führenden Büchse in

Berührung kommen, um sowohl eine grössere Sicherheit der Führung zu erzielen, als auch die Reibung und damit Abnutzung, soweit es mit der Stabilität verträglich ist, zu vermindern. Aus letzterem Grunde fertigt man auch die Axen meist aus Stahl und die Büchsen aus Messing oder Rothguss. Neuerdings lässt man aber auch häufig eine Axe aus feinkörnigem Stahl in einer gewöhnlichen stählernen Büchse laufen. Es werden damit auch zugleich die Übelstände beseitigt, die durch die ungleiche Ausdehnung verschiedener verwendeter Metalle herbeigeführt werden und welche häufig bei stärkerem Temperaturwechsel ein vollständiges Festklemmen der Axe zur Folge haben.

Die Formen der Vertikalaxen bieten insofern eine Verschiedenheit, als diejenigen Theile, welche die Führung bilden, und deren es gewöhnlich zwei, je einer am oberen und am unteren Ende der Axe sind, entweder beide konisch oder der eine konisch und der andere cylindrisch, oder wohl auch beide cylindrisch geformt sein können.

Die Vertikalaxen kommen fast ausschliesslich bei transportablen astronomischen Instrumenten vor, bei welchen neben Höhenmessungen auch Azimuthe bestimmt oder Horizontalwinkel gemessen werden sollen. Nur die grossen Vertikalkreise, wie z. B. der Pulkowaer, welcher später ausführlich beschrieben werden wird, haben ebenfalls ein vertikales Axensystem, um das Obertheil des Instrumentes sowohl bei „Fernrohr Ost" als „Fernrohr West" benutzen zu können.

Eigentlich nur als Führung dient die Vertikalaxe bei den grossen Altazimuthen, sowohl bei dem älteren Greenwicher[1]) als auch bei dem Repsold'schen in Strassburg und anderen ähnlichen Instrumenten, wo die sehr schwere Masse des Obertheiles, obgleich dieser allerdings jede azimuthale Stellung einnehmen soll, doch nicht auf der Vertikalaxe ruht, sondern auf einem besonderen Rollensystem (siehe die specielle Besprechung dieser Instrumente). In gewisser Beziehung gehören hierher auch die Axen der Umlegeeinrichtungen der Durchgangsinstrumente und grösseren Universale.

Die mehrfach auftretende Forderung der unabhängigen Bewegung des Horizontalkreises gegenüber dem ganzen Instrumente sowohl, als in Bezug auf die Alhidade des Fernrohrträgers (bei Repetitionsinstrumenten)[2]) bedingt meist eine etwas komplicirtere Anordnung der vertikalen Axensysteme der Universalinstrumente und der Theodolite. Eine sehr anschauliche Übersicht der verschiedenen Konstruktionen giebt VOGLER in dem Text zu seinen „Abbildungen geodätischer Instrumente". Der dort aufgestellten Eintheilung will auch ich hier im Wesentlichen folgen.

In Fig. 316 ist die Anordnung schematisch dargestellt, wie sie namentlich REPSOLD und Pistor & Martins (C. BAMBERG) anzuwenden pflegen. Mit

---

[1]) Bei diesem Instrument zerfällt die Vertikalaxe gewissermassen in zwei getrennte Theile, in einen unteren und einen oberen Zapfen, welcher in einem besonderen Lageraufbau seine Führung hat.

[2]) Die früher auch bei grossen astronomischen Instrumenten, namentlich durch Reichenbach vervollkommnete Winkelmessung durch Repetition ist jetzt wohl ganz verlassen und zwar wesentlich wegen der komplicirten Axensysteme und der damit verbundenen Mängel.

dem Untergestell F ist die konische Säule S fest verschraubt; dieselbe zerfällt in zwei Konen von verschiedenem Durchmesser, der untere trägt den
Limbuskreis, der obere den gesammten Oberbau des Instrumentes sammt der
Alhidade. Beide Konen sind leicht konaxial herzustellen, und die Bewegung
von Kreis und Alhidade kann daher sowohl einzeln, als auch bei Repetition

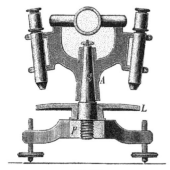

Fig. 316.

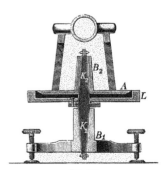

Fig. 317.

nach Klemmung beider Theile ohne Zwang vor sich gehen. Diese Konstruktion
ist vielleicht die empfehlenswertheste von allen, nur gewährt sie dem Obertheil für centrale Theile (Fernrohr oder auch Kreis) wenig Platz, eignet sich
daher namentlich für grössere Universale u. s. w. mit excentrischem Fernrohr und Kreis.

Eine andere Anordnung, welche von RAMSDEN herrührt, besteht ebenfalls aus einem Doppelkonus K_1 und K_2, Fig. 317; nur stossen hier die beiden
Theile der Axe mit ihren grösseren Grundflächen so zusammen, dass der
eine derselben K_1 nach unten gerichtet ist und in einer mit dem Untergestell

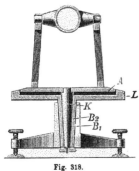

Fig. 318.

aus einem Stück bestehenden oder mit diesem
fest verschraubten Büchse B_1 sich dreht, während
auf dem die beiden Konen verbindenden Flansch
der Limbuskreis L aufgeschraubt ist. Auf dem
oberen Konus K_2 dreht sich sodann der Obertheil des Instrumentes mit dem Alhidadenkreis A.
Auch hier bleibt für centrische Theile des Ober-
baues wenig Raum. Wenn auch auf der Drehbank die Bedingung des Zusammenfallens der
Konenaxen in dieser und der vorher besprochenen
Konstruktion leicht erreicht werden kann, so
bringt doch das Aufschleifen der Büchsen häufig wieder Fehler in das Instrument. Von
diesem Vorwurf ist auch die Reichenbach'sche Einrichtung nicht frei, Fig. 318,
nur gewährt sie dem Obertheil centrisch mehr Platz. Hier ruht dieser
mit einer aussen und innen konisch abgedrehten Büchse B_2 in einer solchen
B_1, welche mit dem Fussgestell fest verbunden ist. Die Büchse B_2 trägt
auch den Limbuskreis L und dient mit ihrer Ausdrehung dem massiven
Stahlkonus K des Alhidadenkreises A als Führung. Bei geklemmter Alhidade

kann ein Zwang offenbar gar nicht vorkommen, nur ist es schwierig, die innere und äussere Höhlung der Büchse B₂ konaxial herzustellen, sodass das Zusammenfallen beider Konenaxen kaum in aller Strenge erfüllbar ist.

Eine Konstruktion von DENNERT und PAPE sucht den erwähnten Fehler zu vermeiden, indem der Horizontalkreis a, Fig. 319, mit der Büchse c fest verbunden ist und dieser auf einem tellerähnlichen Ansatze, welcher mit dem

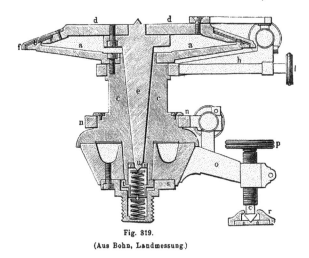

Fig. 319.
(Aus Bohn, Landmessung.)

Fussgestell aus einem Stück besteht, aufruht. Die Büchse wird sowohl am Rande des Tellers als auch durch einen kurzen konischen Zapfen im Fussgestell geführt. Die untere Ebene der Büchse lässt sich leicht genau normal

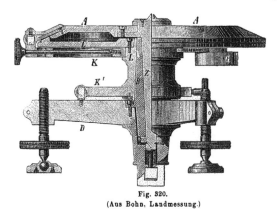

Fig. 320.
(Aus Bohn, Landmessung.)

ihrer konischen Aushöhlung abdrehen und sichert so eine gleichzeitige Vertikalität von Alhidaden- und Limbusaxe. Die erstere besteht aus einem massiven stählernen Konus e, welcher mit dem Obertheil des Instrumentes und der Alhidade d verschraubt ist. Bei dieser Einrichtung ist Platz zum Durchschlagen eines centrischen Fernrohres vorhanden, aber die Reibung

des Tellers auf seiner Unterlage ist zu gross und kann nur schwer durch
unter den Axen angebrachte Federn moderirt werden.

Das sogenannte „französische Axensystem", welches jetzt auch allgemei-
neren Eingang gefunden hat, ist in Fig. 320 dargestellt. Dieselbe ist ein
Durchschnitt eines Theodoliten aus der Werkstätte von MEISSNER in Berlin.
Die Büchse B bildet einen Hohlkonus, welcher mit dem Dreifuss D fest verbunden ist. In der Höhlung dreht sich der Zapfen Z des Alhidadenkreises
A, und auf der äusseren konischen Fläche von B ist die Büchse L frei beweglich, welche den Limbuskreis des Instrumentes trägt. Die Klemme K
verbindet den ersteren mit diesem Kreise, während die Klemme K' den letzteren an dem Untergestell befestigt. Es ist hier wohl die gleichzeitige Senk-
rechtstellung beider Drehaxen gewährleistet, aber dieselben brauchen deshalb
durchaus nicht konaxial zu sein; ist das aber nicht der Fall, so drehen sich
Alhidade und Limbus um verschiedene Centren, und wenn sie bei der Repetition
mit einander verbunden sind, tritt eine Spannung ein, welche die Genauigkeit der Messungen wesentlich zu beeinträchtigen vermag.[1]) Ein Axensystem, welches dem in Fig. 316 dargestellten sehr ähnlich ist, zeigt Fig. 321.

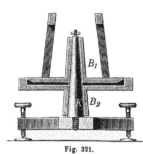

Fig. 321.

Hier ist ebenfalls ein einziger konischer Zapfen
mit dem Dreifuss fest verbunden, aber derselbe
ist nicht abgesetzt, sondern er trägt auf einheitlicher Seitenfläche sowohl den Limbus als den
Alhidadenkreis. Wenn nicht durch das Aufschleifen
der einzelnen Theile eine schiefe Stellung ihrer
Axen zu einander hervortritt, ist diese Anordnung
sehr zu empfehlen, da koncentrische Bewegung der
Kreise dann sicher erreicht werden kann.

Es ist auch oben schon darauf hingewiesen,
dass man in der Praxis bestrebt ist, die Reibung
der Axen in den Büchsen so weit als möglich zu
verringern, und dazu häufig besondere Einrichtungen trifft. Solche bestehen entweder aus Federn, welche die Axen an ihren unteren Enden

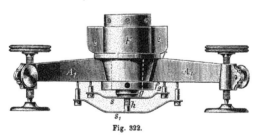

Fig. 322.

unterstützen und die durch Schrauben regulirt werden, oder es sind Platten,
welche sich auf die Zapfen oben auflegen und die auf ihnen gleitenden
Büchsen an zu tiefem Einsinken verhindern.

---

[1]) Der Hohlkonus B soll namentlich auch ein direktes Ineinanderlaufen der beiden der
Repetition dienenden Axensysteme vermeiden.

In den Fig. 319, 320, 322 und 323 sind solche Einrichtungen der ersteren Art mit abgebildet, deren Wirkungsweise ohne Weiteres verständlich ist und von denen die letztere zugleich noch eine besondere Axenkonstruktion darstellt.

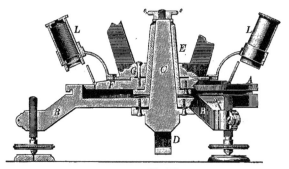

Fig. 323.
(Aus Hunaeus, Geometr. Instrumente.)

In Fig. 324 ist auf die obere Spitze des Zapfens einfach ein leicht federndes Stahlplättchen aufgeschraubt, welches den Oberbau zum grossen Theil trägt, während Fig. 325 eine etwas komplicirtere Anordnung von BAMBERG zeigt. Dort ist die centrische Spitze durch eine kleine Halbkugel a ersetzt, auf welcher die Stahlplatte b mit entsprechender Vertiefung auf-

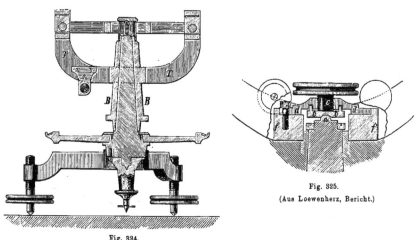

Fig. 325.
(Aus Loewenherz, Bericht.)

Fig. 324.
(Aus Loewenherz, Bericht.)

liegt und sich ohne Zwang kippen lässt. Hierdurch ist mit Vermeidung jeder einseitigen Pressung, welche bei einer einfachen Stahlplatte leicht eintritt, wenn die drei sie haltenden Schräubchen verschieden stark angezogen werden, zugleich erreicht, dass die Regulirung durch eine einzige Schraube c mit grossem Spindeldurchmesser ausgeführt werden kann, welche ihr Gewinde in einer Deckplatte d hat, die ihrerseits wieder mit dem Ringe f durch 3 Schrauben e fest verbunden ist und zugleich die ganze Einrichtung staubsicher abschliesst. Damit die Stahlplatte b sich gegen die Stellschraube c niemals wesentlich verstellen kann, ist sie mit 3 Stellstiften versehen, welche in etwas weitere Löcher des Deckels leicht passen, so dass nur der zum Kippen nötige Spielraum übrig bleibt. Die Schraube c geht so leicht in dem Muttergewinde des Deckels d, dass man mit der Hand fühlt, wenn c, b und a im Kontakt sind; ein geringes Vorwärtsschrauben von c, dessen Grösse durch Versuche festzustellen ist, genügt dann, die Büchse so weit abzuheben, dass die Bewegung des Obertheiles leicht, aber noch völlig sicher ist.

Weitere Einzelkonstruktionen werden später noch bei der Besprechung specieller Instrumente zur Erörterung gelangen, und muss an dieser Stelle darauf verwiesen werden.

3. Axen, welche weder horizontal noch vertikal gelagert sind.

Hierher gehören alle Axen, welche man bei sogenannten parallaktisch montirten Instrumenten anwendet. Bei diesen liegt eine Axe so, dass ihre Centrallinie so genau als möglich nach dem Himmelspol zeigt, während eine zweite auf dieser senkrecht stehende an ihrem Ende direkt das Fernrohr trägt, sodass man auch hier der Absehenslinie jede beliebige Richtung im Raum geben kann. Die erstere Axe pflegt man dann die Polaraxe, die letztere die Deklinationsaxe zu nennen. Die Konstruktion der Polaraxe ist meist ganz ähnlich derjenigen der Vertikalaxen ausgeführt. Sie besteht aus einem langen cylindrischen oder häufiger am unteren und oberen Ende konisch verlaufenden Stahlstücke, welches mit diesen Ansätzen in geeigneten Büchsen läuft. Die letzteren sind dann direkte Theile des Hauptstativs oder wenigstens mit diesem fest verbunden. Sie können, wie bei den deutschen Instrumenten, Theile eines einzigen Rohres sein, oder auch, wie bei den sogenannten englischen Aufstellungen, als gesonderte Lager der Zapfen der Polaraxe als Theile eines geeigneten Bockes konstruirt oder auch ganz für sich aufgestellt sein.[1]) Die Richtung der gemeinschaftlichen Centrallinie muss natürlich auch nach dem Himmelspole gerichtet sein; mit dem Horizont des Beobachtungsortes also einen Winkel einschliessen, welcher gleich der geographischen Breite desselben ist. Man hat deshalb bei Instrumenten, welche eventuell ihren Aufstellungsort ändern können, Einrichtungen getroffen, um auch die Führungen der Polaraxe und damit diese selbst gegen den Horizont verschieden neigen zu können.

Eine solche Anordnung in ausgiebigstem Maasse zeigt zugleich mit einer einfachen Konstruktion der Axen selbst die Fig. 326, welche ein Universalstativ von CARL FRITSCH in Wien darstellt. Mit dem Obertheile D des Stativs M sind sowohl der Lappen L als auch die beiden kreisförmigen Ständer St fest verbunden; um den Punkt O des ersteren dreht sich vermittelst des Charnires L' die Büchse H_1 der Polaraxe B. Diese bewegt sich mit zwei konischen Ansätzen in H_1. Mit B fest verbunden ist die Büchse H der Deklinationsaxe A, welche ganz ähnlich der **Polaraxe** geführt wird. Mit der Deklinations-axe A ist sodann eine starke Eisenplatte fest verschraubt, welche ihrerseits wieder die Ringe F und F_1 zur Befestigung des Fernrohrs trägt.[1])

Fig. 327 giebt noch eine Ansicht sol-cher Anordnung der Axen nach Repsold'-scher Konstruktion. Nahe ihrem oberen Ende trägt die Büchse der Polaraxe zwei horizontale Zapfen, welche in entsprechen-den Lagern des Stativansatzes ruhen. An ihrer unteren Seite ist ausserdem ein Kreis-bogen angegossen, und vermittelst dieses kann die Polaraxe in den verschiedenen der jeweiligen Polhöhe entsprechenden La-gen zwischen den beiden Ständern des Stativaufsatzes festgeklemmt werden.

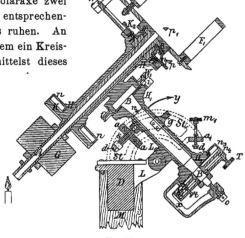

Fig. 326.

Die besonderen Einrich-tungen solcher äquatorealen Axensysteme sind mit der Aufstellung der grossen Fern-rohre so eng verknüpft, dass es sich empfehlen dürfte, hier nur auf die in dem Kapitel „Parallaktische Montirungen" gegebenen Durchschnittszeichnungen der grossen Refraktoren von Pulkowa, Washington, Wien, sowie der kleineren nach Bambergs (Urania) und Heydes Einrichtung hinzuweisen; dieselben sind an der angegebenen Stelle ihres grossen Interesses wegen eingehend erläutert.

Eine besondere Anordnung der Polaraxe zeigen die sogenannten eng-lischen Aufstellungen; bei diesen wird dieselbe, wie oben erwähnt, durch zwei besondere Zapfen gebildet, von denen der eine am Grunde des Be-obachtungsraumes auf einem justirbaren Lager ruht, Fig. 328, während der zweite obere in einem Lager läuft, welches auf einem besonders fundirten Pfeiler eventuell mit grösserem oder kleinerem Aufsatze ruht. Die Figur stellt einen alten äquatoreal montirten Sektor von SISSON dar, wie er sich auf der Sternwarte in Brera befand. Er zeigt den Typus dieses Axensystems in ganz besonders ausgesprochener Weise. Der Hauptvertreter dieser Gattung ist aber

---

[1]) Die Korrektur der Polaraxe wird dann vermittelst der Schiene a a, welche an dem Ständer St festgeklemmt werden kann, in der Weise vorgenommen, dass man zunächst a a in einer der gewünschten Polhöhe genähert entsprechenden Lage befestigt und sodann mittelst des Vernier bei n_4 an einer Theilung von St die genaue Polhöhe durch Vermittlung des in a a geführten Schraubensystems d s in leicht ersichtlicher Weise einstellt. Da dieses Axensystem auch für Bewegung in Höhe und Azimuth dienen soll, kann man es nach Lösung von a a um O soweit kippen, dass der Anschlag g auf die am Ende von St an-gebrachte Platte a_1 zu liegen kommt und dort durch die Schraube m_1 befestigt werden kann. In dieser Lage ist dann B B senkrecht und A horizontal.

das Greenwicher Northumberland Aequatoreal, welches später näher besprochen wird. Gegenwärtig ist man vielfach wieder zu der englischen Montirung zurückgekehrt, da sie bei guter Ausführung, namentlich für Fernrohre, welche

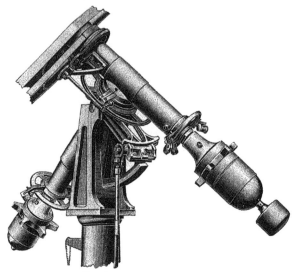

Fig. 327.

der Himmelsphotographie dienen (photographische Refraktoren), erhebliche Vorzüge aufweist. Diese bestehen hauptsächlich darin, dass bei längeren Expositionszeiten unmittelbar von östlichen in westliche Stundenwinkel über-

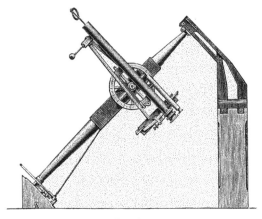

Fig. 328.

gegangen werden kann, ohne dass der Einfluss der Biegung des Fernrohres während der Aufnahme einen sprungweisen Wechsel erleidet, wie es bei der deutschen Montirung eintreten kann.

Eine ganz besondere Axeneinrichtung hat SÄGMÜLLER in Washington einem 4 zölligen Äquatoreal gegeben; von derselben giebt Fig. 329 eine Ansicht. Der Lagerbock a für die Polaraxe theilt sich in zwei Arme, welche ihrerseits die gesonderten Zapfen z z dieser Axe auf-

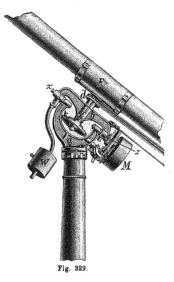

nehmen; das Verbindungsstück b hat in seiner Mitte die Büchse e für die Deklinations-axe d, welche an ihrem einen Ende das Fernrohr F in einer aus zwei Spangen be-stehenden Wiege trägt, und am anderen Ende einen Kreis k zum Einstellen und Drehen in Deklination. Das Fernrohr ist mittelst eines Gegengewichtes W, das bei dem Zapfen z mit b in fester Verbindung steht, äquilibrirt; am anderen Zapfenende z greift das Uhrwerk M ein.

Bisher sind ausser der Absehenslinie des Fernrohrs immer nur zwei Axen senk-recht zu einander stehend der Betrachtung unterworfen worden; G. B. AIRY hat aber im Jahre 1861[1]) darauf hingewiesen, dass es auch häufig von Interesse sein könne, ein Instrument zu besitzen, dessen Visir-

Fig. 329.

linie nicht nur Vertikal- und Höhenkreise oder Stunden- und Parallelkreise am Himmel beschreibe, sondern welches auch irgend einen beliebigen „grössten Kreis" zu verfolgen — abzusuchen — gestatte. Er hat deshalb vorgeschlagen, noch eine dritte Axe mit der Deklinationsaxe zu verbinden, welche wieder zu dieser senkrecht steht.

Die schematische Einrichtung eines solchen Instrumentes zeigt die Fig. 330, wo p die Polaraxe, d die Deklinationsaxe und o die dritte Axe darstellt.

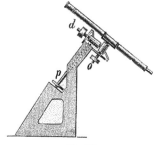

Die nähere Beschreibung mit Abbildung eines nach diesen Principien von REPSOLD in Hamburg gebauten „Bahnsuchers" („orbit sweeper", wie ihn AIRY nannte) findet sich im Kapitel über die parallaktisch montirten Instrumente, auf welches ich hier verweisen muss.

Auch auf die von HANSEN angegebene Verbindung von Axen zur Herstellung einer Universalbewegung im weitesten Sinne möchte ich hier nur hinweisen, um später

Fig. 330.

auf das von REPSOLD für den Heliographen einer der deutschen Venusexpeditionen von 1874 nach diesen Principien aus-geführte Stativ näher einzugehen. Fig. 331 stellt das Axensystem dieses Instru-mentes dar. In den Fig. 332, 333 sind auch noch die Axensysteme einiger in

---

[1]) Monthly Notices, Bd. XXI, S. 158.

äquatorealem Sinne montirter Reflektoren dargestellt, doch bieten deren Axensysteme nichts erheblich Abweichendes, um hier näher darauf einzugehen.

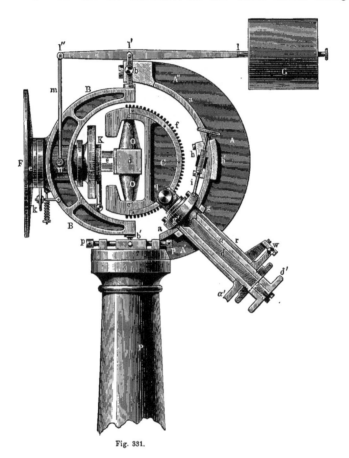

Fig. 331.

Beide Konstruktionen sind für verschiedene Polhöhen brauchbar, die erstere
ist eine solche nach GRUBB, die andere eine Einrichtung, wie sie zunächst
AIRY von John BROWNING hat ausführen lassen.

4. Axen, welche zwischen Spitzen oder in Kugeln laufen.

In besonderen Fällen pflegt man den Axen Einrichtungen zu geben,
welche von den bisher besprochenen wesentlich abweichen, soweit es sich
um deren Lagerung handelt. Man lässt nämlich die Enden der Axenkörper
direkt in Spitzen, welche durch kegelförmige Abdrehungen gebildet werden,
auslaufen. Diese Spitzen sind in konischen Ausbohrungen zweier Schrauben
oder auch in festen Führungen gelagert. In anderen Fällen haben die Axen
selbst an ihren Endflächen die Ausbohrungen und in diese greifen die Spitzen
von Schrauben ein. Auch kommt es vor, namentlich bei vertikalen Axen, dass

nur das eine Ende in oder auf einer Spitze läuft, während die zweite Führung cylindrische oder konische Gestalt hat. In allen Fällen ist Bedingung, dass die geometrischen Axen von Kegelansätzen, konischen Ausbohrungen oder damit

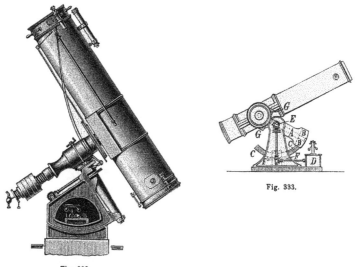

Fig. 333.

Fig. 332.

verbundenen cylindrischen Führungen streng in einer geraden Linie liegen, da sonst eine sichere und regelmässige Bewegung der Axe unmöglich ist. Die Fig. 334 zeigen solche Lagerungen und machen ohne weitere Erläuterung klar, welche Nachtheile aus der fehlerhaften Stellung der einzelnen Theile erwachsen. In A und D gehen die Centrallinien wenigstens noch parallel, in B aber windschief zu einander. Die Axen beschreiben dann selbst mit ihren Centrallinien Kegelmäntel. Diese Übelstände lassen sich aber leicht beseitigen, wenn man die Axenenden nicht in Kegelspitzen, sondern in Kugeln auslaufen lässt oder die führenden Spitzen zu Kugeln umgestaltet, wie es C und F darstellen. Dann wird die Verbindungslinie der Kugelmittelpunkte immer dieselbe Lage im Raume einnehmen, wie auch die Konenaxen geneigt sein mögen. Es ist diese Art der Führung, wenn die Herstellung genauer Kugeln auch schwierig ist, für Axen, welche genau laufen müssen, unbedingt anzurathen.[1]

Man pflegt die Bewegung in Spitzen einmal da anzuwenden, wo es nicht auf die allergrösste Genauigkeit ankommt, eine sehr leichte Bewegung und Regulirung in der Richtung der Axe aber gewünscht wird. Einige Beispiele ihrer Anwendung wird die Art der Axen noch näher erläutern. Fig. 335 zeigt eine der häufigsten Anwendungen der Spitzenlagerung, nämlich einen

[1] Bezüglich der Herstellung exakter Kugeln vergl. Doergens, Deutsche Bauzeitung 1879, Nr. 79, S. 408 — v. Lichtenstein, Mitth. aus der phys.-techn. Reichsanstalt — Zschr. f. Instrkde. 1895, S. 80 — des Weiteren über die Art der Ausführung: Loewenherz, Bericht über die Berliner Gewerbe-Ausstellung 1879, S. 180 ff.

sogenannten fliegenden Nonius; Vergl. S. 118. Hier kommt es auf die leichte
Bewegung sowohl als auf die Verschiebung längs der Axe an, wegen der einfachen Korrektur des Indexfehlers. In die Vernierplatte mit der Theilung
greifen die kleinen Spitzenschrauben, welche durch die Gabelarme der Alhidade
hindurchgehen bei S S' in konische Bohrungen ein. Erstere kann daher leicht
nach unten oder oben verschoben werden und ebenso leicht von der Theilung
des Kreises entfernt und wieder zur Berührung mit derselben gebracht werden,

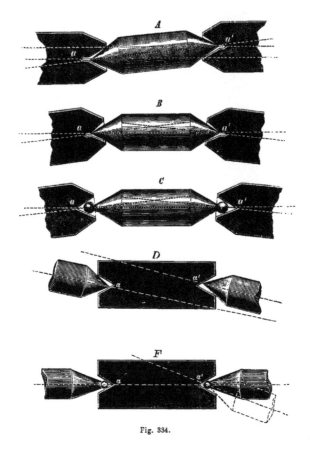

Fig. 334.

was besonders von grossem Vortheil ist, wenn der Kreis zeitweise aus seiner
gewöhnlichen Lage entfernt und später wieder in dieselbe zurückgebracht
werden muss (z. B. bei den Kreisen der in ihren Lagen umlegbaren Axen der
Durchgangsinstrumente, vergl. die auf S. 119 beschriebene Einrichtung).

Auch die Axen der Windflügel in Registrirapparaten pflegen in Spitzen
zu laufen, weil hier nur ein Minimum von Reibung vorhanden sein darf.
PH. CARL giebt auch in einer Fussnote auf Seite 17 seiner „Principien etc."
eine Beschreibung einer hierher gehörigen Einrichtung bei Reisserwerken
von Theilmaschinen und speciell einer Lamont'schen Konstruktion. Dieser

setzte an die Stelle der Spitze ebenfalls eine Kugel, in die er die Axe des Reisserwerkes auslaufen liess. Dieselbe bewegte sich in einem Lager mit planen Flächen und wurde in diesem festgehalten durch eine dritte plane

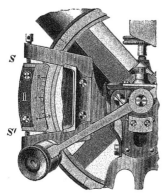

Fig. 335.

Fläche (Glasplatte), welche mit konstantem Druck mittelst einer Feder gegen den höchsten Punkt der Kugel angepresst wurde.

Fig. 336 stellt eine Verbindung einer Spitzenführung mit einer. cylindrischen Axe dar, wie sie sich häufig bei den Umlegeböcken grosser Meridianinstrumente findet. A ist die vertikale Axe, um welche das Instrument, nachdem es durch Heben derselben vermittelst des Getriebes R durch die

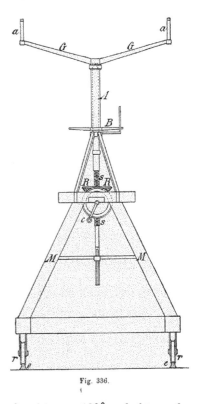

Fig. 336.

Arme G G aus seinen Lagern gehoben worden ist, um 180° gedreht werden kann. Diese ruhen mit dem gut gehärteten und centrisch ganz schwach angebohrten Boden der Führungsbüchse auf einer glasharten Spitze und ausserdem in der Cylinderführung bei A, wodurch sowohl eine sehr sichere als auch sehr leichte Bewegung schwerer Instrumente erreicht werden kann.

5. Über die normale Lage der Axen und ihre Prüfung.

In innigem Zusammenhang mit den vorstehenden Erörterungen stehen diejenigen, welche sich auf die Prüfung der richtigen, d. h. der Theorie des betreffenden Instrumentes entsprechenden Lage der Axen beziehen, sowie auf die Hülfsmittel zur Bestimmung der Abweichungen davon. Auch würde sich hieran die Besprechung der Äquilibrirung schwerer Axen und die Entlastung der Lager anzuschliessen haben. Beide Dinge stehen in so nahen Beziehungen zu der Konstruktion der einzelnen Instrumententypen und sind je nach dem Bau der letzteren so mannigfaltiger Natur, dass an dieser Stelle auf eine detaillirte Beschreibung nicht eingegangen werden kann, ohne die vielfach-

sten Wiederholungen später herbeizuführen. Es sollen daher hier nur kurz
die allgemeinsten Principien, welche in diesen Fragen maassgebend sind,
erwähnt werden, während im Einzelnen auf Abschnitt VI verwiesen werden
muss. Was die vertikalen und schief stehenden Axen anlangt, so ist zur
Herstellung der richtigen Lage der ersteren die Bewegung des ganzen Untergestelles der Instrumente gewöhnlich so eingerichtet, dass vermittelst dreier
(selten vier) Schrauben — Fussschrauben — die vertikale Stellung erzielt
und mittelst einer oder zweier Niveaus (Kreuzniveau) geprüft werden kann.
Das Verfahren ist dabei, wenn nur ein Niveau vorhanden ist, das folgende.
Man stellt die Axe des Niveaus durch Drehen des Obertheiles um die Vertikalaxe so, dass eine durch das erstere gelegte Vertikalebene durch eine der
Fussschrauben geht, und dreht diese so lange, bis das Niveau einspielt
(dieses hier als berichtigt, d. h. als senkrecht zur Vertikalaxe stehend, wenn
es fest mit dem Instrument verbunden ist, angenommen).[1] Wird dann der Obertheil um 90° gedreht, so kommt die Axe des Niveaus parallel zu der Verbindungslinie der beiden anderen Fussschrauben zu stehen. Durch Drehen dieser
Schrauben um gleiche Beträge, aber im entgegengesetzten Sinne, wird nun
das Niveau zum Einspielen gebracht, wobei das Instrument offenbar lediglich
um die von der ersten Fussschraube auf die Verbindungslinie der beiden
übrigen gefällte Senkrechte als Axe gedreht und also diese in ihrer Lage
nicht mehr gestört wird. Würde der Winkel der beiden Niveaulagen genau
zu 90° getroffen sein und keine anderen störenden Einflüsse (Nachziehen der
Schrauben, kleine Verstellungen ihrer Fusspunkte bei grossen Korrekturen
u. s. w.) mitwirken, so müsste die Vertikalaxe auf diese Weise schon berichtigt
sein. Doch in der Praxis geht das nicht so schnell; man wird die Operation
mehrmals wiederholen müssen, wenn eine grössere Genauigkeit erreicht werden
soll. Diese Art der Berichtigung hat aber immer den Vortheil, dass man
nicht blind darauflos korrigirt, sondern versucht, das Instrument um zwei senkrecht zu einander stehende Linien zu drehen, welche bei ihrer einzelnen Bewegung sich gegenseitig nicht stören. Damit wird die durch diese beiden Linien
gehende Ebene horizontirt und die bei einem richtig gebauten Instrumente dazu normal stehende Vertikalaxe in ihre theoretisch geforderte Stellung gebracht.

Da mittelst der Drehung um eine Vertikalaxe nur Horizontalwinkel gemessen werden, so ist es in den meisten Fällen nicht nöthig, diese Korrektur
hier zur grössten Präcision zu treiben, da nur bei grosser Elevation (also
geringer Zenithdistanz) eines der anvisirten Objekte von einer unrichtigen
Stellung der Vertikalaxe ein grösserer Fehler im Horizontalwinkel zu erwarten ist. Denn die Korrektion, welche an eine Kreisablesung des Horizontalkreises anzubringen ist, hat die Form:

$$A = A' \mp i \cot g\ z.$$

Wo A′ die unkorrigirte Ablesung, A die korrigirte und i die Neigung

---

[1] Ist auch das Niveau noch nicht berichtigt, so muss dieses durch Umsetzen auf der
Horizontalaxe und wenn nöthig durch Drehen des Instrumentes um 180° um die Vertikalaxe korrigirt werden und zwar in der Weise, dass man die Hälfte der Differenz in den
Blasenstellungen durch die Korrektionsschrauben des Niveaus, die andere Hälfte aber vermittelst der Fussschrauben des Instruments wegbringt.

der Horizontalaxe resp. bei berichtigtem Instrumente im Maximum auch die der Vertikalaxe und z die Zenithdistanz bedeutet, während das obere Zeichen für „Kreis rechts", das untere für „Kreis links" gilt (für den hier fast stets eintretenden Fall, dass der Kreis im Sinne des Uhrzeigers getheilt ist und bei der Messung fest bleibt, während die Alhidade mit den Nonien oder Mikroskopen sich dreht).[1]) Auch auf die Messung der Zenithdistanzen selbst ist eine kleine Neigung der Vertikal- resp. Horizontalaxe von geringem Ein. fluss, da dafür die Formel:

$$z = z' + \frac{i^2}{2} \cotg z' \sin 1''$$

gilt, wo z die berichtigte Zenithdistanz, z' die abgelesene und i wieder die Neigung in Sekunden bezeichnet.[2])

Die Ermittlung der hier in Rede stehenden Neigungen geschieht bei Universalinstrumenten fast ausschliesslich mittelst eines auf die Horizontalaxe aufgesetzten oder seltener angehängten Niveaus in der früher besprochenen Weise. Es ist dabei von Bedeutung, dass die Berührungsstellen von Niveau und Lager mit der Axe in demselben Querschnitt der letzteren liegen.

Die richtige Lage schiefer Axen, also namentlich der bei parallaktisch montirten Instrumenten vorkommenden, lässt sich gewöhnlich nicht ohne Weiteres herstellen, sondern es sind dazu ausführlichere Beobachtungen erforderlich.[3]) Ist durch solche aber die Abweichung von der theoretisch geforderten Richtung ermittelt, so kann die Neigung der Polaraxe dadurch berichtigt werden, dass an einem der drei Füsse des Stativs, welcher dann nach Norden oder Süden gerichtet sein muss, eine Fussschraube vorhanden ist, durch die dieser Fuss gehoben oder gesenkt werden kann. Für die azimuthale Korrektur dieser Axe ist entweder das ganze Fussgestell um die vorerwähnte Schraube etwas drehbar oder auch wohl nur der obere Theil des Stativs. Polaraxe und Deklinationsaxe sind nur sehr selten bei kleineren Instrumenten gegeneinander korrigirbar, fast stets ist deren Verbindung mit grosser Festigkeit hergestellt und der von ihnen eingeschlossene Winkel schon vom Mechaniker so genau wie nur möglich gleich 90° gemacht. Alle Korrektionsvorrichtungen zwischen diesen beiden Axen würden bei grösseren Instrumenten deren Stabilität nur beeinträchtigen und sind deshalb unbedingt zu unterlassen. Für den Fall, dass die Art der Beobachtung eine genaue Kenntniss der Abweichung dieses Winkels von 90° fordert (z. B. Positionswinkelmessungen nahe dem Pol u. s. w.), muss durch besondere Beobachtungen dieser Winkel bestimmt und sodann nach den Regeln der sphärischen Astronomie sein Unterschied gegen 90° in Rechnung gezogen werden. Häufiger findet man noch Korrektionsvorrichtungen zwischen Fernrohr (Absehenslinie des Fernrohrs) und Deklinationsaxe, deren Neigung gegeneinander ja auch 90° betragen soll. In diesem Fall ist das Fernrohr dann, wie es z. B. Fig. 337 zeigt, nicht direkt mit der

---

[1]) Vergl. W. Wislicenus, Handb. d. geogr. Ortsbestimmungen, S. 135.

[2]) Über den numerischen Betrag dieser Ausdrücke vergl. die in dem Kapitel über Universalinstrumente beigebrachten kurzen Tabellen.

[3]) Vergl. die Kapitel über Parallaktisch montirte Instrumente, Äquatoreale, Aufstellungsbeobachtungen.

Deklinationsaxe D verbunden, sondern an dieser ist zunächst sehr nahe senkrecht die Platte p angeschraubt, durch welche die 4 Schrauben z hindurch
gehen. Diese dienen zur Befestigung der beiden Ringe RR, in welchen das
Fernrohr selbst ruht (häufig sind die beiden Ringe auch schon für sich durch
eine der Platte p entsprechende zweite Platte mit einander verbunden). Dadurch dass man unter die Anschlagfläche eines der Ringe Platten legt, kann
man den Winkel zwischen Absehenslinie und Deklinationsaxe zu 90⁰ machen.
An Stelle des Unterlegens von Scheiben kann auch besser ein System von
Zug- und Druckschrauben verwendet werden. Aber auch diese Einrichtungen
sind nur bei kleinen Instrumenten — etwa bis 6 Zoll Öffnung — im Gebrauche, bei grösseren Äquatorealen stellt man auch hier eine unveränder-

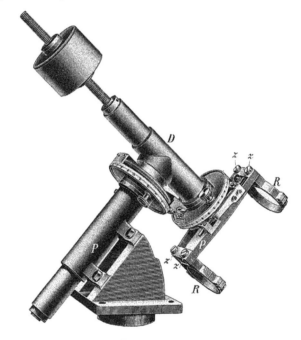

Fig. 337.

liche Verbindung her und bestimmt nöthigenfalls den übrig bleibenden
Kollimationsfehler durch Beobachtungen. Denkt man sich z. B. ein Objekt
in unendlicher Entfernung und zwar in der Äquatorealebene gelegen und
stellt man dasselbe einmal bei „Fernrohr West" und einmal bei „Fernrohr
Ost" in die Mitte des Gesichtsfeldes, so muss bei richtiger Stellung von
Deklinationsaxe und Absehenslinie am Stundenkreise dieselbe Ablesung ge-
macht werden. Ist das aber nicht der Fall, so giebt die Differenz beider
Ablesungen ohne Weiteres den doppelten Betrag des Kollimationsfehlers (des
Bessel'schen γ). Ist das eingestellte Objekt nicht in Ruhe (z. B. ein Stern)
und befindet es sich nicht in der Äquatorealebene, so müssen entsprechende
Verbesserungen an die Ablesungen des Kreises in beiden Lagen angebracht

werden, um den Betrag des Kollimationsfehlers zu erhalten. Die genaue Ermittlung der richtigen Lage ist bei weitem am wichtigsten im Falle der horizontalen Axen; denn dort handelt es sich oft um besonders genaue „absolute" Beobachtungen, bei denen direkt Bezug genommen wird auf die Fundamentalebenen des Horizontes und des Meridians. Wie schon oben angedeutet, wird von einer solchen Axe verlangt (abgesehen von ihrer eigenen Vollkommenheit), dass sie genau horizontal und genau von Ost nach West oder von Süd nach Nord liegen soll, resp. dass die kleinen Abweichungen, welche ihre Lage gegen diese Richtungen zeigt, stets scharf bestimmt und bei allen Beobachtungen in Rechnung gezogen werden können. Diese Fehler, die Neigung und das Azimuth sind als Aufstellungsfehler zu bezeichnen. Sie unterscheiden sich in mancher Hinsicht von Fehlern, welche dem Instrument als solchem eigenthümlich sind: Kollimation, Biegung u. s. w. Zu ihrer Bestimmung werden verschiedene Methoden angewendet, welche sie theils direkt, theils indirekt oder in Verbindung mit Fehlern der zweiten Art zu ermitteln gestatten.

Die Neigung kann bestimmt werden:

1. Vermittelst des Niveaus durch Umhängen desselben auf der Axe, sodass dabei die Fehler dieses Instrumentes gleich mit ermittelt werden. Wird eine solche Neigungsbestimmung bei „Kreis West" sowohl als auch bei „Kreis Ost" ausgeführt, so erhält man dadurch auch eine Bestimmung der ungleichen Dicke der Zapfen, der sogenannten Zapfenungleichheit, und ausserdem die Neigung der geometrischen Axe unabhängig von dieser.

2. Durch Reflexbeobachtungen.

a) Es wird durch Messung des Abstandes des im Nadirquecksilberhorizonte (vergl. S. 82 ff.) gespiegelten Bildes des vertikalen Mittelfadens von diesem selbst, vermittelst eines beweglichen Vertikalfadens die Neigung ermittelt. Der Vorgang bei dieser Bestimmung ist folgender: Es sei in der schematischen Fig. 338 A A′ die Horizontalaxe, F das Fernrohr, dessen Absehenslinie hier als senkrecht zu A A′ angenommen werden soll (also ohne Kollimationsfehler). Wird nun auf irgend eine Weise (Gauss'sches Okular oder dergl.) Licht auf das Fadennetz geworfen, so wird z. B. von dem Mittelfaden f durch Spiegelung in dem Horizonte H ein reelles Bild in b entstehen. Wenn f sich genau in der

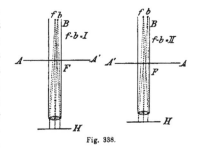

Fig. 338.

Fokalebene B des Objektivs befand und somit die Strahlen parallel auf den Horizont gelangten, dort ebenso reflektirt wurden, muss auch das Bild b wieder genau in der Fokalebene zu Stande kommen und also mit f zugleich im Gesichtsfelde des Okulars scharf erscheinen (bei gutem Horizonte und guten Beobachtungsverhältnissen ist manchmal f von b kaum zu unterscheiden). Da f und b offenbar symmetrisch zu der Normalen auf dem Horizonte, der Vertikalen, liegen müssen und die durch Faden und Objektivmitte definirte

Absehenslinie senkrecht zu A A′ angenommen war, so muss der mittelst der Mikrometerschraube gemessene Abstand von f und b im Winkelmaass ausgedrückt offenbar der doppelte Betrag der Neigung von A A′ gegen die Horizontale sein. Ist die Absehenslinie nicht senkrecht zu A A′ und hat man nicht auf anderem Wege den Betrag dieser Abweichung gefunden, so kann man durch Umlegen des Instrumentes in seinen Lagern, wie aus der zweiten Figur hervorgeht, beide Fehler auf einmal bestimmen, und zwar hat man dann, wie sofort ersichtlich: Neigung $i = \frac{1}{2} (I + II)$ und Kollimation $c = \frac{1}{2} (I - II)$, wo I und II die in beiden Lagen des Instrumentes gefundenen absoluten Entfernungen zwischen f und b bedeuten. Über die wirklichen Vorzeichen von i und c hat man dann weitere Festsetzungen zu machen; auf diese Vorzeichen ist besonders zu achten, wenn nach dem Umlegen das Bild auf der anderen Seite des Mittelfadens erscheint. Diese Art der Bestimmung der Neigung dürfte von allen Methoden die beste sein, nur hat sie den Nachtheil, dass sie allein für die vertikale Stellung des Instrumentes mit Bequemlichkeit anwendbar ist. Überhaupt kann nicht genug betont werden, dass Reflexbeobachtungen in einem guten Horizonte der Benutzung von Libellen, wo nur immer angängig, unbedingt vorzuziehen sind.

b) Ferner kann die Neigung aus Beobachtungen von Sterndurchgängen durch die Fäden des Fernrohrs sowohl direkt als nach Reflexion der Sterne in einem geeignet aufgestellten Quecksilberhorizonte bestimmt werden. Für den Fall, dass die übrigen Fehler des Instrumentes bekannt sind, erhält man den Zeitunterschied zwischen direkt beobachtetem Durchgang und Kulmination in der Form

$$ i \, \frac{\cos (\varphi - \delta)}{\cos \delta} $$

und ebenso den des reflektirt beobachteten Durchganges gegen die Kulmination als

$$ - i \, \frac{\cos (\varphi - \delta)}{\cos \delta}. $$

Werden also zwei solcher Beobachtungen mit einander kombinirt, so lässt sich i leicht finden.[1])

Die Ermittlung des Azimuths, d. h. des Fehlers der Horizontalaxe gegen die Ost-West-Richtung ist verhältnissmässig umständlicher als die der Neigung, da es kein Mittel giebt, diese Linie selbst oder den auf ihr normalen Meridian ohne Weiteres der Beobachtung zugänglich zu machen. Nur durch die Beobachtung von Gestirnen selbst ist die Bestimmung des Azimuthes direkt möglich, und zwar namentlich der dem sichtbaren Pole nahe stehenden Sterne. Für diese werden die Koeffizienten sehr gross, mit denen multiplicirt das Azimuth k des Instrumentes zwecks Reduktion der beobachteten Durchgangszeiten auf die wahren Kulminationszeiten eingeht. Diese Koeffizienten sind nämlich von der Form

---

[1]) Thatsächlich können die einzelnen Fehler des Instrumentes auf diesem Wege ja nicht immer gesondert von einander bestimmt werden, da sie alle zugleich vorkommen, aber auch dann giebt es Methoden (Umlegen u. s. w.), sie durch ähnliche Beobachtungen von einander zu trennen und so einzeln zu finden. Vergl. das Kapitel über Durchgangsinstrumente.

$$\frac{\sin (\varphi - \delta)}{\cos \delta}$$

und werden also für $\delta = 90^0$ ein Maximum ($= \infty$), ausserdem bekommen sie für obere und untere Kulmination verschiedene Vorzeichen. Danach empfiehlt es sich also, zur Bestimmung des Azimuthes einen Stern in oberer und einen Stern in unterer Kulmination oder wenigstens einen polnahen Stern mit Äquatorsternen (Zeitsternen) bei nicht zu grossen Zwischenzeiten mit einander zu kombiniren.

Wird bei einer solchen direkten Azimuthbestimmung auch zugleich noch das Fernrohr auf einen Kollimator oder auf eine Mire (vergl. Seite 103 ff.) eingestellt und deren Lage zur Visirlinie mikrometrisch gemessen, so kann man später auch umgekehrt wieder das Azimuth aus einer Vergleichung mit Kollimator oder Mire ableiten, falls deren Aufstellung genügend sicher ist oder Mittel vorhanden sind, um darüber eine Kontrole auszuüben. Das Letztere geschieht im Allgemeinen durch häufige gegenseitige Vergleichung direkter und indirekter Azimuthmessungen.

Bezüglich der Korrektur der hier erörterten Fehler ist auf das zu verweisen, was bei Besprechung der Lagereinrichtungen horizontaler Axen gesagt worden ist, wobei zu erwähnen ist, dass man jetzt durchaus nicht danach strebt, weder die Aufstellungsfehler noch die eigentlichen Instrumentalfehler ganz zu beseitigen, sondern nur danach, ihren Betrag möglichst klein zu erhalten, diesen aber numerisch so genau, wie es die vorhandenen Mittel nur immer gestatten, zu bestimmen und sodann die gefundenen Werthe bei Reduktion der Beobachtungen in Rechnung zu bringen.

Achtes Kapitel.

Das Fernrohr und andere Vorrichtungen zur Herstellung einer Absehenslinie.

1. Allgemeines über die Verwendung der Diopter und des Fernrohres in der Astronomie.

Die Verwendung des Fernrohres in der Astronomie ist im Grunde genommen eine zweifache, und zwar hängt der Unterschied zusammen mit dem Gebrauche dieses Instrumentes für sich allein oder als Theil einer anderen, winkelmessenden Einrichtung. Im ersteren Falle dient es seiner, ich möchte sagen, eigentlichen Bestimmung, indem es uns die zu betrachtenden Gegenstände scheinbar näher rückt und uns in den Stand setzt, dieselben schärfer oder mehr im Detail zu erkennen. Im zweiten Falle spielt dieser Umstand eine geringere Rolle, indem das Fernrohr dann nur dazu dient, uns eine bestimmte Richtung sicherer markiren zu lassen. Es ermöglicht dann nur einen einzelnen gegebenen Punkt sicherer anzuvisiren, als es die roheren Hülfsmittel, nämlich die sogenannten Diopter, gestatteten, welcher sich der Astronom und Geodät in früherer Zeit bediente. Es ist natürlich diese angedeutete Scheidung nicht immer klar zu erkennen, und ich will daher auch von der Durchführung einer dementsprechenden Eintheilung der hier zu behandelnden Fernrohreinrichtungen absehen und dieselben in anderer, mehr die konstruktive Seite im Auge behaltender Weise besprechen.

Die ebengenannten „Diopter", welche keinerlei optische Wirkung besitzen, können natürlich auch die Stelle eines Fernrohres nur insofern einnehmen, als sie zur Festlegung einer Richtung überhaupt dienen. Ein solches Diopter besteht meist aus zwei dünnen Metallplatten, welche sich an den Enden einer dritten Platte von verhältnissmässig grösserer Länge befinden und zu der letzteren senkrecht stehen; auch kommt es wohl vor, dass sie die Endverschlüsse einer längeren Röhre sind. Immer aber bildet die eine derselben, welche eine feine Durchbohrung oder einen engen Schlitz enthält, den sogenannten Okulartheil, während die zweite Platte eine weitere Öffnung enthält, über welche dann ein feiner Faden parallel zum Schlitz der ersten oder senkrecht dazu und parallel zur Grundplatte ausgespannt ist; diese bildet dann den Objektivtheil. Sieht das Auge durch die feine Öffnung über den Faden hinweg nach dem anzuvisirenden Objekt, so liegen diese drei in einer geraden Linie oder wenigstens in ein und derselben Ebene, und es ist somit die durch das Diopter gegebene „Absehenslinie" in die Richtung vom Beobachtungsort nach dem Objekt gebracht. Je nachdem diese Richtung nun in Bezug auf eine horizontale oder vertikale Ebene bestimmt werden soll, ist sowohl das Diopter um eine vertikale oder horizontale Axe drehbar, als auch die Einrichtung des Objektivtheiles verschieden. Häufig ist auch das Diopter so eingerichtet, dass jede der beiden Endplatten sowohl Sehloch (Okular) als auch Objektivdurchschnitt (Fenster) hat, damit ist die Möglichkeit gegeben, den Apparat von beiden Seiten zu gebrauchen und ihn besser zu prüfen resp. etwaige Fehler (z. B. Excentricität der Absehenslinie gegenüber einem centralen Zapfen, um welchen er sich dreht) zu eliminiren. Fig. 339 zeigt eine solche Einrichtung; dieselbe stellt ein einfaches Diopterlineal dar, wie es z. B. bei rohen Messtischaufnahmen Verwendung findet.

Fig. 339.

Es ist l die Grundplatte, a a' sind die beiden Visirplatten, welche sich hier um Charniere drehen und auf die Platte l niederklappen lassen; f f' sind die Schlitze und c c' die Fenster mit den darüber gespannten Fäden. Es ist für die Brauchbarkeit des Instrumentes erforderlich, dass die Schlitze und die Fäden sowohl unter sich parallel, als auch sämmtlich senkrecht zur Grundplatte sind. An Stelle der Schlitze treten in manchen Fällen auch eine Reihe feiner Löcher, und neben den einfachen Faden spannt man auch häufig noch einen dazu senkrechten (horizontalen) ein, dadurch wird dann eine bestimmte Richtung und nicht nur eine bestimmte Ebene fixirt.

Eine etwas komplicirtere Einrichtung des Diopters wird nöthig, wenn es erforderlich ist, mit der Visur nach einer Richtung auch gleichzeitig noch eine Theilung abzulesen.

Fig. 340 stellt ein Horizontaldiopter dar, wie es sich z. B. an genauen Kompassen zur Peilung der Sonne vorfindet. In der Mitte der den Kompass deckenden Glasplatte R befindet sich der konische Zapfen C eingesetzt. Der die Diopter O O_1 tragende Alhidadenkreis D ist in der Mitte mit einer Büchse versehen, welche genau auf den konischen Zapfen C passt und durch eine Schraube E mit Federunterlage gegen das Abheben gesichert ist. Der Rand des Aufsatzringes A ist schräg und mit einer von $1/2^0$ zu $1/2^0$ fortschreitenden Kreiseintheilung versehen. Der Alhidadenkreis trägt rechtwinklig zur Diopterebene an seinem Rande zwei Nonien N und N_1, welche eine Ablesung von einzelnen Minuten gestatten. Das Okulardiopter O ist unbeweglich auf den Alhidadenkreis aufgeschraubt; es ist mit einem vertikalen Spalt versehen, welcher in einer kreisförmigen Öffnung endet. Vor dieser Öffnung sitzt in einer Fassung ein gleichschenkliges, rechtwinkliges Prisma P, dessen eine Kathetenfläche an der Vorderfläche des Diopters anliegt; die zweite horizontal liegende Kathetenfläche ist sphärisch geschliffen, so dass sie als Lupe wirkt, und zwar ist sie so berechnet, dass durch sie die Theilung der Kompassrose scharf gesehen wird. Die Fassung des Prismas ist oben am Diopterspalt etwas breiter als dieser ausgeschlitzt, so dass die reflektirende Fläche des Prismas in der Visirlinie frei liegt. Hierdurch ist es möglich, durch

die Öffnung des Prismas die Theilung der Rose und über der Kante desselben durch den Diopterspalt O, den Faden des Objektivdiopters O_1 und das
einzustellende Objekt zu gleicher Zeit wahrnehmen zu können. Vor dem
Okulardiopter sind zwei Farbengläser, ein rothes F und ein grünes F', angebracht, die sich bei Seite schlagen lassen und als Blendgläser bei Sonnenbeobachtungen dienen.

Das Objektivdiopter O_1 lässt sich durch ein Charnier aus der vertikalen
Lage auf den Kreis niederkippen. Im Ausschnitt des Diopters ist genau vertikal

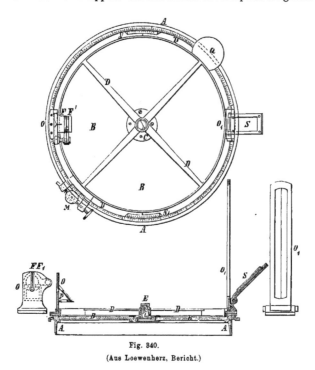

Fig. 340.
(Aus Loewenherz, Bericht.)

ein Rosshaar ausgespannt, durch welches, unter Benutzung des Okularspaltes,
die Visirebene bestimmt ist, welche durch die Umdrehungsaxe der Diopteralhidade und die der Rose hindurchgeht. Am unteren Ende des Objektivdiopters ist ein Spiegel S angebracht, welcher sich um eine Axe, die normal
zur Visirebene steht, drehen lässt, so dass seine Reflexionsebene mit der
Visirebene zusammenfällt. Der Spiegel dient zum Einvisiren hochgelegener
und coelestischer Objekte.

Zum feinen Einvisiren der Objekte ist an der Diopteralhidade und dem
Limbus ein Mikrometerwerk M mit Klemme angebracht, dessén Einrichtung
ohne Weiteres aus Fig. 340 ersichtlich ist. Da das Gewicht dieses Mikro-
meterwerkes störend auf die Horizontalität des Kessels wirken würde, so ist
auf der diametral gegenüberliegenden Stelle des Albidadenrandes das scheiben-
förmige Gegengewicht Q angeschraubt.

Durch die vorstehende Beschreibung glaube ich das Wesen und den Gebrauch der Diopter, soweit sie für astronomische Messungen überhaupt in Betracht kommen, genügend erläutert zu haben, nur die Einrichtung eines von STAMPFER angegebenen „Fernrohres ohne Vergrösserung", welches auch nichts anderes ist als ein Diopter, mag hier noch der Vollständigkeit wegen kurz erwähnt sein. Es besteht aus 2 Konvexlinsen von kurzer aber gleicher Brennweite, die in ein kurzes Rohr gefasst sind. In dem gemeinschaftlichen Brennpunkte beider befindet sich ein Fadenkreuz; die Enden des Rohres, von denen die Linsen um etwa 1 cm nach innen abstehen, sind je durch einen Deckel mit einer centrischen Öffnung von der Grösse der Augenpupille verschlossen. Wegen der geringen Brennweite der Linsen, etwa 5—6 cm, wird auch das Bild eines nahen Gegenstandes' noch sehr nahe mit der Faden-ebene zusammenfallen und durch die dem Auge zugewandte Linse mit diesem zugleich wahrgenommen werden können, ohne eine Vergrösserung zu erleiden, was sowohl wegen der Lichtstärke als auch deshalb vermieden werden soll, um das Instrument von beiden Seiten gebrauchen zu können.[1])

An Stelle des Diopter ist in der Astronomie etwa 30 Jahre nach seiner Erfindung das Fernrohr getreten, nachdem man erkannt hatte, dass ein in der Brennebene des Objektivs angebrachtes Fadennetz oder eine ähnliche Marke in Verbindung mit der Mitte des Objektivs eine Richtung genau zu bestimmen vermag.

2. Das Fernrohr.

In der Astronomie sind heute zweierlei Arten des Fernrohres in Ver-wendung, nämlich solche, bei denen das Bild eines entfernten Gegenstandes vermittelst eines Linsensystems entworfen, und solche, bei welchen zu diesem Zwecke die Reflexion des Lichtes an sphärisch (oder auch wohl para-bolisch) ausgeschliffenen Spiegeln benutzt wird. Die ersteren nennt man „dioptrische" Fernrohre oder auch Refraktoren, da das Bild durch Brechung der Lichtstrahlen in den die Linsen bildenden Medien zu Stande kommt, während man die letzteren als „katoptrische" Fernrohre oder Reflektoren, auch wohl speciell als Teleskope bezeichnet, da hier das Bild des Objektes durch Reflexionen der Lichtstrahlen an den hochpolirten Oberflächen der Spiegel erzeugt wird.

Die für die messende Astronomie unstreitig wichtigeren Fernrohre sind die dioptrischen, deren Einrichtungen daher zunächst behandelt werden sollen.

A. Dioptrische Fernrohre oder Refraktoren.

Diese Art der Fernrohre oder kurzweg „das Fernrohr" wurde im Jahre 1608 von dem holländischen Brillenmacher JOHANNES LIPPERSHEY zu Middel-

---

[1]) Wegen der eingehenden Theorie dieser Instrumente vergleiche man den Aufsatz von Bohn in Zschr. f. Instrkde. 1882, S. 9. Auch Lalande beschreibt schon ein solches Fern-rohr im zweiten Band seiner Astronomie. Näheres über Diopter-Einrichtungen findet sich in den Lehrbüchern der praktischen Geometrie und Geodäsie von Bauernfeind, Jordan, Hunaeus, Bohn u. s. w., worauf ich hier verweisen muss.

burg erfunden. Schon im Jahre darauf war die Erfindung in Paris bekannt,
und auf diesem Wege erhielt auch GALILEI die erste Kenntniss von dem
neuen Instrument, mit welchem man „entfernte und dunkle Gegenstände weit
näher und heller erblicken" sollte. Er verfertigte sich sofort einige dieser
Apparate (von denen noch heute einer in Florenz aufbewahrt wird) und
machte damit seine grossen Entdeckungen. Diese Form des Fernrohrs führt
noch heute den Namen des „Galilei'schen". Eine zweite Form des Fernrohrs
hat KEPLER im Jahre 1611, angeregt durch die holländische Erfindung und auf
Grund eingehender eigner optischer Untersuchungen, angegeben. Die Einrichtung, welche KEPLER dem Fernrohr gab, führt ebenfalls heute noch seinen
Namen, sie hat sich im Laufe der Zeiten als die zu Messungen bei weitem
geeignetere erwiesen und wird daher in der Astronomie fast ausschliesslich
gebraucht, weshalb auch das nach diesen Principien konstruirte speciell das
„astronomische Fernrohr" genannt wird.

Das erstere zeigt die Gegenstände aufrecht, das letztere aber umgekehrt,
sofern man nicht durch besondere Einrichtungen eine nochmalige Umkehrung
des Bildes herbeiführt.

Jedes dieser Fernrohre besteht aus zwei optischen Systemen, welche zusammen ein sogenanntes teleskopisches System ausmachen, d. h. ein solches,
in welchem parallel einfallende Strahlen auch wieder parallel austreten, oder
mit anderen Worten, bei welchem der zweite Brennpunkt des ersten Systems
mit dem ersten Brennpunkt des zweiten Systems zusammenfällt.

Diese Theilsysteme werden bei einem Fernrohre erstens durch das Objektiv und zweitens durch das Okular gebildet, den dritten, mechanischen
Theil bildet das die beiden optischen zusammenfassende und gegeneinander
fixirende Rohr. Sind f und f' die Äquivalentbrennweiten des Objektivs und
Okulars, so muss also immer, wenn D die Entfernung beider ist, sein

$$D = f + f'.$$

Dabei kann f' die Brennweite des Okulars sowohl positiv als negativ sein,
während für alle hier in Betracht kommenden Fälle f die Brennweite des
Objektivs positiv, d. h. dasselbe oder die ihm äquivalente Linse eine Konvex-
linse sein muss, da sonst keine vergrössernde Wirkung des Fernrohres eintreten kann.[1]

a. Das Galilei'sche oder holländische Fernrohr.

Diese Konstruktion, als die ältere, mag hier zunächst kurz besprochen
werden, obgleich sie in der Astronomie sehr selten Verwendung findet.

Das Objektiv besteht meistens aus der achromatischen[2] Kombination
einer bikonvexen Crownglas- und einer bikonkaven oder plankonkaven Flintglaslinse von geringer Brennweite und grosser Öffnung. Das Okular ist entweder eine achromatische oder häufiger auch nur eine einfache bikonkave

---

[1] Auf die strengen optischen Betrachtungen wird in den Werken von Czapski, Theorie
der opt. Instrumente und Heath, Geometrische Optik, sowie in den Werken von Feraris,
Meisel, Prechtl und Littrow (siehe Literaturverzeichniss) näher eingegangen. Wegen der
historischen Fragen vergl. R. Wolf, Handbuch der Astronomie, Bd. I, S. 320 ff.

[2] Die nähere Erörterung über Achromasie siehe später.

Linse, welche sich zwischen dem Objektiv und seinem zweiten Brennpunkte befindet. Das Rohr hat eine verhältnissmässig geringe Länge, so dass es bequem zu gebrauchen ist. Der optische Vorgang in demselben ist etwa der folgende.

Ist in Fig. 341 BAC die Objektivlinse, bac das Okular, so würde in der Ebene pq das Bild des Objektivs entstehen, von welchem q Bildpunkt eines entsprechenden Objektpunktes ist. Dieses Bild kommt aber durch Da-

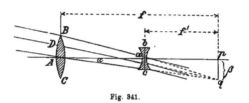

Fig. 341.

zwischentritt von bac nicht zu Stande, sondern die Strahlen werden wieder soweit zerstreut, dass sie nahezu parallel weitergehen. Dies ist leicht dadurch zu erreichen, dass man das Okular von pq um seine Brennweite (negativ) f' entfernt anbringt. Dann ist für entferntere Objekte der Abstand der beiden Linsen gleich der Differenz ihrer Brennweiten (beide absolut genommen).

Ist β die Grösse des Bildes und sind f und f' die Brennweiten von Objektiv und Okular, so würde ein in A befindliches Auge das betrachtete Objekt unter dem Winkel $p A q = \alpha$ erblicken, dessen Scheitel man für einigermassen entfernte Gegenstände bei der Kürze des Fernrohres auch ohne erhebliche Fehler nach a, d. h. in das Okular oder Auge selbst verlegt denken kann; weiterhin ist $-\dfrac{\beta}{f}$ die Tangente des Gesichtswinkels, unter welchem dem blossen Auge das Objekt erscheint. Der Winkel aber, unter welchem die durch das Okular hindurchgegangenen Strahlen in das Auge treffen, ist offenbar durch $-\dfrac{\beta}{f'} = tg \, (p a q)$ gegeben. Das Verhältniss beider Winkel zu einander, d. h. die Vergrösserung des Fernrohres wird dann sehr nahe $m = \dfrac{f}{f'}$ sein.

Das Gesichtsfeld ist bei diesem Fernrohr nur ein sehr geringes, wie man leicht einsieht, wenn man bedenkt, dass von dem Okular die Strahlenbüschel divergent ausgehen und nach den optischen Gesetzen nur diejenigen zur Entstehung eines Bildes beitragen, die sowohl durch die sogenannte Eintrittspupille als auch durch die Austrittspupille, in diesem Falle das Auge selbst, gehen. Die Eintrittspupille ist aber das Bild der Augenpupille vor dem Objektiv, es ist daher das Gesichtsfeld gleich dem Winkel, unter welchem vom Objektiv aus gesehen die Eintrittspupille erscheinen würde. Über die Bestimmung der Grösse desselben sagt HEATH l. c. S. 284:

„Bezeichnet man den Abstand der Eintrittspupille von dem Objektiv mit x und sieht die Augenpupille als örtlich mit dem Okular zusammenfallend an, so hat man

$$\frac{1}{f - f'} - \frac{1}{x} = \frac{1}{f}$$

und daher

$$\frac{1}{x} = \frac{f'}{f(f - t')}.$$

Bedeutet daher Θ das durch die Axen der äussersten Strahlenbüschel be-
bestimmte Gesichtsfeld und b den Öffnungsradius des Objektivs, so ist

$$\Theta = \frac{f_1 \, b}{f(f - f')}. \text{``}$$

Es wird dieses aber nur den Theil des Gesichtsfeldes darstellen, von
welchem die ganzen Strahlenbüschel noch in das Auge gelangen. Eine zweite
und dritte Zone wird gebildet durch diejenigen Theile des durch das Objektiv eintretenden Lichtes, dessen austretende Büschel nur zur Hälfte oder
zum noch geringeren Theile in das Auge gelangen. Es ist daher durch ein
Verschieben des Auges vor dem Okular senkrecht zur optischen Axe möglich, das Gesichtsfeld scheinbar zu vergrössern, weshalb man auch bei diesen
Fernrohren (Operngläser) meist sehr grosse Okularöffnungen findet, welche
bei konstanter Lage des Auges ganz ohne Zweck wären. Da ein reelles
Bild durch das Objektiv nicht zu Stande kommt, ist es nicht möglich, Blenden
anzubringen, und ebenso natürlich auch keine Fadenkreuze oder andere Einrichtungen zur Fixirung einer Absehenslinie. Dagegen werden die im Auge
sichtbaren Bilder aufrecht stehen, d. h. so, wie sie durch das Auge allein
wahrgenommen werden. Diese Umstände haben es bewirkt, dass das holländische Fernrohr wohl als gering vergrösserndes und lichtstarkes Instrument
für den gewöhnlichen Gebrauch, aber nicht für wissenschaftliche Zwecke zur
Verwendung gelangt.[1]

b. Das astronomische oder Kepler'sche Fernrohr.

Dasselbe besteht ebenfalls aus einer konvexen (positiven) Objektivlinse,
wozu aber als Okularsystem wieder eine oder mehrere konvexe (positive)
Linsen treten, welche durch ein oder mehrere in einander verschiebbare
Rohre mit dem Objektiv verbunden und gegen dasselbe verstellbar sind.

Da Objektiv und Okular ein teleskopisches System bilden müssen, so
wird ihre Entfernung von einander für entfernte Objekte auch gleich der
Summe der beiden Äquivalentbrennweiten sein müssen, also wieder $D = f + f'$,

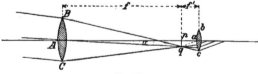

Fig. 342.

wo aber f und f' positiv zu nehmen sind, also D gleich der absoluten
Summe beider Brennweiten ist. Durch das Objektiv BAC, Fig. 342, wird,
wie im vorigen Falle, ein Bild des entfernten Objektes in pq erzeugt, dieses

---

[1] Czapski l. c. S. 248 ff. und die Literaturangaben S. 251.

kommt aber hier wirklich zu Stande, und nachdem sich z. B. die Strahlen eines Punktes des Objektes in q geschnitten haben, gehen sie weiter nach dem Okular b a c und werden durch dieses hindurch als konvergente Büschel von Parallelstrahlen in das Auge gelangen und zwar unter einem Gesichtswinkel, dessen Tangente gegeben ist durch $\dfrac{pq}{pa} = \dfrac{\beta}{f'}$ (wenn $pq = \beta$ gesetzt wird). Bei genügend weit entferntem Gegenstande wird aber der Gesichtswinkel, unter dem das freie Auge das Objekt erblickt (dieselben Annahmen wie beim holländischen Fernrohr vorausgesetzt), bestimmt sein durch

$$\operatorname{tg} \alpha = \frac{pq}{pA} = \frac{\beta}{f}.$$

Das Verhältniss beider, also die Vergrösserung für diejenigen Fälle, in denen das Fernrohr zur Anwendung gelangt, wird wieder $m = \dfrac{f}{f'}$; wie beim holländischen Fernrohr auch.

Die Vergrösserung in beiden Fällen ist also einfach gleich dem Quotienten aus Objektivbrennweite durch Okularbrennweite, beide als absolute Zahlen genommen.[1])

Das Gesichtsfeld ist begrenzt durch die Grösse der Grundfläche eines Strahlenkegels, welcher seine Spitze in der Mitte des Objektivs hat und dessen

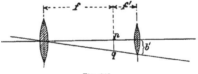

Fig. 343.

Seiten die Axen der äussersten noch voll in das Auge treffenden Strahlenbüschel sind. Bedeutet daher b', Fig. 343, den Radius dieser Grundfläche (die freie Öffnung des Okularlinsensystems) und Θ den halben Gesichtsfeldwinkel, so ist

$$2\,\Theta = \frac{b'}{f + f'}$$

die Grösse des Gesichtsfeldes.

Damit das Auge die ganze Ausdehnung des Gesichtsfeldes überblicken kann, muss sich dasselbe in dem Punkte befinden, in welchem die Axen der von dem Mittelpunkt der Objektivlinse ausgehenden äussersten Strahlenbüschel bei ihrem schliesslichen Austritt aus dem Fernrohr die Axe desselben schneiden.

---

[1]) Da in der Praxis die Auffindung der Brennweiten des Objektivs und Okulars fertiger Fernrohre meist mit Umständlichkeiten verknüpft ist, so hat man Methoden zur Bestimmung der Vergrösserung aufgesucht, welche diese Kenntniss nicht erfordern, sondern auf anderen Eigenschaften des teleskopischen Systems beruhen. Wir werden diese weiter unten kennen lernen. Überdies gilt streng genommen $m = \dfrac{f}{f'}$ nur für parallel aus dem Okular ausgehende Strahlen, was in aller Strenge nicht der Fall sein kann.

Das Auge befindet sich in diesem Falle in dem Punkte, welcher dem durch das Okular erblickten Mittelpunkt der Objektivlinse konjugirt ist. Bezeichnet wieder x den Abstand dieses Punktes von der Okularlinse nach auswärts gemessen, so ist

$$\frac{1}{x} + \frac{1}{f + f'} = \frac{1}{f'},$$

oder

$$x = \frac{f'}{f}(f + f').$$

Dieser Umstand wird bei der Konstruktion des Fernrohrs berücksichtigt, und um dem Auge seine richtige Lage anzuweisen, versieht man das Okular im Abstande x mit einer Blendenöffnung, vor welcher sich bei der Beobachtung das Auge befinden muss.

Um nur vom Objektiv direkt kommende Strahlen ins Auge gelangen zu lassen, bringt man im Fernrohr Blenden an, und zwar eine derselben (welche dann das Gesichtsfeld begrenzt) in der gemeinschaftlichen Brennebene von Objektiv und Okular. Für den scheinbaren Radius y derselben findet sich der Ausdruck $y = \frac{f b' - f' b}{f + f'}$, wo b den Öffnungsradius des Objektivs bedeutet. Dadurch werden sämmtliche nur von partiellen Strahlenbüscheln erzeugte Bilder abgeblendet.

Diese Blende selbst besitzt für die Konstruktion der astronomischen Fernrohre eine grosse Wichtigkeit, weil sie der Ort ist, an welchem alle fokalmikrometrischen Einrichtungen ihren Platz finden müssen; denn dort fällt die Mikrometerebene mit dem vom Objektiv erzeugten Bilde zusammen.

Ist das Okular, durch welches das Bild betrachtet wird, so eingerichtet, dass es dasselbe im Auge wieder aufrecht erscheinen lässt, so entsteht dadurch das sogenannte „terrestrische Fernrohr". Es unterscheidet sich also nur durch die Konstruktion des positiven Okulars von dem astronomischen, welches wie ersichtlich die Bilder umgekehrt erscheinen lässt, was aber für die hier in Frage kommenden Zwecke natürlich ohne allen Belang ist. Nachdem wir das Princip der dioptrischen Fernrohre erläutert haben, wenden wir uns zu den konstruktiven Erörterungen der einzelnen Theile des Kepler'schen Fernrohrs, welche natürlich in vielen Fällen auch für das holländische Fernrohr massgebend sind, worauf aber hier nicht näher eingegangen werden soll.

B. Das Objektiv.

Das Objektiv bestand zu Anfang aus einer einfachen bikonvexen Linse von verhältnissmässig grosser Brennweite, wie sie z. B. CHR. SCHEINER zuerst anwandte.[1]) Wie sich bald zeigte, waren diese Objektive aber mit mehrfachen Mängeln behaftet, von welchen die störendsten die sogenannte sphärische und

---

[1]) Das erste von Chr. Scheiner konstruirte Fernrohr ist in seinem Werke „Rosa ursina, sive, sol ex admirando facularum et macularum suarum phenomeno varius, etc." (Bracciani 1630) beschrieben; er entdeckte damit, wie auch der citirte Titel besagt, die Sonnenflecken 1611, nachdem sie allerdings Galilei schon früher gesehen hatte.

die chromatische Aberration waren. Die Erstere besteht darin, dass von einer Linse mit sphärischen Flächen das Bild eines Punktes nicht wieder genau ein Punkt ist, sondern dass die durch verschiedene Theile des Objektivs hindurchgehenden Strahlen den centralen Strahl an verschiedenen Stellen durchschneiden. An Stelle des Punktes tritt daher im Bilde ein kleiner heller Kreis, der sogenannte Zerstreuungskreis, von dessen Durchmesser im Verhältniss zur Öffnung und Brennweite die Schärfe der durch das Objektiv erzeugten Bilder nach dieser Richtung hin abhängt. Die chromatische Aberration hat ihren Grund in dem Wesen des weissen oder auch gefärbten Lichtes, so lange das letztere nicht nur aus Schwingungen von ein und derselben Wellenlänge besteht, also monochromatisch ist.

Die Lichtstrahlen verschiedener Wellenlänge erleiden beim Durchgang durch die Linsen (überhaupt beim Übertritt in ein anderes Medium) verschieden starke Brechungen, sofern überhaupt eine solche erfolgt, und es werden sich deshalb auch nur die Strahlen derselben Lichtgattung, abgesehen von der sphärischen Aberration, wieder in demselben Punkte vereinigen. Die Strahlen stärkerer Brechbarkeit, d. h. diejenigen von kurzer Wellenlänge, die violetten, werden sich näher der Linse wieder vereinigen als diejenigen des rothen, schwächer brechbaren Lichtes von grösserer Wellenlänge. Dadurch erscheinen im Fernrohr mit nur einer einfachen Linse die Bilder der Gegenstände mit farbigen Rändern umgeben. Es ist nun Sache des Optikers, Mittel zu finden, diese Übelstände zu heben.

Die sphärische Aberration liesse sich dadurch ganz beseitigen, dass man die Grenzflächen der Linsen nicht sphärisch schliffe, sondern denselben elliptische oder hyperbolische Gestalt gäbe. Linsen, bei denen die sphärische Aberration beseitigt ist, nennt man dann „aplanatische".[1]) Die Herstellung anderer als sphärisch begrenzter Linsen stösst aber auf grosse technische Schwierigkeiten und ist deshalb kaum ernstlich ausgeführt worden. Dagegen hat man versucht, durch geeignete Wahl derjenigen Elemente eines Objektivs von denen dieser Fehler namentlich abhängt, ihn soweit als nur möglich zu heben oder unschädlich zu machen. Nach diesen Überlegungen konstruirten Huygens und seine Nachfolger Campani, Divini, Cox, Auzout, Tschirnhausen, Hevel und Andere ihre überaus langen Fernrohre, indem sie den Objektiven bei verhältnissmässig sehr kleinen Öffnungen sehr grosse Brennweiten gaben. Dadurch wurden die Bilder allerdings besser, die Handhabung der Instrumente aber so unbequem, dass man in manchen Fällen ganz von einer Verbindung zwischen Objektiv und Okular absah und beide unabhängig von einander, das erstere auf einem hohen Gerüste, das letztere in Augeshöhe montirte (die sogenannten Luftfernrohre). Die Brennweiten gingen bis zu 200 Fuss und darüber, sodass sie die Öffnung mehrere hundertmal übertrafen.

Es ist das Verdienst von Newton, nachgewiesen zu haben, dass die sphärische Aberration für die Güte des Bildes eigentlich das kleinere Übel sei, dass vielmehr die chromatische Abweichung eine viel grössere Verschlechterung des Bildes herbeiführe. Da er aber auch erkannt zu haben glaubte,

---

[1]) Vergl. die betreffenden Kapitel in Czapski l. c. S. 98 ff.

dass sich dieser Fehler bei Glaslinsen, wegen der Beschaffenheit des Lichtes, nicht würde heben lassen, so stellte er an die Stelle des dioptrischen Objektivs den sphärischen resp. den parabolischen Spiegel und gab so die Veranlassung zum Bau der Reflexionsfernrohre.[1])

Während wir diese weiter unten eingehend behandeln werden, wird hier die Konstruktion der zwei- und mehrtheiligen Objektive, wie sie heute nach dem Vorgange von EULER und PETER DOLLOND allgemein im Gebrauche sind, zu behandeln sein.

Nachdem noch die Versuche von EULER und BLAIR zur Verringerung der chromatischen Fehler Objektive herzustellen, welche zum Theil aus flüssigen Linsen bestanden, an der grossen Empfindlichkeit derselben gegen Temperatureinflüsse gescheitert waren, ging man allgemein zur Benutzung des schweren Flint- und des leichteren Crownglases über, indem man die Verschiedenheit ihrer brechenden und dispergirenden Eigenschaften in geeigneter Weise verwendet.

Auf Grund der Euler'schen Untersuchungen, war es zuerst KLINGENSTIERNA gelungen, die Zusammensetzung einer achromatischen Linse zu zeigen, und PETER DOLLOND hatte sodann eine Reihe solcher Linsen zu Objektiven von Fernrohren wirklich ausgeführt. Erst die Untersuchungen von FRAUNHOFER sowohl in praktischer wie theoretischer Hinsicht und die sich daran knüpfenden dioptrischen Untersuchungen von GAUSS, SEIDEL, HANSEN, ABBE und vielen Anderen haben die Optik auf den heutigen hohen Stand gebracht, die aber allerdings ohne die ausführende Geschicklichkeit der STEINHEIL, MERZ, CLARK u. s. w. auch nicht zu denjenigen Resultaten geführt haben würden, welche wir heute in Gestalt der grossen Objektive von mehr als einem Meter Durchmesser vor uns sehen. Dazu kommt noch, dass es durch die rastlosen Bemühungen einiger weniger grossen Glasschmelzereien, wie Feil in Paris, Chance Brothers in Birmingham und neuerdings durch die auf systematischen Wegen wandelnde und dadurch jetzt den ersten Rang einnehmende Glastechnische Anstalt von Schott & Gen. in Jena, gelingt, Glasscheiben, man kann fast sagen, beliebiger Zusammensetzung und Grösse, herzustellen; sodass der Kühnheit der Schleifereien von dieser Seite eigentlich kein Hinderniss mehr im Wege steht.

a. Verschiedene Objektivkonstruktionen.

Die jetzt in Fernrohren zur Anwendung gelangenden Objektive bestehen zumeist aus 2, höchstens 3 und nur äusserst selten aus 4 einzelnen Linsen. Die Bedingungen, welche ein Objektiv zu erfüllen hat, sind oben schon angedeutet worden. Es müssen sich die Strahlen, welche parallel der Axe, und welche unter einem kleinen Winkel zu derselben in nicht zu grosser linearer

---

[1]) Der eigentliche Erfinder des Reflektors ist Newton nicht, obgleich er wohl 1668 den ersten konstruirte, sondern vor ihm hatten schon N. Zucchi 1616 in seiner „Optica philosophica", und um 1639 Mersenne in dem Buche „Cogitata physico-mathematica" derartige Vorschläge gemacht. Auch Gregory hatte schon den Gedanken früher ausgesprochen, war aber durch Descartes an der Ausführung gehindert worden.

Entfernung von ihr einfallen, in einem Punkte (soweit man homogenes Licht betrachtet) wieder schneiden, wenn sie von einem Punkte ausgehen. Die Fläche, in welcher die Punkte der einzelnen Theile eines ebenen Objektes zur Abbildung gelangen, muss wieder so weit irgend möglich eine Ebene sein (die Brennebene, falls es sich um Licht handelt, welches von unendlich entfernten Objekten herkommt). Die Lichtstrahlen verschiedener Wellenlänge bei weissem oder farbigem Lichte müssen sich möglichst nahe in denselben Punkten der Axe schneiden. Alle Bedingungen lassen sich nicht streng erfüllen, da hierzu nicht die nöthigen Mittel zur Verfügung stehen. Da aber bei der Herstellung eines Objektives die Wahl einer Reihe von Konstanten ihrer Grösse nach in der Hand des Optikers liegt, lassen sich, wenn die Anzahl derselben nur gross genug gewählt wird, beliebige Annäherungen an die idealen Forderungen erzielen, soweit nicht die Absorption des Lichtes im Glase und andere technische Schwierigkeiten hindernd in den Weg treten. Die erwähnten Konstanten sind:

1. die optischen Eigenschaften der betreffenden Glasarten,
2. die Radien der brechenden Flächen (Oberflächen der einzelnen Linsen),
3. die Dicke der Linsen und ihre Abstände von einander.

Sehen wir ab von den Versuchen, zur Herstellung von Linsen mit bestimmtem Brechungsvermögen Flüssigkeiten, Bergkrystalle oder andere Substanzen ausser Glas zu verwenden, welche alle an den mechanischen und in der Natur der Substanz liegenden Schwierigkeiten gescheitert sind, so kommen heute nur noch die im Allgemeinen unter dem Namen Crown- und Flintglas bekannten beiden Glasarten in Betracht.

War man früher in der Auswahl dieser Gläser beschränkt, da sich die Brechungsindices der technisch in genügend grossen Scheiben herstellbaren Glasarten in engeren Grenzen hielten, so ist heute für mittere Objektive Glas zur Verfügung vom Brechungsindex 1,5—2,0 und von verschiedensten Dispersionsverhältnissen. Es kann also der Optiker bei der Berechnung seiner Linsenradien, die in den oben gegebenen Grenzen variirenden Brechungsindices zu Grunde legen.[1]

Was nun die Berechnung der Radien der Linsenflächen anlangt, so hängen die Grössen derselben nach Wahl der Glasarten, d. h. nachdem die Brechungsindices und Dispersionskonstanten der zur Verfügung stehenden Glasarten bekannt sind, von der Wahl der Objektivkonstruktion und den Forderungen ab, welche an das zu verfertigende Objektiv gestellt werden sollen.

Man unterscheidet in dieser Beziehung eine ganze Reihe typischer Formen, z. B. als erste auf theoretischen Grundlagen ruhende die Euler'sche Konstruktion. Die Crownglaslinse ist bikonvex, und es ist bei Annahme eines Brechungsindex von 1,5 für dieselbe der zweite Radius etwa sechsmal so gross als der erste; die Flintglaslinse ist meist bikonkav in der Weise,

---

[1] Eine ausführliche Darlegung dieser Verhältnisse (namentlich des Zusammenhanges zwischen Brechungsindex und Dispersion findet sich in Zschr. f. Instrkde. 1886, S. 293, von Dr. Czapski, woselbst auch eine ausführliche Tabelle der von Schott & Gen. in Jena producirten Glasarten gegeben ist.

dass die 4. Fläche[1]) einen grösseren Radius als die dritte, diese aber eine
etwas stärkere Krümmung aufweist als die zweite Crownglasfläche. Die Nachtheile dieses Objektivs liegen namentlich in der Grösse der noch auftretenden
sphärischen Abweichungen, sowohl in als ausser der Axe.

Weiterhin hat KLÜGEL[2]) eine besondere Form angegeben, deren Haupt-
eigenschaft darin besteht, dass die Krümmungen der vorausgehenden Crownglaslinse so gewählt sind, dass der durchtretende Lichtstrahl von visuel
wichtigster Brechbarkeit diese im Minimum der Ablenkung passirt. Diese
Konstruktion ist später von GUNDLACH im Wesentlichen wieder aufgenommen
worden, nur stellt er die Flintglaslinse voraus, was aber technische Bedenken hat. Beide Konstruktionen sind wenig zu empfehlen.

Die Clairaut'sche Konstruktion wählte den zweiten und dritten
Radius gleich; sie zeigt bedeutende sphärische Abweichungen und ist nur
vortheilhaft für Linsen, deren beide Theile noch zusammengekittet werden
können (das ist aber nur noch etwa für Linsen von 6—7 cm Durchmesser
anzurathen), da sie dann andere Konstruktionen an Lichtstärke übertreffen.

Eine sehr bekannte und manche Vortheile bietende Anordnung ist die von
HERSCHEL[3]) angegebene. Ihre wesentlichste Eigenschaft ist die, dass die so-
genannten aplanatischen Punktpaare des Systems zusammenfallen. Die gewöhn-
liche Anordnung besteht in einer vorangehenden Crownglaslinse von bikonvexer
Gestalt, deren schwächer gekrümmte Fläche dem einfallenden Lichte zugewendet
ist. Die Flintglaslinse ist konkav-konvex mit der konvexen Seite die vierte
Fläche bildend. Die Vorzüge des Objektivs sind: Geringe Abweichung höherer
Ordnung in der Axe, welche durch zweckmässige Wahl der Gläser in hohem
Maasse reducirt werden kann; ferner verhältnissmässig geringe chromatische
Differenz der sphärischen Abweichung und geringe sphärische Abweichung ausser
der Axe. Die einzige Unvollkommenheit besteht darin, dass die sphärische Abweichung ausser der Axe, obwohl kleiner als bei den meisten anderen Objektiven, immer noch nicht soweit gehoben ist, als es mit einem Objektiv
möglich ist, ohne dass auf die genannten Vorzüge der Herschel'schen Konstruktion Verzicht geleistet wird.

Die bei Weitem bekannteste und auch heute noch mit verhältnissmässig
geringen Abänderungen inne gehaltene Konstruktion eines zweitheiligen Objektivsystems ist die Fraunhofer'sche.

FRAUNHOFER selbst, sowie seine Nachfolger haben fast Nichts über die
zu Grunde gelegten Principien bekannt gemacht.

Als Typus dieser Konstruktion wird stets das Objektiv des Königsberger
Heliometers angeführt, von dem FRAUNHOFER selbst die Angaben der optischen
Konstanten an BESSEL gegeben hat.[4]) Es scheint, als ob er namentlich die

---

[1]) Hier und in der Folge werden die Linsenflächen immer in der Reihenfolge gezählt,
wie sie ein vom Objekt nach dem Auge gehender Lichtstrahl der Reihe nach durchläuft.

[2]) G. S. Klügel, Analytische Dioptrik, Lpzg. 1778.

[3]) J. F. W. Herschel, On the Aberration of compound lenses and Objectglases,
Philos. Transact. 1821.

[4]) Von dem um 3 Zoll grösseren Dorpater Objektiv scheinen genauere Daten nicht bekannt zu sein (vergl. darüber auch den Abschnitt über parallaktisch montirte Instrumente).

Korrektion der sphärischen Aberration ausser der Axe als besonders wichtig betrachtet habe, was ja allerdings speciell für ein Heliometer von der Einrichtung des Königsberger von besonderem Werth ist (vergl. Heliometer).

Die fraglichen Konstanten sind:

Brechungsindex des Crownglases $n_1 = 1,529130$

„ „ Flintglases $n_2 = 1,639121$

Verhältniss der Dispersionen $1:2,025$

Dicke der Crownglaslinse 6 par. Linien ⎫ beide Linsen berühren

„ „ Flintglaslinse 4 „ „ ⎭ sich im Scheitel.

$r_1 = 838''',16$; $r_2 = 333''',79$; $r_3 = 340''',54$; $r_4 = 1172''',51$.

Aber auch dieses Objektiv weicht von der sogenannten „besten Form", d. h. von einer solchen, welche die möglichst vollkommenste Korrektur der sphärischen Aberration ausser der Axe darbietet, noch erheblich ab, die betreffenden Radien müssten nach MOSER[1]) bei der gleichen Brennweite von $1131''',455$ dann sein:

$r_1 = 694''',37$; $r_2 = 363''',78$; $r_3 = 372''',08$; $r_4 = 1656'',04$,

während für ein solches nach HERSCHELS Vorschrift sein müsste:

$r_1 = 763''',38$; $r_2 = 347''',33$; $r_3 = 354''',75$; $r_4 = 1360''',25$.

Würde man auch die sphärische Aberration in der Axe möglichst gut zu korrigiren beabsichtigen, so wären unter sonst gleichen Umständen zu wählen:

$r_1 = 837''',02$; $r_2 = 333''',96$; $r_3 = 340''',43$; $r_4 = 1171''',32$,

also der Fraunhofer'schen sehr nahe stehende Formen.

Es kann hier nicht der Ort sein, auf alle nachfolgenden Konstruktionen noch näher einzugehen, es soll nur noch auf diejenigen von LITTROW, von STAMPFER, STEINHEIL, Willib. SCHMIDT und weiterhin auf die mehr theoretisches Interesse beanspruchenden Objektive von GAUSS, SCHEIBNER und Anderen hingewiesen werden.

Von einigen dieser Optiker und Gelehrten, so namentlich von SCHMIDT ist ein Hauptgewicht auch auf die möglichst vollständige Korrektur der chromatischen Abweichung gelegt worden. Er zeigte zunächst, dass man auch mittelst eines zweitheiligen Objektivs bei Voraussetzung wirklich erreichbaren optischen Glases nicht nur zwei, sondern sogar drei Strahlen verschiedener Wellenlänge vereinigen könne, so dass namentlich das bei grossen Öffnungen sehr lästige sogenannte sekundäre Spektrum auf ein Minimum herabgedrückt werden könne.[2])

In der That ist dieser Umstand von grossem Werthe. In der neueren Zeit hat man allerdings auch andere Mittel vorgeschlagen, dieses Spektrum unschädlich zu machen. So hat M. MITTENZWEY in Pölbitz bei Zwickau eine Glaszelle von etwa $0,02—0,03$ mm Dicke hergestellt und diese mit einer Lösung von Fluorescin angefüllt. Die dünnen Glasplatten sind zur Vermeidung schädlicher Reflexe etwas konvex gestaltet. Die Zelle wird

---

[1]) C. Moser, Über Fernrohr-Konstruktionen, Zschr. f. Instrkde. 1887, S. 225 ff.

[2]) Die grosse Verschiedenheit bezüglich der Dispersion in den neuerdings von Schott & Gen. in Jena hergestellten Glasarten lässt eine bedeutende Verringerung des sekundären Spektrums zu. Man vergl. darüber Zschr. f. Instrkde. 1886, S. 345 ff.

zwischen die Okulargläser oder vor diese in den Strahlengang eingeschaltet und absorbirt sodann den als sekundäres Spektrum das Sternbild meist umgebenden violetten Saum.

Eine ähnliche Einrichtung hat Professor SAFARIK in Prag vorgeschlagen, indem er an Stelle des Fluorescins eine Lösung von Gummigutt in Äther oder Alkohol anwendet. Beide Zellen erfüllen mehr oder weniger ihren Zweck, nur haben sie den grossen Nachtheil, dass sie das übrige Bild etwas färben und ausserdem sehr viel Licht absorbiren, so dass eine bedeutende Schwächung des Bildes eintritt.[1]

Man hat daher auch auf anderem Wege die Erfüllung der noch übrigen Desiderate bei Objektiven versucht, nämlich dadurch, dass man statt zweier Linsen deren 3 oder 4 in Anwendung brachte. Abgesehen von den schon von DOLLOND angefertigten mehrtheiligen Linsen hat in neuerer Zeit namentlich Ad. STEINHEIL sich mit dem betreffenden Problem befasst. Er hat sowohl ein dreitheiliges als auch ein viertheiliges Objektiv konstruirt, von denen wohl nur das erstere mehrfach ausgeführt worden ist.[2] Ich gebe hier, was nach STEINHEILS eigener Mittheilung von KONKOLY über dies Objektiv bekannt gegeben wurde: „Das aus drei Linsen zusammengesetzte Objektiv (ein Crownglas von zwei Flintgläsern eingeschlossen) erfüllt dieselben Bedingungen, wie das gewöhnliche Fraunhofer'sche Objektiv, und zwar gestatten die vier Radien die Hebung der chromatischen und sphärischen Aberration und der Verzerrung, sowie die Einhaltung des Verhältnisses zwischen Öffnung und Brennweite des Objektives, während das Verhältniss der Dicken der einzelnen Gläser die Bedingung erfüllbar macht, dass die verschiedenen farbigen Bilder gleich gross sind. Unter Zugrundelegung der beiden folgenden Glassorten

Flint: n (gelb) $= 1,61358$　　　Crown: n (gelb) $= 1,51785$
　　　„　n (violett) $= 1,63207$　　　　„　　n (violett) $= 1,52767$

erhält man hiernach folgende Elemente für das Objektiv:

$$\left. \begin{array}{l} r_1 = 246,2 \text{ mm} \\ r_2 = 154,44 \text{ „} \\ r_3 = 154,44 \text{ „} \\ r_4 = 500,4 \text{ „} \end{array} \right\} \begin{array}{l} \text{Flint Dicke } 6,0 \text{ mm} \\ \text{Crown „ } 15,0 \text{ „} \\ \text{Flint „ } 15,0 \text{ „} \end{array} \left| \begin{array}{l} \text{Öffnung } \quad 81,2 \text{ mm} \\ \text{Brennweite } 406 \quad \text{„} \end{array} \right.$$

Ein anderes dreitheiliges Objektiv, welches namentlich auch das sekundäre Spektrum korrigiren soll, hat H. DENNIS TAYLOR, Optiker der Buckingham Works in York, im 54. Bande der Monthly Notices angegeben.[3] Er beschreibt dasselbe etwa wie folgt. Das Objektiv, dessen Durchschnitt Fig. 344 zeigt, ist aus besonderen Glassorten von SCHOTT in Jena zusammengestellt und soll daher gleichzeitig frei von sphärischer Aberration für eine grosse Anzahl von Farben

---

[1] Dazu ist zu vergleichen: S. Blair, Transact. Edinb. Soc. III, S. 3 — Barlow, Philos. Transact. 1828, S. 105 u. 313; ebenda 1829, 1831 u. 1833.

[2] Dr. H. Schröder hat ebenfalls ganz ähnliche Objektive geschliffen.

[3] Monthly Notices Bd. 54, S. 328 ff. Eine andere Abhandlung desselben Verfassers über das sekundäre Spektrum und die Farbenkurven einiger grösserer Objektive findet sich in Monthly Notices Bd. 54, S. 67 ff.

(alle?) gemacht werden können; weiterhin ist das Objektiv so eingerichtet, dass es das grösstmögliche Gesichtsfeld mit guter Definition, d. h. Schärfe der Bilder giebt. Das Bild eines Sternes bildet noch 2 Grad von der optischen Axe ein vollkommen farbloses Scheibchen. Der parallel der Axe einfallende Strahl trifft die Flintglaslinse L_2 fast genau unter demselben Winkel, unter dem er sie auch verlässt; das hat die Vortheile, welche für alle Brechungen, die im Minimum der Ablenkung vor sich gehen, aus rein dioptrischen Gründen gelten.

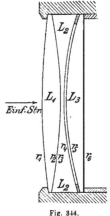

Fig. 344.

Brennweite und Öffnung stehen etwa im Verhältniss von 18 : 1; dasselbe kann aber für Objektive von 200—300 mm auch bis zu 15 : 1 erniedrigt werden, doch ist natürlich das grössere Verhältniss vorzuziehen. Die Linse L_1 ist die den eintretenden (parallelen) Strahlen zugekehrte; sie ist aus einem leichten Barytglas vom Brechungsindex n = 1,564, die zweite konkave Linse L_2 ist aus einem Borsilikat-Flint mit n = 1,547 für Strahlen von der Wellenlänge der D-Linie, drittens ist die nahezu plankonvexe Linie L_3 aus einem leichten Crownglas von verhältnissmässig kleiner dispergirender Kraft hergestellt, dessen Brechungsindex für D gleich nahe 1,511 ist. Die Radien r_2 und r_3 sind genau gleich, ebenso r_4 und r_5, während r_6 etwa gleich der doppelten Brennweite zu wählen ist. L_1 und L_2 liegen dicht zusammen, L_3 ist von diesen durch einen kleinen Raum getrennt, um hierdurch die sphärische Aberration für möglichst viele Farben zu korrigiren. Wie sich dieses Objektiv, bezüglich dessen ich im Speciellen auf die sehr ausführlichen Auseinandersetzungen TAYLORS selbst verweisen muss, in der Praxis im grösseren Maassstabe ausgeführt, bewährt hat, kann ich leider nicht sagen, da bis jetzt nicht viel darüber bekannt geworden zu sein scheint. Es lässt sich aber vermuthen, dass bis zu mittleren Dimensionen, soweit die nöthigen Glasarten bis jetzt herstellbar sind, die Konstruktion gut sein dürfte.[1]

Noch einer Einrichtung zur Verringerung oder Aufhebung des sekundären Spektrums, welche in neuerer Zeit von Dr. A. KERBER[2] vorgeschlagen wurde, sei hier kurz gedacht, weil die von ihm angegebene Anordnung schon früher zu anderen Zwecken vorgeschlagen worden ist. Er will eine vom Objektiv um ein beträchtliches Stück etwa $^2/_3$ der Brennweite abstehende Flintzerstreuungslinse zu diesem Zwecke anwenden.

Auf ganz ähnlichen Vorschlägen beruhen die 1828 von ROGERS in England und in Wien nach v. LITTROW und STAMPHERS Rechnungen von dem berühmten Optiker PLÖSSL gebauten sogenannten Dialytischen Fernrohre. Damals war es namentlich die Schwierigkeit, grosse Flintglasscheiben in genügender Güte herzustellen, welche dazu führte, getrennt von der eigent-

---

[1] Es ist bei grösseren Objektiven die Frage der Lichtabsorption eine sehr wichtige, doch sagt Tayler selbst darüber, dass auch in dieser Beziehung der fragliche Procentsatz noch bei 300 und mehr Millimeter ein günstiger sei in Rücksicht auf die Dicke des Systems.

[2] Centralztg. f. Optik u. Mechanik, Bd. XIV, S. 145.

lichen Sammellinse (Crownglas) des Objektivs die zugehörige Zerstreuungslinse aus einem Crown- und einem Flintglas bestehend, anzubringen. Das
Princip der Dialyten ist von ROGERS etwa wie folgt formulirt worden:[1])
A B, Fig. 345, ist eine gewöhnliche einfache Crownglaslinse. Zwischen
ihr und ihrem Brennpunkte F ist die zusammengesetzte Linse G eingeschoben;

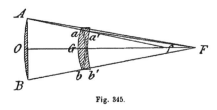

Fig. 345.

dieselbe besteht aus einer bikonvexen Linse a b aus Crownglas und
der bikonkaven Linse a' b' aus
schwerem Flintglas, deren Radien so
bestimmt sind, dass die Brennweiten
für rothe Strahlen zusammenfallen;
also wenn A F und A f resp. ein
rother und ein violetter Strahl sind,
der letztere nicht nach f gelangt, sondern durch die Wirkung von G
ebenfalls wieder nach F hingebrochen wird.

Bezeichnet f die Brennweite der Korrektionslinse, F diejenige des Ob-
jektivglases, a die Öffnung der ersteren, A diejenige des letzteren, so besteht
nach ROGERS Angaben, wenn d das Dispersionsverhältniss zwischen rothen
und violetten Strahlen bei Crown- und Flintglas ist, die Gleichung

$$f = F \times \frac{1 - d}{d} \times \frac{a^2}{A^2},$$

nach welcher die einzelnen Grössen berechnet werden können.

Zur Korrektur einer Crownglaslinse von der Öffnung und Brennweite
des Dorpater Refraktors von Fraunhofer, der 9' Öffnung und 14' Brennweite hat, würde z. B. eine Korrektionslinse von 3″ Öffnung und 9' Brennweite
nöthig sein. Für eine Flintglaslinse von 4″ Öffnung würde dieser eine Brenn-

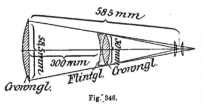

Fig. 346.

weite von 14' zu geben sein. Die
von PLÖSSL selbst gebauten Dialyte
sind etwas anders konstruirt. Es geht
bei der Korrektionslinse die bikonkave Flintglaslinse voraus und die
bikonvexe Crownglaslinse folgt, so wie
es das Schema Fig. 346 zeigt. Die
Wirkung der Plössl'schen Fernrohre ist
eine ganz vorzügliche; so viel bekannt, hat PLÖSSL das grösste derartige Instrument mit mehr als 10 Par. Zoll Öffnung in den vierziger Jahren für Kon-
stantinopel angefertigt.[2]) Die in dem Schema angegebenen Dimensionen ent-
stammen einem in Göttingen befindlichen für seine Grösse ganz vorzügliche
Bilder liefernden kleinen Dialyten.

Es ist beim Gebrauch dieser Instrumente besonders darauf zu achten,
dass der Okularauszug immer auf die richtige Marke, die dem benutzten
Okulare zugehört, eingestellt ist, da nur so die besten Bilder erzeugt werden.
Es hat das seinen Grund darin, dass die Korrektionslinse und das Okular

[1]) Memoirs of the Royal Astron. Soc., Bd. III, S. 229.
[2]) Vergl. Astron. Nachr., Bd. 11, S. 37. In Wien befindet sich ein solcher Dyalyt von
7 Zoll Öffnung.

gewissermassen ein festes System bilden, dessen Wirkung von der Fokallänge beider abhängig ist.

Die Anwendung der Photographie in der messenden Astronomie hat auch Veranlassung gegeben, die Konstruktionen der Objektive dahin zu verändern, dass diejenigen, welche zu photographischen Aufnahmen Benutzung finden sollen, nicht für den optisch wirksamsten Theil des Spektrums (etwa für die gelben und grünen Strahlen) achromatisirt sind, sondern für die weit brechbareren blauen und violetten Strahlen, etwa für die Gegend der Fraunhofer'schen G-Linie. Durch die Güte des Herrn Dr. R. STEINHEIL bin ich im Stande, z. B. die bei der Herstellung des Potsdamer photographischen Refraktors für dessen Objektiv gewählten Dimensionen in authentischer Form hier geben zu können.[1]) Es ist nämlich für dieses Objektiv von 33 cm Öffnung und 3,438 m Brennweite

Radien	Entfernung der Scheitel der sph. Flächen.	Brechungsindices.
mm		
$r_1 = 1494,33$		$n D$ 1,61258
	$D_1 = 18$ mm	$n F_1$ 1,62438
$r_2 = 780,69$		$n G$ 1,63695
	$D_3 = 0,01$ „	$n H$ 1,64463
$r_3 = 777,72$		$n D$ 1,51842
	$D_5 = 33$ „	$n F_1$ 1,52466
$r_4 = 1460,91$		$n G$ 1,53180
		$n H$ 1,53545

während die Achromatisirung für die Strahlen von den Wellenlängen $\lambda = 432 \, \mu\mu$ und $\lambda = 397 \, \mu\mu$ ausgeführt worden ist.

Wie bekannt, arbeitet dieses Objektiv ganz ausgezeichnet in den ihm durch seine Anwendung gezogenen Grenzen. Anders müssen die Dimensionen wieder gewählt werden, wenn es sich darum handelt, eine sehr grosse Lichtstärke z. B. zu Aufnahmen von Nebelflecken und dabei eine doch immerhin bedeutende Grösse der noch brauchbaren Abbildungsfläche zur Verfügung zu haben. In solchen Fällen hat man jetzt allgemein starke Portraitlinsen von 15 cm und mehr Öffnung und Brennweiten von nur 0,3—1,0 m benutzt, namentlich solche die unter dem Namen der Euriskope oder der aplanatischen Objektive von

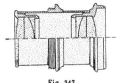

Fig. 347.

STEINHEIL oder VOIGTLÄNDER bekannt sind und von deren Zusammenstellung Fig. 347, welche eine Steinheil'sche Konstruktion darstellt, eine Anschauung giebt. Das Verhältniss zur Brennweite kann hier bis auf 1 : 2,5 bei einem brauchbaren Gesichtsfeld von 10° Öffnungswinkel herabgebracht werden.

b. Über Herstellung und Prüfung der Objektive.

Es dürfte auch nicht unangebracht erscheinen, an dieser Stelle Einiges über die Art der Herstellung grosser Objektive zu sagen, zumal die bedeutenden

---

[1]) Weiteres über die zu astrophotographischen Zwecken dienenden Instrumente wird im zwölften Kapitel beigebracht werden.

Optiker nur selten Genaues über die von ihnen befolgten Methoden die Linsen zu schleifen und das dazu brauchbare Glas auszuwählen, bekannt zu geben pflegen.

Ich folge in dieser Darstellung den Mittheilungen, wie sie der bekannte englische Optiker H. Grubb vor einigen Jahren in einem Vortrage vor der Royal Institution in London und in einem sehr interessanten Aufsatze in der „Nature“[1]) gegeben hat. Dr. Czapski hat im Anschluss daran ein ausführliches Referat in der Zschr. f. Instrkde. 1887, S. 101 ff. gegeben, aus dem ich die hier interessanten Stellen als von einem der berufensten Fachleute herrührend, auszugsweise folgen lassen möchte:

Bevor der Optiker die Anfertigung eines grösseren Objektivs beginnt, ist es durchaus nöthig, dass die Glasplatten, welche dazu verwendet werden sollen, eingehend nach verschiedenen Richtungen hin untersucht werden. Das für Objektive bestimmte Glas gelangt meist in der Form von kreisrunden Scheiben, seltener in anderer Gestalt in die Hände des Optikers. Zur Prüfung dieser Scheiben müssen dieselben an ihren planen Flächen sowohl, als auch an den Fassetten angeschliffen und polirt sein, um dem Lichte freien Durchgang zu gewähren. Die Fehler solcher Glasscheiben können sehr verschiedener Natur sein und von grösserem oder geringerem Nachtheile für das fertige Objektiv. Es muss verlangt werden, dass das Glas im Allgemeinen rein ist, d. h. es muss frei sein von Bläschen, Körnern, grösseren Flecken und dergl. Das Vorhandensein solcher Unreinlichkeiten ist meist sofort mit blossem Auge zu sehen, doch sind dergleichen Fehler, falls sie nicht in zu starkem Maasse auftreten, für die Qualität des späteren Objektivs von verhältnissmässig geringer Bedeutung, da sie den Durchgang des Lichtes nur an verschwindend kleinen Theilen der Gesammtfläche stören und nur einen diesem Maasse entsprechenden geringen Lichtverlust bedingen, während sie die übrigen Theile des Objektivs und den Gang der Lichtstrahlen nicht beeinflussen. Es können diese Unreinlichkeiten mehr als Schönheitsfehler angesehen werden, und es sollte sowohl seitens der Optiker als auch namentlich seitens der Astronomen darauf kein allzugrosses Gewicht gelegt werden, da sie eigentlich nur den Anblick der Linsen stören. Diese sind aber, wie Fraunhofer treffend gesagt hat, „nicht zum Daraufsehen, sondern zum Durchsehen da“. Das wenige Licht, welches durch diese Ungleichmässigkeiten etwa zerstreut oder reflektirt wird, kann höchstens einen ganz geringen hellen Schein im Gesichtsfelde bewirken.

Weit gefährlicher sind die häufig vorkommenden und sich über grössere Theile der Glasscheibe erstreckenden sogenannten Schlieren. Diese entstehen durch ungleiche Dichtigkeit im Glase und veranlassen für grössere Gebiete ein abweichendes Brechungsvermögen, sodass sie eine Undeutlichkeit der Bilder hervorrufen, indem die durch diese Schichten gehenden Strahlen sich an einer anderen Stelle der Axe (oder sogar ausserhalb derselben) vereinigen, als es nach der Gestalt der Linse der Fall sein sollte. Zur Auffindung dieser Schlieren in grösseren Glasplatten hat man verschiedene Methoden an-

---

[1]) Nature, Bd. 34, S. 85 ff.

gewendet. Einen besonders geeigneten Apparat dazu hat Prof. ABBE in Jena angegeben,[1]) welcher sich der von TÖPLER angegebenen Methode anschliesst.[2]) Dr. CZAPSKI beschreibt diese Einrichtung an der angegebenen Stelle wie folgt: „Zwei Tuben, welche an ihren einander zugekehrten Seiten die achromatischen Objektive O O_1, Fig. 348, von grosser Öffnung und kurzer Brennweite tragen, bestehen je aus einem weiten Hauptrohr A A_1 und engeren Ansatzstücken B B_1. Letztere sind mit ringförmig durchbohrten Platten D D_1 verschlossen, welche sich genau in den Brennebenen der zugehörigen Objektive befinden. Das Rohr A_1, durch welches gesehen werden soll (Analysator), ist um eine durch die beiden Spitzenschrauben s gebildete horizontale Axe mittelst der Schraube S_1 und um eine vertikale Axe, deren Büchse in den tragenden

Fig. 348.
(Aus Zschr. f. Instrkde. 1885.)

Holzklotz K_1 eingelassen ist, durch die Schraube S, welcher auf der anderen Seite eine Feder E entgegenwirkt, ein wenig verstellbar. Ein kleines Fernrohr F von 100 mm Gesammtlänge bei 15 mm Öffnung, an dem um die beiden Spitzenschrauben l l drehbaren Rahmen R befestigt, kann mit Hülfe der Stellschraube N mit seiner Axe der des Tubus A_1 parallel gerichtet und je nach Bedürfniss durch Umklappen um die Axe l l ganz aus der Sehrichtung entfernt werden. Die Entfernung zwischen O und O_1 ist beliebig und kann nach den Dimensionen der zu untersuchenden Glasstücke gewählt werden; auf die Empfindlichkeit der Methode hat sie keinen Einfluss, wenn es auch schon zur Ausschliessung störender Seitenlichter empfehlenswerth ist, die Objektive O und O_1 möglichst dicht an die Glasplatten heranzurücken. Zu diesem Zwecke ist der Tubus A längs seiner Axe verschiebbar, ebenso wie die Glasscheibe P, um sie an allen Stellen untersuchen zu können.

Wird nun vor D eine hell brennende Flamme gesetzt, die ihre Strahlen durch die in D befindliche Öffnung nach dem Objektiv O sendet, so werden die von einem Punkt der Öffnung in D ausgehenden Strahlen

[1]) Zschr. f. Instrkde. 1885, S. 117.
[2]) A. Töpler, Beobachtungen nach einer neuen optischen Methode, Bonn 1864 — Zschr. f. Instrkde. 1882, S. 92.

aus O der Axe des Apparates nahezu parallel austreten, also ein Bündel von dem Querschnitt des Objektivs bilden. Befindet sich zwischen O und O_1 ein völlig homogenes, von zwei parallelen und ebenen Flächen begrenztes Medium (eine beiderseitig angeschliffene Glasmasse P), so bleiben die Strahlen einander parallel und werden von O_1 wieder in D' vereinigt, es wird also in D' ein Bild von D entstehen. Sind hingegen in dem zwischen O und O_1 eingeschobenen Stück Inhomogenitäten, Schlieren, die einen Ein-fluss auf die Lichtbewegung haben, eine Brechung verursachen, so werden die sie durchsetzenden Strahlen aus der Richtung des Bündels, zu dem sie gehören, abgelenkt; sie fallen daher auch in abweichender Richtung auf O_1 und gehen in der Ebene D_1 an dem Hauptbilde vorbei. Einem Auge, das direkt durch einen Ausschnitt in D_1 nach P hinblickt, würde dieses (das zu untersuchende Glasstück) im ersten Fall unter gleichmässiger Helligkeit er-scheinen; im anderen Fall würden die ablenkenden Schlieren u. s. w. durch vermehrte oder verminderte Helligkeit sichtbar werden. Um diese Unter-

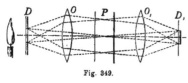

Fig. 349.

schiede besser und sicherer wahrzunehmen, richtet man die Diaphragmen D und D' so ein, dass sie reciproke Abbildungen darstellen, wie es z. B. die Fig. 349 zeigt. Dann ist klar, dass das regelmässige Bild, welches O und O_1 von der Öffnung in D entwerfen, auf den undurchsichtigen Theil des dort befindlichen Diaphragmas fällt, also dem Auge gar nicht bemerk-lich wird. In das hinter D_1 befindliche Auge gelangen nur Strahlen, welche eine irreguläre Ablenkung in den Schlieren erfahren haben und darum seitlich an dem ordentlichen, abgeblendeten Bild vorbeigegangen sind. Man würde da-her die Schlieren allein sehen, ohne durch irgend welches, nichts zur Er-scheinung beitragende Licht gestört zu sein. Der Versuch zeigt, dass dieses in der That der Fall ist. Man findet aber, dass die Empfindlichkeit des Ver-fahrens eine grössere ist, wenn man die genannten Bedingungen nicht in aller Strenge erfüllt, sondern auch einen schmalen Rand direkten Lichtes ins Auge gelangen lässt."

Ist auch diese Untersuchung vollendet, so handelt es sich noch darum, das Glas auf etwaige Spannungen zu prüfen, die sehr leicht durch ungleich-mässige Abkühlung in so grossen und dichten Glasstücken entstehen können. Sie werden sich dadurch zu erkennen geben, dass das Brechungs-vermögen der betreffenden Stellen nicht nach allen Seiten hin dasselbe ist, sondern dass Doppelbrechungen vorkommen, d. h. dass das hin-durchgehende Licht die Eigenschaft der Polarisation zeigt. Darauf beruht auch die Methode der Untersuchung. Eine zu diesem Zweck geeignete Ein-richtung findet man beschrieben in Zschr. f. Instrkde. 1890, S. 42, welche auf den Vorschlägen von Prof. MACH beruht und folgendermassen angeordnet ist: In den Fig. 350 u. 351 ist A die Lichtquelle (hellbrennende Petroleum-lampe), O das Auge des Beobachters, C die zu untersuchende Linse oder Scheibe, B das polarisirende, D das analysirende Nikol, S ein Hohlspiegel. In Fig. 350 liegen A und O in der Ebene des Krümmungsmittelpunktes des

Hohlspiegels S; in Fig. 351 sind A und O konjugirte Punkte in Bezug auf die Linse C. Die Einstellung muss zuerst derartig geschehen, dass das Auge in D bei parallel gestellten Nikols die zu untersuchende Linse oder Scheibe ganz hell beleuchtet sieht; wenn dann das analysirende Nikol in die Kreuzungs-

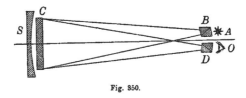

Fig. 350.

stellung gebracht wird, so ist bei einem vollständig spannungsfreien Glas-körper das Gesichtsfeld dunkel; im anderen Falle sind die bekannten Spannungsfiguren sichtbar.

Es ist zweckmässiger, um die Spannungsfigur in allen Stellungen zu den Nikols prüfen zu können, anstatt die Scheiben selbst zu drehen, wodurch leicht beim Berühren mit der Hand lokale Erwärmung eintreten könnte, die beiden Nikols in gleichem Sinne um ihre Axe zu drehen.

Bei kleineren Gläsern kann man auch einfach Licht, welches durch Reflexion an einem 35° gegen die Sehrichtung geneigten Spiegel durch die

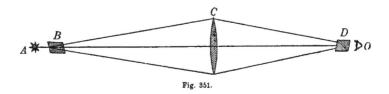

Fig. 351.

betreffende Glasscheibe geleitet wurde, mittelst eines Nikols als Analysator in allen Theilen untersuchen und so die etwa vorhandenen Helligkeitsunter-schiede und Polarisationserscheinungen (dunkles Kreuz im Gesichtsfeld) wahr-nehmen. Es ist aber durchaus nöthig, namentlich die Untersuchung auf Spannungen in zwei auf einander senkrechten Richtungen vorzunehmen, etwa in der Richtung der zukünftigen optischen Axe und senkrecht darauf. Aus diesem Grunde genügt es auch nicht, die rohen Glasscheiben nur an ihren Grundflächen auszuschleifen und roh zu poliren, sondern das muss auch an ihren Fassetten geschehen.

Ist die Rohglasscheibe als allen Ansprüchen im Wesentlichen genügend erkannt worden,[1] so handelt es sich nun darum, der Scheibe die gewünschte Linsenform zu geben, d. h. die Fläche nach den bestimmten Radien sphärisch zu schleifen. GRUBB sagt an der angegebenen Stelle darüber etwa Folgendes,

---

[1] Es gehört dahin auch die allgemeine Färbung des Glases, da es häufig vorkommt, dass namentlich die Crownglasscheiben einen grünlichen oder bläulichen Ton zeigen. Im Allgemeinen schadet eine schwache Färbung nicht viel, wenn nicht ganz besondere Unter-suchungen mit den betreffenden Linsen vorgenommen werden sollen.

was Dr. Czapski mit meist sehr beherzigenswerthen Worten kommentirt:[1])

Die Gleichungen für den Achromatismus — damit können aber nur die Näherungsgleichungen gemeint sein — seien mit den geringsten mathematischen Mitteln zu lösen. Was die Aufhebung der sphärischen Aberration betreffe, so gebe es hierüber zwar viele eingehende Untersuchungen von Mathematikern, und jeder gebe sich den Anschein, als habe er für die Aufhebung des genannten Fehlers eine noch vollkommenere Methode entdeckt als seine Vorgänger. Für den Praktiker aber seien diese mathematischen Bemühungen, so viel er (Grubb) wisse, ohne Nutzen gewesen, denn einerseits habe für den Praktiker ein Schleier des Geheimnissvollen über jenen Untersuchungen gelegen, andererseits gründeten sich jene theoretischen Untersuchungen auf die Voraussetzung vollkommen sphärischer Flächen, eine Voraussetzung, die nie streng zu erfüllen sei, während eine minimale Abweichung von ihr den Korrektionszustand des Objektivs schon wesentlich ändere. — Der erstere Vorwurf ist nicht ganz unberechtigt. Eine gedruckt vorliegende mathematische Untersuchung ist zwar an sich nicht so unzugänglich und verschleiert, wie eine optische Werkstatt, in deren Innerstes selten Jemand hineingelassen wird; aber man kann in der That nicht von einem praktischen Optiker, der Mühe genug mit der technischen Seite seiner Kunst hat, verlangen, dass er sich in die abstrakten mathematischen Ausführungen eines Grunert, Littrow, Hansen, Scheibner u. A. vertiefe. Man muss auch mehreren dieser mathematischen Optiker den Vorwurf machen, dass sie ihre Untersuchungen nicht auf wirklich vorhandenes Glas gerichtet und so dem Praktiker Gelegenheit gegeben haben, die Resultate der Theorie zu erproben, den Vorwurf, dass sie zum Gebrauch für den Praktiker nicht wenigstens präcise direkte Rechnungsvorschriften, oder das Wesentliche ihres Gedankenganges kurz und leicht verständlich ausgedrückt niedergelegt haben. Ein solcher Vorwurf trifft, wie gesagt, viele mathematisch-optische Schriftsteller, aber keineswegs alle. Barlow, Herschel, Seidel u. A. sind der Praxis auf jede mögliche Weise entgegengekommen, und berühmte Optiker wie Fraunhofer, Prazmowski, Schröder, Steinheil, Foucault, Martin, Henry und zum Theil auch Clark[2]) haben sich der Hülfe der Theorie auf das Ausgiebigste und zwar nicht zu ihrem Schaden bedient.[3])

Damit fällt auch der zweite Vorwurf, dass die Flächen nie genau sphärisch herzustellen seien. Gewiss ist letztere Aufgabe, namentlich bei sehr grossen Dimensionen der Linsen, eine äusserst schwierige und erfordert die ganze Hingabe eines kunstgewandten Praktikers, und es ist gewiss richtig, dass Objektive nicht auf dem Papiere gemacht werden. Die Arbeit der Ausführung eines grossen Fernrohrobjektivs ist in ihrer Art erheblich zeitraubender und

---

[1]) Ich gebe hier die betreffenden Stellen des erwähnten Referats mit Absicht wörtlich wieder, um zu zeigen, wie ein Mann von den Erfahrungen des Referenten sich zu diesen Fragen stellt.

[2]) Was aber Clark betrifft, so gehört er wohl auch mehr zu den reinen Empirikern. D. V.

[3]) Vergl. dazu namentlich das Handbuch der angewandten Optik von Dr. A. Steinheil und Dr. E. Voit, Leipzig 1891.

mühseliger, als es die genaueste Berechnung sein kann; aber es ist doch wohl berechtigt zu sagen, dass das Arbeiten nach Rechnungsvorschriften das Rationellere ist und dass diesem Verfahren die Zukunft gehört; denn erstens ist offenbar, dass selbst im Falle der Unmöglichkeit, genau sphärische Flächen herzustellen, der Optiker doch dem definitiven Korrektionszustande des Objektivs allemal viel näher sein wird, wenn er von vornherein richtige Radien gemacht hat, als wenn er solche ausgeführt hat, mit denen überhaupt nur durch eine erhebliche Abweichung von der strengen Kugelform jener Korrektionszustand zu erreichen ist. Solche richtige Radien müssen freilich auf Grund genauer spektrometrischer Bestimmung der verwendeten Glasarten, sowie genauer Berücksichtigung aller Distanzen, Linsendicken, Lufthiatus, Grösse der Öffnung u. s. w. gewonnen sein. Ist der Optiker im Besitze solcher zuverlässiger Radien für sein Objektiv, so kann er alle Mühe darauf verwenden, sie richtig und vollkommen auszuführen. Er kann sich empfindlicher Hülfsmittel bedienen, mittelst derer er den absoluten Grössenbetrag der Krümmung und die strenge Kugelgestalt sehr genau kontroliren kann; er kann diese Kontrole jeden Augenblick in seinem Arbeitszimmer, bei jedem Wetter und Klima, anstellen, er weiss sofort, an welcher der vier Flächen die Schuld liegt, er ist niemals im Zweifel über den Sinn einer Abweichung, nie in Gefahr, sein Objektiv verschlechtert, oder gar verdorben statt verbessert zu haben, Schwierigkeiten und Gefahren der empirischen Methode, die Grubb selbst sehr anschaulich schildert. Für den nach Rechnungen arbeitenden Künstler ist die Beobachtung von Probeobjekten mit dem fertig polirten Objektiv nicht ein Hülfsmittel zur definitiven Korrektion, sondern nur die letzte Vergewisserung, dass nirgends bei der Arbeit ein Versehen vorgekommen ist. Gerade der Schleier des Geheimnissvollen, der nach Grubb's eigenem Geständniss über der Arbeit des empirischen Optikers ruhen bleibt, selbst wenn er die genaueste Auskunft über jeden einzelnen Handgriff giebt, wenn er gestattet, dass man ihn jahrelang in seiner Arbeit beobachtet, gerade dieser Schleier fällt von der Arbeit des rationellen Optikers. Den Charakter der Kunst, auf den Grubb mit Recht bei der technischen Optik Gewicht legt, behält die Arbeit des Letzteren immer bei, aber sie ist dem Gebiete des willkürlichen Versuchens entrissen, sie ist bei jedem kleinsten Schritte vollkommen zielbewusst, eine wirkliche mathematische Kunst.

Ein Gewinn, der durch mathematisch-technisches Arbeiten in Bezug auf die Zeitdauer der Arbeit erhalten wird, steht ausser jedem Zweifel. Unzweifelhaft ist ferner dieser Vorzug, dass der empirische Künstler von den vier Freiheiten, die er in den vier Flächen eines Objektivs hat, eigentlich nur drei benutzen kann, zur Erfüllung der drei nothwendigsten Bedingungen: Brennweite, Achromasie und Aplanasie für eine Farbe in der Axe. Von jeder vierten (oder mit Hinzuziehung der Dickenwahl) fünften Bedingung, die er durch bestimmte Wahl aller vier Flächen erfüllen könnte, — welches diese Bedingung auch sei — wird er sich stets mehr oder weniger weit entfernen. Nun ist das übliche Objektiv der Fraunhofer'schen Form in Bezug auf die Erfüllung oder Nichterfüllung anderer Bedingungen als der drei genannten nicht sehr empfindlich gegen kleine Radienänderungen. Stellt man sich aber die Aufgabe, noch eine Bedingung mehr und diese möglichst genau zu erfüllen, z. B. die Herstellung eines über das gewöhnliche Maass grossen, scharfen Gesichtsfeldes (z. B. bei photographischen Refraktoren), oder eine andere, so ist man sofort genöthigt, alle vier Radien und eventuell auch die Dicken genau einzuhalten, und es würde nichts nützen, wenn man von der vorgeschriebenen Form einmal abgewichen ist, durch geschickte Politur den einen Fehler wieder zu kompensiren, da hierbei der andere, auf den es ebenso sehr ankommt, vollständig unkorrigirt bliebe oder gar verschlimmert würde. Ja, es giebt Konstruktionen, wie z. B. die sogenannte Gauss'sche, bei denen eine kleine Abweichung von dem absoluten Werth der einzelnen Radien reichlich ebenso schädlich ist, wie bei anderen Konstruktionen ein kleiner Fehler in der Gestalt der Fläche selbst. Solche Konstruktionen lassen sich ohne Zweifel nur durch eine von der Theorie unterstützte Technik ausführen und sind nur von einer solchen ausgeführt worden".

„Die Operationen, die nun mit den untersuchten Glasscheiben nach getroffener Wahl der Radien vorzunehmen sind, theilt GRUBB in 5 Rubriken: 1. Grobschleifen, 2. Feinschleifen, 3. Centriren, 4. Poliren, 5. „figuring and testing", womit er das oben erwähnte Gestaltgeben nach Tatonnement meint.

Als Schleifmaterial dient zum Grobschleifen Sand, zum Feinschleifen Schmirgel von verschiedener, successive immer grösserer Feinheit. Die Schleifschalen sind mittelst eines an ihnen befindlichen Heftes auf eine um die Vertikale rotirende Drehbank aufgefuttert; das Glasstück wird mit der Hand über die Schale hingeführt, und Sache der Geschicklichkeit des Arbeiters ist es, durch geeignetes Drücken und Loslassen die bearbeitete Fläche nach Bedürfniss, sei es als Ganzes, flacher oder konvexer zu machen, sei es in ihren einzelnen Zonen, vom Rand bis zur Mitte abzuflachen oder zu wölben, um schliesslich möglichste Kugelgestalt und diese von der richtigen Krümmung zu erzielen. Das Schleifmaterial darf nur in dünnen, feuchten Schichten auf die Schleifschale aufgetragen werden. Kleine Grübchen (nach dem Vorgange Lassells?) in den Schalen dienen zur Aufnahme gröberer mit untergelaufener Körnchen und zur gleichmässigen Vertheilung des Schleifmaterials überhaupt. Die Krümmung der Fläche wird mittelst eines Schraubensphärometers oder besser mittelst besonderer Fühlhebel festgestellt.

Die Politur erfolgt mittelst einer geeigneten Maschine, einer Modifikation der von LASSELL angegebenen. Hierbei ist die fertig geschliffene Linse selbst auf die Axe der vertikalen Drehbank aufgefuttert und ein geeigneter Mechanismus führt das Polirstück in möglichst vielen verschiedenen Richtungen darüber hin. Als Polirmittel benutzt GRUBB Eisenoxyd auf Pech, wie die meisten Optiker; auch er findet die Politur mit Tuch und Papier nur zu niederen Zwecken hinreichend, wofür sie auch auf dem Kontinent allein verwendet wird. Wegen der Art, wie GRUBB Zonen in ein Objektiv hinein oder aus demselben herauspolirt, mag auf das Original verwiesen werden. Eine äussere Probe, wie solche FOUCAULT vorgeschlagen und MARTIN vervollkommnet und in einfacherer Form auch LAURENT in Gebrauch genommen hat,[1]) wendet GRUBB auf die genaue Gestalt der Oberflächen nicht an; er beurtheilt die Flächen nach dem Aussehen des schliesslichen Bildes, wobei immer erst eine genaue Überlegung darüber entscheiden muss, an welcher Fläche der Fehler liegt, und worin er besteht.

Ganz besondere Vorsicht ist bei allem Operiren anzuwenden, um eine Durchbiegung der Linse, während der Bearbeitung und Untersuchung zu verhindern (vergl. darüber das an anderer Stelle Gesagte).

Die fünfte Procedur, das „figuring" and „testing", erfordert nach GRUBB durchschnittlich drei Viertel der Gesammtarbeit. Er schildert anschaulich das Mühselige, „die Geduld oft auf die härteste Probe stellende" dieser Arbeit. Seine Bemerkungen bestätigen nur das oben über die rein empirische Herstellung der Linsen Gesagte.

Als Lichtquellen dienen natürliche oder künstliche Sterne. Um zwei der vornehmlichsten Arbeitshindernisse zu beseitigen, 1. den Temperatur- und Feuchtigkeitswechsel in der Werkstatt, der das Poliren so erschwert, und 2. die Unruhe der Atmosphäre — bei der Prüfung — will GRUBB die Polirarbeit in einem unterirdischen Raume vornehmen und von diesem aus einen 100 m langen Tunnel bauen, an dessen Ende ein künstlicher Stern sich befinden soll. Der Tunnel soll mit besonderen Vorrichtungen versehen sein, um die Luft in ihm zu erneuern und sie überhaupt möglichst gleichförmig zu machen".

Eine sehr wichtige Frage bei der Konstruktion der Objektive ist auch die Fassung der einzelnen Linsen zum System sowohl als auch im Fernrohre selbst. Es ist unter allen Umständen nöthig, dass die optischen Axen aller Linsen genau zusammenfallen, damit das System centrirt ist, sowohl in sich als auch gegen den Okulartheil des Fernrohres; denn die gemeinschaftliche Axe der Objektivlinsen muss auch nach der Mitte des durch das Okular betrachteten Gesichtsfeldes zeigen. Über diesen Punkt hat vor kurzem die Firma T. Cooke & Söhne in York eine kleine Schrift erscheinen lassen,[2]) von welcher Dr. R. STRAUBEL in der Zschr. f. Instrkde.[3]) einen Auszug mit Erläuterungen gegeben hat. Wenn auch wesentlich Neues darin nicht mitgetheilt ist, so sind doch die dort gegebenen Vorschriften vielfach erprobt und durchaus beherzigenswerth, sodass ich hier diesen Ausführungen im Wesentlichen folgen kann. Es werden verschiedene Typen der Objektive unterschieden, aber da bei weitem die meisten dem Typus I angehören, welcher namentlich auch die Fraunhofer'schen Objektive in sich schliesst, mag hier nur auf diesen eingegangen werden, während bezüglich der übrigen und specieller Einzelheiten auf das Original verwiesen werden muss. Es wird vorausgesetzt, dass die Fassung des Objektivs so eingerichtet ist, dass sie die

---

[1]) Die Methode von Laurent, die Krümmungsradien resp. die Brennweite einer Linse oder eines ganzen Objektivs zu verbessern, wird später bei der Besprechung der Konstanten eines Fernrohrs näher erläutert werden. Näheres darüber findet sich in: Comptes Rendus, Bd. 100, S. 103 — Zschr. f. Instrkde. 1885, S. 322.

[2]) On the adjustment and testing of telescopic objectives, T. Cooke & Sons, Buckingham Works in York.

[3]) Zschr. f. Instrkde. 1894, S. 113 ff.

nöthigen Korrekturen zulässt, etwa in der in Fig. 352 dargestellten Form. In derselben stellt der schraffirte Theil die Fassung des Objektivs dar, welche an die Kontrefassung c mittelst dreier Bajonettverschlüsse b befestigt ist. Nachdem die Fassung über die drei Schrauben b geglitten und·darauf so gedreht ist, dass die schmaleren Enden der Bajonettschlitze unter die Schrauben-

köpfe gebracht sind, werden die letzteren angezogen und die Fassung ist fest. Aber die Kontrefassung c c, welche die eigentliche Fassung trägt, ist einer Bewegung gegenüber dem festen Flansch f f fähig und zwar vermittelst dreier Paare von Zug- und Druck-schrauben s_1, s_2, s_3. Von jedem Paar dieser Schrauben geht eine (1) durch die Flansche f und drückt gegen die Kontre-fassung c; dieselbe dient da-zu, diese in bestimmter Ent-fernung zu halten; die andere (2) geht lose durch die Flan-sche f, besitzt aber in der Kontrefassung c ihr Mutter-gewinde und dient dazu, diese an die Flansche f her-anzuziehen. Es ist klar, dass beim Anziehen beide Schrau-ben entgegengesetzte Wir-kungen ausüben und die Kontrefassung fest in einer bestimmten Entfernung von der festen Flansche f halten.

So ist man im Stande, dem Objektiv durch geeig-netes Lösen und Anziehen der entsprechenden Schrau-ben die richtige Neigung gegen die Rohraxe zu geben und dasselbe doch sicher im Rohre zu befestigen. Häufig

Fig. 352.
(Aus Zschr. f. Instrkde. 1894.)

ist es auch noch möglich, das Objektiv vermittelst dreier Einzelschrauben oder Paaren von solchen senkrecht zur optischen Axe im Rohr zu verschieben, doch wird bei grösseren Objektiven die Befestigung dann doch etwas unsicher. Weiterhin ist wichtig, dass die Linsen selbst in der direkten Fassung richtig aufliegen und in ihrer Stellung gesichert sind; dazu ist erforderlich, dass die Linsen an ihrem Rande nicht zu dicht von der Fassung umschlossen werden; denn bei der ungleichen Ausdehnung von Glas und Stahl oder Messing, ja bei grossen Objektiven sogar durch die ungleiche Ausdehnung von Crown- und Flintglas, treten sehr leicht höchst nachtheilige Pressungen ein. Es soll daher zwischen den Linsen und der Fassung bei gewöhnlicher Temperatur so viel Spielraum sein, dass bei den niedrigsten Temperaturen, bei denen man das Objektiv voraussichtlich benutzt, die Fassung die Linsen gerade, ohne zu klemmen, berührt. Am besten ist es, wenn das Objektiv mit der Fassung nur an drei gleich weit von einander abstehenden Punkten seines Randes in Berührung kommt und die Fassung zu diesem Zwecke mit drei Vorsprüngen an ihrer inneren cylindrischen Fläche versehen ist. Sind diese fest, so muss der oben gekennzeichnete Spielraum vorhanden sein; hat man es indess mit einem Präcisionsinstrumente, z. B. einem Durchgangsinstrumente, zu thun, so dürfte es nöthig sein, dass einer der drei Vorsprünge mittelst einer Ringfeder das Objektiv fortwährend gegen die beiden anderen anpresst und dadurch jede seitliche Verschiebung, welche die Genauigkeit der Kollimation stören würde, verhindert. Der hierzu nöthige Druck braucht nicht so stark zu sein, um schädlich zu wirken; auch kann schon an und für sich ein auf drei äquidistante Punkte gleichmässig vertheilter Druck niemals so schädlich sein als ein unregelmässig am ganzen Rande wirkender, der bei niedriger Temperatur bei fest schliessenden Fassungen ohne Vorsprünge vorhanden sein würde.

a.   b.   c.

Fig. 353.

Fig. 353 zeigt die Wirkung einer solchen Verzerrung auf das Bild eines Sternes.

Noch nöthiger ist bei Objektiven von mehr als 10 bis 12 cm Öffnung, dass der Rand der Flintglaslinse sich nicht irgendwo aufs Gerathewohl auf die Flansche legen darf, sondern dass diese letztere mit drei kleinen Vorsprüngen, P, P, P Fig. 352, versehen ist, die in ihrer Lage denjenigen, welche die Linse seitlich festhalten, entsprechen. Ungleiches Aufliegen würde Erscheinungen von der Form der Fig. 353 c hervorbringen. Ferner darf auch die Crownglaslinse nicht irgendwo auf dem Rande des Flint ihr Lager finden, vielmehr soll man drei Auflagen aus Stanniol, Papier oder sehr dünnen Kartenblättern machen und diese am Rande der Flintlinse direkt über den Vorsprüngen, die diese Linse selbst tragen, festkleben. Dann wird das Gewicht der Crownlinse direkt durch das Flint hindurch auf die Unterstützungspunkte des letzteren übertragen. Schliesslich soll auch der Ring, der die Crownglaslinse von oben festhält, mit drei kleinen Vorsprüngen versehen sein, die gerade über den vorhin angegebenen zwei Sätzen von Unterstützungspunkten liegen müssen. Dieser obere Ring soll auf das Crown keinen grösseren Druck ausüben, als unbedingt erforderlich ist, um das Drehen der Linse beim Abwischen oder anderen Hantirungen zu verhindern.

Man befestigt den Ring meist mittelst dreier Schrauben, welche ihre Gewinde an drei mitten zwischen den Vorsprüngen liegenden Stellen haben, und deren Hälse durch Löcher des Ringes gehen, welche in der Richtung der optischen Axe etwas länglich geformt sind, so kann man nach leichtem Aufdrücken des Ringes auf die Linse denselben in seiner Lage durch Anziehen der Schrauben gleichmässig befestigen.

Ebenso wie die Lage der Linsen gesichert sein muss, soll auch eine richtige Beurtheilung der Güte eines Objektivs nicht eher vorgenommen werden, bis dieses sich bezüglich seiner Temperatur mit der Umgebung in Ausgleich gesetzt hat. Bei grossen Objektiven dauert dies, wenn der Unterschied der Temperatur einigermassen gross war, ziemlich lange. Da der Temperatur-

a.   b.

Fig. 354.

ausgleich der Linsen von aussen nach innen vor sich geht, so zeigen ungleichmässig erwärmte Objektive meist Bilder von der Form Fig. 354. Gewöhnlich werden aber nur kleinere Instrumente bedeutenden Temperaturunterschieden ausgesetzt sein, da grosse Refraktoren doch immer in Räumen aufgestellt sein werden, deren Temperatur der der Luft nahe gleichkommt, wenigstens zur Zeit der Beobachtung.

Objektive, welche aus schlecht gekühltem Glase geschliffen sind, können hier füglich ausser Betracht bleiben; denn eine Verbesserung der von ihnen gezeigten Fehler liegt nicht in der Hand des Astronomen, vielmehr wird ein guter Optiker schon solche Scheiben nicht zu Linsen schleifen.[1]

Ein wichtiger Punkt bei der Untersuchung grosser Objektive ist noch der, welcher eine etwaige Durchbiegung der Linsen betrifft. Die Crownglaslinse ist im Allgemeinen diesen Einflüssen viel stärker ausgesetzt als die Flintglaslinse. Auch die Neigung des Fernrohres gegen den Horizont spielt dabei eine grosse Rolle und muss bei der Beurtheilung berücksichtigt werden.

Man hat wohl auch vorgeschlagen, durch Einpressen von verdichteter Luft zwischen Crown- und Flintglaslinse die Durchbiegung der ersteren zu verhindern, oder auch wohl das Fernrohr selbst luftdicht zu machen und so mittelst Verdichtung der Luft in demselben der Schwere der Linsen entgegen zu wirken, aber es ist gewiss leicht einzusehen, dass derartige Einrichtungen in der Praxis keine Resultate aufweisen konnten und deshalb gänzlich verlassen worden sind. Auch die Unterstützung der Linsen an mehr als drei Punkten, womöglich mittelst besonderer Gegengewichte und Federn, ist kaum gebräuchlich. Es ist deshalb von grossem Werthe, dass die Fehler, welche kleine Durchbiegungen erzeugen, erstens selbst recht klein sind, dann aber auch noch durch die Form der Linse erheblich vermindert werden können, wie folgende Überlegung, welche COOKE anstellt, zeigt:[2] Werden die Krümmungsradien der Crownglaslinse so gewählt, dass der Lichtstrahl dieselbe nahezu im Minimum der Ablenkung passirt, so wird die Verzerrung des Bildes in Folge der Biegung auch sehr klein sein (wie die Bedingungen für den Durchgang eines Strahls durch ein Prisma im Minimum der Abplattung lehren), das Verhältniss der Radien r_1 und r_2 (in der üblichen Bezeichnungsweise vom Objekt zum Bild hingezählt) muss dann etwa wie 8 : 25 sein.

---

[1] Vergl. über das dabei zu Beachtende die Angaben von Grubb und Czapski auf S. 332 ff.
[2] Cooke & Sons l. c.

Es mag Fig. 355 die Crownglaslinse eines Objektivs, welches diesen Verhältnissen entspricht, darstellen; die Öffnung desselben mag 300 mm betragen, die Brennweite 4500 mm, dann wird die Brennweite der fraglichen Crownglaslinse etwa 1725 mm sein.

Die Randstrahlen werden dann eine Ablenkung von ungefähr 5⁰ erleiden. Legt man in den Schnittpunkten zwei Tangenten an die Linsenflächen, so ist dadurch ein Prisma b a c gegeben, dessen Wirkung auf den Strahl r r genau derjenigen der Linse gleich ist. Nimmt man nun an, die Linse neige sich mit ihrem Rande nach rechts, so werden die beiden Tangenten die Lage der punktirten Linien einnehmen und das Prisma b a c wird sich um einen kleinen Winkel drehen. Ist der Prismenwinkel 9⁰ 30′ und der Brechungsexponent des betreffenden Strahles 1,52, so wird die Ablenkung

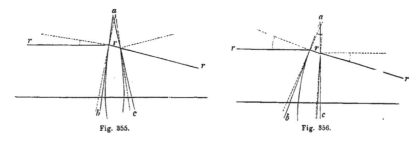

Fig. 355. Fig. 356.

im Minimum 4⁰ 57′ 42″,64 betragen. Neigt sich nun die Linse so stark nach rechts, dass die Tangenten b a und a c eine Drehung von 30′ erleiden, was in Wirklichkeit unmöglich vorkommen kann, so würde doch die Ablenkung nur um eine Bogensekunde wachsen.

Hätte die Linse mit gleichem brechendem Winkel von 9⁰ 30′ jetzt die in Fig. 356 dargestellte Lage, so würde der Einfallswinkel an der ersten Fläche nur ungefähr ein Drittel von dem Austrittswinkel an der zweiten Fläche sein, was der Konstruktion einer Linse mit grossem Gesichtsfelde entsprechen würde. Nehmen wir bei dieser Stellung eine Drehung nach rechts von der Grösse an, dass die Tangenten b a und a c, gerade wie vorhin, um 30′ sich neigen, so wird sich die Ablenkung des Strahles um nicht weniger als 18 Bogensekunden ändern.

Könnte man bei grossen Objektiven die Flächen so wählen, dass jede Linse von den Strahlen auf beiden Seiten unter gleichen Winkeln getroffen würde, so hätte man von Verzerrungen, einerlei ob dieselben durch die Schwere oder durch Temperaturungleichheiten verursacht würden, so gut wie gar nichts zu fürchten.

Obwohl es nun leicht genug ist, die obige Bedingung für die Crownglaslinse zu erfüllen, so ist dies doch leider nicht für die Flintglaslinse möglich; man müsste dann wenigstens zu einer ganz besonders schweren Sorte greifen, die aber in anderer Hinsicht wieder Einwürfe und praktische Schwierigkeiten bieten würde. Auf jeden Fall ist es bereits von grossem Vortheil, die Wirkungen einer Verzerrung allein im Crownglas zu beseitigen; denn das Flint kann wohl leichter am Rande gleichmässig unterstützt werden als das Erstere und ist

überdies in Bezug auf Verzerrung in Folge von Temperaturdifferenzen viel
weniger empfindlich; letztere treten nämlich gleichmässiger und allmählicher
auf, und dies liegt zum Theil an der Form und zum Theil daran, dass die
Flintglaslinse bei den gebräuchlicheren Objektiven nicht in direkter Berührung
mit der äusseren Luft ist. Übrigens besitzt auch, falls das Crownglas für
Randstrahlen sich im Minimum befindet, die Flintglaslinse auf jeden Fall
näherungsweise die Gestalt für das Minimum der Ablenkung.

Ist man über die bisher erwähnten Punkte mit dem zu prüfenden Ob-
jektiv im Klaren, d. h. kann man voraussetzen, dass die bisher geschilderten
Fehler nicht vorhanden oder doch nur klein sind (was für ein überhaupt
zum Messen brauchbares Objektiv nöthig ist), so kann man daran gehen, das
Objektiv auf seine Centrirung zum Rohre resp. zum Okulare zu untersuchen.[1])
Ist das Objektiv nicht centrirt, fällt also seine optische Axe nicht mit der
Verbindungslinie Mitte Okular — Mitte Objektiv zusammen, so wird ein im
Brennpunkte leidlich gutes Bild eines Sternes bei veränderter Stellung des

Fig. 357.

Okulars kein rundes Scheibchen oder ein koncentrisches System
von Beugungsringen mehr geben, sondern sich zu einem mehr
oder weniger birnförmigen Lichtfleck ausdehnen, wie ihn die
Fig. 357 zeigen. Es deutet diese Erscheinung meist an, dass
das Objektiv in der Richtung derjenigen Radien seiner Öffnung
dem Okular zu nahe ist, auf welcher die schmale Seite der elliptischen Scheibe
liegt. Es wird demgemäss das Objektiv mittelst der oben beschriebenen
Zug- oder Druckschraube auf dieser Seite etwas zu heben (d. h. vom Okular
zu entfernen) sein. Dieses Kriterium kann noch dadurch etwas verschärft
werden, dass man beim raschen Verstellen des Okulars die Entwicklung
dieser Bildfiguren verfolgt, dafür ist das Auge etwas empfindlicher. Eine solche
Korrektion wird erst nach einigen Näherungen völlig glücken, aber für die letzten
Stadien der Justirung ist dann wichtig zu beachten, dass kleine Justirungsfehler
am leichtesten entdeckt werden können, falls der Beobachter das Okular nur
soweit aus dem Fokus zieht, als nöthig ist, um bei Anwendung starker Vergrösserungen ein bis zwei Beugungsringe sichtbar zu machen. Man kann dann
die letzten Spuren ungleichmässiger Ausbreitung um den Sternort leicht ent-
decken und die entsprechenden kleinen Justirungen bewirken. Bei einiger Sorgfalt wird der Beobachter ausserdem auch bemerken können, dass der Theil der
leuchtenden Scheibe, der sich am weitesten von dem Orte des Sterns hinweg
ausbreitet, am wenigsten hell ist, während die entgegengesetzte, dem Orte
des Sterns nächste Seite, wie es Fig. 358 erkennen lässt, die grösste Helligkeit zeigt. Immerhin ist die charakteristische, excentrische Ausbreitung der

---

[1]) Fehlerhafte Centrirung der beiden Linsen gegen einander zeigt sich leicht an farbigen
Rändern des Bildes eines Sternes nahe dem Zenith (ein solcher muss gewählt werden, da-
mit nicht die Dispersion der Atmosphäre eine solche Färbung hervorbringt, was nahe dem
Horizont bekanntlich stark der Fall ist). Die Färbnng tritt bei etwas eingeschobenem
Okular stärker hervor, und es ist dann im Allgemeinen anzunehmen, dass der Mittelpunkt der
Flintglaslinse auf derjenigen Seite von dem der Crownglaslinse liegt, nach welcher hin das
Sternbild einen rothen Saum hat. Es würde also, wenn überhaupt möglich, dem-
gemäss zu korrigiren sein.

Ringe in Wirklichkeit am schärfsten zu beobachten. Für die gewöhnliche Form der Objektive gilt also folgende Regel: Das Objektiv muss dem Okularende auf derjenigen Seite genähert werden, nach welcher sich das Sternbild beim Verlassen der schärfsten Einstellung (Aus- oder Einschrauben des Okulars) am stärksten ausbreitet; anstatt auf der genannten Seite das Objektiv zu nähern, kann man dasselbe natürlich auch auf der gegenüber liegenden entfernen.[1])

Fig. 358.

Ist nun das Objektiv vollständig justirt, so wird man bei der Untersuchung des Bildes eines schwachen Sternes wahrnehmen, dass die Lichtausbreitung symmetrisch zum Sternort in der Brennebene erfolgt (vergl. Fig. 359 a—e, wo ein kleines Kreuz den Sternort in der Brenn-

a.   b.   c.   d.   e.   f.

Fig. 359.

ebene angiebt), und hierauf kommt es für die Justirung allein an. Es kann aber auch vorkommen, dass trotz symmetrischer Lichtausbreitung gegenüber dem Sternort in der Brennebene nichtsdestoweniger das Lichtscheibchen nicht rund, sondern oval, Fig. 359 d u. 359 e, oder sogar unregelmässig, Fig. 359 f, gestaltet erscheint. Solche Erscheinungen weisen dann auf noch vorhandene Fehler entweder im Objektiv oder im Auge des Beobachters (Astigmatismus) hin.

Was nun die Prüfung auf Achromasie anlangt, so ist vor allen Dingen zu beachten, dass man die Prüfung nicht mit irgend einem beliebigen Okular vornehmen darf, sondern man muss die vom Optiker den Fernrohren beigegebenen benutzen und zwar am besten ein solches, dessen Vergrösserung etwa den 30fachen Betrag der Öffnung in Centimetern ausmacht, soweit dessen Austrittspupille etwa $^2/_3$ bis die Hälfte des Pupillen-Durchmessers des Auges beträgt. Weiterhin ist zu beachten, dass das Auge keineswegs ein achromatisches System darstellt, und deshalb eine etwa gefundene chromatische Abweichung, d. h. eine Färbung des Sternbildes am Rande, sowohl dem Objektiv als auch dem System Okular — Auge zukommen kann.

Ein Objektiv für visuelle Beobachtungen soll so korrigirt sein, dass die hellsten Strahlen des Spektrums, die ungefähr zwischen C (orangeroth) und F (blaugrün) liegen, bei der angegebenen Vergrösserung zugleich auf der Netzhaut vereinigt werden. Ist dies der Fall, so haben die dunkleren Strahlen jenseits C ihren Vereinigungspunkt meistens ein wenig dahinter, während die brechbareren Strahlen jenseits F, die dem Einflusse der Flintglaslinse unverhältnissmässig stark unterworfen sind, ihren Vereinigungspunkt so weit hinter dem Hauptbrennpunkt haben, dass sie — und

---

[1]) Falls es sich um ein grosses Teleskop handelt und der Tubus zum Zwecke der Justirung mit dem Okularende nach oben gedreht werden muss, kann leicht versehentlich an den falschen Schrauben gedreht werden. Man soll sich deshalb bei der Untersuchung die Richtung der stärksten Lichtausbreitung in Bezug auf irgend einen festen Punkt des Teleskoptubus wie Sucher, Deklinationsaxe, Deklinationsklemme u. s. w. merken.

dies besonders bei stärkeren Vergrösserungen — sehr beträchtlich zerstreut und deshalb verhältnissmässig unmerklich werden.

Richtet man das Fernrohr auf einen Stern[1]) und untersucht das Bild unter Anwendung der genannten Vergrösserung, so sieht man, falls das Objektiv vollständig korrigirt und das Okular so weit eingeschoben ist, um 2 bis 3 Ringe erkennen zu lassen, eine gelblichweisse Scheibe, umgeben von einem sehr schmalen, rothen Saum. Die entsprechende Erscheinung bei herausgezogenem Okular ist die gleiche gelblichweisse Scheibe, aber ohne irgend eine Spur eines rothen Saumes. Nimmt der Beobachter das Ausziehen des Okulars mit grosser Vorsicht vor, so wird er überdies ein kleines hellrothes Sternscheibchen bemerken können, welches sich in demselben Momente bildet, wo der „Hauptbrennpunkt" sich merklich auszubreiten beginnt. Es ist dies der Vereinigungspunkt der weniger brechbaren Strahlen jenseits C.

Zieht man das Okular noch ein wenig weiter heraus, so beginnt sich ein blaues „Sternbildchen" in der Mitte zu bilden, und entfernt man das Okular noch weiter vom Brennpunkt, bis sich ungefähr fünf bis sechs Ringe zählen lassen, so liegt ein blauer Schimmer über dem gelblichweissen Ringsystem, der die inneren Ringe überdeckt, den äusseren dagegen schwerlich erreicht und nach der Mitte zu heller und violett gefärbt ist.

Auch eine ungleiche Krümmung der Linsen in verschiedenen Radien desselben Öffnungskreises wird eine schlechte Bildbeschaffenheit hervorbringen, die man mit dem Namen des Astigmatismus bezeichnet. Die Erscheinung ist etwa die in Fig. 360 dargestellte, doch ist beim Auftreten solcher Bildformen sehr leicht auch ein Astigmatismus des Auges des Beobachters betheiligt. Um zu erkennen, ob Auge oder Fernrohr das Bild eines Sternes in dieser Weise verschlechtern, ist es nöthig, beide Systeme unabhängig von einander um ihre optischen Axen zu drehen; welcher Drehung dann die Gestalt des Sternbildes (also die Axen der Lichtellipse) folgt, in diesem ist die Ursache des Fehlers zu suchen. Ein solcher lässt sich, falls er im Objektiv liegt, meist nur durch Nachschleifen entfernen; liegt er im Auge, so kann wohl durch ein geeignetes Augenglas von entsprechend verschiedenen Krümmungsradien in den einzelnen Meridianen abgeholfen werden. Ein gutes Objektiv muss ferner, wenn man das Okular etwas über den Brennpunkt hinein- oder herausschiebt, sehr nahe dieselbe Anordnung der schmalen Interferenzringe des Sternbildes zeigen, wie in Fig. 361. Treten die Ringe in beiden Richtungen in verschiedener Helligkeit und Breite auf, so ist das ein Zeichen, dass die sphärische Aberration nicht richtig korrigirt ist, im Allgemeinen wird man sagen können, dass die Randstrahlen eine kürzere Vereinigungsweite (Brennweite) haben als die central eintretenden. Wenn bei Annäherung des Okulars an das Objektiv die mittleren Ringe sehr schwach, die äusseren dagegen und vor

Fig. 360.

Fig. 361.

---

[1]) Ganz besonders eignet sich für unsere nördlichen Breiten dazu der Polarstern wegen seiner mittleren Helligkeit und geringen Ortsveränderung. Bei farbigen Sternen treten natürlich andere Erscheinungen auf.

allem der alleräusserste kräftig und hell aussehen, während vom Brennpunkt aus nach aussen die Erscheinung gerade komplementär auftritt, also die inneren Ringe heller und die äusseren schwächer aussehen als in der Brennebene, muss man schliessen, dass die Randstrahlen kürzere Vereinigungsweite haben, als die Centralstrahlen, oder mit anderen Worten, es ist dann sogenannte positive Aberration vorhanden. Fig. 362 a zeigt die Erscheinung innerhalb, Fig. 362 b dieselbe ausserhalb der Brennweite.

a.　　b.
Fig. 362.

Sind hingegen die mittleren Ringe innerhalb der Brennweite so hell oder sogar heller als der äussere und dieser zart und schwach wie in Fig. 362 a, während ausserhalb der Brennweite die Erscheinung komplementär ist und der äussere Ring massiv und hell aussieht, so ist anzunehmen, dass die Randstrahlen sich und die Axe später schneiden als die Centralstrahlen, und dass demnach negative Aberration vorliegt. Ist der Betrag der sphärischen Aberration sehr gering, so lässt er sich am besten nachweisen, wenn man starke Vergrösserungen anwendet und sich nicht weiter vom Brennpunkt entfernt, als bis zwei Ringe oder auch nur ein Ring sichtbar sind.

Die Breite der Interferenzstreifen und die Abnahme ihrer Intensität, also die Grösse des scheinbaren Sternbildchens, ist ausserdem bekanntlich von der Öffnung des Fernrohrs abhängig. Da man nach den in der Optik geltenden Gesetzen das in das Fernrohr gelangende Licht als im Brennpunkte f, Fig. 363,

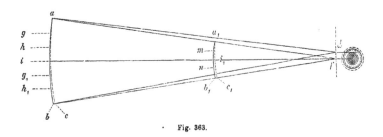

Fig. 363.

mit gleicher Schwingungsphase eintreffend ansehen kann, so wird z. B. eine durch den Öffnungskreis des Objektivs gelegte Kugelfläche, deren Mittelpunkt der Brennpunkt ist, eine sogenannte Wellenfläche darstellen. Denkt man sich nun eine zweite Kugel so beschrieben, dass ihr Mittelpunkt in d so weit oberhalb von f, welches in der optischen Axe sich befinden soll, gelegen ist, dass der Punkt b von c um eine Wellenlänge absteht, so wird im Punkte d Dunkelheit herrschen, da sich dort Lichtstrahlen vereinigen, die um je eine halbe Wellenlänge von einander verschieden sind, nämlich Licht von b mit solchem von i, Licht von h_1 mit solchem von h u. s. w. Es wird also in der Entfernung df von f ein dunkler Ring entstehen, und so wird das zum zweiten Male stattfinden in der Entfernung 2 df, zum dritten Male in der von 3 df u. s. w. Man kann also für Licht von einer gegebenen Wellenlänge die Breite der Ringe berechnen, wenn Öffnung und Brennweite gegeben sind; denn es muss für homogenes Licht von der Wellenlänge λ,

wie sofort einzusehen ist, $df = \dfrac{\lambda F}{O}$ sein, wenn F die Brennweite für diese
Strahlen und O die Öffnung des Objektivs ist. Vertheilt sich nun das ein-
tretende Licht auf eine Kreisscheibe, so wird das, was hier für eine radiale
Ebene galt, nicht mehr ganz zutreffen für den ganzen Kreisring, denn
die Quantitäten des interferirenden Lichtes kompliciren das Verhältniss.
G. B. AIRY hat nun diesen Umstand genau untersucht und gefunden, dass
in Wirklichkeit zu setzen ist für den Halbmesser des ersten dunklen Ringes

$1{,}2197\,\dfrac{\lambda F}{O}\,.$

Für ein Objektiv von 15 cm Öffnung und 225 cm Brennweite ist dem-
nach der lineare Durchmesser des ersten dunklen Ringes gleich $30 \times 1{,}22\,\lambda$
oder, die Wellenlänge im hellsten Theile des Spektrums zu 0,000548 mm
angenommen, der Radius gleich 0,0202 mm, während die scheinbare Grösse
einem Winkel von etwa 1,86″ entspricht.[1]

Vor einiger Zeit hat R. STEINHEIL in München eine besondere Art der
Fassung grösserer Objektive vorgeschlagen; er bemerkt dabei,[2] dass man
jetzt für diesen Zweck ausschliesslich Stahl zu verwenden pflegt, welcher
bezüglich seines Ausdehnungskoefficienten dem Glas viel näher steht als
Messing. Aber sobald bestimmte Öffnungen überschritten werden, erweist
es sich doch als nöthig, dass für eines der drei festen Widerlager eine Feder angebracht wird, welche kräftig genug ist, um das Linsensystem fest und in
allen Lagen sicher gegen die ihrem Angriffspunkt symmetrisch gegenüberliegenden Erhöhungen der Fassung zu drücken. Da durch eine solche Einrichtung aber nicht der Störung der Centrirung, welche die ungleichen Ausdehnungskoefficienten der Glasarten bewirkt, begegnet wird, hat STEINHEIL

---

[1] Cooke hat bezüglich der Dimensionen des Scheibchens in Fernrohren verschiedener
Öffnung und Brennweite Messungen angestellt, welche ich hier ihres allgemeinen Interesses
wegen noch anmerkungsweise mittheilen möchte. Ein sechszölliges Objektiv (15 cm) von
227,5 cm Brennweite wurde auf einen hellen Stern gerichtet und bis auf eine quadratische
Öffnung von 37,5 mm Seite abgeblendet. Das Mittel aus vier Messungen ergab als Abstand der ersten — hier einer quadratischen Figur angehörenden — dunklen Linie 0,0675 mm,
während die Formel $2F\lambda/O$ ($\lambda = 0{,}000548$ mm) als theoretischen Werth 0,0665 mm ergiebt.
Darauf wurde eine kreisförmige Öffnung von 30,5 mm Durchmesser vor das Objektiv
gesetzt, und das Mittel von vier Messungen ergab für den ersten dunklen Ring einen
Durchmesser von 0,0975 mm, während die Formel 0,1000 mm lieferte. In beiden Fällen
wurde das Bild durch ein ungefähr 450 mal vergrösserndes Okular betrachtet, und um die
Gewissheit zu haben mit einer einigermassen bestimmten Wellenlänge zu operiren, ein
grünes Glas hinter das Okular gesetzt. Nach der spektroskopischen Untersuchung liess
dieses Glas nur die zwischen D und E gelegenen Strahlen durch, und zwar lag das Maximum der Durchlässigkeit näher an E als an D und hatte ungefähr eine Wellenlänge von
0,000548 mm. Da dies zugleich auch die hellste Stelle des Spektrums ist, eignet sich der
obige Werth gut zur Berechnung der Grösse des ersten dunklen Ringes.
Ferner wurde auch der Durchmesser des ersten dunklen Ringes bei der vollen Öffnung
von 15 cm so gut, als es bei der Kleinheit möglich war, gemessen und fand sich zu 0,02
(mit einem mittleren Fehler von ungefähr 10%), während der von der Formel $2F/O \times 1{,}22\,\lambda$
gelieferte Werth 0,0202 mm ist. Auch hier stimmt demnach die Theorie mit dem Ex-
periment.

[2] Zschr. f. Instrkde. 1894, S. 170 ff.

eine Art Kompensationsfassung, d. h. eine aus zweierlei Metallen zusammengesetzte, konstruirt. Mit Übergehung der theoretischen Betrachtungen, welche
an der angegebenen Stelle beigebracht sind, mag Fig. 364 die Einrichtung
veranschaulichen. Die Dimensionen sind auf ein Objektiv von 50 cm Öffnung bezogen, und es berechnet sich die Länge l der zwischenliegenden
Klötze k u. k' zu $l = \dfrac{\varphi - \gamma}{\sigma - \varphi} r$, wo φ der Ausdehnungskoefficient des Fassungs-
materials, γ derjenige der betreffenden Linse, σ der des Kompensationsstückes
ist und r den Halbmesser der Öffnung bezeichnet. Die Fassung sei aus Gusseisen ($\varphi = 0{,}00001061$), die Kompensationsstücke aus Zink ($\sigma = 0{,}00002918$),
γ (Flint) $= 0{,}00000788$ und γ (Crown) $= 0{,}00000954$; dann wird l für die
Flintglaslinse 3,675 cm und l für die Crownglaslinse 1,44 cm.

Fig. 364.

Bezüglich der technischen Ausführung ist zu bemerken, dass die Fassung
im Innern so abgedreht werden muss, dass sie 3 Abstufungen enthält. Bei
den angegebenen Dimensionen wird der Durchmesser des für die Flintglas-
scheibe bestimmten Raumes 57,35 cm, derjenige für die Crownglaslinse
52,88 cm und der dritte um so viel kleiner als 50 cm sein, als für eine
Auflage des Objektivs noch erforderlich ist. Es wird vollständig ausreichen,
wenn die Kompensationsstücke in je 120° von einander eingelegt werden,
wie es die Fig. 364 andeutet. Von oben kann die Linse ganz in der bisher üblichen Weise gehalten werden, nur wird die Gesammtfassung bei Benutzung dieser Kompensationseinlagen einen um etwa $^1/_7$ grösseren Durchmesser
erhalten als bei solchen von gewöhnlicher Form.

C. Okulare.

Den zweiten Haupttheil des Fernrohres bilden die Okulare, d. h. diejenigen optischen Systeme, mit welchen man das vom Objektiv erzeugte Bild
betrachtet und vergrössert. Man unterscheidet verschiedene Arten der Okulare, welche je nach der Anwendung des Fernrohres verschiedenen Bedingungen genügen müssen. Sie bestehen alle aus einer Kombination von
2 oder mehr Linsen, da eine einzelne, welche ja auch ein Bild erzeugen
würde, zu grosse optische (sphärische und chromatische) Abweichungen veranlassen würde.

a. Astronomische Okulare.

Sieht man ab von dem Okular des Holländischen (Galilei'schen) Fernrohres, welches aus einer einfachen Konkavlinse besteht, und dem später von
Rheita zur Aufrichtung des Bildes in einem Kepler'schen Fernrohre mit einfacher Okularlinse gemachten Vorschläge, der vor dessen Okular-Linse noch ein
zweites kleines Fernrohr setzte, so sind die bei weitem am häufigsten vorkommenden Okulare das Huygens'sche[1] und das Ramsden'sche. Bei ersterem,
welches die Fig. 365 schematisch und Fig. 366 im Durchschnitt darstellt,

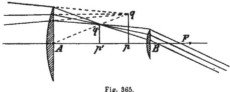

Fig. 365.

sind aus Gründen, welche die Korrektion der sphärischen und chromatischen
Abweichungen bedingen, die zwei plankonvexen Linsen[2] so gewählt, dass
ihre Brennweiten sich wie 3 : 1 verhalten und dass ihre konvexen Seiten

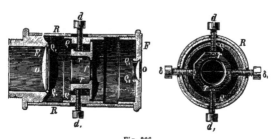

Fig. 366.
(Aus Hunaeus, Geometr. Instrumente.)

beide dem Objektiv zugekehrt sind. Von dem Objektiv kommende Strahlen
würden sich in der Brennebene desselben pq schneiden, der schiefe Bündel

---

[1] Auch häufig Campanisches Okular genannt. Das eigentliche Campanische Okular hat
allerdings 3 Linsen.

[2] Im Allgemeinen pflegt man zu den Okularlinsen, wenn nicht bestimmte Bedingungen erfüllt werden sollen, Crownglas zu verwenden, namentlich wegen der geringeren
Dispersion.

z. B. in q. Bevor aber noch die Vereinigung zu Stande kommt, werden sie von der Linse A abgelenkt und zu stärkerer Konvergenz gebracht, sodass sie sich in q′ schneiden, welcher Punkt in der Brennebene der Linse B liegt. Die von dem Punkte der Ebene p′q′ ausgehenden Strahlen des Bildes treten also nach dem Durchgange durch B als nahe parallele Strahlenbüschel aus. Es ist dann der Bedingung gemäss $AF = 3f$ und $AB = 2f$, wo f die Brennweite der Linse B bedeutet, also gleich dem Abstand FB ist. Da ferner auch q′p′ in der Brennebene der Linse B liegt, so ist $Bp' = \frac{1}{2}AB$; ferner, da p und p′ in Bezug auf die Linse A konjugirte Punkte sind, so ist auch $\frac{1}{Ap'} - \frac{1}{Ap} = \frac{1}{3f}$ und $Ap' = f$, daher weiterhin $Ap = \frac{3}{2}f = \frac{3}{4}AB$. Es liegt somit p in der Mitte zwischen A und F, d. h. die Linse A, die dem Objektiv näher, muss von dem Brennpunkte des Objektives um ihre eigene halbe Brennweite nach ersterem zu gerechnet abstehen. Die Anwendung eines solchen Okulars hat manche Vorzüge, namentlich den der Lichtstärke und des grossen Gesichtsfeldes, aber auch den erheblichen Nachtheil, dass es mit einem komplicirten Fadennetz schlecht in Verbindung zu bringen ist, weil dasselbe zwischen die beiden Linsen zu liegen käme, Fig. 366, und somit dem Bilde gegenüber erstens Verzerrungen erleiden würde, dann aber auch für verschiedene Augen fortwährend eine Veränderung zwischen Objektiv und Fadennetz stattfinden müsste, wodurch etwaige Fädendistanzen u. dergl. stets von Neuem bestimmt werden müssten. Man wendet deshalb dieses Okular nur da an, wo es auf Betrachtung eines cölestischen Objektes ankommt oder auf das Studium der physikalischen Beschaffenheit, nicht aber, sobald Winkelmessungen ausgeführt werden sollen, also z. B. nicht bei irgend welchen Mikrometern.[1])

Hier tritt an seine Stelle das Ramsden'sche Okular.

Bei diesem haben die beiden plankonvexen Linsen gleiche Brennweite und sind so angeordnet, dass sie sich gegenseitig die konvexen Seiten zuwenden, wie es Fig. 367 schematisch zeigt.

Der Abstand beider Linsen muss dann streng genommen gleich der Brennweite derselben sein; da aber bei genauer Einhaltung dieser Bedingung, welche namentlich für die Achromasie des Okulars erforderlich ist, alle Fehler · oder Unreinlichkeiten der Kollektivlinse[2]) A durch die eigentliche

---

[1]) Man findet die Huygens'schen Okulare aber doch sehr häufig bei kleinen Messinstrumenten und auch bei solchen grösseren, wo es nur auf die Feststellung einer Richtung ankommt und wo man sehr wohl ein am Orte p′q′ ausgespanntes einfaches Fadenkreuz anwenden kann. Dieses dient dann natürlich nur zur Fixirung der Absehenslinie im Fernrohre und nicht zur Messung angulärer Grössen im Gesichtsfelde selbst; auch bei älteren Ringmikrometern findet man es noch (Dollond).

[2]) Kollektivlinse nennt man diese zwischen dem eigentlichen Augenglas und dem Objektiv einzuschaltende Linse deshalb, weil durch sie die Strahlen vor dem Durchgang durch die Letztere gesammelt werden. Dieselbe bewirkt namentlich auch ein grösseres Gesichtsfeld. Bei dem Huygens'schen Okular ist sie eigentlich nur in dieser Weise ausgenutzt, während sie beim Ramsden'schen und diesem ähnlichen Mikrometerokularen streng genommen zum System Okular—Auge gehört.

Augenlinse B mit vergrössert erschéinen würden, pflegt man die Entfernung
AB etwas kleiner als die Brennweite f zu machen, nämlich $^2/_3$ derselben.
Die von dem Objektiv kommenden Strahlen schneiden sich dann in einem
Punkte der Brennebene desselben, z. B. in q, sie treffen erst nach der
Kreuzung bei q auf die Linse A; dadurch gestaltet sich der weitere Strahlen-

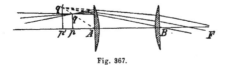

Fig. 367.

gang so, als ob dieselben von q' ausgingen. Wird nun die Entfernung B p'
resp. BA so gewählt, dass die Ebene p'q' die Brennebene von B ist, so werden
aus dieser Linse[1]) die Strahlen nahezu parallel austreten, was der Bedingung
des teleskopischen Systems entspricht. Es muss dann $AB = \frac{2}{3} f$ sein, damit
wird $A p' = \frac{1}{3} f$, und aus der Gleichung $\frac{1}{Ap} - \frac{1}{Ap'} = \frac{1}{f}$ folgt weiter, dass
unter diesen Umständen $pA = \frac{1}{4} f$ sein wird; d. h. die Linse A (die vordere
des Okulars) steht um den vierten Theil ihrer eigenen Brennweite von dein
Brennpunkte des Objektives ab.   Die Fig. 368 stellt ein gewöhnliches

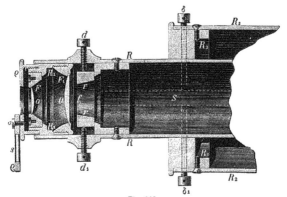

Fig. 368.
(Aus Hunaeus, Geometr. Instrumente.)

Ramsden'sches Okular im Durchschnitt dar. Wenn dieses Okular auch nicht
so lichtstark ist als das Huygens'sche, auch in der Grösse des Gesichtsfeldes[2]) jenem wohl nachsteht, so hat es doch den grossen Vorzug, dass

---

[1]) Das Wesentliche ist nicht diese Beziehung, sondern, dass die Brennweite beider
Linsen dieselbe ist.   Es werden thatsächlich mehrere Vorschriften für dieses Mikrometer-
okulare gegeben, bei welchem der Abstand der Linse A vom Brennpunkte des Objektives
erheblich verschieden herauskommt.

[2]) Als Gesichtsfeld eines Okulars bezeichnet man gewöhnlich denjenigen Winkel, unter
dem der Durchmesser der Okularblende vom Augenort gesehen wird. Ein gewöhnliches
Huygens'sches Okular hat z. B. 40—45⁰ Gesichtsfeld, ein Ramsden'sches dagegen nur etwa
30—35⁰.

es zu allen mikrometrischen Messungen zu benutzen ist. Mit einer Verschiebung, wie sie nöthig ist für verschiedene Augen oder zum deutlichen Sehen verschiedener Theile der Brennebene des Objektivs (Fadenebene, Bildebene) ändern sich die Konstanten der in dieser Ebene vorhandenen mikrometrischen Einrichtungen nicht, sondern diese bilden mit dem Objektiv ein festes System, während dagegen das Okular mit dem Auge ein zusammengehöriges System bildet. Diese Auffassung ist für manche Vorgänge bei der Betrachtung und Messung am Fernrohr und am Mikrometermikroskop von Bedeutung, und ich betone dieselbe deshalb ganz besonders.

Ausser diesen Haupttypen der Okulare hat man noch eine Reihe, welche zum Theil Verbesserungen der genannten beiden Arten sind, zum Theil wohl auch auf besonderen Principien beruhen. Eines der wichtigsten davon ist das sogenannte Kellner'sche orthoskopische Okular.[1]) Fig. 369 zeigt den Durchschnitt eines solchen Okulars. Es ist im Wesentlichen ein Ramsden'sches Okular, bei dem aber die dem Auge zunächst gelegene Linse o aus einer achromatischen Kombination von Crown- und Flintglas besteht. Die sogenannte Kollektivlinse O ist bikonvex mit nahezu gleichen Krümmungsradien; die weniger gekrümmte Fläche (also diejenige mit grossem Radius) ist dem Objektiv zugewendet. Zwischen beiden Linsen, näher der Linse o,

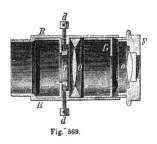

Fig. 369.

befindet sich eine besondere Blende f_1, während die Blende f in der Brennebene des Objektivs liegt und daher zur Aufnahme etwaiger Mikrometervorrichtungen dienen kann. KELLNER selbst giebt als Hauptvorzüge dieses Okulares an: „Dasselbe ist aplanatisch, d. h. das Gesichtsfeld ist eben, und das Bild erscheint in seiner ganzen Ausdehnung nahezu gleich scharf. Die chromatische und sphärische Abweichung ist für das ganze Gesichtsfeld gehoben. Das Gesichtsfeld ist wie beim Huygens'schen Okular doppelt so gross als das der entsprechenden Äquivalentlinse, bei schwächeren Vergrösserungen sogar noch etwas grösser. In Folge dessen ist es auch zur Anwendung in Kometensuchern sehr gut geeignet." Man pflegt das Okular, wie auch die Fig. 369 zeigt, gewöhnlich so anzufertigen, dass sich beide Linsen etwas gegen einander verschieben lassen, um so den speciellen Eigenschaften des Objektivs gerecht werden zu können. Die Kellner'schen Okulare haben sich gut bewährt.

Sowohl bei Huygens' als Ramsden's Okularen treten in Folge des Umstandes, dass 2 plane Flächen an den Linsen vorhanden sind, in bestimmten Fällen leicht Reflexbilder auf, welche an diesen Flächen entstehen. Diese stören nicht nur die Beobachtungen, namentlich heller Objekte, sondern sind

---

[1]) Carl Kellner, Das orthoskopische Okular, eine neuerfundene achromatische Linsenkombination u. s. w. Mit einer Anleitung zur Kenntniss aller Umstände, welche zu einer massgebenden Beurtheilung des Fernrohrs durchaus nöthig sind. Braunschweig 1849. Nebst einem Anhange zur Kenntniss und genauen Prüfung der Libelle von J. M. Hensoldt. Dazu ist zu vergleichen: Astron. Nachr., Bd. 31, S. 17.

auch schon häufig die Veranlassung eigenthümlicher Täuschungen gewesen, indem man glaubte, kleine Sternchen oder dergl. wahrgenommen zu haben, die als Begleiter heller Sterne aufgefasst wurden. Wenn man nun auch meist durch Bewegen des Auges und Veränderung der Lage des Bildes im Gesichtsfeld die wahre Natur solcher optischen Erscheinungen auffinden kann, so wird doch ein Okular, welches solche Bilder überhaupt vermeidet, von Vortheil sein. Dieses soll das Mittenzwey'sche Okular, Fig. 370, leisten. Dasselbe ist im Wesentlichen nach HUYGENS' Princip gebaut. An Stelle der plankonvexen sogenannten Kollektivlinse hat es aber eine konkav-konvexe Linse mit der konvexen Seite dem Objektiv zugewendet.

Durch die Wahl verschiedener Glasarten und geeigneter Abstände kann auch dieses Okular völlig für chromatische und sphärische Aberration korri-

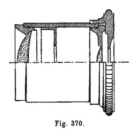   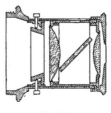

Fig. 370.   Fig. 371.

girt werden. Bei seinem grossen Gesichtsfelde von etwa 50°—55° giebt es doch ebene und scharfe Bilder und eignet sich daher sowohl für Refraktoren als Kometensucher.

Das sogenannte Gauss'sche Okular Fig. 371 ist nichts anderes als ein gewöhnliches Ramsden'sches Okular, nur ist zwischen die beiden Linsen ein

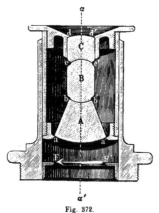

Fig. 372.
(Aus Konkoly, Anleitung.)

Planglas, unter 45° gegen die optische Axe geneigt, eingeschoben, und die Fassung hat eine seitliche Durchbohrung. Es wird von dort Licht auf die Glasplatte geworfen, welches dann die Fäden im Gesichtsfeld erleuchtet, deren in einem Quecksilberhorizont reflektirte Bilder zur Bestimmung von Neigung und Kollimation der Instrumentenaxen, sowie des Nadirpunktes, beobachtet werden können. (Näheres darüber vergl. Durchgangsinstrumente.)

Ein Okular besonderer Konstruktion ist in Fig. 372 dargestellt. Es wurde von Dr. A. STEINHEIL unter dem Namen eines monocentrischen Okulars eingeführt. Dasselbe besteht aus einer Kombination von 3 Linsen, welche untereinander fest verkittet sind und deren sphärische Flächen auf koncentrischen Kugelschalen liegen. Die Linsen A und C sind Flintglas, die mittelste B, einen Kugelausschnitt bildende, ist Crownglas.

Diese Anordnung ist völlig frei von störenden Reflexen. Das Bild des Objekts liegt wie beim Ramsden'schen Okular vor der konvexen Fläche der Linse A bei FF', und es eignet sich dieses Okular gut zu Mikrometerbeobachtungen, besonders wird es für Ringmikrometer von kleinem Durchmesser empfohlen.

A. STEINHEIL selbst hat über ein solches Okular die folgenden Angaben gemacht: „Die Brechungsindices sind für das benutzte Flintglas $n_{gelb} = 1,61358$; $n_{violett} = 1,63207$, für das Crownglas $n_{gelb} = 1,51705$; $n_{violett} = 1,52767$, während die Radien der brechenden Flächen der Reihe nach (vom Auge aus gerechnet) $r_1 = 12,911$, $r_2 = 5,734$, $r_3 = 7,167$ und $r_4 = 19,711$ mm sind.[1]) Die Linsendicken betragen resp. 7,177, 12,900 und 12,544 mm. Der Umstand, dass das Licht nur zweimal aus Luft in Glas resp. umgekehrt überzugehen braucht, mag wegen des geringen Lichtverlustes durch Reflexion noch als ein besonderer Vorzug erwähnt werden, dem allerdings die Dicke der Glasmasse und das etwas geringe Gesichtsfeld gegenüber stehen. Eine ebenfalls zu empfehlende Okularkonstruktion ist das nach MITTENZWEYS Angabe ausgeführte, von ihm „euroskopisch-aplanatisches Mikrometer-Okular" genannte. Fig. 373 zeigt einen Durchschnitt eines solchen Okulars. Es besteht aus einem sphärisch und chromatisch stark überkompensirten System aus drei miteinander verkitteten Linsen und einer einzelnen konkav-konvexen Augenlinse, welche gleich grosse, aber im entgegengesetzten Sinne wirkende Fehler besitzt. Das Okular ist völlig reflexfrei, hat grossen Abstand von der Bildebene des Objektivs und sehr grosses scheinbares Gesichtsfeld und erfüllt alle orthoskopischen und chromatischen Bedingungen sehr gut; es kann daher gleich vortheilhaft sowohl als Mikrometer-Okular als auch zu gewöhnlichen Beobachtungen benutzt

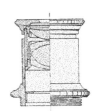

Fig. 373.

werden. Eine Reihe älterer Okularkonstruktionen von AIRY,[1]) LITTROW,[2]) BIOT,[3]) SANTINI[4]) und Anderen mag hier übergangen werden, da sie erhebliche, hervortretende Vorzüge nicht aufzuweisen haben. Ebenso enthalten die Kataloge der optischen Werkstätten noch manche eigenthümliche Anordnungen, auf welche aber hier auch nur der Vollständigkeit wegen hingewiesen werden soll.[5])

---

[1]) Das hier beschriebene Okular hat also für die mittlere Linse zwei verschiedene Radien, während in seinem neuen Katalog Steinheil dieselbe als einen „Kugelausstich" bezeichnet.

[1]) Principles and construction of achromatic eyepieces of telescopes etc. Cambridge Philos. Transact., Bd. 2, 1827. Eine spätere Abhandlung desselben Verfassers ebenda, Bd. 3, 1830. Die Anordnung ist ganz ähnlich der von Mittenzwey und der Huygens'schen.

[2]) Littrows Dioptrik, Wien 1830, 2. Abth.

[3]) Sur les lunettes achromat. à ocul. multiples, Mém. de l'Acad. des sciences, Paris, Bd. 19.

[4]) Al calcolo degli oculari per i conocch. astron. etc. Memorie dell' Instit. di scienze, lett. ed arti. Veneto 1843.

[5]) Die Fig. 374—376 zeigen noch einige solcher Okularkonstruktionen, deren Anordnung durch die Zeichnungen im Allgemeinen angedeutet wird. Dieselben sind meist nach Steinheil'schen Angaben konstruirt.

Ein Okular mit sehr weit abliegendem Augenpunkt ist von der Firma C. Zeiss in Jena neuerdings konstruirt worden; es ermöglicht die Beobachtung des Objektivbildes bei grossem Abstande des Auges vom Okular. Das-

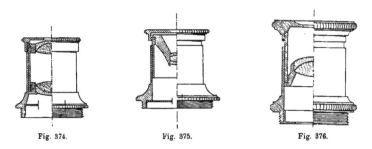

Fig. 374.   Fig. 375.   Fig. 876.

selbe besteht aus der Verbindung eines Sammellinsensystems von grosser relativer Öffnung (als Kollektivglas) mit einer als Augenglas dienenden Zerstreuungslinse.[1])

b. Terrestrische Okulare und andere Okularkonstruktionen.

Alle bisher besprochenen zu Kepler'schen Fernrohren gehörigen Okulare haben die für den Astronomen allerdings ganz belanglose Eigenschaft, das Objektivbild nicht wieder aufzurichten, sondern für dasselbe nur als Lupe zu dienen. Diese Eigenthümlichkeit ist aber bei der Betrachtung irdischer Objekte oft von störender Wirkung, deshalb hat man schon frühzeitig danach getrachtet, dem Okular eine Einrichtung zu geben, welche das Objekt in natürlicher Stellung zeigt. Wenn bei astronomischen und geodätischen Instrumenten solche Okulare auch nur selten verwendet werden,[2]) sollen sie hier doch noch kurz erwähnt werden. Man hat terrestrische Okulare, die aus drei oder vier Linsen zusammengesetzt sind und auch einige Anordnungen, welche die Hülfe von Prismen zur Umkehrung des Bildes in Anspruch nehmen.

Die schematische Zeichnung eines dreitheiligen Okulars stellt Fig. 377 dar, während die am häufigsten angewendete Konstruktion, die in Fig. 378a

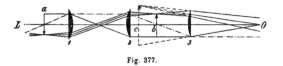

Fig. 377.

schematisch abgebildete, viertheilig ist. Die technische Anordnung eines viertheiligen Okulars zeigt Fig. 378b; dort ist auch zu sehen, an welcher Stelle etwa ein Fadenkreuz eingefügt werden kann.

Um sowohl die Bildqualität zu verbessern als auch die Lage des Objekt-

---

[1]) Vergl. Patentblatt vom 30. Jan. 1892, Nr. 67823, Klasse 42.

[2]) Schon der starke Lichtverlust, der durch die Verwendung vieltheiliger Okulare eintritt, steht ihrer Benutzung im Wege. Trotzdem hat man sie bei photometrischen Instrumenten wegen gewisser optischer Eigenschaften benutzt.

bildes anstatt zwischen die 3. und 4. Linse zwischen die 2. und 3., nahe vor die 3. Linse zu bekommen, hat STEINHEIL ein aus 4 achromatischen Linsen zusammengesetztes terrestrisches Okular konstruirt, Fig. 379. Dasselbe hat

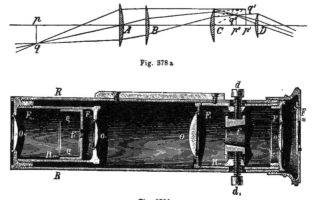

Fig. 378 a.

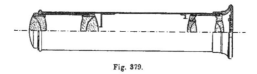

Fig. 378 b.
(Aus Hunaeus, Geometr. Instrumente.)

zwar ein etwas kleineres Gesichtsfeld als die gewöhnliche Konstruktion, die Lage der Bildebene macht es aber besser für Messungen brauchbar; auch ist die Gesammtlänge etwas geringer.

Setzt man vor die letzte Linse eines astronomischen Okulars ein rechtwinkliges Prisma a in der Weise, wie es Fig. 380 zeigt, dass die Hypo-

Fig. 379.

tenusenfläche parallel der optischen Axe steht und somit die brechende Kante senkrecht dazu, so wird ein Lichtstrahl, welcher aus dem Okular austritt, an der ersten Kathetenfläche derart gebrochen werden, dass, an der Hypotenusenfläche eine totale Reflexion eintritt und sodann an der zweiten Kathetenfläche derselbe Strahl parallel zur Eintrittsrichtung, also parallel zur optischen Axe wieder austritt. Dabei hat sich aber je nach der Stellung der brechenden Kante, ob horizontal oder vertikal, rechte und linke resp. obere und untere Seite des Bildes vertauscht. Es ist klar, dass auf diesem Wege eine Aufrichtung des Bildes erlangt werden kann. (Wir werden später sehen, dass die Eigenschaft dieses sogenannten Reversionsprismas neuerdings in der Astronomie bei der Ausscheidung physiologischer Eigenthümlichkeiten von grosser Bedeutung geworden ist.) Es hat diese Methode nur den für terrestrische Betrachtungen erheblichen Nachtheil, dass eine Verdrehung des

Fig. 380.

Bildes im Verlaufe einer Drehung des Reversionsprismas um 360° viermal stattfindet und zwar so, dass zweimal eine einfache Umkehrung und zweimal ein Spiegelbild des Objektivbildes erzeugt wird. Deshalb ist es als terrestrisches Okular nicht besonders in Aufnahme gekommen.[1]) Ein terrestrisches Okular mit zwei Prismen zeigt Fig. 381 a. Es ist dieses eine von GRUBB angegebene Einrichtung, welche in Deutschland aber wenig Anklang gefunden

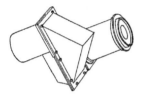 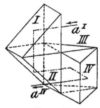 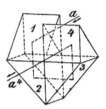

Fig. 381 a.   Fig. 381 b.   Fig. 381 c.

hat und ihrer komplicirten Form und der vielen Reflexionen und Brechungen wegen auch höchstens für helle Objekte empfohlen werden kann.[2]) Die Abbildung, Fig 381 b, wird die Einrichtung genügend erkennen lassen.

Zum Schlusse mag hier noch auf eine besondere Konstruktion von Okularen hingewiesen werden, welche sich zuerst an den Dollond'schen Fernrohren angebracht findet und von BARLOW herrührt, daher auch namentlich in England unter dem Namen „Barlow-lens" bekannt ist.[3]) Der Zweck der Einrichtung ist der, die Brennweite des Objektivs scheinbar zu vergrössern und so durch Benutzung derselben Okulare eine stärkere Vergrösserung des Bildes zu erzielen. Die Anordnung ist derart, dass am Ende des Okularauszugs, der nach dem Objektiv etwas verlängert ist, eine Zerstreuungslinse angebracht wird. Diese ist für sich sphärisch und chromatisch korrigirt und bildet so einen Bestandtheil des Okulars.

Die Wirkung ist leicht einzusehen, wenn man bedenkt, dass die Konvergenz der vom Objektiv kommenden Strahlen verringert wird und so dieselbe Wirkung entsteht, als ob die Strahlen von einem Objektiv mit erheblich grösserer Brennweite herkämen. Es ist interessant, dass neuerdings auch DR. R. STEINHEIL eine der Barlow'schen Einrichtung sehr ähnliche Anordnung angegeben hat, wobei aber die Zerstreuungslinse nicht einen Theil

---

[1]) An späterer Stelle wird das Zustandekommen der verschiedenen Umkehrungen näher erläutert werden.

[2]) Man hat thatsächlich mehrfach die Verbindung von Prismen benutzt, das umgekehrte Bild in einem Fernrohr wieder aufrecht erscheinen zu lassen. Sehr interessante Mittheilungen über diesen Punkt hat jüngst Dr. Czapski in einem Vortrage gegeben, welcher sich in dem Vereinsbl. d. Gesellsch. f. Mechanik u. Optik 1895, S. 49, 57, 65 und 73 reich illustrirt abgedruckt findet. Dort ist auch die Grubb'sche Prismenanordnung als Fig. 7, S. 66 gegeben und ebenso eine andere, welche schon vor vielen Jahren von C. A. v. Steinheil thatsächlich ausgeführt worden zu sein scheint und deren Prismenstellung die Fig. 381 c darstellt. Vergl. Vereinsbl. d. Gesellsch. f. Mechanik u. Optik 1896, S. 2.

[3]) Vergl. Philos. Transact. 1834. Dort wird die Einrichtung beschrieben, wie sie an einem Fernrohr für den englischen Astronomen Dawes angebracht worden ist.

des Okulars ausmacht, sondern zum System des Objektivs (ähnlich wie die Korrektionslinse der dialytischen Fernrohre) gehört. Dadurch lassen sich die optischen Eigenschaften des Instrumentes erheblich besser gestalten. Die Steinheil'sche Konstruktion zeigt Fig. 382, und sie läuft also darauf hinaus, mittelst einer schwachen Okularvergrösserung eine starke Gesammtvergrösserung

Fig. 382.
(Aus Zschr. f. Instrkde. 1892.)

zu ermöglichen, was manche Vortheile hat, da dadurch alle Einrichtungen, welche in der Brennebene des Objektivsystems als Mikrometer oder zu Pointirungszwecken angebracht sind, nur durch das schwache Okular vergrössert werden.[1]) Ist die Zerstreuungslinse so gewählt, dass sie den vom Objektiv mit kurzer Brennweite kommenden, stark konvergirenden Lichtkegel stärker zerstreut als die Länge des Fernrohrs vergrössert, d. h. also den Brennpunkt der Äquivalentlinse des Objektivsystems dem Objektiv mehr nähert, als die Brennweite eines Objektives betragen würde, von welchem der Lichtkegel denselben erzeugenden Winkel haben würde, so wird das Fernrohr erheblich kürzer sein können, als ein solches mit gleicher Konvergenz der Strahlen im Brennpunkt.[2]) Von dieser Überlegung ausgehend, und das System Objektiv—Zerstreuungslinse als Ganzes berechnend, ist es möglich, dessen Anordnung so zu treffen, dass den optischen Bedingungen genügt werden kann. Die Dimension eines wirklich ausgeführten solchen Fernrohres giebt Dr. R. Steinheil am angeführten Orte wie folgt an: „Das Objektiv, bei welchem eine bikonvexe Crownglaslinse zwischen zwei Flintglasmenisken aus demselben Flintglas verkittet ist, hat eine Brennweite von 162 mm; der Abstand der ersten Fläche der Negativlinse von der letzten Fläche des Objektivs beträgt 120 mm, die Gesammtlänge 278 mm, während die erreichte Äquivalentbrennweite sich auf 608 mm beläuft. Die erzielte Vergrösserung gegen das Bild des Objektives allein ist eine 3,75 malige. Man erzielt also hiermit bei einer wirksamen Öffnung des Objektives von 40 mm, einer Gesammtlänge des Fernrohrs von 278 mm und einem Okular von 27 mm Äquivalentbrennweite eine 22 malige Vergrösserung.“

Sind A, R resp. die Brennweite der Objektivlinse allein, der Abstand des Objektivs von der Zerstreuungslinse und L die Gesammtlänge des so zusammengesetzten Fernrohrs, so bestehen zwischen diesen Grössen und der

---

[1]) In der Photograph. Correspondenz von 1892, S. 61 hat Dr. A. Steinheil zu photographischen Zwecken schon eine ähnliche Einrichtung angegeben, welche unter dem Namen des „Teleobjektivs“ bekannt ist und dazu dient, von einem entfernten Objekte doch ein grosses Bild zu bekommen.

[2]) Zschr. f. Instrkde. 1892, S. 374 ff.

gegenüber dem einfachen Fernrohr mit einer Objektivbrennweite gleich A erlangten stärkeren Vergrösserung V, die Beziehungen

$$L = R + V(A - R)$$

und

$$V = \frac{L - R}{A - R},$$

nach welchen die obigen Daten bestimmt sind und auf Grund deren bei bestimmtem V die Länge berechnet werden kann.[1])

c. Sonnenokulare oder Helioskope.

Zwischen oder vor die Okulare zu schraubende einzelne Theile, wie Prismen,
Sonnengläser, Helioskope u. s. w. gehören eigentlich nicht mehr zum Fernrohre als solchem, sondern machen dasselbe nur zu bestimmten Beobachtungen oder zum Beobachten in besonderen Lagen geeignet, die von der
Verwendung des Fernrohrs als Theil eines ganzen Instrumentes abhängen.
Dieselben sollen aber doch hier zum Theil mit angeführt werden, weil sie
immerhin optische Bestandtheile der Visirvorrichtung sind.

Zur subjektiven Beobachtung der Sonne ist es nöthig, das aus dem
Fernrohr austretende Licht erheblich zu schwächen. Man bewirkt das auf
verschiedene Weise, indem man einmal zwischen Okular und Auge ein einfaches planparalleles Glas von dunkler Farbe einführt, sodann aber auch
durch künstlich eingerichtete helioskopische Okulare.

Das erstere Verfahren scheitert bei grossen Instrumenten häufig daran,
dass durch die ungeheuere Hitze, welche das dunkle Glas erlangt, dieses
sehr leicht springt und so nicht nur unbrauchbar wird, sondern auch wohl
das Auge des Beobachters gefährdet. Auch die veränderte Färbung des
Sonnenbildes wirkt häufig störend, wenn man auch neuerdings fast allgemein
sogenannte neutrale (Rauch- oder Platin-)Gläser zu diesem Zwecke anwendet,
welche nur ganz geringe Nuancirungen des gelblichen Sonnenbildes hervorbringen. Erheblich besser, wenn auch zum Theil sehr kostspielig, sind diejenigen
Einrichtungen, bei denen eine totale Reflexion oder noch besser eine beliebig
veränderliche Polarisation die Lichtschwächung hervorbringt. Die Einrichtung
eines Reflexionsokulars, wie es ähnlich schon JOHN HERSCHEL vorgeschlagen
hat, zeigt die in Fig. 383 dargestellte Form, welche von JOHN BROWNING angegeben wurde. Der hohle Würfel A A' wird bei c c' an das Fernrohr angeschraubt und dient dem Glasprisma P zur Fassung. Die von s (vom Objektiv)
kommenden Sonnenstrahlen werden bei p zum grössten Theil gebrochen werden.
Ein kleiner Theil wird aber reflektirt und sich in der Richtung A' B' fort-
pflanzen, um bei p' auf ein zweites ähnliches Prisma P' zu treffen; dort wird

---

[1]) Auf der Göttinger Sternwarte befindet sich ein Okular, welches zu einem Dollond'-
schen Fernrohr gehört, in welchem aber leider die „Barlow-lens" nicht mehr erhalten war.
Erst auf Veranlassung des Steinheil'schen Aufsatzes machte ich Prof. Schur auf dieses Okular,
bei dem sich auch eine handschriftliche Erläuterung fand, aufmerksam, woraufhin dann eine
Ergänzung des fehlenden Theiles bewirkt wurde, so dass das Okular jetzt wieder brauchbar
ist (vergl. Zschr. f. Instrkde. 1894, S. 209).

von dem nun schon stark geschwächten Lichte wieder der Haupttheil in das Prisma eintreten und durch weitere Brechung nach d s″ hin austreten. Nur ein kleiner Theil dieses Lichtes wird in p′ reflektirt werden, und das von diesem gebildete Sonnenbild kann nun mit dem gewöhnlichen Okular O, welches bei e′ einzusetzen ist, ohne Schaden betrachtet werden.

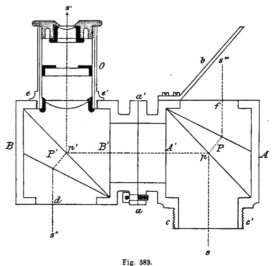

Fig. 383.
(Aus Konkoly, Anleitung.)

Da in den Prismen nur eine geringe Absorption stattfindet, werden sich die optischen Theile dieses Apparates nicht zu sehr erwärmen. An dem Spiegel bei b kann ausserdem noch das Sonnenbildchen, welche die Strahlen f s‴ erzeugen, aufgefangen und damit die Einstellung des Fernrohres leicht bewirkt werden. John Herschel's Einrichtung, die heute noch häufig in England angewandt wird, war nur die eine Hälfte der Browning'schen, er hatte deshalb auch noch ein schwaches Blendglas nöthig. Das Browning'sche Okular hat den Vorzug, dass man in einer zur optischen Axe parallelen Richtung in dasselbe hinein sieht. Bei anderen Reflexionsokularen ist dieses nicht der Fall, da dort, wie z. B. bei dem nach Prof. Zenger[1]) oder dem ganz ähnlich eingerichteten nach Ad. Hilger[2]) die Reflexion nur einmal unter einem rechten Winkel erfolgt. Das letztere, welches auch in Deutschland mehrfach in Gebrauch ist, zeigt Fig. 384. A und B sind zwei aufeinander gekittete rechtwinklige Prismen, auf dessen eine Kathetenfläche von S aus die Sonnenstrahlen normal auffallen, also ungebrochen in dasselbe eintreten; an der gemeinschaftlichen Hypotenusenfläche wird ein kleiner Theil des Lichtes reflektirt werden,

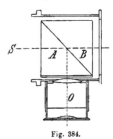

Fig. 384.

---

[1]) Monthly Notices, Bd. XXXVII, S. 440. Prof. Zenger setzt im Gegensatz zu dem Hilger'schen das Okular zwischen Doppelprisma und Objektiv.
[2]) Monthly Notices, Bd. XLV, S. 60.

der bei weitem grösste Theil aber ungebrochen durch das zweite Prisma B hindurch gehen.   So wird es leicht möglich (durch die Wahl der Glasarten,
und der trennenden Schicht sogar etwas willkürlich) das Sonnenbild zu
schwächen und mit dem einfachen Okular O zu betrachten.

Viel besser als diese helioskopischen Okulare, welche meist noch ein sehr
helles Sonnenbild liefern, sind diejenigen, in welchen die Schwächung des
Lichtes durch Polarisation zu Stande kommt.   Es giebt deren von verschiedener Konstruktion; hier mögen zur Erläuterung des Princips diejenigen von
Christie[1] und von Merz[2] angeführt werden.   Ersterer hat zwei Formen
angegeben, von denen die eine nur Reflexionen zu Hülfe nimmt, dafür aber
eine schiefe Richtung des aus-
tretenden Strahles ergiebt, während bei der zweiten Form,
Fig. 385, ein Nikol'sches Prisma
benutzt ist, womit aber eine
gerade Durchsicht erreicht wird.
Die vom Objektiv kommenden
Strahlen werden nach Durchgang durch das Okular o an
der planen Fläche 1.4 des

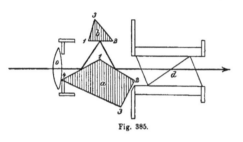

Fig. 385.

Prismas a unter einem Winkel von 60° nach dem Prisma b reflektirt, dort
fallen sie mit einem Winkel von 30° auf die plane Fläche 1.2 und von da
auf eine zweite Fläche 1.2 des Prismas a, welche mit der ersten einen
Winkel von 120° einschliesst.   Somit werden die nunmehr zum dritten Male
reflektirten Strahlen wieder in der Anfangsrichtung weitergehen.   Die
Reflexionswinkel sind im 1. und 3. Falle so gewählt, dass eine starke Polarisation des Lichtes stattfindet.   Wird nun vor das Auge ein Nikol'sches Prisma d
als Analysator eingeschaltet, so kann durch dessen Drehung die Intensität
des Sonnenbildes ganz beliebig, fast bis zum gänzlichen Auslöschen, variirt
werden.   Die Einführung des Nikols ist natürlich bequem, fordert aber eine
besonders gute Ausführung desselben, da sonst die Bildqualität erheblich
verschlechtert wird.   Die Lage der Prismen gegen das Okular und gegen
einander ist so gewählt, dass auf der Fläche 1.2 des Prismas b das Bild
des Objekts zu Stande kommt, während die übrigen Winkel der Prismen
so gewählt sind, dass Reflexbilder nicht störend auftreten können, zumal
die Fläche 2.3 in a noch versilbert ist.[3]   Die Merz'sche Anordnung des
Polarisationsokulars nach Wegnahme der einen Seitenwand stellt Fig. 386 dar.[4]

Das Okular besteht aus zwei viereckigen Gehäusen A und B.   Das Gehäuse
A wird an das Rohr des Fernrohrs angeschraubt.   Im Innern dieser beiden

---

[1] Monthly Notices, Bd. XXXVI, S. 118.

[2] Carl, Repertorium, Bd. XII, S. 143.

[3] Das Nikol würde sich auch zwischen die Linsen des Okulars einschalten lassen, die
angegebene Einrichtung dürfte aber die bessere sein.   Soll das Nikol'sche Prisma ganz vermieden werden, so tritt an dessen Stelle ein drittes Prisma und die Neigungswinkel müssen
dann auf nahe 35° gebracht werden.

[4] Das erste dieser Okulare wurde wohl für Secchi für das Collegio Romano ausgeführt.

Gehäuse sind vier starke Spiegelgläser a, b, c, d, in der aus der Figur hinreichend deutlichen Lage, befestigt.

Das Gehäuse B sitzt auf einer kreisförmigen Scheibe auf, welche um ihren Mittelpunkt auf der Platte m n gedreht werden kann; die Grösse der Drehung lässt sich an einer ganze Grade gebenden Theilung ablesen. An dem Gehäuse B ist das Okular O angeschraubt. Die vom Objektive kommenden Lichtstrahlen treffen zunächst den Spiegel a unter dem Polarisationswinkel

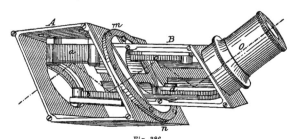

Fig. 386.
(Nach Carl, Repertorium, Bd. XII.)

von 35° und gehen auf dem in der Figur angezeigten Wege zum Okulare. Man hat es auf diese Weise mit vollständig polarisirtem Lichte zu thun und kann deshalb bei gekreuzter Stellung der Spiegelsysteme das Sonnenbild ganz zum Auslöschen bringen; dabei bleibt die Sehrichtung der optischen Axe des Fernrohrs parallel, was bei Anwendung von nur drei Spiegeln, die auch genügen würden, nicht der Fall ist.[1]

Auch die geringe Reflexion an einem unbelegten Glasspiegel hat man benutzt, um Instumente zu bauen, welche speciell zur Beobachtung der Sonne dienen sollen, indem man in einem Spiegelteleskop den grossen Spiegel aus Glas fertigte und denselben nicht versilberte, vielmehr ihn auf seiner Rückseite konkav schliff, damit die von dort reflektirten Strahlen nicht schädlich wirken können.

Auch die „kleinen Spiegel" in Reflektoren hat man wohl ebenso konstruirt, da bei grösseren Öffnungen doch noch zu viel Licht vom grossen Spiegel reflektirt wurde.[2]

Foucault[3] hat auch versucht die Objektivlinse auf ihrer Vorderfläche dünn zu versilbern, um so schon von vornherein nur die durch diese Silberschicht hindurchgehenden Strahlen in das Fernrohr gelangen zu lassen, wodurch auch die starke Erwärmung in der Brennebene vermieden wird. Dergleichen Objektive sollen sehr hübsche Sonnenbilder geben, leider ist nur das Fernrohr zu keiner anderen Beobachtung zu gebrauchen. Das Gleiche

---

[1] Merz hat auch ein ähnliches Helioskop mit Neigungswinkeln der Spiegel von 45° gegen die optische Axe gebaut; die polarisirende Wirkung ist natürlich nicht so vollständig, aber etwaige Fehler der Spiegel wirken bei dem grösseren Winkel weniger störend. Vergl. dazu auch: Secchi, Die Sonne, deutsche Ausgabe von Schellen, S. 12 ff.

[2] Der Vorschlag hierzu rührt wohl von John Herschel her.

[3] Comptes Rendus, Bd. 63, S. 413.

gilt natürlich auch von dem Fernrohr, welches sich einst Ch. Scheiner aus farbigen Linsen baute und mit welchem er mehrfach die Sonne beobachtete.

Nach allem diesen dürften als beste Helioskop-Okulare gewiss diejenigen zu empfehlen · sein, welche die Schwächung des Sonnenbildes in messbar veränderlicher Weise durch Polarisation an planen Spiegeln hervorbringen, wenn ihr Preis auch den anderer Einrichtungen übersteigt.

D. Die katoptrischen Fernrohre oder Spiegelteleskope.

Bei dieser Art des Fernrohrs tritt an die Stelle des Objektivs ein Spiegel, welcher die vom Objekte kommenden Lichtstrahlen auffängt und nach Reflexion an seiner sphärisch oder auch wohl parabolisch[1]) gekrümmten, polirten und spiegelnden Fläche zum Bilde im Brennpunkte vereinigt, welches dann ebenso, wie bei dem dioptrischen Fernrohre, mittelst eines ganz wie dort konstruirten Okulars betrachtet wird.

Wie oben schon bemerkt, war man auf die Verfertigung der Spiegelteleskope gekommen, als es schien, dass die Dispersion des Lichtes ein für den Bau grösserer Refraktoren unüberwindliches Hemmniss darstellen würde. Die Spiegelinstrumente sind natürlich von einer Zerstreuung des Lichtes völlig frei, da ja keine Brechung, sondern eben nur eine einfache Reflexion erfolgt. Die einzige Bedingung, welche also bei ihrer Konstruktion bezüglich der Güte der Bilder zu erfüllen war, war die Beseitigung der sphärischen Aberration und die Herstellung des Aplanatismus.

a. Die Spiegel.

Bis etwa zur Mitte dieses Jahrhunderts wurden die Spiegel ausschliesslich aus Metall hergestellt und zu diesem Behufe mehrere Legirungen benutzt, welche namentlich einen gleichmässigen Guss gestatten, ein feines Korn und eine möglichst weisse Farbe aufweisen mussten.

Im Laufe der Zeit hat man verschiedene Legirungen benutzt. Eine solche, wie sie z. B. Lord Ross zu seinem grossen 6 füssigen Spiegel verwendet hat, besteht aus 4 Theilen Kupfer und 1 Theil Zinn (Gewichtsverhältniss sehr nahe 126 zu 59).

In ein neues Stadium trat die Herstellung der Spiegelteleskope, als es gelang, die Spiegel aus Glas zu verfertigen und sodann nach Angabe Liebigs die fertig geschliffene Fläche mit einem dünnen Silberüberzug zu versehen,[2]) welcher eine hohe Politur annimmt und so als reflektirende Fläche benutzt werden kann.

Einige Angaben über die besten jetzt im Gebrauch befindlichen Versilberungsflüssigkeiten und das Verfahren bei ihrem Gebrauche sollen hier noch Platz finden.[3])

---

[1]) Die parabolische Form ist natürlich die bessere und den strengen Forderungen der Reflexion und Vereinigung der Strahlen entsprechender, doch sind die technischen Schwierigkeiten ihrer Herstellung ganz erhebliche.

[2]) Augsburger Allgemeine Zeitung. 1856, März 24.

[3]) Die folgenden Angaben sind den Vorschriften Brashears entnommen. Vergl. Engl. Mechanic 1880 — Silvered glass reflecting Telescopes and Specula by J. A. Brashear, Pittsburg — Zschr. f. Instrkde. 1895, S. 23.

Eine sehr brauchbare Reduktionsflüssigkeit ist zusammengesetzt aus:

Hutzucker . . . . 90 g
Salpetersäure (spec. Gew. 1,22)   4 ccm
Alkohol . . . . 175 „
Destillirtes Wasser . . . . . 1000 „ .

Zur Herstellung der Mischung löst man den Zucker im destillirten Wasser und fügt dann den Alkohol und die Salpetersäure hinzu. Die Mischung sollte mindestens eine Woche vor dem Gebrauch hergestellt werden, da sie im Gegensatz zu den meisten zu diesem Zweck benutzten Lösungen um so besser wirkt, je länger sie steht. Daher kann man eine für den Jahresbedarf ausreichende Menge auf einmal herstellen.

Die Silberlösung ist eine ammoniakalische Lösung des Oxydes, zu welcher man vor dem Gebrauche eine Ätzkalilösung im Verhältniss von 0,5 g Ätzkali (KOH in Alkohol gereinigt) zu 1 g Silbersalz hinzufügt.

Die folgende Tabelle ergiebt den Bedarf an Silbernitrat, Ätzkali und Ammoniak, sowie die entsprechende Menge der Reduktionsflüssigkeit für Spiegel von verschiedener Grösse.

| Für Spiegel vom | | Silbernitrat | Ätzkali | Ammoniak | Reduktions- |
Durchmesser	Flächeninhalt	$AgNO_3$	KOH	$NH_3 + H_2O$	Flüssigkeit
30 cm	707 qcm	15 g	7,5 g	etwa 12 ccm	85 ccm
25 „	491 „	11 „	5,5 „	„ 9 „	65 „
20 „	314 „	7 „	3,5 „	„ 6 „	40 „
15 „	177 „	4 „	2,0 „	„ 3 „	25 „
10 „	78,5 „	1,8 „	0,9 „	„ 1,5 „	10 „
5 „	19,6 „	0,5 „	0,25 „	„ 0,5 „	3 „

Das Silberbad wird in folgender Weise angesetzt. Silbernitrat und Ätzkali werden gesondert gelöst, jedes in etwa 100 ccm Wasser auf 1 g Salz. Zur Silberlösung wird etwa die Hälfte der Ammoniakflüssigkeit zugegeben, der Rest derselben mit destillirtem Wasser im Verhältniss von 1 zu 5 verdünnt, und dann langsam hinzugefügt, bis der gebildete Silberniederschlag eben wieder aufgelöst wird. Während des letzten Theiles dieser Operation muss die Lösung dauernd bewegt und das Gefäss geneigt oder geschüttelt werden, um das an den Seitenwänden Haftende abzuspülen. Nunmehr füge man die Ätzkalilösung hinzu, mische tüchtig durch und füge, falls ein Niederschlag bleibt, unter Anwendung derselben Vorsichtsmaassregeln wie vorhin, von der verdünnten Ammoniakflüssigkeit so viel hinzu, bis der Niederschlag beinahe wiederum gelöst ist. Zum Schluss soll die Flüssigkeit eine leicht bräunliche, das Vorhandensein einer geringen Menge freien Silberoxydes andeutende Färbung zeigen. Man lässt sie fünf Minuten stehen und filtrirt sie,

---

[1] Die zu verwendende Menge Ammoniakwasser variirt natürlich mit seinem Procentgehalt; die angegebene Menge entspricht einem spec. Gew. von etwa 0,88.

falls viele suspendirte Theilchen vorhanden sind, durch grobes Filtrirpapier oder Baumwolle, worauf sie für den Gebrauch fertig ist. Ein gewisser Überschuss an Silberoxyd ist durchaus nöthig.

Nach Professor SAFARIK[1]) gewährt eine andere Lösung, welche sich mehr dem älteren Verfahren anschliesst, sehr gute Resultate. Er verwendet eine im Moment der Versilberung hergestellte Mischung gleicher Volumina[2]) einer dreiprocentigen Seignettesalzlösung und einer ammoniakalischen Silberlösung, die $3^0/_0$ salpetersaures Silber enthält. Der Spiegel muss während des Versilberns mit der Fläche nach unten frei und ohne Berührung der Gefässwände in die Flüssigkeit tauchen. Damit dies geschehen kann, wird an der hinteren Fläche des Spiegels durch geschmolzenes Pech eine Holzplatte befestigt und diese so auf die Wände des Versilberungsgefässes gelegt, dass die untere Fläche des Spiegels etwa 15 cm vom Boden des Gefässes und mindestens 1 cm von den Wänden absteht. Das Eintauchen des Spiegels geschieht schief und mit einer Kante voran, damit die Luft entweichen kann; etwa vorhandene Luftblasen würden Löcher oder doch dünne Stellen in der Silberschicht hervorbringen. Die Vollendung des Processes erkennt man daran, dass sich die Flüssigkeit zwischen Spiegel und Schale mit einer glänzeuden weissen Silberschicht bedeckt: dies dauert im Sommer 10—15 Minuten, im Winter 20—30 Minuten.

Das alte Foucault'sche Recept für die Versilberungsflüssigkeit lautete (mit Vernachlässigung des Umstandes, dass er nicht alles auf einmal mischte und auf das Glas brachte):

Geschmolzener Höllenstein	50 g	36 gradiger Alkohol . .	450 ccm
Salmiaklösung	7 ccm	Galbanumtinktur[3]) . .	110 „
Verdünnter Ammoniak .	24 „	Destillirtes Wasser . .	100 „[4])

Bevor zur Versilberung geschritten werden kann, ist eine höchst sorgfältige Reinigung der betreffenden Glasfläche nothwendig, da davon das Gelingen eines guten und festen Silberbeschlages in hohem Grade abhängig ist. Sehr gut ist es, die Oberfläche vollkommen mit heisser, starker Seifenlösung zu waschen, sie dann tüchtig mit einem baumwollenen Trockenbausch abzureiben, in reinem Wasser zu spülen und darauf in eine Schale mit starker Salpetersäure zu bringen. Alsdann bearbeite man die ganze Fläche nochmals mit einem an einem Glasstab befestigten Baumwollenbausch von der in Fig. 387 dargestellten Form. Dabei muss die Fläche kräftig gerieben, nicht blos übergewischt werden. Hat man den Glasstab sorgfältig abgeflacht und gerundet und ein Stück Baumwolle gewählt, das frei von sandigen Partikeln ist, so liegt keine Gefahr einer Verletzung der Oberfläche vor. Darauf giesse man die Säure ab oder bringe das Glas in eine andere Schale mit

---

[1]) Centralztg. f. Optik und Mechanik 1882, Nr. 1—3. Vergl. Zschr. f. Instrkde. 1882, S. 109.

[2]) Die Angabe dieser Flüssigkeit rührt von C. Lea her.

[3]) Die Lösung eines Harzes, welches einer asiatischen Umbellifere (Ferula galbaniflua) entstammt.

[4]) Vergl. Meisel, Lehrb. d. Optik, S. 442.

starker Ätzkalilösung und wiederhole das Reiben; endlich spüle man mit
reinem destillirten Wasser ab. Die mehrfach empfohlene Anwendung von
Alkohol ist nicht nur unnöthig, sondern, falls nicht das Glas nachher sorgfältig abgespült wird, geradezu nachtheilig.

Natürlich muss die höchste Reinlichkeit bei all diesen Operationen ob-
walten. Man sollte sie vorzugsweise in Glas- oder Porzellangefässen vornehmen; die Finger dürfen niemals die zu versilbernde Fläche berühren.
Zur Handhabung benutzt man gläserne Zangen und Haken der verschiedensten Form, wie solche die Fig. 388 veranschaulicht. Für ganz grosse

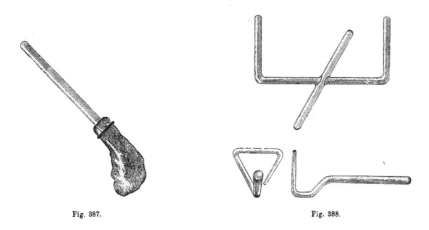

Fig. 387.   Fig. 388.

Spiegel dürfte ein Glasgefäss mit Hahnstutzen im Boden, Fig. 389, durch
welches die verschiedenen, nach einander anzuwendenden Waschflüssigkeiten
ablaufen können, empfehlenswerth sein. In diesem wird der Spiegel durch
kleine Glasvorsprünge unterstützt, welche eine vollkommene Spülung erlauben.

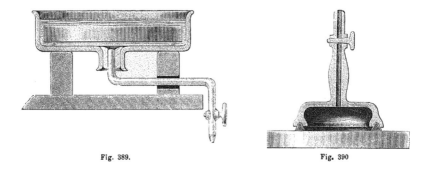

Fig. 389.   Fig. 390

Eine andere Methode zur Handhabung des Spiegels ist auch von GRUBB
angewandt und empfohlen worden. Er benutzt eine Art Saugklemme, wie
sie in Fig. 390 dargestellt ist, welche durch Vermittlung eines Kautschuk-
randes auf die hintere Spiegelfläche angesetzt wird und nach Aussaugen

der Luft fest an diesem haftet, so dass man mit demselben leicht hantiren kann.[1])

Die dem Zustandekommen der Bilder vermittelst sphärischer oder parabolischer Spiegel zu Grunde liegende Theorie ist sehr einfach. Ist PM, Fig. 391, der Durchschnitt einer parabolischen Fläche mit der Ebene des Papiers, so

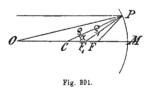

Fig. 391.

werden sich nach der Eigenschaft der Parabel alle Strahlen, welche parallel auf die spiegelnde Fläche auffallen, in dem Brennpunkte F derselben vereinigen und dort ein Bild des Objektes erzeugen. Nun sind aber die Spiegel meist sphärisch geschliffen, und es gilt dann folgende Beziehung. Ist C das Centrum der Kugel, von welchem der Spiegel einen Theil darstellt, so wird ein Strahl, der etwa vom Punkte O nach P kommt, dort unter demselben Winkel zum Einfallslothe reflektirt, unter dem er auf die Fläche auftrifft. Das Einfallsloth ist aber der Radius PC, daher wird der Lichtstrahl die Axe in F_1 treffen, wenn $\varrho = \varrho_1$ ist. Es ergiebt sich dann durch eine einfache trigonometrische Rechnung für den Fall, dass der Winkel α, den man Öffnungswinkel des Spiegels nennt, klein ist (d. h. ein paar Grade nicht überschreitet), ebenso wie für eine Linse $\dfrac{1}{D} + \dfrac{1}{d} = \dfrac{1}{f}$, wenn D die Entfernung des Objektes und d die des Bildes vom Scheitel des Spiegels sind und f die Brennweite desselben. Wird $D = \infty$, d. h. kommen die Strahlen von Gestirnen, so wird $d = f$, und das Bild entsteht in der Brennebene des Spiegels.

Für sphärische Spiegelflächen findet die Vereinigung paralleler Strahlen nicht streng in demselben Punkt statt. Ebenso wie dies bei sphärischen Linsen der Fall ist, entsteht eine sphärische Aberration; dieselbe wird um so kleiner, je geringer die Öffnung des Spiegels gewählt wird.

Auf diesen Betrachtungen beruht nun die Benutzung des sphärischen Spiegels zur Erzeugung des Bildes eines cölestischen oder irdischen Objektes, zu dessen Betrachtung dann ein gewöhnliches Okular, wie schon erwähnt, ohne Weiteres ebenso benutzt werden kann wie bei den Refraktoren.

b. Die verschiedenen Konstruktionen der Spiegelteleskope.

Je nach der Art, in welcher das Bild mit dem Okulare betrachtet wird, unterscheidet man vier verschiedene Gattungen von Spiegelteleskopen:

1. Das Herschel'sche,   3. das Gregory'sche,
2. das Newton'sche,   4. das Cassegrain'sche.

Diese Reihenfolge ist zwar nicht die historische, wohl aber in gewisser Weise der Komplikation der optischen Einrichtungen entsprechend. That-

---

[1]) Vergl. auch Common, Zur Handhabung grosser Spiegel beim Versilbern (The Observatory, Januar 1882).

sächlich wurde zuerst das Spiegelteleskop nach Newton'scher Konstruktion mit Erfolg wirklich ausgeführt.[1])

a. Das Herschel'sche Teleskop.

Fig. 392 stellt einen schematischen Durchschnitt eines solchen Teleskopes dar und veranschaulicht zugleich den Strahlengang in demselben. Der grosse sphärische (parabolische) Spiegel ist gegen die Axe des Rohres etwas geneigt, sodass seine Axe in die Richtung nach M zu liegen kommt, und der bezeichnete Punkt etwa den Krümmungsmittelpunkt darstellen mag. Die Axe des Rohres und diejenige des Okularsystems sind unter gleichem Winkel gegen diejenige des Spiegels geneigt, so dass Lichtstrahlen, welche in der Richtung des Rohres auf den Spiegel auffallen, sich in der Brennebene

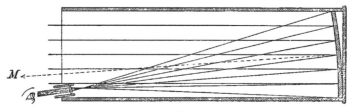

Fig. 392.

des Okulars vereinigen, und der durch die reflektirten Strahlen gebildete Lichtkonus mit seiner Axe in denjenigen des Okularsystems übergeht. So ist es HERSCHEL gelungen, bei unmittelbarer Betrachtung des Spiegelbildes mittelst eines Okulars doch von der Öffnung des Rohres nicht zu viel zu verdecken, was der Fall sein würde, wenn Spiegelaxe und Rohraxe zusammenfielen. Steht das Okular am Rande des Rohres, so verdeckt der Kopf des Beobachters allerdings auch noch einen Theil der freien Öffnung; das hatte aber bei den Dimensionen, in welchen diese Teleskope ausgeführt wurden, keine allzu

---

[1]) Der erste Gedanke, die Objektivlinse durch einen Spiegel zu ersetzen, wird schon dem Nicola Zucchi um das Jahr 1616 zugeschrieben, der ihn auch in seiner „Optica phil.", Lugduni 1652—1656 ausgesprochen hat. Er betrachtete das von einem Hohlspiegel entworfene Bild, wie es beim holländischen Fernrohr geschieht, mit einer konkaven Linse. Später hat Mersenne in seiner „Cogitata phys.-math.", Paris 1644 den bemerkenswerthen Vorschlag gemacht, das von einem parabolischen Spiegel entworfene Bild mittelst eines zweiten kleinen Spiegelchens aufzufangen und durch eine Öffnung in der Mitte des ersteren in das Auge gelangen zu lassen. Dieselbe Idee hat 1663 James Gregory in seiner „Optica promota" angegeben, sie aber ebenso wenig wie Mersenne wirklich zur Ausführung gebracht; denn erst später wurde von Hooke (1674) in Verbindung mit James Short ein Gregory'sches Spiegelteleskop angefertigt. Währenddessen war aber von Newton (1671) diejenige Anordnung des Spiegelteleskopes angegeben und ausgeführt worden, welches noch heute seinen Namen trägt. 1672 wurde dann auch von dem Franzosen Cassegrain im Journal des Savants der Vorschlag gemacht, den Gregory'schen kleinen Hohlspiegel durch einen Konvexspiegel zu ersetzen und dadurch die Länge des Fernrohrs erheblich zu vermindern.

grosse Bedeutung.[1]) Das grösste von HERSCHEL gebaute Instrument dieser
Art, der bekannte Reflektor von 4' Öffnung und 40' Brennweite wurde von
1785—1789 hergestellt, hat aber die daran geknüpften Erwartungen kaum
befriedigt, sodass es später von JOHN HERSCHEL auseinander genommen wurde.
Die Reflektoren von LASSEL[2]) und namentlich von Lord ROSSE,[3]) welche den
Dimensionen des Herschel'schen gleich kommen resp. dieselben noch übertreffen, haben dagegen sehr gute Resultate aufzuweisen.

Die Besprechung der Gesammteinrichtung dieser Reflektoren wird ebenso,
wie die der anderen Gattungen der grossen Instrumente, an späterer Stelle
gegeben werden.

---

[1]) Herschel selbst wandte bei seinen kleineren Reflektoren nicht die oben beschriebene
Einrichtung an. Sein erstes 1774 gebautes siebenfüssiges Teleskop war nach Newtons Princip
konstruirt. Die grossen Reflektoren aber hatten alle den geneigten Spiegel. Die Fig. 393

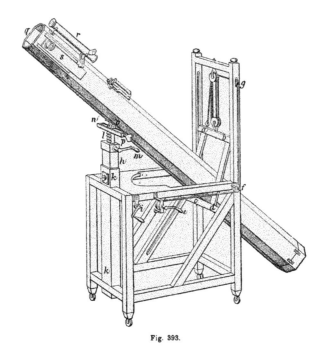

Fig. 393.

zeigt ein Herschel'sches Instrument von 10'' Öffnung, wie es heute noch an der Göttinger
Sternwarte existirt. Wenn auch der Spiegel nicht mehr besonders blank ist, so liefert er
doch noch ganz erträgliche Bilder. Herschel soll von 1766—1782 mit seinem Bruder Alexander
über 400 Spiegel geschliffen haben.

[2]) Lassels Teleskop, um das Jahr 1860 gebaut, hatte auch 4' Öffnung bei 37' Brennweite und leistete in der klaren Luft Maltas Vorzügliches. Vergl. die in einem späteren
Kapitel gegebene Abbildung.

[3]) Das Instrument von Lord Rosse hat bei 6' Öffnung eine Brennweite von 55'.

β. Das Newton'sche Spiegelteleskop.

Die Anordnung des nach ISAAC NEWTON benannten Typus des Reflektors
zeigt Fig. 394. Wie schon oben erwähnt, ist diese Konstruktion älter als
die Herschel'sche, wurde aber bei grösseren Instrumenten von Letzterem
aus Gründen der Einfachheit verlassen.

An Stelle des einfachen Okulars tritt hier ein Planspiegel, Fig. 394,
oder ein rechtwinkliges, totalreflektirendes Prisma, Fig. 395, welches die
Strahlen, die von dem nunmehr mit seiner Axe in die Richtung des Rohres

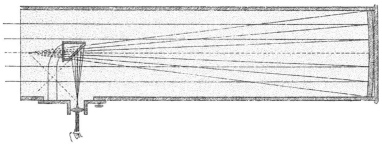

Fig. 394.

zeigenden Spiegel zurückgeworfen werden, auffängt, dieselben unter einem
rechten Winkel bricht, so dass das im ersteren Falle in der Nähe der Rohrwand
oder etwas ausserhalb derselben in einer zur Spiegelaxe parallelen Ebene
zu Stande kommende Bild mit dem in einem besonderen kleinen Tubus

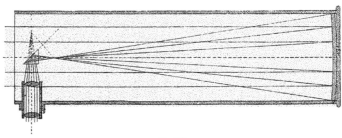

Fig. 395.

verschiebbaren Okular beobachtet werden kann. Der Planspiegel oder das
Prisma kann dann so angebracht sein, dass die Strahlen vor ihrer Vereinigung von demselben aufgefangen werden, Fig. 394, oder nach derselben, Fig. 395. In beiden Fällen gilt als Bedingung für das deutliche
Sehen, dass $f + F = e + e'$ sein muss, wenn F und f die resp. Brennweiten
des grossen Spiegels und des Okulars und e und e' die Entfernungen zwischen
grossem und kleinem Spiegel (Prisma) und zwischen diesem und dem Okular
bedeuten. Der kleine Spiegel ist dann gewöhnlich mittelst eines besonderen
Fusses auf dem Schieber des Okularrohres befestigt, wie es Fig. 394 andeutet, wodurch seine Entfernung vom grossen Spiegel und damit auch die

24*

Lage der Bildebene gegen das Okular verschoben wird, sodass auf diesem Wege eine genaue Einstellung für verschiedene Augen erfolgen kann. In Fig. 395 ist das Prisma fest, dafür aber das Okularrohr verschiebbar und

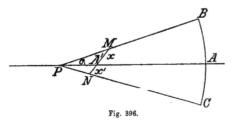

Fig. 396.

so die Fokusirung möglich. Es sind für den kleinen Spiegel zwei Bedingungen, abgesehen von seiner genau ebenen Gestalt, zu erfüllen; einmal die, dass die reflektirende Ebene genau 45° gegen die optische Axe des grossen Spiegels geneigt ist und dass er zweitens so gelegen und so gross ist, dass er alle vom Hauptspiegel kommenden Strahlen auffangen kann, damit kein Lichtverlust stattfindet. Ist der Spiegel zu gross, so nimmt er von dem vom Objekte kommenden Lichte mehr weg als nöthig und verdeckt so gerade die centralen Theile des Hauptspiegels. Seine Form soll eine Ellipse sein, wie sie dem unter 45° geneigten Querschnitt des Lichtkegels an der Stelle A', Fig. 396, entspricht.

Bezeichnet Θ den halben Öffnungswinkel, so ist

$$\operatorname{tg} \Theta = \frac{O}{F},$$

unter O die halbe Apertur des Reflektors verstanden.

Ist MN der Durchschnitt des Planspiegels (kleinen Spiegels), also die grosse Axe der elliptischen Spiegelfläche und bezeichnet man die zu beiden Seiten der Axe AP liegenden Theile der Ellipsenaxe mit x und x', so ist

$$x = \frac{d \sin \Theta}{\sin (45^0 - \Theta)} = \frac{d \sqrt{2} \operatorname{tg} \Theta}{1 - \operatorname{tg} \Theta} = \frac{O d \sqrt{2}}{F - O},$$

und

$$x' = \frac{d \sin \Theta}{\sin (45^0 + \Theta)} = \frac{d \sqrt{2} \operatorname{tg} \Theta}{1 + \operatorname{tg} \Theta} = \frac{O d \sqrt{2}}{F + O},$$

und daher, wenn a und b die halben Ellipsenaxen und d die Strecke P A' bezeichnen,

$$a = \frac{x + x'}{2} = \frac{O F d \sqrt{2}}{F^2 - O^2}. \text{[1]}$$

Bezeichnet y die Breite des zu der in der Figur dargestellten Ebene senkrechten Schnittes bei A', so ist

$$\frac{b^2}{a^2} = \frac{y^2}{x \cdot x'}.$$

Da aber y der Radius des in A' senkrecht zur optischen Axe gelegten Durchschnittes des Lichtkegels, d. h. $y = \frac{O d}{F}$ ist, so wird, wenn man berücksichtigt, dass die Apertur des Objektivspiegels im Vergleich mit seiner Brennweite klein ist:

---

[1]) Heath l. c. S. 304.

$$a = \frac{O\,d\,\sqrt{2}}{F} \quad \text{und} \quad b = \frac{O\,d}{F},$$

und die Werthe von a und b verhalten sich daher wie $\sqrt{2} : 1$.[1])

Die beiden eben beschriebenen Arten der Reflektoren haben beide den Übelstand, dass der Beobachter nicht in der Richtung nach dem Gestirne in das Rohr sieht, sondern in einer ganz anderen (bei der Herschel'schen gerade entgegengesetzt und bei der Newton'schen senkrecht dazu); es ist daher immerhin schwieriger, mit denselben ein Gestirn einzustellen.

γ. Das Gregory'sche Spiegelteleskop.

Auch bei Anwendung eines sogenannten Suchers, Fig. 393, eines kleinen dioptrischen Fernrohres, welcher parallel den einfallenden Strahlen gestellt und am Hauptrohre befestigt ist, ist es für einen einzelnen Beobachter mühevoll, einem jener Reflektoren die verlangte Richtung zu geben, namentlich, wenn seine Grösse ohnehin die Handhabung erschwert. Es kann deshalb in dieser Beziehung als eine Erleichterung beim Gebrauche solcher Instrumente angesehen werden, dass man wieder zu dem zuerst von James Gregory ausgesprochenen Gedanken zurückkehrte (vergl. Anmerk. S. 369), der darin bestand, dass der Hauptspiegel in der Mitte durchbohrt und dort das Okularrohr angebracht werden sollte. Damit das Licht von letzterem nach dem Okular gelangen kann, ist es daher nöthig, dass dasselbe nach seiner ersten Reflexion von einem zweiten kleinen Hohlspiegel aufgefangen wird, der senkrecht zur Axe des grossen steht und der dann wieder in der Brennebene des Okulars ein Bild erzeugt. Die Fig. 397 zeigt den Bau eines Gregory'schen Reflektors. Der Hauptspiegel ist in der Mitte durchbohrt. Doch darf

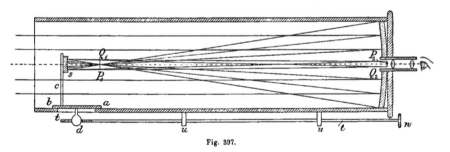

Fig. 397.

diese Durchbohrung nicht von grösserem Durchmesser sein als die Öffnung des kleinen Spiegels, da sonst direktes Licht in das Okular gelangen würde. s ist der kleine Hohlspiegel, dessen Brennweite so gewählt werden muss, dass das von ihm erzeugte zweite Bild des Objektes (das ertes reelle Bild entsteht ja schon im Brennpunkt des Hauptspiegels bei P Q) nahezu in den Scheitel

---

[1]) Dazu ist auch ein Aufsatz von J. F. Tennant in den Monthly Notices, Bd. XLVII, S. 244 ff. zu vergleichen (Notes on reflecting Telescops), wo auch die Verwendung der Reflektoren zu photographischen Aufnahmen und die Grösse des kleinen Spiegels besprochen wird.

des grossen Spiegels nach $P_2 O_2$ fällt, dort wird es mittelst des Okulars, welches sich in einem in der Bohrung des grossen Spiegels eingesetzten Rohre befindet, betrachtet. Die Stellung des kleinen Spiegels kann meist durch 3 kleine Schräubchen und eine grössere in der Mitte, welche den Spiegel hält, regulirt werden, wie es in Fig. 399 angedeutet ist, um seine Axe parallel der des Hauptspiegels zu stellen. Die Anordnung ist gewöhnlich so getroffen, dass nicht behufs Fokusirung das Okular, sondern der kleine Spiegel vermittelst einer Schraube, die vom Okulare aus gedreht werden kann, verschoben zu werden pflegt. In Fig. 397 ist die Einrichtung angedeutet; die durch die Führungen u, u gehende Stange hat an ihrem oberen Ende bei t ein Gewinde, welches man in dem mit einer Mutter versehenen Knopf d mittelst des Griffes bei w zu bewegen vermag; d steht mit einer im Rohre zwischen Schienen beweglichen Platte a b in Verbindung, und diese trägt an der Stange c den kleinen Spiegel s, durch dessen Verschiebung natürlich der Ort des zweiten Bildes verändert werden kann. Ganz ähnlich wie beim Newton'schen Reflektor kann man auch hier die Bedingung für das deutliche Sehen aufstellen, dieselbe lautet:[1] $x = e - F$ und $x' = e' - f$, wenn F und f die Brennweiten vom Hauptspiegel und Okularsystem, und e resp. e' die Abstände des Hauptspiegels und der Okularäquivalentlinse vom kleinen Spiegel, sowie ferner x und x' die Abstände des ersten und zweiten Bildes vom kleinen Spiegel sind.

Da aber die beiden letzten Strecken nach dem Gesetz der Reflexion an einer sphärischen Fläche mit der Brennweite des kleinen Spiegels F' in der Beziehung

$$\frac{1}{x} + \frac{1}{x'} = \frac{1}{F'}$$

stehen müssen, so hat man weiter

$$\frac{1}{e - F} + \frac{1}{e' - f} = \frac{1}{F'}.$$

Aus dieser Gleichung in Verbindung mit dem bekannten Abstande von Spiegelscheitel und Okularlinse lässt sich sodann der Ort für den kleinen Spiegel berechnen. Der Öffnungswinkel o, welchen der kleine Spiegel haben muss, um sowohl alles Licht vom grossen Spiegel aufzufangen und auch nicht zu viel abzuschneiden, lässt sich durch eine ähnliche Betrachtung finden, wie beim Newton'schen Reflektor, und es ergiebt sich daraus

$$o = O\left(\frac{e}{F} - 1\right),$$

wo O die Öffnung des grossen Spiegels bedeutet.

Die Bequemlichkeit, welche dieser Konstruktion der Reflektoren einen besonderen Vorzug giebt, wird durch die Schwierigkeit, die beiden Spiegel fehlerlos herzustellen, wieder bedeutend beeinträchtigt, namentlich ist es der kleine Spiegel, welcher in dieser Hinsicht Schwierigkeiten darbietet.[2]

---

[1] Vergl. Heath l. c. S. 806.

[2] Die ersten Teleskope dieser Art hatten sogar parabolische Hauptspiegel, und der kleine Spiegel war als ein längliches Sphäroid geschliffen, dessen grosse Axe in der Axe des Ersteren lag. Diese Einrichtung erzeugte natürlich Bilder ohne sphärische Aberration, wurde aber doch wegen schwerer Herstellung bald wieder verlassen.

Andererseits hat man aber auch versucht, mit Hülfe des kleinen Spiegels Fehler des grossen zu korrigiren, indem man ersteren gleichfalls durch Versuch im entgegengesetzten Sinne wirkende Fehler gab.

Das Gregory'sche Teleskop hat noch den Vortheil, wenn man bei astronomischen Fernrohren so sagen kann, dass es das Bild des Objektivs aufrecht zeigt; denn das doppelte Zustandekommen eines reellen Bildes bewirkt die aufrechte Stellung des zweiten durch das Okular betrachteten Bildes. Es mag auch hier vielleicht nicht ohne Interesse sein, zu bemerken, dass man in England versucht hat, das Gregory'sche Teleskop in der Weise zu einem mikrometrischen Messinstrument zu machen, dass man nach Art der Heliometer den kleinen Spiegel diametral in zwei Theile zerschnitt und beide Hälften, wie es Fig. 398 zeigt, gegeneinander durch eine Schraube verstellbar anordnete. Dadurch werden in der Bildebene zwei Bilder (von jeder Hälfte eines) erzeugt, deren Abstand von dem Winkel der optischen Axen beider Spiegelhälften abhängt.

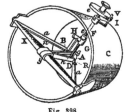

Fig. 398.

Durch Messung dieses Winkels mittelst Schraubenumdrehungen war man im Stande, z. B. den Durchmesser der Sonne, eines Planeten oder den Abstand zweier Gestirne, wie man es heute noch beim Heliometer thut, zu messen.[1]

δ. Das Cassegrain'sche Spiegelteleskop.

Diese Konstruktion der Reflektoren verdankt ihre Erfindung dem Franzosen CASSEGRAIN, der 1672 im Journal des Savants den Vorschlag machte, den kleinen Konkavspiegel des Gregory'schen Teleskops durch einen konvexen zu ersetzen. Er wollte damit in zwei Punkten das letztere verbessern. Einmal ist es leichter möglich, durch Einführung eines konvexen eventuell

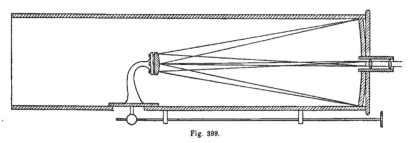

Fig. 399.

hyperbolischen Spiegels die sphärische Aberration zu korrigiren und damit die Bildqualität zu heben; andererseits aber wird ein Fernrohr dieser Art gegenüber einem Gregory'schen von sonst gleichen Dimensionen erheblich kürzer. Den optischen Vorgang in einem Cassegrain'schen Reflektor stellt die Fig. 399 in schematischer Weise dar. Der Hauptspiegel ist ganz so

---

[1] Bezüglich des Näheren über diese Einrichtung ist auf den Abschnitt über Mikrometer resp. Heliometer zu verweisen.

gebaut wie bei dem vorigen Typus, und der konvexe kleine Spiegel hat mit der Bohrung nahe gleichen Durchmesser. Auf ihn fallen die Strahlen noch vor ihrer Vereinigung im Brennpunkte des grossen Spiegels und werden von ihm so reflektirt, dass das Bild dann erst nahe in dem Scheitel des grossen Spiegels ebenso, aber in umgekehrter Stellung,. wie beim Gregory'-schen Reflektor zu Stande kommt.

Die Betrachtungen über die Verhältnisse der einzelnen Theile zu einander beim deutlichen Sehen sind ganz dieselben wie beim Gregory'schen Instru-ment, nur hat man an Stelle von F′ stets — F′ zu setzen, d. h. die Brenn-weite des kleinen Spiegels ist immer mit umgekehrtem Vorzeichen einzu-führen. Die Frage der besseren Korrektion der sphärischen Aberration bei dieser Form gegenüber der vorhergehenden ist leicht zu überblicken, wenn man die durch diesen Fehler bewirkte Veränderungen des Bildortes· bei beiden Kon-struktionen mit einander vergleicht. Bei einem sphärischen Hohlspiegel wird in Folge der Aberration das Bild dem Spiegel etwas genähert, der Abstand x erleidet daher eine kleine negative Änderung d x, daraus folgt, da das erste und zweite Bild beim Gregory'schen Teleskop in konjugirten Ebenen zu Stande kommt, dass d x′ auch negativ sein muss, d. h. das zweite Bild muss dem kleinen Spiegel näher, also vom Okular entfernter liegen. Die Veränderung dieser letzten Entfernung wird also gewissermassen die Summe der beiden Aberra-tionen darstellen. Da nun die zweite Verschiebung direkt (allerdings im um-gekehrten Verhältniss) von der Brennweite des kleinen Spiegels abhängt, so wird das Vorzeichen von d x′ sich beim Cassegrain'schen Reflektor umkehren, und man wird dort als Gesammtverschiebung gewissermassen nur die Dif-ferenz beider Aberrationswirkungen haben. So wird eine viel bessere Bild-qualität allerdings unter der Voraussetzung der gleich tadellosen Herstellung des kleinen Spiegels gewährleistet.

Trotz dieser Vorzüge ist die Cassegrain'sche Einrichtung nur verhält-nissmässig selten angewendet worden. Der Hauptvertreter dieser Gattung ist der grosse von H. Grubb gebaute Melbourner Reflektor.

Da die polirten Oberflächen der Spiegel, mögen sie nun aus Metall oder aus versilbertem Glas bestehen, durch die Einwirkung der Atmosphärilien sehr leicht angegriffen werden und erblinden, so ist es bei Anwendung grosser Spiegel nöthig, dass dieselben leicht aus dem Rohr herausgenommen und aufpolirt werden können. Auf ein von Oberstl. von der Groeben ange-gebenes Verfahren möchte ich noch hinweisen, welches diesem Nachtheil abhelfen soll, was allerdings nicht ganz ohne Einführung neuer Komplika-tionen abgeht. von der Groeben schlägt nämlich vor, an Stelle der Konkav-spiegel (als Haupt- resp. kleinen Spiegel) Konvexlinsen einzuführen, deren eine Fläche man dann versilbert.

So würde die spiegelnde Fläche die auf der Glasseite liegende Schicht der Versilberung sein und wäre somit dem Einfluss der atmosphärischen Luft entzogen. Meisel sagt in seinem „Lehrbuch der Optik", indem er theilweise den Originalartikel aus der Centralzeitung für Optik und Mechanik Jahrg. VI, Nr 13 citirt, das Folgende über diese Konstruktion:

„Als Objektivspiegel dient ein in der Mitte durchbohrter Glasmeniskus, dessen stärker gekrümmte konvexe Fläche mit Folie belegt, als Hohlspiegel, durch die unbelegte konkave Fläche hindurch wirkt. Ihm gegenüber wird eine, aus der nämlichen Glassorte gefertigte, bikonkave Linse mit ungleich gekrümmten Flächen derart angeordnet, dass die weniger gekrümmte Fläche, mit Folie belegt, die Rolle des kleinen Konvexspiegels übernimmt, indem sie die Strahlen ebenfalls durch die unbelegte Fläche hindurch empfängt und zurückwirft."

Da es sich bei dieser Konstruktion nicht ausschliesslich um Reflexionen, sondern auch um Brechungen der Strahlen in den Linsen handelt, treten offenbar Farbenzerstreuungen auf, und es ist die Aufgabe der Rechnung, die Radien — da bei jeder Linse ein Radius willkürlich angenommen werden kann — so zu bestimmen, dass das Bild möglichst farbenfrei wird. Es ist nicht zu verwundern, dass diese Konstruktion keinen weiteren Anklang gefunden hat, da ihr der Hauptmangel der Refraktoren ebenfalls eigen ist.

ε. Das Brachyteleskop.

Bei dem Newton'schen, Gregory'schen und Cassegrain'schen Reflektor wird durch den kleinen Spiegel und bei Herschels Teleskop durch den Kopf des Beobachters ein Theil der für die Abbildung verwerthbaren Strahlen abgehalten. Diesen Übelstand, der bei kleinen Instrumenten schon fühlbar wird, haben Forster & Fritsch in Wien durch die Konstruktion ihres Brachyteleskops zu umgehen versucht. Zugleich wurde durch diese Einrichtung die Länge des Teleskops auf fast die Hälfte herabgebracht. In Fig. 400 ist die Anordnung der Spiegel und der Strahlengang schematisch dargestellt.

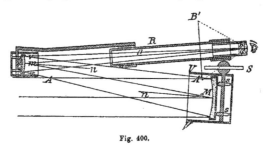

Fig. 400.

Das Instrument ist eigentlich nichts anderes als ein Cassegrain'scher Reflektor, nur mit dem Unterschied, dass der grosse Spiegel M etwas schief gegen die einfallenden Strahlen gestellt ist (etwa wie bei HERSCHEL) und dass in Folge dessen der konvexe kleine Spiegel m ausserhalb der Axe und des einfallenden Strahlenbündels liegt. Die beiden Spiegelaxen sind aber einander parallel, und somit wird der Strahlenkegel vom kleinen Spiegel so zurückgeworfen, dass er am grossen vorbei geht und in ein seitlich neben diesem befestigtes Okularrohr R gelangt, wo das Bild wie beim Cassegrain'schen Teleskop zu Stande kommt und mittelst des Okulars betrachtet werden kann. Die Theorie dieser Instrumente ist daher auch dieselbe wie bei jenem. Der Umstand, dass die Strahlen schief auf die Spiegel treffen, hat hier weniger zu sagen als bei dem

Herschel'schen Reflektor, da der kleine Spiegel so eingerichtet werden kann, dass er einen grossen Theil der dadurch entstehenden Fehler ausgleicht. In Fig. 401 ist ein solches Brachyteleskop (oder kurz Brachyt genannt), wie sie jetzt von der Firma Karl Fritsch vormals Prokesch in Wien gebaut werden, abgebildet.[1]) Diese Instrumente, welche sehr gut gebaut zu mässigen Preisen von dem genannten Optiker geliefert werden, sind namentlich in ihren mittleren Dimensionen für Liebhaber sehr geeignet und können durchaus empfohlen werden. Durch die schiefe Stellung der Spiegel wird es unmöglich, dieselben in einem Rohre anzubringen, man hat daher dasselbe ganz weggelassen, oder die Spiegel sind nur in kurze Rohrstücke gefasst, im Übrigen aber geht der Strahlengang im Freien vor sich. Da das Okularrohr nicht nach dem beobachteten Gestirne gerichtet sein kann, ist es durchaus nöthig, auf dem Instrument einen kleinen Sucher anzubringen, dessen Axe auf empirischem Weg parallel den einfallenden Strahlen gestellt werden muss.[2]) Von grösseren Instrumenten dieser Art ist namentlich das auf der k. k. Sternwarte zu Pola befindliche zu erwähnen, welches Fig. 402 zeigt, es hat einen grossen Spiegel von 320 mm Öffnung und 3 m Brennweite. Die Montirung ist sehr kompendiös gebaut und schliesst sich namentlich an die englischen Vorbilder an, besonders an die John Browning'schen Reflektoren, von denen wir später noch einige Typen kennen lernen werden.

Fig. 401.

Ein etwas kleineres Instrument (8′) ist für Signor W. Doll in Terni gebaut worden; mit diesem soll man sogar den Begleiter des Sirius sehen können.

Ebenso wie bei den Linsen, ja in noch grösserem Maasse als bei diesen, ist bei den Spiegeln die Fassung und Lagerung derselben im Rohre von

---

[1]) Eingehende Angaben über die Brachyte findet man in „Das Brachyteleskop" von Fritsch — Carl, Repertorium, Bd. XIV, S. 123 — Zschr. für Optik und Mechanik II. u. III. Jahrg. — Fr. Klein, Das Brachyteleskop der k. k. Sternwarte zu Pola nebst einer Geschichte der Spiegelteleskope.

[2]) Übrigens ist der Gedanke zu diesen Instrumenten schon älteren Datums. Bode erwähnt schon 1811 in seinem Jahrbuch einen ähnlich eingerichteten Reflektor; und später hat man durch Kombination eines Spiegels mit einer Linse ebenfalls versucht, die Länge des Teleskops bei bestimmter Brennweite der optischen Theile zu vermindern, allerdings mit wenig Erfolg.

grosser Bedeutung für die Güte der Bilder, sobald dieselben eine gewisse Grösse, etwa 300 mm Öffnung, überschreiten. Falls die Spiegel aus Metall sind, spielt die Verschiedenheit der Ausdehnungskoefficienten eine geringere Rolle, aber bei denen von Glas muss auch in dieser Hinsicht für spannungsfreie Fassung bei der nöthigen Festigkeit gesorgt werden, was im Allgemeinen

Fig. 402.

ebenso wie bei Linsen geschieht, doch hat man dabei den Vortheil, die Rückfläche des Spiegels für die Lagerung zur Verfügung zu haben. Bei schweren Spiegeln muss aber ganz besonderes Augenmerk auf die Vermeidung von Durchbiegungen, welche dem Spiegel eine andere Gestalt geben, gerichtet werden. Es sind zu diesem Zwecke z. B. Luftkissen, welche durch besondere Pumpen mit der den verschiedenen Lagen des Spiegels entsprechend

komprimirten Luft gefüllt werden, vorgeschlagen worden; denn gerade die
veränderliche Lage des Spiegels bildet eine Hauptschwierigkeit für die Äquilibrirung. Eine sehr sinnreiche, wenn auch etwas komplicirte Einrichtung
hat H. Grubb bei dem grossen Spiegel für den Melbourner Reflektor in
Anwendung gebracht. Die Einrichtung bei diesem Instrumente ist die
folgende:

Man denke sich den Spiegel in 3 koncentrische Kreise und eine Anzahl
Radien so in 48 Theile von gleichem Volumen getheilt, wie es Fig. 403
zeigt.[1]) Die Schwerpunkte dieser Theile sind mittelst hebelähnlicher Einrich-

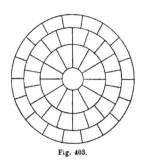

tungen zu zweien oder dreien mit einander verbunden, Fig. 404, und diese Verbindungsstücke,
welche entweder einfache Stäbe oder dreieckige
Platten sind, werden in ihren statischen Mittelpunkten wieder durch ein zweites System von
dreieckigen Platten miteinander verbunden, Fig.
405. Ein drittes System von 3 zweiarmigen Hebeln
stützt diese zweiten Dreiecke und ruht mit seinen
Mittelpunkten auf drei Radien, welche ein Ringsystem miteinander verbinden. Diese Ringe,
welche nun ihrerseits mit dem Rohre fest verbunden sind, tragen somit indirekt mit ganz

Fig. 403.

gleicher Vertheilung der Last den gesammten Spiegel an· nicht weniger als
48 Stellen, wodurch jede Durchbiegung verhindert wird.

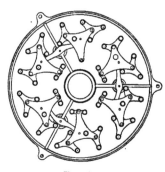

Fig. 404.

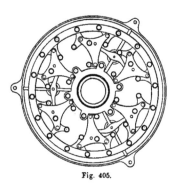

Fig. 405.

Lord Rosse hat den Spiegel eines 6 füssigen Teleskopes[2]) in ganz ähnlicher Weise unterstützt. Fig. 406 zeigt ein Schema dieser Anordnung, die nach
Obigem ohne weiteres verständlich sein wird. Er hat auch in derselben Weise
das Schleifzeug gegen Durchbiegung geschützt. In Fig. 407a ist diese Einrichtung dargestellt. Dasselbe ist eine leicht konvexe Platte mit mehreren Systemen

---

[1]) Dr. T. R. Robinson and Mr. Th. Grubb, Description of the Great Melbourne Tele-
scope, Philos. Transact. 1870, Bd. CLIX, S. 127 ff.

[2]) Earl of Rosse, On the construction of specula of six feet aperture and a selection etc.,
Philos. Transact. 1861, Part. III, S. 681 ff; auch besonders erschienen.

paralleler, geradliniger und koncentrischer Riffelung zur Vertheilung des Schleifmaterials versehen, die Scheibe hängt in einer Gabel und kann mittelst Flaschenzugs leicht gehoben werden. Sobald das Schleifen beginnen soll, wird die Gabel entfernt und das Schleifzeug an dem centralen Ringe auf-

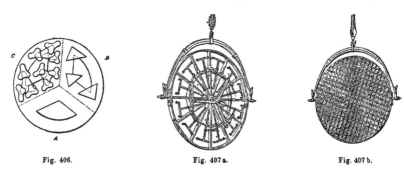

Fig. 406.   Fig. 407 a.   Fig. 407 b.

gehängt. Dieser trägt einen Dreiarm mit einem Hebel an jedem Arm; jeder dieser Hebel trägt zwei eben solche, die ihrerseits wieder je einen T-förmig gestalteten Bügel halten, dessen Enden das Schleifzeug an 36 gleichmässig vertheilten Punkten tragen, so dass beim Bewegen und Emporheben desselben keinerlei Formänderung eintreten kann. Diese Einrichtung ist also ganz ähnlich derjenigen, welche den Spiegel unterstützt, nur wirkt sie in umgekehrter Richtung.

Fig. 407 b zeigt das Schleifzeug von unten gesehen zur Veranschaulichung der Rillen in demselben.

E. Die Rohre.

Das Rohr des Fernrohrs wird jetzt bei Instrumenten, welche exakten Beobachtungen dienen sollen, fast ausschliesslich aus Metall angefertigt. Kleinere Fernrohre haben Messingrohre, bei den grösseren verwendet man aber meist Stahlblech, welches den Instrumenten bei geringer Wandstärke — die ganz grossen Refraktoren haben Rohre von nur wenigen Millimetern Dicke — und damit verbundener Leichtigkeit eine grosse Stabilität verleiht. Die Vorzüge der Metallrohre vor den früher meist benutzten Holzrohren (Mahagoni oder dergl.) bestehen namentlich in dem gleichmässigen Verhalten der ersteren bei Temperaturwechsel, bei Feuchtigkeitseinwirkung u. dergl., abgesehen davon, dass es kaum möglich sein würde, einen Refraktor wie den Wiener oder den der Lick-Sternwarte mit einem Holzrohr von nur einigermassen genügender Steifigkeit (wenn das Instrument nicht ganz unförmlich werden sollte) zu versehen. W. Struve führt in seiner Beschreibung des Dorpater Refraktors allerdings noch ganz besonders die grosse Zuverlässigkeit des Holzrohres auf, indem er betont und durch Zahlen belegt, wie wenig das Rohr den Temperaturwirkungen folge. Dem Grundsatz der heutigen Astronomie entspricht eine kleine aber nicht sicher kontrolirbare Änderung viel weniger, als eine grosse, aber der Rechnung zugängliche. Wir werden später sehen, wie z. B. bei den neueren Heliometern und grossen Refraktoren,

die Nothwendigkeit vorliegt, das Verhältniss der Ausdehnung des Rohres mit
der Temperatur zu der Änderung der Brennweite der Linsen zu untersuchen,
um gewisse Reduktionsgrössen für die Auswerthung der erlangten Messungen
abzuleiten.[1])

Bei manchen Teleskopen hat man auch die Rohre wohl durch ein Gitter-
werk (Melbourner Reflektor) oder auch durch parallele Stäbe (Lassels Reflektor)
und andere durchbrochene Einrichtungen ersetzt. Zunächst ist das wohl

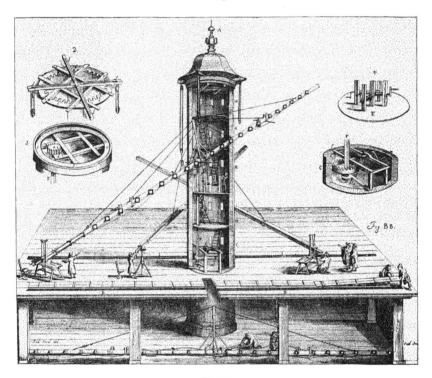

Fig. 408.
(Nach Hevelius, Machina coelestis.)

wegen des geringen Gewichtes gegenüber dem eines massiven Rohres geschehen.[2]) Aber ein anderer Vortheil ist noch mit solchem Rohre verbunden,
der in der möglichsten Vermeidung von Luftströmungen im Fernrohre besteht. Um die z. B. bei Sonnenbeobachtungen, oder bei grossen Längen der
Teleskope auftretenden Schichtung der Luft und der damit verbundenen

---

[1]) Hauptsächlich aus diesem Grunde wurden auch 1873 bei den alten Fraunhofer'schen
kleinen ($3^1/_2$ zölligen) Heliometern, welche in dem zweiten Decennium des Jahrhunderts gebaut worden waren, die Holzrohre durch solche aus Metall ersetzt, bevor sie zur Beobachtung
des Venus-Durchganges 1874 als tauglich erachtet wurden.

[2]) In dieser Beziehung sind die alten sogenannten Luftfernrohre sehr erwähnenswerth,
wie sie Campani, Hevel und Andere bauten. Eines der grossen Hevel'schen Instrumente
stellt Fig. 408 in voller Montirung dar.

bedeutenden Verschlechterung der Bilder zu vermeiden, würde es in vielen Fällen zweckmässig sein, an Stelle des ganzen Rohres solche Gitterwerke zu verwenden, wenn man in der Lage wäre, dieselben für messende Instrumente gleichförmig genug auszuführen. Ich würde z. B. für die Rohre der Heliometer, die sich bei Sonnenmessungen äusserst ungleich im Innern erwärmen, ohne Bedenken an verschiedenen Stellen Durchbrechungen vorschlagen und glaube, dass dadurch nicht nur eine richtigere Temperaturbestimmung des Rohres, sondern auch wesentlich bessere Sonnenbilder zu erlangen sein dürften.[1])

Was die Form der Rohre anlangt, so sind dieselben zum Theil cylindrisch, zum Theil konisch mit angesetztem weit engerem Okularstutzen. Bei Meridiankreisen, grossen Refraktoren u. s. w., bei welchen eine besondere Stabilität gegen Durchbiegung erzielt werden soll, hat man bis vor kurzem das Rohr aus zwei Konen von geringem erzeugendem Winkel zusammengesetzt, welche mit ihren weiteren Theilen in der Mitte des Rohres an einem Kubus, oder an einem grösseren cylindrischen Theile zusammenstossen. Das erstere ist meist der Fall bei Meridianinstrumenten, Altazimuthen u. s. w., während die zweite Anordnung bei den parallaktisch montirten Fernrohren angewendet wird. Das etwas stärkere Mittelstück vermittelt die Verbindung mit der Horizontal- oder Deklinationsaxe (vergl. darüber die einzelnen Konstruktionstypen der Instrumente). Das eine der engeren Enden trägt dann das Objektiv und das andere nimmt das Okular und die damit verbundenen Hülfsapparate auf.

In neuerer Zeit haben namentlich die REPSOLDS an Stelle der doppelkonischen Rohre solche gesetzt, welche sich vom Objektiv zum Okular gleichmässig verjüngen. Der Zweck dieser Einrichtung ist der, dass man mit solchem Rohre die optische Axe und damit zugleich den Schwerpunkt des Rohres erheblich näher an die Polaraxe, d. h. an den Schwerpunkt und Drehungsmittelpunkt des ganzen Systems heranbringen kann, ohne der Steifigkeit des Rohres Eintrag zu thun. Bei Instrumenten von der Grösse des Pulkowaer oder Strassburger Refraktors sind einige Decimeter Verkürzung der Deklinationsaxe für die Äquilibrirung bei der Schwere der zu bewegenden Massen schon von erheblichem Vortheil. Auch bekommt das Instrument ein gefälligeres Aussehen durch die gedrängtere Form. Die Fassungen der Okulare und die engen Rohre, in welchen sich diese dann bewegen, bieten besonders Bemerkenswerthes kaum dar, so dass etwaige Eigenthümlichkeiten in deren Anordnung später bei den einzelnen Instrumenten zur Sprache kommen werden. Nur möchte ich auch hier wieder erwähnen, dass im Allgemeinen von der Anwendung von Zahn und Trieb an den Okularen bei grösseren astronomischen Fernrohren abgesehen werden sollte, da genaue Einstellungen des Okulars mit solchen nur unter besonderen Vorsichts-

---

[1]) Bei manchen Refraktoren befinden sich allerdings in der Nähe des Objektivendes kleine Thüren im Rohre, die aber mehr den Zweck haben, das Objektiv an der Rückseite leicht reinigen zu können. Die hier erwähnten Durchlöcherungen müssten weit gleichmässiger über das Rohr vertheilt sein, sonst würden sie mehr schaden als nützen.

maassregeln auszuführen sind.[1]) In den meisten Fällen ist die freie Hand
der beste Bewegungsmechanismus für Okulare.

Innerhalb des Rohres findet man noch eine Reihe von Blenden, welche
durch ringförmige Metallscheiben, die in bestimmten Intervallen im Rohre
angebracht sind, gebildet werden. Mit ihrem äusseren Umfange füllen sie
die lichte Weite des Rohres an der betreffenden Stelle gerade aus; sie sind
entweder mit demselben verlöthet oder werden vermöge des umgebogenen
Randes, welcher durch einige Einschnitte federnd gemacht wird, durch
Reibung festgehalten. Der innere Ringausschnitt entspricht dem Querschnitt
des vom Objektiv kommenden Lichtkonus und soll weder kleiner noch
grösser als dieser sein. Diese Blenden dienen ausser der Verstärkung, welche
sie dem Rohre geben, vor Allem dazu, alles fremde Licht, das etwa durch
seitliche Reflexionen in den Gang der dem Bild zugehörigen Lichtstrahlen
eindringen könnte, abzuhalten. Zur Verhinderung solcher seitlicher Reflexe
pflegt man die Innenseite der Rohre sowie die Blenden selbst entweder mit
einer matten schwarzen Farbe sorgfältig zu überziehen oder auf chemischem
Wege matt zu beizen.

Eine besondere Stelle unter diesen Blenden nehmen noch diejenigen ein,
welche sich (meist in den Okularrohren) da befinden, wo reelle Bilder der
betrachteten Objekte zu Stande kommen, also namentlich in der zweiten
Brennebene des Objektivs.[2]) An diesen Stellen pflegt man die Einrichtungen
anzubringen, welche zur Fixirung der Absehenslinie oder zu mikrometrischen
Ausmessungen (Mikrometer) verwendet werden. Im ersteren Falle stehen diese
meist in direkter Verbindung mit der Blende selbst, im anderen Falle sind
noch besondere Einrichtungen vorhanden.

3. Die **Fadennetze** und ihre Beleuchtung.

Wird das Fernrohr auch ohne Benutzung der Kreise zu Messungen im
Gesichtsfelde selbst durch Eintheilung desselben oder durch bewegliche Fäden
und andere feste oder bewegliche Theile als Fäden, Schrauben, Keile u. s. w.
benutzt, so bilden diese letzteren ein sogenanntes Mikrometer und damit einen
eigenen wichtigen Bestandtheil des Fernrohres. Diese Einrichtungen werden
in ausführlicher Weise in dem Kapitel „Mikrometer" besprochen. Hier sollen
nur die einfachen Fadenkreuze und Fadennetze behandelt werden, welche
zur Festlegung irgend einer Absehenslinie (fälschlich häufig optische Axe
genannt) im Fernrohre dienen.

Im gemeinschaftlichen Brennpunkte vom Objektiv und Okular befindet
sich ein Ring oder eine durchbrochene Metallplatte, welche zugleich als Diaphragma (Blende) dient und vermittelst drei oder besser vier Schrauben, so

---

[1]) Bei den Heliometern, bei denen es auf die sichere Fokusirung recht viel ankommt,
wird dieselbe jetzt durch eine längs des Okularstutzens wirkende Schraube ausgeführt
(vergl. das Kapitel über die Heliometer.)

[2]) Bei den terrestrischen Okularen z. B. kommen mehrere dergleichen Bilder zu
Stande.

wie es z. B. Fig. 409 zeigt, gehalten wird. Die eine Fläche dieser Platte ist eben geschliffen und geht gerade durch den Brennpunkt in einer zur optischen Axe senkrechten Richtung; auf dieser Fläche werden die „Fäden" aufgespannt.[1]) Die Anordnung der Fäden ist je nach dem Gebrauch des Fernrohres ver-

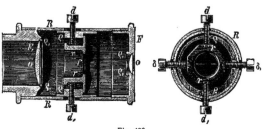

Fig. 409.
(Aus Hunaeus, Geometr. Instrumente.)

schieden. In Theodoliten und Universalinstrumenten findet sich gewöhnlich ein einfaches Kreuz von der Form Fig. 410 a, oder auch ein sogenanntes Andreaskreuz, Fig. 410 b. Die Verbindungslinie des Durchschnittspunktes dieser Fäden mit der Mitte des Objektivs bildet dann die Absehens- oder Kollimationslinie

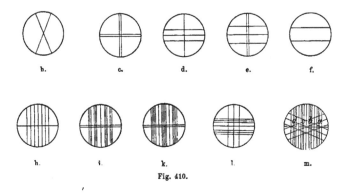

b. c. d. e. f. g.

h. i. k. l. m.

Fig. 410.

des Fernrohres. Die Richtung dieser Linie ist für die Bestimmung der Fehler der Instrumente und ihrer Konstanten von grosser Wichtigkeit, weil sie die Stellung des Fernrohres zu den übrigen Theilen des Instruments (den Axen und Kreisen) charakterisirt. Handelt es sich z. B. um Anvisirung schmaler Gegenstände, Stangen u. dergl., so setzt man nach Analogie der Ablesemikroskope an Stelle der einzelnen Fäden Doppelfäden von der Form Fig. 410 c. Durch Übung gelingt es leicht, mittelst eines solchen Fadenkreuzes ein Objekt der erwähnten Art viel sicherer zwischen die Fäden mit beiderseitigem

---

[1]) In historischer Beziehung dürfte hier zu erwähnen sein, dass nicht, wie häufig angegeben wird, die Franzosen Auzout und Picard um etwa 1667 zuerst das Fadennetz einführten, sondern dass fast 30 Jahre früher Gascoigne, kurz nachdem er das Fernrohr mit den astronomischen Messinstrumenten verbunden hatte, auch das Fadenkreuz einfügte; vergl. darüber die ausführlichen Angaben in Wolf's Handb. d. Astronomie, Bd II, S. 21.

gleichen Abstande einzustellen, als wenn man eine Bedeckung durch einen
Faden herbeiführt. Auch bei astronomischen Universalinstrumenten pflegt
man solche Netze anzubringen und dann den Stern in das kleine mittlere
Quadrat einzustellen oder besser durch seine scheinbare Bewegung hineinlaufen
zu lassen und diesen Moment nach der Uhr festzulegen. Fadennetze wie in
den Fig. 410 d, e kommen bei Instrumenten vor, welche als Distanzmesser
dienen sollen, wo dann das Stück Distanzlatte oder dergl., welches zwischen
die Horizontalfäden passt, ein Maass für die Entfernung der Latte giebt. Bei
Reflexionsinstrumenten giebt man den eingespannten Fäden, welche dort nur
dazu dienen, den mittleren Theil des Gesichtsfeldes zu begrenzen, die Anordnung der Fig. 410 f oder g.

Wesentlich komplicirter sind die Fadennetze in solchen Fernrohren, mit
denen gleichzeitig mehrere Momente beim Durchgang eines Sternes beobachtet
werden sollen, also bei grossen Universalinstrumenten und namentlich bei
Durchgangsinstrumenten und Meridiankreisen. Dort sind neben zwei oder
auch nur einem (manchmal zu besonderen Zwecken auch mehr als zwei
event. paarweise angeordneten) Horizontalfaden, im ersteren Falle von geringem
Abstande von einander (etwa 4—5 Bogensekunden), eine grössere Reihe von
Vertikalfäden aufgespannt. Die letzteren sind meist um einen mittleren
symmetrisch angeordnet, etwa wie in den Fig. 410 h, i, k, l; solche Netze
dienen dann zur Beobachtung der Durchgangsmomente eines Sternes und,
wenn man die Abstände der seitlichen Fäden vom mittleren kennt, zur genaueren Fixirung des Durchgangs eines Sternes durch letzteren, während die
Horizontalfäden dadurch, dass man den Stern während seiner Sichtbarkeit
im Fernrohr zwischen denselben oder an demselben entlang laufen lässt, oder
den Moment beobachtet, zu welchem er die Mitte der Fäden bei seinem Fortschreiten im Gesichtsfeld kreuzt, zur Bestimmung der Zenithdistanz oder der
Höhe über dem Horizont benutzt werden.

Man hat zu letzterem Zwecke vielfach mit Absicht den „Horizontalfäden" keine genau horizontale Lage gegeben, um eben dieses Hindurchgehen des Sternes durch die Mitte des Fadenintervalls beobachten zu können.
Es hat das den Vortheil, dass man gleich nach Eintritt des Sternes in das
Gesichtsfeld so auf denselben einstellen kann, dass er etwa in der Nähe des vertikalen Mittelfadens durch die Horizontalfäden hindurchgeht, dann hat man
nicht nöthig, kurz vor dem Moment in welchem die Deklinations- oder Höhen-
beobachtung gemacht wird, die Feinbewegung des Fernrohres zu benutzen;
womit die Gefahr eines Nachziehens der Klemmen- und Feinschrauben bis
zum Moment der Mikroskopablesung vermieden wird.

Zu gleichem Zwecke hat man auch wohl den Fäden die in Fig. 410 m dargestellte Anordnung gegeben. Beobachtet man dann ausser den Durchgängen
des Sternes durch die Vertikalfäden auch noch diejenigen durch die schiefen
Fäden, so kann man aus den dann in Zeitmaass gegebenen Strecken a b,
b c und c d auch den Abstand der scheinbaren Bahn des Sternes von den
Horizontalfäden[1]) finden, wenn die Neigung der „schiefen Fäden" bekannt

---

[1]) Auf diese bezieht sich gewöhnlich der Zenith- oder Nadirpunkt des Kreises.

ist (zu ihrer Bestimmung beobachtet man die Durchgänge in bekannten Abständen, oder man misst die Lage der Kreuzungspunkte mikrometrisch aus).

Die Vertikalfäden sollen aber, wenn irgend möglich, stets genau vertikal gestellt werden, da man sonst für Sterne, die man nicht genau zwischen den
Horizontalfäden beobachtet hat, eine entsprechende Korrektion anbringen muss.

Bei parallaktisch aufgestellten Instrumenten treten natürlich an Stelle
der Koordinaten des Horizontes diejenigen des Äquatorsystems und die Fäden
werden dann parallel den Stundenkreisen oder den Parallelkreisen gerichtet sein. [1])

Eine Hauptbedingung für eine genaue Beobachtung ist die, dass die
Fadenebene ganz genau mit der Ebene zusammenfällt, in welcher durch
das Objektiv das Bild des Objektes entworfen wird. [2])

Um dieses zu erreichen, muss, vorausgesetzt, dass das Hauptrohr überhaupt die richtige Länge hat, die Fadenplatte längs des Rohres verschiebbar
sein, sie wird deshalb entweder in ein besonderes Röhrchen gefasst, welches
sich in dem Okularstutzen verschieben lässt, meist durch herausragende
Schrauben, die zugleich die seitliche Korrektion vermitteln und in geschlitzten
Löchern das Okularrohr durchsetzen, oder bei grossen Instrumenten durch
Verschiebung des Okularstutzens selbst. Das eigentliche Okular ist dann in
letzterem ebenfalls so verschiebbar, dass es für jedes Auge möglich ist, die Fäden
scharf einzustellen. Ist die scharfe Einstellung der Fäden mittelst des Okulars
geschehen, so wird Fadennetz und Okular zugleich mit dem sie enthaltenden
Rohre in dem Hauptrohre so lange verschoben, bis auch das Bild des Objekts
(Sternes) ganz scharf erscheint. Da aber die Beurtheilung derjenigen Stellung,
in welcher das Bild am schärfsten ist, innerhalb der nöthigen Grenzen, selbst
mit Hülfe eines Mikroskops schwer erkannt werden kann, prüft man die richtige Stellung, d. h. das Zusammenfallen beider Ebenen, am besten durch
Hin- und Herbewegen des Auges vor dem Okulardiaphragma. Ist Bild und
Faden nicht in derselben Ebene, so wird bei der angedeuteten Bewegung
des Auges eine Verschiebung beider gegen einander eintreten, und zwar in
der Weise, dass, wenn die Fäden dem Auge näher liegen als das Bild, jene
sich vom Bilde nach einer der Augenbewegung entgegengesetzten Richtung
zu verschieben scheinen, während dann, wenn das Bild dem Auge näher
liegt als der Faden, eine Bewegung des letzteren in derselben Richtung statt-
zufinden scheint, als sie das Auge ausführt. In diesem Umstande liegt zugleich ein Mittel, die Richtung zu erkennen, nach welcher der Okularauszug
mit Fadennetz verschoben werden muss. Nach geschehener genauer Fokusirung wird bei solchen Instrumenten, bei denen der Winkelwerth der Faden-
intervalle [3]) eine Rolle spielt, also bei Durchgangsinstrumenten aller Art, bei

[1]) Im Fall des Stundenwinkels „Null", also im Meridian, sind die Fäden dann ebenfalls
horizontal resp. vertikal.
[2]) Damit ist zugleich bedingt, dass, falls das Objektiv richtig centrirt ist, die Fadenebene senkrecht zur optischen Axe steht.
[3]) Dieser Winkelwerth wird bezeichnet durch die von der Mitte des Objektivs nach
den Fäden gezogenen Geraden; ist also abhängig von der Entfernung des Objektivs von
der Fadenplatte und dieser Entfernung umgekehrt proportional.

vielen Mikrometern u. s. w., der Okularstutzen möglichst fest mit dem Hauptrohr verbunden. Gewöhnlich geschieht dieses durch den Druck zweier Schrauben, die wie in Fig. 411 eine auf dem Okularauszug befestigte Schiene

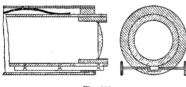

Fig. 411.

zwischen sich fassen. Dadurch, dass
diese Schiene in ihrer Führung einen
kleinen seitlichen Spielraum hat, kann
man zugleich eine Horizontirung oder
sonstige Berichtigung des Fadennetzes
mittelst Drehung um die geometrische
Axe des Fernrohres vornehmen. Besser
als diese Art der Klemmung, nament-
lich bei schweren Okulartheilen, dürfte eine Ringklemmung sein, welche mit
der erwähnten Berichtigungsmethode leicht verbunden werden kann.

Wie aber schon angedeutet ist die Fadenplatte in grösseren Instrumenten
auch senkrecht zur optischen Axe verschiebbar und zwar entweder in zwei
aufeinander senkrechten Richtungen oder (meistens) auch nur in der horizontalen oder in der der Deklinationsaxe des Instrumentes parallelen. Diese
Bewegung wird durch die vier Schrauben $\delta \delta_1$ d d$_1$, Fig. 409, bewirkt oder im
zweiten Fall auch nur durch ein Paar solcher Druckschrauben. Bei Durchgangsinstrumenten, wo diese Verschiebung zur Korrektion des Kollimationsfehlers dient, und wo die gehörige Sicherung der Fadenplatte eine grosse
Rolle spielt, bewegt sich letztere in besonderer Führung und wird mittelst
Zug- und Druckschrauben oder auch wohl unter Benutzung starker Gegen-
federn in ihre richtige Lage gebracht und darin erhalten.[1]

Von grosser Bedeutung ist das Material aus dem die Fäden hergestellt
werden, da dieselben zwar sehr dünn und gleichmässig, aber verhältnissmässig fest sein sollen. Weiterhin müssen dieselben einigermaassen den
durch die Temperatur veranlassten Änderungen der Fadenplatte zu folgen
vermögen, also etwas elastisch sein, dagegen dürfen sie durch Feuchtigkeit
ihre Straffheit nicht verlieren. Es ist nun schwer, ein Material zu finden,
welches allen diesen Anforderungen genügt und dabei doch die Manipulation
des Aufziehens der Fäden nicht zu sehr erschwert.

Im Laufe der Zeit hat man die verschiedensten Materialien versucht.
CARL in seinen Principien d. astron. Instrkde., WOLF in seinem Handbuch d. Astron. und neuerdings HAMMER in Zschr. f. Vermessungswesen geben
eine ausführliche geschichtliche Darstellung dieser Bestrebungen. In der
Gegenwart pflegt man eigentlich nur Spinnfäden oder die schon Ende des
vorigen Jahrhunderts eingeführte Glasplatte mit eingeschnittenen Linien zu
„Fadennetzen" zu verwenden. Die letzteren müssen vom Mechaniker sehr
sorgfältig hergestellt werden, damit die Linien auch bei der Anwendung starker
Vergrösserungen gleichmässig erscheinen. Eine einmal hergestellte Glasplatte hat aber dann, ich möchte sagen, ewige Dauer bei fast völliger Unver-

---

[1]) Des Näheren vergleiche man darüber die Kapitel betr. das Passageninstrument und
Mikrometer. Übrigens sollen diese Korrektionsschrauben stets solche mit durchbohrten
Köpfen sein, die mit Stellstift und nicht mit Schraubenzieher gedreht werden.

änderlichkeit und lässt sich leicht an Ort und Stelle befestigen. Diese Glasnetze haben nur den Nachtheil, dass erstens das Glas Licht absorbirt, dann unter Umständen Reflexe hervorbringt, namentlich aber auch eine Ablagerungsstelle für Staubkörnchen bildet, die häufig im Gesichtsfelde störend wirken können, sich aber manchmal nur schwer entfernen lassen.[1]) Eine für Jeden, der mit astronomischen oder geodätischen Messinstrumenten zu thun hat, wichtige Sache ist das Einziehen neuer Fäden. Es ist unbedingt nöthig, dass der Astronom damit Bescheid weiss; denn es wird häufig vorkommen, dass ein verdorbener Faden oder ein ganzes Fadennetz ersetzt werden muss.

Gewöhnlich sind vom Mechaniker auf den Fadenplatten an jenen Stellen, an denen die Fäden aufliegen, feine Striche gezogen (mittelst Theilmaschine oder dazu gebauten kleinen Werkzeugen), sodass man die Orte, an welchen die neuen Fäden liegen müssen, kennt.

Einen Apparat zum Ziehen der erwähnten Striche beschreibt BERGER in der Zschr. f. Instrkde. 1886, S. 275 ff. Dieser Apparat, Fig. 412, besteht aus einem festen Untergestell, auf welchem zwischen Leisten der mittelst der Mikrometerschraube b bewegliche Schlitten a gleitet. Auf diesem ruht der Aufsatz e, welcher um den kurzen, hohlen Zapfen c in horizontaler Richtung gedreht werden kann. An seinem unteren Ende trägt dieser Aufsatz eine Trommel n, welche in 360 Grade getheilt ist, um die Fädenritzen in jedem beliebigen Winkel zu einander oder zur normalen Lage des Fernrohrs einreissen zu können. An seinem oberen Ende ist der Aufsatz mit vier Stellschrauben g, g versehen, womit das Diaphragma centrirt und festgestellt werden kann.

Fig. 412.
(Aus Zschr. f. Instrkde. 1886.)

Die Feder i dient dazu, den das Diaphragma tragenden Aufsatz e in irgend einer gewünschten Lage zum Schlitten festzuhalten. Die unter dem Indexstriche befindliche Skala giebt die ganzen Umdrehungen der Mikrometerschraube an. In die Bohrung des Zapfens c kann von unten her ein stählener centraler Bolzen zum raschen Centriren des Diaphragmas eingeschoben werden. Ein einfaches Reisserwerk, dessen Anordnung aus der Figur sofort ersichtlich ist, lässt die Striche in jeder gewünschten Stärke ziehen.

---

[1]) Ein feiner, nicht zu dünner Haarpinsel ist zur Reinigung dieser Plättchen am besten brauchbar, nur muss derselbe ganz trocken sein und so aufbewahrt werden, dass er selbst nicht staubig werden kann. Abwischen mit feinem Leder oder gewaschenem Leinen ist wie für die optischen Theile so auch hier ganz gut anwendbar, wenn man jeden Druck vermeidet, resp. überhaupt zu der Netzplatte damit gelangen kann.

Am besten verwendet man die aus einem Cocon der grossen Kreuzspinne ge
wonnenen Fäden, welche man auf ihre Gleichförmigkeit mit der Lupe untersucht,
bevor man sie einspannt. Man nimmt entweder einen U förmig gebogenen
Draht von geringer Elasticität, giebt an beide Enden etwas weiches Wachs
und spannt nun die einzelnen Fäden, die von gehöriger Länge sein müssen
(etwa 4—6 cm länger, als man sie im Fadennetze braucht), über diese Bögen,
sodann taucht man sie einige Zeit in ein Gefäss mit Wasser, damit sie
sich soweit dehnen, als sie es in gänzlich feuchtem Zustande können (dadurch soll ein späteres Schlaffwerden beim Gebrauche des Instrumentes in
feuchter Luft vermieden werden). Sind die Fäden so präparirt, so nimmt
man sie mit den Drähten heraus und legt sie unter Zuhülfenahme einer Lupe
genau auf die vorgezeichneten Striche. Sind alle Fäden an Ort und Stelle,
so giebt man an die Enden derselben, wo sie auf der Fadenplatte anruhen,
etwas warmes Wachs, einen Tropfen Schellack oder Metalllack,[1]) lässt gut
erkalten und trocknen und schneidet erst dann die überstehenden Enden ab.
Es bedarf häufig grosser Geduld und Geschicklichkeit, bis ein aus vielen
Fäden bestehendes Netz in der nöthigen Vollkommenheit bezüglich der Güte
und Gleichförmigkeit der Fäden und der genauen Lage derselben hergestellt
ist. Es ist dringend zu wünschen, dass schon in den Vorträgen über praktische Astronomie und Geodäsie diesbezügliche Übungen gemacht werden;
denn unter der persönlichen Leitung eines erfahrenen Astronomen oder
Geodäten werden dergleichen Dinge weit besser und in kürzerer Zeit erlernt,
als durch das geschriebene Wort.

Da es schwer sein wird, bei zusammengesetzten Netzen die Drähte alle
neben einander zu legen, kann man die Spannung der Fäden auch sehr gut
dadurch hervorbringen, dass man mit Wachs an jedes Ende ein kleines
Gewichtchen von Blei anheftet. Beim Auflegen auf die Fadenplatte hängen
dann diese Gewichtchen über den Rand derselben herab und strecken
auch den Faden so viel als möglich. Man hat auch recht zweckmässige
Maschinchen zum Aufziehen der Fäden gebaut, die da von grossem Werthe
sind, wo die genaue Lage des Fadens eine Rolle spielt. Solche Einrichtungen
stellen die Fig. 413 u. 414 dar. Fig. 414 ist ein Apparat zum Aufziehen
der Fäden, wie er in Deutschland so oder in ähnlicher Form häufig im
Gebrauch ist.[2])

Auf dem Fusse B, welcher oben in einer quadratischen Platte endigt,
lässt sich der Schieber E mit dem konischen Aufsatze F und dem um diesen
wieder koncentrisch drehbaren Theile G mittelst der Mikrometerschraube M
in der Richtung M H hin- und herbewegen. Die Grösse der Bewegung
kann an der Trommel mittelst des Index d abgelesen werden. Mittelst der
vier Schräubchen s s s s wird die Fadenplatte in dem Stücke G befestigt und

---

[1]) Es ist dabei zu beachten, dass Schellack oder Metalllack auf kaltem Metall schlecht
haftet; da man aber natürlich beim Aufziehen der Fäden die Fadenplatte nicht erwärmen
kann, so bestreicht man dieselbe vorher in warmem Zustande einmal dünn mit Lack. Auf
dieser Schicht wird dann auch kalt der die Fäden befestigende Lacktropfen sehr gut haften.

[2]) Der abgebildete Apparat entspricht einer Konstruktion von Klindworth in Hannover
vergl. Hunaeus, Geometr. Instrumente, S. 68).

centrirt. An die Platte A ist die Leiste a mit der Säule H angeschraubt. Auf der Oberfläche von H ruht zwischen Spitzenschräubchen leicht beweglich die Gabel J, welche mittelst der Schraube δ gehoben und gesenkt werden kann. Über diese Gabel legt man bei i i je einen der aufzuspannenden Fäden, bringt mittelst der Bewegungsmechanismen des Apparates die Fadenplatte in der gewünschten Stellung unter denselben, senkt mittelst δ die Gabel herab, wodurch der Faden sich auf das Diaphragma legt, und befestigt ihn da in der angegebenen Weise.

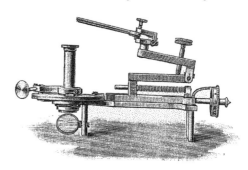

Fig. 413.

Bei astronomischen Instrumenten, mit denen man doch namentlich bei Nacht zu beobachten hat, ist es für gewöhnlich nicht möglich, feine Fäden im dunklen Gesichtsfelde wahrzunehmen, und man muss deshalb Mittel anwenden, welche entweder das Gesichtsfeld genügend erleuchten, so dass die Fäden als dunkele Linien auf hellem Grunde erscheinen, oder man muss diese Fäden selbst so beleuchten, dass sie hell im dunklem Gesichtsfelde erscheinen. Bei Weitem am häufigsten wählt man den ersten Weg zur Sichtbarmachung, da diese Art der Beleuchtung wesentlich einfacher herzustellen ist. Den zweiten schlägt man nur dann ein, wenn die zu beobachtenden Objekte (Gestirne) so wenig hell sind, dass sie in einem erleuchteten Gesichtsfelde nicht mehr sichtbar sein würden.

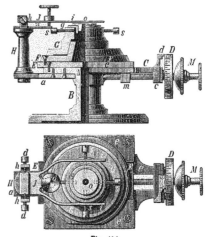

Fig. 414.
(Aus Hunaeus, Geometr. Instrumente.)

Die Beleuchtung des Gesichtsfeldes kann auf verschiedene Weise erfolgen. Nämlich das Licht kann in das Fernrohr gelangen:

1. Durch das Objektiv,

2. durch die Axe, an welcher das Fernrohr befestigt ist (bei Durchgangsinstrumenten durch die Horizontalaxe, bei parallaktisch montirten Fernrohren durch die hohle Deklinationsaxe),

3. durch eine Lampe, welche in der Mitte des Okularendes angebracht ist, und deren Licht durch eine besondere Röhre oder Öffnung in das Fernrohr gelangt, dort auf einen Spiegel oder ein Prisma fällt und so das Gesichtsfeld zu erleuchten vermag.

Um Licht durch das Objektiv in das Gesichtsfeld gelangen zu lassen, befestigt man mittelst eines aufgeschnittenen und dadurch etwas federnden Ringes a b einen schief gestellten kleinen Spiegel m, wie ihn Fig. 415 zeigt, vor dem Objektiv, oder häufiger setzt man an Stelle des kleinen Spiegels, welcher die centralen Strahlen verdeckt, einen elliptischen Ring mit diffus reflektirender weisser Fläche, Fig. 416 u. 417, welcher den grössten Theil der Strahlen frei in das Objektiv gelangen lässt und das auf ihn fallende Licht nur vom Rande

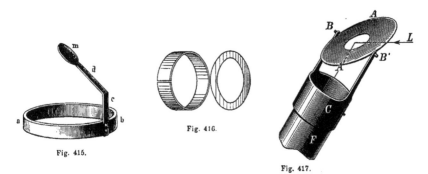

Fig. 415.

Fig. 416.

Fig. 417.

aus durch das Objektiv in das Fernrohr sendet. Durch eine seitlich aufgestellte Lampe ist es dann, wie leicht einzusehen, möglich das Gesichtsfeld zu erleuchten. Wird die Neigung des Spiegels oder des Ringes so gewählt, dass die Normale auf demselben den Winkel zwischen optischer Axe und der Linie nach einem Punkte nahe einem Ende der Drehaxe des Fernrohres halbirt, so kann man in letzterem die Lichtquelle anbringen, und dieselbe kann dann bei allen Richtungen des Fernrohres an ihrer Stelle verbleiben. Fig. 418 zeigt

Fig. 418.

auch noch eine etwas andere Form einer solchen Beleuchtungseinrichtung. Die Licht reflektirenden Flächen pflegt man nicht zu poliren, damit keine Reflexbilder zu Stande kommen, sondern entweder mit weissem Papier oder mit einer dünnen Gypsschicht zu überziehen, wodurch das in das Gesichtsfeld gelangende Licht sehr gleichmässig vertheilt wird. Diese Beleuchtung ist sicher die einfachste,[1] bei grösseren Instrumenten aber auch die unbequemste. Man wendet sie deshalb jetzt nur bei kleinen geodätischen Instrumenten an, welche nur gelegentlich auch zu Nachtbeobachtungen benutzt werden.

Bei Durchgangsinstrumenten und auch bei Äquatorealen findet bei Weitem am häufigsten die Beleuchtung durch die Axe statt. Das eine Ende derselben ist dann durchbohrt (meist haben beide Enden eine Bohrung, von denen die eine aber anderen Zwecken dient; vergl. Axen), und vor demselben ist in grösserer oder geringerer Entfernung eine Lampe

---

[1] Diese Art der Beleuchtung findet sich schon bei alten Römer'schen Instrumenten (vergl. Kapitel „Durchgangsinstrumente").

aufgestellt, welche das Licht durch die Axe in das Innere des Fern.
rohres gelangen lässt. Dort trifft dasselbe auf einen unter 45⁰ gegen die
optische Axe geneigten Spiegel, der wiederum meist einen elliptischen Ring
darstellt, und dessen Öffnung so gross ist, dass der vom Objektiv kom.
mende Lichtkegel ungehindert hindurchgehen kann. Von diesem wird das
Licht in das Okular reflektirt, erleuchtet das Gesichtsfeld und lässt die Fäden
dunkel auf hellem Grunde erscheinen. Werden die Lichtstrahlen aber so
dirigirt, dass sie zum Theil auf kleine Spiegel oder Prismen gelangen können,

Fig. 419.
(Aus Zschr. f. Instrkde. 1891.)

die am inneren Rande des Okularrohres zwischen Auge und Fadenebene angebracht sind, so kann von diesen aus das Licht auch von vorne auf die
Fäden fallen, und diese werden dann, wenn das direkt aus dem Diaphragma
austretende Licht abgeblendet wird, hell im dunklen Felde erscheinen. Sehr
zweckmässig ist in dieser Beziehung die Einrichtung der Beleuchtung bei
den neueren kleinen Durchgangsinstrumenten von REPSOLD, BAMBERG, HEYDE
und Anderen. Diejenige eines Bamberg'schen gebrochenen Durchgangsinstrumentes zeigen die nebenstehenden Figuren, aus denen zugleich ersichtlich ist,
wie bei solchen Instrumenten mit gebrochenem Fernrohr die Lampe angebracht
ist und wie von dieser das Licht in das Fernrohr gelangt.[1] Das dem Oku-

---

[1] Zschr. f. Instrkde. 1891, S. 123 ff.

lar entgegengesetzte Ende der Axe ist ebenfalls durchbohrt, und in den
Zapfen ist ein kleines Rohr eingeschraubt, um welches sich mit 6 kleinen
Rollen dasselbe umschliessend die Lampe R, Fig. 419, so drehen kann, dass
sie mit Hülfe des Gegengewichtes R′ bei jeder Lage des Instruments vertikal gerichtet bleibt. Das von der Lampe kommende Licht fällt durch Zapfen
und Konus zunächst auf die plankonvexe Linse σ, [Fig. 420, und wird von dieser

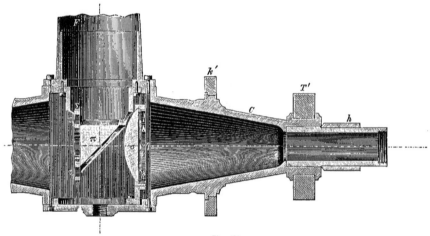

Fig. 420.
(Aus Zschr. f. Instrkde. 1891.)

stark konvergirend gemacht. Vor dieser Linse befindet sich ein Rahmen △, welcher
in der Fig. 421a besonders abgebildet ist. Derselbe trägt eine runde Scheibe
μ, welche in der Mitte eine kreisförmige Öffnung η und am Rande sym-

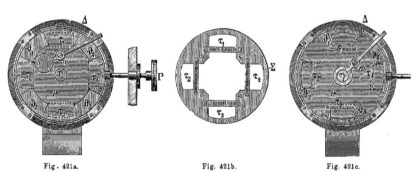

Fig. 421a.   Fig. 421b.   Fig. 421c.

metrisch vier Ausschnitte ϑ_1, ϑ_2, ϑ_3, ϑ_4 hat. Diese Scheibe ist durch das aus
der Wand des Würfels hervorragende Trieb P (Fig. 419) drehbar, und trägt einen
Schieber ν, der sich um einen eingeschraubten Stift w drehen kann. Die
Drehung wird gleichzeitig mit derjenigen der Scheibe μ dadurch bewirkt,
dass der Schieber durch zwei an dem Rahmen fest angebrachte Anschläge
festgehalten wird.

Bei der in Fig. 421 a gezeichneten Stellung der Scheibe. fällt das durch die Öffnung η und die Linse σ kommende Licht auf ein kleines auf die Hypotenusenfläche des Reflexionsprismas π aufgekittetes Beleuchtungsprisma, [1]) passirt die beiden Prismen ohne Ablenkung und erhellt das Gesichtsfeld. Das durch die Ausschnitte ϑ fallende Licht trifft dagegen auf die der hinteren Kathetenfläche des Prismas π zur Stütze dienende Wand Σ, welche in Fig. 421 b besonders dargestellt ist, und wird hier zurückgehalten. Wird nun durch Drehung des Triebes P die in Fig. 421 c gezeichnete Stellung der Scheibe μ herbeigeführt,. so tritt der Schieber ν vor die Öffnung η; das durch die Ausschnitte ϑ fallende Licht trifft jetzt aber auf entsprechende Öffnungen τ_1, τ_2, τ_3, τ_4 in der Wand Σ und erhält durch den prismatisch wirkenden Rand der Linse σ eine so starke Neigung gegen die optische Axe des Fernrohrs, dass es nicht in das Okular gelangen kann, sondern an den Fäden des Mikrometers gebeugt, diese hell auf dunklem Grunde erscheinen lässt.

Um die Feldbeleuchtung abschwächen zu können, ist zwischen die Sammellinse σ und das Prisma ein in der Figur nicht gezeichnetes Drahtnetz eingeschaltet, dessen Neigung gegen das auffallende Licht durch Drehen eines Knopfes von aussen her geändert werden kann.

In neuerer Zeit lässt man das Licht in den Kubus der geraden Durchgangsinstrumente meist nicht mehr von dem unbehülflichen ovalen Spiegelring in das Okular gelangen, sondern verwendet dazu ein kleines seitliches, ausserhalb des Strahlenkegels angebrachtes Prisma oder Spiegelchen; da aber dadurch eine seitliche Beleuchtung erzielt würde, lässt man das Licht nicht direkt nach dem Okular, sondern erst nach dem Objektiv hingehen. Auf der Rückseite desselben ist in der Mitte ein ganz kleines planes oder leicht konvexes Spiegelchen von etwa 3—5 mm Durchmesser aufgekittet, und dieses reflektirt dann das Licht genau centrisch in das Okular. Dadurch ist eine sichere und ganz gleichmässige Beleuchtung erzielt. Die äusseren Strahlen dieses Lichtkegels können dann ebenfalls zur Beleuchtung der Fäden benutzt werden. [2]) In kleinen Instrumenten hat das Anbringen der Prismen oder Spiegel hinter dem Okular aber Schwierigkeiten, und doch ist es häufig sehr wünschenswerth, auch da helle Fäden im dunklen Gesichtsfelde zu haben. Um das zu erreichen, hat Professor ABBE eine äusserst einfache Einrichtung

---

[1]) Durch das Aufkitten dieses Prismas wird eine kleine zur vorderen Kathetenfläche parallele Fläche geschaffen, durch die das Licht ungebrochen und nahezu ohne Reflexion hindurchgehen kann, während es an der Hypotenusenfläche sonst starke Brechung und Reflexion erleiden würde. Anstatt ein Prisma aufzukitten, hat man (z. B. Repsold) auch mehrfach eine kleine cylindrische Bohrung in das Prisma gemacht, durch deren Grundfläche dann dasselbe Resultat erzielt werden kann (vergl. Fig. 422).

Fig. 422.

[2]) Das Aufkitten des erwähnten Spiegelchens ist eine recht mühsame Arbeit, da natürlich die richtige Neigung desselben auf der hinteren Objektivfläche schwer zu treffen ist, denn auch nach dem Einschrauben des Objektivs muss die Normale auf dem Spiegelchen den Winkel: Opt. Axe, Objektivmitte, Reflexionsprisma halbiren. Diese sehr geringe Neigung des Spiegelchens wird am besten durch unterlegen kleiner Stanniolblättchen erlangt, die mit dem Letzteren zugleich mittelst Kanadabalsams aufgekittet werden.

angegeben, welche sich bei fast allen Instrumenten leicht anbringen lässt.
Bringt man vor dem Okular, da wo das kleine Bildchen der Objektivöffnung
zu Stande kommt, ein Diaphragma mit einer Öffnung an, welche genau
diesem Augenkreis (der Austrittspupille) gleich ist, wie die Fig. 423 in der
Durchbohrung der Platte d d erkennen lässt, so werden aus dieser alle Strahlen
austreten, welche ihren Weg innerhalb des Lichtkegels haben, der das Objektiv
zur Basis und die Blende f' f'' zur oberen Fläche hat, und welche durch Objektiv
und Okular regelmässig gebrochen werden, wie es der schematische Strahlen
gang in Fig. 423 ebenfalls andeutet. Kommen nun aber z. B. Strahlen von

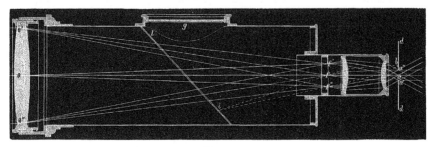

Fig. 423.
(Aus Zschr. f. Instrkde. 1885.)

einem Punkt des Beleuchtungsspiegels 1 1 etwa von 1, so wird von diesem
Punkt z. B. auch Licht nach b gelangen und dort von dem Diaphragma
aufgefangen werden.

Dagegen ist sehr gut möglich, dass dergleichen Strahlen irgendwo weitere Ablenkungen erfahren und sodann doch mit dem Objektivlichtbündel aus
dem Diaphragma austreten können. Solche Strahlen sind es, welche bei der
beschriebenen und ähnlichen Beleuchtungseinrichtungen die Erhellung des Gesichtsfeldes verursachen. Findet aber eine solche Ab-
lenkung innerhalb des Objektivlichtkegels statt, z. B.
in der Fokalebene des Objektivs f' f'', so wird, da für
Objekte in dieser Ebene das Okular eingestellt ist,
der Fall eintreten, dass die ablenkenden Objekte
selbst als Konvergenzpunkte einer Lichtausbreitung hell
auf dunklem Grunde erscheinen. Daraus geht hervor,

Fig. 424.

dass durch einfaches Vorsetzen eines kleinen Diaphragmas, wie es die Fig. 424
u. 425 andeuten, welches den angegebenen Bedingungen entspricht, bei Instrumenten mit seitlicher Feldbeleuchtung diese sofort in eine Fadenbeleuchtung umgewandelt werden kann. Dass bei dieser Lichtablenkung die optischen
Vorgänge nicht so ganz einfach sind und sodann auch noch Beugungserscheinungen u. s. w. auftreten, ist klar und auch mit Hülfe der Theorie leicht deren Verlauf zu zeigen, doch für die Wirkung ist das ohne Bedeutung. Diese Art
der Beleuchtung der Fäden hat sogar noch den Vortheil, dass sie nicht nur
bei Fäden selbst möglich ist, sondern was namentlich für kleine Instrumente
wichtig, auch bei in Glas eingeschnittenen Gittern. Die mit Graphit ein-

geschwärzten Linien eines solchen Gitters wirken dann durch die an ihnen stattfindende Beugung des Lichtes ebenfalls wie selbst leuchtende Objekte und erscheinen hell auf dunklem Grunde. Die Fig. 425 [1]) zeigt auch, wie

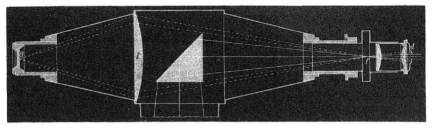

Fig. 425.
(Aus Zschr. f. Instrkde. 1885.)

bei einem gebrochenen Passageninstrument, bei dem das kleine Prisma (für centrale Beleuchtung) entfernt ist, die Fadenbeleuchtung zu Stande kommt. Dass diese enge Begrenzung des Spielraums für das beobachtende Auge keinerlei Nachtheile hat, hat die Erfahrung genugsam gelehrt, im Gegentheil ist die fixirte Lage des Auges für mikrometrische Messungen von Vortheil, weil dadurch die bei ungenauer Fokusirung und ähnlichen Fehlern bemerkbaren Bildverschiebungen zwischen Bild des Objektes und Bild der mikrometrischen Einrichtung auf ein Minimum beschränkt werden. [2])

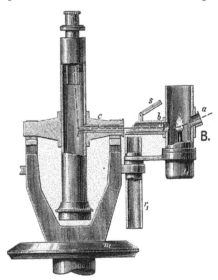

Fig. 426.

OTTO FENNEL in Cassel [3]) hat bei seinen Universalinstrumenten eine recht hübsche (wenn auch einseitige) Beleuchtung des Gesichtsfeldes dadurch erzielt, dass er in das Fernrohr entweder in die Axe selbst oder bei excentrischem Fernrohr durch die dem Axenende gegenüber gelegene Stelle desselben ein kleines Prisma von der Form, wie es Fig. 426 zeigt, einschiebt. Wird Licht parallel der Hauptausdehnung dieses Prismas in das Fernrohr

---

[1]) Die Figur wird mit Rücksicht auf das über die Beleuchtung solcher Instrumente Gesagte ohne Weiteres verständlich sein; bezüglich der genaueren theoretischen Angaben und anderer Einzelheiten muss hier auf den Originalaufsatz von Czapski in der Zschr. f. Instrkde. 1885, S. 347 ff. verwiesen werden.

[2]) Vergl. darüber die beiden interessanten, derartige Fragen behandelnden Aufsätze von W. Förster in. Zschr. f. Instrkde. 1881, S. 13 ff. und 119 ff.

[3]) Vergl. Zschr. f. Instrkde. 1888, S. 236.

geleitet, so wird dasselbe bei p total reflektirt und dadurch das Gesichtsfeld
erhellt.

Bei grossen Instrumenten, namentlich Äquatorealen, wo aus konstruktiven Gründen eine der obigen Methoden der Beleuchtung nicht wohl anwendbar ist, bringt man dann meist in der Nähe des Okulars eigene Lampen
so an, dass sie in allen Lagen des Fernrohrs dieselbe Stellung behalten und
das Licht durch eine besondere Röhre erst mit Zuhülfenahme von Spiegeln
und Prismen in das Innere des ersteren senden können. Solcher Anordnungen giebt es eine grosse Zahl; sie können hier nicht im Einzelnen alle
beschrieben werden, sondern ihre Einrichtung wird bei den speciellen Instrumenten mit erläutert werden, doch mag das allgemeine Princip derselben
hier noch erklärt werden.

Ein cylinder- oder kegelähnliches Rohr, welches in der Nähe des Okulars senkrecht zum Hauptrohr des Fernrohrs an diesem angebracht ist, trägt
an seinem anderen Ende eine durch Gegengewichte
und Rollen oder durch Cardan'sche Aufhängung in
vertikaler Lage erhaltene Lampe.

Die Fig. 427 zeigt z. B. die von Repsold an dem
Strassburger Refraktor angebrachte Beleuchtungslampe.
Auf einem besonderen Rohransatze läuft auf 6 Rollen
d, d ein Gestell bestehend aus zwei Ringen und den
nöthigen Verbindungsstücken, welches wiederum durch
Rollen verhindert ist von dem Rohre abzugleiten. Die
beiden Ringe tragen zwei Schienen g, welche das
Gehäuse einer Argand'schen Petroleumlampe L mit-

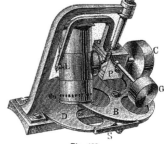

Fig. 427.   Fig. 428.
(Aus Konkoly, Anleitung.)

telst der Axen f drehbar tragen. An der Lampe sind zwei kreisförmige Blech-
stücke B so befestigt, dass ihre Mittelpunkte mit der Axe f zusammenfallen.
In dem Kreuzungspunkt der Axe des Ansatzrohres R und der Axe f muss
auch die Flamme der Lampe sich befinden, wenn sie für jede Stellung derselben die gleiche Lage beibehalten soll. Die beiden halbkreisförmigen
Scheiben B werden verschlossen durch kleine Jalousien c c', welche einmal
an dem Gestelle R bei a und b befestigt sind, andererseits sich aber bei Bewegung der Lampe auf die Rollen r r' abwickeln. Diese kleinen Rollen sind

mittelst einer Schnur s in gegenseitige Beziehung zu einander gesetzt, so dass sie entsprechende Bewegungen ausführen müssen, wodurch die Jalousien immer straff erhalten werden. Nahe dem Rohre R ist das Gehäuse der Lampe bei e durchbrochen, und es kann durch diese Öffnung das Licht der Flamme in jeder Lage der Lampe oder des Fernrohres, ohne den Beobachtungsraum zu erleuchten, in das Gesichtsfeld durch entsprechende Reflexion gelangen.

Die andere Einrichtung, welche ebenfalls mehrfach angewendet wird, beruht auf einer doppelten Cardan'schen Bewegung. Auf einer Platte, welche auf dem Fernrohre aufgeschraubt ist, Fig. 428, ist ein starker rechtwinklig gebogener Arm befestigt, welcher an seinem Ende in einer langen Führungshülse eine auf der optischen Axe des Fernrohres senkrecht stehende Axe trägt. Diese dient an ihrem unteren Ende zur Aufnahme eines rechtwinkligen Prismas P, dessen eine Kathetenfläche senkrecht, die andere parallel zur optischen Axe des Fernrohres steht. Der das Prisma haltende Theil trägt gleichzeitig einen zweimal rechtwinklig gebogenen Arm, an welchem auf einer Axe L die Beleuchtungslampe hängt. Die Axe L ist senkrecht zur ersteren Axe, ihr gegenüber befindet sich in der Lampe eine Öffnung, welche durch eine Plankonvexlinse geschlossen ist. Das aus der Lampe kommende Licht wird an der Hypotenusenfläche des rechtwinkligen Prismas total reflektirt und gelangt so durch eine der Öffnungen der Scheiben B und D in in zur Axe des Fernrohres senkrechter Richtung in dieses, wo es nach weiteren Reflexionen an entsprechend gestellten Spiegeln das Gesichtsfeld erleuchtet. Das eine Gewicht C dient zur Balancirung der Lampe selbst, während das andere G die Verbindungslinie LC immer horizontal zu erhalten strebt.

In die Öffnungen des Diaphragmas B ist je ein rothes, blaues und grünes Glas gefasst, während in D nur drei verschieden grosse Öffnungen vorhanden sind, mittelst deren man die Helligkeit reguliren kann. Die Feder S hält die Diaphragmen durch Eingreifen in einen Schlitz in ihren Stellungen fest.[1])

Mehrfach hat man auch versucht, an Stelle gewöhnlicher Fäden oder Gitter, welche nur mit den eben besprochenen Mitteln bei Nacht sichtbar gemacht werden können, solche Objekte zu setzen, welche entweder selbstleuchtend sind oder doch z. B. mit Hülfe des elektrischen Stromes leuchtend (glühend) gemacht werden können.

Hierher gehören auch die Netze, deren Fäden oder Marken aus phosphorescirenden Substanzen hergestellt oder mit solchen bestrichen sind. Dieselben haben sich nur in seltenen Fällen bewährt, da immer eine vorhergehende Beleuchtung nöthig ist, um die Fluorescenz oder Phosphorescenz zu erzeugen (in Spektralapparaten z. B., wo es auf ein mattes Licht ankommt, hat man kleine Spitzen mit solcher Farbe bestrichen und dadurch brauchbare Vergleichsmarken erhalten).[2]) Die kurze Haltbarkeit glühender Drähte und die um-

---

[1]) Weitere Beleuchtungseinrichtungen werden bei Beschreibung der grossen Refraktoren erläutert werden.

[2]) Vergl. hierzu noch die Einrichtungen, wie sie von Bohn: Zschr. f. Instrkde. 1882, S. 12 und von L. C. Wolf: Zschr. f. Instrkde. 1882, S. 90 beschrieben worden sind. Die letztere mag wohl gute Linien geben, erscheint aber äusserst umständlich.

ständliche Nebeneinrichtung haben bewirkt, dass diese Versuche bald wieder aufgegeben wurden. Auch das Überspringen des Induktionsfunkens an Stelle der Fäden hat diese als mikrometrische Marken nicht zu ersetzen vermocht.

Einen wesentlich anderen Weg hat man aber betreten mit dem Versuche, statt der Fäden nur deren Bilder als Marken im Gesichtsfelde zu benutzen. Solche Einrichtungen sind früher von LAMONT, LITTROW und in neuerer Zeit von GRUBB in Dublin angegeben worden. Diese Astronomen und Mechaniker haben die Fäden oder Gitter aus der Bildebene ganz entfernt, und dieselben durch die Bilder heller Linien oder Punkte ersetzt, die durch ein Linsensystem und geeignete Reflexion von einer ausserhalb des Fernrohres, aber fest mit diesem verbundenen Skala in der Bildebene entworfen werden. Man hat auf diese Weise den störenden Einfluss der körperlichen Beschaffenheit der Fäden, welcher sich unter Umständen in Diffraktions- und Beugungserscheinungen, sowie durch das Verdecken einzelner Stellen des Gesichtsfeldes kundgiebt, zu vermeiden gesucht. Dergleichen Einrichtungen

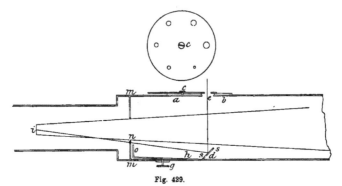

Fig. 429.
(Nach Carl, Principien d. astron. Instrkde.)

erfordern aber eine sehr exakte Konstruktion und gute gleichmässige Beleuchtung. Ihre verhältnissmässig starke Komplikation des Apparates und schwierigere Kontrole bezüglich der Stabilität stehen der allgemeinen Einführung im Wege. Namentlich bei Durchgangsinstrumenten, bei denen die absolute Lage der Linien gegen die geometrischen Axen des Instruments sicher gewahrt bleiben muss, haben sie sich nicht bewährt oder höchstens in Verbindung mit einem wirklichen Fadennetz. Dagegen gelangen die Grubb'schen Konstruktionen jetzt besonders in England als Mikrometer (sogenannte Ghost-Mikrometer) bei Refraktoren mehrfach zur Anwendung, da es dort meist nur auf die relative Lage der Mikrometermarken gegen einander ankommt.

Das Princip mag hier an dem Stampfer'schen Mikrometer und an der Einrichtung, wie sie LITTROW am Wiener Meridiankreise vor Jahren angebracht hat, als Beispiele dargelegt werden, während die neueren Grubb'schen Ghost-Mikrometer im Kapitel Mikrometer erläutert werden sollen. Stampfer[1])

---

[1]) Stampfer, Vorschlag eines neuen Fernrohrmikrometers mit hellen Linien u. s. w., Ann. d. k. k. Sternw. in Wien, Theil XXI, Neue Folge Bd. I, S. XLIV.

brachte nämlich an dem Fernrohre seitwärts eine ebene Platte a b, Fig. 429, mit einer Öffnung e an, welche durch eine mit einer undurchsichtigen Decke überzogene Glasplatte geschlossen ist, auf der das Liniennetz eingerissen wird. Diametral gegenüber steht ein geneigter Planspiegel ss; bei mm befindet sich ein ringförmiges Diaphragma, durch welches der vom Objektive des Fernrohrs herkommende Lichtkegel gerade abgegrenzt wird. Dieses Diaphragma trägt bei n eine kleine Linse, welche jedoch nicht in den Lichtkegel hineinragt. Werden nun die Linien bei e durch eine Lampe erleuchtet, so fällt das Licht auf den Spiegel ss und wird von da zur Linse n reflektirt, welche die Strahlen zu einem Bilde des Netzes im Fokus bei i vereinigt.

Durch eine eigene Einrichtung kann man das Netz beliebig entstehen und wieder verschwinden lassen. Es ist nämlich ein rechtwinklig umgebogener Blechstreifen ho bei h an der Wand des Fernrohrs festgemacht, der mittelst einer Schraube g so weit gehoben werden kann, dass kein Licht mehr vom Spiegel ss zur Linse n gelangen kann. Durch theilweise Deckung dieser Linse kann auch die Helligkeit des Bildes der Linien regulirt werden. Um die Beleuchtung des Liniennetzes selbst modificiren zu können, ist zwischen der Platte bei e und der Beleuchtungslampe ein keilförmiges, gefärbtes Glas verschiebbar angebracht.

Will man anstatt des Liniennetzes einen einfachen Lichtpunkt im Gesichtsfelde des Fernrohrs erhalten, so hat man nur nöthig, bei e anstatt der Glasplatte eine Stahl- oder Messingplatte einzusetzen, welche ein kleines, kreisrundes Loch besitzt. STAMPFER brachte dabei auch anstatt des ebenen Spiegels ss ein kleines gut polirtes Kügelchen bei d an. Um die Grösse und Helligkeit dieses Lichtpunktes reguliren zu können, wurde bei c eine andere kreisförmige Scheibe eingesetzt, welche eine Reihe von runden Löchern verschiedener Grösse hatte, die so angebracht waren, dass sie durch Drehen der Scheibe der Reihe nach über die Öffnung e gestellt werden konnten.

Ist bei diesem und dem vorhergehenden Mikrometer die Anordnung im Ganzen so weit berichtigt, dass das Bild des Punktes oder der Linien genau in der Mitte des Gesichtsfeldes liegt, so ist eine Verschiebung des Okulars sorgfältig zu vermeiden, weil dadurch eine Veränderung der Lage des Bildes des Mikrometers gegen die Axe des Fernrohrs hervorgebracht würde. Es ist deshalb zweckmässig, eine Marke oder ein Schräubchen anzubringen, wodurch man sich jederzeit der konstanten Stellung des Okulars versichern kann.

Bei Meridianinstrumenten können auf diese Weise lichte Linien und Punkte hergestellt werden, wenn man die Mikrometerplatte an das Ende des Zapfens der hohlen horizontalen Axe bringt und im Kubus derselben den geneigten Planspiegel oder dort das spiegelnde Kügelchen befestigt.

Littrow's Einrichtung ist fast genau dieselbe, nur hat er die Ansammlung von Licht in den Schnittpunkten der Linien, welche wohl störend wirken kann, dadurch vermieden, dass er die Linien an den Stellen ihrer Kreuzung unterbrach, wodurch das Netz in der Form der Fig. 430 erscheint.

Wie schon bemerkt, begegnen dergleichen Einrichtungen an Durchgangsinstrumenten grossen Bedenken. Man hat in neuer Zeit eine wesentliche Besserung der Beleuchtung des Gesichtsfeldes der Instrumente durch die Anwendung des elektrischen Glühlichtes erzielt, da dieses ohne jede Mühe fast überall in der gewünschten Stärke anzubringen ist, keiner Luftzufuhr, keiner Ableitung von Verbrennungsgasen bedarf und auch erheblich weniger Wärme entwickelt, als jede andere Lichtquelle von gleicher Intensität. Die Zuleitung des elektrischen Stromes kann aus beliebiger Entfernung und auf die verschiedenste Weise selbst für bewegte Instrumente durch sogenannte Schleifkontakte, oder Eintauchen der Leitungen in Quecksilber u. s. w. erfolgen, so dass dadurch keine wesentliche Unbequemlichkeit entsteht, wie wir z. B. später bei den Äquatorealen sehen werden. Für Sternwarten, an welchen eine geeignete Garantie für sichere Herstellung der benöthigten Elektricitätsmenge gegeben ist, welche also selbst eine kleine Dynamomaschine besitzen, oder welche Anschluss an grössere Anlagen dieser Art haben, ist die Einrichtung ihrer Instrumente zur elektrischen Beleuchtung auch durchaus angebracht. In beiden Fällen wird, wie das ja jetzt durchgängig üblich, die Zwischenschaltung einer Akkumulatorbatterie von grossem Werthe sein, da diese eine gleichmässigere und jederzeit mögliche Stromentnahme und unter Umständen einen billigeren Betrieb ermöglicht. An Sternwarten, wo diese Garantie aber nicht in ausreichendem Maasse gegeben ist, hat die elektrische Beleuchtung immer ihre Bedenken, da man durch ein Versagen derselben leicht um manchen Beobachtungsabend kommen kann.

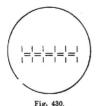

Fig. 430.

Verfasser möchte für solche Fälle dringend rathen, dass die Mechaniker Mittel und Wege fänden, die Beleuchtungsanlagen an den Instrumenten so zu gestalten, dass sowohl elektrische Lampen als auch Öl- oder Petroleumlicht nebeneinander benutzt werden kann.

4. Bestimmung der optischen Konstanten eines Fernrohrs.

Die Bestimmung der optischen Konstanten eines Fernrohrs ist für den Astronomen nach mancher Richtung hin von grosser Wichtigkeit, da er sich auf diese Weise von der richtigen Stellung der einzelnen Theile, von den Variationen dieser Konstanten mit der Temperatur oder der Zeit überzeugen kann. Die Angaben der Mechaniker können in dieser Beziehung immerhin als Anhalt dienen, nie aber wird sich ein praktischer Astronom ohne Weiteres auf diese Angaben verlassen, und wenn sie auch aus den sorgfältigsten und zuverlässigsten Händen stammen. Schon der Umstand, dass diese Werthe häufig unter anderen Verhältnissen bestimmt worden sind, als sie der wirkliche Gebrauch des Instrumentes später herbeiführt, macht eine Untersuchung seitens des Beobachters durchaus nöthig.

A. Bestimmung der Brennweiten der Linsensysteme, namentlich des Objektivs.

Es giebt eine grosse Anzahl von Methoden, welche man zu diesem Zwecke anzuwenden pflegt, und welche sich zum Theil nach der Grösse der Brennweiten selbst richten, zum Theil aber auch von der zu erlangenden

Genauigkeit und von der Verwendung des Fernrohres abhängen. Eine ganz ausführliche Behandlung dieser Methoden findet sich in Czapski, Geometrische Optik. Hier sollen nur einige der gebräuchlichsten erläutert werden.

Für ein kleines Objektiv genügt es häufig schon, durch dasselbe auf einem weissen Blatte, an eine Wand oder dergleichen ein Bild der Sonne scharf entwerfen zu lassen und sodann den Abstand Linse — Bild mit einem Maassstabe zu messen. Das ist natürlich ein sehr primitives Verfahren. Ein zuverlässiger Apparat, der namentlich für kleine Objektive sehr gute Resultate ergiebt, ist vor einigen Jahren von der Firma Buff & Berger in Boston in der Zschr. f. Instrkde. 1886, S. 273 beschrieben und abgebildet worden. Die Einrichtung beruht ebenfalls auf der direkten Definition der Brennweite. Auf die Schiene a, Fig. 431, sind 3 Schieber b, b' und c aufgesetzt, von denen b und b'

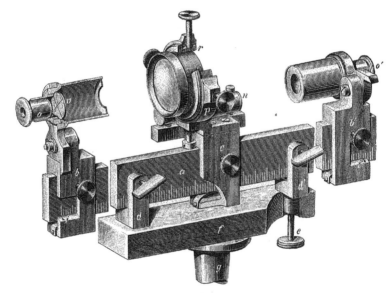

Fig. 431.

bei i und i' einen Index tragen, welcher gestattet, ihre Stellung an der auf a aufgetragenen Theilung abzulesen. An dem oberen Ende tragen diese Schieber je ein umlegbares Okular o und o' mit Fadenkreuz v. Diese Fadenkreuze liegen mit den Indices i und i' in je einer vertikalen Ebene. Der Schieber c ist bestimmt zur Aufnahme des zu prüfenden Linsensystems, welches mittelst der Ringe p und r daran befestigt und dessen optische Axe durch das Niveau n horizontirt werden kann. Die Axen der Okulare und des Objektivs befinden sich dann in einer geraden Linie. Der ganze Apparat ist mittelst des Untergestells fg und der Klemmen dd' drehbar und justirbar so aufgestellt, dass die Verlängerung der Axe seiner optischen Theile nach beiden Seiten hin mit den Axen je eines Kollimator-Fernrohrs zusammenfällt. In den Brennebenen dieser beiden Fernrohre befindet sich je ein Fadennetz oder

dergleichen, von welchem dann die durch die Objektive parallel austretenden Strahlen durch das zu prüfende Objektiv aufgefangen und in
dessen Brennpunkte zu je einem Bilde vereinigt werden. Werden jetzt die
Okularrohre o und o′ abwechselnd (in der Fig. 431 befindet sich o in der
Beobachtungsstellung, während o′ umgeklappt ist, um den Weg für die vom
rechtsseitigen Kollimator kommenden Strahlen freizugeben) so eingestellt,
dass die Bilder der Kollimatorfäden mit o resp. o′ gleichzeitig scharf erscheinen, dann wird die zwischen i und i′ abgelesene Strecke unabhängig von
der Kenntniss der Lage des Linsensystems gleich der doppelten Brennweite
des letzteren sein.

An die Stelle der Kollimatoren kann auch ein Okular mit davor befind-
lichem Fadenkreuz treten, welches man dann sowohl als Objekt, als auch
zur Fixirung der Bildebene benützt. Beleuchtet man nämlich das Fadennetz
und bringt es in den Brennpunkt des Linsensystems, so werden Strahlen, die
von ihm ausgehen, parallel aus dem zu untersuchenden Linsensystem aus-

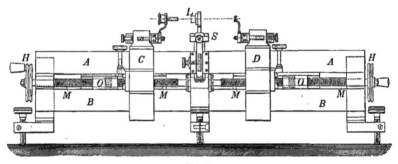

Fig. 432.
(Aus Zschr. f. Instrkde. 1892.)

treten. Treffen diese nun auf eine genau plane spiegelnde Fläche, so werden
sie von dieser auch wieder parallel reflektirt und im Brennpunkte des Linsensystems wieder zu einem Bilde des Fadenkreuzes vereinigt. Verschiebt man
also das Letztere so lange, bis das Fadenkreuz und dessen Bild gleich
scharf erscheinen, so wird die Entfernung der Fadenebene vom Mittelpunkt
des Linsensystems dessen Brennweite sein.[1] Eine Methode, welche der von
Buff & Berger sehr nahe kommt, ist neuerdings von S. Thompson[2]) angegeben
worden; der von diesem angewendete Apparat ist in Fig. 432 abgebildet.
Zwischen den beiden Backen A und B ist die Schraube M mit den Rad-
kurbeln H so gebettet, dass sie sich in ihrer Längsrichtung nicht verschieben kann. Je ein rechtes und linkes Gewinde bewegt die Schieber C

---

[1]) Diese Bestimmungsmethode fällt zusammen mit der Bohnenberger'schen Methode der
Kollimationsfehler- und Neigungsbestimmung, wie sie mittelst Gauss'schen Okulars ausgeführt
wird, sie beruht auf dem Vorgang, den man mit dem Namen der Autokollimation bezeichnet, und welcher insofern besondere Beachtung verdient, als er wegen des zweifachen
Durchgangs der Strahlen durch das zu untersuchende Linsensystem besonders empfindlich ist.
[2]) Zschr. f. Instrkde. 1892, S. 208.

und D symmetrisch hin und her. In der Mitte des Apparates befindet sich der Support für die Aufnahme des Linsensystems L. Die Schieber C und D tragen die Lupen und Scheiben zur Beobachtung der ganz wie bei Buff & Berger vermittelst Kollimatoren entworfenen Bilder.

Ein sehr häufig ángewandtes und eine grosse Genauigkeit gewährendes Verfahren zur Bestimmung der Brennweite einfacher oder achromatischer Linsen grösserer Dimensionen ist das von Bessel bei der Untersuchung des Königsberger Heliometerobjektives benutzte.[1]) Es beruht darauf, dass von einem Objekte durch eine Sammellinse ein Bild in derselben Entfernung entworfen wird, wenn man der Linse zwischen Objekt und Bild zwei bestimmte Stellungen giebt, und dass die Entfernung dieser beiden Linsenorte nur mit geringer Genauigkeit bekannt zu sein braucht, wenn die Distanz Objekt — Bild wenig mehr als die vierfache Brennweite des untersuchten Linsensystems ausmacht. Bessel verfuhr dabei in der Weise, dass er, ohne das Objektiv aus dem Rohre zu nehmen, dieses auf einer Art Wagen sicher lagerte, welcher sich auf einem niedrigen, festen Tische in der Richtung der optischen Axe verschieben liess. Genau über der optischen Axe des Objektivs und parallel zu ihr brachte er einen langen starken Balken an, der etwa viermal länger war als die Brennweite der Linse. An den beiden Enden dieses Balkens liess er von der senkrecht über der Objektivaxe liegenden Kante Lothe, die an feinen Haaren befestigt waren, herabhängen, so dass sie die optische Axe an zwei Punkten durchschnitten, die um etwas mehr als die vierfache Brennweite von einander abstanden. Der eine Lothfaden wurde mittelst eines scharfen Okulars deutlich eingestellt und sodann der Wagen mit dem Fernrohr so lange verschoben, bis man dicht neben diesem Lothfaden auch das Bild des anderen ganz scharf wahrnahm. Die Stellung des Fernrohrs wurde mittelst einer am Wagen angebrachten Marke an einer Skala genau abgelesen. Verschob man nun das

Fig. 433.

Fernrohr nach dem weiter entfernten Lothe hin, so fand man, wie es die Theorie verlangt, eine zweite Stelle für dasselbe, in der gleichfalls beide Lothfäden scharf im Okular erschienen. Ist jetzt c die Entfernung der beiden Lothfäden L und L, Fig. 433, und d die Verschiebung des Fernrohrs in der optischen Axe von O bis O', so ist sehr genähert

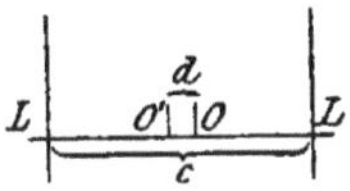

$$f = \frac{1}{4}\,c - \frac{d^2}{4\,c}.\,{}^2)$$

---

[1]) Bessel, Astron. Untersuchungen, Bd. I, S. 136 ff. Nach ihm sind viele dergleichen Bestimmungen ausgeführt worden, z. B. auch diejenige für das grosse Strassburger Objektiv von 18″ Öffnung.

[2]) Nach der bekannten dioptrischen Formel $\frac{1}{f} = \frac{1}{a} + \frac{1}{b}$, wo a und b die Abstände des Objektes und des Bildes von der „Mitte" der Linse sind, ist:

$$f = \frac{a\,b}{a + b} = \frac{(a+b)^2 - (a-b)^2}{4\,(a+b)} = \frac{a+b}{4} - \frac{(a-b)^2}{4\,(a+b)}$$

a + b ist aber nach der obigen Annahme gleich c und a — b = d.

Man braucht also nur die Entfernung beider Lothe und die Strecke d zu messen, wobei zu bemerken ist, dass d wegen des grossen Nenners 4c nur sehr genähert bekannt zu sein braucht, um doch sehr scharfe Resultate zu erhalten. Die Resultate von Bessels Messungen werden damit kurz folgende:

c	d	f	C.°	Red. auf 13° R.	Brennweite für 13° R.
4541,73'''	131,60'''	1134,48'''	+ 11°,6	— 0,06'''	1134''',42
44,54	169,75	55	12 ,5	— 5	50
46,12	195,60	43	12 ,6	— 5	38
47,60	208,93	50	12 ,1	— 5	45
48,77	223,85	44	13 ,8	— 3	41
50,14	234,60	51	12 ,9	— 4	47
53,53	267,30	46	14 ,0	— 0,03	43
			12°,8		Mittel 1134''',44 $\pm$ 0''',015 $\left(\pm \dfrac{1}{50\,000}\right)$

Daraus geht die Genauigkeit der Methode trotz offenbar ihr anhaftender Mängel zur Genüge hervor. Nun ist allerdings einer dieser Mängel der, dass die oben gegebene Formel nicht genau richtig ist; denn es ist in ihr wie Gauss[1]) später gezeigt hat, der Abstand der beiden Hauptebenen gleich Null angenommen, was natürlich streng nicht richtig ist, es stellt sich heraus, dass bei der Bessel'schen Methode die Vernachlässigung der Linsendicke, resp. des Abstands λ der beiden Hauptpunkte die Korrektion

$$\tfrac{1}{4}\lambda + \frac{\lambda\,d^2}{4\,c\,(c-\lambda)}$$

bedingt, und dass man daher die Brennweite um diesen Betrag zu gross findet. Als λ kann man in erster Näherung die Dicke der Linse (des Objektivs) nehmen, genau aber ist

$$\lambda = \frac{n-1}{n}\,D,$$

wo n der mittlere Brechungsexponent und D die Linsendicke ist.[2])

Ein zweiter Mangel ist bei den bisher beschriebenen Bestimmungsweisen der, dass immer eine in der Richtung der optischen Axe auszuführende scharfe Pointirung der Bilder die Forderung ist, und diese ist namentlich bei geringer Konvergenz der Strahlen sehr schwer zu erzielen, einmal wegen der Unsicherheit des schärfsten Bildortes überhaupt und sodann auch wegen der Akkommodation des Auges.

---

[1]) Gauss, Dioptrische Untersuchungen, Göttingen 1840 (Gauss, Gesammelte Werke, Bd. V, S. 270).

[2]) Über den ganz scharfen Werth vergl. Gauss l. c. S. 263. Er giebt dort dafür
$\lambda = E' - E = (n-1)\,e - \dfrac{e\,e}{f+f'-e}$ wo $\begin{cases}(n-1)\,f = R\\ (n-1)\,f' = R'\end{cases}$ der Krümmungsradius der 1. Fläche
der Linse und $D_0 = n\,e$ ist. Gauss zeigt dort, dass für ein Objektiv, dessen Crownglaslinse die Dicke $D = 7'''$, dessen Flintglaslinse $D_1 = 3'''$ hat und für welches $n = 1{,}528$, $n_1 = 1{,}618$ ist, $\lambda = 3{,}57$ und die Korrektion gleich 0,89 Linien wird, was für ein Objektiv von 8' Brennweite etwa $\dfrac{1}{1300}$ ausmacht.

Professor ABBE in Jena hat vor einiger Zeit eine auf ganz anderer Grundlage beruhende Methode zur Bestimmung der Brennweiten von Linsen und Linsensystemen angegeben, welche Dr. CZAPSKI in einem sehr interessanten Aufsatze der Zschr. f. Instrkde. ausführlich bespricht. [1]) Es werden dort drei Forderungen aufgestellt, denen eine die höchste Genauigkeit gewährende Bestimmung der Brennweite zu genügen haben würde, nämlich:

1. Die Messung darf nicht abhängig gemacht werden von der Auffassung des Ortes eines optischen Bildes, da die Auffassung von dessen Ort sehr unsicher ist, namentlich bei der geringen Konvergenz der Strahlen;

2. die Messung darf auch indirekt nicht durch den Mangel der Einstellungsgenauigkeit beeinflusst werden, und da

3. die anzugebende Methode von der Bestimmung der Vergrösserung abhängt, ist diese für verschieden grosse Objekte resp. für verschiedene Öffnungswinkel mit gemeinsamer Spitze zu bestimmen und daraus die den centralen Strahlen entsprechende Vergrösserung rechnerisch abzuleiten.

Auf diesem Grunde baut ABBE seine Methode auf, welche an der angegebenen Stelle etwa wie folgt beschrieben wird: „Ist in Fig. 434 f die Brennweite des Systems, N_1 seine Vergrösserung an einem Paar konjugirter Axen-

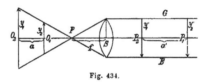

Fig. 434.

punkte, N_2 dieselbe an einem anderen Paar und a die Entfernung der Objektebenen, so ist

$$f = \frac{a}{\dfrac{1}{N_1} - \dfrac{1}{N_2}}.$$

Es wird also nur die Messung des Objektabstandes $O_2 O_1 = a$ und nicht die des Bildabstandes a' verlangt (vergl. Bedingung 1). Als Objekte in O_1 und O_2 werden am besten genau getheilte Skalen verwandt.

Um der zweiten von ABBE gestellten Forderung zu entsprechen, wäre dann im vorderen Brennpunkte F des Systems S eine enge Blende anzubringen, und die Messvorrichtung für die Bildgrösse würde in den Ebenen P_1 und P_2 anzuordnen sein. Für Mikroskop-Objektive ist in der Zeiss'schen Werkstatt ein Apparat angefertigt worden; [2]) für grössere Objektive hat

[1]) Zschr. f. Instrkde. 1892, S. 185 ff. In der dort beigebrachten Litteraturnachricht sind des Weiteren als Quelle genannt: Zschr. f. Instrkde. 1891, S. 446, Referat über den Abbe'schen Vortrag auf der Naturforscher-Versammlung zu Halle — Abbe, Sitzungsberichte der Jenaer Gesellsch. für Medicin u. Naturw. 1878 — Czapski, Theorie d. optischen Instr., S. 271 ff.

[2]) Eine ausführliche Beschreibung desselben findet sich in der Zschr. f. Instrkde. 1892, S. 192.

BAMBERG einen solchen Apparat konstruirt, welchen Fig. 435 zeigt. Dort
ist S das Linsensystem, O die als Objekt dienende Skala (auf der Stange NN
verschiebbar), während in der Ebene P die durch das Objektiv erzeugten
Bilder mittelst der Mikroskope M und M′ gemessen werden.

Bei grösseren Objektiven verwendet man zur Ausmessung der Bilder in

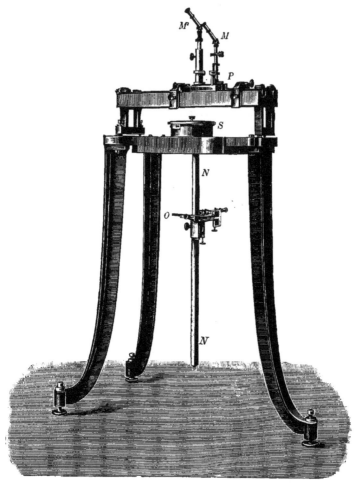

Fig. 435.

den Ebenen P_1 und P_2, Fig. 434, am besten nur ein senkrecht zu seiner
optischen Axe verschiebbares Mikrometer-Mikroskop, bei welchem diese Verschiebung genau gemessen werden kann. Auf diese Weise kann man für verschiedene Stellen der Skalenbilder deren Grösse und damit die Werthe N_1 und
N_2 für verschiedene Öffnungswinkel bestimmen. Durch die Entwicklung dieser
Werthe in eine nach Potenzen von y (Bildgrösse) fortschreitenden ·Reihe

kann man dann den für die centralen Theile der Linse geltenden Werth von f auffinden. Weiter auf dieses Verfahren einzugehen, verbietet aber hier der Raum, und ich muss auf die Originalarbeiten an den oben citirten Orten hinweisen, namentlich aber auf die betreffenden Kapitel in CZAPSKI, „Theorie der optischen Instrumente", wo die Methoden, welche zur Bestimmung der Brennweiten dienen können, vollständig in der übersichtlichsten Weise dargelegt werden.

Für eine Reihe von Anwendungen des Fernrohrs, namentlich auf dem Gebiete der Spektralanalyse und der Photographie, ist es weniger von Bedeutung, die Brennweite, d. h. die Entfernung der Brennebene von einem bestimmten Punkte des Linsensystems zu kennen, als den Ort der besten Vereinigung der durch das Objektiv eintretenden Strahlen, und zwar derjenigen bestimmter Brechbarkeit. Um die Lage dieser Vereinigungspunkte zu ermitteln, hat H. C. VOGEL vor einigen Jahren ein sehr gutes Mittel angegeben, welches später von M. WOLF weiter ausgebildet wurde. VOGEL beschreibt diese Methode in den Monatsberichten der Berliner Akademie vom April 1880. Ein eingehendes Referat darüber von WESTPHAL findet sich in der Zschr. f. Instrkde. 1881, S. 70. Diese Methode besteht darin, dass man zwischen das Bild eines Sternes und das Okular oder zwischen dieses und das Auge ein kleines Okularspektroskop einfügt und nun das ohne Cylinder-linse zu Stande kommende Spektrum betrachtet. Es wird sich dieses an den verschiedenen Stellen nicht von gleicher Breite erweisen. Die Breite ist aber offenbar abhängig von dem Durchmesser der kleinen Zerstreuungskreise, welche den Strahlen von verschiedener Brechbarkeit jeweils in der betreffenden Ebene deutlicher Sichtweite zukommen. Das Spektrum wird also dort am schmalsten erscheinen, wo sich die Strahlen befinden, die in der betreffenden Bildentfernung vom Objektiv sich am genauesten in der optischen Axe vereinigen. Das findet bei Objektiven, welche für visuellen Gebrauch eingerichtet sind, bekanntlich gleichzeitig etwa für die gelb-rothen und grünen Strahlen statt. Für solche Fernrohre wird also in dieser Gegend das Spektrum am schmalsten erscheinen, während es für die Strahlen von geringerer und grösserer Brechbarkeit verbreitert sein wird. Für photographische Objektive wird die

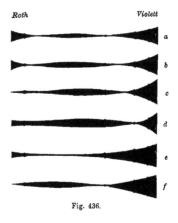

Roth   *Violett*

a

b

c

d

e

f

Fig. 436.

Einschnürung dann im violetten Theile stattfinden müssen. VOGEL erläutert diese Erscheinung an einer Reihe von Spektren, Fig. 436, wie er sie an verschiedenen Objektiven des astrophysikalischen Observatoriums in Pots-dam erhalten hat. Die schematischen Figuren beziehen sich zum Theil auf den Schröder'schen Refraktor dieses Observatoriums und zeigen die Form des Spektrums, wenn das Okular bezw. auf die intensivsten Strahlen des Spek-trums (Gelb, Fig. a), auf rothe Strahlen von der Wellenlänge H a (Fig. b),

auf den Vereinigungspunkt der äussersten rothen Strahlen (Fig. c) und endlich auf den Vereinigungspunkt der Strahlen von der Wellenlänge Hγ eingestellt wurde (Fig. d). Die Fig. 436 e, f beziehen sich auf den Fraunhofer'-
schen Refraktor der Berliner Sternwarte für die den Figuren a und c entsprechenden Stellungen des Okulars. Eine Vergleichung dieser Figuren mit
denen des Schröder'schen Fernrohrs zeigt, wie die Methode durchaus geeignet
ist, mit einem Blicke die Verschiedenheit in der Achromatisirung zweier
Objektive zu erkennen.

Eine weitere Mittheilung über eine solche Untersuchung giebt H. C. Vogel
in der Vierteljahrsschrift der Astron. Gesellschaft, Jahrg. 22, S. 142 ff. Dort
werden die Resultate mitgetheilt, welche bezw. der Längenabweichung der
Vereinigungspunkte verschiedener Strahlen an zwei Objektiven von Bamberg
aus Jenenser Glas von resp.

134 mm Öffnung und 1973 mm Brennweite

176 „   „   „   2500 „   „

erhalten wurden. Es fanden sich die in nachstehender Tabelle angezeigten
Zahlenwerthe, denen zum Vergleich die numerischen Daten für die eben
beigebrachten Spektren zum Theil beigefügt sind.

Chromatische Längenabweichung in Bruchtheilen der Brennweite.

Wellenlänge	Objektiv I.	Objektiv II.	Objekt. Fraunhofer	Objektiv Grubb
710 $\mu\mu$	— 0,00005	+ 0,00002	+ 0,00067	+ 0,00079
650	+ 0,00005	+ 0,00005	+ 0,00023	+ 0,00032
590	0,00000	0,00000	0,00000	0,00000
530	— 0,00006	— 0,00010	+ 0,00024	— 0,00012
470	+ 0,00015	+ 0,00005	+ 0,00086	+ 0,00092
410	+ 0,00110	+ 0,00040	+ 0,00260	+ 0,00268

Aus obiger Zusammenstellung ist der ausserordentliche Fortschritt ersichtlich, der in der Vervollkommnung der Objektive in Bezug auf Achromasie erzielt worden ist. Besonders für die spektralanalytische Untersuchung
ist aber eine möglichste Vereinigung aller Strahlen in einem Punkte von
grösster Bedeutung. Bei den grossen Instrumenten der Jetztzeit liegen die
Vereinigungspunkte der Strahlen verschiedener Wellenlängen bis zu einigen
Centimetern auseinander, und es wird in Folge dessen zur Unmöglichkeit,
einen Gesammtüberblick über ein Sternspektrum zu erlangen. Dies dürfte
aber bei den neuen Glasarten auch bei sehr grossen Dimensionen noch erreicht werden. So beträgt z. B. bei dem neuen grossen Wiener Refraktor
der Maximalwerth der chromatischen Längenabweichung über 30 mm. Ein
Objektiv mit den günstigen Verhältnissen des Objektivs II, auf die Dimensionen des Wiener Refraktors übertragen, würde dagegen für diesen Maximalwerth nur 5 mm ergeben, der bei Anwendung eines Okulars von 1 Zoll
Äquivalentbrennweite der Akkommodation des Auges keine Schwierigkeiten
bereiten würde. Von M. Wolf ist Vogels Verfahren insofern verbessert
worden, als er nicht einen Stern als leuchtendes Objekt anwendet, sondern

ein nahe im Brennpunkte des Objektivs befindliches kleines Quecksilberkügelchen, das vom Sonnenlicht bestrahlt wird, wodurch ein kleines leuchtendes Pünktchen entsteht. Die von demselben ausgehenden Strahlen gehen
durch das Objektiv und werden mittelst eines planen Spiegels (durch Autokollimation) wieder in der Nähe des Quecksilberkügelchens zu einem Bilde
vereinigt. Wird nun mittelst eines Spektroskopes eine bestimmte Linie des
Sonnenbildchens auf dem Quecksilberkügelchen scharf eingestellt und sodann
dieses so lange mit dem Spektroskop zugleich verschoben bis auch dieselbe
Linie in dem reflektirten Bilde scharf erscheint, so sind offenbar Objekt
und Bild, ganz unabhängig von der Achromasie des Auges oder des zur
Beobachtung benutzten Okulars in dieselbe Ebene (senkrecht zur optischen Axe) gebracht, und beide befinden sich in der Brennebene des Objektivs für diese Strahlengattung. So lassen sich sowohl bei der Vogel'schen
Methode und in erhöhtem Maasse bei der Einrichtung von M. Wolf die Vereinigungspunkte der einzelnen Strahlen finden und ebenso die Differenzen
derselben; zur Bestimmung der absoluten Brennweite selbst müsste aber in
beiden Fällen noch die Messung für eine der Spektrallinien hinzukommen.

Zu einer solchen Messung für Strahlen einer bestimmten Wellenlänge wird
doch eine der früher angegebenen Methoden, am besten die Bessel'sche, angewandt werden müssen. Diesem Umstande hat HASSELBERG [1] dadurch Rechnung getragen, dass er an Stelle des Bessel'schen Lothfadens die objektiv
scharf herstellbaren Spektrallinien für Strahlen verschiedener Wellenlänge setzte
und auch für das System Okular — Auge, mit welchem er das Bild einer
solchen Spektrallinie betrachtete, die Lage der Ebene deutlicher Sehweite genau
bestimmte. So erhielt HASSELBERG für eine Reihe von Strahlen verschiedener
Wellenlänge die Vereinigungsweiten für das zu untersuchende Objektiv, also
neben der absoluten Grösse dieser Vereinigungsweiten auch deren Differenzen
für Strahlen verschiedener Wellenlänge und somit ein Urtheil über die Achromasie des betreffenden Objektivs. Wenn HASSELBERG durch die Sorgfalt
seiner Messungen auch ausgezeichnete Resultate erzielt hat, so sind doch die
oben schon angegebenen Mängel dieser Untersuchungsmethode nicht vermieden,
und auch bezüglich der Differenzen in den Vereinigungsweiten dürfte die
Vogel'sche Methode vorzuziehen sein, da sie diese Differenzen direkt misst,
während sie bei HASSELBERG erst auf dem Umweg der Vergleichung der Ge-
sammtvereinigungsweiten gefunden werden.[2]

B. Veränderung der Brennweite mit der Temperatur und dem Luftdruck.

Es ist klar, dass sich durch die Veränderung der Dichtigkeit des op-
tischen Glases und der Luft mit den Variationen der Temperatur und des
Luftdrucks sowohl das Brechungsverhältniss als auch durch den ersteren
Umstand die Gestalt der Linsen ändern muss. Beide Einwirkungen werden

---

[1] Mélange math. et astr. aus dem Bull. de l'Acad. Imp. de St. Pétersbourg, Tom VI,
S. 669.

[2] Vergl. die Mittheilung von Dr. Czapski über die Hasselberg'sche Methode, Zschr. f.
Instrkde. 1889, S. 16.

daher auch die Brennweite modificiren. Es sind über diesen Punkt mehrfache Untersuchungen angestellt worden. Die wesentlichsten derselben rühren von A. KRUEGER und von SUNDELL in Helsingfors[1]) her. KRUEGER nimmt zunächst an, dass sich ein Objektiv durch die Wärme derart ausdehnt, dass seine Form sich selbst in allen Theilen ähnlich bleibe und weiter, dass das Luft- und Brechungsverhältniss eines Mediums dessen Dichtigkeit proportional sei. Das letzte ist nun nach neueren Untersuchungen[2]) durchaus nicht der Fall, und man darf daher nicht $\dfrac{n^2-1}{D}$, wo D die Dichte bedeutet, als konstant annehmen, wie es KRUEGER that. Setzt man f_1 und f_2 für die Brennweiten der das achromatische Objektiv zusammensetzenden Linsen, $r_1\, r_2\, r_3\, r_4$ für die Radien der 4 Flächen, und sind n_1 und n_2 die resp. Brechungsindices, α und β die Ausdehnungskoefficienten beider Linsen, so hat man

$$f_1 = -\frac{r_1\, r_2}{(r_1 - r_2)(n_1 - 1)}$$

und

$$f_2 = -\frac{r_3\, r_4}{(r_3 - r_4)(n_2 - 1)}$$

die Vorzeichen der Radien in der gebräuchlichen Weise gerechnet.

Ist dann F die Brennweite des Systems, so ist offenbar

$$\frac{1}{F} = \frac{1}{f_1} + \frac{1}{f_2}$$

und

$$\frac{dF}{F^2} = \frac{df_1}{f_1{}^2} + \frac{df_2}{f_2{}^2};$$

ferner ist

$$df_1 = -\frac{(r_1 - r_2)(n_1 - 1)(r_1\, dr_2 + r_2\, dr_1) + r_1\, r_2(r_1 - r_2)\, dn_1 + r_1\, r_2(n_1 - 1)(dr_1 - dr_2)}{(r_1 - r_2)^2(n - 1)^2}.$$

Einen ähnlichen Ausdruck findet man natürlich auch für df_2, setzt man in beiden die Veränderung der Radien $dr_1\ dr_2$ u. s. w. gleich $\alpha r_1\ \alpha r_2$ resp. $\beta r_3\ \beta r_4$, so erhält man:

$$df_1 = \frac{r_1\, r_2}{r_1 - r_2} \cdot \frac{dn_1 - \alpha(n_1 - 1)}{(n_1 - 1)^2}$$

und auf dieselbe Weise auch:

$$df_2 = \frac{r_3\, r_4}{r_3 - r_4} \cdot \frac{dn_2 - \beta(n_2 - 1)}{(n_2 - 1)^2}.$$

Beide Ausdrücke vereinigt liefern nach Division mit $f_1{}^2$ resp. $f_2{}^2$ direkt die Veränderung der Brennweite für einen Grad Celsius, nämlich in Einheiten der Brennweite selbst:

---

[1]) A. Krueger, Astron. Nachr., Bd. 60, S. 65. — A. F. Sundell, Astron. Nachr., Bd. 103, S. 19, und Bd. 111, S. 257. Ausserdem ist zu vergleichen Hastings, Astron. Nachr., Bd. 105, S. 69.

[2]) Nachdem schon Biot die Proportionalität bezweifelt hat, haben die Untersuchungen von G. Müller in Potsdam und C. Pulferich in Jena erwiesen, dass der Brechungsexponent des Glases mit der Temperatur im Allgemeinen zunimmt und nicht, wie es die Krueger'sche Annahme verlangen würde, eine Abnahme erfährt.

$$\frac{dF}{F} = F\left[\frac{r_1 - r_2}{r_1\, r_2}\left(d n_1 - \alpha\,(n_1 - 1)\right) + \frac{r_3 - r_4}{r_3\, r_4}\left(d n_2 - \beta\,(n_2 - 1)\right)\right].[1]$$

Der Einfluss der Dichtigkeitsänderung der Luft wird auf ganz ähnliche Weise gefunden, ebenso der der Druckschwankungen; für beide können aber unmittelbar die Krueger'schen Formeln benutzt werden, welche lauten:

$$\frac{dF}{F} = -F\,\frac{\nu - 1}{\nu}\,\gamma\left[n_1\left(\frac{1}{r_1} + \frac{1}{r_2}\right) + n_2\left(\frac{1}{r_4} - \frac{1}{r_3}\right)\right];$$

für die Veränderung des Luftdrucks:

$$\frac{dF}{F} = \frac{F}{B}\cdot\frac{\nu - 1}{\nu}\left[n_1\left(\frac{1}{r_1} + \frac{1}{r_2}\right) + n_2\left(\frac{1}{r_4} - \frac{1}{r_3}\right)\right],$$

wo γ den Ausdehnungskoefficienten der Luft (0,00366), B den Barometerstand in Millimetern und ν den Brechungsexponenten der Luft (1,000294) bei 760 mm Druck und 0^0 bezeichnet.

Diese Formeln lassen sich anwenden, wenn die optischen Konstanten des Linsensystems gegeben sind, andererseits können sie aber auch dazu dienen, die auf empirischem Wege, d. h. durch Messung der Brennweite nach einer der oben beschriebenen Methoden bei extremen Temperaturen gefundene Änderung mit der theoretischen zu vergleichen. Das hat man mehrfach ausgeführt und im Allgemeinen recht befriedigende Übereinstimmung erhalten.

Sundell hat aus seinen Messungen und Rechnungen die folgenden Resultate abgeleitet:[2] Wenn $\alpha = \beta$ die Ausdehnungskoefficienten der Gläser $= 0,0000084$ für 1^0 C. sind und weiterhin $n_1 = 1,529130$, $n_2 = 1,639121$, $\gamma =$ Ausdehnungskoefficient der Luft $= 0,003665$ für 1^0 C; $\nu = 1,000294$ das Brechungsverhältniss vom leeren Raume zur Luft bei 0^0 C. und 760 mm Druck, B der Normalluftdruck $= 760$ mm und die Krümmungsradien $r_1 = 2102$, $r_2 = 857$, $r_3 = 876$, $r_4 = 3159$ mm, sowie die gesammte Brennweite nahe gleich 2900 mm sind, so findet sich:

$$\frac{d f_{\alpha\beta}}{f} = +\,0,00002992 \text{ für } 1^0 \text{ C.,}$$

$$\frac{d f_{\gamma\nu}}{f} = -\,0,00000363 \text{ für } 1^0 \text{ C.,}$$

$$\frac{d f_B}{f} = +\,0,00000130 \text{ für } 1 \text{ mm Quecksilber,}$$

während die Versuche die folgenden Werthe für die Brennweiten bei verschiedenen Temperaturen ergaben:

$$2893,04 \text{ mm für } + 16^0,2$$
$$2891,32 \quad \text{„} \quad \text{„} \quad - 11,9$$
$$2893,26 \text{ mm für } - 14^0,6$$
$$2895,31 \quad \text{„} \quad \text{„} \quad + 17,3$$

---

[1] Die auf die oben mitgetheilte Voraussetzung gegründete Formel von Krueger lautete in der hier benutzten Bezeichnung:

$$\frac{dF}{F} = F\left[\alpha\,(n_1 - 1)\left(1 + \frac{3}{2}\frac{n_1 + 1}{n_1}\right)\left(\frac{1}{r_1} - \frac{1}{r_2}\right) + \beta\,(n_2 + 1)\left(1 + \frac{3}{2}\frac{n_2 - 1}{n_2}\right)\left(\frac{1}{r_3} - \frac{1}{r_4}\right)\right];$$

auf diese gründete auch noch Sundell seine Untersuchungen der rechnerisch und empirisch ermittelten Veränderung der Brennweite einer bestimmten Linse.

[2] Astron. Nachr., Bd. 103, S. 19.

Danach wird $\dfrac{dF}{F} = 0,0000212$ für 1^0 C.

Aus den Bestimmungen für das Objektiv des Strassburger Refraktors[1]) findet sich $\dfrac{dF}{F} = 0,000051$, denn es wurde bei einer Brennweite von 6,916 m die lineare Veränderung derselben für 1^0 C. für die mittleren Strahlen zwischen D und E zu 0,355 mm gefunden (9,78 mm auf 27,8^0 C.). Aus den Untersuchungen des Objektivs des Göttinger Heliometers folgt:[2])

1. Auf Grund der strengen Formeln $\dfrac{dF}{F} = 0,0000179$.

2. Nach der Krueger'schen Formel: 0,0000379.

3. Im Mittel aus direkten Messungen der Fokusverschiebung bei Doppelsterneinstellungen und aus Messungen derselben grossen Distanzen bei verschiedener Temperatur (Intervall ca. 40^0): } 0,0000206.

Die Resultate 1 und 3 sind in befriedigender Übereinstimmung, dagegen ist 2 sicher zu gross wegen der erwähnten unrichtigen Annahme.

C. Über Vergrösserung, Gesichtsfeld und Lichtstärke eines Fernrohres.

Das einfachste Verfahren das Verhältniss zwischen den Gesichtswinkeln, unter denen das Objekt und das reelle Bild desselben dem Beobachter erscheinen, d. h. die Vergrösserung zu bestimmen, ist das, welches schon kurz nach Erfindung des Fernrohres angewandt wurde. Blickt man mit dem einen Auge durch das Fernrohr nach einem Objekte, welches eine gleichmässige Struktur zeigt, etwa nach einem Gitter, Ziegeldach oder dergl. und mit dem anderen freien Auge direkt auf dieses Objekt, so wird man meist im Stande sein, zu beurtheilen, wie viele der einzelnen Abtheilungen im Fernrohr auf eine bestimmte Zahl des direkt gesehenen Objektes kommen. Das Verhältniss beider Zahlen giebt direkt die Vergrösserung. Abgesehen davon, dass nicht alle Menschen ein solches doppeltes gleichzeitiges Sehen zu Stande bringen (z. B. wegen Divergenz der Augenaxen u. dergl.), ist es auch kaum möglich, die Augen so ruhig zu halten, dass man eine genaue Schätzung machen kann. Es kann daher dieses Verfahren doch nur als ein verhältnissmässig rohes betrachtet werden, selbst in der Verbesserung, welche man dadurch erzielt, dass man sowohl das Bild im Fernrohr als das direkt gesehene mit demselben Auge betrachtet. Es lässt sich das leicht erreichen durch eine Einrichtung nach Art der Camera lucida, wie sie beim Zeichnen am Mikroskope z. B. häufig gebraucht wird.[3]) Die letztere Methode gewährt allerdings bei zweckmässiger Ausführung schon ganz brauchbare Resultate.

---

[1]) Astron. Nachr. Bd. 119, S. 249.

[2]) Astron. Mitth. d. Sternw. zu Göttingen, Th. IV, S. 59.

[3]) Zur Untersuchung der Vergrösserung einer Reihe von Mikrometermikroskopen hat Verfasser zwei Reflexionsprismen zusammengekittet, wie es die Fig. 437 zeigt, und in der Entfernung der deutlichen Sehweite eine Skala in Millimetertheilung verschiebbar auf einem Stabe befestigt. Sah man von oben in das grosse Prisma, so konnte man durch das kleine hindurch (als planparallele Platte) in das Mikroskop sehen und das Bild einer dort angebrachten Theilung, z. B. die Theilung eines Kreises, mit dem an der Hypotenusenfläche des grossen Prismas reflektirten Bilde der Skala direkt vergleichen, da beide Objekte neben einander im Gesichtsfelde erschienen.

A. v. WALTENHOFEN hat die Methode der Bestimmung der Vergrösserung durch Vergleichung zweckmässiger gestaltet, indem er sie selbst für grössere Fernrohre auch im Zimmer ausführbar machte.[1]) Vor das Objektiv B,

Fig. 437.   Fig. 438.

Fig. 438, setzte er eine bikonvexe Linse C von bekannter Brennweite und in die Brennebene dieser eine Skala D. Dadurch gelangen die von D·kommenden Strahlen parallel ins Fernrohr, und man hat dann für die Vergrösserung V:

$$V = V' \frac{F}{F + L},$$

wo L die Länge des Fernrohres bedeutet und V' gleich der in oben be-schriebener Weise ermittelten Verhältnisszahl für die direkt und im Fern-rohr gesehene Anzahl der Theile von Skala D ist. Für den Gesichts-feldwinkel φ findet sich dann

$$\varphi^0 = \frac{180^0}{\pi} \cdot \frac{H}{F},$$

wo H die Anzahl der Skalentheile bedeutet, welche man im Gesichtsfeld sehen kann, mit F in gleichem linearen Maasse ausgedrückt. Diese Methode ist nur kompendiöser als die alte, aber kaum von erheblicherer Genauigkeit.

GAUSS bestimmte mittelst eines Theodoliten die angulare Grösse irgend eines sehr entfernten Objektes einmal direkt und sodann durch das um-gekehrte Fernrohr hindurch, welches diesen Winkel im Verhältniss der Ver-grösserung verringert erscheinen lässt. Dieses Verfahren leidet aber an dem Mangel, dass der Strahlengang dabei im Fernrohr in umgekehrter Richtung als in Wirklichkeit benutzt wird, was nicht ohne Bedenken ist, und dass ausserdem die Messung so kleiner Winkel erhebliche Fehler (wenigstens ver-hältnissmässig) hervorbringen kann. Sind häufig solche Bestimmungen aus-zuführen, so empfiehlt es sich, dazu ein Ramsden'sches Dynamometer an-zuwenden. Der Gebrauch desselben beruht auf dem Satze von LAGRANGE, aus welchem nach gegenwärtiger Auffassung des optischen Vorganges in einem teleskopischen System hervorgehen würde, dass die Vergrösserung V gleich sei dem Quotienten aus den Durchmessern der Eintritts- und der Aus-trittspupille: $p : p_1$. Die erstere ist aber in diesem Falle die freie Öffnung des Objektivs und die letztere das helle Bildchen der Objektivöffnung, welches

¹) A. v. Waltenhofen, Über eine neue Methode, die Vergrösserung des Gesichtsfeldes zu bestimmen (Carl, Repertorium, Bd. VIII, S. 184).

man vor dem Okular erblickt. Zur Messung des Durchmessers .der Austrittspupille kann man sich eben des Dynamometers bedienen, dessen Einrichtung Fig. 438a darstellt.

Mittelst der Lupe C stellt man zuerst die bei S angebrachte, auf einem dünnen, planen Glasblättchen aufgetragene, feine Theilung (etwa $^1/_{10}$ mm)

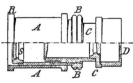

Fig. 438a.

scharf ein, sodann setzt man das Instrument mit dem Ringe R auf das Okular des Fernrohres und verschiebt das Lupe und Skale enthaltende Röhrchen B im Rohre A so lange, bis der Augenkreis ganz scharf begrenzt und ohne parallaktische Verschiebung erscheint. Durch Division der Anzahl der Skalentheile, welche dem Durchmesser des Augenkreises entsprechen, in den in gleicher Maasseinheit ausgedrückten Durchmesser der Objektivöffnung, erhält man einen sehr genauen Werth für die Vergrösserung.[1]

Kennt man die Brennweiten des Objektivs F und der dem Okular äqui_valenten Linse f (die Äquivalentbrennweite des Okulars), so erhält man auch, wie oben gezeigt wurde, die Vergrösserung durch Division von F durch f, also $V = F : f$.

Dieser Ausdruck gilt sowohl für das Kepler'sche als auch für das Galilei'sche Fernrohr, für letzteres bedeutet dann f die Zerstreuungsweite.[2]

Beim Kepler'schen Fernrohre ist als Gesichtsfeld allgemein derjenige Winkel zu betrachten, welcher vom Orte der Austrittspupille aus gesehen den scheinbaren Durchmesser der Brennpunktsblende einschliesst.

Über die Frage nach der Bestimmung des Gesichtsfeldes ist viel gestritten worden, namentlich soweit es das des Galilei'schen Fernrohres betrifft; indem ich aber ein weiteres Eingehen auf diesen Punkt hier leider unterlassen muss, verweise ich auf das schon oben darüber Gesagte und im Übrigen auf die namhaft gemachte Litteratur, vor Allem wieder auf die bezüglichen Beispiele in Dr. Czapski's Theorie der optischen Instrumente und Heath', Lehrbuch der geometrischen Optik.

Vielfach spricht man auch von der Lichtstärke eines Fernrohrs, d. h. von der relativen Helligkeit des im Fernrohr gesehenen Bildes zu der des direkt wahrgenommenen Objektes, bezogen auf je ein Flächenelement gleicher absoluter Ausdehnung.[3] Zunächst ist klar, dass die Helligkeit des Bildes der Menge des aufgenommenen Lichtes proportional ist. Diese Lichtmenge

---

[1] Man muss sich bei dieser Methode ganz besonders davon überzeugen, dass keine Blende im Fernrohr die freie Öffnung des Objektivs verdecke, was am besten dadurch geschieht, dass man vor dieselbe eine centrale Scheibe mit kreisförmiger Öffnung setzt, deren Durchmesser bekannt ist. Die Einzelresultate, welche mehrere solcher Scheiben liefern, müssen dann sowohl untereinander als auch mit dem durch das Objektiv selbst gewonnenen übereinstimmen.

[2] Für nicht auf nahezu parallele Strahlen akkomodirbare Augen hängt der Vergrösseruugswerth auch vom Beobachter in geringem Maasse ab.

[3] Meisel, Lehrb. d. Optik, S. 325.

ist aber ihrerseits wieder der Grösse der aufnehmenden Fläche, also dem Quadrat des Durchmessers dieser Fläche proportional. Ist also d_o der Durchmesser der Objektivöffnung, d_p der Durchmesser der Pupille, so wird das Verhältniss der durch das Fernrohr aufgenommenen Lichtmenge zu der mit unbewaffnetem Auge aufgenommenen Lichtmenge durch den Quotienten $\dfrac{d_o^2}{d_p^2}$ ausgedrückt. Ausserdem muss aber die Helligkeit eines Flächenelementes des Bildes dem Quadrate der Vergrösserung V umgekehrt proportional sein, es wird demnach die Lichtstärke durch die Formel

$$L = \frac{d_o^2}{V^2 . d_p^2}$$

oder, wenn wir für V wieder seinen Wert $\dfrac{F}{f}$ setzen, durch

$$L = \frac{d_o^2 . f^2}{d_p^2 . F^2} = \left(\frac{d_o}{d_p} \cdot \frac{f}{F}\right)^2$$

ausgedrückt. Daraus geht hervor, dass $L = 1$, also die Helligkeit des durch das Fernrohr erzeugten Bildes, gleich der des direkt betrachteten Objektes ist, wenn die Öffnung des Objektivs zum Durchmesser der Pupille in demselben Verhältnisse steht, wie die Brennweite des Objektivs zu der des Okulars. Wenn d_0 oder f wächst, ist in einem Flächenelement mehr, wenn F wächst weniger Licht vereinigt, als in einem solchen des direkt betrachteten Objektes.

Zu demselben Ergebniss gelangt man, wenn man für d_0 seinen grössten noch zweckmässigen Wert $V . d_p$ setzt, dann folgt sofort $L = 1$.

In Wirklichkeit ist natürlicherweise die Lichtstärke noch etwas geringer, weil die durch Reflexion und Absorption an und in den Linsen verlorengehende Lichtmenge in unserer Rechnung nicht berücksichtigt wurde.

Obige Rechnung setzt natürlicherweise voraus, dass der Durchmesser des austretenden Parallelstrahlenbündels nicht grösser als die Augenpupille sei, da sonst ein Theil des vom Objektive aufgenommenen Lichtes nicht in das beobachtende Auge gelangt, also unwirksam bleibt, die Helligkeit folglich geringer ausfällt.

Um die Lichtstärke, auf die bei einem Fernrohre ein so hoher Werth gelegt werden muss, nicht zu klein werden zu lassen, hat man dafür zu sorgen, dass der in der Formel für L auftretende Quotient $\dfrac{d_o . f}{F}$ oder $\dfrac{d_o}{V}$ nicht zu klein, die Vergrösserung V also bei gegebener Öffnung nicht zu gross werde. Als durchschnittlichen Werth kann man etwa, wenn die Maasse in Centimetern angegeben sind, $\dfrac{d_o}{V} = \dfrac{2}{15}$ setzen; man erhält also die Vergrösserung, die man bei einem Objektive anbringen kann, indem man dessen in Centimetern angegebene Öffnung mit $\dfrac{15}{2}$ oder 7.5 multiplicirt.

Dann ist: $L = \left(\dfrac{2}{15} \cdot \dfrac{1}{0,4}\right)^2 = \dfrac{1}{9}$.

Bei einer Öffnung von 12 cm dürfte z. B. die Vergrösserung mit Vortheil nur etwa gleich $12 \times 7.5 = 90$ genommen werden. Es kommt dabei freilich viel auf die Helligkeit der Objekte selbst an; auf irdische Gegenstände kann man daher niemals so starke Vergrösserungen anwenden, wie auf astronomische, und unter den Gestirnen ertragen Fixsterne eine stärkere Vergrösserung als Planeten, da erstere auch bei starken Vergrösserungen stets als Punkte erscheinen und das Licht sich nicht zu einer Fläche ausbreitet, während der Hintergrund an Helligkeit mit der Stärke der Vergrösserung abnimmt. Dies ist auch bekanntlich der Grund, weshalb man mit einem erheblich vergrössernden Fernrohre Sterne am hellen Tage wahrzunehmen vermag.

Fernrohre, die zum Durchsuchen des Himmels nach lichtschwachen Objekten benutzt werden, sogenannte Kometensucher, bedürfen eines grossen Gesichtsfeldes und bedeutender Lichtstärke. Die Vergrösserung kann demgemäss nicht sehr stark sein.

Die grossen Fernrohre, welche ihrer starken Vergrösserung wegen ein sehr kleines Gesichtsfeld haben, werden stets mit einem sogenannten Sucher versehen. Man versteht darunter ein kleines, schwach vergrösserndes, lichtstarkes Fernrohr mit möglichst grossem Gesichtsfeld, das am Okularende des grossen Fernrohrs so befestigt ist, dass die Axen beider Instrumente genau parallel sind. Infolge seines grossen Gesichtsfeldes lässt sich mit dem Sucher ein bestimmtes Objekt am Himmel bedeutend leichter auffinden, als mit dem grossen Fernrohr, und wenn man das Objekt in die durch ein entsprechendes Fadenkreuz markirte Mitte des Gesichtsfeldes des Suchers gebracht hat, befindet es sich auch im Gesichtsfelde des grossen Fernrohres.

Bezüglich der Frage nach der Grenze, bis zu welcher man in Folge des erwähnten Einflusses von Absorption und Reflexion des Lichtes in den einzelnen Glasarten mit Vortheil die Dimensionen der Objektive vergrössern kann, hat in neuester Zeit H. C. VOGEL in Potsdam höchst interessante Untersuchungen anstellen lassen und deren Ergebnisse in einem Berichte an die K. Preuss. Akad. der Wissenschaften niedergelegt, aus welchem ich wegen der gerade jetzt viel besprochenen Frage über den Nutzen sehr grosser Objektive den bezüglichen Theil wörtlich wiedergeben möchte. Es heisst dort S. 12 folgendermassen [1]): „Die Gesammtglasdicke eines Objektivs kann bei den Berechnungen zu $1/_6$ bis $1/_7$ des Durchmessers angenommen werden. Für das grosse Objektiv des neuen Refraktors für Potsdam von 80 cm Öffnung, dessen Dicke zu 12 cm anzunehmen ist, ergiebt sich, dass allein durch Absorption von den chemisch wirksamsten Strahlen 40 Procent verloren gehen, durch Absorption und Reflexion zusammen 51 Procent; die Intensität des durchgehenden Lichts verhält sich zu der des auffallenden wie $49 : 100$.

Verglichen mit dem Objektiv des photographischen Refraktors desselben Instituts von 34,4 cm Öffnung und 5 cm Dicke berechnet sich das Verhältniss der Lichtstärken der Objektive aus dem Verhältniss der Quadrate der Öff-

---

[1]) Sitzungsberichte der K. Preuss. Akad. d. Wissenschaften zu Berlin, Physik.-math. Klasse, 19. Nov. 1896.

nungen multiplicirt mit dem Verhältnisse des durchgehenden Lichts für jedes der Objektive. in derselben Einheit ausgedrückt, d. i.

$$\frac{80^2}{34,4^2} \cdot \frac{49}{66} = 4.$$

Die Brennpunktsbilder von Sternen sind also bei dem Objektiv von 80 cm Durchmesser viermal heller als bei dem Objektiv von 34,4 cm Durchmesser, was einem Gewinn von 1,5 Grössenklassen entspricht. Der Vergleich mit dem Schröder'schen Refraktor des Observatoriums von 29,8 cm Öffnung, mit welchem die Bestimmung der Bewegung der Sterne im Visionsradius bis zur 2,5 ten Grösse ausgeführt wurde, fällt viel günstiger aus. Man kann annehmen, dass mit dem Objektiv von 80 cm Öffnung fast zwei Grössenklassen mehr zur Beobachtung zugezogen werden können. Hiermit wächst die Zahl der Sterne, welche mit derselben Genauigkeit wie früher auf Bewegung untersucht werden können, auf das achtfache an, nämlich auf etwa 400.

Bei spektralanalytischen Untersuchungen im weniger brechbaren Theile des Spektrums ist die Einschaltung einer Korrektionslinse erforderlich, durch welche ein noch weiterer Lichtverlust entsteht, der jedoch nur auf ungefähr 20 Procent zu veranschlagen ist, da das Linsensystem von etwa 20 cm Durchmesser höchstens 4 cm Dicke haben wird und die Linsen verkittet werden können. Trotzdem wird in Folge der viel geringeren Absorption für die optischen Strahlen der Lichtgewinn des grossen Objektivs gegenüber dem Schröder'schen Refraktor noch 1,8 Grössenklassen betragen.

Es folge hier auch ein Vergleich nach der anderen Richtung, also bezüglich des Vortheils eines noch grösseren Objektivs, z. B. von 100 cm Öffnung. Nimmt man die Dicke des Objektivs zu 15 cm an, so ergiebt sich für die chemisch wirksamsten Strahlen

$$\frac{100^2}{80^2} \cdot \frac{43}{49} = 1,4;$$

es entspricht das einem Gewinne von 0,3 bis 0,4 Grössenklassen, ein Gewinn, der nicht im Verhältniss zu den sehr erheblich grösseren Kosten für das Objektiv und für die Montirung steht.

Schliesslich möge noch eine Vergleichung des photographischen Refraktors von 34,4 cm Öffnung mit dem Verhältniss der Öffnung zur Brennweite $= 1 : 10$ zu dem 80 cm grossen Objektiv mit 12 m Brennweite folgen, insofern es sich um die Abbildung nicht punktartiger Objekte handelt. Hier kommt hauptsächlich das Verhältniss der Öffnung zur Brennweite in Betracht. Bezeichnet man dasselbe mit V und wählt allgemein für Angaben, die sich auf das grosse Objektiv beziehen, grosse Buchstaben, für die sich auf das kleine Objektiv beziehenden kleine Buchstaben, so folgt:

$$\frac{h}{H} = \frac{i}{J} \left(\frac{v}{V}\right)^2,$$

wo J die Intensität des durchgehenden Lichtes, in derselben Einheit gemessen, und H die Flächenhelligkeit bezeichnet. Es ergiebt sich:

$$\frac{h}{H} = \frac{66}{49} \cdot 1 \cdot 5^2 = 3.$$

Die Intensität der Flächeneinheit der Bilder bei dem kleineren Objektiv mit verhältnissmässig kürzerer Brennweite ist demnach dreimal so gross als bei dem grossen Objektiv; die Bilder in der Brennpunktsebene des letzteren haben jedoch eine $12^1/_2$ Mal grössere Fläche."

Das was man wohl ab und zu unter dem Namen der raumdurchdringenden Kraft eines Fernrohrs und als dessen Auflösungsvermögen angegeben findet, sind Eigenschaften der optischen Instrumente im Allgemeinen, die sich aber rechnerisch nicht auf Grund der optischen Elemente angeben lassen, sondern den einzelnen Fernrohren individuell sind, und abhängen von der Güte und Zweckmässigkeit seiner Konstruktion, namentlich des Objektivs. Ausser dem Verhältniss von Öffnung zur Brennweite, wovon wie wir sahen, die Helligkeit des Bildes wesentlich abhängt, ist die Schärfe der Abbildung das ausschlaggebende Moment, d. h. die zweckmässige Korrektur der sphärischen oder chromatischen Aberration. Das Verhältniss von Öffnung zur Brennweite wird im Interesse der Helligkeit nicht zu klein und im Interesse der Bildgüte nicht zu gross sein dürfen, man geht heute für Kometensucher bis auf etwa $^1/_8$ herunter und bei grossen Refraktoren bis auf $^1/_{18}$ bis $^1/_{20}$ hinauf, ja bei den sogenannten Leitfernrohren an photographischen Refraktoren kommen noch grössere Verhältnisse vor, da man dort Fernrohren mit verhältnissmässig kleiner Öffnung aus bestimmten Gründen dieselbe Brennweite giebt, wie dem Hauptfernrohre mit erheblich grösserer Öffnung.

Neuntes Kapitel.

Die Kreise.

Wie in der Einleitung schon auseinander gesetzt, dienen zur Messung der Winkel, welche die einzelnen Axen der Instrumente (im weitesten Sinne) mit einander oder mit bestimmten Fundamentalrichtungen einschliessen, im Allgemeinen die Kreise, welche auf diesen Axen befestigt sind. Die Kreise tragen zu diesem Zwecke Theilungen; Einrichtungen, diese Theilungen abzulesen, sind in geeigneter Weise mit ihnen verbunden. Ebenso werden die Kreise häufig dazu benutzt, die Axen gegeneinander in der ihnen bei der Beobachtung ertheilten Lage zu fixiren oder noch „fein gegen einander zu verstellen", bis die Pointirung erfolgt ist. Zu diesem Zwecke verbindet man mit den Kreisen oder Alhidaden sogenannte Feinbewegungen — Mikrometereinrichtungen, wie man auch zu sagen pflegt — und Klemmen.

1. Material, Herstellung und Konstruktion der Kreise.[1])

Die Kreise werden jetzt fast allgemein aus Messing oder Rothguss hergestellt, nur für ganz bestimmte Zwecke fertigt man wohl auch solche aus Eisen oder auch aus Glas. Das letztere Material wurde wegen seines geringen Temperaturkoefficienten in Vorschlag gebracht; die schwierige Bearbeitung und geringe Haltbarkeit sind aber durchaus einer weiteren Verwendung hinderlich, so dass heute Glaskreise, die dann meist als volle Scheiben und in der Form von Spiegeln angewendet werden, nur noch bei magnetischen Instrumenten vorkommen, aber auch da nur noch sehr selten.[2]) Das Messing bietet so viele Vorzüge vor allen anderen Materialien, dass man die Kreise mit Vorliebe daraus fertigt. Bei den astronomischen Instrumenten kommen die Kreise als Vollkreise, d. h. als ganze Scheiben sowohl, als auch in Radform vor. Während früher die erstere Art nur in kleinen Dimensionen ausgeführt wurde, hat man neuerdings auch Kreisscheiben von 40—50 cm Durchmesser sowohl bei horizontal als parallaktisch montirten Instrumenten in Anwendung gebracht. Grössere Kreise werden fast stets durchbrochen, mit 6—12 Speichen hergestellt, sowohl um ihr Gewicht zu vermindern, als auch die Ausgleichung ihrer Temperatur mit der des Beobachtungsraumes zu fördern. Es ist dabei allerdings nicht zu vergessen, dass die Einwirkungen

---

[1]) Vergl. darüber namentlich Carl, Principien d. astron. Instrkde., S. 19 ff.

[2]) z. B. bei den Meyerstein'schen Inklinatorien.

der Schwere auf die Form eines solchen Kreises, welche man nach BESSELS
und neuerdings HARZERS Untersuchungen nicht ganz ausser Acht lassen kann,
wenn es sich um die exaktesten Messungen z. B. mit einem Meridiankreis
handelt, andere sind als diejenigen auf einen Vollkreis.

Bei einer grossen Anzahl von Instrumenten findet man mehrere Kreise
in gleichzeitiger Verwendung, als Vertikal-, Horizontal-, Deklinations- oder
Rektascensions-Kreise u. s. w. Bei einer anderen Reihe von Instrumenten
pflegt man auch nur Sechstel, Achtel oder Viertel eines Kreises zu verwenden.
Diese Theile von Kreisen finden sich namentlich bei den Reflexionsinstrumenten, Sextanten, Oktanten und früher auch bei den jetzt ganz ausser Benutzung gekommenen Quadranten. Aber auch bei den Reflexionsinstrumenten
ist man aus bestimmten mit der Konstruktion des Instrumentes zusammen-
hängenden Gründen bestrebt, den Vollkreis — hier in dem gewöhnlichen
Sinne im Gegensatz zum Theil eines Kreises verstanden — zu immer weiterer Anerkennung zu bringen.[1]) Die Grösse der überhaupt zur Verwendung
gelangenden Kreise ist eine sehr verschiedene, sie schwankt von wenigen
Centimetern Durchmesser bis zu solchen von über zwei Meter. Die kleinen
Kreise werden nur zur Anwendung gebracht bei kleinen transportablen Reise-
instrumenten, bei denen die Hauptbedingung möglichst kompendiöse Bauart
ist. Die Kreise mit ganz grossem Durchmesser finden sich noch bei den
alten englischen Quadranten von BIRD, TROUGHTON u. s. w., dann allerdings nur als Theile der ganzen Peripherie. Heute bauen sowohl deutsche
als auch englische und amerikanische Künstler schwerlich noch Kreise von
mehr als einem Meter Durchmesser; im Gegentheil man ist neuerdings, durch
den Vorgang der Repsold'schen Werkstätte veranlasst, dahin gekommen,
Kreisen kleinerer Dimension, deren Theilungen aber äusserst sorgfältig
ausgeführt sind, den Vorzug zu geben und die Genauigkeit der Ablesung
mehr der optischen Vergrösserung an Stelle der mechanischen zu übertragen.
Hatten die Kreise der Meridianinstrumente von J. G. u. A. REPSOLD, REICHEN-
BACH, TROUGHTON und GAMBEY noch einen Meter und mehr im Durchmesser, so
tragen die typisch gewordenen neuen Repsold'schen Meridiankreise nur solche
von 50—60 cm Durchmesser, dafür aber eine äusserst sorgfältig geschnittene
Theilung und stark (30—40 Mal) vergrössernde Mikroskope. Die gegenwärtig
benutzten Kreise sind immer aus einem Stück gearbeitet, mögen sie nun
scheibenförmig oder radförmig gestaltet sein.

A. Die Theilung der Kreise und die Theilmaschinen.

Ihrem Zwecke können die Kreise natürlich erst dann entsprechen, wenn
sie eine Theilung tragen. Diese kann sowohl ihrer Art als auch dem Orte
nach, an dem sie der Kreis trägt, verschieden sein. Da das Messing des
Kreises sich nicht besonders zum Auftragen der Theilung eignet, denn die
in dasselbe eingegrabenen Linien können nicht sehr scharf erhalten werden
wegen der Härte des Materials und der leichten Abnutzung der Stichel, so
pflegt man jetzt allgemein in die Peripherie einen Streifen eines anderen,

---

[1]) Vergl. darüber Kapitel „Reflexionsinstrumente."

weicheren Metalls einzulegen, welches auch zugleich den atmosphärischen und sonstigen Einflüssen besser Widerstand leistet.

Man nimmt dazu meistens Silber, manchmal auch Gold, Platin, Aluminium u. s. w., je nachdem besondere Anforderungen gestellt werden oder die Instrumente eigenthümlichen Verhältnissen ausgesetzt sind.

Diese Streifen werden jetzt bei grösseren Instrumenten, bei denen die Mikroskop-Ablesung diejenige durch Nonien verdrängt hat, in der Weise mit dem Körper des Kreises verbunden, dass man in deren Rand eine ringförmige Ausdrehung von schwalbenschwanzähnlicher Gestalt, 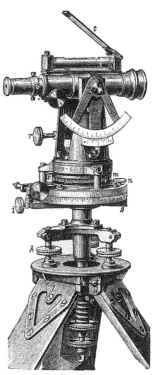 Fig. 439a, einschneidet, und in diese einen streng passenden und etwas dickeren Ring des einzulegenden Metalls einsetzt, diesen durch Hämmern in die Form der Ausdrehung völlig eintreibt und sodann Kreis- und Theilungsring von Neuem abdreht resp. abschleift. So erhält man wie leicht zu sehen eine sehr innige Verbindung, was auch wegen der event. verschiedenen Ausdehnungskoefficienten der verwendeten Metalle von grosser Bedeutung ist.

REICHENBACH, welcher sich noch nicht für die Ablesung durch Mikroskope entscheiden konnte, musste den Silberstreifen am Rande des Theilungskreises einlegen, Fig. 439b, damit er die Theilstriche bis an den Vernierkreis, der koncentrisch mit dem ersteren auf der Axe des Instrumentes angebracht war, führen konnte.[1] Er befestigte die Silberstreifen in der betreffenden Kreisausdrehung durch eine grosse Anzahl von Nieten und Schrauben, deren Köpfe mit abgeschliffen und versilbert wurden. Bei kleineren Instrumenten schneidet man jetzt die Theilung auch direkt in den Messinglimbus ein und versilbert diesen dann auf chemischem Wege, um ihn gegen Oxydation zu schützen. Dieses Verfahren wird auch angewendet, wenn man die Theilungen auf der sogenannten Stirnseite der Kreise, d. h. auf ihrer Cylinderfläche anbringt; dass letztere dann sehr sorgfältig abgedreht sein muss, ist selbstverständlich. Ausser der Raumfrage für die Ablesungseinrichtungen hat diese Anordnung der Theilung noch einige andere Vortheile; auch ist sie früher schon vielfach bei den Mauerkreisen angewendet

Fig. 439.

Fig. 440.
(Aus Zschr. f. Instrkde. 1885.)

worden. Ihre Herstellung erfordert allerdings besondere Einrichtungen an der Theilmaschine. Fig. 440 zeigt ein kleines Instrument für topographische Aufnahmen mit solcher Kreistheilung.[2]

---

[1] Vergl. Kapitel „Meridiankreise".
[2] Vergl. auch S. 124.

Was die Form der Marken, durch welche die Theilung gekennzeichnet wird, anlangt, so unterscheidet man zwischen Puncttheilungen und Strichtheilungen. Bei der ersteren Theilung werden die Theilungsintervalle durch eingravirte Punkte gekennzeichnet. Man hatte noch bis in die Mitte dieses Jahrhunderts für mikroskopische Ablesung der Puncttheilung den Vorzug gegeben, weil man glaubte, dass sich ein Punkt leichter vermittelst eines Fadens einstellen lasse als ein Strich, zu dessen genauer Einstellung man zweier eng bei einander stehender Fäden bedarf. Weiterhin sollte die scheinbare Ortsveränderung der Theilungsmarke bei veränderlicher Beleuchtung für Punkte nicht so erheblich sein als für Striche, und ausserdem machte man noch geltend, dass die Striche der Theilung doch radial verlaufen müssen, während die Fäden sich in einer tangentialen Richtung bewegen, die nur an einer Stelle des Gesichtsfeldes eine strenge Parallelität von Strich und Faden möglich macht. Bei der Kleinheit des Gesichtsfeldes der jetzt verwendeten Mikroskope kommt dieser Umstand gewiss nicht in Betracht, zumal die zwei benutzten Striche eines guten Kreises doch höchstens um $2'$, $5'$ oder $10'$ von einander abstehen.[1])

Die Puncttheilung lässt aber die Verwendung von Vernierablesung überhaupt nicht zu, und da man bei den jetzigen Ableseeinrichtungen auch die anderen Vorzüge nicht mehr als solche anzusehen braucht, so ist man von derselben auch für grössere Instrumente abgekommen, zumal die Bezeichnung der Unterabtheilungen der Grade, d. h. die $30'$, $10'$ oder auch die der 5^0 und 10^0 Striche, immer ziemlich schwerfällig war. Heute findet man fast ausschliesslich Strichtheilungen vor, bei deren Anwendung man nur darauf sehen muss, dass das von dem Stichel beim Ziehen der Striche entfernte Material auch wirklich ausgehoben und nicht zur Seite gedrückt wird.[2]) Dadurch erzielt man scharfe und gleichförmige Striche, die selbst unter $30-40$facher Vergrösserung noch völlig scharf begrenzt erscheinen.

Eines der wichtigsten Kapitel der gesammten Feinmechanik und ganz besonders des Baues astronomischer und geodätischer Instrumente bezieht sich auf die Frage der Herstellung guter Kreistheilungen. Man hat im Laufe der Zeit die verschiedensten Methoden zu diesem Zwecke ersonnen und angewendet, und es kann auch hier nicht umgangen werden, Einiges darüber zu sagen, wenn es auch leider nicht möglich ist, ausführlicher auf die Geschichte der Kreistheilungsmethoden einzugehen; aber schon für die Kenntniss gewisser Gesetzmässigkeiten, welche den Fehlern der Theilungen, auf die wir später zu sprechen kommen werden, eigen zu sein pflegen, ist es nöthig zu wissen, wie eine Kreistheilung seitens des Mechanikers hergestellt wird.

Die Theilung eines Kreises kann entweder eine Originaltheilung

---

[1]) Vergl. dazu S. 111 ff.

[2]) Bezüglich des Zustandekommens der Striche vergl. aber auch das, was Oertling über seine Theilmaschine sagt. Das Bild der Striche der Skalen der Repsold'schen Heliometer mit 40 maliger Vergrösserung angesehen ist bezüglich des allgemeinen Eindruckes nicht erheblich verschieden von dem Anblick dieser Theilungen mit einer schwachen Lupe.

oder die vermittelst einer Kreistheilmaschine hergestellte Kopie einer solchen sein. [1])

Die Originaltheilungen werden mittelst Zirkel, mittelst Schraube oder Rolle, die sich auf dem Rand des Kreises irgendwie abwickeln, oder auch mittelst eines fingirten Zirkels, d. h. mittelst eines durch die Absehenslinien zweier Mikroskope festgelegten Bogens oder Centriwinkels ausgeführt. Die letztere Methode ist die der sogenannten Lufttheilung. Obgleich die Theilung mit Hülfe des Zirkels gewiss das Nächstliegende ist, so hat man doch die ersten besseren Theilungen vermittelst der Schraube ausgeführt, welches Verfahren zunächst von HOOKE empfohlen wurde. Auf diese Weise wurde von ABRAHAM SHARP 1689 ein Mauerquadrant von 2 m Radius für FLAMSTED [2]) eingetheilt, ebenso schon von TAMPSON nach HOOKES Anweisung 1674 ein ähnlicher Quadrant.

Das Hooke'sche Verfahren wird von ihm selbst in einer mit Anmerkungen versehenen Ausgabe des Hevelius „Machina coelestis" angegeben und

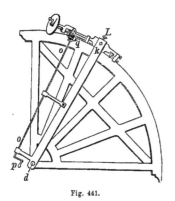

an einer Zeichnung etwa wie folgt erläutert. [3]) „Auf das Centrum des Quadranten, Fig. 441, ist eine kurze Axe d aufgesteckt, um welche sich das Lineal k dreht. Dieses ist bei L an das in Fig. 442 besonders dargestellte Schraubwerk festgeklemmt. Den wesentlichsten Theil des letzteren bildet die Stange s, in

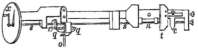

Fig. 441.   Fig. 442.

welche bei n ein Schraubengewinde eingeschnitten ist (in Fig. 441 wird letzteres durch das übergreifende Lineal k verdeckt). In den Rand des Quadranten sind, in der Zeichnung nicht sichtbare, feine Zähne eingeschnitten, in welche das Gewinde n eingreift. Zum Zwecke genauerer Justirung lässt sich die Stange s mit dem Vorstecker t, in welchem ihr eines Ende gelagert ist, etwas verstellen. Die Drehung der Schraubenstange s kann entweder mittelst der Kurbel x oder vom Mittelpunkt des Quadranten her mittelst Kurbel p bewirkt werden. Die letztere steht durch die Stange o und das Zahngetriebe q und r mit dem Schraubwerk in Verbindung; mit der ersteren Kurbel dreht sich ein Zeiger, der auf einer

---

[1]) Das Nachfolgende ist zum Theil der vorzüglichen Studie von Dr. Loewenherz über diesen Gegenstand entnommen, welche sich in dem zweiten Bande der Zschr. f. Instrkde. (1882) befindet. Vergl. auch den Aufsatz von Gelcich im sechsten Bande (1886) derselben Zeitschrift.

[2]) Vergl. Smeaton, Observations on the graduation of astronomical instruments (Philos. Transact. 1786).

[3]) Zschr. f. Instrkde. 1882, S. 363.

getheilten Scheibe die jeweilige Phase der Schraubenumdrehung anzeigt. Auf dem Kreis werden entsprechend den Schraubenumgängen feine Punkte mit Zahlen angebracht, zu deren Ablesung der zugespitzte Zeiger c dient. Das Verhältniss dieser Theilung zu Graden, Minuten und Sekunden wird besonders ermittelt und in eine Hülfstafel eingetragen."

Dass dieses Verfahren in seiner ursprünglichen Form keine erhebliche Genauigkeit liefern kann, ist leicht einzusehen, da ihm alle Fehler der Schraube und des eingeschnittenen Gewindes anhaften, ja diese sich unter Umständen sogar erheblich summiren können. Das hat schon der Herzog von CHAULNES 1765 eingehend nachgewiesen.[1]) Es ist daher HOOKES Methode später in gleicher Weise nicht mehr angewendet worden, wohl aber in Verbindung mit dem Zirkel; und zwar war es RAMSDEN, welcher auf diese Weise für damalige Zeiten vorzügliche Theilungen herstellte.

RAMSDEN schnitt zunächst mit einer Schraube, welche auf einer besonderen Maschine hergestellt war, in den Umfang seines Kreises $2160 = 360 \times 6$ Zähne. Die dazu nöthige Ganghöhe der Schraube leitete er aus dem genau gemessenen Durchmesser des Kreises ab. Sodann benutzte er diese Schraube um den Kreis selbst zu theilen und zwar dadurch, dass er mit derselben in den Rand eines Sektors von nahe gleichem Radius wie der des Kreises die Gänge einschnitt. Weiterhin maass er ab, wie gross die genau 360 Zähnen entsprechende Sehne sich ergab und mit dieser Grösse zog er auf dem Mutterkreise einen Kreis und drehte den ersteren dann diesem Kreise entsprechend ab. Nun zog RAMSDEN zwei koncentrische Kreise auf' den Limbus und theilte den einen „mit der grössten ihm möglichen Genauigkeit" zunächst in 5 Theile, jede dieser Strecken in 3 gleiche Theile, damit würden auf jeden dieser Bögen noch 144 Theile resp. 144 Zähne des Randes kommen; durch viermalige Bisektion kam Ramsden dann bis auf 9 Zähne. Das so erhaltene Intervall von $9 \times 10'$ glich er dann auf eigenthümliche Weise durch die Schraube aus und benutzte es als Grundtheil, welcher dann weiterhin vermittelst eben dieser Schraube resp. deren Unterabtheilungen auf den zu theilenden Kreis übertragen wurde. Da RAMSDEN aber seiner Grundtheilung noch nicht volles Vertrauen schenkte, nahm er auf der zweiten Kreislinie eine zweite Theilung vor und zwar durch stete Bisektion, so dass diese Theile resp. 2160, 1080, 540, 270, 135, $67^{1}/_{2}$ und $33^{3}/_{4}$ Schraubengängen entsprechen mussten. Eine bei jedem 135. Umgang angestellte Vergleichung, die später auch bei $33^{3}/_{4}$ Umgängen vorgenommen wurde, ergab keine merkbare Abweichung beider Theilungen. Zur Übertragung benutzte er ein Mikroskop mit feinem Silberfaden.

Die Fig. 443 stellt RAMSDENS Theilmaschine dar.[2]) W ist der Hauptkreis, welcher auf einem starken Holzstativ ruht, B ein die Radien versteifender koncentrischer Ring; A, L, D ist der Oberbau, welcher das Reisserwerk und die Schraube S trägt. Die letztere hat ihre Führung in zwei

---

[1]) Mémoires de l'Acad. Royale des Sciences 1765, Paris 1768, S. 411. (Mém. sur quelques moyens de perfectionner les instruments d'astronomie, par M. le Duc de Chaulnes.)

[2]) Yesse Ramsden baute zwei Theilmaschinen, eine von 30" und eine von 45" Durchmesser. Letztere ist hier beschrieben (Report of the Smithsonian Inst. 1890, S. 732).

Kloben bei H, H. Die Schraube S' dient zur Anpressung der Schraube S und hat ihr Gewinde in dem Stücke I, welches seinerseits vermittelst des Halses G, an der um eine Horizontalaxe bei F beweglichen Säule befestigt ist. Durch den Tritt R wurde das Reisserwerk DD in Bewegung gesetzt.

Diese Maschine bildet die Grundlage für alle in der Folgezeit gebauten; die neueren unterscheiden sich nur dadurch, dass sie meist automatisch arbeiten. Ohne mich weiter auf geschichtliche Daten einzulassen, führe ich nur an, dass nach RAMSDEN'S Beispiel die Maschinen von TROUGHTON 1778

Fig. 443.
(Nach Report of the Smithsonian Inst. 1890.)

und 1798, STANCLIFFE 1788, JAMES ALLEN 1810, ANDREW ROSS 1830, GAMBEY Anfang 1800 und auch diejenige von PISTOR in ihren wesentlichen Theilen gebaut waren.

Das schon von DES CHAULNES angegebene Verfahren der Lufttheilung hat, wenn auch in etwas anderer Weise, wohl zunächst REICHENBACH 1803 wieder zur Anwendung gebracht. Er hat über sein Verfahren nur sehr wenig bekannt gemacht, und das auch nur, um sich die Priorität gewisser Einrichtungen zu sichern. An der oben citirten Stelle giebt LOEWENHERZ folgenden Bericht davon:[1]

„Das von dem damaligen Lieutenant REICHENBACH im Feldquartier zu Cham im Jahre 1800 ersonnene Grundprincip ist etwa folgendes: Der zu theilende Kreis ABC, Fig. 444, ist horizontal und um seine Axe drehbar auf-

[1] Zschr. f. Instrkde. 1882, S. 455 — Gilberts Annalen Bd. 65, S. 329; Bd. 67, S. 109; Bd. 68, S. 33; Bd. 69, S. 320.

gestellt. Um dieselbe Axe können die beiden Alhidaden a b c d und e f h m g
von einander sowie vom Kreise unabhängig bewegt werden. Die untere Alhidade a b c d trägt zwei Schieber q q und r r, welche auf dem Bogen c d verschoben und in dem gewünschten Zirkelabstand fest eingestellt werden
können; die Strichmarken der Schieber werden durch zarte, auf eingelegten
Silberplättchen eingerissene Linien gebildet. Auf der oberen Alhidade e f h m g
befinden sich der Reisser i k l, Fig. 445, sowie innerhalb des Bogens g h eine
nach dem Kreiscentrum hin schneidenartig zugeschliffene Lamelle, welche
zwischen zwei Schraubenspitzen o p beweglich ist, und welche, wenn sie auf
den Limbus niedergelegt wird, sich mit diesem in einer Ebene befindet. Die
bei m angesetzte Verlängerung m n läuft bei n ebenfalls in eine schneidenartig zugeschliffene Lamelle aus, auf der ein zarter Strich gezogen ist. Die
Striche der Schieber q und r liegen
mit der unteren Fläche der Lamelle
n in einer Ebene. Sowohl die Lamelle o p als das Schnabelende n
sind mit je einem Mikroskop fest
verbunden. Jede der beiden Albi-
daden besitzt am Kreise eine besondere mit Feinschraube verbundene Klemmung D bezw. E.

Man fängt damit an, die obere
Alhidade auf irgend einer Stelle
des Kreises A B C festzuklemmen

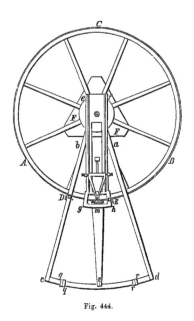

Fig. 444.

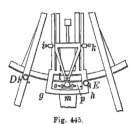

Fig. 445.

und nach Zurücklegung der Lamelle o p mit dem Reisser auf dem Limbus
einen Strich zu ziehen; die Lamelle o p wird dann auf den Limbus nieder
gelegt und auf ihr bis zu ihrer Schneide hin ebenfalls ein Strich gemacht.
Der Strich der auf dem Limbus niedergelegten Lamelle o p zeigt nunmehr,
so lange der Reisser unverändert bleibt, stets den Punkt an, wo die Spitze
des Stichels den Limbus trifft.

Die Multiplikation des durch die Striche auf q und r definirten Centriwinkels geschah ohne Änderung der festgeklemmten oberen Alhidade, während die untere Alhidade a b c d nach der Seite gerückt wird, bis der Strich
von r nahezu unter den Strich des Schnabels n zu stehen kommt. Man befestigt dann a b c d mittelst der Klemmung D und stellt mit Hülfe der zugehörigen Feinschraube die beiden Striche auf n und r genau ein. Hierauf

löst man wiederum die obere Alhidade e f h m g, rückt sie zur Seite, bis der Strich von n nahezu über den Strich von q zu stehen kommt, klemmt e f h n g mittelst der Klemmung E und stellt mit Hülfe der zugehörigen Feinschraube den Strich von n scharf auf den Strich von q ein.

So geht die Operation wechselweise, einmal mit der unteren und dann mit der oberen Alhidade schrittweise auf dem Kreise fort (indem man die ganze Maschine nach jedem Schritt sanft herumdreht, um stets gleiche Beleuchtung zum Ablesen zu haben), bis der Umfang ganz durchlaufen ist. Die etwa erforderlichen Veränderungen des Abstandes der beiden Schieber geschehen mittelst eigener Mikrometerschrauben. Ist endlich dieser Abstand so abgestimmt, dass der Strich auf der Lamelle o p mit dem ersten Theilstrich auf dem Limbus sowohl am Anfang als am Ende der Operation genau zusammentrifft, so wird die Lamelle o p zurückgelegt und nunmehr die Multiplikation des Winkels q r noch einmal wiederholt, zugleich aber bei jedem Schritt ein Theilstrich auf den Limbus eingerissen. Zuerst hat REICHEN-BACH den Kreis in 20 Theile zerlegt und hierauf nach derselben Methode noch kleinere Unterabtheilungen aufgesucht.

REICHENBACH hat den Radius der Zirkelalhidade ursprünglich doppelt so gross gedacht als den des Kreises, um eine grössere Genauigkeit zu erzielen. Die hierbei durch Verbiegungen, verschiedene Ausdehnungen u. s. w. entstandenen Fehler zwangen ihn aber, seine Absicht aufzugeben und beide Radien nahe gleich gross zu wählen. „Um den dadurch verlorenen Vortheil der Verkleinerung der Sehefehler wieder zu ersetzen", verfiel er endlich auf den Gedanken, „die Schritte der Alhidaden mittelst zusammengesetzter Fühlhebel, anstatt durch die Einstellung von Linien, zu begrenzen." Die Genauigkeit seiner Theilungen fixirt REICHENBACH dahin, „dass kein Theilstrich um eine Viertelsekunde fehlt."

Eine Maschine, welche ihrer Zeit berechtigtes Aufsehen erregte, war die von OERTLING in Berlin gebaute automatische Theilmaschine, von welcher eine genaue sehr detaillirte Beschreibung in den „Verhandlungen des Vereins zur Beförderung des Gewerbefleisses in Preussen" 1850, S. 160 ff[1]) enthalten ist, aus welcher hier als Erläuterung zu den gegebenen Zeichnungen das Folgende mitgetheilt sein mag.

OERTLING ging bei der Konstruktion seiner Theilmaschine von dem Vorsatz aus, die Erfahrungen seiner Vorgänger sowohl bezüglich der Genauigkeit der Originaltheilung als auch in Ansehen der maschinellen Einrichtungen zu einem gediegenen Ganzen zu vereinigen. Das ist ihm auch gelungen insofern er eine sehr gute Theilung herstellte und eine Einrichtung ersann, die die Herstellung einer Kopie auf rein mechanischem Wege automatisch besorgte. Seine Maschine ist in ihren wesentlichen Theilen in den folgenden Figuren dargestellt. Fig. 446 zeigt den Grundriss, Fig. 447 die Vorderansicht, Fig. 448 eine Seitenansicht und Fig. 449 ist ein Durchschnitt der Maschine nach der Linie $\alpha\beta$ des Grundrisses Fig. 446. A ist der Kreis, welcher die

---

[1]) Die Beschreibungen sind durch prachtvolle Kupferstiche erläutert, denen unsere Figuren nachgebildet sind.

Originaltheilung enthält; B die Schraube ohne Ende oder die Führungs-
schraube; C der Stichel, mit dem die Theilstriche gezogen werden und M M
sind Ablesemikroskope.

Der Kreis A ruht vermittelst seines centralen Theiles auf dem Fussgestell D und das Fussgestell wieder mit den Horizontal-Stellschrauben xx auf
gusseisernen Unterlagen y y, welche durch ein Rahmstück aus Holz z vor
Verschiebung geschützt sind. Der Kopf D' des Fussgestells D trägt zunächst
zwei Kreise, einen aus Gusseisen K und einen aus Rothguss A'. Die Kreise
A und A' sind von gleichen Dimensionen, jeder drei Fuss im Durchmesser

Fig. 446.

und jeder mit seinen 18 Speichen aus einem Stück gegossen. Der Kreis A
enthält den Centrumzapfen und der Kreis A' die Centrumhülse. Der Centrumzapfen ist der Länge nach genau koncentrisch durchbohrt und nimmt den
Centrirstift J auf, welcher den doppelten Zweck hat, die Brücke R mit der
Stichelführung zu tragen und zum koncentrischen Aufbringen der zu theilenden Kreise zu dienen. Der gusseiserne Kreis K hat den Zweck, sowohl
denjenigen Theilen einen Stützpunkt zu gewähren, welche die Bewegung der
Schraube ohne Ende und des Stichels vermitteln, als zur Anbringung von
Gegenbalancen gegen einseitigen Druck auf den Kreis A' die Stützpunkte
abzugeben.

Die Bewegung des Stellwerkes, Fig. 450, mit der Schraube ohne Ende B wird vermittelt durch eine Zahnstange F, Fig. 446, und die des Reisserwerkes, welches den Stichel C führt, durch eine Zahnstange G. Beide Zahnstangen erhalten ihre Bewegung von excentrischen Angriffspunkten der Welle W. Diese Welle erhält ihre Bewegung durch Ableitung von einer einfach rotirenden.

Die Originaltheilung, welche der Kreis A trägt, ist auf einem der zwei Silberstreifen aufgetragen, wie Fig. 450, welche den vorderen Alhidadentheil besonders darstellt, erkennen lässt; in denselben Kreis greift auch die Schraube ohne Ende B ein, welche in ihrer Anordnung in Fig. 451 näher ersichtlich ist.

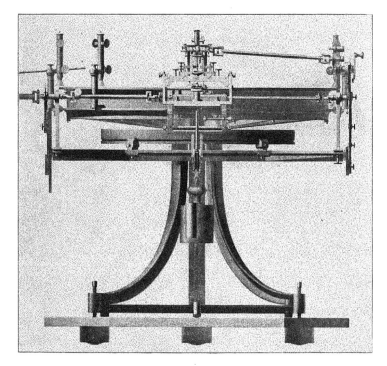

Fig. 447.

Über dem Stichel des Reisserwerks war ein Mikroskop T aufgestellt, welches mit dem unteren Kreise A' fest verbunden war. Ein mit dem Stichel gezogener Strich kann durch das Mikroskop deutlich gesehen werden, sobald der Stichel zurückgezogen ist. In den schematischen Fig. 452 ist k das Stichelgelenk des Reisserwerks mit dem daran befindlichen Stichel, m das Mikroskop. A ist der Kreis, auf dem die Originaltheilung gemacht werden soll, B ist eine Alhidade; sie ist genau um den Mittelpunkt des Kreises drehbar. An dem einen Ende der Alhidade sind zwei aufrechtstehende Fühlhebel a und a' befindlich, welche in den Fig. 452 schematisch und in Fig. 453 in ihrer wahren Einrichtung dargestellt sind. An dem anderen Ende ist die-

selbe mit einem Gegengewichte q versehen.   Die Fühlhebelaxen endigen in
harten Spitzen, welche in ebenfalls gehärteten Einsenkungen lagern.   Der
lange Arm der Fühlhebel spielt gegen eine sehr fein eingetheilte Skala s,
Fig. 453, und wird vermittelst Lupen b, b' abgelesen.   Die Skala wird von
einer Säule S getragen, an welcher bei c eine Umfassung für die Fühlhebel
angebracht ist, damit sie sich nicht zur Seite niedersenken können; zwei Federn
f und f' geben den Fühlhebeln das Bestreben, sich gegen einem Anschlag
zu neigen.   Die Alhidade mit den Fühlhebeln kann vermittelst einer Klemmung und Feinschraube an jeder beliebigen Stelle der Peripherie des Kreises
A befestigt und auf das Genaueste bis zu einer gewissen Grenze geführt

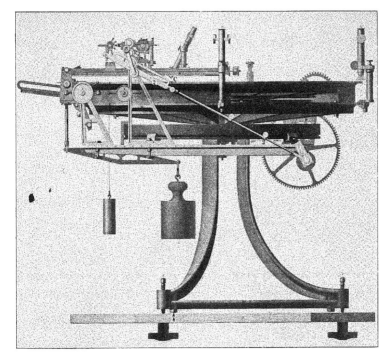

Fig. 448.

werden.   Eine zweite Klemmung mit Feinschraube ist e, Fig. 452, sie dient
dazu, den obern Kreis A mit dem untern, hier etwas grösser gezeichneten,
Kreis A' zu verbinden und beide gegen einander fein zu verstellen.

    Zwei an den unteren Kreis A' befestigte und daran versetzbare Klemmen
g und g' dienen als Anschläge für die Fühlhebel.   Diese Anschläge werden
durch feine abgerundete Stahlspitzen gebildet, welche nahe .über der Axe
des Fühlhebels denselben treffen.   Die Spitzen sind durch eine Mikrometerschraube verstellbar.

    Da die Anschläge g und g' an jeder beliebigen Stelle der Peripherie
des unteren feststehenden Kreises A' befestigt werden können, so kann auch

der Alhidade B jeder beliebige Spielraum bis zu 180 Graden und darüber gegeben werden. Ist z. B. in Fig. 452 der Abstand von g bis g′, von den Spitzen der Anschläge aus gemessen, so gross als ein Bogen von 180 Graden vermehrt um den Winkel, den die Alhidade mit den beiden Fühlhebeln ein- nimmt, so wird die Alhidade, wenn sie von dem Anschlage g bis zu dem Anschlage g′ geführt würde, genau einen Bogen von 180 Graden durchlaufen.

Die Methode der Theilung ist nun leicht zu beschreiben und OERTLING selbst schildert sein Verfahren recht charakteristisch mit folgenden Worten:

„Es stelle A, Fig. 452, den Kreis vor, der noch ohne alle Eintheilung

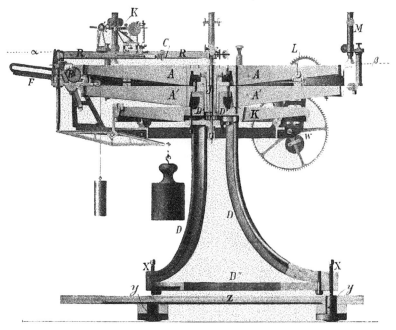

Fig. 449.

ist. Die Eintheilung, welche ihm gegeben werden soll, soll die Peripherie in 360 Theile, und jeden Theil wieder in 60 Theile, also in 360.60 = 21600 gleiche Theile theilen; d. h. die Theilung soll von Minute zu Minute aufgetragen werden.

Beschränken wir uns zunächst auf 360 gleiche Theile und zerlegen wir die Zahl 360 in ihre Faktoren, so werden diese diejenigen Theile angeben, in welche die Peripherie nacheinander getheilt werden kann. Die Zahl 360 besteht aus den Faktoren 2.2.2.3.3.5. Wird also die Peripherie in zwei gleiche Theile getheilt, und werden diese Theile wiederum halbirt und die erhaltenen vier Theile noch einmal, und wird dann jeder der 8 Theile in 3 gleiche Theile, jeder der 24 wiederum in 3, und zuletzt jeder der

72 Theile in 5 gleiche Theile getheilt, so werden sich 360 gleiche Theile ergeben.

Die erste Halbirung der ganzen Peripherie geschah auf folgende Weise: Nachdem der obere Kreis A gegen den unteren feststehenden A' vermittelst der Klemmung e festgestellt ist, wird an einer beliebigen Stelle der Peripherie des oberen Kreises A auf dem eingelegten Silberstreifen mit dem Stichel k, Fig. 452, eine möglichst feine gerade Linie nach der Richtung des Radius gezogen. Ein Mikroskop, welches im Okulare mit einem feinen Fadenkreuze versehen ist, wird an dem zweiten feststehenden Kreise A' so befestigt, dass die gezogene Linie genau von dem Durchschnitt des Fadenkreuzes gedeckt erscheint.

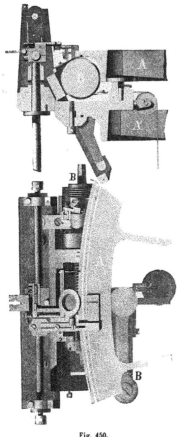

Um nun diejenige Linie zu finden, welche dieser zuerst willkürlich gezogenen genau diametral liegt, wird folgendermassen fortgefahren: Die beiden Anschläge g und g' werden annähernd diametral befestigt, wie in Fig. 452a angedeutet ist. Die Alhidade B, welche um den Mittelpunkt für sich allein drehbar ist, wird mit ihrem Fühlhebel a gegen den Anschlag g geführt; mit dem Kreise mittelst der Klemmung d fest verbunden und vermittelst deren Feinstellung

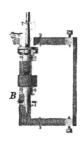

Fig. 450.   Fig. 451.

wird der Fühlhebel a auf seinen Nullpunkt gestellt. Nachdem so die Alhidade B mit dem Kreise A ein Ganzes vorstellt, wird die Klemmung e gelüftet.

Der frei gewordene Kreis wird nun so weit umgedreht, bis der Fühlhebel a' gegen den Anschlag g' trifft; die Klemmung e wird wieder fest angezogen, verbindet wieder beide Kreise, und mit der daran befindlichen Feinschraube wird dann der Kreis A mit der noch befestigten Alhidade B so weit geführt, bis der Fühlhebel a' auf seinem Nullpunkt steht. Lässt man nun die gegenwärtigen Stellungen aller Theile unverändert, mit Ausnahme der Alhidade, welche gelöst und auf ihre erste Stellung für sich allein zurückgeführt wird, sodass der Fühlhebel a wieder auf seinen Nullpunkt kommt, und ist an dieser Stelle die Alhidade aufs Neue mit dem Kreise a fest verbunden, so wird, wenn Kreis und Alhidade zusammen bleiben und so wie das erste Mal wieder so weit geführt werden, dass der Fühlhebel a' auf seinen Nullpunkt kommt, der Kreis A zum zweiten Male. einen Raum durchlaufen, der dem ersten gleich ist, und der erste

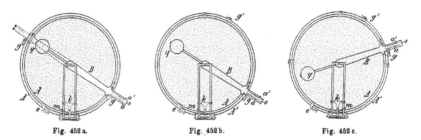

Fig. 452 a.   Fig. 452 b.   Fig. 452 c.

Theilstrich wird wieder in die Nähe seiner ersten Lage kommen, sobald der Spielraum zwischen beiden Anschlägen nur annähernd 180 Grad war. ˙Um halb so viel nun als der Spielraum zu gross oder zu klein war, wird vermittelst der Mikrometerschraube an g oder g' eine der An-

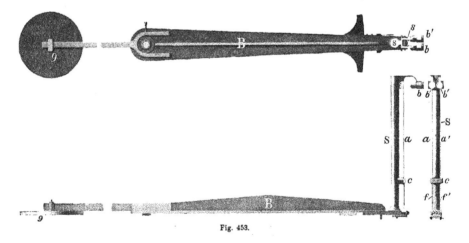

Fig. 453.

schlagspitzen verstellt. Die erste Manipulation wird wiederholt und so lange mit der Berichtigung der Anschläge fortgefahren, bis nach zweimaligem Fortschreiten der Theilstrich immer auf das Genaueste wieder unter dem Mikroskope einsteht. Hat man die Überzeugung gewonnen, dass der Spielraum auf das Genaueste 180 Grad beträgt, so wird der zweite Theilstrich gezogen, und diese beiden Theilstriche müssen nun einander genau diametral liegen oder um 180 Grad von einander entfernt sein. So oft nun einer der Theilstriche unter dem einen Mikroskope einsteht, muss der andere Theilstrich genau das Fadenkreuz des anderen Mikroskopes schneiden. Bestehen beide Theilstriche diese Prüfung auf das Vollkommenste, so wird man mit Hülfe der beiden Mikroskope und Anschläge, sobald diese anstatt um 180 um 90 Grade von einander entfernt befestigt werden, Fig. 452 b, den Bogen von 180 Graden wieder auf dieselbe Weise halbiren können, nur mit dem Unterschiede, dass nicht der erste Strich allein zum Einstehen kommen darf, sondern für die erste Hälfte der Peripherie der zuerst gezogene und der ihm gegenüberliegend gefundene, für die zweite Hälfte der Peripherie aber wieder dieser und der zuerst gezogene Strich. Man erhält durch diese Halbirungen die Bogen von 90 Graden, und wenn diese aufs Neue halbirt werden, indem die Anschläge bis auf 45 Grad genähert werden, so erhält man den Kreis in acht gleiche Theile getheilt, Fig. 452 c. Es kann ferner jeder dieser acht Theile wiederum in drei Theile auf dieselbe Weise eingetheilt werden, wenn der Spielraum bis auf $^1/_{24}$ der Peripherie verkleinert wird. Fährt man so fort, indem jeder der 24 sich ergebenden Theile wiederum in drei, und jeder der dadurch entstehenden 72 wieder in 5 Theile getheilt wird, so erhält man 360 gleiche Theile oder die einzelnen Grade. Ebenso würde man auf einzelne Minuten kommen, wenn ferner nach den Faktoren von $60 = 2 . 2 . 3 . 5$, jede erhaltene Theilung wiederum zerlegt würde. Allein wenn man erfährt, dass schon drei Monate unausgesetzter Arbeit von 10—11 Stunden täglich erforderlich waren, um den Kreis in halbe Grade zu theilen, so würden mindestens sieben Jahre erforderlich gewesen sein, um auf einzelne Minuten zu kommen. Dies wäre aber noch nicht die geringste Schwierigkeit gewesen; denn der Umstand, dass die entsprechenden Theilstriche, die doch immer wieder von Neuem zur Ablesung für die Aufsuchung der folgenden dienen, unmittelbar nachdem sie mit dem Stichel gezogen worden, von ihrem Grate befreit und also fein überschliffen werden müssen, und da sie, je kleiner die Theile werden, um so näher an einander liegen, würde es unmöglich machen, einen Strich für sich einzeln abschleifen zu können, ohne die daneben liegenden ebenfalls mit dem Schleifmaterial zu übergehen. Hieraus würde dann sehr bald der Nachtheil entstehen, dass die zuerst angefertigten Theilstriche so sehr durch das Schleifen angegriffen würden, dass sie bald gänzlich wieder verschwänden. Man ist daher genöthigt, auf andere Mittel zu denken, die kleineren Unterabtheilungen zu finden.

Das bekannteste Mittel, welches in neuerer Zeit auch noch gewöhnlich bei den Ablesungs-Maschinen in Anwendung gebracht wird, ist eine sogenannte Klappe. Es ist dies eine kleine Lamelle, welche in ähnlicher Weise wie ein Nonius mit einer Eintheilung versehen ist, und welche diejenige feinste Unterabtheilung enthält, die einem Einzelnen oder halben Grade der bereits gefundenen Eintheilung gegeben werden soll. Die Eintheilung einer solchen Klappe oder Lamelle kann auf die beschriebene Weise mit der Fühlhebel-Alhidade geschehen, wenn nicht andere Mittel für zweckdienlicher gehalten werden. Diese so vorbereitete Klappe wird dann zwischen je zwei Theilstrichen, welche von ihr bespannt werden, successive befestigt und zur Theilung des kurzen Bogens, den sie überspannt, benutzt".

Diese Methode ist aber nicht angewendet worden, sondern die bis auf halbe Grade geführte Theilung des Kreises wurde dazu benutzt, in den Rand desselben ein Gewinde einzuschneiden, welches durch Eingriff einer Schraube ohne Ende, deren Ganghöhe 10' entsprach, bewirkt wurde. Das Verfahren, welches OERTLING dabei einschlug, beschreibt er ebenfalls am genannten Orte sehr ausführlich. Es heisst dort schliesslich: „Da weder das in den Kreis eingeschnittene Gewinde noch die entsprechende Schraube ohne Ende fehlerfrei hergestellt werden konnten, so war es erforderlich, für jeden einzelnen Umgang der letzteren eine Korrektionstabelle aufzustellen, welche seine Beziehung zur beabsichtigten Minutentheilung für jedes einzelne halbe Gradintervall gesondert angab". Es dürfte, bevor ich das hier über die Oertling'sche Maschine Gesagte abschliesse, noch von Interesse sein anzuführen, auf welche Weise das Einschneiden des Gewindes in den Kreis bewirkt wurde.

Der Kreis A wurde vermittelst der Klemmung e, Fig. 452, festgestellt. Vier Mikroskope an verschiedenen Stellen der Peripherie wurden an den Kreis A' befestigt, unter jedem ein Theilstrich der Original-Theilung zum Einstehen gebracht. Gegen den so feststehenden Kreis war nun die Vorrichtung, Fig. 454, gedrückt. Wurde alsdann während dieses Druckes der Schraubenbohrer B' um seine Axe vor und zurück gedreht, so entstanden an dem Kreise Einschnitte der Schraube, welche mit ihren tiefsten Punkten die Seite eines Polygons bildeten. Nachdem so die Einschnitte etwas angedeutet waren, wurde eine neue Stelle des Kreises genommen, in

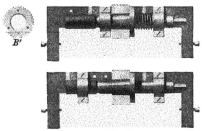

Fig. 454.

dem die Klemmung e gelüftet und andere Theilstriche unter dem Mikroskope zum Einstehen gebracht wurden. Diese Operation wurde anfangs an Stellen der Peripherie, welche um vier Grade auseinander lagen, ringsum vorgenommen. Nachdem diese Stellen alle von gleicher Tiefe vorläufig ausgeschnitten waren, wurden dazwischen liegende Stellen von zwei zu zwei Graden, darauf von Grad zu Grad, und endlich von halbem zu halbem Grad dergestalt eingeschnitten, dass sie die gehörige Tiefe hatten.

So entstand ein Polygon von 720 Seiten, auf welchen die Einschnitte der Schraube angebracht waren, so dass jede Seite drei Einschnitte oder Zähne enthielt.

Um nun die Übergänge von einer Polygonseite zur andern auszugleichen, wurde die Schraube so eingelagert, wie dies in der Fig. 454 abgebildet ist. Die Klemmungen wurden nun von beiden Kreisen gänzlich entfernt, so dass der Kreis A sich frei um seine Axe drehen konnte. Wurde alsdann der Schraubenbohrer B' gegen den Kreis A geführt und zugleich um seine Axe nach einer Richtung gedreht, so musste sich nothwendig der

Kreis A um seine Axe bewegen, und es konnten sich auf diese Weise die
schon unmerklichen Übergänge der 720 Polygonseiten ausgleichen, wodurch
der Kreis ringsum $360.6 = 2160$ gleichmässig eingeschnittene Schraubengänge
oder Zähne erhielt.

In neuer Zeit sind Theilmaschinen nach diesem oder ganz ähnlichen
Principien mehrfach konstruirt worden. Ich lasse hier noch mit kurzen Beschreibungen die Abbildungen einiger derselben folgen.

Die Theilmaschine von W. Simms in London[1] ist derjenigen von
Troughton, welche sich im Besitze von W. Simms befindet, fast durchgängig
ähnlich gebaut, nur ist der Mutterkreis der Troughton'schen Maschine nicht
in einem Stück gegossen, weil man fürchtete, die grosse Masse würde zu
wenig homogen werden. Ausserdem können bei Simms auch Kreise getheilt
werden, ohne dass man sie von ihren Axen abnehmen muss. Fig. 455 ist ein
Durchschnitt durch die Maschinenplatte und ihren centralen Theil, welcher
wie bemerkt durch Aushöhlung so eingerichtet ist, dass er die Axen des
zu theilenden Kreises aufnehmen kann. Diese Höhlung kann jedoch durch
die Körneraxe mit der Platte a genau centrisch in Ausdrehung b verschlossen
werden. Friktionsrollen tragen den grössten Theil des Gewichtes der

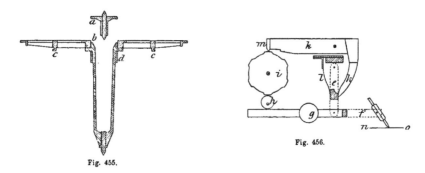

Fig. 455.   Fig. 456.

schweren Kreisplatte, welche in einer Hülse des Untergestelles bei c läuft,
und deren stählernes Centrum bei d sicher gestützt und geführt wird.

Auf der Platte sind zwei Theilungen im Intervall von 2' angebracht,
die eine mit sehr feinen Linien auf einem Silberstreifen für den Gebrauch
unter den Mikroskopen, die andere, äussere auf dem Kanonenmetall, aus
welchem der Körper des Kreises besteht, mit groben Strichen, welche ohne
Hülfsmittel abgelesen werden können. Die erstere wurde nach Troughtons
Verfahren aufgetragen und umfasst 4320 Striche, welche an 256 Haupttheile
angeschlossen wurden, während Ramsden als ursprügliche Eintheilung eine
solche von 240 Theilen benutzte. Völlig übereinstimmend mit der äusseren
Theilung wurden mittelst eines besonderen Verfahrens 4320 Zähne in den
Rand des Originalkreises eingeschnitten. Die in diese Zähne eingreifende
Schraube ohne Ende ist genau untersucht und ausserdem der Werth einer
Umdrehung für viele Stellen des Umfanges bestimmt und sehr befriedigend

---

[1] Memoirs of the Royal Astron. Soc., Bd. XV, S. 83 ff.

gleichförmig befunden worden. Die Thätigkeit der Maschine kann sowohl durch die Hand, als auch automatisch durch irgend einen Motor bewirkt werden. Fig. 456 zeigt das Reisserwerk zum Theil im Durchschnitt und ohne die Nebeneinrichtungen; e und f sind die beiden Arme des Rahmens, die Verlängerung von f trägt das Ge-

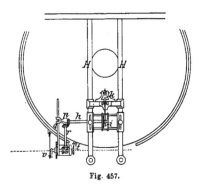

gengewicht g, durch welches die Tiefe des Striches verändert und durch welche vermittelst des Excenters h der Stichel gehoben werden kann; i ist eine Scheibe mit eingekerbtem Rande, die Kerben- länge bestimmt in leicht zu übersehen- der Weise die Länge der Theilstriche. Das Hebelwerk k und die Feder l be- wirken die betreffende Übertragung. Dieser Apparat ist mit der Schraube ohne Ende, welche die Kreisplatte be- wegt, durch das Gestänge b p q r verbun-

Fig. 457.

den, wie es die Fig. 457 zeigt. Es ist h die Axe des Excenters, p der gemein- schaftliche Lagerbock zweier Räderwellen, welcher sich auf der Stange q ver-

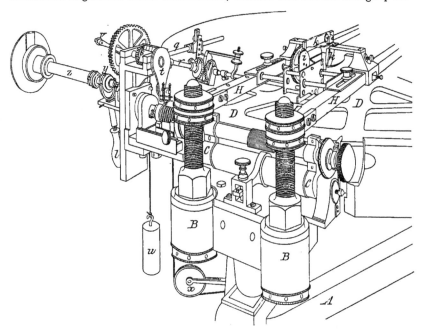

Fig. 458.
(Nach Memoirs of the Royal Astron. Soc., Bd. XV.)

schieben lässt, um das Reisserwerk für die verschiedene Grösse der Kreise einzu- stellen; aus demselben Grunde ist auch die Welle r aus zwei in einander verschiebbaren Theilen hergestellt. Diese Wellen und Räder sind in den

Figuren als gleich gross dargestellt, wodurch eine Eintheilung in Intervalle, welche der Haupttheilung entsprechen, erzielt wird, nämlich von 5 zu 5 Minuten. Soll dafür ein anderes Intervall eingeführt werden, so muss man entweder das Verhältniss dieser Räder oder die Länge der Krummzapfen ändern.

Eine Gesammtansicht der Hauptheile dieser Maschine giebt Fig. 458. Ein Holzgestell A trägt die ganze Maschine, B B ist der metallene Dreifuss, in dessen Centrum sich die Grundplatte der Maschine dreht und welcher auch allen oberen Theilen zur Befestigung dient. C C ist der Rahmen für die Schraube ohne Ende, welche sich auf einem hoch polirten Stahlzapfen dreht. Die Schraube ist in die Zähne der Scheibe eingerückt und wird durch eine Spiralfeder in Verbindung mit dem Hebel bei W gegen dieselbe gepresst. Die Schraube kann ausser Eingriff gesetzt werden, wenn W niedergedrückt wird. D D ist die Theilscheibe, welche von einem Reifen aus Mahagoniholz zum Schutze der Zähne umgeben ist. H H sind die beiden Stangen, welche mit dem Dreifuss direkt verbunden sind und das Reisserwerk tragen. Die mit p, q, r, s und t bezeichneten Theile entsprechen denen der Fig. 457 und dienen zur Übertragung der Bewegung des Motors auf das Reisserwerk. Dazu gehören auch die Theile y und z; letzterer, eine Röhre, geht durch die Wand hindurch nach dem Motor. Vermittelst des Armes l kann auf leicht ersichtliche Weise die Verbindung fast momentan hergestellt und aufgehoben werden. Auch automatisch kann die Maschine diese Verbindung unterbrechen, wenn sie ihre Thätigkeit beendet hat.

Die Theilmaschine von SÉCRETAN in Paris, auf welcher die Kreise der meisten grösseren Instrumente der französischen Sternwarten direkt oder indirekt getheilt worden sind, stellt Fig. 459 dar. SÉCRETAN verfuhr bei der Ausführung der Originaltheilung dieser Maschine ähnlich wie REICHENBACH und OERTLING, nur benutzte er keine Fühlhebel, sondern Mikrometermikroskope. In der Figur sind A^1 und A^2 zwei Kreise von je 115 cm Durchmesser. Der Kreis A^2 stellt mit dem massiven Untergestell der Maschine, welches mittelst eines Dreifusses B auf einem vom Fussboden gut isolirten Pfeiler ruht, die Unterlage für den die eigentliche Theilung tragenden Kreis A^1 dar. Beide Kreise stehen um etwa 8 cm von einander ab. Der obere Kreis A^1 besitzt an seinem Rande einen der Theilung entsprechenden Schraubengang. Dieser wurde eingeschnitten, nachdem die Originaltheilung hergestellt war. Die Schraube ohne Ende S von gleicher Ganghöhe wird bei C gegen den oberen Kreis gepresst; mittelst derselben, welche einen getheilten Kopf trägt, wurde eine zweite, gleichen Schraubenintervallen entsprechende, Theilung auf den Kreis A^1 so aufgetragen, dass deren Striche mit denjenigen der ersten Theilung gleichzeitig in den Mikroskopen M M sichtbar waren. Auf diese Weise wurde es möglich, die Beziehung der Schraubengänge an den einzelnen Stellen des Kreises zur Originaltheilung aufzufinden. Die so abgeleiteten Korrektionen der Schraubenintervalle können dann beim Kopiren der Theilung in Rechnung gebracht werden. Der das Reisserwerk tragende Oberteil der Maschine ruht mit 4 Schrauben auf dem Kreise A^2. Die beiden Schienen D und D' dienen dem Reisserwerk zur Führung, welches ebenso wie die Schraube ohne Ende durch zwei Gestänge mittelst Kurbeln, die auf

einem besonderen Ständer T ruhen, in Bewegung gesetzt wird. Im Übrigen bietet diese Theilmaschine keine weiteren Eigenthümlichkeiten dar,
wenn man nicht die durch einen besonderen Dreifuss R unterstützte Hauptaxe des Theilkreises als solche bezeichnen will.

Ein ganz eigenthümliches Verfahren hat die Société genevoise in Genf
bei der Herstellung der Originaltheilung ihrer Kreistheilmaschine angewendet;
wenn ich demselben auch durchaus nicht das Wort reden möchte, so will ich

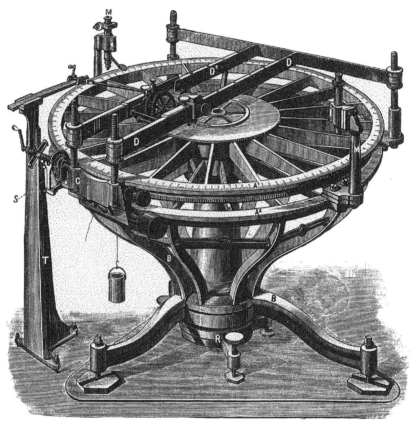

Fig. 459.

es doch hier an der Hand der in der Zschr. f. Instrkde. 1883, S. 53 ff.
gegebenen Mittheilungen kurz erläutern. Schon die Heranziehung ander-
weitiger vielfältiger Einrichtungen wird einer häufigeren Anwendung dieser
Methode im Wege stehen. Von besonderer Bedeutung bei diesem Verfahren
ist der Umstand gewesen, dass die vorzügliche Längentheilmaschine des
Institutes nicht weit von der fest aufgestellten Kreistheilmaschine ebenfalls
ganz besonders gut fundirt ihren Platz hat.

Die Kreistheilmaschine ist, soweit möglich, in Gusseisen ausgeführt; das

solide Gestell ruht auf einem etwa 28 cbm Masse besitzenden Betonblock mit
4 runden Füssen auf. Zur Vermeidung aller Erschütterungen sind die zur automatischen Bewegung von Tangentenschraube und Reisserwerk nöthigen Gestänge
auf besonderen Trägern montirt, und ausserdem werden sehr genaue Theilungen nur bei Nacht vorgenommen, wenn die übrigen Werkstätten ruhen.
Der Kreis von 1 m Durchmesser ist massiv und an der Unterfläche noch
durch Rippen versteift. Der Vollkreis wurde gewählt, um gleichmässige Tem-
peraturvertheilung zu erzielen.[1]) Seine genau eingepasste konische Axe ist
aus gehärtetem Stahl und mit ihm fest verschraubt; sie dreht sich in einer
broncenen Büchse, an deren Innenfläche sie ihrer ganzen Länge nach anliegt.
Über derselben trägt der Kreis einen ebenfalls konischen Zapfen zur Aufnahme und centrischen Befestigung der zu theilenden Kreise, deren Lage
durch sehr empfindliche Fühlhebel kontrolirt werden kann. Fast das gesammte Gewicht des Kreises wird durch ein vom Fussgestell isolirt angebrachtes Gegengewicht, welches streng centrisch wirkt, aufgehoben; je nach
dem Gewicht des zu theilenden Kreises kann ersteres Gewicht vermehrt oder
vermindert werden.

Die Drehung des Kreises wird durch eine Tangentenschraube mit einer
Steigung, welche dem Werth von $^1/_8{}^0$ entspricht, vermittelt, so dass der Umfang 1080 Einschnitte trägt.

Die Methode der Ausgleichung der Schraube gegenüber dem vorher
ermittelten $^1/_{32}$ Theilen des Kreises und deren 135 Unterabtheilungen bildeten den eigenthümlichen Schritt in der Herstellung der Originaltheilung
dieser Maschine. Der Kreis trägt nahe seinem Umfange 2 eingewalzte
Silberstreifen zur Aufnahme der Theilung. Ausserdem ist er an 32 sehr
nahe äquidistanten Stellen durchbohrt. Diese Löcher sind mit feinen Glasplatten gedeckt, auf welche je ein Kreuzschnitt aufgerissen ist, und die sich
in geringen Grenzen mikrometrisch tangential verschieben lassen. Der eine
der beiden Striche steht in radialer, der andere in tangentialer Richtung.
Der erstere dient als Theilungsmarke, der andere zur Kontrole der Central-
distanz. Mittelst zweier Mikroskope, welche auf zwei auf gleichem Durchmesser liegende Merkplättchen eingestellt waren, wurden zunächst in der
oben beschriebenen Weise zwei Winkel von 180^0 bestimmt, weiterhin durch
ein drittes Mikroskop ein zu diesem Durchmesser senkrecht stehender und
so fortfahrend die gewünschten Unterabtheilungen von 45^0, $22^1/_2$ und $11^1/_4{}^0$.
Da die ganze Theilung bis auf Intervalle von $5'$ durchgeführt werden sollte,
waren diese letzten Winkel noch in je 135 gleiche Theile zu theilen. Vorerst
wurden aber die gefundenen 32 Theilpunkte, die sich innerhalb $1''$ als richtig
gelegen erwiesen, durch das Reisserwerk auf den einen Silberstreifen übertragen.

Durch Anbringung eines Keiles k, Fig. 460, welcher zwischen die
Schraubenmutter m und den Schlitten S der Längentheilmaschine eingeschoben wurde, und dessen dickeres Ende an einem in der Ebene der

---

[1]) Ob in dieser Beziehung der Vollkreis wirklich zweckentsprechend ist, mag dahin gestellt bleiben.

Kreisbewegung verstellbar angebrachten Lineale entlang gleiten muss, ist es zu erreichen, dass man mit derselben Schraube Theilungen nach verschiedenen Einheiten automatisch durchführen kann. Mit Hülfe dieser Einrichtung und der oben erwähnten festen gegenseitigen Stellung beider Maschinen war es nun möglich die 135-Theilung durchzuführen. Es wurde statt des geraden Lineals l ein solches mit bestimmter Krümmung angebracht, um von einer Tangententheilung zur Bogentheilung überzugehen; ausserdem wurde auf dem Kreise eine Art Alhidade A befestigt, welche an ihrem Ende das genaue, plane Lineal a trug. Auf dem Schlitten S der Längentheilmaschine wurde die glasharte Schneide b angebracht, gegen welche die Alhidade durch eine über die Rolle r geleitete Gewichtsschnur sicher angedrückt wurde. Zunächst wurde die $^1/_{32}$ des Kreisumfanges entsprechende Verschiebung des Schlittens gemessen und dann den Fehlern der Schraube

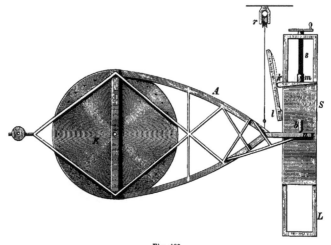

Fig. 460.
(Aus Zschr. f. Instrkde. 1888.)

folgend die Kurve an l genähert ausgefeilt.[1]) Das Auftragen einer danach bestimmten Theilung auf einen provisorisch auf den Kreis aufgeschraubten Sektor und dessen Untersuchung mittelst eines genauen Mikrometers gab das Mittel an die Hand, die Kurve des Lineals zu verbessern und so abwechselnd durch mehrfache Näherung zu einer genügenden Gleichheit der 5′ Intervalle zu kommen. Da nun auch die auf Grund dieser Theilung eingeschnittenen Zähne am Kreisumfang, sowie die Tangentenschraube nicht absolute Genauigkeit bei der automatischen Übertragung dieser Theilung auf andere Kreise gewährt, so ist mit dem Sperrrade der Schraube eine Hebeleinrichtung verbunden, welche dieses um die Schraubenaxe periodisch um kleine Be-

---

[1]) Dies Verfahren der Korrektion dürfte sich auch in manchen anderen Fällen als brauchbar erweisen, wie man ja in der Maschinentechnik schon mehrfach ähnlich vorgegangen ist, um gewisse Bewegungsanomalien zu erzielen.

träge zu drehen im Stande ist, und welches an seinem einen Ende durch eine der eben beschriebenen Einrichtungen ganz ähnliche Kurvenführung seine Bewegung vorgezeichnet erhält. Das Institut ist dadurch in den Stand gesetzt, mit Leichtigkeit Theilungen zu liefern, welche die einzelnen Theilstriche innerhalb 1 bis 2 Sekunden sicher richtig enthalten. Es lässt sich das leicht ermöglichen, da am Umfange des Sperrrades eine Bogensekunde schon einen erheblichen linearen Werth hat und dieser am Ende des auf der Kurve gleitenden Hebelarmes schon auf etwa 3 mm vergrössert wird, was die genügend richtige Konstruktion derselben erheblich erleichtert.

Fig. 461.

Eine Prüfung der endgültigen Theilung wurde dadurch erzielt, dass ohne Unterbrechung kurz hintereinander zwei Theilungen auf demselben Silberstreifen ausgeführt wurden, deren Strichabstand nur 20″ betrug. Eine Durchmessung aller dieser 20″ Intervalle lieferte den Anhalt für die oben gegebene Fehlergrenze.[1])

Das Reisserwerk ist so eingerichtet, dass Theilungen in der Kreisebene und auf schwach geneigtem Limbus, dagegen keine solchen auf der Cylinder-

---

[1]) Bezüglich genauerer Details muss ich auf den oben citirten Aufsatz in der Zschr. f. Instrkde. verweisen, während ein Theil des hier Gegebenen aus mir gütigst zur Verfügung gestelltem, handschriftlichem Material entnommen ist.

fläche ausgeführt werden können. Leider ist es mir aber nicht möglich, eine
Abbildung dieser Maschine zu geben, da das Institut selbst keine entsprechende
besitzt. Eine kleinere dort in Benutzung befindliche Maschine, welche im
Ganzen ähnlich konstruirt ist, zeigt die Fig. 461.

In neuerer Zeit haben die grösseren amerikanischen Werkstätten sich

Fig. 462.

eigene Theilmaschinen angeschafft. Fig. 462 zeigt diejenige der Firma
Buff & Berger in Boston, welche von J. H. Temple in Boston gebaut worden
ist, und die Fig. 463 diejenige von Fauth & Co. (G. N. Saegmüller); dieser
hat mir in zuvorkommender Weise auch eine Beschreibung der Maschine
zur Verfügung gestellt. Ich lasse dieselbe hier auszugsweise folgen.

Die Maschine ist gänzlich aus Gusseisen und Stahl gefertigt, Axen und Schrauben sind glashart. Mittelst Metallthermometer wird eine automatische Temperaturausgleichung erzielt. Der Kreis K hat einen Durchmesser von

Fig. 463.

einem Meter, und es können Kreise von noch etwas grösserem Durchmesser darauf getheilt werden. Die Axe, auf welcher der Kreis befestigt ist, ruht mit nur einigen Pfunden Gewicht in ihren Lagern, obwohl das volle Gewicht über 500 Pfund beträgt.

Der Kreis wird mittelst zweier sich diametral gegenüberliegender Schrauben S bewegt, was eine Abweichung von den bisher beschriebenen Maschinen ist. Diese beiden Schrauben sind derart miteinander verbunden, dass beiden eine absolut gleiche Bewegung mitgetheilt wird. Obwohl es leicht ist, zwei parallele Axen mittelst Kegelrädern zu verbinden, wurde diese Methode nicht angewandt, da es unmöglich schien, zwei ganz genaue Kegelräder herzustellen und ohne solche der Hauptbedingung, nämlich absolut symmetrischer Bewegung, nicht Genüge geleistet werden kann. Die Bewegung geschieht vielmehr mittelst einer langen Zahnstange Z, die sich auf der Platte unter dem Kreis hin- und herbewegt und deren beide gezahnte Enden in Zahnräder eingreifen, welche auf den Schraubenaxen befestigt sind. Da nun diese Zahnräder und die beiden Enden der Zahnstange miteinander geschnitten wurden, ist blos Rücksicht darauf zu nehmen, dass man die korrespondirenden Zähne eingreifen lässt.

In den Kreis sind an seinem äusseren Rande 4320 Zähne eingeschnitten, in welche die beiden Schrauben eingreifen; jeder dieser Zähne repräsentirt also fünf Bogenminuten.

Die Platte unter dem Kreis trägt zwei Ständer A, zwischen welchen ein Querstück B auf und abgeführt werden kann. Dasselbe trägt das Reisserwerk R und dieses kann daher sowohl auf und ab als seitwärts verschoben werden, je nachdem dies die Grösse der zu theilenden Kreise nöthig macht. Das Reisserwerk wird mittelst einer rotirenden Axe bewegt und kann so gestellt werden, dass es nicht nur kurze oder lange Striche in verschiedener Reihenfolge zieht, sondern auch in horizontaler oder senkrechter Richtung oder in irgend einer Zwischenlage arbeitet, so dass Kreise auf der Fläche sowohl als auf der Kante getheilt werden können.

Um die zu theilenden Kreise genau centrisch auf die Maschine zu bekommen, werden dieselben mittelst einer sehr empfindlichen Kontaktlibelle centrirt.

Der Betrieb der Maschine ist nun folgender: Das Triebrad T, gelagert auf einem der massiven Füsse des Dreifusses der Maschine, wird von einem Motor bewegt. Die Zahnstange Z, welche den beiden Schrauben S die Bewegung mittheilt, ist mittelst einer kräftigen Stahlkette C so mit dem Rad verbunden, dass die rotirende Bewegung des Rades eine hin- und hergehende Bewegung der Stange verursacht. Das Rad jedoch zieht die Stange blos während eines halben Umganges an; während des anderen zieht ein Gewicht die Stange wieder zurück. Die Triebradaxe ist mittelst konischer Räder r und Zahnstangen mit der Triebaxe des Reisserwerkes R verbunden und versetzt dieselbe in rotirende Bewegung; diese Axe hat zwei Excenter, welche dem Diamant oder Stahl D sowohl eine auf- und abgehende als hin- und hergehende Bewegung ertheilen. Der Apparat ist so eingestellt, dass, während die Triebstange vom Gewicht zurückgezogen wird und der Theilkreis ruhig steht, der Diamant sich herabsenkt und den Strich zieht, ehe das Rad anfängt, den Kreis wieder zu bewegen. Die Erfahrung hat gelehrt, dass, je langsamer der Diamant über die Fläche gleitet, desto schöner und glatter die Linie wird. Um jedoch die Maschine nicht zu langsam gehen lassen zu müssen, ist die Räderverbindung am Reisserwerk mittelst elliptischer Zahnräder hergestellt, welche in der Art wirken, dass der Diamant sehr langsam zieht, aber sehr schnell vorwärts eilt, sobald der Strich gezogen ist.

Um Theilungen von verschiedener Feinheit herzustellen, ist es nur nöthig, der Zahnstange, welche zwischen versetzbaren Anschlägen arbeitet, längeres oder kürzeres Spiel zu geben. Die Verbindung der Zahnräder mit der Schraube erfolgt mittelst eines Sperrrades und zweier Sperrkegel; während des durch obenerwähntes Gewicht verursachten Rückganges der Zahnstange gleiten die Sperrkegel lose über das Sperrrad, und die Schraube bleibt ruhig stehen. Um das Abnutzen und das Geräusch gewöhnlicher Sperrkegel zu vermeiden, sind diese so konstruirt, dass sie sich sofort auslösen, wenn der Rückgang beginnt, und wieder einfallen, wenn das Triebrad zieht.

Obwohl die 4320 Einschnitte in den Kreis mit der grössten Sorgfalt ausgeführt wurden — diese Operation nahm allein mehrere Monate in Anspruch, — sind doch mehrere Unregelmässigkeiten vorhanden, welche, obwohl nur einige Bogensekunden betragend, dennoch zu gross sind, um bei grösseren Kreisen unberücksichtigt bleiben zu dürfen. Um diese Fehler zu eliminiren, ist folgende Einrichtung angebracht: Die beiden Bewegungsschrauben sind nicht fest auf der Platte unter dem Kreise befestigt, sondern ruhen auf einer Metallplatte, die sich um die Theilmaschinenaxe drehen kann. Der Kreis trägt an seiner Unterseite einen vorstehenden Ring, in welchen 360 harte Justirschrauben t radial eingepasst sind; ein langer Stahlhebel H hat seinen Drehpunkt auf der Hauptplatte, sein kurzer Arm ist mit der Schraubenplatte verbunden, während der lange gegen die vorerwähnten Justirschrauben t mittelst eines Gewichtes angedrückt wird. Wären alle Schrauben von gleicher Länge, so würde dieser Hebel während der Drehung des Kreises ruhig verharren; steht jedoch eine oder die andere der Schrauben hervor, so wird der Hebel nach aussen gepresst, die Schraubenplatte nach der entgegengesetzten Seite, und da diese durch die Triebschrauben mit dem Kreise verbunden ist und sich sehr leicht bewegt, so wird der Kreis dieselbe Bewegung mitmachen. Die Schraubenplatte ruht auf harten Stahlkugeln, um der Hebelbewegung leicht folgen zu können. Die Korrektionen werden folglich durch eine tangentiale Verschiebung der Triebschrauben hervorgebracht. Mittelst der Normaltheilung, welche durch stark vergrössernde Mikroskope beobachtet wird und deren Fehler scharf bestimmt sind, können diese 360 Justirschrauben leicht und sicher eingestellt werden. Da die beiden Triebschrauben S S beinahe zwei Grade in den Kreis eingreifen, und die Korrektion stufenweise geschieht, indem der lange Hebelarm, wo er gegen die Justirschrauben anliegt, keilförmig geformt ist, so können mittelst dieser 360 Schrauben alle kleinen Fehler im Hauptkreise eliminirt werden.

Wie die Untersuchung mittelst dieser Maschine getheilter Kreise gezeigt hat, ist die geschilderte Korrektionseinrichtung von guter Wirkung. Die Dauer der Theilung eines grossen Kreises in Intervalle von 5 zu 5 Minuten soll, wie SAEGEMÜLLER angiebt, nur etwa acht Stunden in Anspruch nehmen.

Auch noch zwei Theilmaschinen der Neuzeit aus deutschen Werkstätten will ich kurz erwähnen und die Zeichnung davon mittheilen. Die eine ist die Maschine von Th. WEGENER in Berlin, welche Fig. 464 darstellt. Sie besteht in ihren wesentlichen Theilen aus zwei Kreisscheiben aus Rothguss von 1 m Durchmesser A und A', welche in einem Abstande von 0,135 m übereinander stehen. Der obere drehbare Kreis trägt die Originaltheilung und dient gleichzeitig den zu theilenden Kreisen als Auflage; am unteren, feststehenden sind die Mikroskope (1) und die Brücke für das Reisserwerk (2) befestigt. Auf einem sehr starken und schweren Untergestell (4) ruht eine gusseiserne, schwere Hülse (3) mit breiter Flansche, auf welcher der untere Kreis befestigt ist, während der obere Kreis in dieser Hülse mittelst eines starken,

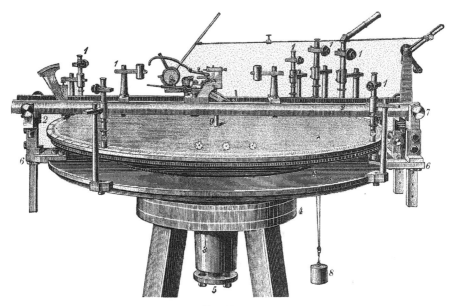

Fig. 464.

50 cm langen Zapfens drehbar ist. Dieser hat oben 8 cm und unten 5 cm im Durchmesser. Er endet unten in einen glasharten, stählernen Bolzen, der mit seiner konvexen Endfläche auf der schwach konkaven, gleichfalls stählernen Scheibe (5) aufruht. Von den beiden am unteren Kreise angebrachten Ansätzen (6), welche die Säulen für die Brücke tragen, nimmt derjenige, welcher zwei Säulen zur Stütze dient, auch zugleich die den oberen Kreis bewegende Schraube ohne Ende mit ihren Lagertheilen (7) auf. Die Schraube selbst kann aus den Kerben des Theilkreises ausgeschoben werden und wird während der Arbeit durch ein Gewicht (8) gegen denselben gedrückt. Das Einschneiden der Striche geschieht durch einen Bewegungsmechanismus, welcher seine Stütze an der Wand des Theilungsraumes hat, um so jede

Erschütterung von der Maschine selbst fern zu halten.[1]) Zur sicheren Centrirung der zu theilenden Kreise setzt sich der Hauptzapfen des Kreises nach oben konisch (9) fort, so dass man die Kreise daraufschieben kann. Die Prüfung der vollkommenen Horizontirung wird durch den senkrecht wirkenden Fühlhebel (10) ausgeführt. In den Kreis A sind 2 Silberstreifen eingelassen, welche 4 Theilungen aufnehmen können. Einer dieser Streifen trägt die benutzte Originaltheilung, welche im Wesentlichen nach dem schon oben geschilderten Verfahren hergestellt worden ist.

Soll die Maschine automatisch wirken, also ohne gleichzeitige Ablesung der Originaltheilung,[2]) so ist an derselben eine besondere Einrichtung angebracht, welche die Fehler der Schraube und des Kreisgewindes korrigirt. Die zu diesem Zwecke angebrachten Korrektionsschrauben verursachen, dass der Anschlag für die Schraube gehoben und gesenkt wird, welches durch einen hebelförmigen Arm bewirkt wird. Hierdurch erreicht die Schraube denselben früher oder später, und die Maschine wird mehr oder weniger herumgedreht.

Da in der Regel eine Verschiedenheit zwischen der Theilung und dem Gewinde nicht plötzlich auftritt, sondern durch winziges Anschwellen oder Sinken einer Partie Gänge des Gewindes zu einer störenden Grösse wächst, so ist an dem Ende des die Korrektur vermittelnden Hebelarmes eine Vorkehrung getroffen, dass die Korrektur sich auch auf die zwischen zwei Korrektionsschrauben liegenden Gänge ausdehnt und der Fehler allmählich steigend resp. schwindend korrigirt wird und so auch die einzelnen Umgänge der Schraube oder Bruchtheile derselben eine richtige Einstellung der Theilscheibe ergeben müssen. Die Bewegung der Schraube wird durch das Anziehen einer auf Fig. 465 sichtbaren Darmsaite derartig bewirkt, dass sich selbige beim Anzug von einer gewindeartigen Schnecke, auf der sie aufgewickelt ist, abwickelt und die Schnecke herumdreht.

Da die Schnur nun in der Mitte der Rolle an derselben befestigt ist, wird beim Herumdrehen derselben das andere Ende der Schnur mit dem Gewicht aufgewickelt. Die Schnecke trägt vorne ein Gehäuse mit einem Sperrkegel, der sich in ein an der Schraubenwelle befindliches Sperrrad beim Umgang der Schnecke einsetzt und die Schraubenwelle um das entsprechend eingestellte Intervall der Theilung mitnimmt; gleichzeitig ist hier Vorsorge getroffen, dass die Umdrehung der Schraubenwelle in der letzten Partie ihres Umgangs verlangsamt wird, damit nicht die Centrifugalkraft die Schraube über den Anschlag hinaus schleudert und die Theilscheibe mehr herumdreht als beabsichtigt ist. Hat nun die Schnur die Theilstrecke herumgedreht, so hat auch der Arm, an welchem dieselbe befestigt ist, seinen höchsten Punkt erreicht, und die ziehende Kraft desselben hört auf. Jetzt tritt das Gewicht in Thätigkeit und wickelt den anderen Theil der Darmschnur beim Sinken ab; da die Schnur, wie vorher gesagt, an der Schnecke

---

[1]) Vergl. auch die Einrichtung bei Simms, S. 440. In unserer Figur ist die Handhabe für das Reisserwerk der Übersicht wegen an der Schraubenstütze befestigt gezeichnet.
[2]) In Fig. 465 ist eine kleinere solche Maschine dargestellt.

befestigt ist, so muss diese sich entgegengesetzt ihrer früheren Bewegung herumdrehen und das andere Ende aufwickeln, wobei der Sperrkegel frei über das jetzt unabhängige Sperrrad der Schraubenwelle läuft und die Schraube stehen bleibt, bis die aussen am Kasten der Maschine sichtbare Welle, welche mittelst Zahnrad herumgedreht wird, wieder soweit herumgegangen ist, dass die Theilscheibe mitgenommen wird.

Während die Maschine nun stillsteht, wird durch das Reisserwerk mittelst des anderen Hebels und seiner Übertragungen der Theilstrich gezogen.

Eine solche Maschine von 1 m Durchmesser kostet etwa 24 000 Mark.

Die andere erwähnte Maschine ist die der Werkstätte von Max Ott in

Fig. 465.

Kempten, welche wegen ihres kompendiösen Baues noch Erwähnung verdient; sie eignet sich deshalb namentlich für kleinere Instrumente. Das ganze Obertheil, Fig. 466, ist aus Rothguss hergestellt, ruht drehbar auf einem massiven Dreifuss, und ist überall gut zugänglich.

Der Originalkreis A ist mit zwei eingelegten Silberstreifen versehen, auf deren einem die $\frac{1}{12}^0$ Theilung, auf dem anderen die verschiedenen Nonientheilungen sich befinden; er trägt an seinem Umfange Gewindezähne, deren Abstand genau $\frac{1}{2}^0$ entspricht und mittelst welcher er durch Drehen der in dieselben eingreifenden Spindel mit Schneckengewinde, nebst Trommel mit Theilung t um beliebig kleine Intervalle bewegt werden kann; die Spindel ist mittelst der rechts befindlichen Knebelschraube r zum raschen

Aus- und Einlösen eingerichtet. Das Ansatzstück m dient zum Aufstecken des zu theilenden Kreises; dünne Scheiben können nach Beseitigen von m direkt auf den Originalkreis aufgelegt werden.

Die Axe des Kreises bildet ein sorgfältigst bearbeiteter Stahlkonus, dessen Länge gleich dem Kreisradius gewählt ist und welcher seine Lagerung in einer Büchse hat, die ihrerseits wieder im Dreifuss selbst drehbar ist. Unten endigt die Axe in eine glasharte Kugel und liegt mit derselben, zur Verminderung des Druckes auf die Konuswandung, auf einer genau justirten Gegenschraube auf.

Mit der erwähnten Büchse fest verbunden ist der untere Kreis, welcher als Träger für die Mikroskope und die Brücke dient, auf der das Reisserwerk montirt ist.

Von den zwei auf der Abbildung ersichtlichen Reisserwerken dient a speciell für Präcisionstheilungen, besorgt das Strichziehen und Einstellen auf die

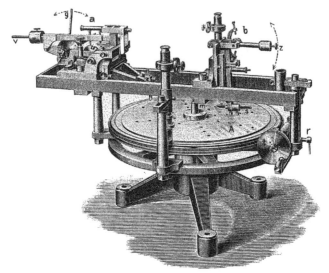

Fig. 466.

Strichlänge beim Drehen des Hebels g vollständig automatisch und ist im mechanischen Theil derart angeordnet, dass die Handbewegung erst indirekt auf den Stichelträger wirkt, so dass sich kleine Ungleichheiten in der Bewegung nicht mit übertragen.

Das Reisserwerk b ist für alle Zwecke geeignet und kann, da hier die Stichelbelastung durch Federdruck erzielt wird, sowohl für schräge, als auch für Randtheilungen benützt werden.

Da es bei allen beschriebenen Theilmaschinen immer Schwierigkeiten bereitet, die Drehung des Originalkreises mittelst der Schneckenschraube sehr gleichmässig und zuverlässig auszuführen, so hat in jüngster Zeit HEYDE versucht, Schrauben herzustellen, welche statt cylindrischer Spindel eine solche von der in Fig. 467 dargestellten Form haben.. Dadurch wird bewirkt, dass viel mehr Schraubengänge gleichzeitig zur Wirkung gelangen und daher kleine Unregelmässigkeiten besser ausgeglichen werden. Die Herstellung solcher Schrauben in der erforderlichen Güte dürfte aber doch ziemlich schwierig sein.

Man hat sogar Methoden angegeben, um an fertig aufgestellten Instrumenten noch nachträglich eine Theilung auftragen zu können.[1])

Wie aus dem Vorstehenden ersichtlich, kommen die Theilungen der Kreise auf verschiedene Weise zu Stande, ein Theil der Striche entsteht (auch wenn eine Kopie in Betracht gezogen wird) durch unmittelbare Eintragung einer Reihe von Durchmessern des Kreises, während der andere Theil d. h. die zwischen den Endpunkten dieser Durchmesser liegenden Intervalle gewissermassen ohne

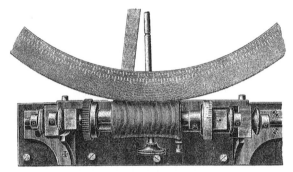

Fig. 467.

Rücksicht auf die von ihnen gemessenen Centriwinkel mehr als Theile der Bögen selbst eingetragen werden. Es kommen daher bei den Theilungen Fehler vor, welche beim Aufsuchen der Endpunkte der Hauptdurchmesser, und solche, welche beim Einreissen der Einzelstriche begangen werden. Mit den ersteren mischen sich dann noch diejenigen Fehler, welche von etwaigen Deformationen der Kreise bei ihrer Befestigung am Instrument, von Temperatureinflüssen, die vielleicht bei der Herstellung bestimmter Strecken der Theilung abnorm waren, oder auch von der Gestalt des Kreises, d. h. von der Anordnung seiner Speichen u. s. w. herrühren. Alle diese werden grösseren Bögen der Theilung gemeinsam sein oder auf solchen von Null bis zu einem bestimmten Betrage regelmässig wachsen, um dann ähnlich wieder abzunehmen, welcher Vorgang sich meist in aliquoten Theilen der Peripherie zu wiederholen pflegt. Diese Fehler nennt man periodische Theilungsfehler, während man die der zweiten Gattung als zufällige Theilungsfehler bezeichnet.[2]) Es ist zur richtigen Erkenntniss der Eigenschaften und namentlich auch für die Methoden der Untersuchung einer Theilung, wie schon erwähnt, von be-

---

[1]) Man vergl. darüber W. A. Rogers im „Sidereal Messenger" 1884, S. 306, und Zschr. f. Instrkde. 1885, S. 202.

[2]) Nicht nur bei Kreistheilungen pflegt man diesen Unterschied zu machen, sondern auch bei Längentheilungen, wo ähnliche Ursachen wirksam sein können.

sonderem Interesse für den Beobachter zu wissen, wie die Theilung, welche
er vor sich hat, entstanden ist. Es sollten die Künstler deshalb immer
solche Angaben ihren Instrumenten beigeben oder wenigstens auf Verlangen
in ausführlicher Weise zur Verfügung stellen.[1])

B. Untersuchung der Theilungen.

Bevor mit einem Kreise den höchsten Anforderungen entsprechende Beobachtungen angestellt werden können, müssen daher die Theilungsfehler
desselben untersucht werden, oder man muss Methoden der Beobachtung anwenden, welche die Fehler der Kreise zu eliminiren gestatten. Das letztere
lässt sich aber immer nur dadurch erzielen, dass man z. B. in der Lage ist,
den Zenithpunkt abwechselnd auf eine über den ganzen Kreisumfang gleichmässig vertheilte Reihe von Punkten verlegen zu können, und dann die Messung
so oft zu wiederholen, bis alle diese Stellen benutzt sind. Dadurch werden
namentlich die periodischen Theilungsfehler unschädlich gemacht, aber
auch die Wirkung zufälliger Fehler der einzelnen Theilstriche wird bedeutend durch die Verwendung möglichst vieler einzelner derselben abgeschwächt.

Solches Verfahren wendet man mit Vortheil bei kleinen Instrumenten,
Theodoliten, Universalinstrumenten u. s. w. an, bei denen den nöthigen
Forderungen, sowohl auf veränderliche Kreisstellung, als auch auf die Er-
langung vieler Einstellungen, leicht genügt werden kann.

Für grössere Instrumente, Meridiankreise, Vertikalkreise, grosse Universale oder Altazimuthe sollte aber immer eine besondere Untersuchung wenigstens
der Hauptstriche etwa von Grad zu Grad, oder von 5 zu 5 Grad ausgeführt
werden, wodurch namentlich die periodischen Theilungsfehler ermittelt werden
können.

Das bisher zumeist zur Anwendung gekommene Verfahren zur Bestimmung der Theilungsfehler rührt eigentlich von BESSEL her. Er hat dasselbe
schon bei dem Cary'schen Kreise der Königsberger Sternwarte angewendet
und im I. Theile der Königsberger Beobachtungen beschrieben. Eine weitere

---

[1]) Eine diesbezügliche Bemerkung macht schon W. Struve in den Astron. Nachr. No. 345,
S. 157. Er sagt dort: „Soll ein grösseres Meridianinstrument genaue Deklinationen gewähren,
so muss der Astronom die Theilung am zusammengesetzten und aufgestellten Instrumente
untersuchen. Die Ergebnisse dieser Untersuchung werden aber nur dann völlige Anwend-
barkeit haben, wenn das Gesetz der Kontinuität nirgends unterbrochen ist, oder wenn der
Astronom den Punkt oder die Punkte kennt, wo Sprünge eingetreten sind. Er muss also
erstens wissen, wo der Künstler zu theilen angefangen hat. Es ist aber nicht möglich, dass
alle Striche in einem regelmässig fortschreitenden Zuge kopirt werden. Es werden Pausen
gemacht. Bei diesen Pausen können durch Temperaturveränderungen Sprünge entstehen.
Die Aufsuchung dieser Sprünge ist bei der grossen Zahl der Intervalle für den Astronomen
unmöglich. Es muss daher zweitens jeder Strich, bei welchem der regelmässige Fortgang
der Theilung unterbrochen wurde, angegeben werden. Ja es scheint am besten, wenn bei
der Abtragung nur nach bestimmten Intervallen, z. B. nach den Oktanten pausirt werde,
und der Künstler hat für den Astronomen eine vollständige Geschichte der Theilung des Instruments zu geben, in welcher die Zeiten des Anfangs, jedes Absatzes und Wiederanfanges
und andere Umstände, deren Kenntniss von Wichtigkeit sein kann, verzeichnet sind."

Anwendung hat er sodann am Reichenbach'schen Meridiankreis davon gemacht und auch diese Operation im VII. Theile der Königsberger Beobachtungen mitgetheilt. Es beruht diese Methode darauf, dass man mit Hülfe zweier Mikroskope, welche dem Kreise gegenüber sehr sicher angebracht sind, den Winkel, welchen die ihnen entsprechenden Radien einschliessen, nacheinander auf dem Kreise abträgt.

Dieser Winkel wird nahezu als aliquoter Theil von 360^0 gewählt.

Bringt man den Strich 0 nahe unter den Nullpunkt des Mikroskopes I, Fig. 468, so wird in der Nähe desjenigen des Mikroskopes II ein Strich mit der Bezifferung $\dfrac{360^0}{n}$ erscheinen, wenn n angiebt, den wievielsten Theil von 360^0 der von den Mikroskopen eingeschlossene Winkel darstellt.

Dieser Winkel mag x^0 betragen. Werden nun in beiden Mikroskopen die Abstände der fraglichen Theilstriche von den Nullpunkten gemessen, so wird man die Grössen a und β erhalten, deren Differenz entsteht aus dem Unterschied zwischen x und dem wirklichen Betrage, dem Winkel y, welchen die betreffenden Theilstriche mit einander einschliessen. Es wird dann sein:

Fig. 468.

$$y_1 = x - a_1 + \beta_1.$$

Eine identische Beziehung wird man finden, wenn man jetzt den Kreis so dreht, dass der Strich $\dfrac{360}{n}$ unter das Mikroskop I und der Strich mit der Bezifferung $2\,\dfrac{360}{n}$ unter das Mikroskop II zu stehen kommt, man hat dann

$$y_2 = x - a_2 + \beta_2;$$

setzt man dieses Verfahren fort, so wird man nach n solchen Messungen den Umfang des Kreises vollendet haben und die Summe aller Gleichungen wird offenbar sein

$$\Sigma(y) = 360^0 = n\,x - \Sigma(a) + \Sigma(\beta).$$

Hieraus lässt sich mit der Kenntniss der $\Sigma(a)$ und $\Sigma(\beta)$ zunächst x ableiten, d. h. der wahre Werth des von den Mikroskopen (resp. den ihren Nullpunkten zukommenden Radien) überspannten Bogens, und mit Hülfe dieses Werthes aus jeder einzelnen Gleichung die Korrektion der einzelnen Striche. Hätte man also zunächst die Mikroskope in einem Winkel von 180^0 angebracht, so würde man die Korrektion für den Strich 180^0 gefunden haben, wenn der Nullstrich als Anfangspunkt gewählt wird. Würde man x nahe gleich 45^0 genommen haben, so wäre auf diesem Wege die Korrektion von 45^0, 90^0, 135^0 .... und 315^0 gefunden worden. Es ist klar, dass der Werth von x nicht an allen Stellen des Kreises derselbe sein wird, da auf ihn sowohl die Excentricität als auch Zapfenungleichheit und eine eventuelle Deformation des Kreises verändernd einwirken wird. Es müssten daher solche Messungen von allen zu bestimmenden Theilstrichen als Ausgangspunkte vorgenommen werden, dadurch wird die Arbeitsmenge ausserordentlich vermehrt, sobald man x klein wählt. Man pflegte daher zunächst nur für wenige

Striche, etwa für 0, 90, 180 und 270.⁰ die Fehler zu bestimmen, sodann unter der Annahme, dass die so gefundenen Fehler dieser Striche absolut richtig seien, eine Anzahl weitere Striche dazwischen zu schalten. Etwa zwischen 0^0 und 90^0 die Theilstriche 30^0 und 60^0; zwischen 90^0 und 180^0 die Striche 120^0 und 150^0 u. s. w. Dadurch erhielt man wiederum die Korrektion dieser Striche. So ging man weiter mit Theilung in 2 oder 3 gleiche Intervalle, bis man zu der gewünschten Dichte der Theilstriche z. B. bis zu den einzelnen Gradstrichen gelangte. Es ist klar, dass dieses Verfahren verhältnissmässig einfach, und nicht zu zeitraubend war, auch nur eine sehr bequeme Rechnung erforderte. Jedoch hat dasselbe den grossen Übelstand, dass die Genauigkeit, mit welcher die Korrektion der Einzelstriche (d. h. der Striche, welche das letzte erreichte Theilungsintervall zwischen sich fassen) eine sehr ungleiche wurde; denn einer je höheren Ordnung in der Reihe der Einschaltungen die Striche angehören, desto unsicherer werden ihre Fehler erhalten. Dieser Übelstand lässt sich allerdings einigermassen dadurch heben, dass man die Anzahl der Durchmessungen der betreffenden Intervalle entsprechend vergrössert, doch kann dieses Auskunftsmittel nicht ganz die theoretischen Übelstände beseitigen, ganz abgesehen davon, dass es eine sehr bedeutende Erhöhung der Arbeitsleistung herbeiführt.

Der Verlauf und die Gesammtheit der Theilungsfehler lässt sich allgemein in die Form einer nach dem Vielfachen einer bestimmten Kreisablesung fortschreitenden Reihe bringen. Durch die Anwendung von zwei oder vier Mikroskopen in verschiedenen Winkelabständen und eventuell auch in verschiedenen Zenithdistanzen lassen sich dann die einzelnen Fehlerursachen trennen, und man bekommt die Theilungsfehler für sich und zwar in einer periodischen Form.[1]) Vergleicht man dann die einzelnen Resultate mit diesen aus der Ausgleichung hervorgehenden Werthen, so bekommt man auch zugleich ein Urtheil über die Genauigkeit der erlangten Daten. In ähnlicher Weise ist z. B. in letzter Zeit der eine Theilkreis des Repsold'schen Meridiankreises der Strassburger Sternwarte untersucht worden und hat folgende Resultate ergeben, welche zugleich die Genauigkeit einer Repsold'schen Theilung illustriren mögen.[2]) Dem periodischen Verlauf der Theilungsfehler wurde die Funktion

$$\varphi(z) = \alpha \cos 4\,z + \beta \sin 4\,z + \gamma \cos 8\,z + \delta \sin 8\,z$$

zu Grunde gelegt, und man erhielt nach der Ausgleichung

$$\alpha = -0{,}144''; \quad \beta = -0{,}060''$$
$$\gamma = -0{,}148''; \quad \delta = -0{,}037''$$

und damit die Korrektion für die Ablesungen aus den 4 Mikroskopen für den Fall, dass am Index des Kreises (auf welchen alle Angaben bezogen werden, der aber nicht mit einem der 4 Mikroskop-Nullpunkte zusammenfällt) der Reihe nach z gleich 0^0, 5^0, 10^0 u. s. w. 85^0 abgelesen wird.

---

[1]) Vergl. Bessel, Abhandlungen, Bd. II, S. 76.
[2]) Zschr. f. Instrkde. 1883, S. 358 — Ann. d. Kaiserl. Sternw. Strassburg, Bd. I.

Indexang.	Beob.Th.-Fhlr.	R. Th.-Fhlr. — △	Indexang.	Beob.Th.-Fhlr.	R. Th.-Fhlr. — △
0^0	$0,00''$	$0,00''$	50^0	$+0,08''$	$+0,31''$
5	$-0,04$	$0,00$	55	$+0,52$	$+0,38$
10	$-0,12$	$+0,07$	60	$+0,02$	$+0,46$
15	$+0,26$	$+0,21$	65	$+0,27$	$+0,50$
20	$+0,21$	$+0,33$	70	$+0,68$	$+0,48$
25	$-0,03$	$+0,41$	75	$+0,41$	$+0,38$
30	$+0,47$	$+0,42$	80	$-0,11$	$+0,23$
35	$+0,30$	$+0,37$	85	$-0,22$	$+0,09$
40	$+0,20$	$+0,32$	90	$0,00$	$0,00$
45	$+0,19$	$+0,29$			

$\triangle = -0,29''$ wurde von den Daten der Formel abgezogen, um für 0^0, 90^0, 180^0 in 270^0 die Korrektion $0,00''$ zu bekommen. Der wahrscheinliche Fehler einer Korrektion fand sich zu $\pm 0,15''$.

Die Sprünge in der Reihe der beobachteten Fehler zwischen 20^0 und 60^0 lassen auf die Grösse der zufälligen Theilungsfehler einen Schluss ziehen.

Ein etwas abweichendes Verfahren hat NYRÉN bei der Bestimmung der Theilungsfehler des neugetheilten Kreises am grossen Pulkowaer Vertikalkreise eingeschlagen; er erläutert dasselbe auszugsweise in den Astron. Nachr., Bd. 113, S. 241 ff.[1]) Statt wie gewöhnlich die direkte Untersuchung der Theilung nur auf solche Bögen zu beschränken, die einen aliquoten Theil des Umfanges des Kreises ausmachen, hat er alle um ganze Grade verschiedenen Bögen von 0^0 bis 90^0 durch direkte Messung bestimmt. Dadurch sollte namentlich das ungleiche Gewicht, welches bei den Untersuchungen nach den oben beschriebenen Verfahren den einzelnen durch verschiedenfältiges Übertragen erlangten Korrektionen zukam, vermieden werden. Nachdem die Hülfsmikroskope in einer dem zu bestimmenden Winkel möglichst gleichen Entfernung von dem einen Paar der festen Mikroskope angebracht waren, wurde in allen Quadranten durch doppelte Messungen je ein Strich mit der Ausgangsrichtung des Quadranten verbunden. Als solche Ausgangsrichtungen dienten resp. die Mittel aus den durch die 8 Zwei-Minutenstriche $31^0 24' - 38'$ nach $211^0 24' - 38'$ und $121^0 24' - 38'$ nach $301^0 24' - 38'$ gelegten Durchmessern. Darauf wurde der zweite Strich des zu bestimmenden Grades in derselben Weise mit dem zweiten Strich der vier Ausgangsgruppen verbunden u. s. w., bis alle 8 Striche der fraglichen Grade durch doppelte, in je zwei um 180^0 verschiedenen Stellungen des Kreises ausgeführte Messungen mit den entsprechenden 8 Strichen der Ausgangsgruppen verbunden waren.

Da bei dieser Anordnung der Messungen der Winkelwerth des Messapparates besonders bestimmt werden musste, so wurde zu diesem Zweck für jeden zu bestimmenden Grad ein so grosser Bogen des Kreises gemessen, dass der fragliche Winkel als aliquoter Theil 32 Mal darin aufging. Aus

---

[1]) Ausführlich ist Nyréns Verfahren behandelt in: Untersuchung der Repsold'schen Theilg. des Pulk. Vertikalkreises u. s. w. (Mémoires de l'Académie imperiale des sciences de St. Pétersbourg, VII. Serie, Tome XXXIV, No. 2. 1886).

je 8 solchen Theilen wurden dann 4 als richtig angenommene Winkelwerthe gebildet und mit jedem dieser Werthe die Bogen für ein Paar der zu untersuchenden Minutenstriche verglichen. Von den Theilungsfehlern der Grenzstriche der Vergleichsbogen wurde vorläufig abgesehen. Um die in der Stellung der Hülfsmikroskope während der Messung vor sich gehenden Veränderungen so weit als möglich unschädlich zu machen, erwies es sich bald als nothwendig, nicht mehrere Messungen der zu bestimmenden Winkel oder der Vergleichswinkel in einer Reihe auszuführen, sondern immer eine Messung des zu bestimmenden Bogens mit einer des Vergleichsbogens abwechseln zu lassen, bis die ganzen Gruppen verbunden waren.

Solche Messungen wurden nun für die Abstände aller vollen Grade zwischen 5^0 und 85^0 ausgeführt. Da die Hülfsmikroskope den festen nicht näher als bis auf 5^0 gebracht werden konnten, so wurden die zu bestimmenden Gruppen in den Entfernungen $1^0 - 4^0$ und $86^0 - 89^0$ zuerst mit der Gruppe des 45^0-Bogens verbunden und durch wiederholte Bestimmungen der Lage dieses letztgenannten auf die allgemeine Ausgangsrichtung bezogen. Schliesslich wurden noch mit den festen Mikroskopen allein die Entfernungen der beiden Ausgangsdurchmesser scharf bestimmt und dadurch ein einheitliches Korrektionssystem für den ganzen Kreis gebildet.

An die so gefundenen genäherten Korrektionen wurden nachher wegen der Theilungsfehler am Anfang und Ende jeder Gruppe des Vergleichsbogens kleine Verbesserungen angebracht.

Die hier befolgte Untersuchungsmethode liefert alle Korrektionen — mit Ausnahme der wenigen vorher erwähnten — von einander unabhängig und von gleicher Genauigkeit. Da nun auch eine sehr häufige Veränderung in der Stellung der Hülfsmikroskope dabei nothwendig ist, so vermindert sich dadurch in bedeutendem Grade die Gefahr systematischer Ungenauigkeiten in den ermittelten Korrektionen.[1])

Als Schema für die Erläuterung seiner Messungsmethode wählt Nyrén den Bogen von 69^0 (= $100^0 24' - 38'$ bis $31^0 24' - 38'$ und entsprechende Bogen in den andern Quadranten), der mit Hülfe je zweier benachbarter Mikroskope gemessen werden soll. Die Angaben des Einstellungskreises beziehen sich immer auf das erste Mikroskop.

---

[1]) Alle systematischen Fehler der erhaltenen Korrektionen werden durch diese Methode auch nicht streng beseitigt, z. B. nicht diejenigen, welche von einer falschen Stellung des Kreises herrühren können, aber auf alle Fälle wird ihr Einfluss durch die häufige Änderung der Stellung der Mikroskope ganz erheblich vermindert. — Es sei hier noch erwähnt, dass nach dem Protokoll des Theilungsvorganges, welches Nyrén nach Repsolds Angaben mittheilt, der Strich, der jetzt die Bezeichnung $28^0 42'$ trägt, bei der Theilung als Ausgangspunkt diente, und dass dieser Umstand auch in den erhaltenen Korrektionen sich sofort zeigte, indem das Intervall $28^0 42' - 44' = 120{,}72''$ und auch noch $28^0 40' - 42' = 120{,}49''$ gemessen wurde. In Bezug auf die Einzelheiten muss ich natürlich auf das Original verweisen.

Einstellungskreis.	Ablesung des Mikr. I.	Mikr. IV.	Einstellungskreis.	Ablesung des Mikr. I.	Mikr. IV.
100^0 $26'$	x_1	y_1	279^0 $0'$	a_5	b_5
156 0	a_1	b_1	10 28	x_5	y_5
190 26	x_2	y_2	210 0	a_6	b_6
225 0	a_2	b_2	280 28	x_6	y_6
280 26	x_3	y_3	141 0	a_7	b_7
294 0	a_3	b_3	190 28	x_7	y_7
10 26	x_4	y_4	72 0	a_8	b_8
3 0	a_4	b_4	100 28	x_8	y_8

Wird bei der ersten Annäherung von den Theilungsfehlern der äussersten Grenzstriche des Vergleichsbogens, $87^0 (= 156^0 - 69^0)$ und 279^0, abgesehen, so wird der hier anzuwendende Winkelwerth des Messapparates:

$$W = \frac{1}{8}\left(\frac{a_1 + b_1}{2} + \frac{a_2 + b_2}{2} + \ldots + \frac{a_8 + b_8}{2}\right).$$

Setzt man dann:

$$B_1 = \frac{1}{4}\left(\frac{x_1 + y_1}{2} + \frac{x_3 + y_3}{2} + \frac{x_6 + y_6}{2} + \frac{x_8 + y_8}{2}\right)$$

$$B_2 = \frac{1}{4}\left(\frac{x_2 + y_2}{2} + \frac{x_4 + y_4}{2} + \frac{x_5 + y_5}{2} + \frac{x_7 + y_7}{2}\right),$$

so werden die Korrektionen der auf die Striche 31^0 $26'$, $28'$ und 121^0 $26'$, $28'$ bezogenen, 69^0 von einander abstehenden mittleren Durchmesser resp.

$$c_1 = W - B_1$$
$$\text{und } c_2 = W - B_2.$$

In ganz analoger Weise wurde dann derselbe Bogen mit den Strichen 31^0 $30'$, $32'$; 31^0 $34'$, $36'$; 31^0 $24'$, $38'$ resp. 121^0 $30'$, $32'$ etc. als Ausgangspunkte gemessen, wobei die Vergleichsbogen an einander angeschlossen wurden. Die Mittel aus den 4 für c_1 und für c_2 gefundenen Werthen gaben dann die vorläufigen Korrektionen der Durchmessergruppen 100^0 $24' - 38'$ und 190^0 $24' - 38'$.

Eine Verbesserung des oben geschilderten Verfahrens ist in dieser Untersuchung schon dadurch herbeigeführt, dass man in letzter Linie nicht ausging, die Korrektion der einzelnen Striche zu bestimmen, sondern diejenige, welche der Lage eines Durchmessers gegenüber derjenigen eines anderen zukommen, also die wirkliche Winkelkorrektion. Es geschieht dieses unter Berücksichtigung des Umstandes, dass schon aus anderen Gründen die Kreise nie mittelst eines Mikroskopes oder Verniers abgelesen werden, sondern mindestens vermittelst zweier diametral angeordneter oder noch besser mittelst vier solcher, deren zugehörige Durchmesser gewöhnlich einen rechten Winkel mit einander einschliessen.[1]

Eine rationelle Behandlung des ganzen Problems hat neuerdings General O. SCHREIBER in der Zschr. f. Instrkde. von 1886 gegeben. Er formulirt

---

[1] Nöthig ist das letztere keineswegs, aber wohl am bequemsten.

die in Frage kommenden Umstände ganz allgemein und giebt sodann auf
Grund der theoretischen Betrachtungen die geeignetste Form des wirklichen
Arbeitsprogrammes für bestimmte in der Praxis vorkommende Fälle an. Es
ist leider nicht möglich, im Rahmen dieses Buches Schreibers Darlegungen
ganz ausführlich mitzutheilen, vielmehr kann hier nur auf das Wärmste das
Studium der Originalabhandlung empfohlen werden. Aber die allgemeinen
Grundzüge mögen doch in möglichster Anlehnung an das Original erläutert
werden, zumal dort auch die Beschreibung eines besonders zum Zwecke der
Bestimmung von Kreistheilfehlern von Wanschaff gebauten Apparates gegeben
ist. Die Bedingungen, welche General Schreiber sich stellt, sind:

1. Jedes Programm gestattet eine strenge Ausgleichung sämmtlicher
Beobachtungen als Ganzes, die an Einfachheit nichts zu wünschen übrig lässt,
so dass die Rechenarbeit, selbst bei grosser Strichzahl, als Arbeitsleistung
kaum in Betracht kommt.

2. Sowohl sämmtliche Strich-, als auch sämmtliche Winkelkorrektionen
(Differenzen der Strichkorrektionen) gehen mit gleichem Gewicht aus der
Ausgleichung hervor, und zwar mit dem grössten, welches überhaupt mit der
durch die Anordnung vorgeschriebenen Zahl von Beobachtungen erreichbar ist.

Zur Erfüllung derselben genügt es offenbar aber nicht, mit zwei Mikroskopen (um zunächst nur von diesem einfachsten Falle zu reden) alle Intervalle zwischen je zwei auf einander folgenden Strichen dergestalt zu messen,
dass man ein solches Intervall zwischen die Mikroskopnullpunkte nimmt,
und es ein oder mehrere Male um den ganzen Kreis herumträgt. Ebenso
wenig genügt bei mehr als zwei Mikroskopen ein analoges Verfahren (ausgenommen, wenn ebensoviel Mikroskope vorhanden, wie Strichkorrektionen zu
bestimmen sind), welches etwa darin bestehen würde, dass man den Mikroskopen gleiche und zwar dieselben Abstände von einander giebt, in welchen
die zu bestimmenden Striche auf einander folgen, und danach den Kreis so
lange von Strich zu Strich dreht und nach jeder Drehung an jedem Mikroskop
abliest, bis jeder Strich an jedem Mikroskop ein oder mehrere Male abgelesen
ist. Das einzige Verfahren, welches bei jeder Mikroskop- und Strichzahl der
in Rede stehenden Forderung genügt, ist vielmehr folgendes:

Man giebt den Mikroskopen nach und nach alle Stellungen zu einander,
die sie — jedes auf einen der zu bestimmenden Striche gestellt — erhalten
können; in jeder dieser Stellungen stellt man durch Drehung des Kreises
alle Striche der Reihe nach in einem der Mikroskope ein und liest nach
jeder Einstellung an jedem Mikroskop ab.

Diese Anordnung ist aber bei mehr als zwei Mikroskopen in Anbetracht
der grossen Zahl von Beobachtungen, die sie erfordert, undurchführbar.
Denn bei ν Mikroskopen und r Strichen giebt es $\binom{r-1}{\nu-1}$ Mikroskopstellungen;
folglich ist — abgesehen von den nothwendigen Wiederholungen sämmtlicher
Beobachtungen — die Zahl der Mikroskopablesungen:

$$\nu \, r \binom{r-1}{\nu-1} = \frac{\nu \, r \, (r-1)(r-2) \, \ldots \, (r-\nu+1)}{1 \cdot 2 \, \ldots \, (\nu-1)},$$

also beispielsweise bei 4 Mikroskopen und 72 Strichen: $\dfrac{4 \cdot 72 \cdot 71 \cdot 70 \cdot 69}{1 \cdot 2 \cdot 3}$ oder rund: 16 Millionen.

Die angezeigte Anordnung ist die einzige und die gegebene Zahl von Ablesungen die kleinste, die bei jeder Mikroskop- und Strichzahl das Geforderte leistet. Es wird sich indess zeigen, dass für die besonderen Fälle von 2 und 4 Mikroskopen und für eine dem praktischen Bedürfniss genügende Auswahl mässig grosser Strichzahlen (etwa bis zu 100) schon mit einer weit geringeren — und zwar bequem zu leistenden — Zahl von Beobachtungen der obigen Forderung streng genügt werden kann.

Bevor wir die Erläuterungen Schreiber's weiter verfolgen, dürfte es aber wünschenswerth sein, den von WANSCHAFF gebauten Apparat zu beschreiben,[1] da sich ein Theil des Folgenden an dessen Konstruktion anlehnt, wobei aber bemerkt werden muss, dass sich auch an den Meridiankreisen neuerer Konstruktion wenigstens mit Anwendung von 1 oder 2 Hülfsmikroskopen (die ja auch bei Bessel's Verfahren sehr wünschenswerth sind, wenn man nicht die gewöhnlich im Gebrauch befindlichen Ablesungseinrichtungen zerstören und dadurch das Instrument für die Dauer der Kreis-Untersuchung so gut wie ausser Dienst stellen will) diese Untersuchungsmethode ohne Weiteres anwenden lässt. Die Einrichtung des Apparates, Fig. 469, ist ähnlich der einer Kreistheilmaschine ohne Reisserwerk. Er besitzt 4 für künstliche Beleuchtung eingerichtete Mikroskope, die mit Leichtigkeit auf 4 beliebige, paarweise um 180° von einander abstehende Theilstriche des zu untersuchenden Kreises eingestellt werden können.

Der untere unbewegliche Kreis a trägt mittelst 4 Ständer 2 Schienen, auf denen sich die 4 zur grösseren Bequemlichkeit des Beobachters mit gebrochenem terrestrischen Okularen versehenen Schraubenmikroskope von etwa sechzigfacher Vergrösserung verschieben und für jede Kreisgrösse bis 42 cm Durchmesser einstellen und festklemmen lassen.[2] Um auch die seitliche Einstellung mit Genauigkeit bewirken zu können, sind die Schlitten, mittelst derer die Mikroskope verschoben werden, mit einer Einrichtung versehen, die eine auf den Radius senkrechte feine Verschiebung ermöglicht. Von den Schienen ist die mit 1 bezeichnete fest, während die mit 2 bezeichnete mit ihren unterhalb des Kreises a verbundenen Ständern um die Axe des Instrumentes drehbar und feststellbar ist, so dass die Mikroskope der Schienen 1 und 2 unter jeden Winkel zu einander gestellt werden können, welcher mittelst eines an einem der beweglichen Ständer angebrachten Index und einer auf dem Kreise a befindlichen Theilung abzulesen ist.

Um die Mikroskope bis zu den kleinsten Intervallen einander nähern

---

[1] Abbildung und Beschreibung dieses Apparates sind dem Loewenherz'schen Bericht über die wissenschaftlichen Instrumente auf der Berliner Gewerbe-Ausstellung im Jahre 1879 (Berlin 1880) entnommen.

[2] Das Instrument ist also nur für Kreise kleinerer Instrumente bestimmt. Bei Meridian- oder Vertikalkreisen lassen sich ähnliche Einrichtungen mit Hülfe von Kreisbögen aber nur an den Pfeilern oder an den Böcken für die Axenlager anbringen.

zu können, sind diejenigen der Schiene 1 senkrecht zur Kreisebene angebracht, während die der Schiene 2 nach aussen geneigt sind und es so
ermöglichen, sie den Mikroskopen der Schiene 1 so weit zu nähern, dass
schliesslich ein und derselbe Theilstrich durch je zwei Mikroskope eingestellt
werden kann.

Zur Aufnahme des zu untersuchenden Kreises dient ein zweiter drehbarer, mit Klemme c und Einrichtung zur feinen Einstellung versehener
Kreis b. Das Centriren wird durch centrale Zapfen bewirkt, welche in ver-

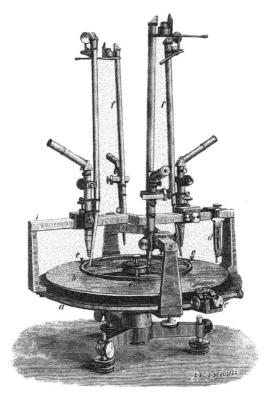

Fig. 469.

schiedener Grösse aufeinander folgend dem Instrument beigegeben sind und
auf einen Cylinder aufgesteckt werden können, der sich in die mit genau cen-
trischem Loch versehene Axe einschieben lässt, und durch beständig gleichen
Federdruck niedergehalten wird, so dass dadurch dem Kreise seine centrische
Lage, soweit es eben für die Untersuchung mit gegenüberliegenden Mikroskopen erforderlich ist, gesichert bleibt. Um die Theilungsebene in eine zur
Axe des Instrumentes rechtwinklige Lage bringen zu können, dient ein mit
Elfenbeinanlage versehener, an die Schienen anzuklemmender Fühlhebel d
und drei in der Höhe verstellbare Unterlagen e. Die Beleuchtung endlich

geschieht durch vier mit den Mikroskopen verbundene Beleuchtungsröhren f,
durch welche von oben her mittelst Lampen, Hohlspiegeln und Reflexionsprismen
das Licht auf die zu beobachtenden Stellen der Kreistheilung gelenkt wird.

Behufs Beobachtung einer Reihe sind zuvor den Mikroskopen die für
die Reihe vorgeschriebenen Abstände von einander zu geben, was dadurch
geschieht, dass dieselben auf Striche von diesen Abständen gestellt und in
dieser Stellung befestigt werden.

Nachdem sodann durch Drehung der Kreisscheibe einer von den zu
bestimmenden Strichen in eines der Mikroskope gebracht und damit zugleich
auch in jedem der übrigen Mikroskope einer dieser Striche erschienen ist,
wird an jedem Mikroskop der Abstand des betreffenden Striches vom Nullpunkt des Mikroskops mikrometrisch gemessen.[1]

Die hieraus hervorgehende Folge von Ablesungen bildet einen Satz.[2]

Die Anordnung der nöthigen Messungen ist nach SCHREIBER nun folgende:
Werden die zu untersuchenden Striche der Einfachheit halber der Reihe nach
hier mit 0, 1, 2, 3 . . ., ihre Anzahl aber mit r bezeichnet, so mögen den
nach diesen Strichen hingehenden Radien des Prüfungsinstrumentes (bei
Meridiankreisen vom Schnittpunkt der Mikroskopdurchmesser aus gerechnet)
die Richtungen zukommen

$$(1) \quad \left\{ \begin{array}{lll} \text{für Strich} & \begin{array}{c} 0 \\ 1 \end{array} & 0^0 + x_0 \\ \quad " \quad " & & \varphi \quad + x_1 \\ \quad " \quad " & 2 & 2\varphi + x_8 \\ \multicolumn{3}{c}{\cdots \cdots} \\ \quad " \quad " & (r-1)(\nu=1) & \varphi + x_{r-1} \end{array} \right. \right\} \quad$$

wenn $\dfrac{360^0}{r} = \varphi$ ist und die x_0, x_1 etc. die zu bestimmenden Korrektionen (mit Ein-
schluss der durch die Excentricität entstehenden) der nominellen Werthe der Striche
0, φ, 2 φ etc. bedeuten.

Da aber eine der Korrektionen x willkürlich ist, so kann man auch die
absolute Summe [x] aller x gleich 0 setzen, was einfach dadurch ausführbar ist, dass man von jedem Werth von x das arithmetische Mittel aller
abzieht. Sind ferner h, k, l . . . . die Nummern der Striche, welche der Reihe
nach in den Mikroskopen B, C, D . . . . erscheinen, wenn A, B, C, D . . . . die
Bezeichnungen für dieselben sind und wenn der Strich 0 in das Mikroskop A
gebracht wird, dann können die Richtungen der von dem oben definirten
Centrum nach den Nullpunkten der Mikroskope gebenden Radien wie folgt
dargestellt gedacht werden:

---

[1] Um diese Abstände möglichst genau, insbesondere möglichst frei von den Fehlern
der Mikrometer, zu erhalten, empfiehlt es sich, sie so klein wie möglich zu machen, d. i. die
einzustellenden Striche mittelst der feinen Drehung der Kreisscheibe möglichst nahe an die
Nullpunkte der Mikroskope zu bringen. Dies wird um so besser gelingen, je centrischer der
Kreis auf der Kreisscheibe und je genauer die Mikroskope in ihren Abständen von einander
befestigt sind.

[2] H. Bruns führt in einer gleich noch zu erwähnenden Abhandlung für eine solche
Gruppe von Strichen, die über die Peripherie symmetrisch vertheilt sind, den Namen Rosette
ein und bezeichnet eine solche Gesammtheit mit dem Ausdrucke R (p . x), wo p die Strichzahl und x die Bezifferung eines Striches der Rosette bedeutet, wodurch diese dann eindeutig
bestimmt ist.

$$(2) \quad\ldots\ldots \begin{cases} \text{Für Mikroskop } A = 0^0 + A \\ \text{„ \quad „ \quad } B = h\varphi + B \\ \text{„ \quad „ \quad } C = k\varphi + C, \end{cases}$$

wo aber auf der rechten Seite die A, B, C.. die unbekannten Abweichungen der Mikroskopnullpunkte von den betreffenden Radien nach 0^0, $h\varphi$, $k\varphi$, u. s. w. bedeuten. Auch hier kann wieder

$$(3) \quad\ldots\ldots\ldots A + B + C + \ldots = 0 \text{ gesetzt werden.}$$

Die Fehlerausdrücke der für die Mikroskopstellung gültigen Reihe sind nun, und zwar für den ersten Satz, d. h. wenn das Mikroskop A auf dem Strich 0 steht, von der Form:

$$(4) \quad\ldots\ldots \begin{cases} \text{Strich } 0 = 0^0 + \omega_0 + x_0 \\ \text{„ \quad } h = h\varphi + \omega_0 + x_h \\ \text{„ \quad } k + k\varphi + \omega_0 + x_k \end{cases}$$

$$\ldots\ldots\ldots$$

wo ω_0 die jede Einstellung um einen konstanten Betrag beeinflussende Grösse ist, um welche man sich das erste Mikroskop falsch orientirt denken kann.

Sind ferner die Abstände der Striche 0, h, k von den Nullpunkten der Mikroskope zu a_0, b_0, $c_0 \ldots$ (zunächst ausgedrückt in Theilen der Mikrometerschraube) gemessen worden, so bekommen die Fehlerausdrücke die Form:

Satz 1:   Satz 2:

$$(5) \quad \begin{cases} \omega_0 - A + x_0 - a_0 \\ \omega_0 - B + x_h - b_0 \\ \omega_0 - C + x_k - c_0 \end{cases} \qquad \begin{aligned} & \omega_1 - A + x_1 \quad - a_1 \\ & \omega_1 - B + x_{h+1} - b_1 \\ & \omega_1 - C + x_{k+1} - c_1 \end{aligned}$$

$$\ldots\ldots\ldots \qquad\qquad\qquad \ldots\ldots\ldots$$

Werden die a, b, c.... so gewählt, dass

$$(6) \quad\ldots\ldots \begin{cases} a_0 + b_0 + c_0 + \ldots = 0 \\ a_1 + b_1 + c_1 + \ldots = 0 \\ a_2 + b_2 + c_2 + \ldots = 0 \end{cases}$$

werden, was sich ohne Weiteres ausführen lässt, wenn von jedem Einzelwerthe das arithmetische Mittel der Reihe abgezogen wird, wodurch nur der Werth von ω sich ändert, so erhält man zugleich mit Rücksicht auf (3) leicht die Normalgleichungen für die 3 in diesen Ausdrücken noch enthaltenen Unbekannten, nämlich die Orientirungsfehler ω, die Abweichungen A, B, C.... und die eigentlichen Strichkorrektionen $x_0, x_1, x_2 \ldots$. Mit Übergehung der Ausdrücke für ω und A, B, C.... bekommen die Normalgleichungen für die x, wenn r die Anzahl der benutzten Mikroskope bedeutet, die Form:

$$(7) \begin{cases} a_0 + b_{-h} + c_{-k} + \ldots = + r\,x_0 - \dfrac{1}{r}(x_0 + x_h + x_k + \ldots) \\[2mm] \qquad\qquad\qquad - \dfrac{1}{r}(x_{-h} + x_0 + x_{-h+k} + \ldots) \\[2mm] \qquad\qquad\qquad - \dfrac{1}{r}(x_{-k} + x_{h-k} + x_0 + \ldots)\,^1) \end{cases}$$

---

^{1}) Da man ohne die Bedeutung zu ändern zu jeder Strichnummer r addiren oder subtrahiren kann, so sind die $-h$, $-k$ u. s. w. gleichbedeutend mit $r - h$, $r - k$ u. s. w.

worin nun keine weitere Unbekannte mehr vorkommt, als die Strichkorrektionen x selbst, während die durch die Mikrometer-Messungen gefundenen
a b c das konstante Glied zusammensetzen. Von derselben Form wie für x_0
sind auch die Gleichungen für x_h x_k ....

Bezüglich ihrer Aufstellung ist auf die Art und Weise zu achten, wie
die in den Klammern stehenden Ausdrücke gebildet sind. Man wird da
sofort bemerken, dass eine Reihe aus. der nächst darüber stehenden durch
Subtraktion der einzelnen Indices nach einander zu Stande kommt.

Hiernach kann man die einer bestimmten Reihe und Strichzahl entsprechende Normalgleichung für x_0 ohne Weiteres hinschreiben. Für Reihe
0, 1, 7, 11 und die Strichzahl 12 hat man z. B. das Differenzquadrat:

$$\begin{array}{cccc} 0 & 1 & 7 & 11 \\ 11 & 0 & 6 & 10 \\ 5 & 6 & 0 & 4 \\ 1 & 2 & 8 & 0 \end{array}$$

woraus die Normalgleichung für x_0 folgt:

$$(8) \quad \begin{cases} a_0 + b_{11} + c_5 + d_1 = + 4\,x_0 - \dfrac{1}{4}(x_0 + x_1 + x_7 + x_{11}) \\[2mm] \qquad\qquad\qquad\quad - \dfrac{1}{4}(x_{11} + x_0 + x_6 + x_{10}) \\[2mm] \qquad\qquad\qquad\quad - \dfrac{1}{4}(x_5 + x_6 + x_0 + x_4) \\[2mm] \qquad\qquad\qquad\quad - \dfrac{1}{4}(x_1 + x_2 + x_8 + x_0). \end{cases}$$

Aus der Normalgleichung für x_0 ergiebt sich die für irgend eine andere
Strichkorrektion x_i einfach durch Erhöhung sämmtlicher Indices um i.

Nach näherer Erörterung der allgemeinen Aufgabe, die Strichkorrektion
von r gleichmässig über den Kreis vertheilten Strichen mittelst ν beliebig
gegeneinander verstellbaren Mikroskopen so zu bestimmen, dass die Verbesserungen der zwischen je zwei solcher Striche eingeschlossenen Winkel
gleiches Gewicht bekommen, stellt SCHREIBER die dieser Bedingung genügenden Normalgleichungen auf. Sie sind von der Form

$$(9) \quad \ldots \ldots \begin{cases} n_0 = \dfrac{r\,\varrho\,(\nu - 1)}{r - 1}\,x_0 \\[2mm] n_1 = \dfrac{r\,\varrho\,(\nu - 1)}{r - 1}\,x_1 \\[1mm] \qquad \cdot\ \cdot\ \cdot\ \cdot\ \cdot \\[1mm] n_{r-1} = \dfrac{r\,\varrho\,(\nu - 1)}{r - 1}\,x_{r-1}, \end{cases}$$

wo die n die aus den a, b, c .... hervorgehenden konstanten Glieder und ϱ
die Anzahl der beobachteten Reihen bedeuten.

Jedes solche konstante Glied n ist die Summe von ϱ Beiträgen, von
denen jede Reihe einen liefert. Die Reihe 0, h, k .... liefert z. B. folgende
Beiträge:

$$(10) \begin{cases} \text{zu } n_0 \;\; : a_0 \;\;+ b_{--h} \;\;+ c_{-k} \;\;+ \ldots \\ \;\;,, \;\; n_1 \;\; : a_1 \;\;+ b_{-h+1} + c_{--k+1} + \ldots \\ \qquad \cdot \qquad \cdot \qquad \cdot \qquad \cdot \\ \qquad \cdot \qquad \cdot \qquad \cdot \qquad \cdot \\ \qquad \cdot \qquad \cdot \qquad \cdot \qquad \cdot \\ \;\;,, \;\; n_{r-1} : a_{-1} + b_{-h-1} + c_{--k-1} + \ldots \end{cases}$$

wonach sich die Beiträge sämmtlicher Reihen ohne Weiteres hinschreihen lassen.

Auf Grund des hier Beigebrachten mit Rücksicht auf das Bildungsgesetz der Klammerglieder („Differenzquadrate", wie sie SCHREIBER nennt) werden für specielle Fälle Arbeitsprogramme aufgestellt, welche so gewählt sind, dass bei der kleinsten Anzahl von Messungen das möglichst grösste allen Verbesserungen gleichmässig zukommende Gewicht erzielt wird.

Mit der Angabe einzelner solcher Programme will ich diesen Hinweis auf die Schreiber'schen Vorschriften abschliessen, für deren eingehendere Entwickelung doch das Studium des Originals sehr zu empfehlen ist.

1. Programm für 2 Mikroskope bei beliebiger Anordnung.

r ungerade		r gerade	
Mikroskop-stellung	Anzahl der Reihen	Mikroskop-stellung	Anzahl der Reihen
0 . 1	2	0 . 1	2
0 . 2	2	0 . 2	2
0 . 3	2	0 . 3	2
.	.	.	.
.	.	.	.
.	.	.	.
$0 \cdot \dfrac{r-1}{2}$	2	$0 \cdot \left(\dfrac{r}{2}-1\right)$	2
		$0 \cdot \dfrac{r}{2}$	1

Dabei ist zu bemerken, dass die den Mikroskopen nach einander zu gebenden Stellungen durch die betreffenden Strichkombinationen mit 0 als ständigem Anfangspunkt gegeben sind. Die Anzahl der in jeder Mikroskopstellung zu beobachtenden Reihen ist so angesetzt, dass ihre ganze Anzahl in jedem Programm $r - 1$ beträgt, was sich in allen in Betracht gezogenen Fällen erreichen lässt. Dies ist geschehen, um die aus den verschiedenen Programmen hervorgehenden Gewichte der Strichkorrektionen im Verhältniss zur Zahl der Ablesungen leichter vergleichbar zu machen. Selbstverständlich braucht in jeder Mikroskopstellung nur $1/_2$ oder $1/_3$ u. s. w. der angesetzten Zahl beobachtet zu werden, wenn alle Zahlen durch 2 oder 3 u. s. w. theilbar sind. Die zu diesen Kombinationen gehörigen Normalgleichungen sind:

$$n_0 = r\, x_0; \;\; n_1 = r\, x_1; \ldots$$

Nach hier übergangenen Untersuchungen ist dann das Gewicht r für jede Strichkorrektion mit $2\,r\,(r-1)$ Beobachtungen zu erlangen.

2. Programm für 4 Mikroskope, welche beliebig verstellt werden können.

(Da ein allgemein gültiges Schema zur Aufstellung dieser Programme nicht leicht angebbar ist, so bleiben die nachstehenden auf diejenige Strichzahl beschränkt, welche Faktoren von 360×60 sind und deren Anzahl nicht über 100 hinausgeht.)[1]

Strichzahl ν	Mikroskopstellung	Anzahl der Reihen	Strichzahl ν	Mikroskopstellung	Anzahl der Reihen	Strichzahl ν	Mikroskopstellung	Anzahl der Reihen
4	0.1.2.3	3	30	0.2. 9.14	2	90	0. 4.10.83	12
8	0.1.2.3	2		0.1. 2. 5	1		0. 1. 9.33	6
	0.1.3.6	2		0.1. 3. 4	1		0. 2. 5.48	6
	0.1.4.5	2		0.1. 4. 5	1		0. 2.27.48	6
	0.2.4.6	1	72	0.1.17.43	6		0. 3.43.65	6
12	0.1.3. 7	6		0.2. 5.38	6		0. 5.23.57	6
	0.1.2. 5	1		0.2. 7.40	6		0. 8.21.66	6
	0.1.3. 5	1		0.3.18.28	6		0. 9.37.77	6
	0.1.3. 8	1		0.4.16.53	6		0.12.26.61	6
	0.1.3.10	1		0.4.17.32	6		0.12.26.75	6
	0.1.5. 9	1		0.6.14.27	6		0.15.53.71	6
30	0.2.11.14	4		0.6.20.27	6		0.16.36.55	6
	0.3.13.25	4		0.8.26.37	6		0.16.36.67	6
	0.4.10.23	4		0.9.19.31	6		0. 1.31.61	2
	0.6.14.21	4		0.9.31.61	6		0. 1.30.31	1
	0.1. 5.25	2		0.1.25.49	2		9. 1.30.61	1
	0.1. 9.19	2		0.1.24.25	1		0. 1.31.60	1
	0.1.17.23	2		0.1.24.49	1			
	0.2. 4.15	2		0.1.25.48	1			

Jedes dieser Programme liefert nach (9) die Normalgleichungen:

$$(11) \quad \begin{cases} n_0 = 3\,r\,x_0 \\ n_1 = 3\,r\,x_1 \\ n_2 = 3\,r\,x_2 \\ \cdot \quad \cdot \\ \cdot \quad \cdot \\ \cdot \quad \cdot \end{cases}$$

deren konstante Glieder aus den Beiträgen der einzelnen Reihen nach Vorschrift von (10) zu bilden sind.

3. Programm für 4 paarweise einander gegenüberstehende Mikroskope.

Diese Untersuchungen zerfallen in zwei Unterabtheilungen. Erstens kann man verlangen, dass die Korrektionen der einzelnen Striche bestimmt

---

[1] Ich führe hier nur einige dieser Programme auf, im Original sind alle in Betracht kommenden enthalten.

werden, und zweitens, dass man nur die den Richtungen der Durchmesser
zukommenden Verbesserungen kennen lernen will. Im ersteren Fall erhält
man folgendes System von Normalgleichungen:

$$
(12) \begin{cases}
n_0 & = +\left(\frac{3}{2}r - 2\right)x_0 & -\left(\frac{r}{2} - 2\right)x_{\frac{r}{2}} \\[2ex]
n_1 & = +\left(\frac{3}{2}r - 2\right)x_1 & -\left(\frac{r}{2} - 2\right)x_{\frac{r}{2}+1} \\[2ex]
n_2 & = +\left(\frac{3}{2}r - 2\right)x_2 & -\left(\frac{r}{2} - 2\right)x_{\frac{r}{2}+2} \\[1ex]
\cdot & \cdot & \cdot \\
\cdot & & \\
\cdot & \cdot & \cdot \\
n_{\frac{r}{2}} & = +\left(\frac{3}{2}r - 2\right)x_{\frac{r}{2}} & -\left(\frac{r}{2} - 2\right)x_0 \\[2ex]
n_{\frac{r}{2}+1} & = +\left(\frac{3}{2}r - 2\right)x_{\frac{r}{2}+1} & -\left(\frac{r}{2} - 2\right)x_1 \\[2ex]
n_{\frac{r}{2}+2} & = +\left(\frac{3}{2}r - 2\right)x_{\frac{r}{2}+2} & -\left(\frac{r}{2} - 2\right)x_2 \\[1ex]
\cdot & \cdot & \cdot \\
\cdot & & \\
\cdot & \cdot & \cdot
\end{cases}
$$

Zu jedem der konstanten Glieder n liefert jede Reihe 0; h; $\frac{r}{2}$ und
$\frac{r}{2}+h$ einen Beitrag, und zwar:

$$
(13) \begin{cases}
\text{zu } n_0 & : a_0 & +b_{-h} & +c_{\frac{r}{2}} & +d_{\frac{r}{2}-h} \\[2ex]
\text{„ } n_1 & : a_1 & +b_{-h+1} & +c_{\frac{r}{2}+1} & +d_{\frac{r}{2}-h+1} \\[2ex]
\text{„ } n_2 & : a_2 & +b_{-h+2} & +c_{\frac{r}{2}+2} & +d_{\frac{r}{2}-h+2} \\[1ex]
\cdot & \cdot & \cdot & \cdot \\
\cdot & \cdot & & \\
\cdot & \cdot & \cdot & \cdot \\
\text{„ } n_{\frac{r}{2}} & : a_{\frac{r}{2}} & +b_{\frac{r}{2}-h} & +c_0 & +d_{-h} \\[2ex]
\text{„ } n_{\frac{r}{2}+1} & : a_{\frac{r}{2}+1} & +b_{\frac{r}{2}-h+1} & +c_1 & +d_{-h+1} \\[2ex]
\text{„ } n_{\frac{r}{2}+2} & : a_{\frac{r}{2}+2} & +b_{\frac{r}{2}-h+2} & +c_2 & +d_{-h+2} \\[1ex]
\cdot & \cdot & \cdot & \cdot \\
\cdot & \cdot & & \\
\cdot & \cdot & \cdot & \cdot
\end{cases}
$$

Die Gleichungen (12) enthalten paarweise dieselben beiden Unbekannten,
nämlich die Korrektionen zweier um 180° verschiedener Striche. Fasst man

jedes Paar zur Summe und zur Differenz zusammen, und setzt zur Abkürzung:

$$(14) \quad \begin{cases} 2\,u_0 = x_0 + x_{\frac{r}{2}} & 2\,v_0 = x_0 - x_{\frac{r}{2}} & p_0 = n_0 + n_{\frac{r}{2}} & q_0 = n_0 - n_{\frac{r}{2}} \\ 2\,u_1 = x_1 + x_{\frac{r}{2}+1} & 2\,v_1 = x_1 - x_{\frac{r}{2}+1} & p_1 = n_1 + n_{\frac{r}{2}+1} & q_1 = n_1 - n_{\frac{r}{2}+1} \\ 2\,u_2 = x_2 + x_{\frac{r}{2}+2} & 2\,v_2 = x_2 - x_{\frac{r}{2}+2} & p_2 = n_2 + n_{\frac{r}{2}+2} & q_2 = n_2 - n_{\frac{r}{2}+2} \\ \cdot \quad \cdot \quad \cdot & \cdot \quad \cdot \quad \cdot & \cdot \quad \cdot \quad \cdot & \cdot \quad \cdot \quad \cdot \\ \cdot \quad \cdot \quad \cdot & \cdot \quad \cdot \quad \cdot & \cdot \quad \cdot \quad \cdot & \cdot \quad \cdot \quad \cdot \\ \cdot \quad \cdot \quad \cdot & \cdot \quad \cdot \quad \cdot & \cdot \quad \cdot \quad \cdot & \cdot \quad \cdot \quad \cdot \end{cases}$$

so dass also die u die halben Summen und die v die halben Differenzen der Korrektionen diametral gegenüberliegender Striche bedeuten,[1]) so erhält man folgende Normalgleichungen der u und v:

$$(15) \quad \begin{cases} p_0 = 2\,r\,u_0 & q_0 = 4\,(r-2)\,v_0 \\ p_1 = 2\,r\,u_1 & q_1 = 4\,(r-2)\,v_1 \\ p_2 = 2\,r\,u_2 & q_2 = 4\,(r-2)\,v_2 \\ \cdot \quad \cdot \quad \cdot & \cdot \quad \cdot \quad \cdot \\ \cdot \quad \cdot \quad \cdot & \cdot \quad \cdot \quad \cdot \\ \cdot \quad \cdot \quad \cdot & \cdot \quad \cdot \quad \cdot \end{cases}$$

Wenn man die Zahl der Mikroskopverstellungen möglichst beschränken will, so ist auf den sofort ersichtlichen Umstand Rücksicht zu nehmen, dass die Reihen paarweise —. nämlich die erste und letzte, die zweite und vorletzte, u. s. w. — dieselben Beiträge zu den Normalgleichungen liefern, wobei jedoch, wenn $\frac{r}{2}$ gerade ist, die mittlere Reihe als einzelne übrig bleibt.

Die nachfolgenden Beobachtungsprogramme sind mit Berücksichtigung dieses Umstandes, jedoch mit Beibehaltung der Zahl von $\frac{r}{2} - 1$ Reihen, im Ganzen aufgestellt. (Siehe S. 470.)

Wie hieraus ersichtlich, kann man, wenn $\frac{r}{2}$ ungerade, die Zahl der zu beobachtenden Reihen auf die Hälfte, nämlich auf $\frac{r-2}{4}$ beschränken, ohne die Einfachheit der Normalgleichungen zu stören.

Im zweiten Falle vereinfacht sich die Sache noch etwas, da man dann die vier Fehlerausdrücke eines jeden Satzes in einen einzigen zusammenziehen kann, nämlich in:

---

[1]) Bekanntlich sind die halben Summen der Ablesungen diametraler Striche frei vom Einfluss der Excentricität des Kreises, so lange diese klein ist. Es bleiben daher auch die Grössen u, als Korrektionen dieser halben Summen, unberührt von diesem Einfluss, und zwar im Gegensatz zu den x und v, die nur für die bei ihrer Bestimmung stattgehabte Lage des Centrums des Kreises zu dem des Instruments Geltung haben.

$$-\frac{1}{2}(a+c)+\frac{1}{2}(b+d),$$

wo a, b, c, d die vier Ablesungen des Satzes, die hier nicht auf die Summe Null gebracht zu sein brauchen, bedeuten.

$\frac{r}{2}$ gerade			$\frac{r}{2}$ ungerade		
Strich-zahl	Mikroskop-stellung	Anzahl der Reihen	Strich-zahl	Mikroskop-stellung	Anzahl der Reihen
4	0.1.2.3	1	6	0.1.3.4	2
8	0.1.4.5	2	10	0.1.5.6	2
	0.2.4.6	1		0.2.5.7	2
12	0.1.6.7	2	14	0.1.7.8	2
	0.2.6.8	2		0.2.7.9	2
	0.3.6.9	1		0.3.7.10	2
16	0.1.8.9	2	18	0.1.9.10	2
	0.2.8.10	2		0.2.9.11	2
	0.3.8.11	2		0.3.9.12	2
	0.4.8.12	1		0.4.9.13	2
	u. s. w.			u. s. w.	

Ferner braucht man anstatt Reihen von r Sätzen nur Halbreihen von $\frac{r}{2}$ Sätzen zu beobachten, so dass in jeder, anstatt sämmtliche r Striche, nur $\frac{r}{2}$ auf einander folgende in jedem Mikroskop abgelesen werden.

Es seien nun behufs Beobachtung der Halbreihe $0.h.\frac{r}{2}.\frac{r}{2}+h$ nach einander die Striche 0, 1, 2, ... $\frac{r}{2}-1$ unter das Mikroskop A gebracht, und zur Abkürzung werde gesetzt:

$$z=-\frac{1}{2}(A+C)+\frac{1}{2}(B+D)[1]$$

und:

$$(16)\quad\ldots\ldots\begin{cases}l_0=-\frac{1}{2}(a_0+c_0)+\frac{1}{2}(b_0+d_0)\\l_1=-\frac{1}{2}(a_1+c_1)+\frac{1}{2}(b_1+d_1)\\\quad\cdot\qquad\cdot\qquad\cdot\\\quad\cdot\\\quad\cdot\end{cases}$$

[1] Die Bedeutung der Unbekannten z ergiebt sich aus der Definition der Grössen A B C D. Demnach ist nämlich $\frac{360^0}{r}h+z$ die halbe Summe der beiden Winkel A M B und C M D, wo M das Centrum des Instrumentes und A B C D die Mikroskop-Nullpunkte bezeichnen.

Dann sind die Fehlerausdrücke der Halbreihe:

$$(17) \quad \begin{cases} -z - u_0 \quad + u_h \quad -l_0 \\ -z - u_1 \quad + u_{h+1} \, -l_1 \\ \cdot \qquad \qquad \cdot \\ \\ \cdot \quad \cdot \qquad \cdot \quad \cdot \\ -z - u_{\frac{r}{2}-h} + v_0 \quad -l_{\frac{r}{2}-h} \\ \cdot \qquad \qquad \qquad \cdot \\ \\ \cdot \quad \cdot \qquad \cdot \quad \cdot \\ -z - u_{\frac{r}{2}-1} + u_{h-1} - l_{\frac{r}{2}-1} \end{cases}$$

deren jeder einem Satze entspricht, und worin die Unbekannten u die ihnen in (14) beigelegte Bedeutung haben

Da jedes u einmal mit dem negativen, einmal mit dem positiven Vorzeichen in den Fehlerausdrücken vorkommt, so ergiebt sich aus diesen als Normalgleichung für z:

$$\frac{r}{2} z = - [l],$$

und als Beitrag zur Normalgleichung für u_0:

$$(18) \quad -l_0 + l_{\frac{r}{2}-h} = + 2 u_0 - u_h - u_{\frac{r}{2}-h}$$

Das System der Normalgleichungen für diesen Fall ist dann

$$(19) \quad \begin{cases} L_0 = + r\, u_0 \\ L_1 = + r\, u_1 \\ \cdots\cdots \\ L_{\frac{r}{2}-1} = r\, u_{\frac{r}{2}-1} \end{cases}$$

wo zu den konstanten Gliedern L jede Reihe einen nach (18) anzusetzenden Beitrag liefert.

Wie ein Vergleich mit den Formeln (12) zeigt, können die für den ersten Fall aufgestellten Programme auch für den zweiten verwendet werden, nur wäre zu setzen an Stelle von „Anzahl der Reihen" die Bezeichnung „Anzahl der Halbreihen". Jede solche Halbreihe wird dann zu den L folgende Beiträge liefern:

$$(20) \quad \begin{cases} \text{Zu } L_0 \; : -l_0 + l_{\frac{r}{2}-h} \\ \cdot \qquad \qquad \cdot \\ \text{„ } L_1 \; : -l_1 \quad + l_{\frac{r}{2}-h+1} \\ \cdot \qquad \qquad \cdot \\ \\ \cdot \qquad \cdot \qquad \cdot \\ \text{„ } L_{\frac{r}{2}-1} : -l_{\frac{r}{2}-1} + l_{h-1} \end{cases}$$

Zum Schluss mag noch, ohne Beibringung der im Original gegebenen Entwicklung für die Gewichte, zur Vergleichung des Arbeitsaufwandes der einzelnen Methoden und der dabei erlangten Genauigkeit die folgende kurze Zusammenstellung mitgetheilt werden:

Untersuchungsmethode	Gewicht der			Zahl. der Ablesungen
	x	u	v	
I. Zwei beliebig verstellbare Mikroskope	r	$2\,r$	$2\,r$	$2\,r\,(r-1)$
II. Vier beliebig verstellbare Mikroskope	$3\,r$	$6\,r$	$6\,r$	$4\,r\,(r-1$
III. Vier paarweise eineinander gegenüberstehende Mikroskope	$\dfrac{4\,r\,(r-2)}{3\,r-4}$	$2\,r$	$4\,(r-2)$	$2\,r\,(r-2)$

wo r die Anzahl der zu bestimmenden Striche, x die einzelne Strichkorrektion, u die halbe Summe, v die. halbe·Differenz der Korrektionen diametraler Striche bedeuten.

Hieraus ergeben sich die folgenden Ablesungszahlen,· die einem und demselben Gewichte, nämlich $\dfrac{6}{r-1}$, zum Theil genau, zum Theil sehr nahe (wenigstens für grössere Strichzahlen) entsprechen:

Ablesungszahlen für

	x	u	v
Fall I	12	6	6
„ II	8	4	4
„ III	9	6	3

Ein Beispiel zu dieser Methode der Theilungsfehler-Bestimmung findet sich in der schon erwähnten Abhandlung von H. Bruns in den Astron. Nachr. No. 3098/99, auf welche Publikation ich hier, um nicht die diesem Gegenstand gewidmeten Seiten ungebührlich zu vermehren, verweisen muss.

Wie man sieht, ist die vollständige Untersuchung einer Theilung auch nur auf regelmässige Theilungsfehler von kleiner Periode eine sehr zeitraubende Arbeit, während man bezüglich der zufälligen Strichfehler ganz auf eine Vervielfältigung der Beobachtung angewiesen ist, damit im Endresultat möglichst viele einzelne Theilstriche mitsprechen und so nach den

Gesetzen der Wahrscheinlichkeit die Wirkung der Einzelfehler einigermassen aufgehoben wird.[1])

HANSEN hat deshalb den Vorschlag gemacht, bei Fundamentalbeobachtungen die beiden Kreise eines Meridiankreises so zu theilen, dass der eine z. B. nur die 360 ganzen Gradstriche enthält, der andere aber an so viel Stellen, als Mikroskope zu seiner Ablesung benutzt werden, die Unterabtheilungen dieses Theilungsintervalles, also etwa die Striche von zwei zu zwei Minuten auf die Strecke eines ganzen Grades hin.[2]) Da diese Einrichtung aber mehr mit dem direkten Gebrauche der Kreise an den Meridianinstrumenten in Zusammenhang steht, so mag hier nur darauf hingewiesen werden als ein Mittel zur Verringerung der Arbeit bei Untersuchung der Theilungsfehler.

Für eine bestimmte Art der Beobachtungen hat man an Stelle der ganzen Kreise nur Stücke derselben, ähnlich wie bei Sextanten und Oktanten, angebracht, welche nur einige Grade (etwa 5—30) umfassen, und deren gleichmässige Theilung dann ähnlich der einer Längentheilung untersucht wird.[3])

Den Winkelwerth eines jeden solchen Bogenintervalls muss man dann allerdings auf Grund jedesmal besonders anzustellender Beobachtungen des Deklinationsunterschiedes von Fundamentalsternen oder anderweitig genau bekannter Winkelwerthe bestimmen. Das getheilte Bogenstück lässt sich dann meist entweder auf der Axe des Instrumentes verstellen und mit dieser zusammenklemmen, oder es ist auf einem kreisbogenförmigen Führungsstück am Pfeiler oder dem Axenlager verschiebbar und lässt sich an diesem festklemmen. Eine solche Einrichtung hat man vielfach neben anderen zu den sogenannten Zonenbeobachtungen angewendet, oder auch als einfaches Hülfsmittel an einem Passageninstrument angebracht, um mit diesem relative Deklinationen von Gestirnen messen zu können, wie es in letzterer Absicht z. B. an dem Passageninstrument von Cauchoix auf der Strassburger Sternwarte geschah.

Nicht direkt für die Genauigkeit der Ablesung, wohl aber erheblich zur Bequemlichkeit derselben beitragend, ist eine gute Bezifferung der Theilungen. Namentlich ist es für eine genaue Theilung auch ganz unzulässig, die Zahlen etwa durch Stempel einzuschlagen oder einzupressen, da dadurch die Theilung

---

[1]) Einen ganz von den hier gegebenen Methoden abweichenden Vorschlag der Bestimmung der Theilungsfehler hat Dr. C. Braun, wenigstens für Kreise kleinerer Instrumente, gemacht. Er will mit Hülfe eines empfindlichen Niveaus, welches auf dem nahezu horizontal aufgestellten und um eine vertikale Axe drehbaren Kreise irgendwie fest ruht, durch Drehung des Niveaus gleiche Ausschläge desselben hervorbringen und beobachten, ob diese gleichen Neigungsänderungen der Niveau-Axe auch gleichen Theilungsintervallen entsprechen. Abgesehen davon, dass für den Umfang der Peripherie nicht gleiche Neigungsänderungen auch gleichen Drehungen zugehören, also diese Messung nur an den zwei nahe dem horizontalen Durchmesser liegenden Peripherietheilen rationell ist, dürfte auch kein Niveau die hier nöthige Sicherheit der Angaben besitzen.

[2]) Hansen machte diesen Vorschlag zuerst in Astron. Nachr., Bd. 17, S. 53ff., vergl. auch eine Mittheilung von Martins in Carl, Repertorium, Bd. IX, S. 413.

[3]) Vergl. darüber auch das Kapitel über das Heliometer und die bezüglichen Hansenschen Arbeiten.

ganz erheblich leiden würde. Da aber das Eingraviren so vieler Zahlen (und es ist wünschenswerth, dass die Bezifferung möglichst ausgedehnt ist, um womöglich bei kleinen Instrumenten im Mikroskop selbst eine Zahl sehen zu können) äusserst zeitraubend und kostspielig ist, hat REPSOLD einen gewissermassen automatisch wirkenden Apparat konstruirt, den Fig. 470 darstellt und dessen Wirkungsweise die Folgende ist:[1] „Ein Hebel h, welcher sich um ein Doppelgelenk bei g dreht, wird an dem längeren, mit einer Führungsspitze f versehen Arm mit der Hand in eingravirten Ziffern bewegt; der kürzere Arm giebt dann durch den in der Richtung des Hebels gleitenden, durch ein Gewicht l belasteten Schreibstift mit einfacher Spitze s die Ziffern in verkleinertem Maassstabe wieder. Das Doppelgelenk ist an dem festen Theil des Apparates befestigt, welcher je nach Bedürfniss horizontal oder vertikal in einen Support gespannt wird und auf einem starken Arm m die einfache Klemmvorrichtung k für die Schablonen der Ziffern trägt. Steht der Hebel aufrecht, so werden die Gewichte unmittelbar auf den Schreibstift gesteckt; liegt der Hebel horizontal, so wird der Vorschub des Stiftes durch einen kleinen Winkelhebel vermittelt; so lange nicht geschrieben wird, hält eine in dem Hebel steckende Feder den Schreibstift hoch. Will man schreiben, so setzt man die durch eine Feder niedergedrückte Führungsspitze in die Schablone, lässt dann durch einen Druck auf den Knopf d den Schreibstift auf die Theilungsfläche nieder und bewegt die Spitze des Theilungsstiftes durch die Ziffergravirung.“

Fig. 470.
(Aus Zschr. f. Instrkde. 1887.)

Müssen mehrstellige Zahlen geschrieben werden, so werden die erforderlichen Ziffern gleich neben einander bei k festgeklemmt. Mit einiger Sorgfalt lassen sich Ziffern von nur 0,3 mm Höhe mit diesem Apparat schreiben.

2. Verbindung der Kreise mit den übrigen Theilen der Instrumente resp. mit deren Axen.

Da die Kreise die Drehungen der Absehenslinie um die Axen der Instrumente messen sollen, so müssen dieselben mit diesen irgendwie dauernd oder zeitweise fest verbunden werden. Aber es kann dabei auch insofern noch ein Unterschied eintreten, als man in manchen Fällen den Kreis gegen die Fundamentalebene festlegt und das System der Ablesevorrichtung, der Alhidaden, beweglich oder fest mit der drehbaren Axe verbindet. Mit den zugehörigen Axen fest oder beweglich verbunden sind mit sehr geringen Ausnahmen alle Kreise, welche zur Messung von Höhenwinkeln dienen, oder sich

---

[1] Zschr. f. Instrkde. 1887, S. 396.

auf den Axen parallaktisch montirter Instrumente befinden; während die für Messung von Horizontalwinkeln bestimmten Kreise zumeist, namentlich bei grösseren, schweren und eventuell fest aufgestellten Instrumenten, an den festen Theilen derselben, z. B. an dem Untergestell, angebracht sind, so dass die Ablesevorrichtung sich mit der Axe in direkter Verbindung befindet. Der Grund dieses Unterschiedes dürfte darin zu suchen sein, dass man bei Höhenwinkeln absolute Messungen macht, wobei eine genau gesicherte Lage einer Linie, nämlich der die Nullpunkte der Verniers oder Mikroskope verbindenden, gegen den Horizont Bedingung ist; während bei Horizontalwinkeln doch meist der Richtungsunterschied zweier Visirlinien ermittelt werden soll, wobei es nur darauf ankommt, dass während des Überganges von einer Visur zur anderen der Kreis fest liegt, vorausgesetzt, dass Alhidade und Absehenslinie unveränderlich gegen einander bleiben. Zum ebenso grossen Theile sind es aber auch rein technische Gründe, welche die in Rede stehende Anordnung bedingen, z. B. die gleichmässige Zugänglichkeit der Mikroskope bei den grösseren Universalinstrumenten. Es würde da, wenn die letzteren fest und der Horizontalkreis mit dem Obertheile beweglich wäre, sehr häufig Stellungen geben, in denen eine Ablesung unbequem, ja unmöglich würde. Überall da, wo es sich um genauere Messungen handelt, wo also darauf zu sehen ist, die Theilungsfehler aus den Ablesungen zu eliminiren, wird der Kreis drehbar angebracht, und zwar so, dass er für eine Reihe von Beobachtungen auf seiner Axe geklemmt werden kann. Nach Vollendung eines solchen „Satzes" wird er gelöst, um einen bestimmten Winkel $\left(\dfrac{360^0}{n}\right.$, wo n eine ganze Zahl$\left.\right)$ gedreht und wieder geklemmt, und sodann ein neuer Satz gemessen. Diesen Forderungen gemäss muss natürlich die Verbindung eingerichtet sein. Da ein direktes Durchbohren des Kreismittelstückes und ein Anschrauben mittelst durch diese Bohrungen gehender Schrauben leicht ungleiche Pressung und eine Spannung des Kreises bedingt, pflegt man bei grossen Instrumenten diese Befestigungsweise nicht mehr anzuwenden; wenn auch durch eine ovale Gestalt der Bohrungen und der damit bedingten Nothwendigkeit der Verwendung von Schrauben mit aufliegenden grösseren cylindrischen Köpfen (im Gegensatz zu versenkten) solchen Spannungen einigermaassen vorgebeugt werden kann.

Bei den neuen Repsold'schen Meridiankreisen, welche für die Anwendung der Hansen'schen Kreistheilungsweise eingerichtet sind, lässt sich der eine Kreis sogar mittelst eines Triebes auf seiner Axe leicht und sicher drehen und in jeder beliebigen Stellung zum zweiten Kreise festklemmen.

In Fig. 26, Seite 29, ist der Horizontalkreis mit der Büchse L durch sechs Schrauben fest verbunden, wie es bei kleineren Instrumenten meist ausgeführt wird. Dagegen zeigen die Fig. 471 und Fig. 472 leicht lösbare Verbindungen des Kreises mit seiner Axe. In Fig. 471 ist A der Kreis, B ein Ring, welcher durch die Schraube C gegen den Kreis gepresst wird und diesen zum sicheren Anliegen an die genau normal auf die Umdrehungsaxe abgedrehte Flansche D bringt, nachdem ihm die richtige Stellung gegeben ist.

In Fig. 472 ist der Ring B etwas anders geformt, er hat eine konische
innere Ausdrehung und seine lichte Weite ist ein wenig grösser als der

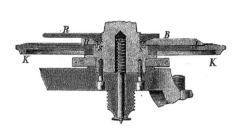

Fig. 472.

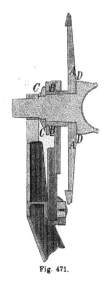

Fig. 471.

Axendurchmesser an der betreffenden Stelle. Die
Klemmung geschieht durch einen dreiarmigen Ring R,
welcher sich mit dem konischen Mitteltheile in den
Ring B einpresst. Letzterer trägt zugleich noch einen
Indexarm J, welcher zur Messung der Winkel dient,
um welche der Kreis K gedreht wurde. Aus diesem
Grunde wird der Ring B durch die Führungsstifte s s an einer Drehung
verhindert. Diese Einrichtung hat sich gut bewährt, da sie ein sehr
leichtes Lösen und doch sicheres Klemmen ermöglicht.
Bei grossen fest aufgestellten Instrumenten, wo ein
häufiges Drehen des Kreises auf seiner Axe nicht
stattfindet, sieht man von einer solchen Komplikation
der Befestigung ab und setzt einfach den Kreis durch
eine vorgeschraubte Platte fest, deren Einrichtung die
Fig. 473 zeigt. Fig. 324 auf S. 299, stellt eine ähnliche
Befestigung bei einem kleineren Instrumente dar.[1]

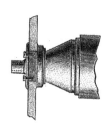

Fig. 473.

A. Die Excentricität.

Die Verbindung des Kreises mit der Axe, resp. seine Stellung zu den
Ablesevorrichtungen, ist von grosser Wichtigkeit für die Frage nach dem
Excentricitätsfehler. Als solchen bezeichnet man das Nichtzusammenfallen
von Theilungs-Mittelpunkt und Drehungsaxe des Alhidadensystems.[2] So-
lange der Abstand und die Richtung der Verbindungslinie der beiden
Centren mit Bezug auf den Anfangspunkt der Theilung dieselben bleiben,

---

[1] Die Fig. 324 auf Seite 299, ist der Querschnitt eines kleinen Sprenger'schen
Universalinstrumentes.

[2] Es ist Tobias Mayer gewesen, welcher zuerst auf diesen Fehler aufmerksam machte
und zugleich auch nachwies, dass man den Einfluss desselben erheblich vermindern kann,
wenn man den Kreis an zwei oder mehr Paaren gegenüber stehender Indices abliest.

ist die Excentricität bei grösseren Instrumenten, bei welchen man stets mindestens zwei diametrale Ablesungsstellen benutzt, von geringer Bedeutung, da durch diese Anordnung die Wirkung derselben fast ganz aufgehoben wird; während bei nur einer Ablesungsstelle erhebliche Fehler entstehen können. Bei Quadranten, Sextanten u. s. w. ist deshalb eine genaue Bestimmung der Excentricität nöthig. Der dazu einzuschlagende Weg wird aber, da er mit dem ganzen Bau dieser Instrumente in inniger Beziehung steht, auch dort ausführlich erörtert werden. Hier mag nur die etwas allgemeinere Betrachtung der Wirkung der Exeentricität erläutert werden:

Fig. 474.

In Fig. 474 sei c das Centrum der Alhidade, c′ dasjenige der Theilung, ausserdem seien a c b und a′c b′ die Verbindungslinien der Nullpunkte der Vernier oder Mikroskope A und B mit c für die beiden Visuren.[1] Dann ist der Winkel a c a′ = b c b′ offenbar gleich demjenigen, welchen die Visirlinien in c wirklich einschliessen, d. h. gleich demjenigen, welcher gemessen werden soll, während am Kreise die Winkel a c′ a′ am Vernier A resp. b c′ b′ am Vernier B abgelesen werden. Lässt sich nachweisen, dass $\lessdot$ a c′ a′ $+ \lessdot$ b c′ b′ $= 2 . \lessdot$ a c a′ $= 2 . \lessdot$ b c b′ ist, so heisst das: Das Mittel aus den Ablesungen an zwei diametralen Verniers oder Mikroskopen liefert den gesuchten Winkel richtig ohne Rücksicht auf Excentricität.

Es ist nun

$$\frac{1}{2} \lessdot a\,c'\,a' = \lessdot a\,b\,a' \left.\right\} \quad \text{als Centri- und Peripherie-}$$

und $\quad\quad \dfrac{1}{2} \lessdot b\,c'\,b' = \lessdot b\,a'\,b'$ winkel auf demselben Bogen,

$$\lessdot a\,b\,a' + \lessdot b\,a'\,b' = a\,c\,a' = b\,c\,b'$$

also auch

$$\frac{1}{2} (\lessdot a\,c'\,a' + \lessdot b\,c'\,b') = a\,c\,a' = b\,c\,b',$$

was zu beweisen war.

Aber auch für den Fall, dass die Radien nach den Indices der Ablesevorrichtungen nicht in einer geraden Linie liegen, sondern durch die Linien a c, c b und a′c, c b′ dargestellt seien, würde doch der obige Satz noch sehr nahe gültig sein, da der Bogen a a′ bei der Kleinheit von c c′ ohne erheblichen Fehler für α α′ gesetzt werden kann. Bei der genauen Ermittlung der Elemente der Excentricität, als welche man die Länge der Centrallinie c c′ = e und denjenigen Winkel E bezeichnet, welchen die Centrallinie mit dem Anfangspunkt der Theilung O macht, ist es aber nöthig, auf eine solche Abweichung Rücksicht zu nehmen.

---

[1] Die Linien a c, c b und a′c und c b′ werden im Allgemeinen nicht als genau in ihren gegenseitigen Verlängerungen liegend angenommen werden können, d. h. die Nullpunkte der Ablese-Einrichtungen werden nicht genau 180° von einander abstehen.

Es sei deshalb jetzt

$$< a\,c\,b = 180^0 + \delta$$

und ebenso

$$< a'\,c\,b' = 180^0 + \delta.$$

Setzt man die thatsächliche Ablesung unter dem Mikroskop A gleich der Anzahl ganzer Theile φ, vermehrt um die Mikrometer- oder Vernier-Ablesung (A) resp. (B), so hat man offenbar für die beiden richtigen Kreisablesungen in einer Lage der Alhidade zu setzen:

$$\mathrm{x} = \varphi + (A) + \varepsilon \sin(\varphi - E)$$

und

$$180^0 + \delta + \mathrm{x} = 180^0 + \varphi + (B) + \varepsilon \sin(180^0 + \varphi - E),$$

wo $\varepsilon = \dfrac{e}{r}$ bedeutet;

und wenn man die zweite Gleichung zusammenzieht,

$$\mathrm{x} = \varphi + (B) - \delta - \varepsilon \sin(\varphi - E),$$

woraus dann, wenn (A) — (B), d. h. die mit φ veränderliche Differenz der beiden Ablesungen gleich n gesetzt wird, durch Subtraktion folgt:

$$\mathrm{n} = \delta + 2\,\varepsilon \sin(\varphi - E).$$

Aus der letzten Gleichung ist sofort ersichtlich, dass $\mathrm{n} = \delta$ wird für den Fall, dass die Alhidade in die Richtung der Centrallinie zu stehen kommt ($\varphi = E$), und dass andererseits n ein Maximum resp. Minimum wird, wenn

$$\varphi - E = 90^0 \text{ resp. } 270^0$$

wird, also die Alhidade senkrecht zur Centrallinie zu stehen kommt; dann hat man

$$\mathrm{n} = \delta + 2\,\varepsilon \text{ resp. } \mathrm{n} = \delta - 2\,\varepsilon,$$

wo ε in analytischem Maasse zu verstehen ist, wofür in Bogenmaass zu setzen sein würde $\varepsilon\varrho$, wenn ϱ gleich $206\,265''$ ist.

Aus zwei Ablesungen, welche um 180^0 von einander abstehen, in denen also die Alhidade die entgegengesetzte Stellung einnimmt, kann man daher ohne Weiteres $\delta = \dfrac{\mathrm{n_1} + \mathrm{n_2}}{2}$ bestimmen, wenn $\mathrm{n_1}$, resp. $\mathrm{n_2}$ die beiden Ablesungs-differenzen sind.

Allgemein wird man aber haben, wenn an einer Reihe äquidistanter Stellen abgelesen wird:

$$\mathrm{n_0} = \delta + 2\,\varepsilon \sin N$$

$$\mathrm{n_1} = \delta + 2\,\varepsilon \sin\left(N + \frac{2\,\pi}{k}\right)$$

$$\mathrm{n_2} = \delta + 2\,\varepsilon \sin\left(N + \frac{4\,\pi}{k}\right)$$

$$. \quad . \quad . \quad . \quad . \quad . \quad .$$

$$\mathrm{n_{k-1}} = \delta + 2\,\varepsilon \sin\left(N + \frac{2\,(k-1)\,\pi}{k}\right)$$

Wenn man N für $\varphi + E$ einführt.

oder als allgemeine Form

$$\mathrm{n_m} = \delta + 2\,\varepsilon \sin\left(N + \frac{2\,m\,\pi}{k}\right) \text{ für m von 0 bis } k - 1$$

oder auch

$$n_m = \delta + 2\,\varepsilon \sin N \cos \frac{2\,m\,\pi}{k} + 2\,\varepsilon \cos N \sin \frac{2\,m\,\pi}{k}.$$

Aus der Summation über die einzelnen Glieder folgt unmittelbar:

$$k \cdot \delta = \Sigma\,(n_m)$$

$$k \cdot \varepsilon \sin N = \Sigma\left(n_m \cos \frac{2\,m\,\pi}{k}\right)$$

$$k \cdot \varepsilon \cos N = \Sigma\left(n_m \sin \frac{2\,m\,\pi}{k}\right),$$

woraus δ, ε und N abgeleitet werden kann, welche Grössen die oben als Elemente der Excentricität bezeichneten sind, wenn man bedenkt, dass

$$N = \varphi + E$$

gesetzt wurde, sodass, falls man die erste Ablesung bei 0^0 des Kreises macht, E gleich N zu setzen sein wird.

Als Beispiel mag folgende Untersuchung an einem durch zwei Mikroskope ablesbaren Horizontalkreis eines kleinen Universalinstrumentes dienen:

φ	n	$n \cos \varphi$	$n \sin \varphi$
0	$-\ 1,1''$	$-\ 1,10''$	$0,00''$
30	$+\ 2,9$	$+\ 2,51$	$+\ 1,54$
60	$+\ 5,3$	$+\ 2,65$	$+\ 4,59$
90	$+\ 3,9$	$0,00$	$+\ 3,90$
120	$+\ 1,8$	$-\ 0,90$	$+\ 1,56$
150	$-\ 4,6$	$+\ 4,78$	$-\ 2,30$
180	$-\ 7,1$	$+\ 7,10$	$0,00$
210	$-\ 11,3$	$+\ 9,79$	$+\ 5,65$
240	$-\ 14,2$	$+\ 7,10$	$+\ 12,30$
270	$-\ 13,7$	$0,00$	$+\ 13,70$
300	$-\ 8,5$	$-\ 4,25$	$+\ 7,36$
330	$-\ 4,1$	$-\ 4,85$	$+\ 2.05$
	$\Sigma = -\ 50,70$	$\Sigma = +\ 23,33$	$\Sigma = +\ 50,26$

$$\delta = -\ 4,22''; \quad \varepsilon \cos N = +\ 1,945''; \quad \varepsilon \sin N = +\ 4,190''$$

$$\varepsilon = 4,62'' \qquad N = 65^0\ 6'$$

Daraus folgt die Korrektion K einer einzelnen Ablesung:

$$K = 4,62'' \cos(\varphi - 65^0\ 6').$$

In ganz ähnlicher Weise würde sich auch eine Abweichung der Zapfen oder der Axe eines Repetitionskreises von genau kreisförmigem Querschnitt bestimmen lassen.

In diesen Fällen, von denen hier namentlich der bei Meridiankreisen vorkommende von Bedeutung ist, bleibt dann das Alhidadensystem unverändert, und der Kreis dreht sich in dem Lager. Es kann dann wohl das Centrum der Theilung auch mit dem Centrum des Zapfens zusammenfallen, aber es wird vermöge eines etwa vorhandenen unregelmässigen Querschnittes eine der Excentricität ganz ähnliche Veränderung der Ablesungen entstehen,

deren Wirkung aus dem oben über die Excentricität Gesagten sich ohne
Weiteres wird erkennen lassen.

Ebenso kann hier nur mit wenigen Worten auf die Wirkung der Schwere
auf die Form eines Vertikalkreises hingewiesen werden. Die zuerst von
BESSEL untersuchte Deformation eines Kreises ist wesentlich von dessen Steife,
also von seiner Gestalt und Grösse sowie von dem Materiale abhängig. Die
Fehler, welche dadurch hervorgebracht werden, sind aber bei gut gebauten
Instrumenten so gering, dass sie nur bei den schärfsten Beobachtungen
würden zu berücksichtigen sein, wenn man nicht in der Lage wäre, sie
durch Anordnung der Ablesevorrichtung sowohl, als durch den Bau des
Kreises und der Methode der Beobachtung zu eliminiren. In letzterer Beziehung wird es genügen, die Ablesungen an 4 oder 6 Mikroskopen zu
machen, wodurch die von dem Vielfachen der so gegebenen Winkel abhängigen Glieder schon eliminirt werden, und weiterhin pflegt man, wenn

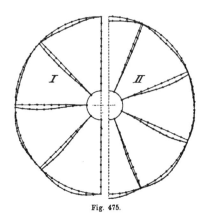

Fig. 475.

möglich, die Beobachtungen sowohl
direkt als reflektirt anzustellen, wodurch ebenfalls bestimmte Theile der
in Rede stehenden Fehlerwirkung eliminirt werden. Ausserdem aber ist es
nöthig, dass der Kreis eine gerade
Anzahl Speichen hat oder ein Vollkreis ist.

Die Untersuchungen HARZERS[1]) behandeln zunächst unter allgemeinen Annahmen die Schwere-Wirkung ausführlich und daran anschliessend werden
die speciellen Fälle des Gothaer und
Königsberger Meridiankreises der numerischen Rechnung unterzogen. Für das
letztere Instrument hat er auf Grund
der Bessel'schen Rechnungen die Zahlenwerthe so umgeformt, dass sie mit
den für das Gothaer Instrument gültigen vergleichbar werden. Es hat sich dabei herausgestellt, dass wegen Zwischenverbindungen, die der Gothaer Kreis
besitzt, der Einfluss der Schwere auf die Form desselben erheblich geringer
ist, als für den Königsberger Kreis. Um eine Anschauung von der Wirkung
des Schwereeinflusses zu geben, hat HARZER seinen Untersuchungen eine sehr
interessante Darstellung beigegeben, welche ich hier nach dem Originale
reproducire. Durch die dünneren Linien der Fig. 475 ist die Form des Kreises
und der Speichen dargestellt für den normalen Zustand, während die dickeren
Linien die Lage der durch kleine Kreise bezeichneten Punkte in dem durch
die Schwere deformirten Zustande veranschaulichen. Die Hälfte I gilt dabei
für den Fall, dass zwei der Speichen mit der Richtung der Schwere zusammenfallen, während die Hälfte II den Fall darstellt, in welchem diese
Richtung den Winkel zwischen zwei Speichen halbirt. Dabei ist zu bemerken,

---

[1]) Astron. Nachr., Bd. 141.

dass die Figur so gezeichnet ist, als ob die Schwere 10000 Mal grösser sei, als es in Wahrheit der Fall ist.

Es kann auch schon mit Rücksicht auf die Wirkung der Schwere als ein Fortschritt angesehen werden, dass man in neuerer Zeit meist wieder Kreise kleinerer Durchmesser anwendet und die Genauigkeit der Ablesung durch die stärkeren optischen Hülfsmittel zu verschärfen bestrebt ist. Allerdings ist das nur möglich bei so vorzüglicher Ausführung der Theilung, wie man sie jetzt in den guten Werkstätten herzustellen vermag, was Genauigkeit und Schärfe der Striche anlangt.

B. Anordnung der Ablesevorrichtungen.

Um Winkel mittelst der Kreise messen zu können, ist es natürlich erforderlich, dass die einzelnen Richtungen der Absehenslinien auch an den ersteren abgelesen werden können. Die dazu dienenden Apparate sind im Allgemeinen von dreierlei Art:

1. Ein einfacher Index.
2. Ein, zwei oder vier Verniers.
3. Zwei, vier oder noch mehr paarweise angeordnete Ablesemikroskope.

Das Princip dieser Hülfsapparate haben wir früher in den betreffenden Kapiteln kennen gelernt, hier soll nur noch kurz auf ihre Verbindung mit den Kreisen und demgemässe Anwendung eingegangen werden.

Entweder ist der Kreis fest und die Ablesevorrichtungen, welche an den Enden der Alhidade angebracht sind, bewegen sich mit dieser um eine mit dem Kreis verbundene Axe oder mittelst einer an dem Centrum der Albidade angebrachten Axe in einer zum Kreise koncentrischen Büchse, welche mit diesem fest verbunden ist. Bei Vertikalkreisen sind die Mikroskope jetzt meist nicht mehr auf der Axe des Kreises (des Instrumentes) befestigt, sondern an besonderen Rahmen oder Armen, welche mit dem Stativ, den Pfeilern oder den Axenlagern fest verbunden sind, wie es eine Reihe der Figuren des vierten Kapitels erkennen lässt.

Je sicherer Alhidadenaxe und Kreisaxe gegen einander festgelegt sind und je schärfer beide in ein und dieselbe gerade Linie fallen, desto besser ist es natürlich. Der Mechaniker hat daher alle zur Erfüllung dieser Bedingung beitragenden Vorkehrungen bei der Konstruktion eines Instrumentes zu treffen. Jedoch in aller Schärfe lässt sich das nicht erreichen, und man hat deshalb Mittel aufgesucht, welche trotz des Auftretens solcher Abweichungen richtige Angaben der Kreise ermöglichen.

Dahin gehört vor Allem die Benutzung von mindestens zwei diametral angeordneten Ablesevorrichtungen. Wie wir eben gesehen haben, wird dadurch die Excentricität von Alhidade und Kreis fast ganz unschädlich gemacht. Ja man wendet bei grossen Instrumenten meist zwei Paar Verniers oder Mikroskope an, und bei Meridiankreisen namentlich englischen Ursprungs ist man bis zu sechs Mikroskopen gegangen.[1])

---

[1]) Um die gegenseitige Lage der Ablesevorrichtungen zu sichern, hat man dieselben mehrfach, namentlich die Verniers, auf der Peripherie ganzer Kreise anstatt an den Enden einzelner Alhidadenarme angebracht. Das ist namentlich bei vielen kleineren Instrumenten der Fall.

Durch die Vermehrung der Stellen, an denen der Kreis abgelesen wird, wird den zufälligen Theilungsfehlern der einzelnen Striche ein geringerer Einfluss gewährt, und selbst bestimmte Theile der periodischen Theilungsfehler werden, wie wir gesehen haben, eliminirt. Doch halte ich es nicht für wünschenswerth, über 4, höchstens 6 Mikroskope hinauszugehen, da durch mehr die Arbeit stärker vermehrt wird, als es im Verhältniss zur erlangten Genauigkeit steht. Es ist sicher viel besser, eine Beobachtung lieber zweimal zu machen, als durch mehrfaches Ablesen des Kreises für ein und dieselbe Einstellung auf ein Objekt die Schärfe der Beobachtung vermehren zu wollen.

Bei Besprechung des Vernier ist schon auf die verschiedene Anordnung desselben als „fliegenden" oder „festen" hingewiesen worden, auch seine Verbindung mit der Alhidade wurde besprochen.

Auch über die Befestigung der Mikrometermikroskope ist oben schon das Nöthige mitgetheilt worden. Dort handelte es sich vornehmlich um die Anordnung bei kleineren Instrumenten. Die Fig. 167—172 zeigen aber auch die bei grossen Meridiankreisen gebräuchlichen Methoden, wobei zu bemerken ist, dass man jetzt allgemein von der Anwendung ganzer Rahmen oder Kreuzarmen, welche mit einer centralen Büchse auf der Instrumentenaxe selbst sitzen, ganz abgekommen ist, weil es nicht möglich sein dürfte, in diesem Falle die Kreisbewegung völlig ohne jede Beeinflussung der Alhidade vorzunehmen (vergl. Meridiankreis).

3. Klemmen und Feinbewegungen.

Haben Kreise und Axen, oder solche untereinander resp. die Absehenslinie und die übrigen Theile eine bestimmte Stellung zu einander bekommen, oder, wie man zu sagen pflegt, ist das Instrument auf ein Objekt, oder eine bestimmte Kreisangabe eingestellt, so ist es nöthig, die einzelnen bis dahin gegen einander beweglichen Theile der Instrumente in dieser Lage zu fixiren oder, wie man sagt, zu klemmen. Da aber meist die Hand allein nicht sicher genug arbeitet, namentlich nicht im Stande ist, ganz kleine Bewegungen mit der nöthigen Schärfe auszuführen, so hat man mit den Klemmen in vielen Fällen auch Einrichtungen verbunden, welche nach erfolgter Fixirung noch kleine Korrekturen der einzelnen Instrumententheile gegen einander ermöglichen; das sind die sogenannten Feinbewegungen, auch häufig Mikrometerwerke genannt. Beide hier erwähnten Konstruktionstheile sind in ihrem organischen Zusammenhang so eng mit einander verbunden, dass sie füglich gleichzeitig besprochen werden müssen.

Von Klemmen unterscheidet man verschiedene Arten:
1. Klemmen am Kreise resp. an der Peripherie,
2. Klemmen an der Axe,
   a) Klemmen in radialer Richtung,
   b) Ringklemmen,
   c) Klemmen vermittelst der Schraube ohne Ende.

Auch von Feinbewegungen unterscheidet man verschiedene Arten, und zwar:

1. Feinbewegung in der Sehnenrichtung,
2. Feinbewegung in der Tangentenrichtung,
3. Bewegung mittelst Zahnradübertragung,
4. Bewegung mittelst der. Schraube ohne Ende.

An den der obigen Eintheilung entsprechend gewählten Beispielen mag das Wesen der einzelnen Konstruktionen näher erläutert werden.

Die folgenden Figuren stellen Klemmungen am Kreise dar, welche heute nur noch bei kleinen Instrumenten angewendet werden, da sie, sobald grössere Massen bewegt werden müssen, sehr leicht Spannungen und kleine Deformationen der Kreise sowohl, als auch der einzelnen Alhidadentheile gegen einander und gegen die Visirlinie hervorbringen. Dadurch kommen noch

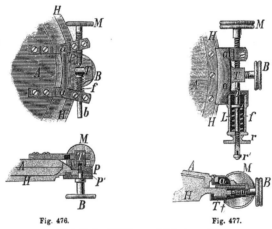

Fig. 476.   Fig. 477.
(Nach Vogler, Abbildgn. geodät. Instrumente.)

Verstellungen der Visirlinie nach der Klemmung vor, oder die Form der Kreise und damit der Werth der Theilung wird beeinflusst. Diese Kreisklemmen finden meist in Verbindung mit mehreren Arten der Feinbewegung Verwendung; Fig. 476, 477 und 478 zeigen einige solche Klemmen mit „Feinbewegung in der Tangente", Fig. 479, 480 solche mit „Feinbewegung in der Sehne". Die letzteren unterscheiden sich nur dadurch, dass in Fig. 479 die Schraube nur ein Gewinde und eine feste Kugel (Nuss) hat, während in Fig. 480 eine

Fig. 478.
(Aus Bohn, Landmessung.)

Schraube mit Doppelgewinde eventuell Differentialgewinde in zwei beweglichen Nüssen laufend verwendet ist.

In diesen Figuren sind A und H die beiden gegen einander zu bewegenden Theile (Kreis und Alhidade oder umgekehrt); an A sind die Führungen a für die Schraube sowohl als auch für die derselben entgegenwirkende Federeinrichtung oder eine zweite Schraubenführung befestigt. Am anderen Theile H greifen die Klemmbacken P, P' oder die sie in Fig. 477 vertretenden

31*

Theile T und t an, welche vermittelst der Schraube B gegen die Peripherie gepresst werden. Ist die Klemmung erfolgt, so tritt die Schraube M in Thätigkeit und verschiebt A und H noch „fein“ gegeneinander, indem sie beim Rechtsdrehen sich gegen das Stück T stützt. Damit nun eine stete sichere Berührung zwischen Schraubenspitze und dem Stücke T stattfindet, und ausserdem namentlich auch beim Zurückdrehen der Schraube der Theil T und der mit ihm verbundene Instrumententheil richtig folgt, wirkt ihr gegenüber irgend eine Federeinrichtung. In den Fig. 476—478 sind es, wie jetzt bei diesen Klemmen allgemein gebräuchlich, Spiralfedern f, welche freiliegen, Fig. 477, oder in einer Büchse L eingeschlossen sind, die ihrerseits mit dem anderen Arme von a verschraubt ist. In dieser Büchse bewegt sich, geschoben von der

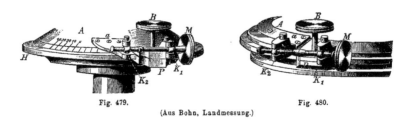

Fig. 479.
(Aus Bohn, Landmessung.)
Fig. 480.

Feder f, ein mit einer Flansche, auf welche sich die Feder einerseits stützt, versehener Bolzen b, der auf beiden Seiten aus der Büchse heraustritt. Das eine Ende desselben legt sich gegen T und drückt dieses fest gegen die Schraube, während das andere Ende einfach cylindrisch aus der Büchse herausragt oder wie in Fig. 477 mit einem Gewinde versehen ist, auf dem sich eine Mutter r befindet. Durch dieselbe kann die Schraube von T, wie leicht ersichtlich, zurückgezogen werden, um dieses Stück frei zu lassen. Das ist von besonderem Werthe, wenn dergleichen Klemmen und Feinbewegungen bei Instrumententheilen angewendet werden, welche häufiger auseinandergenommen werden sollen (z. B. beim Umlegen von Axen in ihren Lagern u. s. w.); denn dann wird auf diese Weise eine erheblich leichtere Manipulation und grössere Schonung der verbundenen Theile möglich. An Stelle der Mutter r findet man auch häufig einen einfachen Kopf, Fig. 134, S. 124, welcher seitlich einen Stift trägt. Dieser Stift passt nur an einer Stelle der Büchsendeckplatte in eine Bohrung oder einen Ausschnitt derselben. Wird dann der Bolzen zurückgezogen, so lässt er sich drehen, und der Stift verhindert ein Zurückgehen, wodurch das Klemmstück frei bleibt. Ist ein Gewinde vorhanden, so wird die Mutter r am Abschrauben durch ein kleines Schräubchen r' verhindert. Diese Art der Klemmen hat den grossen Vorzug, dass sie die beiden zu klemmenden Theile völlig ohne Spannung mit einander verbindet, da dieselben ganz unabhängig von einander bleiben.[1]

---

[1] Es ist namentlich auch darauf zu sehen, dass die Bewegungsschraube B und der Federbolzen b genau gegenüber am Theile T ihren Angriffspunkt haben, und der letztere gut plane Flächen hat, damit die kleinen Seitenbewegungen, welche bei der Tangentenbewegung unvermeidlich sind, ohne Störung vor sich gehen können.

An englischen Sextanten und früher auch an solchen deutschen Ursprungs finden sich häufig sogenannte Mikrometerwerke, an denen Albidade und Klemmbacken nicht unabhängig von einander sind, was damit begründet wurde, dass die kleine Feder, welche allein die Verbindung herstellen sollte, den Vernier sicher gegen die Theilung andrücke. Da aber sehr leicht auch stärkerer Zwang durch diese Konstruktion, namentlich auf die lange und verhältnissmässig immer schwach gebaute Alhidade ausgeübt werden kann,[1]) so sind diese Einrichtungen gewiss mit Recht jetzt meist verlassen worden und an ihre Stelle sind die zweckmässigen Klemmen, wie sie die Fig. 476, 477 zeigen, getreten.

In den Fig. 479 u. 480 sind die Klemmen dieselben wie oben, nur tritt an die Stelle der Tangentenbewegung diejenige in der Sehne. Die charakteristische Eigenthümlichkeit jener besteht darin, dass die Bewegungsschraube mit dem ihrem Muttergewinde entsprechenden Radius des Kreises einen bestimmten unveränderlichen Winkel einschliesst, während sich nur der Winkel zwischen

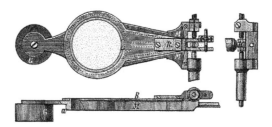

Fig. 481.
(Aus Loewenherz, Bericht.)

Schraubenaxe und Radius des beweglichen Theiles, resp. dessen Angriffspunkt,[2]) ändert. Bei der Bewegung in der Sehne jedoch liegen beide Angriffspunkte der „Mikrometerschraube" in beweglichen Theilen der Alhidade und des Kreises und ändern ihre Entfernung von den Drehpunkten derselben nicht, wohl aber ändert sich der Winkel, welchen die Schraubenaxe mit beiden zugehörigen Radien einschliesst. Die Folge davon ist, dass die Schraubenmutter sowohl, als auch die Sicherungen der Schraube bezüglich ihrer Bewegung längs ihrer Axe besondere, frei bewegliche Konstruktionstheile sein müssen. Es sind dieses die schon bei Erläuterung der Schraubenformen be-

---

[1]) Wie die umfangreichen Prüfungen auf der Deutschen Seewarte ergaben, trat leicht Veränderlichkeit der Excentricität und leichte Biegung der Alhidade ein, wodurch deren Stellung zum grossen Spiegel variirt wurde (vergl. darüber auch das Kapitel über Reflexionsinstrumente).

[2]) Auch die Entfernung dieses Angriffspunktes der Schraubenspitze von dem Centrum ändert sich bei dieser Art der Feinbewegung; deshalb ist es nöthig, wie oben schon erwähnt, dass die Flächen der betreffenden Theile gut plan gearbeitet sind. Eine Feinbewegung, an welcher gerade aus diesem Grunde eine besondere Einrichtung angebracht ist, stellt Fig. 481 dar, welche der Einrichtung der Klemmen nach allerdings zu einer anderen Klasse gehört.

sprochenen „Nüsse". Fig. 482 zeigt ein solches „Mikrometerwerk" im Querschnitt und Fig. 479 ein solches in perspektivischer Darstellung.

In Fig. 482 mag H wieder den festen Theil des Instrumentes und A den
beweglichen bezeichnen, P und P′ sind die beiden Klemmbacken, die durch
die Schraube B an H angepresst werden. Damit beide Platten sich leicht trennen
und den Rand des Kreises freigeben, hat die Platte P zwei Aushöhlungen,
in welchen die etwas zusammengedrückten Spiralfedern f, f liegen; c und c′
sind Ansätze an den Klemmbacken, welche zu deren sicherem Zusammen-
passen und zur Führung an der Peripherie dienen. Die Schraube M ist in
Fig. 479 als gewöhnliche Schraube mit einer kugeligen Erweiterung des
Halses k_1 und der beweglichen Kugelmutter k_2, in den Fig. 480 u. 482
hingegen als Differentialschraube (vergl. S. 34) dargestellt, welche sich mit
beiden Gewinden in je einer Kugelmutter bewegt.

Zur Vermeidung des todten Ganges sind diese Muttern mittelst eines breiten
Schnittes zur Hälfte durchtrennt und beweglich zwischen den Kloben b

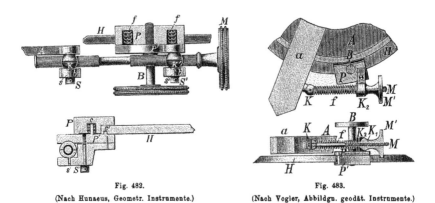

Fig. 482.
(Nach Hunaeus, Geometr. Instrumente.)

Fig. 483.
(Nach Vogler, Abbildgn. geodät. Instrumente.)

resp. b′ mit Kugelpfanne und dem einen Klemmstücke mit ebensolcher Ausdrehung gelagert. Damit diese Muttern bei allen Bewegungen der Schraube
in der richtigen Lage verbleiben, haben sie nach einer Seite hin einen Stiftfort-
satz s, s′, welcher in eine entsprechende Bohrung der Pfanne eingreift. Durch
Zusammenpressen der beiden Lagerstücke mittelst besonderer Schrauben S, S′
ist die sichere Führung der Bewegungsschraube erzielt.

Eine besondere Einrichtung der Sehnenbewegung zeigt Fig. 483. Es
sind A und H wieder die gegen einander verstellbaren Theile, der Arm a ist
mit A fest verbunden, und P, P′ sind die beiden Klemmbacken, welche durch
B an die Peripherie angedrückt werden. An a befindet sich der Knopf K,
welcher in der Mitte einen Einschnitt hat, um in diesem um einen Stift drehbar das eine platte Ende der Bewegungsschraube aufzunehmen. Über diese
ist eine Spiralfeder f geschoben, welche an ihrem anderen Ende gegen das
mit P verbundene Lager K_2 sich anlehnt. Dieses Lager hat eine sphärische
Ausdrehung in welche das gleichgeformte Ende der Schraubenmutter M′ sich
einlegt. Es ist leicht zu sehen, dass auf diese Weise die Schraube M ihre

Lage gegen die Radien ihrer Angriffspunkte ändern kann, sobald a und die Klemme P P′ ihre Entfernung ändern. Eine starke Reibung zwischen K_1 und K_2 dürfte aber ein Nachtheil dieser Einrichtung sein, wodurch manchesmal die Zug- oder Druckrichtung der Feinbewegung auch eine Komponente erhält, welche nicht mit der Schraubenaxe zusammenfällt. Deshalb darf bei der sachgemässen Ausführung von Feinbewegungen auch nie ausser Acht gelassen werden, dass die beiden Angriffspunkte des Bewegungsmechanismus immer in einer Ebene liegen müssen, welche senkrecht auf derjenigen Axe des Instrumentes steht, um welche die Drehung erfolgen soll.

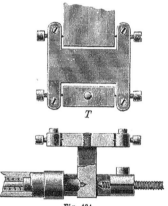

Fig. 484.

Eine · besondere Form hat Ott in Kempten der Klemme mit Tangentenbewegung an seinem Tachymeterinstrumente gegeben, um eine die Bewegung des Axensystems nicht störende Wirkung zu erzielen.[1] Die Bewegungsschraube, Fig. 484, sowie die ihr gegenüber wirkende Feder wirken nicht etwa an dem Ende der Alhidade selbst, sondern drücken auf ein Zwischenstück T, welches erst mittelst zweier Spitzengelenke mit der Alhidade in Verbindung steht. Ob die Wirkung gerade dadurch eine sehr präcise wird, will ich nicht entscheiden, da mir keine Erfahrungen darüber zu Gebote stehen.

Eine andere Art der Klemmung ist diejenige an der Axe. Sie hat vor den an der Peripherie angreifenden Klemmen den Vorzug, dass sie dem Bewegungscentrum bedeutend näher liegt, daher sicherer und in den meisten Fällen auch kräftiger zu wirken vermag und ausserdem eben wegen ihrer centralen Lage keine feineren Konstruktionstheile in Mitleidenschaft zieht. Allerdings ist häufig die schwierigere Zugänglichkeit die Veranlassung komplicirterer Einrichtungen, namentlich, wenn es sich um eine damit verbundene Feinbewegung handelt, die unter Umständen von entfernteren Theilen des Instrumentes aus in Thätigkeit gesetzt werden soll (z. B. vom Okular eines Refraktors aus). Die Klemmen dieser Art können wiederum sogenannte „radial wirkende“ oder „Ringklemmen“ sein.

Einige typische Formen sind hier dargestellt.[2] Fig. 485 zeigt eine schematische Darstellung einer radial wirkenden Axenklemme. Sie besteht aus dem die Axe umgebenden Ringe oder Kragen, aus dessen innerer Fläche ein Stück ausgeschnitten und wieder eingesetzt ist. Dieses in seiner Höhlung frei bewegliche Stück (der Bremsklotz) wird durch die Schraube B gegen die Axe angedrückt, durch Zurückziehen der ersteren wird der

---

[1] Zschr. f. Instrkde. 1893, S. 147.

[2] Es ist selbstverständlich, dass es eine grosse Anzahl verschiedener Specialformen giebt, die immer den jeweiligen besonderen Zwecken angepasst sind, deren Wirkungsweise aber überall dieselbe ist.

Druck aufgehoben und die Axe A freigegeben. Bei minderwerthigen Instrumenten lässt man der Einfachheit halber auch wohl die Schraube B direkt auf die Axe wirken, das führt aber natürlich zu Verletzungen derselben und ist daher gänzlich zu vermeiden. Fig. 486 zeigt einen solchen Klemmring in Verbindung mit der Feinbewegung, wie sie oben schon erläutert wurde. Auch Fig. 487 zeigt die gleiche Ausführung an einem grösseren Instrumente. Die Klemmschraube ist mit sehr langem Halse versehen, der

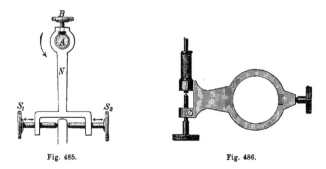

Fig. 485.   Fig. 486.

noch eine besondere Führung hat und ausserdem ist das „Mikrometerwerk" wegen seiner Schwere und Entfernung vom Centrum durch ein Gegengewicht besonders ausbalancirt. Solche Klemmen findet man sehr häufig bei den Horizontal-, auch wohl Vertikalkreisen der Universalinstrumente und Theodoliten.

Es ist von Wichtigkeit, dass der Bremsklotz immer dem Drucke der Schraube willig folgt und dass er sich weder in seinem Ausschnitt noch

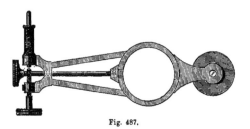

Fig. 487.

gegen den Axenkörper klemmen kann. Um das zu bewirken, hat man dieser Klemme auch die in Fig. 488 dargestellte Einrichtung gegeben. Die Bremsschraube B wirkt nicht direkt auf den Klotz a, sondern vermittelst eines gut geführten besonderen Cylinders S, welcher an seinem Ende leicht abgerundet ist. Auch der Klotz a hat noch eine besondere Führung durch einen kleinen Ansatz b, welcher beim Drehen der Axe in dem Ringe eine seitliche Verschiebung des Klotzes verhindert; zu demselben Zwecke sowohl, als auch zur Herbeiführung einer geringeren Reibung und doch sicheren und allseitigen Klemmung ist die innere Fläche des Ringes bis auf 3 kleine

Bogenstücke c, c$_{,}$, c$_{,,}$ ausgeschnitten, sodass nur diese in 120° Abstand liegenden Theile zur Wirkung gelangen.

Eine ähnliche Klemme, aber für auf einander gleitende Theile mit recht-winkligem Querschnitt, wie sie bei Gestängen, Stativen u. s. w. ab und zu vorkommen, zeigt Fig. 489, deren Wirkungsweise ohne Weiteres ver-ständlich ist.

Verschiedene Formen von Ringklemmen sind in den folgenden Figuren dargestellt. Die Figuren 490, 491 zeigen die schematische Anordnung der-

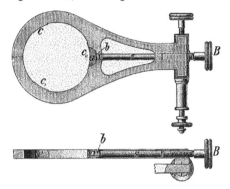

Fig. 488.
(Nach Vogler, Abbildgn. geodät. Instrumente.)

selben. Der die Axe umschliessende Ring ist an einer Stelle aufgeschnitten, und die beiden Enden sind mit zwei Ansätzen versehen, durch deren einen die Schraube B frei hindurchgeht, sich aber mit einer breiten Flansche an seine Aussenseite anlegt. Der andere dieser Ansätze enthält das Mutter-

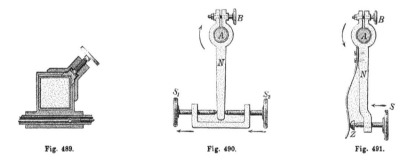

Fig. 489.   Fig. 490.   Fig. 491.

gewinde. Durch Einschrauben von B werden also die Schnittenden des Ringes, welche für gewöhnlich ein entsprechendes Stück auseinander stehen müssen, einander genähert werden; damit verringert sich die lichte Weite des Klemmringes und derselbe legt sich fest an die Axe oder Büchse, gegen welche gebremst werden soll, an.[1]

---

[1] Es ist besonders zu bemerken, dass auch nach starkem Klemmen sich die Endansätze des Ringes noch nicht berühren dürfen; denn sonst wird wegen der gegenseitigen Abnutzung der einzelnen Theile auf die Dauer keine sichere Klemmung möglich sein.

Diese Art der Klemmung hat wohl manche Vorzüge vor der vorhin genannten voraus, zunächst den, dass der Druck auf den inneren Theil durchaus gleichmässig erfolgt und keinerlei seitliche Verschiebung und damit zusammenhängende Excentricität herbeigeführt wird, wie das bei nicht mit der äussersten Sorgfalt ausgeführten Radialklemmen sehr leicht auftritt.[1]) In Fig. 492 ist eine Ringklemme dargestellt, wie sie bei einfachen Vertikalaxenklemmungen vorkommt. A ist der innere Axentheil, um

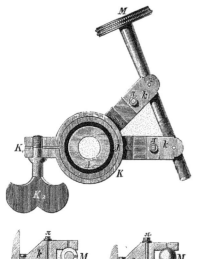

den der Ring K gelegt ist. Die beiden Ansätze bei K_1 werden durch die Schraube K_2 gegen einander gezogen und klemmen Axe und Ring zusammen. An letzterem ist der Ansatz k angebracht, welcher an seinem Ende die eine Kugelführung für die Feinbewegung trägt, während sich ein anderer Ansatz k_1 an den festen Theilen des Instrumentes

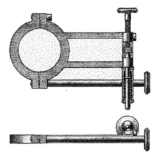

Fig. 492.

(Aus Hunaeus, Geometr. Instrumente.)

Fig. 493.

(Nach Vogler, Abbildgn. geodät. Instrumente.)

befindet mit gleichem Lager für die Mikrometerbewegung. Die Wirkungsweise wird aus der Figur sofort verständlich. Eine ähnliche Anordnung des Ringes nur mit einer längeren Klemmschraube zeigt Fig. 493. Die Art der benutzten Feinbewegung ist hier die einer Tangentenschraube, während bei der vorhergehenden Figur eine Sehnenbewegung dargestellt ist. In Fig. 494 hat man die Ringansätze, welche die Klemmschraube durchsetzt, erheblich verlängert und am Ende wieder zu einem Stück vereinigt. Der etwas breite Einschnitt wirkt

Fig. 494.

dann· sehr stark federnd, so dass er sich mit grosser Sicherheit öffnet und nicht so leicht erschlafft, wie das wohl manchmal bei einfachen Ring-

---

[1]) In neuerer Zeit werden namentlich nach Repsolds Vorgang doch auch viele Radialklemmen bei Passage-Instrumenten u. dergl. angewendet, aber es ist dabei die Vorsicht gebraucht, dem Schraubenkopf nur einen kleinen Durchmesser zu geben, damit keine zu starke Pressung ausgeübt werden kann.

klemmen aus minderwerthigem Materiale vorkommt. Auch in Fig. 495 ist eine besondere Art Ringklemme dargestellt. Dieselbe eignet sich besonders für Klemmen, welche zugleich Lager bilden und daher leicht ganz geöffnet werden können, um die einzulegenden Instrumente oder Axen aufzunehmen. Die Klemme besteht aus dem einen Lagertheil und einem mit diesem durch Scharnier verbundenen Halbring B, welcher durch eine Schraube aufgepresst wird. Der Ring legt sich auch nur an 3 äquidistanten Stellen mit schmalen Rippen an den eingelegten Instrumententheil an.

Eine Klemmenkonstruktion ganz besonderer Art, welche einen Übergang zwischen Ringklemmen und Radialklemmen bildet, ist diejenige, welche REP-SOLD schon bei den Meridiankreisen von Königsberg und Pulkowa angebracht hat, um bei Anwendung radialen Druckes diesen doch auf die ganze Peripherie der Axe gleichmässig wirken zu lassen. Fig. 496 zeigt diese Einrichtung.[1]) In dem Ringe R R, welcher aus zwei die Axe umschliessenden

Fig. 495.
(Aus Loewenherz, Bericht.)

Fig. 496.

Theilen gebildet wird, von denen der eine der Klemmschraube als Führung dient und der andere ein entsprechendes Gegengewicht trägt, befinden sich drei dünne, federnde Ringe. Der äusserste derselben legt sich genau an R R an, der mittelste davon ist sowohl mit dem äussersten als auch mit dem innersten an 4 um 90° von einander abstehenden Punkten verbunden, doch so, dass die 4 Punkte, welche seine Verbindung mit dem inneren Ringe bilden, mitten zwischen denjenigen liegen, an denen er an den äusseren Ringen anliegt. Wird nun durch Anziehen der Bremsschraube s ein Druck auf den äussersten Ring ausgeübt, so vertheilt sich dieser Druck gleichmässig auf die inneren Ringe, welche sich dann an die Axe pressen.

Die Ringklemmen werden vornehmlich angewendet, wenn es sich um

---

[1]) Struve, Descript. de l'observ. de Poulkova — Bessel, Königsberger Beobachtungen, Theil XXVII — Carl, Principien d. astron. Instrkde., S. 66.

Fixirung schwerer Stücke handelt, z. B. fast ausschliesslich bei den Axen
der grossen Meridianinstrumente und Refraktoren. Dort sind sie meist
nicht direkt in Wirksamkeit zu setzen, sondern erst durch mehrfache oft
recht komplicirte und äusserst scharfsinnig angeordnete Räder- oder Schnur-
übertragungen. Obgleich wir bei Besprechung der einzelnen Instrumente
auch noch diese Einrichtungen als integrirende Theile derselben kennen
lernen werden, mag doch auch hier noch wenigstens im Bilde ein solches
Klemmsystem vorgeführt werden, wie man es z. B. an den neueren Repsold'-
schen parallaktischen Montirungen für Deklinations- und Rektascensionsaxen
findet. Eine einfachere Klemm- und Feinbewegungseinrichtung dieser Art
stellt Fig. 497 dar; es ist a die Schraube, welche bei b den um die Büchse
der Deklinationsaxe gelegten Ring zusammenpresst, der zugleich den Bügel

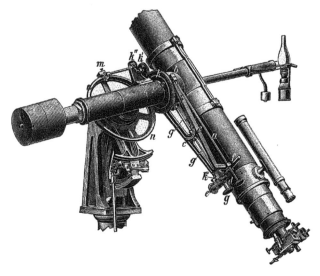

Fig. 497.

c trägt; durch Klemmung des Ringes wird der letztere mit der Büchse
fest verbunden, und es kann nun das Fernrohr, welches bei d einen seitlichen
Ansatz hat, der zwischen die Feinbewegungsschraube e und den Federbolzen
f zu liegen kommt, nur noch durch die Schraube e bewegt werden. Den
Bügel c durchsetzt in seiner ganzen Länge die Stange g; sie ist im vorderen
und im Ringtheil dieses Bügels gelagert und trägt nahe dem letzteren ein
Zahnrad h, welches in die lose auf der Deklinationsbüchse drehbare Zahn-
radscheibe k eingreift. Diese bewirkt wiederum durch Eingreifen in die
Zahnräder k' und k'' die Feinbewegung um die Rektascensionsaxe vermöge
der bei m angebrachten und an den Kreis n angreifenden Klemmbacken.
Durch die Zahnübertragung k''' wird eine langsamere Bewegung in Rektascension ermöglicht.

In Fig. 498 ist die Einrichtung etwas komplicirter, da sowohl Klemmung als Feinbewegung in Rektascension vom Okular aus bewirkt werden kann. Zu diesem Zwecke wird die Stange g, welche hier als Röhre gebildet ist, von einer zweiten Stange durchsetzt, und diese trägt ebenfalls an dem in der Figur nicht sichtbaren Ende ein Zahnrad, welches aber in einen auf der Rückseite von k befindlichen Zahnkranz der von k unabhängig drehbaren Zahnscheibe r eingreift. Die vordere Verzahnung dieser Scheibe greift in das Rad r' und dieses bewirkt mittelst der Stange s (Schraubenspindel) die Klemmung auf der Stundenaxe. Auch die in Fig. 499 dargestellte Anordnung dürfte nach Obigem ohne Weiteres klar sein, nur tritt hier an Stelle der Feinschraube mit entgegenwirkenden Federbolzen die Schraube ohne Ende bei S, welche in das entsprechend verzahnte Ende

Fig. 498.

des Bügels c eingreift, während sie ihre Lagerung in einem mit der Wiege des Fernrohrs fest verbundenen Bügel d hat.

Auch für die Feststellung der Okularauszüge sollte man nur Ringklemmen ihrer gleichmässigen koncentrischen Wirkung wegen verwenden, namentlich dann, wenn die kleinen Schräubchen, welche zwecks Justirung der Fäden auf eine Schiene des Okulartheiles pressen, zur gleichzeitigen Sicherung gegen Längsverschiebungen eigentlich zu schwach erscheinen.

Die Klemmung einer Axe, wenn sie von konischer Form ist und in einer Büchse läuft, wird auch manchmal dadurch bewirkt, dass man durch Einpressen der Axe in ihre Büchse mittelst einer im axialen Sinne wirkenden Schraubenmutter eine starke Reibung erzielt. Die Fig. 500 stellt eine solche

Klemmung dar. Durch Anziehen der Schraube m wird unter Zusammenpressen der Scheibenfeder f die konische Axe T in die Büchse B hineingezogen und je nach der Stärke des Anziehens mehr oder weniger geklemmt.

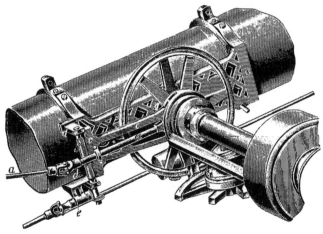

Fig. 499.

Auch die Art der Klemmung, Fig. 501 u. 502, wie man sie häufig an den
Füssen der Stative vorfindet, gehört hierher. Dabei wird auf eine lange
Schraubenspindel s, deren Kopf k auf irgend eine Weise fixirt ist, und
welche die mit einander zu verbindenden Theile
durchsetzt, eine gewöhnliche Schraubenmutter, eine
solche mittelst Stiftes zu drehende oder eine Flügelmutter m fest aufgeschraubt und damit eine Press-

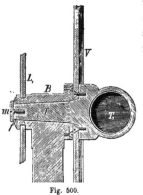

Fig. 500.

Fig. 501.

ung der einzelnen Theile gegen einander herbeigeführt. Eine weitere Art dieser
Klemmung besteht darin, dass man auf einen Ring, welcher z. B. ein Rohr umgiebt, ein Gewinde schneidet, sodann diesen Ring an 3 oder 4 Stellen etwa
bis auf die Hälfte aufschlitzt und ihn nun an seiner Innenfläche leicht konisch
ausdreht, wie es Fig. 503 im Durchschnitt zeigt. Wird nun auf diesen als
Schraubenspindel zu denkenden Ring eine gleichmässig weit geschnittene
Mutter in Form eines zweiten Ringes aufgeschraubt, so wird, wenn die
letztere so bemessen ist, dass sie den Spindelring gerade bequem fasst, wenn

die einzelnen Lappen desselben etwas zusammengedrückt sind, bei weiterem
Aufschrauben der innere Ring sich sehr fest auf den umschlossenen Theil
des Instruments aufpressen. Diese Form der Klemmung wirkt sehr sicher,
nur ist sie in ihrer Ausführung umständlich und in ihrer Anwendung doch
nur auf wenige Fälle beschränkt.

Gewissermassen zu den Ringklemmen kann man auch diejenigen Klemmen
rechnen, welche kugelförmige Konstruktionstheile (sogenannte Nussvorrich-

Fig. 502.

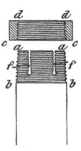

Fig. 503.

tungen) in ihrer Pfanne zu halten bestimmt sind. Solche Einrichtungen finden
sich dann vor, wenn den verbundenen Theilen eine kleine, aber nach allen
Richtungen gehende Beweglichkeit gegeben werden muss, Fig. 504. Eine neue
Konstruktion dieser Art zeigt die Fig. 505, welche von A. MARTENS in Char-

Fig. 504.

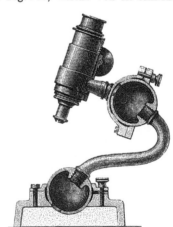

Fig. 505.

lottenburg angegeben worden ist[1]). Die grossen Spielraum gewährenden
Bewegungen werden durch hohle Gelenkkugeln von grossem Durchmesser vermittelt, welche zwischen zwei ringförmigen Lagerflächen festgeklemmt werden
können; diese selbst sind nicht symmetrisch zum Mittelpunkt der Kugel an-

---

[1]) Zschr. f. Instrkde. 1882, S. 112. Solche Kugelbewegungen würden z. B. von Werth
sein bei Stativen für Reflexionsinstrumente (vergl. dort).

geordnet. Hierdurch soll ein sicheres Festklemmen und gleichzeitig eine leichte Auslösbarkeit der Klemmung erreicht werden. Das Festklemmen geschieht durch das Anziehen der beiden Ringflächen vermittelst einer Klemmschraube, welcher eine zwischen die beiden Ringe eingelegte starke Feder

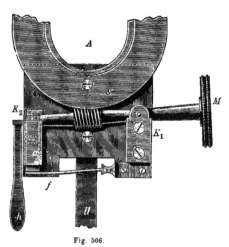

entgegenwirkt. Diese Feder treibt beim Lösen der Klemmschraube die Ringe auseinander und hebt so die Festklemmung auf. Es können für jedes Stativ eine oder mehrere Kugeln verwendet werden.

Eine besondere Art der Klemmung sowohl als der unmittelbar damit verbundenen Feinbewegung ist diejenige vermittelst der Schraube

Fig. 506.

Fig. 507.

ohne Ende. Diese Einrichtung wurde früher viel häufiger angewendet als gegenwärtig; sie war in ihrer Wirkung namentlich bezüglich der Feinbewegung wenig sicher und erforderte umständliche technische Ausführung.

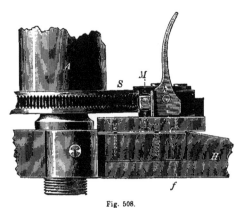

Heute findet sie sich meist noch bei den Verbindungen der Triebwerke mit den zu bewegenden Instrumententheilen.[1]) Der Vollständigkeit wegen mag die betreffende frühere Abbildung hier nochmals gegeben werden. In den Fig. 506 u. 508 ist S eine besondere Scheibe oder auch wohl ein Theilkreis selbst, in dessen Rand eine Verzahnung eingeschnitten ist. In diese greift die Schraube ohne Ende M ein, welche mit Kugelhals zwischen einem Kloben K_1 und der festen

Fig. 508.

Platte gelagert ist. Die andere Führung bei K_2 ist eine cylindrische mit grossem Spielraume; dieses Lager ist ausserdem in einem Schlitten a verschiebbar und kann durch den Hebel h, welcher um den Zapfen f in der Weise eines Excenters drehbar ist, hin und her geschoben werden. Soll

---

[1]) Vergl. auch das Kapitel „Schrauben" S. 31.

die Axe A mit der Scheibe S gegen den festen Theil des Instruments z. B. das Untergestell H festgestellt werden, so giebt man dem Hebel die in Fig. 508 gezeichnete Lage; die Schraube ohne Ende greift vermöge der auf das Lager K_2 wirkenden Feder fest in die Kerben der Scheibe ein und hindert die grobe Bewegung, während durch die Schraube M eine Feinbewegung möglich bleibt. Sollen grosse Drehungen ausgeführt werden, so giebt man dem Hebel h die Stellung der Fig. 507; die Schraube wird ausgerückt und A und H können frei gegen einander bewegt werden. Die Sicherheit der Einrichtung hängt wesentlich von der Güte der Feder F ab; wird diese zu schlaff, so kann leicht ein Ausspringen der Schraube aus dem Rande stattfinden, namentlich wenn die Axenreibung etwas gross ist, wodurch Schraube und Kerben ganz ausserordentlich leiden; bequem ist diese Einrichtung aber gewiss in vielen Fällen, da die Anwendung der Feinbewegung in unbegrenzter Ausdehnung stattfinden kann.

Zum Schlusse mag hier noch kurz zweier Feinbewegungen Erwähnung gethan werden, welche z. B. sehr häufig zum Zwecke der Verschiebung des Okulartheiles im Hauptrohr eines Teleskops dienen, die aber auch sonst mehrfach Anwendung finden. Es ist das zunächst die durch Zahnstange und Trieb bewirkte. In Fig. 509 ist O das Okularrohr und R das Hauptrohr; das Erstere trägt auf seiner oberen oder unteren Seite ein Stahlprisma p, welches mit ihm

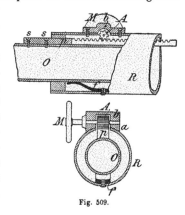

Fig. 509.

durch die Schrauben s verbunden ist und sich ein Stück längs des Rohres erstreckt. Dieses Prisma ist als Zahnstange ausgearbeitet. Das äussere Rohr ist über dieser Stange ausgeschnitten, über dem Ausschnitt ist das Lager a eines Triebes A mit grossem Kopfe M aufgeschraubt. Dasselbe greift in die Zahnstange ein und wird durch einen Lagerdeckel b gehalten. Wird bei M der

Fig. 510.

Trieb gedreht, so geht der Okularstutzen in dem Fernrohr hin und her. Damit der Erstere nicht ganz aus der Fassung herausgeschoben werden kann, pflegt man dem letzten Ende des Prismas keine Zähne zu geben, so dass dieser massive Theil nicht unter dem Trieb weg gleiten kann. Der Zahn-

stange gegenüber ist gewöhnlich eine Feder f angebracht, welche das innere
Rohr fest gegen seine ringförmigen Führungen drückt. Will man den Okulartheil herausnehmen, so muss man Lagerdeckel und Trieb abschrauben, erst
dann ist das völlige Herausziehen möglich. Es ist kein Zweifel, dass man auf
diese Weise eine gute Feinbewegung erzielt, doch die beste in diesem Falle
ist die Hand selbst; denn der Zahntrieb ist doch nicht so gleichförmig, wie
man es wünschen sollte, und nutzt sich auch leicht ab. In neuerer Zeit hat
man deshalb dieser Einrichtung eine andere Form gegeben, welche in der
That gute Erfolge aufweist[1]) und die in Fig. 510 dargestellt ist.

Für denselben Zweck wendet man jetzt auch vielfach eine Vorrichtung
an, die zwar nur eine sehr beschränkte Bewegung zulässt, aber andererseits
den Vorzug der grössten Einfachheit hat und daher für das eigentliche
Okularröhrchen, welches die letzten beiden Linsen enthält und die Fokusirung auf das Fadennetz für das
Auge des jeweiligen Beobachters bewirkt, sehr zu empfehlen ist. In Fig. 511 ist O das Rohr des Okularstutzens und o die Fassung eines Ramsden'schen Okulars. O ist bei s schraubenartig aufgeschnitten, und in
diesem Schlitz bewegt sich das in o eingeschraubte
Schräubchen m und dient dem Okular als Führung bei
einer Drehung um die optische Axe. Es ist leicht zu sehen,
dass bei einer solchen Drehung, je nach dem Sinne derselben, das Okular sich dem Fadenkreuz nähern resp. sich
von ihm entfernen muss. Bei äusserster Einfachheit funk-

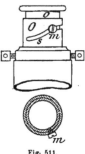

Fig. 511.

tionirt diese Feinbewegung sehr gut, und sie hat ausserdem noch den Vortheil, dass das oft leicht bewegliche Okular nicht herausfallen kann, was
namentlich für Instrumente zum Feldgebrauch oder gar für Reisezwecke,
wo der Verlust sich nicht wieder ersetzen lässt, von grosser Bedeutung ist.

Bevor ich diesen Gegenstand verlasse, möchte ich noch eines kleinen
Mechanismus erwähnen, welcher so häufig zur Anwendung gelangt, dass er
wohl einer kurzen Besprechung werth ist. Es ist das das sogenannte Universalgelenk, der Hooke'sche Schlüssel. Gerade bei den Feinbewegungen
spielt er eine grosse Rolle; denn wie schon beiläufig bemerkt, sind diese
nicht immer leicht direkt zugänglich anzubringen.[2]) Soll aber nun von irgend
einem Orte, z. B. vom Okular aus, die Bewegung hervorgebracht werden, so
kann dies nur in den seltensten Fällen dadurch geschehen, dass man die
Spindel der betreffenden Bewegungsschraube oder Klemmschraube einfach
verlängert; meist wird dabei auch ein Richtungswechsel nöthig, ja dieser
Wechsel der Angriffsrichtung ist oft sogar ein fortwährend veränderter.
Eine hierzu nöthige, fast absolut allseitig verwendbare Kuppelung zweier
„Axen" (der Axe der Feinbewegungs- resp. Klemmschraube und der Axe

---

[1]) Dieses schiefe Triebwerk wird namentlich sehr viel bei Mikroskopstativen angewendet,
für welche es wohl ursprünglich konstruirt wurde.

[2]) Der Erfinder dieses zu den „Kuppelungen" gehörigen Mechanismus dürfte wohl
Cardan gewesen sein, allein später hat Hooke ihn erst zur allgemeinen Einführung gebracht,
weshalb er auch vielfach den Namen Hooke'scher Schlüssel trägt.

des in den Händen des Beobachters befindlichen Schlüsselendes) ermöglicht eben das Universalgelenk, welches in gewisser Beziehung ähnlich wirkt wie die sogenannte Cardan'sche Aufhängung. In den Fig. 512[1] u. 513 sind solche Gelenke dargestellt. Die Scheibe a hat zwei Durchbohrungen, durch welche die Bolzen r und s gehen, deren Enden greifen in die Bügel b und c ein, welche die gabelförmigen Fortsetzungen der Stangen m und n bilden. Diese Stangen

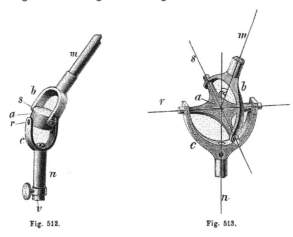

Fig. 512. Fig. 513.

sind entweder selbst die zu drehenden Axen resp. Schraubenspindeln oder können mittelst Vierkant v oder dergleichen auf dieselben aufgesteckt werden. Bei Drehung der Stange m durchläuft s eine auf m normale Ebene, ebenso r bei Drehungen von n. Da aber s und r unter konstantem Winkel zu einander verbleiben, so muss bei Drehung von s auch r sich um einen bestimmten Winkel bewegen und somit die zu ihm gehörige Welle n mitnehmen, wodurch also die Bewegung von m auf n übertragen wird, mag auch die Richtungsverschiedenheit von m gegen n sein wie sie wolle. Dass allerdings diese Übertragung nicht immer gleich günstig ist, mag noch durch die Theorie des Hooke'schen Schlüssels (welcher man in astronomischen Büchern wohl kaum begegnen wird, so wissenswerth sie ist) kurz gezeigt werden. In Fig. 514 sei M die Axe der „Mikrometerschraube", N diejenige des Handgriffes, $a = \text{N c m} = \text{p a o}$ der Winkel, unter welchem beide Linien gegen einander geneigt sind, dann wird bei Drehung von N die Linie h k (Axe r in Fig. 513) die dazu normale Ebene a h p b k und die Linie f g (s in Fig. 513) die zu M normale Ebene a o f b o' g beschreiben. Beide Ebenen mögen sich in a b schneiden. Denkt man sich nun z. B. die Axe N um den Winkel ψ

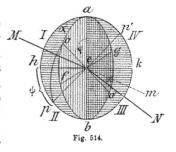

Fig. 514.

[1]) Die Axen s und r würden besser in derselben Ebene liegen, würden sich also durchschneiden, Fig. 513. Aus technischen Gründen werden sie aber häufig über einander gelegt.

32*

gedreht, so dass h k die Stellung p p' einnimmt und Winkel h c p $= \psi$ gesetzt, so muss sich auch die senkrecht zu h k stehende Linie a b und damit die Axe M um einen Winkel φ gleich a c o bewegen, dessen Grösse abhängt von α und der Bedingung, dass p c o stets ein rechter Winkel bleiben muss. Es besteht aber in dem sphärischen Dreieck a p o die Beziehung

$$\cos (\text{o p}) = \cos (\text{a o}) \cos (\text{a p}) + \sin (\text{a o}) \sin (\text{a p}) \cos \alpha,$$

in welcher a o $= \varphi$, a p $= \psi + 90^0$ und o p $= 90^0$ zu setzen ist, wodurch die Gleichung übergeht in

$$0 = \cos \varphi \cos (90^0 + \psi) + \sin \varphi \sin (90^0 + \psi) \cos \alpha$$

$$\cos \alpha = \frac{\cos \varphi \sin \psi}{\sin \varphi \cos \psi} = \frac{\operatorname{tg} \psi}{\operatorname{tg} \varphi}$$

oder $\cos \alpha \operatorname{tg} \varphi = \operatorname{tg} \psi$, d. h. die Winkel, um welche M resp. N unter dem Einfluss des Übertragungsstückes rotiren, sind so von einander abhängig, dass ihre Tangenten, nicht aber sie selbst, immer in einem konstanten Verhältnisse stehen, welches abhängig ist von dem cosinus des Winkels α, der gegenseitigen Neigung von M zu N. Da $\cos \alpha$ aber stets kleiner als 1 ist, so folgt, dass auch $\operatorname{tg} \psi$ stets kleiner als $\operatorname{tg} \varphi$ sein muss, d. h. im II. und III. Quadranten wird ψ kleiner als φ, dagegen in II. und IV. Quadranten wird ψ grösser als φ sein. Die Axen M und N werden also mit ungleichen, sich nach dem eben erwähnten Princip regelnden Geschwindigkeiten gedreht, oder wenn M sich gleichförmig dreht, wird N bald nachbleiben, bald voreilen. Da aber zuletzt die erzielte Arbeit die gleiche sein muss, wird auch die Kraft, welche z. B. auf M wirkt, um N zu drehen, in verschiedenen Momenten eine verschiedene sein müssen. Wie der Cosinus des Winkels α anzeigt, ist der Unterschied in den Bewegungsverhältnissen beider Axen aber am kleinsten für $\alpha = 0$ und am grössten für $\alpha = \frac{\pi}{2}$; daraus geht sofort hervor, dass man M und N nie zu stark gegeneinander neigen darf (was ja die Praxis ohne Weiteres lehrt). Um sehr starke Richtungsverschiedenheiten zu überwinden, pflegt man deshalb

den beschriebenen Mechanismus mehrmals einzuschalten und dann in solcher Anordnung, dass z. B. die Gabeln eines Mittelstückes um 90^0 gegeneinander geneigt sind, wodurch eine gewisse Ausgleichung der Bewegungsverhältnisse entsteht. Zur Übertragung von Uhr-

Fig. 515.

bewegungen mit konstanter Triebkraft soll man also das Hooke'sche Gelenk nur mit Vorsicht und nur bei sehr kleinem α anwenden.

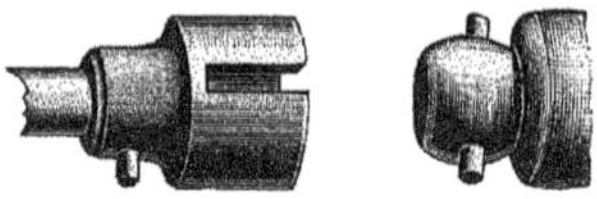

Die Fig. 515 zeigt eine ähnliche in manchen Fällen bessere Einrichtung der „Kuppelung", wie sie jetzt vielfach benutzt wird. Der Unterschied besteht darin, dass an Stelle der einen Gabel ein in eine Muffe eingeschnittener Schlitz tritt, der dem durch die Kugel des anderen Gestängetheiles gehenden Stift nur als Führung dient, im Übrigen aber demselben freien Spielraum lässt. Dadurch wird die Bewegungsabhängigkeit um eine Zwangsbedingung einfacher. Die Theorie dieser Einrichtung lässt sich auch leicht geben und ist der obigen analog.

Lightning Source UK Ltd.
Milton Keynes UK
UKHW012252110219
337137UK00006B/881/P